程序分析原理

[丹] 弗莱明·尼尔森（Flemming Nielson）
[丹] 汉内·里斯·尼尔森（Hanne Riis Nielson） 著
[英] 克里斯·汉金（Chris Hankin）
詹博华 冀振燕 孙文辉 译

Principles of Program Analysis

机械工业出版社
China Machine Press

图书在版编目（CIP）数据

程序分析原理 /（丹）弗莱明·尼尔森（Flemming Nielson），（丹）汉内·里斯·尼尔森（Hanne Riis Nielson），（英）克里斯·汉金（Chris Hankin）著；詹博华，冀振燕，孙文辉译．-- 北京：机械工业出版社，2022.6

（计算机科学丛书）

书名原文：Principles of Program Analysis

ISBN 978-7-111-70688-5

I. ①程… II. ①弗… ②汉… ③克… ④詹… ⑤冀… ⑥孙… III. ①程序分析 IV. ①TP311.11

中国版本图书馆 CIP 数据核字（2022）第 075309 号

北京市版权局著作权合同登记　图字：01-2011-6860 号。

本书主要介绍 4 种程序分析方法——数据流分析、基于约束的分析、抽象解释、类型和作用系统，涵盖基本语义属性和高级算法。全书共 6 章，第 1 章为概述，第 2～5 章依次为数据流分析、基于约束的分析、抽象解释、类型和作用系统，第 6 章为分析算法介绍。本书基本涵盖了程序分析领域的经典方法和技术，配以严谨的形式化系统，思路清晰、逻辑性强，是学习和研究程序分析原理不可多得的经典书籍。

本书既适合作为程序分析相关硕博研究生课程的教材，也适合相关专业研究人员和专业人士阅读。

出版发行：机械工业出版社（北京市西城区百万庄大街 22 号　邮政编码：100037）

责任编辑：张秀华　　责任校对：殷　虹

印　　刷：涿州市京南印刷厂　　版　　次：2022 年 7 月第 1 版第 1 次印刷

开　　本：185mm×260mm　1/16　　印　　张：18.75

书　　号：ISBN 978-7-111-70688-5　　定　　价：139.00 元

客服电话：(010) 88361066　88379833　68326294　　投稿热线：(010) 88379604

华章网站：www.hzbook.com　　读者信箱：hzjsj@hzbook.com

前 言

Principles of Program Analysis

本书的写作目的

我们写这本书有两个目的：一是很长时间以来我们缺乏用于教授程序分析课程的教材，这迫使我们使用会议论文、期刊和已绝版的教科书的章节来替代；二是我们越来越感觉到研究人员在该领域的不同分支研究类似的问题时，没有充分意识到其他分支已有的领悟和发展。这促使我们撰写一本不但对程序分析的高级课程有用，而且能提高对该领域不同技术路线相似性的认识的教材。

我们可以用计算复杂性理论做个比喻。假设研究人员或学生想通过查阅文献寻找解决图问题的巧妙算法或启发式方法。他们可能会碰到描述解决布尔公式问题的巧妙算法或启发式方法的文献。或许他们会忽略这些文献，认为图和布尔公式显然是完全不同的东西。然而复杂性理论告诉我们这是一个错误的观点。不同问题之间的 log 空间规约关系和 NP 完全问题的概念让我们意识到表面上不相关的问题实际上可能密切相关，以至于某个问题的巧妙算法或启发式方法可能引向另一个问题的算法或启发式方法。我们认为，学习程序语言的学生，特别是学习程序分析的学生经常被允许做出类似的幼稚决定，这是一个令人悲哀的事实。程序分析理论还远远不能将不同技术路线的想法准确而密切地联系在一起，但我们希望这本书可以是一个开始。事实上，我们希望令一些读者感到震惊，让他们发现自己在工作中使用的方法与看似不相关的方法之间有重要的相似性。

本书的重点是（我们认为的）程序分析的四个主要方法：数据流分析、基于约束的分析、抽象解释、类型和作用系统。对于每种方法，我们的目标是鉴别和描述主要技术原理，而不是提供一个分析方法和程序语言构造的“宝典”。我们希望告诉读者如何把基本原理用于更复杂的程序语言和分析。

因此，我们特意决定不涵盖一些很有意思的方法，包括作者非常喜爱的方法，以保留篇幅来对这四种主要方法做比较深入的阐述。本书没有介绍的方法包括基于指称的程序分析、投影分析、基于 Stone 对偶性的逻辑表述。由于篇幅有限，我们也不得不省略一些本应在本书中有一席之地的方法，包括基于集合的约束、基于类型的分析的高效实现技术、静态单赋值形式（SSA）、更广的指针分析，以及程序分析与程序变换之间的相互影响和如何高效地重算因程序变换而失效的分析。

如何阅读本书

本书相对来说是自成一体的，但具有离散数学和编译原理方面的背景会对阅读本书有帮助。在本书的主要部分（第 2 ~5 章），每章的前半部分以严谨的形式介绍基本技术，后半部分以不那么严谨的方式介绍高级技术。

第 1 章是为了快速阅读。目的是概述程序分析的主要技术，强调程序分析把近似作为本质目的，并展示表面上不同的技术具有内在的相似性。我们推荐所有读者都阅读第 1 章，即使最终目的是专注于本书某一章的内容。

第2章介绍数据流分析。2.1~2.4节覆盖过程内分析的基本技术，包括单调框架作为位向量框架的推广，以及高效计算的工作列表算法。2.2节覆盖更理论的性质（语义正确性），第一次阅读时可以跳过该节。该节使用了格理论，可参考附录A.1和附录A.2，以及附录A.3的一部分。2.5节包含高级内容，给出了过程间分析，包括基于调用字符串和基于假设集的方法。2.5节是学习第3章的基础，建议至少阅读到2.5.2节。2.6节也包含高级内容，展示如何结合简单的技术来设计一个非常复杂的形状分析。这些内容与本书的其余章节没有太大关系。

第3章讲述基于约束的分析。这里明确区分了分析结果的安全性和如何计算最好的分析结果，同时强调了分析开放系统的必要性。3.1节、3.3节和3.4节介绍基本技术，包括余归纳概念，建议参考附录B（建立在附录A.4的Tarski定理的基础上）。3.2节介绍较理论的性质（语义正确性和最优解的存在性），第一次阅读时可以跳过该节。3.5节和3.6节扩展这些技术，将其与数据流分析联系起来。3.5节介绍如何结合单调框架（见2.3节），3.6节介绍如何基于调用字符串和假设集（见2.5节）添加上下文。

第4章以独立于程序语言的方式介绍抽象解释理论，强调它能与数据流分析和基于约束的分析结合使用。4.1节介绍一些关键考虑因素，并为后几节的技术性定义做铺垫。4.2节介绍加宽算子和变窄算子，用于不动点的近似。4.3节介绍Galois连接。按这个顺序编排内容的目的是强调加宽算子的根本重要性，但这两节是相互独立的。4.4节和4.5节研究如何以系统的方式构造Galois连接，以及如何使用它们衍生近似分析，这些内容与本书的其余章节没有太大关系。

第5章介绍类型和作用系统，这通常被认为是一种和前面介绍的技术十分不同的程序分析方法。5.1节介绍主要方法（涵盖与第3章的基于约束的分析的联系），来帮助读者初步了解该方法。5.2节研究更理论的性质（语义正确性）。5.3节讨论算法问题（算法$\mathcal{W}$的一个变体的可靠性和完备性），第一次阅读时可以跳过该节。5.4节和5.5节将逐步介绍类型和作用系统的更高级的内容。

第6章介绍数据流分析和基于约束的分析的算法，主要涉及不等式系统求解的通用技术。我们强调相同的算法在很大程度上可用于程序分析领域的很多不同情况。6.1节介绍一个通用的工作列表算法，将工作列表上的操作看作一个抽象数据类型，并证明该算法的正确性和复杂度。6.2节介绍如何组织工作列表使迭代根据逆后序进行，其中循环算法是一个特例。6.3节的算法进一步识别强分量，并在每个强分量完成逆后序迭代之后才考虑下一个强分量。

附录A和附录C介绍偏序集合、图和正则表达式的概念，本书有多处涉及了这些概念。附录B类似于教程，因为余归纳对于大多数读者来说可能是一个新概念。

我们使用的符号大多数是标准的，当使用时再解释。一些常用的符号解释如下：

- “iff”为“if and only if”（当且仅当）的缩写。
- $\cdots[\cdots\mapsto\cdots]$ 代表语法替换和环境或存储的修改。
- $\cdots\rightarrow_{\mathrm{fin}}\cdots$表示有限函数（具有有限定义域的部分函数）的集合。

如果能让表达更为清晰，我们将使用λ符号表示函数：$\lambda x.\cdots x\cdots$表示由$f(x)=\cdots x\cdots$定义的一元函数f。

如何教授本书

本书包含的内容超过一个学期的课程内容。课程的进度自然取决于学生的背景，我们为大四学生和拥有不同背景的博士生都开设过这门课。下面我们总结教授本书不同部分需要多少课时，以作为以上关于如何阅读本书的内容的补充。

- 用两到三节课足以讲完第 1 章以及附录 A. 1 和附录 A. 2 中较简单的概念。
- 2. 1 节、2. 3 节和 2. 4 节应该是任何数据流分析课程的核心内容。用三到四节课可以讲完 2. 1 ~ 2. 4 节，但如果学生缺乏操作语义或格理论（附录 A. 1 ~ A. 3 的一部分）的背景知识，则需要增加一节课。2. 5 节和 2. 6 节是高级内容。用一到两节课可以讲完 2. 5 节，而在两节课内讲完 2. 6 节比较困难。
- 用四到五节课应该能讲完第 3 章和附录 B；但是，需要一段时间来熟悉余归纳的概念，因此最好解释不止一次。
- 用四到五节课应该能讲完第 4 章和附录 A. 4。
- 用四节课应该能讲完第 5 章。
- 用两节课应该能讲完第 6 章，但如果需要复习附录 C 的大部分内容，则需要三节课。

我们把附录作为其他章节的一部分。实际上，第 1 章也介绍了一些基础的偏序概念，而且大多数学生对偏序、图和正则表达式已经有了一些了解。

本书包括很多练习和一些迷你项目，涉及本书内容的实践或理论方面的问题，以及不同章节之间的联系和类比。较难的练习标注了星号。

致谢

感谢 Reinhard Wilhelm 对本书的长期关注，他给了我们许多鼓励和建设性的意见。我们也从与 Alan Mycroft、Mooly Sagiv、Helmut Seidl 关于本书部分章节的讨论中受益匪浅。同事 Alex Aiken、Torben Amtoft、Patrick Cousot、Laurie Hendren、Suresh Jagannathan、Florian Martin、Barbara Ryder、Bernhard Steffen 也影响了这本书的写作，在此我们表示感谢。我们也感谢 Schloss Dagstuhl 主持了两次关键会议：1997 年 3 月作者间的一周会议和 1998 年 11 月的高级讨论班。非常感谢参加在 Dagstuhl 举办的高级讨论班的学生，以及帮助测试本书的来自 Aarhus、London、Saarbrücken 和 Tel Aviv 的学生。最后我们感谢 Springer 出版社的 Alfred Hofmann 提供的非常令人满意的合同。René Rydhof Hansen 帮助我们调整了 LATEX 命令。

Flemming Nielson
Hanne Riis Nielson
Chris Hankin
1999 年 8 月于奥胡斯和伦敦

第二次印刷的前言

在第二次印刷中，我们纠正了第一次印刷的错误和缺陷，感谢 Torben Amtoft、John Tang Boyland、Jurriaan Hage 和 Mirko Luedde，以及我们的学生的敏锐观察。

目　录

Principles of Program Analysis

第1章 概述

Principles of Program Analysis

在本书中，我们将介绍四种主要的程序分析技术：数据流分析、基于约束的分析、抽象解释，以及类型和作用系统。第2~5章将分别讲解这四种技术，其中每章的后几节将讨论更高级的内容。我们将强调这些程序分析技术之间的相似性，尽管它们表面上看来并无关联。在本章，我们将对后面的内容做一个简单的介绍，通过一些例子来描述每种程序分析方法。在这些例子中我们将尽量提供细节。但如果要把这些技术熟练应用于其他例子中，还需具体学习后面的章节。

1.1 什么是程序分析

程序分析是一种静态的、编译时的分析技术，用于预测程序在运行时的变量取值或行为，并为这些取值或行为提供一个安全、可计算的近似。它的一个主要应用是允许编译器在产生代码时避免冗余计算（例如，通过重用已有的结果或把循环不变的计算移到循环之外）或避免*不必要*的计算（比如之后不会用到或编译时已经可以计算的结果）。其他应用包括对软件（例如来自分包公司的软件）进行检测，以降低恶意行为或非预期行为的可能性。这些应用通常需要结合来自程序不同部分的信息。

本书的目的是介绍几种不同的程序分析技术（这些技术领域都已有广泛的文献），并展示这些技术存在很多*共同点*。这可以帮助我们为不同的问题选择正确的方法，以及把从一种方法中得到的见解用于改善其他方法。 [1]

所有程序分析技术的一个共同点是：为了保证可计算性，分析只能提供*近似解*。例如，在下面这个简单的程序中：

```
read(x); (if x>0 then y:=1 else (y:=2;S)); z:=y
```

S 是一个不对 y 赋值的语句。直观上看，在到达 z:= y 时，y 的值只能是 1 或 2。

现在假设一个分析得到的结论是在到达 z:= y 时，y 的值只能是 1。表面上看这似乎是错误的，但如果 S 在 x≤0 和 y=2 的条件下不终止，这个分析就是正确的。由于 S 是否终止是一个*不可判定*的问题，因此我们一般不能指望程序分析能检测出这种情况。因此，在一般情况下，程序分析给出的可能性的集合*大于*程序实际运行时的可能性的集合。这意味着我们也应当接受程序分析得到 y 在到达 z:= y 时的值是 1、2 或 27，虽然我们更希望它能够得到一个更精确的结果，也就是 y 的值是 1 或 2。图 1.1 展示了这种安全近似的概念。显然，我们不希望过于频繁地得到永远安全的答案“$\{d_1,\cdots,d_N\}$”，因为这样的程序分析是没有用的。即使程序分析没能给出最精确的答案，它仍能提供有用的信息：知道 y 在赋值语 [2]

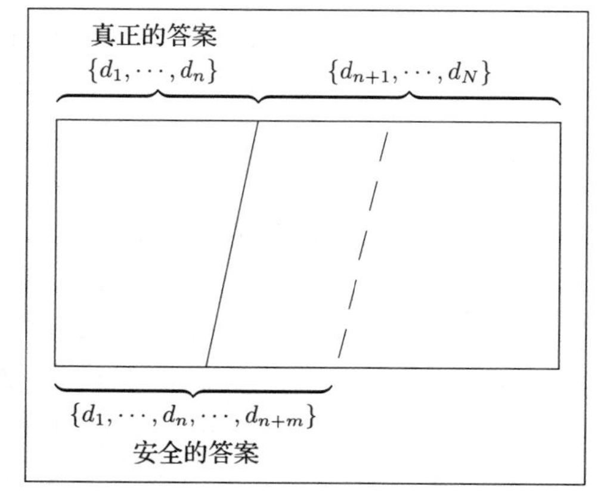

图 1.1 近似的本质：只能在安全的方向上犯错

句 z:= y 之前的取值为1、2或27至少告诉我们 z 是正数、能够储存在一个字节里，等等。为了避免混淆，我们在使用术语时最好保持准确，说“y 在到达 z:= y 时的值在1和2之中”，而不是更常见的“y 在到达 z:= y 时的值是1和2”。

另一个在本书中反复强调的观点是程序分析应当是*基于语义的*，也就是说程序分析得到的结论在程序设计语言的语义下应当是安全的(或正确的)。可惜的是，新的程序分析方法经常包含不易察觉的错误。对程序分析进行严格证明能够帮助我们尽早发现这些错误。但是，需要强调的是，我们并没有说程序分析应该是*语义引导的*，即程序分析的结构应该反映语义的结构。只有少数几种本书未介绍的方法具备这种特征。

1.2　设置场景

WHILE 语言的语法　我们将考虑一个简单的命令式语言，名为 WHILE。一个 WHILE 语言的程序一般是几条语句的复合。为了简单起见，我们为单独的赋值语句、条件和循环里的测试以及 skip 语句关联数据流信息。我们需要一种方法来识别这些语句。最便利的方式是使用带标号的程序(具体语法如后文所述)。我们将把带标号的赋值、测试和 skip 语句称为*基本块*。在本章中，我们假设不同的基本块在一开始被赋予不同的标号。我们可以去掉这个限制，但这样一些例子就需要重新表述，而得到的分析也将更不准确。

我们使用以下语法类别：

$$\begin{array}{lcll} a & \in & \mathbf{AExp} & \text{算术表达式} \\ b & \in & \mathbf{BExp} & \text{布尔表达式} \\ S & \in & \mathbf{Stmt} & \text{语句} \end{array}$$

我们假定已知一个可数的变量集合，数值、标号和操作符将不再进一步定义：

3

$$\begin{array}{rcll} x,y & \in & \mathbf{Var} & \text{变量} \\ n & \in & \mathbf{Num} & \text{数值} \\ \ell & \in & \mathbf{Lab} & \text{标号} \\ op_a & \in & \mathbf{Op}_a & \text{算术操作符} \\ op_b & \in & \mathbf{Op}_b & \text{布尔操作符} \\ op_r & \in & \mathbf{Op}_r & \text{关系操作符} \end{array}$$

该语言的语法由以下*抽象语法*给出：

$$\begin{array}{lcl} a & ::= & x \mid n \mid a_1\ op_a\ a_2 \\ b & ::= & \texttt{true} \mid \texttt{false} \mid \texttt{not}\ b \mid b_1\ op_b\ b_2 \mid a_1\ op_r\ a_2 \\ S & ::= & [x := a]^\ell \mid [\texttt{skip}]^\ell \mid S_1; S_2 \mid \\ & & \texttt{if}\ [b]^\ell\ \texttt{then}\ S_1\ \texttt{else}\ S_2 \mid \texttt{while}\ [b]^\ell\ \texttt{do}\ S \end{array}$$

可以将抽象语法看作对一个语言的语法分析树的描述，而*具体语法*的用途正是提供足够的信息，以保证能够构造唯一的语法分析树。在本书中，我们将不再考虑具体语法：当我们讨论某个语法实体时，我们总是在讨论抽象语法，因此对于实体的形式没有二义性。我们将使用抽象语法的文本表示。为了消除二义性，我们将使用括号。对于语句，通常使用 begin⋯end 或{⋯}，但有时也使用(⋯)。类似地，我们用括号(⋯)来消除其他语法类别的二义性。为了减少括号的使用，我们将假定通用的算术、布尔和关系操作符之间的优先级。

例 1.1　以下是一个用该语言编写的程序的例子。这段程序计算存储在 x 中的数值的阶乘，并把结果存放在 z 中：

$$[\texttt{y:=x}]^1;\ [\texttt{z:=1}]^2;\ \texttt{while}\ [\texttt{y>1}]^3\ \texttt{do}\ ([\texttt{z:=z*y}]^4;\ [\texttt{y:=y-1}]^5);\ [\texttt{y:=0}]^6$$

■

4

到达定值分析　不同标号的使用允许我们识别程序里的原子语句，而无须构造流图。在此基础上，我们介绍贯穿本章的程序分析方法：到达定值分析，或更准确地说，到达赋值分析：

> 形如$[x:=a]^\ell$的赋值[在文献中称为定值(definition)]，**可能到达**某个程序点(通常是一个基本块的入口或出口)如果存在一个程序的执行路径，使得当到达该程序点时，ℓ是最后一个对x赋值的语句。

考虑例1.1的阶乘程序，这里[y:=x]^{1}到达[z:=1]^{2}的入口。更简洁地说，(y,1)到达2的入口。我们也说(x,?)到达2的入口。这里"?"是一个特殊的标号，不用于代表任何程序语句，而是用于记录未初始化的变量可能到达某个程序点。

阶乘程序的到达定值的完整信息在表1.1的$\mathsf{RD}=(\mathsf{RD}_{entry},\mathsf{RD}_{exit})$函数组中给出。仔细观察该表，可以看出形如$[b]^\ell$的基本块的入口和出口信息相等，而形如$[x:=a]^\ell$的基本块的入口和出口信息在$(x,\ell')$上可能不相等。我们将在后续几节正式描述这个分析之后再讨论这个现象。

表1.1　阶乘程序的到达定值信息

ℓ	$\mathsf{RD}_{entry}(\ell)$	$\mathsf{RD}_{exit}(\ell)$
1	(x,?),(y,?),(z,?)	(x,?),(y,1),(z,?)
2	(x,?),(y,1),(z,?)	(x,?),(y,1),(z,2)
3	(x,?),(y,1),(y,5),(z,2),(z,4)	(x,?),(y,1),(y,5),(z,2),(z,4)
4	(x,?),(y,1),(y,5),(z,2),(z,4)	(x,?),(y,1),(y,5),(z,4)
5	(x,?),(y,1),(y,5),(z,4)	(x,?),(y,5),(z,4)
6	(x,?),(y,1),(y,5),(z,2),(z,4)	(x,?),(y,6),(z,2),(z,4)

回到关于安全近似的讨论，注意如果我们修改表1.1，在$\mathsf{RD}_{entry}(5)$和$\mathsf{RD}_{exit}(5)$中添加(z,2)，我们得到的到达定值信息仍然是安全的，但更是一个近似。然而，如果我们从$\mathsf{RD}_{entry}(6)$和$\mathsf{RD}_{exit}(6)$中移除(z,2)，这个到达定值信息将不再安全——存在一个阶乘程序的执行路径，其中集合{(x,?)，(y,6)，(z,4)}并没有正确地描述在标号6的出口的到达定值。

1.3　数据流分析

在数据流分析中，我们通常把程序看作一个图：每个结点是一个基本块，每条边描述控制如何从一个基本块流到另一个基本块。图1.2展示了例1.1的阶乘程序的流图。我们首先介绍对于数据流分析更常见的等式方法，然后介绍基于约束的方法。这将为1.4节提供基础。

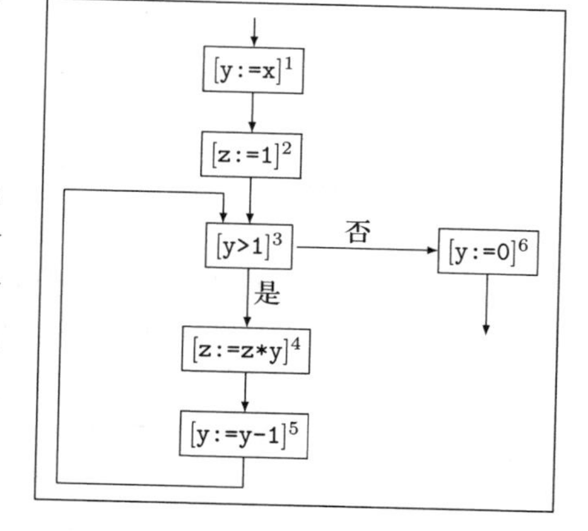

图1.2　阶乘程序的流图

1.3.1　等式方法

等式系统　到达定值以及类似的分析可以描述为从一个程序提取一些等式。这里有两类等式。一类等式关联一个结点的出口信息和同一个结点的入口信息。对于阶乘程序：

```
[y:=x]^1; [z:=1]^2; while [y>1]^3 do ([z:=z*y]^4; [y:=y-1]^5); [y:=0]^6
```

5

我们得到以下6个等式：

$$\begin{aligned}
\mathsf{RD}_{exit}(1) &= (\mathsf{RD}_{entry}(1)\backslash\{(\mathrm{y},\ell) \mid \ell \in \mathbf{Lab}\}) \cup \{(\mathrm{y},1)\}\\
\mathsf{RD}_{exit}(2) &= (\mathsf{RD}_{entry}(2)\backslash\{(\mathrm{z},\ell) \mid \ell \in \mathbf{Lab}\}) \cup \{(\mathrm{z},2)\}\\
\mathsf{RD}_{exit}(3) &= \mathsf{RD}_{entry}(3)\\
\mathsf{RD}_{exit}(4) &= (\mathsf{RD}_{entry}(4)\backslash\{(\mathrm{z},\ell) \mid \ell \in \mathbf{Lab}\}) \cup \{(\mathrm{z},4)\}\\
\mathsf{RD}_{exit}(5) &= (\mathsf{RD}_{entry}(5)\backslash\{(\mathrm{y},\ell) \mid \ell \in \mathbf{Lab}\}) \cup \{(\mathrm{y},5)\}\\
\mathsf{RD}_{exit}(6) &= (\mathsf{RD}_{entry}(6)\backslash\{(\mathrm{y},\ell) \mid \ell \in \mathbf{Lab}\}) \cup \{(\mathrm{y},6)\}
\end{aligned}$$

这些都是以下模式的实例：对于赋值语句$[x := a]^{\ell'}$，我们从$\mathsf{RD}_{entry}(\ell')$中去掉所有$(x,\ell)$并添加$(x,\ell')$，从而得到$\mathsf{RD}_{exit}(\ell')$，这反映了变量$x$在$\ell$被重新定义。对于其他的基本块$\{\cdots\}^{\ell'}$我们让$\mathsf{RD}_{entry}(\ell')$等于$\mathsf{RD}_{exit}(\ell')$——反映没有变量被改变。

另一类等式关联一个结点的入口信息和所有拥有到达该结点的边的结点的出口信息。也就是说，入口信息来自所有可能的控制来源的出口信息。对于阶乘程序，我们得到以下等式：

$$\begin{aligned}
\mathsf{RD}_{entry}(2) &= \mathsf{RD}_{exit}(1)\\
\mathsf{RD}_{entry}(3) &= \mathsf{RD}_{exit}(2) \cup \mathsf{RD}_{exit}(5)\\
\mathsf{RD}_{entry}(4) &= \mathsf{RD}_{exit}(3)\\
\mathsf{RD}_{entry}(5) &= \mathsf{RD}_{exit}(4)\\
\mathsf{RD}_{entry}(6) &= \mathsf{RD}_{exit}(3)
\end{aligned}$$

在一般情况下，我们有$\mathsf{RD}_{entry}(\ell) = \mathsf{RD}_{exit}(\ell_1) \cup \cdots \cup \mathsf{RD}_{exit}(\ell_n)$，其中$\ell_1,\cdots,\ell_n$是所有可能把控制传给$\ell$的标号。我们将在第2章为此提供更准确的描述。最后，我们考虑以下等式：

$$\mathsf{RD}_{entry}(1) = \{(x,?) \mid x\text{是程序中的变量}\}$$

显然标号"?"用于记录未初始化的变量。在我们的例子中：

$$\mathsf{RD}_{entry}(1) = \{(\mathrm{x},?),(\mathrm{y},?),(\mathrm{z},?)\}$$

最小解　上述等式系统定义了12个集合

$$\mathsf{RD}_{entry}(1),\cdots,\mathsf{RD}_{exit}(6)$$

之间的关系。用$\overrightarrow{\mathsf{RD}}$表示这12个集合，我们可以把等式系统看作定义一个函数F，并要求：

$$\overrightarrow{\mathsf{RD}} = F(\overrightarrow{\mathsf{RD}})$$

更确切地说，我们定义

$$F(\overrightarrow{\mathsf{RD}}) = (F_{entry}(1)(\overrightarrow{\mathsf{RD}}), F_{exit}(1)(\overrightarrow{\mathsf{RD}}),\cdots,F_{entry}(6)(\overrightarrow{\mathsf{RD}}), F_{exit}(6)(\overrightarrow{\mathsf{RD}}))$$

其中(例如)：

$$F_{entry}(3)(\cdots,\mathsf{RD}_{exit}(2),\cdots,\mathsf{RD}_{exit}(5),\cdots) = \mathsf{RD}_{exit}(2) \cup \mathsf{RD}_{exit}(5)$$

显然，F是12个变量和标号二元组的集合上的函数。因此它可以写成：

$$F : (\mathcal{P}(\mathbf{Var}_\star \times \mathbf{Lab}_\star))^{12} \to (\mathcal{P}(\mathbf{Var}_\star \times \mathbf{Lab}_\star))^{12}$$

这里可以取$\mathbf{Var}_\star = \mathbf{Var}$和$\mathbf{Lab}_\star = \mathbf{Lab}$。但是，为了简化本章的描述，我们让$\mathbf{Var}_\star$为$\mathbf{Var}$的一个有限子集，包含程序$S_\star$中出现的变量。类似地定义$\mathbf{Lab}_\star$。比如，对于阶乘程序，我们有$\mathbf{Var}_\star = \{\mathrm{x},\mathrm{y},\mathrm{z}\}$和$\mathbf{Lab}_\star = \{1,\cdots,6,?\}$。

6～7

显然$(\mathcal{P}(\mathbf{Var}_\star \times \mathbf{Lab}_\star))^{12}$上存在一个偏序，定义为：

$$\overrightarrow{\mathsf{RD}} \sqsubseteq \overrightarrow{\mathsf{RD}}' \quad \text{iff} \quad \forall i : \mathsf{RD}_i \subseteq \mathsf{RD}'_i$$

其中$\overrightarrow{\mathsf{RD}} = (\mathsf{RD}_1,\cdots,\mathsf{RD}_{12})$，类似地，$\overrightarrow{\mathsf{RD}}' = (\mathsf{RD}'_1,\cdots,\mathsf{RD}'_{12})$。这将$(\mathcal{P}(\mathbf{Var}_\star \times \mathbf{Lab}_\star))^{12}$变成一个完全格(见附录A)，其中最小元素是

$$\vec{\emptyset} = (\emptyset, \cdots, \emptyset)$$

二元最小上界是

$$\vec{\mathsf{RD}} \sqcup \vec{\mathsf{RD}}' = (\mathsf{RD}_1 \cup \mathsf{RD}_1', \cdots, \mathsf{RD}_{12} \cup \mathsf{RD}_{12}')$$

容易证明 F 是一个单调函数(见附录 A)，这意味着：

$$\vec{\mathsf{RD}} \sqsubseteq \vec{\mathsf{RD}}' \quad \text{蕴含} \quad F(\vec{\mathsf{RD}}) \sqsubseteq F(\vec{\mathsf{RD}}')$$

这涉及如下的计算：

$$\mathsf{RD}_{exit}(2) \subseteq \mathsf{RD}'_{exit}(2), \quad \mathsf{RD}_{exit}(5) \subseteq \mathsf{RD}'_{exit}(5)$$
$$\text{蕴含}\ \mathsf{RD}_{exit}(2) \cup \mathsf{RD}_{exit}(5) \subseteq \mathsf{RD}'_{exit}(2) \cup \mathsf{RD}'_{exit}(5)$$

详细细节留给读者思考。

下面考虑序列 $(F^n(\vec{\emptyset}))_n$，注意 $\vec{\emptyset} \sqsubseteq F(\vec{\emptyset})$。由于 F 是单调的，所以通过简单的归纳(见附录 B)可以得出 $F^n(\vec{\emptyset}) \sqsubseteq F^{n+1}(\vec{\emptyset})$(对于所有 n)。该序列的所有元素都在 $(\mathcal{P}(\mathbf{Var}_\star \times \mathbf{Lab}_\star))^{12}$ 里。由于这是一个有限集合，序列的所有元素不可能都不同，因此必然存在 n 使得：

$$F^{n+1}(\vec{\emptyset}) = F^n(\vec{\emptyset})$$

但 $F^{n+1}(\vec{\emptyset}) = F(F^n(\vec{\emptyset}))$，这说明 $F^n(\vec{\emptyset})$ 是 F 的不动点。因此 $F^n(\vec{\emptyset})$ 是上述等式系统的解。

事实上，我们得到的是该等式系统的最小解。为了说明这一点，假定 $\vec{\mathsf{RD}}$ 是另一个解，即 $\vec{\mathsf{RD}} = F(\vec{\mathsf{RD}})$。通过简单的归纳可得 $F^n(\vec{\emptyset}) \sqsubseteq \vec{\mathsf{RD}}$。因此 $F^n(\vec{\emptyset})$ 包含了与程序相符的最少的到达定值。直观地说，这正是我们想要的解：虽然我们能增加更多到达定值而保持分析的可靠性，但这将降低分析的可用性(在 1.1 节中已经讨论过)。在练习 1.7 中，可知最小解正是表 1.1 中展示的解。

1.3.2　基于约束的方法

约束系统　除了等式系统，到达定值分析的另一种表述方式是基于约束的方法。在这里，我们的目标是从程序中提取一些包含关系(或不等式、约束)。对于到达定值分析，约束系统和等式系统之间的关系非常明显。但这并不是一个一般性的现象。在一般情况下，得到的约束并不能像等式那样自然地被划分为两类。

8

对于阶乘程序：

```
[y:=x]^1; [z:=1]^2; while [y>1]^3 do ([z:=z*y]^4; [y:=y-1]^5); [y:=0]^6
```

我们得到以下约束，表达基本块的作用：

$$
\begin{array}{rcl}
\mathsf{RD}_{exit}(1) & \supseteq & \mathsf{RD}_{entry}(1) \backslash \{(\mathrm{y}, \ell) \mid \ell \in \mathbf{Lab}\} \\
\mathsf{RD}_{exit}(1) & \supseteq & \{(\mathrm{y}, 1)\} \\
\mathsf{RD}_{exit}(2) & \supseteq & \mathsf{RD}_{entry}(2) \backslash \{(\mathrm{z}, \ell) \mid \ell \in \mathbf{Lab}\} \\
\mathsf{RD}_{exit}(2) & \supseteq & \{(\mathrm{z}, 2)\} \\
\mathsf{RD}_{exit}(3) & \supseteq & \mathsf{RD}_{entry}(3) \\
\mathsf{RD}_{exit}(4) & \supseteq & \mathsf{RD}_{entry}(4) \backslash \{(\mathrm{z}, \ell) \mid \ell \in \mathbf{Lab}\} \\
\mathsf{RD}_{exit}(4) & \supseteq & \{(\mathrm{z}, 4)\} \\
\mathsf{RD}_{exit}(5) & \supseteq & \mathsf{RD}_{entry}(5) \backslash \{(\mathrm{y}, \ell) \mid \ell \in \mathbf{Lab}\} \\
\mathsf{RD}_{exit}(5) & \supseteq & \{(\mathrm{y}, 5)\} \\
\mathsf{RD}_{exit}(6) & \supseteq & \mathsf{RD}_{entry}(6) \backslash \{(\mathrm{y}, \ell) \mid \ell \in \mathbf{Lab}\} \\
\mathsf{RD}_{exit}(6) & \supseteq & \{(\mathrm{y}, 6)\}
\end{array}
$$

从这个例子可以总结一个一般的方法：对于赋值语句$[x:=a]^{\ell'}$，我们得到一个约束表示$\mathsf{RD}_{entry}(\ell')$里的所有$(x,\ell)$没有到达$\mathsf{RD}_{exit}(\ell')$，以及另一个约束表示$(x,\ell')$到达$\mathsf{RD}_{exit}(\ell')$。对于其他的基本块$[\cdots]^{\ell'}$，我们只有一个约束表示所有的$\mathsf{RD}_{entry}(\ell')$到达$\mathsf{RD}_{exit}(\ell')$。

下面考虑来自程序控制流的约束。对于阶乘程序，我们得到的约束是：

$$\begin{aligned}
\mathsf{RD}_{entry}(2) &\supseteq \mathsf{RD}_{exit}(1)\\
\mathsf{RD}_{entry}(3) &\supseteq \mathsf{RD}_{exit}(2)\\
\mathsf{RD}_{entry}(3) &\supseteq \mathsf{RD}_{exit}(5)\\
\mathsf{RD}_{entry}(5) &\supseteq \mathsf{RD}_{exit}(4)\\
\mathsf{RD}_{entry}(6) &\supseteq \mathsf{RD}_{exit}(3)
\end{aligned}$$

一般而言，如果控制可以从ℓ'流到ℓ，我们有约束$\mathsf{RD}_{entry}(\ell)\supseteq\mathsf{RD}_{exit}(\ell')$。最后，约束

$$\mathsf{RD}_{entry}(1)\supseteq\{(\mathtt{x},?),(\mathtt{y},?),(\mathtt{z},?)\}$$

9　表示不确定未初始化变量的定值点。

重新审视最小解　不难看出之前等式系统的解也是以上约束系统的解。为了使这个关系更明显，我们重新排列约束，把所有左侧相同的约束放到一起。例如，

$$\begin{aligned}
\mathsf{RD}_{exit}(1) &\supseteq \mathsf{RD}_{entry}(1)\backslash\{(\mathtt{y},\ell)\mid\ell\in\mathbf{Lab}\}\\
\mathsf{RD}_{exit}(1) &\supseteq \{(\mathtt{y},1)\}
\end{aligned}$$

将被替换为

$$\mathsf{RD}_{exit}(1)\supseteq(\mathsf{RD}_{entry}(1)\backslash\{(\mathtt{y},\ell)\mid\ell\in\mathbf{Lab}\})\cup\{(\mathtt{y},1)\}$$

这显然不影响$\overrightarrow{\mathsf{RD}}$是不是一个解。换句话说，我们得到了之前等式系统的另一个版本，把所有等式关系换成了包含关系。正式地讲，对于同一个函数F，等式系统要求$\overrightarrow{\mathsf{RD}}=F(\overrightarrow{\mathsf{RD}})$，而基于约束的方法要求$\overrightarrow{\mathsf{RD}}\sqsupseteq F(\overrightarrow{\mathsf{RD}})$。因此，等式系统的解显然也是约束系统的解，但反过来则不一定成立。

幸运的是，我们可以证明等式系统和约束系统有相同的最小解。回忆一下$\overrightarrow{\mathsf{RD}}=F(\overrightarrow{\mathsf{RD}})$的最小解的构造方式：它是$F^n(\vec{\emptyset})$，对于足够大的$n$使得$F^n(\vec{\emptyset})=F^{n+1}(\vec{\emptyset})$。如果$\overrightarrow{\mathsf{RD}}$是约束系统的解，即$\overrightarrow{\mathsf{RD}}\sqsupseteq F(\overrightarrow{\mathsf{RD}})$，则显然$\vec{\emptyset}\sqsubseteq\overrightarrow{\mathsf{RD}}$，从$F$的单调性和数学归纳法可知$F^n(\vec{\emptyset})\sqsubseteq\overrightarrow{\mathsf{RD}}$。由于$F^n(\vec{\emptyset})$是约束系统的解，这说明它也是该约束系统的最小解。

总结一下，我们看到等式方法和基于约束的方法之间有很强的联系。这种联系有时并不像在这里那么明显：基于约束的方法的一个特征是左侧相同的约束可以从程序中很多不同的地方产生，把它们收集到一起可能需要做大量的工作。

1.4　基于约束的分析

控制流分析的目标是确定每个“基本块”可以到达哪些其他的基本块。对于WHILE语言，这种信息是立即可得的。但对于更复杂的命令式、函数式和面向对象的程序设计语言，情况并不是那么简单。通常控制流分析可以表述为一个基于约束的分析。我们将在本节展示这种方法。

10　请看下列函数式程序：

```
let   f = fn x => x 1;
      g = fn y => y+2;
      h = fn z => z+3
in    (f g) + (f h)
```

它定义了一个高阶函数 f，带有形式参数（以后简称“形参”）x 和函数体 x 1。然后，定义两个函数 g 和 h，并在 let 结构的主体中把它们作为 f 的实在参数。从语义上说，x 依次被绑定到这两个函数，因此 g 和 h 将被应用于 1。整个计算的结果是 7。

应用 f 把控制传给 f 的函数体，即 x 1，而这个 x 的应用把控制传给 x 的函数体。问题是，我们不能立即得到 x 的函数体：我们需要知道 f 是用哪些参数调用的。这就是控制流分析给出的信息：

对于每个函数应用，哪些其他函数可能被应用。

通常对于函数式语言，我们使用的标号方法与命令式语言有很大的不同，因为“基本块”可能是嵌套的。因此，我们将为所有的子表达式标号。以下简单的程序将被用于说明这种分析。

例 1.2 考虑以下程序：

$$[[\texttt{fn x => } [\texttt{x}]^1]^2 \ [\texttt{fn y => } [\texttt{y}]^3]^4]^5$$

它调用恒等函数 fn x => x，使用参数 fn y => y。很显然，它的取值是 fn y => y 本身（忽略所有的$[\cdots]^\ell$）。 ■

我们现在将为标号本身而不是标号的入口和出口关联信息——我们的简单函数式语言没有副作用。控制流分析通过一个函数的二元组$(\widehat{\mathsf{C}},\hat{\rho})$表达。这里$\widehat{\mathsf{C}}(\ell)$应该包含标号为$\ell$的子表达式（或“基本块”）可能的取值，$\hat{\rho}(x)$包含变量$x$可能绑定的值。

约束系统 控制流分析可以表述为一些约束条件。我们用例 1.2 的程序说明这种方法。在这里有三类约束条件。第一类约束表达函数抽象的取值和标号之间的关系：

$$\{\texttt{fn x => } [\texttt{x}]^1\} \subseteq \widehat{\mathsf{C}}(2)$$
$$\{\texttt{fn y => } [\texttt{y}]^3\} \subseteq \widehat{\mathsf{C}}(4)$$

11

这些约束表示函数抽象的取值是一个闭包，包含这个抽象本身。一般的模式是每个$\{\texttt{fn}\ x \texttt{ => } e\}^\ell$的出现产生约束$\{\texttt{fn}\ x \texttt{ => } e\}\subseteq\widehat{\mathsf{C}}(\ell)$。

第二类约束表达每个变量的值和它们的标号之间的关系：

$$\hat{\rho}(\mathtt{x}) \subseteq \widehat{\mathsf{C}}(1)$$
$$\hat{\rho}(\mathtt{y}) \subseteq \widehat{\mathsf{C}}(3)$$

这些约束表示变量的取值是赋予它们的值。因此，对于每个$[x]^\ell$的出现，得到约束$\hat{\rho}(x)\subseteq\widehat{\mathsf{C}}(\ell)$。

第三类约束处理函数应用：对于每个函数应用点$[e_1\ e_2]^\ell$和每个可能在该应用点被调用的函数$[\texttt{fn}\ x \texttt{ => } e]^{\ell'}$，我们有：(i)一个约束表达函数的形参绑定到该应用点的实在参数；(ii)一个约束表达对函数体取值的结果是该应用的一个可能取值。

我们的例子只包含一个应用$[[\cdots]^2[\cdots]^4]^5$，但这个应用的函数部分有两种可能，即$\widehat{\mathsf{C}}(2)$是$\{\texttt{fn x => } [\texttt{x}]^1, \texttt{fn y => } [\texttt{y}]^3\}$的一个子集。如果函数$\texttt{fn x => } [\texttt{x}]^1$被应用，则两个约束是$\widehat{\mathsf{C}}(4)\subseteq\hat{\rho}(\mathtt{x})$和$\widehat{\mathsf{C}}(1)\subseteq\widehat{\mathsf{C}}(5)$。我们把它表示为一个条件约束（conditional constraint）：

$$\{\texttt{fn x => } [\texttt{x}]^1\} \subseteq \widehat{\mathsf{C}}(2) \Rightarrow \widehat{\mathsf{C}}(4) \subseteq \hat{\rho}(\mathtt{x})$$
$$\{\texttt{fn x => } [\texttt{x}]^1\} \subseteq \widehat{\mathsf{C}}(2) \Rightarrow \widehat{\mathsf{C}}(1) \subseteq \widehat{\mathsf{C}}(5)$$

对应的，如果函数 fn y => $[y]^3$ 被应用，得到的条件约束是：

$$\{\texttt{fn y => } [y]^3\} \subseteq \widehat{C}(2) \Rightarrow \widehat{C}(4) \subseteq \widehat{\rho}(y)$$
$$\{\texttt{fn y => } [y]^3\} \subseteq \widehat{C}(2) \Rightarrow \widehat{C}(3) \subseteq \widehat{C}(5)$$

最小解　正如在1.3节所述，我们关心这个约束集合的最小解：$\widehat{C}$ 和 $\widehat{\rho}$ 提供的值的集合越小，预测哪些函数被应用就越准确。在练习1.2中，我们将证明以下 $\widehat{C}$ 和 $\widehat{\rho}$ 的取值是上述约束系统的一个解：

$$\begin{array}{lcl}
\widehat{C}(1) & = & \{\texttt{fn y => } [y]^3\} \\
\widehat{C}(2) & = & \{\texttt{fn x => } [x]^1\} \\
\widehat{C}(3) & = & \emptyset \\
\widehat{C}(4) & = & \{\texttt{fn y => } [y]^3\} \\
\widehat{C}(5) & = & \{\texttt{fn y => } [y]^3\} \\
\widehat{\rho}(x) & = & \{\texttt{fn y => } [y]^3\} \\
\widehat{\rho}(y) & = & \emptyset
\end{array}$$

12

从这里可以看出函数抽象 fn y => y 从来没有被应用（因为 $\widehat{\rho}(y)=\emptyset$），并且程序的唯一取值是函数抽象 fn y => y（因为 $\widehat{C}(5)=\{\texttt{fn y => } [y]^3\}$）。

请注意数据流分析的基于约束的方法和基于约束的分析之间的相似之处：在这两种情况下，程序的语法结构都产生一个约束集合，而我们需要找到这些约束的最小解。这两种情况的主要不同点是基于约束的分析涉及的约束比数据流分析具有更复杂的结构。

1.5　抽象解释

抽象解释理论提供一种一般的方法，用于直接计算分析，而不仅仅是定义它们，然后在事后进行验证。在某种程度上，抽象解释的应用独立于程序分析是如何描述的，因此它不局限于这里展示的数据流分析上的应用。

聚集语义　我们首先定义聚集语义（collecting semantics），用于记录能够到达一个给定程序点的迹 tr 的集合：

$$tr \in \textbf{Trace} = (\textbf{Var} \times \textbf{Lab})^*$$

直观地讲，迹记录的是计算过程中每个变量获取其值的位置。因此，对于阶乘程序

$$[\texttt{y:=x}]^1;\ [\texttt{z:=1}]^2;\ \texttt{while}\ [\texttt{y>1}]^3\ \texttt{do}\ ([\texttt{z:=z*y}]^4;\ [\texttt{y:=y-1}]^5);\ [\texttt{y:=0}]^6$$

一个可能的迹是

$$((x,?),(y,?),(z,?),(y,1),(z,2),(z,4),(y,5),(z,4),(y,5),(y,6))$$

对应着该程序的一次运行，其中 while 循环执行两次。

迹包含了足够的信息，使得我们可以提取一个语义到达定值的集合：

$$\mathsf{SRD}(tr)(x) = \ell \quad \text{iff} \quad tr\text{ 中最右边的二元组}(x,\ell')\text{有 }\ell = \ell'$$

我们用 $\mathsf{DOM}(tr)$ 表示 $\mathsf{SRD}(tr)$ 上有定义的变量的集合，即 $x \in \mathsf{DOM}(tr)$ 当且仅当某个二元组 (x,ℓ) 在 tr 中出现。

如果一个到达定值是正确（或安全）的，我们要求它包含语义到达定值，也就是说，如果 tr 是所有在进入标号为 ℓ 的基本块之前的可能的迹，我们要求：

13

$$\forall x \in \mathsf{DOM}(tr) : (x, \mathsf{SRD}(tr)(x)) \in \mathsf{RD}_{entry}(\ell)$$

只有这样，才能信任 $\mathsf{RD}_{entry}(\ell)$ 关于可能到达 ℓ 的定值的信息。在后面的章节，我们

将为这样的结论提供证明。

聚集语义定义了每个程序点的可能的迹的一个超集。我们以 1.3 节的到达定值分析的形式定义聚集语义 CS。更准确地说，我们使用一些等式定义 $(\mathcal{P}(\textbf{Trace}))^{12}$ 里的一个 12 元组。首先我们有：

$$
\begin{aligned}
\mathsf{CS}_{exit}(1) &= \{tr:(\mathrm{y},1) \mid tr \in \mathsf{CS}_{entry}(1)\}\\
\mathsf{CS}_{exit}(2) &= \{tr:(\mathrm{z},2) \mid tr \in \mathsf{CS}_{entry}(2)\}\\
\mathsf{CS}_{exit}(3) &= \mathsf{CS}_{entry}(3)\\
\mathsf{CS}_{exit}(4) &= \{tr:(\mathrm{z},4) \mid tr \in \mathsf{CS}_{entry}(4)\}\\
\mathsf{CS}_{exit}(5) &= \{tr:(\mathrm{y},5) \mid tr \in \mathsf{CS}_{entry}(5)\}\\
\mathsf{CS}_{exit}(6) &= \{tr:(\mathrm{y},6) \mid tr \in \mathsf{CS}_{entry}(6)\}
\end{aligned}
$$

展示赋值语句如何对迹进行扩展。这里我们让 $tr:(x,\ell)$ 表示将元素 (x,ℓ) 附加到列表 tr 中，即 $((x_1,\ell_1),\cdots,(x_n,\ell_n)):(x,\ell)$ 等于 $((x_1,\ell_1),\cdots,(x_n,\ell_n),(x,\ell))$。另外，我们有：

$$
\begin{aligned}
\mathsf{CS}_{entry}(2) &= \mathsf{CS}_{exit}(1)\\
\mathsf{CS}_{entry}(3) &= \mathsf{CS}_{exit}(2) \cup \mathsf{CS}_{exit}(5)\\
\mathsf{CS}_{entry}(4) &= \mathsf{CS}_{exit}(3)\\
\mathsf{CS}_{entry}(5) &= \mathsf{CS}_{exit}(4)\\
\mathsf{CS}_{entry}(6) &= \mathsf{CS}_{exit}(3)
\end{aligned}
$$

对应程序的控制流。有关变量值的更详细的信息可以让我们更准确地定义 $\mathsf{CS}_{entry}(4)$ 和 $\mathsf{CS}_{entry}(6)$，但上述定义已足够用于展示这种方法。最后，我们让

$$\mathsf{CS}_{entry}(1) = \{((\mathrm{x},?),(\mathrm{y},?),(\mathrm{z},?))\}$$

对应于所有变量在程序开始时都未初始化。

和之前一样，我们重写等式系统如下：

$$\overrightarrow{\mathsf{CS}} = G(\overrightarrow{\mathsf{CS}})$$

14

其中 $\overrightarrow{\mathsf{CS}}$ 是 $(\mathcal{P}(\textbf{Trace}))^{12}$ 里的一个 12 元组，G 是一个单调函数：

$$G:(\mathcal{P}(\textbf{Trace}))^{12} \to (\mathcal{P}(\textbf{Trace}))^{12}$$

在附录 A 里讲到，存在一个统一的理论确保这个等式系统有一个最小解。我们把它写为 $lfp(G)$。然而，由于 $(\mathcal{P}(\textbf{Trace}))^{12}$ 不是有限的，我们不能简单地使用之前的方法来构造 $lfp(G)$。

Galois 连接 我们已经看到，聚集语义作用于迹的集合上，而到达定值分析作用于变量和标号的二元组的集合。为了使这两个“世界”关联，我们定义一个抽象化函数 α 和一个具体化函数 γ，如下所示：

$$\mathcal{P}(\textbf{Trace}) \underset{\alpha}{\overset{\gamma}{\rightleftarrows}} \mathcal{P}(\textbf{Var} \times \textbf{Lab})$$

这里的想法是抽象化函数 α 提取迹集合包含的到达定值信息，因此自然的定义是

$$\alpha(X) = \{(x,\mathsf{SRD}(tr)(x)) \mid x \in \mathsf{DOM}(tr) \wedge tr \in X\}$$

这里我们使用了语义到达定值的概念。

具体化函数 γ 对一个给定的到达定值信息产生所有与其一致的迹 tr：

$$\gamma(Y) = \{tr \mid \forall x \in \mathsf{DOM}(tr):(x,\mathsf{SRD}(tr)(x)) \in Y\}$$

通常，要求 α 和 γ 满足条件

15

$$\alpha(X) \subseteq Y \Leftrightarrow X \subseteq \gamma(Y)$$

我们说每当满足这个条件时(α,γ)是一个伴随(adjunction)，或 Galois 连接。图 1.3 形象地表示了这个条件。我们留给读者验证以上定义的(α,γ)满足该条件。

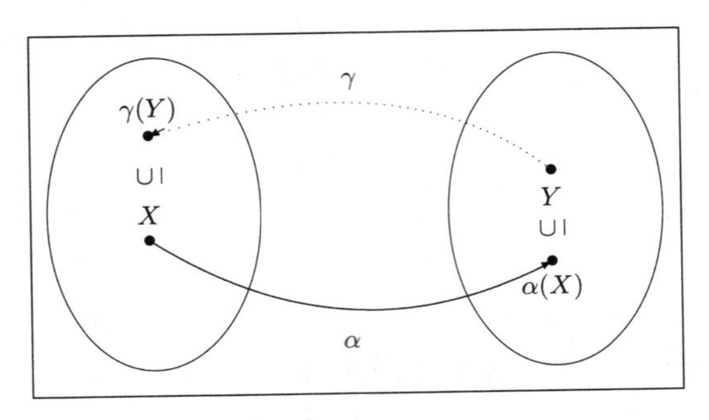

图 1.3　一个伴随(α,γ)

衍生分析　我们现在展示聚集语义如何可以用来计算(而不是"猜测")类似于 1.3 节的分析，称这样计算出来的分析是衍生分析(induced analysis)。为此，我们定义

$$\begin{aligned}\vec{\alpha}(X_1,\cdots,X_{12}) &= (\alpha(X_1),\cdots,\alpha(X_{12}))\\ \vec{\gamma}(Y_1,\cdots,Y_{12}) &= (\gamma(Y_1),\cdots,\gamma(Y_{12}))\end{aligned}$$

这里 α 和 γ 的定义如上，并考虑函数 $\vec{\alpha}\circ G\circ\vec{\gamma}$:

$$(\vec{\alpha}\circ G\circ\vec{\gamma}):(\mathcal{P}(\mathbf{Var}\times\mathbf{Lab}))^{12}\rightarrow(\mathcal{P}(\mathbf{Var}\times\mathbf{Lab}))^{12}$$

该函数为到达定值分析提供了一个间接的定义。由于 G 是通过在 $\mathcal{P}(\mathbf{Trace})$上的一组等式定义的，我们用 $\vec{\alpha}\circ \mathrm{G}\circ\vec{\gamma}$ 计算在 $\mathcal{P}(\mathbf{Var}\times\mathbf{Lab})$上的一组等式。我们用其中一个等式展示这种方法：

$$\mathsf{CS}_{exit}(4) = \{tr:(\mathbf{z},4) \mid tr\in\mathsf{CS}_{entry}(4)\}$$

在 G 的定义中相应的等式是：

$$G_{exit}(4)(\cdots,\mathsf{CS}_{entry}(4),\cdots) = \{tr:(\mathbf{z},4) \mid tr\in\mathsf{CS}_{entry}(4)\}$$

我们根据 $\vec{\alpha}\circ G\circ\vec{\gamma}$ 的定义计算出对应的等式：

$$\begin{aligned}
&\alpha(G_{exit}(4)(\vec{\gamma}(\cdots,\mathsf{RD}_{entry}(4),\cdots)))\\
&\quad=\alpha(\{tr:(\mathbf{z},4)\mid tr\in\gamma(\mathsf{RD}_{entry}(4))\})\\
&\quad=\{(x,\mathsf{SRD}(tr:(\mathbf{z},4))(x))\\
&\qquad\quad\mid x\in\mathsf{DOM}(tr:(\mathbf{z},4)),\\
&\qquad\qquad\forall y\in\mathsf{DOM}(tr):(y,\mathsf{SRD}(tr)(y))\in\mathsf{RD}_{entry}(4)\}\\
&\quad=\{(x,\mathsf{SRD}(tr:(\mathbf{z},4))(x))\\
&\qquad\quad\mid x\neq\mathbf{z},\ x\in\mathsf{DOM}(tr:(\mathbf{z},4)),\\
&\qquad\qquad\forall y\in\mathsf{DOM}(tr):(y,\mathsf{SRD}(tr)(y))\in\mathsf{RD}_{entry}(4)\}\\
&\qquad\cup\{(x,\mathsf{SRD}(tr:(\mathbf{z},4))(x))\\
&\qquad\quad\mid x=\mathbf{z},\ x\in\mathsf{DOM}(tr:(\mathbf{z},4)),\\
&\qquad\qquad\forall y\in\mathsf{DOM}(tr):(y,\mathsf{SRD}(tr)(y))\in\mathsf{RD}_{entry}(4)\}\\
&\quad=\{(x,\mathsf{SRD}(tr)(x))\\
&\qquad\quad\mid x\neq\mathbf{z},\ x\in\mathsf{DOM}(tr),\\
&\qquad\qquad\forall y\in\mathsf{DOM}(tr):(y,\mathsf{SRD}(tr)(y))\in\mathsf{RD}_{entry}(4)\}\\
&\qquad\cup\{(\mathbf{z},4)\\
&\qquad\quad\mid\forall y\in\mathsf{DOM}(tr):(y,\mathsf{SRD}(tr)(y))\in\mathsf{RD}_{entry}(4)\}\\
&\quad=(\mathsf{RD}_{entry}(4)\setminus\{(\mathbf{z},\ell)\mid\ell\in\mathbf{Lab}\})\cup\{(\mathbf{z},4)\}
\end{aligned}$$

最终得到的等式是：

$$\mathsf{RD}_{exit}(4) = (\mathsf{RD}_{entry}(4) \setminus \{(\mathbf{z},\ell) \mid \ell \in \mathbf{Lab}\}) \cup \{(\mathbf{z},4)\}$$

这与1.3节的结果是一样的。类似的计算可以用于其他的等式。

最小解 正如附录A所解释的，等式系统

$$\overrightarrow{\mathsf{RD}} = (\vec{\alpha} \circ G \circ \vec{\gamma})(\overrightarrow{\mathsf{RD}})$$

有一个最小解。我们把它写为 $lfp\,(\vec{\alpha} \circ G \circ \vec{\gamma})$。值得注意的是，如果我们把无限集合 **Var** 和 **Lab** 替换为有限集合 $\mathbf{Var}_\star$ 和 $\mathbf{Lab}_\star$，则 $\vec{\alpha} \circ G \circ \vec{\gamma}$ 的最小不动点可以通过 $(\vec{\alpha} \circ G \circ \vec{\gamma})^n(\vec{\emptyset})$ 计算。这和之前 F 的情况是一样的。

在练习1.4中，我们将证明 $\vec{\alpha} \circ G \circ \vec{\gamma} \sqsubseteq F$，并且 $\vec{\alpha}(G^n(\vec{\emptyset})) \sqsubseteq (\vec{\alpha} \circ G \circ \vec{\gamma})^n(\vec{\emptyset}) \sqsubseteq F^n(\vec{\emptyset})$ 对所有的 n 成立。实际上，有

$$\vec{\alpha}(lfp(G)) \sqsubseteq lfp(\vec{\alpha} \circ G \circ \vec{\gamma}) \sqsubseteq lfp(F)$$

成立。因此由 $\vec{\alpha} \circ G \circ \vec{\gamma}$ 定义的等式系统的最小解在聚集语义下是正确的。类似地，1.3节的等式系统的最小解在聚集语义下也是正确的。因此，我们只需证明聚集语义本身是正确的——衍生分析的正确性可以直接从中推出。

在某些分析里，可以证明一个更强的结论 $\vec{\alpha} \circ G \circ \vec{\gamma} = F$。在这些情况下，衍生分析是最优的（在给定的近似性质的选择下），并且显然有 $lfp\,(\vec{\alpha} \circ G \circ \vec{\gamma}) = lfp\,(F)$。在练习1.4中，我们将研究对于本节的到达定值分析该等式是否成立。

1.6 类型和作用系统

一个简单的类型系统 解释类型和作用系统的理想环境是一个带类型的函数式或命令式语言。然而，即使我们已有的简单语言也可以考虑为带类型的：一个语句 S 映射一个状态到另一个状态（假定它是终止的），所以具有类型 $\Sigma \to \Sigma$，其中 Σ 是状态的类型。我们把它写为如下类型断言：

$$S : \Sigma \to \Sigma$$

一种形式化定义该类型断言的方式是使用以下简单的公理和推导规则：

17

$$[x := a]^\ell : \Sigma \to \Sigma$$

$$[\mathtt{skip}]^\ell : \Sigma \to \Sigma$$

$$\frac{S_1 : \Sigma \to \Sigma \quad S_2 : \Sigma \to \Sigma}{S_1; S_2 : \Sigma \to \Sigma}$$

$$\frac{S_1 : \Sigma \to \Sigma \quad S_2 : \Sigma \to \Sigma}{\mathtt{if}\ [b]^\ell\ \mathtt{then}\ S_1\ \mathtt{else}\ S_2 : \Sigma \to \Sigma}$$

$$\frac{S : \Sigma \to \Sigma}{\mathtt{while}\ [b]^\ell\ \mathtt{do}\ S : \Sigma \to \Sigma}$$

通常，一个类型和作用系统可以看作两个成分的组合：一个作用系统和一个带注释的类型系统（简称注释类型系统）。在作用系统中，断言的形式为 $S: \Sigma \xrightarrow{\varphi} \Sigma$，这里作用 φ 告诉我们当 S 执行时发生了什么：出现哪些错误，抛出哪些异常，哪些文件被修改。在注释类型系统中，断言的形式为 $S: \Sigma_1 \to \Sigma_2$，其中 Σ_i 描述状态的特征，例如变量是正数，或某个不变式是保持的。下面我们将使用WHILE语言展示注释类型系统，然后使用函数式语言展示作用系统。

1.6.1 注释类型系统

带注释的基本类型　在本节中，我们将基于注释类型为到达定值分析给出两种不同的描述。在第一种描述里，基本类型是带注释的。这里，我们有以下形式的断言：

$$S : \mathsf{RD}_1 \rightarrow \mathsf{RD}_2$$

其中 $\mathsf{RD}_1, \mathsf{RD}_2 \in \mathcal{P}(\mathbf{Var} \times \mathbf{Lab})$ 是到达定值的集合。基于以上简单的公理和推导规则，我们得到表1.2里更有趣的公理和规则。

表 1.2　到达定值分析：带注释的基本类型

[*ass*]	$[x := a]^{\ell'} : \mathsf{RD} \rightarrow ((\mathsf{RD} \backslash \{(x,\ell) \mid \ell \in \mathbf{Lab}\}) \cup \{(x,\ell')\})$
[*skip*]	$[\mathtt{skip}]^{\ell'} : \mathsf{RD} \rightarrow \mathsf{RD}$
[*seq*]	$\dfrac{S_1 : \mathsf{RD}_1 \rightarrow \mathsf{RD}_2 \quad S_2 : \mathsf{RD}_2 \rightarrow \mathsf{RD}_3}{S_1; S_2 : \mathsf{RD}_1 \rightarrow \mathsf{RD}_3}$
[*if*]	$\dfrac{S_1 : \mathsf{RD}_1 \rightarrow \mathsf{RD}_2 \quad S_2 : \mathsf{RD}_1 \rightarrow \mathsf{RD}_2}{\mathtt{if}\ [b]^{\ell}\ \mathtt{then}\ S_1\ \mathtt{else}\ S_2 : \mathsf{RD}_1 \rightarrow \mathsf{RD}_2}$
[*wh*]	$\dfrac{S : \mathsf{RD} \rightarrow \mathsf{RD}}{\mathtt{while}\ [b]^{\ell}\ \mathtt{do}\ S\ :\ \mathsf{RD} \rightarrow \mathsf{RD}}$
[*sub*]	$\dfrac{S : \mathsf{RD}_2 \rightarrow \mathsf{RD}_3}{S : \mathsf{RD}_1 \rightarrow \mathsf{RD}_4}$　如果 $\mathsf{RD}_1 \subseteq \mathsf{RD}_2$ 且 $\mathsf{RD}_3 \subseteq \mathsf{RD}_4$

为了解释这些规则，首先让我们根据1.3节的内容解释 S:$\mathsf{RD}_1 \rightarrow \mathsf{RD}_2$ 的含义。为此，首先观察每个语句 S 都有一个位于入口的基本块，标记为 *init*（S），一个或多个位于出口的基本块，标记为 *final*（S）。例如，对于语句 if $[x<y]^1$ then $[x:=y]^2$ else $[y:=x]^3$，我们有*init*（…）= 1 和*final*（…）= {2,3}。

[18] 我们对于 S:$\mathsf{RD}_1 \rightarrow \mathsf{RD}_2$ 的第一个（还存在问题的）解释如下：

$$\mathsf{RD}_1 = \mathsf{RD}_{entry}(init(S))$$
$$\bigcup\{\mathsf{RD}_{exit}(\ell) \mid \ell \in \mathit{final}(S)\} = \mathsf{RD}_2$$

这对解释赋值和 skip 语句的公理是足够的：这里箭头后面的公式与1.3节给出的等式系统中相应的等式完全相同。另外，关于顺序语句的规则似乎也很自然。然而，关于条件语句的规则看起来有问题：回到语句 if $[x<y]^1$ then $[x:=y]^2$ else $[y:=x]^3$，始终保证 then 分支产生的到达定值集合与 else 分支产生的集合完全相同似乎是不可能的。

我们对于 S:$\mathsf{RD}_1 \rightarrow \mathsf{RD}_2$ 的第二个（也是成功的）解释如下：

$$\mathsf{RD}_1 \subseteq \mathsf{RD}_{entry}(init(S))$$
$$\forall \ell \in \mathit{final}(S) : \mathsf{RD}_{exit}(\ell) \subseteq \mathsf{RD}_2$$

这个表述和1.3节中基于约束的分析更接近。这也解释了为什么最后一条规则［称为*归并规则*（subsumption rule）］是没有问题的。事实上，归并规则可以用来解决关于条件语句的问题，因为即使 then 分支给出的到达定值集合与 else 分支不同，我们也可以扩大这两个集合到它们的并集。最后，考虑迭代构造的规则。这里我们仅想说明 RD 是一个关于哪些定值可以到达 S 的入口和出口的一个一致的猜测——它表示了某种不动点特征。[19]

例 1.3　考虑例1中的阶乘程序：

```
[y:=x]^1; [z:=1]^2; while [y>1]^3 do ([z:=z*y]^4; [y:=y-1]^5); [y:=0]^6
```

令 RD_f 为集合{(x,?),(y,1),(y,5),(z,2),(z,4)}，并考虑 while 循环的主体。根据公理[*ass*]，有：

$$[\mathtt{z:=z*y}]^4 : \mathsf{RD}_f \rightarrow \{(\mathtt{x},?),(\mathtt{y},1),(\mathtt{y},5),(\mathtt{z},4)\}$$
$$[\mathtt{y:=y-1}]^5 : \{(\mathtt{x},?),(\mathtt{y},1),(\mathtt{y},5),(\mathtt{z},4)\} \rightarrow \{(\mathtt{x},?),(\mathtt{y},5),(\mathtt{z},4)\}$$

因此，根据规则[seq]，有：

$$([\mathtt{z:=z*y}]^4;\ [\mathtt{y:=y-1}]^5):\ \mathsf{RD_f} \to \{(\mathrm{x},?),(\mathrm{y},5),(\mathrm{z},4)\}$$

现在{(x,?),(y,5),(z,4)}⊆$\mathsf{RD_f}$，所以根据归并规则有：

$$([\mathtt{z:=z*y}]^4;\ [\mathtt{y:=y-1}]^5):\ \mathsf{RD_f} \to \mathsf{RD_f}$$

我们现在可以使用规则[wh]，得到：

$$\mathtt{while}\ [\mathtt{y>1}]^3\ \mathtt{do}\ ([\mathtt{z:=z*y}]^4;\ [\mathtt{y:=y-1}]^5):\ \mathsf{RD_f} \to \mathsf{RD_f}$$

使用公理[ass]，可以得到：

$$[\mathtt{y:=x}]^1:\ \{(\mathrm{x},?),(\mathrm{y},?),(\mathrm{z},?)\} \to \{(\mathrm{x},?),(\mathrm{y},1),(\mathrm{z},?)\}$$

$$[\mathtt{z:=1}]^2:\ \{(\mathrm{x},?),(\mathrm{y},1),(\mathrm{z},?)\} \to \{(\mathrm{x},?),(\mathrm{y},1),(\mathrm{z},2)\}$$

$$[\mathtt{y:=0}]^6:\ \mathsf{RD_f} \to \{(\mathrm{x},?),(\mathrm{y},6),(\mathrm{z},2),(\mathrm{z},4)\}$$

因为{(x,?),(y,1),(z,2)}⊆$\mathsf{RD_f}$，我们可以使用规则[seq]和[sub]，得到：

$$([\mathtt{y:=x}]^1;\ [\mathtt{z:=1}]^2;\ \mathtt{while}\ [\mathtt{y>1}]^3\ \mathtt{do}\ ([\mathtt{z:=z*y}]^4;\ [\mathtt{y:=y-1}]^5);\ [\mathtt{y:=0}]^6):$$
$$\{(\mathrm{x},?),(\mathrm{y},?),(\mathrm{z},?)\} \to \{(\mathrm{x},?),(\mathrm{y},6),(\mathrm{z},2),(\mathrm{z},4)\}$$

这和表1.1中的结果是一样的。 ■

表1.2的系统足以用于手动分析一个给定的程序。为了在计算机上实现，一种很自然的方法是提取一组约束，与1.3节里的约束类似，然后用同样的方式对它们求解。这将是第5章的方法背后的思路。

表1.3　到达定值：带注释的类型构造

规则	
$[ass]$	$[x:=a]^\ell : \Sigma \xrightarrow[\{(x,\ell)\}]{\{x\}} \Sigma$
$[skip]$	$[\mathtt{skip}]^\ell : \Sigma \xrightarrow[\emptyset]{\emptyset} \Sigma$
$[seq]$	$\dfrac{S_1 : \Sigma \xrightarrow[\mathsf{RD}_1]{X_1} \Sigma \quad S_2 : \Sigma \xrightarrow[\mathsf{RD}_2]{X_2} \Sigma}{S_1; S_2 : \Sigma \xrightarrow[(\mathsf{RD}_1 \backslash X_2)\cup \mathsf{RD}_2]{X_1 \cup X_2} \Sigma}$
$[if]$	$\dfrac{S_1 : \Sigma \xrightarrow[\mathsf{RD}_1]{X_1} \Sigma \quad S_2 : \Sigma \xrightarrow[\mathsf{RD}_2]{X_2} \Sigma}{\mathtt{if}\ [b]^\ell\ \mathtt{then}\ S_1\ \mathtt{else}\ S_2 : \Sigma \xrightarrow[\mathsf{RD}_1 \cup \mathsf{RD}_2]{X_1 \cap X_2} \Sigma}$
$[wh]$	$\dfrac{S : \Sigma \xrightarrow[\mathsf{RD}]{X} \Sigma}{\mathtt{while}\ [b]^\ell\ \mathtt{do}\ S : \Sigma \xrightarrow[\mathsf{RD}]{\emptyset} \Sigma}$
$[sub]$	$\dfrac{S : \Sigma \xrightarrow[\mathsf{RD}]{X} \Sigma}{S : \Sigma \xrightarrow[\mathsf{RD}']{X'} \Sigma}$ 如果 $X' \subseteq X$ 且 $\mathsf{RD} \subseteq \mathsf{RD}'$

20

带注释的类型构造　到达定值分析的另一种描述是为类型构造(在这里用箭头表示)添加注释，因此这类似于作用系统。在这里类型断言的形式如下：

$$S : \Sigma \xrightarrow[\mathsf{RD}]{X} \Sigma$$

其中 X 表示在 S 中一定会被赋值的变量集合，RD 表示 S 可能产生的到达定值集合。公理和规则如表1.3所示。

关于赋值的公理仅表示变量 x 肯定会被赋值，并产生到达定值 (x,ℓ)。在顺序语句的规则中，符号 $\mathsf{RD} \backslash X$ 表示 $\{(x,\ell)\in \mathsf{RD} \mid x \notin X\}$。这个规则表示顺序语句的到达定值是两个语句的到达定值的并集，但需要首先从 S_1 中删除在 S_2 中肯定被重新定义的定值。另外，对于一定被赋值的变量的集合，我们取两组变量的并集。在条件语句的规则中，我们取到达定值的并集和一定被赋值变量的交集(而不是并集)。这是因为我们无法确定条件语句将从哪个路径通过。关于 while 循环的语句是类似的。这里我们把 $\emptyset$ 视为 $\emptyset$(当主体未执行时)和 X 之间的交集。

我们还给出了一个*归并规则*，因为在第5章中可以看到，类似的系统通常都有这条规则。但其实在以上的系统中，这条规则是不需要的。如果去掉这条规则，以上系统的实现非常简单：只需对程序进行语法引导的遍历，为每个子程序计算集合 X 和 RD。

例1.4　再次考虑阶乘程序：

$$[\mathtt{y:=x}]^1;\ [\mathtt{z:=1}]^2;\ \mathtt{while}\ [\mathtt{y>1}]^3\ \mathtt{do}\ ([\mathtt{z:=z*y}]^4;\ [\mathtt{y:=y-1}]^5);\ [\mathtt{y:=0}]^6$$

21

对于 while 循环的主体，可以得到：

$$[\texttt{z:=z*y}]^4\text{:}\ \Sigma \xrightarrow[\{(\texttt{z},4)\}]{\{\texttt{z}\}} \Sigma$$

$$[\texttt{y:=y-1}]^5\text{:}\ \Sigma \xrightarrow[\{(\texttt{y},5)\}]{\{\texttt{y}\}} \Sigma$$

因此，根据规则[*seq*]，有：

$$([\texttt{z:=z*y}]^4;\ [\texttt{y:=y-1}]^5)\text{:}\ \Sigma \xrightarrow[\{(\texttt{y},5),(\texttt{z},4)\}]{\{\texttt{y},\texttt{z}\}} \Sigma$$

我们现在可以使用规则[*wh*]，得到：

$$\texttt{while}\ [\texttt{y>1}]^3\ \texttt{do}\ ([\texttt{z:=z*y}]^4;\ [\texttt{y:=y-1}]^5)\text{:}\ \Sigma \xrightarrow[\{(\texttt{y},5),(\texttt{z},4)\}]{\emptyset} \Sigma$$

类似地，我们得到：

$$([\texttt{y:=x}]^1;\ [\texttt{z:=1}]^2)\text{:}\ \Sigma \xrightarrow[\{(\texttt{y},1),(\texttt{z},2)\}]{\{\texttt{y},\texttt{z}\}} \Sigma$$

$$[\texttt{y:=0}]^6\text{:}\ \Sigma \xrightarrow[\{(\texttt{y},6)\}]{\{\texttt{y}\}} \Sigma$$

因此，使用规则[*seq*]，我们得到：

$$([\texttt{y:=x}]^1;\ [\texttt{z:=1}]^2;\ \texttt{while}\ [\texttt{y>1}]^3\ \texttt{do}\ ([\texttt{z:=z*y}]^4;\ [\texttt{y:=y-1}]^5);\ [\texttt{y:=0}]^6)\text{:}$$

$$\Sigma \xrightarrow[\{(\texttt{y},6),(\texttt{z},2),(\texttt{z},4)\}]{\{\texttt{y},\texttt{z}\}} \Sigma$$

说明程序将一定为变量 y 和 z 赋值，y 的最后赋值将位于标号 6，z 的最后赋值将位于标号 2 或 4。 ■

与之前的到达定值分析的描述相比，表 1.3 的风格有很大不同：对一个语句的分析表达了入口处的信息将如何被该语句修改。因此，我们可以将这个描述看作到达定值分析的一个高阶表述。

1.6.2　作用系统

一个简单的类型系统　为了展示作用系统，让我们回到函数式语言。如上所述，大致的想法是在传统类型系统的基础上添加包含分析信息的注释。因此，让我们首先描述一个简单的类型系统，用于一个带有变量 x、函数抽象 $\texttt{fn}_\pi\ x$ => e（其中 π 是抽象的名字）和函数应用 $e_1 e_2$ 的程序语言。这里类型断言的形式是：

$$\Gamma \vdash e : \tau$$

其中 Γ 是一个类型环境：它为 e 中所有的自由变量赋予类型，τ 是 e 的类型。为了简单起见，我们假设所有的类型要么是基本类型（如 int 和 bool），要么是写为 $\tau_1 \to \tau_2$ 的函数类型。这个类型系统由以下公理和规则给出：

22

$$\Gamma \vdash x : \tau_x \quad \text{if } \Gamma(x) = \tau_x$$

$$\frac{\Gamma[x \mapsto \tau_x] \vdash e : \tau}{\Gamma \vdash \texttt{fn}_\pi\ x\ \texttt{=>}\ e : \tau_x \to \tau}$$

$$\frac{\Gamma \vdash e_1 : \tau_2 \to \tau, \quad \Gamma \vdash e_2 : \tau_2}{\Gamma \vdash e_1\ e_2 : \tau}$$

关于变量的公理仅表示 x 的类型是从类型环境的假设中得到的。关于函数抽象的规则要求我们“猜测”形参 x 的类型 τ_x，并在这个附加假设下确定抽象体的类型。函数应用的规则要求我们首先确定操作符和参数的类型，它潜在地包含以下要求：操作符 e_1 必须具有函数类型，形式为 $\tau_2 \to \tau$。另外，规则中两次 τ_2 的出现表达实参的类型必须等于函数的形参期望的类型。

例 1.5 考虑例 1.2 的程序的以下版本：

$$(\mathtt{fn}_\mathsf{X}\ \mathtt{x} \Rightarrow \mathtt{x})\ (\mathtt{fn}_\mathsf{Y}\ \mathtt{y} \Rightarrow \mathtt{y})$$

在这里，我们将 fn x => x 命名为 X，将 fn y => y 命名为 Y。为了看到该程序的类型为 int→int，我们首先观察[y ↦ int] ⊢ y : int。因此：

$$[\,] \vdash \mathtt{fn}_\mathsf{Y}\ \mathtt{y} \Rightarrow \mathtt{y} : \mathtt{int} \to \mathtt{int}$$

类似地，我们有[x ↦ int → int] ⊢ x : int→int。因此：

$$[\,] \vdash \mathtt{fn}_\mathsf{X}\ \mathtt{x} \Rightarrow \mathtt{x} : (\mathtt{int} \to \mathtt{int}) \to (\mathtt{int} \to \mathtt{int})$$

然后，关于应用的规则如下所示：

$$[\,] \vdash (\mathtt{fn}_\mathsf{X}\ \mathtt{x} \Rightarrow \mathtt{x})\ (\mathtt{fn}_\mathsf{Y}\ \mathtt{y} \Rightarrow \mathtt{y}) : \mathtt{int} \to \mathtt{int}$$

■

作用 我们现在考虑调用跟踪分析(Call-Tracking Analysis)：

对于每个子表达式，在取值过程中可能应用哪些函数抽象。

23

函数名称的集合组成这个子表达式的作用。为了确定这一信息，我们将对函数类型进行注释，说明其潜在作用。例如，我们用 $\mathtt{int} \xrightarrow{\{\mathsf{X}\}} \mathtt{int}$ 表示一个从整数到整数的函数类型，其中作用{X}意味着当执行这个函数时，可能应用名为 X 的函数。一般来说，带注释的类型$\widehat{\tau}$要么是基本类型，要么具有如下形式：

$$\widehat{\tau}_1 \xrightarrow{\varphi} \widehat{\tau}_2$$

其中 φ 是作用，也就是说，在应用这种类型的函数时可能应用的函数抽象的名称。

这种分析的类型断言的形式是：

$$\widehat{\Gamma} \vdash e : \widehat{\tau}\ \&\ \varphi$$

其中$\widehat{\Gamma}$是类型环境，它现在提供了所有自由变量的注释类型。$\widehat{\tau}$是 e 的注释类型，φ 是 e 的取值的作用。表 1.4 的公理和规则描述了这种分析。

表 1.4 调用跟踪分析：作用系统

[*var*]	$\widehat{\Gamma} \vdash x : \widehat{\tau}_x\ \&\ \emptyset$ if $\widehat{\Gamma}(x) = \widehat{\tau}_x$
[*fn*]	$\dfrac{\widehat{\Gamma}[x \mapsto \widehat{\tau}_x] \vdash e : \widehat{\tau}\ \&\ \varphi}{\widehat{\Gamma} \vdash \mathtt{fn}_\pi\ x \Rightarrow e : \widehat{\tau}_x \xrightarrow{\varphi \cup \{\pi\}} \widehat{\tau}\ \&\ \emptyset}$
[*app*]	$\dfrac{\widehat{\Gamma} \vdash e_1 : \widehat{\tau}_2 \xrightarrow{\varphi} \widehat{\tau}\ \&\ \varphi_1 \quad \widehat{\Gamma} \vdash e_2 : \widehat{\tau}_2\ \&\ \varphi_2}{\widehat{\Gamma} \vdash e_1\ e_2 : \widehat{\tau}\ \&\ \varphi_1 \cup \varphi_2 \cup \varphi}$

在关于变量的公理[*var*]中，我们产生了一个空的作用。这是因为我们假设参数机制是按值调用的，因此仅仅提到一个变量不会引发求值。类似地，在函数抽象的规则[*fn*]中，我们也产生了一个空的作用：由于我们只构造了一个闭包，因此没有进行任何求值。我们对抽象的主体进行分析，以确定它的注释类型和作用。这些信息用于注释函数箭头：当这个抽象被应用时，所有主体的作用里的函数以及这个抽象本身都有可能被应用。

下面考虑函数应用 $e_1 e_2$ 的规则[*app*]。在这里，我们首先得到操作符 e_1 和操作数 e_2 的注释类型和作用。整个应用的作用将包含操作符的作用 φ_1(因为我们必须在应用之前对其进行取值)，操作数的作用 φ_2(因为我们使用了按值调用语义，所以也必须对该表达式进行取值)，以及正在应用的函数的作用 φ。但这正是操作符的类型$\widehat{\tau}_2 \xrightarrow{\varphi} \widehat{\tau}$中箭头注释给出的信息。因此，我们产生这三个集合的并集作为应用的整体作用。

24

例 1.6 回到例 1.5 的程序，我们有：

$$[\,] \vdash \mathtt{fn}_\mathsf{Y}\ \mathtt{y} \Rightarrow \mathtt{y} : \mathtt{int} \xrightarrow{\{\mathsf{Y}\}} \mathtt{int}\ \&\ \emptyset$$

$$[\,] \vdash \mathtt{fn}_\mathsf{X}\ \mathtt{x} \Rightarrow \mathtt{x} : (\mathtt{int} \xrightarrow{\{\mathsf{Y}\}} \mathtt{int}) \xrightarrow{\{\mathsf{X}\}} (\mathtt{int} \xrightarrow{\{\mathsf{Y}\}} \mathtt{int})\ \&\ \emptyset$$

$$[\,] \vdash (\mathtt{fn}_\mathsf{X}\ \mathtt{x} \Rightarrow \mathtt{x})\ (\mathtt{fn}_\mathsf{Y}\ \mathtt{y} \Rightarrow \mathtt{y}) : \mathtt{int} \xrightarrow{\{\mathsf{Y}\}} \mathtt{int}\ \&\ \{\mathsf{X}\}$$

这表明我们的程序可能(实际上一定会)应用函数 `fn x => x`，但它不会应用函数 `fn y => y`。■

对于更一般的语言，我们还需要像表1.2和表1.3那样引入某种形式的包含规则。关于这一点，存在几种不同的方法，我们将在以后讨论。作用系统通常是以类型推导算法的扩展的形式实现的。取决于作用的形式，在某些情况下它们可以直接被计算。或者，也可以生成一组约束并对其求解。我们将在第5章提供更多的细节。

1.7 算法

现在让我们回到数据流分析和基于约束的分析中计算最小解的问题。

在1.3节，我们考虑了由变量和标号的二元组的集合组成的12元组$\overrightarrow{\mathsf{RD}} \in (\mathcal{P}(\mathbf{Var}_\star \times \mathbf{Lab}_\star))^{12}$，其中每个标号表示对应的变量最后被赋值的基本块。等式或约束系统要求找到等式$\overrightarrow{\mathsf{RD}} = F(\overrightarrow{\mathsf{RD}})$或包含关系$\overrightarrow{\mathsf{RD}} \sqsupseteq F(\overrightarrow{\mathsf{RD}})$的最小解，其中$F$是$(\mathcal{P}(\mathbf{Var}_\star \times \mathbf{Lab}_\star))^{12}$上的单调函数。由于$(\mathcal{P}(\mathbf{Var}_\star \times \mathbf{Lab}_\star))^{12}$是有限的，所需的解可以通过计算$F^n(\vec{\emptyset})$得到，只需$n$满足条件$F^{n+1}(\vec{\emptyset}) = F^n(\vec{\emptyset})$并且我们知道这样的$n$总是存在的。

任意迭代　上述过程的简单算法实现将导致大量的计算工作。在后面的章节中，我们

25

将看到更高效的算法。在本节中，我们将描述这些算法的核心——任意迭代(chaotic iteration)的原理。首先，让我们写出

$$
\begin{aligned}
\overrightarrow{\mathsf{RD}} &= (\mathsf{RD}_1, \cdots, \mathsf{RD}_{12}) \\
F(\overrightarrow{\mathsf{RD}}) &= (F_1(\overrightarrow{\mathsf{RD}}), \cdots, F_{12}(\overrightarrow{\mathsf{RD}}))
\end{aligned}
$$

并考虑表1.5中的非确定性算法。显然，存在j使得$\mathsf{RD}_j \neq F_j(\mathsf{RD}_1, \cdots, \mathsf{RD}_{12})$当且仅当$\overrightarrow{\mathsf{RD}} \neq F(\overrightarrow{\mathsf{RD}})$。因此，如果这个算法终止，它将产生$F$的一个不动点，也就是所考虑的等式或约束集合的解。

表1.5　到达定值的任意迭代

输入：	到达定值的示例
输出：	最小解：$\overrightarrow{\mathsf{RD}} = (\mathsf{RD}_1, \cdots, \mathsf{RD}_{12})$
方法：	步骤1：初始化 $\mathsf{RD}_1 := \emptyset; \cdots; \mathsf{RD}_{12} := \emptyset$
	步骤2：迭代 while $\mathsf{RD}_j \neq F_j(\mathsf{RD}_1, \cdots, \mathsf{RD}_{12})$ for some j do $\mathsf{RD}_j := F_j(\mathsf{RD}_1, \cdots, \mathsf{RD}_{12})$

算法的特征　为了进一步分析这个算法，我们将利用包含关系：

$$\vec{\emptyset} \sqsubseteq \overrightarrow{\mathsf{RD}} \sqsubseteq F(\overrightarrow{\mathsf{RD}}) \sqsubseteq F^n(\vec{\emptyset})$$

在算法中的每一步都是成立的(其中n由$F^{n+1}(\vec{\emptyset}) = F^n(\vec{\emptyset})$确定)。显然，它在最初是成立的，并且如练习1.6所示，它在迭代过程中是保持的。这意味着如果算法终止，我们不仅得到了F的一个不动点，而且实际上得到了最小不动点(也就是$F^n(\vec{\emptyset})$)。

下面证明算法是终止的。如果j满足：

$$\mathsf{RD}_j \neq F_j(\mathsf{RD}_1, \cdots, \mathsf{RD}_{12})$$

则$\mathsf{RD}_j \subset F_j(\mathsf{RD}_1, \cdots, \mathsf{RD}_{12})$，因此，当我们每次执行迭代时，$\overrightarrow{\mathsf{RD}}$的大小至少增加1。这确保了终止性，因为我们假设$(\mathcal{P}(\mathbf{Var}_\star \times \mathbf{Lab}_\star))^{12}$是有限的。

上述算法适用于人工求解数据流的等式和约束系统。为了得到一个适合实现的算法，我们需要给出关于j的选择的更多细节，以避免过多地对它进行搜索。我们将在第2章和

26

第6章回顾这个问题。

1.8 程序转换

程序分析的一个主要应用是转换程序(在源代码级别，或在编译器内部的某个中间级别)，以获得更好的性能。为了展示这些想法，我们将描述如何使用到达定值来执行一个称为常量折叠的转换。这个转换有两部分。一是把表达式里的某个变量替换为常量(已知该变量的值总会是这个常量)。二是通过部分求值来简化一个表达式：如果一个子表达式不包含任何变量，则可以对它进行求值。

源代码上的转换 考虑一个 $S_\star$ 程序，并设 RD 为 $S_\star$ 的到达定值分析的一个解(最好是最小解)。对于 $S_\star$ 中的一个子语句 S，我们现在描述如何把它转换为一个“更好的”语句 S'。我们用以下形式的断言

$$\mathsf{RD} \vdash S \ \rhd\ S'$$

来表示转换过程的一个步骤。这个转换可以通过表 1.6 中的公理和推导规则定义。

表 1.6 常量折叠转换

$[ass_1]$ $\mathsf{RD} \vdash [x := a]^\ell \ \rhd\ [x := a[y \mapsto n]]^\ell$

如果 $\left\{ \begin{array}{l} y \in FV(a) \ \wedge\ (y, ?) \notin \mathsf{RD}_{entry}(\ell) \ \wedge \\ \forall (z, \ell') \in \mathsf{RD}_{entry}(\ell) : (z = y \Rightarrow [\cdots]^{\ell'} \text{ is } [y := n]^{\ell'}) \end{array} \right.$

$[ass_2]$ $\mathsf{RD} \vdash [x := a]^\ell \ \rhd\ [x := n]^\ell$

如果 $FV(a) = \emptyset \ \wedge\ a \notin \mathbf{Num} \ \wedge\ a$ 取值 n

$[seq_1]$ $\dfrac{\mathsf{RD} \vdash S_1 \ \rhd\ S_1'}{\mathsf{RD} \vdash S_1; S_2 \ \rhd\ S_1'; S_2}$

$[seq_2]$ $\dfrac{\mathsf{RD} \vdash S_2 \ \rhd\ S_2'}{\mathsf{RD} \vdash S_1; S_2 \ \rhd\ S_1; S_2'}$

$[if_1]$ $\dfrac{\mathsf{RD} \vdash S_1 \ \rhd\ S_1'}{\mathsf{RD} \vdash \texttt{if } [b]^\ell \texttt{ then } S_1 \texttt{ else } S_2 \ \rhd\ \texttt{if } [b]^\ell \texttt{ then } S_1' \texttt{ else } S_2}$

$[if_2]$ $\dfrac{\mathsf{RD} \vdash S_2 \ \rhd\ S_2'}{\mathsf{RD} \vdash \texttt{if } [b]^\ell \texttt{ then } S_1 \texttt{ else } S_2 \ \rhd\ \texttt{if } [b]^\ell \texttt{ then } S_1 \texttt{ else } S_2'}$

$[wh]$ $\dfrac{\mathsf{RD} \vdash S \ \rhd\ S'}{\mathsf{RD} \vdash \texttt{while } [b]^\ell \texttt{ do } S \ \rhd\ \texttt{while } [b]^\ell \texttt{ do } S'}$

27

第一个公理$[ass_1]$表达常量折叠的第一部分。如上所述，如果已知那个变量的值总是常量，变量的使用可以被替换为常量。这里我们用 $a[y \mapsto n]$ 表示通过把 a 里所有 y 的出现替换为 n 得到的表达式。另外，我们用 $FV(a)$ 表示在 a 中出现的变量的集合。

第二个公理$[ass_2]$表达转换的第二部分——表达式可以被部分求值。它利用以下事实：如果一个表达式不包含变量，则它的计算总是得到相同的值。

表 1.6 中的最后五条规则仅仅说明如果可以对一个语句的子语句进行转换，则可以转换语句本身。请注意，这些规则(例如$[seq_1]$和$[seq_2]$)没有规定特定的转换顺序，因此可能存在多种不同的转换序列。还要注意，关系 $\mathsf{RD} \vdash \cdot \rhd \cdot$ 既不是自反的也不是传递的，因为没有规则强制这些性质。因此，我们经常需要执行一系列的转换。

例 1.7 为了说明转换的使用，考虑以下程序：

$$[\texttt{x:=10}]^1; [\texttt{y:=x+10}]^2; [\texttt{z:=y+10}]^3$$

这个程序的到达定值分析的最小解是：

$$\begin{aligned}
\mathsf{RD}_{entry}(1) &= \{(\mathtt{x},?),(\mathtt{y},?),(\mathtt{z},?)\}\\
\mathsf{RD}_{exit}(1) &= \{(\mathtt{x},1),(\mathtt{y},?),(\mathtt{z},?)\}\\
\mathsf{RD}_{entry}(2) &= \{(\mathtt{x},1),(\mathtt{y},?),(\mathtt{z},?)\}\\
\mathsf{RD}_{exit}(2) &= \{(\mathtt{x},1),(\mathtt{y},2),(\mathtt{z},?)\}\\
\mathsf{RD}_{entry}(3) &= \{(\mathtt{x},1),(\mathtt{y},2),(\mathtt{z},?)\}\\
\mathsf{RD}_{exit}(3) &= \{(\mathtt{x},1),(\mathtt{y},2),(\mathtt{z},3)\}
\end{aligned}$$

现在让我们看看如何转换这个程序。根据公理[ass_1]我们有：

$$\mathsf{RD} \vdash [\mathtt{y:=x+10}]^2 \;\triangleright\; [\mathtt{y:=10+10}]^2$$

因此，根据顺序语句的规则有：

$$\mathsf{RD} \vdash [\mathtt{x:=10}]^1;[\mathtt{y:=x+10}]^2;[\mathtt{z:=y+10}]^3 \triangleright [\mathtt{x:=10}]^1;[\mathtt{y:=10+10}]^2;[\mathtt{z:=y+10}]^3$$

我们现在可以继续，并得到以下转换序列：

$$\begin{aligned}
\mathsf{RD} \;\vdash\; & [\mathtt{x:=10}]^1;[\mathtt{y:=x+10}]^2;[\mathtt{z:=y+10}]^3\\
\triangleright\; & [\mathtt{x:=10}]^1;[\mathtt{y:=10+10}]^2;[\mathtt{z:=y+10}]^3\\
\triangleright\; & [\mathtt{x:=10}]^1;[\mathtt{y:=20}]^2;[\mathtt{z:=y+10}]^3\\
\triangleright\; & [\mathtt{x:=10}]^1;[\mathtt{y:=20}]^2;[\mathtt{z:=20+10}]^3\\
\triangleright\; & [\mathtt{x:=10}]^1;[\mathtt{y:=20}]^2;[\mathtt{z:=30}]^3
\end{aligned}$$

28

到这里，再没有其他转换步骤了。 ■

一系列的转换 上面的例子表明，我们经常需要执行多个转换：

$$\mathsf{RD} \vdash S_1 \triangleright S_2 \triangleright \cdots \triangleright S_{n+1}$$

这可能代价高昂，因为一旦 S_1 转换成 S_2，我们可能需要*重新计算* S_2 的到达定值分析，然后才能使用转换将其变成 S_3，等等。但实际上，有时可以使用 S_1 的分析来获得 S_2 的合理分析，而不必从头开始执行分析。在到达定值和常量折叠的情况下，这是非常容易的：如果 RD 是到达定值 S_i 的解，并且有 $\mathsf{RD} \vdash S_i \triangleright S_{i+1}$，则 RD 也是到达定值 S_{i+1} 的解——直观上说，这是因为转换只改变了到达定值分析观察不到的内容。

结束语

在本章中，我们简要说明了程序分析的几种方法(但并非全部)。显然，这四种方法有很多不同之处。然而，本章的主要目的是指出这些方法之间也有很多*相似性*，可能比最初预料的更多：特别是等式和约束之间的相互关系。值得注意的是，本章中提到的一些技术和其他关于程序的推理方法也有密切的联系。特别是，注释类型系统的某些版本与霍尔(Hoare)的部分正确性断言逻辑密切相关。

如前所述，本书中涉及的程序分析方法是*基于语义的*，但不是*语义引导的*。语义引导的方法包括基于指称的方法[27,86,115,117]和基于逻辑的方法[19-20,81-82]。

迷你项目

迷你项目 1.1 到达定值的正确性

在这个迷你项目中，我们将证明表 1.3 的类型和作用系统是正确的，从而增强我们对

29

它的信心。这部分涉及附录 C 中涵盖的正则表达式和同态的概念。

首先，我们展示如何为每个语句关联一个正则表达式。我们定义一个函数 $\mathcal{S}$，使得 $\mathcal{S}(S)$ 是语句 $S \in \mathbf{Stmt}$ 对应的正则表达式。它通过结构归纳法(见附录 B)定义如下：

$$
\begin{aligned}
\mathcal{S}([x:=a]^{\ell}) &= !^{\ell}_{x} \\
\mathcal{S}([\mathtt{skip}]^{\ell}) &= \Lambda \\
\mathcal{S}(S_1;S_2) &= \mathcal{S}(S_1)\cdot\mathcal{S}(S_2) \\
\mathcal{S}(\mathtt{if}\ [b]^{\ell}\ \mathtt{then}\ S_1\ \mathtt{else}\ S_2) &= \mathcal{S}(S_1)+\mathcal{S}(S_2) \\
\mathcal{S}(\mathtt{while}\ b\ \mathtt{do}\ S) &= (\mathcal{S}(S))^{*}
\end{aligned}
$$

这里字母表是$\{ !^{\ell}_{x} \mid x\in \mathbf{Var}_{\star},\ \ell\in \mathbf{Lab}_{\star}\}$，其中$\mathbf{Var}_{\star}$和$\mathbf{Lab}_{\star}$是有限非空集合，分别包含语句$S_{\star}$中的出现的所有变量和标号。例如，如果$S_{\star}$是

$$\mathtt{if}\ [\mathtt{x>0}]^1\ \mathtt{then}\ [\mathtt{x:=x+1}]^2\ \mathtt{else}\ ([\mathtt{x:=x+2}]^3;[\mathtt{x:=x+3}]^4)$$

则$\mathcal{S}(S_{\star}) = !^{2}_{x} + (!^{3}_{x}\cdot !^{4}_{x})$。

X的正确性　为了证明$S:\Sigma \xrightarrow[\mathsf{RD}]{X} \Sigma$中$X$的正确性，我们为每个$y\in\mathbf{Var}_{\star}$定义一个同态：

$$h_y : \{!^{\ell}_{x} \mid x\in\mathbf{Var}_{\star}, \ell\in\mathbf{Lab}_{\star}\} \to \{!\}^{*}$$

其中：

$$h_y(!^{\ell}_{x}) = \begin{cases} ! & y=x \\ \Lambda & y\neq x \end{cases}$$

例如$h_{\mathtt{x}}(\mathcal{S}(S_{\star})) = ! + (!\cdot !)$和$h_{\mathtt{y}}(\mathcal{S}(S_{\star}))=\Lambda$，使用$\Lambda\cdot\Lambda=\Lambda$和$\Lambda+\Lambda=\Lambda$。接下来，令

$$h_y(\mathcal{S}(S)) \subseteq !\cdot !^{*}$$

表示由正则表达式$h_y(\mathcal{S}(S))$定义的语言$\mathcal{L}[\![h_y(\mathcal{S}(S))]\!]$是由$!\cdot !^{*}$定义的语言$\mathcal{L}[\![!\cdot !^{*}]\!]$的一个子集。这等价于：

$$\neg\exists w\in\mathcal{L}[\![h_y(\mathcal{S}(S))]\!] : h_y(w)=\Lambda$$

直观地说，y总是在S中被赋值。通过在$S:\Sigma \xrightarrow[\mathsf{RD}]{X} \Sigma$的推导树上进行归纳，证明

$$\text{如果}\ S:\Sigma \xrightarrow[\mathsf{RD}]{X} \Sigma\ \text{且}\ y\in X\ \text{则}\ h_y(\mathcal{S}(S))\subseteq !\cdot !^{*}$$

（证明原则的介绍请见附录B）。

30

RD的正确性　为了证明$S:\Sigma \xrightarrow[\mathsf{RD}]{X} \Sigma$中RD的正确性，我们为每个$y\in\mathbf{Var}_{\star}$和$\ell'\in\mathbf{Lab}_{\star}$定义一个同态：

$$h^{\ell'}_y : \{!^{\ell}_{x} \mid x\in\mathbf{Var}_{\star}, \ell\in\mathbf{Lab}_{\star}\} \to \{!,?\}^{*}$$

其中：

$$h^{\ell'}_y(!^{\ell}_{x}) = \begin{cases} ! & y=x\ \wedge\ \ell=\ell' \\ ? & y=x\ \wedge\ \ell\neq\ell' \\ \Lambda & y\neq x \end{cases}$$

例如有$h^{2}_{\mathbf{x}}(\mathcal{S}(S_{\star})) = ! + (?\cdot ?)$和$h^{5}_{\mathbf{y}}(\mathcal{S}(S_{\star}))=\Lambda$。接下来：

$$h^{\ell'}_y(\mathcal{S}(S)) \subseteq ((!+?)^{*}\cdot ?)+\Lambda$$

等价于

$$\neg\exists w\in\mathcal{L}[\![\mathcal{S}(S)]\!] : h^{\ell'}_y(w)\ \text{ends in!}$$

直观上说，y的最后一个赋值不是在标号为ℓ'的语句上。通过在$S:\Sigma \xrightarrow[\mathsf{RD}]{X} \Sigma$的推导树上进行归纳，证明：

$$\text{如果}\ S:\Sigma \xrightarrow[\mathsf{RD}]{X} \Sigma\ \text{且}\ (y,\ell')\notin \mathsf{RD}\text{，则}\ h^{\ell'}_y(\mathcal{S}(S))\subseteq ((!+?)^{*}\cdot ?)+\Lambda$$

练习

练习 1.1 到达定值的一个变体将 RD $\in \mathcal{P}(\mathbf{Var} \times \mathbf{Lab})$ 替换为 RL $\in \mathcal{P}(\mathbf{Lab})$。它的思想是：在给定程序的情况下，通过标号足以找到哪些变量在具有这个标号的基本块中被赋值。根据这个想法，将1.3节中给出的关于$\overrightarrow{\mathsf{RD}}$的等式系统修改为关于$\overrightarrow{\mathsf{RL}}$的等式系统。（提示：可以把RD $=\{(x_1,?),\cdots,(x_n,?)\}$ 视为 RD $=\{(x_1,?_{x_1}),\cdots,(x_n,?_{x_n})\}$，然后使用 RL $=\{?_{x_1},\cdots,?_{x_n}\}$。）

练习 1.2 证明1.4节中控制流分析的解的确是一个解。另外证明它实际上是最小解。（提示：考虑$\widehat{\mathsf{C}}(2)$、$\widehat{\mathsf{C}}(4)$、$\widehat{\rho}(\mathtt{x})$、$\widehat{\mathsf{C}}(1)$和$\widehat{\mathsf{C}}(5)$上的要求。）

练习 1.3 令(α,γ)为一个伴随（或 Galois 连接），如1.5节所述。这意味着$\alpha(X)\subseteq Y \Leftrightarrow X\subseteq\gamma(Y)$对所有$X$和$Y$成立。证明$\alpha$唯一确定了$\gamma$，也就是说如果$(\alpha,\gamma')$也是一个伴随，则$\gamma=\gamma'$。同时证明$\gamma$唯一确定了$\alpha$（对于一个伴随$(\alpha,\gamma)$）。

31

练习 1.4 对于1.3节的F和1.5节的$\alpha,\vec{\alpha},\gamma,\vec{\gamma}$和$G$，证明$\vec{\alpha}\circ G\circ\gamma\sqsubseteq F$。这包括证明：

$$\alpha(G_j(\gamma(\mathsf{RD}_1),\cdots,\gamma(\mathsf{RD}_{12})))\subseteq F_j(\mathsf{RD}_1,\cdots,\mathsf{RD}_{12})$$

对于所有j和$(\mathsf{RD}_1,\cdots,\mathsf{RD}_{12})$成立。确定$F=\vec{\alpha}\circ G\circ\vec{\gamma}$是否成立。通过$n$上的归纳证明$(\vec{\alpha}\circ G\circ\vec{\gamma})^n\vec{\emptyset}\sqsubseteq F^n(\vec{\emptyset})$。另外，证明$\vec{\alpha}(G^n(\vec{\emptyset}))\sqsubseteq(\vec{\alpha}\circ G\circ\vec{\gamma})^n(\vec{\emptyset})$，使用$\overline{\alpha}(\vec{\emptyset})=\vec{\emptyset}$和$G\sqsubseteq G\circ\overline{\gamma}\circ\overline{\alpha}$。

练习 1.5 考虑表1.2中定义的到达定值的注释类型系统。假设我们希望坚持第一个（不成功的）对于S:$\mathsf{RD}_1\rightarrow\mathsf{RD}_2$在数据流分析中的含义的解释。能否修改表1.2（通过修改或删除公理和规则）使其成为可能？

练习 1.6 考虑1.7节的任意迭代算法，并假设：

$$\vec{\emptyset}\sqsubseteq\overrightarrow{\mathsf{RD}}\sqsubseteq F(\overrightarrow{\mathsf{RD}})\sqsubseteq F^n(\vec{\emptyset})=F^{n+1}(\vec{\emptyset})$$

在紧接着RD_j的赋值之前成立，证明这些关系在赋值之后也成立。（提示：令$\overrightarrow{\mathsf{RD}}'$为$(\mathsf{RD}_1,\cdots,F_j(\overrightarrow{\mathsf{RD}}),\cdots,\mathsf{RD}_{12})$，并利用$F$的单调性和$\overrightarrow{\mathsf{RD}}\sqsubseteq F(\overrightarrow{\mathsf{RD}})$证明$\overrightarrow{\mathsf{RD}}\sqsubseteq\overrightarrow{\mathsf{RD}}'\sqsubseteq F(\overrightarrow{\mathsf{RD}})\sqsubseteq F(\overrightarrow{\mathsf{RD}}')$。）

练习 1.7 使用1.7节的任意迭代方法，证明表1.1中显示的信息的确是1.3节中定义的函数F的最小不动点。

练习 1.8 考虑以下程序：

$$[\mathtt{z:=1}]^1;\mathtt{while}\ [\mathtt{x>0}]^2\ \mathtt{do}\ ([\mathtt{z:=z*y}]^3;[\mathtt{x:=x-1}]^4)$$

计算存储在 y 中的数字的 x 次幂。按照1.3节的方式建立数据流等式系统。然后使用1.7节的任意迭代策略计算最小解并将其呈现在表格中（类似于表1.1）。

练习 1.9 对以下程序执行常量折叠：

$$[\mathtt{x:=10}]^1;[\mathtt{y:=x+10}]^2;[\mathtt{z:=y+x}]^3$$

从而得到

$$[\mathtt{x:=10}]^1;[\mathtt{y:=20}]^2;[\mathtt{z:=30}]^3$$

32

有多少种获得该结果的方法？

练习 1.10 1.8 节的常量折叠仅考虑了算术表达式。扩展它以处理布尔表达式。考虑添加如下公理：

$$\mathsf{RD} \vdash ([\mathtt{skip}]^{\ell}; S) \ \rhd \ S$$

$$\mathsf{RD} \vdash (\mathtt{if}\ [\mathtt{true}]^{\ell}\ \mathtt{then}\ S_1\ \mathtt{else}\ S_2) \ \rhd \ S_1$$

讨论可能随之出现的复杂性。

练习 1.11 考虑添加公理

$$\mathsf{RD} \vdash [x := a]^{\ell} \ \rhd \ [x := a[y \mapsto a']]^{\ell}$$
$$\text{if } \begin{cases} y \in FV(a) \ \wedge \ (y, ?) \notin \mathsf{RD}_{entry}(\ell) \ \wedge \\ \forall (z, \ell') \in \mathsf{RD}_{entry}(\ell) : (y = z \Rightarrow [\cdots]^{\ell'} \text{ is } [y := a']^{\ell'}) \end{cases}$$

到 1.8 节的常量折叠的描述。讨论这是不是一个好主意。

33

第2章
Principles of Program Analysis

数据流分析

本章将介绍数据流分析技术。数据流分析是一种传统的程序分析技术，在许多编译器设计的教材中都有关于数据流分析的介绍。本章将基于第1章中的简单命令式WHILE语言来介绍数据流分析，包括许多经典的数据流分析方法：可用表达式(Available Expressions)、到达定值(Reaching Definitions)、很忙的表达式(Very Busy Expressions)和活跃变量(Live Variables)。我们首先介绍WHILE的操作语义，并证明活跃变量分析的正确性。然后，提出单调框架的概念，并展示如何在单调框架下表达这些分析。我们将提出一个求解流等式系统的工作列表算法，并研究其终止性和正确性。最后，我们将介绍一些高级内容，包括过程间数据流分析和形状分析。

在本章，我们将阐明过程内分析和过程间分析、前向分析和后向分析、可能语义(may)和必定语义(must)(或并集分析和交集分析)、流敏感分析和流不敏感分析，以及上下文敏感分析和上下文不敏感分析之间的区别。

2.1 过程内数据流分析

在本节，我们为WHILE语言提供一些数据流分析的示例。每种分析都由一对将标号映射到适当的集合的函数定义。其中，一个函数指定在基本块的入口为真的信息，另一个函数指定在出口为真的信息。

35

初始和终止标号 在展示数据流分析示例时，我们将用到程序和标号上的一些操作。第一个函数

$$init : \mathbf{Stmt} \to \mathbf{Lab}$$

返回语句的*初始标号*：

$$\begin{aligned}
init([x := a]^\ell) &= \ell \\
init([\texttt{skip}]^\ell) &= \ell \\
init(S_1; S_2) &= init(S_1) \\
init(\texttt{if } [b]^\ell \texttt{ then } S_1 \texttt{ else } S_2) &= \ell \\
init(\texttt{while } [b]^\ell \texttt{ do } S) &= \ell
\end{aligned}$$

类似地，我们需要一个函数：

$$final : \mathbf{Stmt} \to \mathcal{P}(\mathbf{Lab})$$

返回语句的*终止标号*。一系列语句只能有一个入口，但它可能有多个出口(例如在条件语句中)：

$$\begin{aligned}
final([x := a]^\ell) &= \{\ell\} \\
final([\texttt{skip}]^\ell) &= \{\ell\} \\
final(S_1; S_2) &= final(S_2) \\
final(\texttt{if } [b]^\ell \texttt{ then } S_1 \texttt{ else } S_2) &= final(S_1) \cup final(S_2) \\
final(\texttt{while } [b]^\ell \texttt{ do } S) &= \{\ell\}
\end{aligned}$$

注意，`while`循环在条件为false后立即终止。

基本块 为了得到程序中与一个标号相关联的语句或测试，我们使用函数：

$$blocks : \mathbf{Stmt} \to \mathcal{P}(\mathbf{Blocks})$$

这里 **Blocks** 是包含如下语句(statement)或基本块(elementary block)的集合：$[x:=a]^\ell$ 或 $[\texttt{skip}]^\ell$，或形如$[b]^\ell$ 的测试。它的具体定义如下：

$$\begin{aligned}
blocks([x := a]^\ell) &= \{[x := a]^\ell\}\\
blocks([\texttt{skip}]^\ell) &= \{[\texttt{skip}]^\ell\}\\
blocks(S_1; S_2) &= blocks(S_1) \ \cup \ blocks(S_2)\\
blocks(\texttt{if } [b]^\ell \texttt{ then } S_1 \texttt{ else } S_2) &= \{[b]^\ell\} \cup blocks(S_1) \cup blocks(S_2)\\
blocks(\texttt{while } [b]^\ell \texttt{ do } S) &= \{[b]^\ell\} \ \cup \ blocks(S)
\end{aligned}$$

36

一个程序中出现的标号集合定义如下：

$$labels : \mathbf{Stmt} \to \mathcal{P}(\mathbf{Lab})$$

其中：

$$labels(S) = \{\ell \mid [B]^\ell \in blocks(S)\}$$

显然：$init(S) \in labels(S)$ 且 $final(S) \subseteq labels(S)$。

流和后向流 我们需要对语句中标号之间的边(或流)进行操作。首先，定义函数

$$flow : \mathbf{Stmt} \to \mathcal{P}(\mathbf{Lab} \times \mathbf{Lab})$$

将语句映射到流的集合：

$$\begin{aligned}
flow([x := a]^\ell) &= \emptyset\\
flow([\texttt{skip}]^\ell) &= \emptyset\\
flow(S_1; S_2) &= flow(S_1) \cup flow(S_2)\\
&\quad \cup\{(\ell, init(S_2)) \mid \ell \in final(S_1)\}\\
flow(\texttt{if } [b]^\ell \texttt{ then } S_1 \texttt{ else } S_2) &= flow(S_1) \cup flow(S_2)\\
&\quad \cup\{(\ell, init(S_1)), (\ell, init(S_2))\}\\
flow(\texttt{while } [b]^\ell \texttt{ do } S) &= flow(S) \cup \{(\ell, init(S))\}\\
&\quad \cup\{(\ell', \ell) \mid \ell' \in final(S)\}
\end{aligned}$$

因此，$labels(S)$和$flow(S)$是语句 S 的流图的一个表示。

例 2.1 考虑一个程序 power，计算存储在 y 中的数的 x 次方：

$[\texttt{z:=1}]^1; \texttt{while } [\texttt{x>0}]^2 \texttt{ do } ([\texttt{z:=z*y}]^3; [\texttt{x:=x-1}]^4)$

可得 $init(\text{power}) = 1$，$final(\text{power}) = \{2\}$ 和 $labels(\text{power}) = \{1,2,3,4\}$。

函数 $flow$ 生成以下集合：

$$\{(1,2),(2,3),(3,4),(4,2)\}$$

对应图 2.1 中的数据流图。 ■

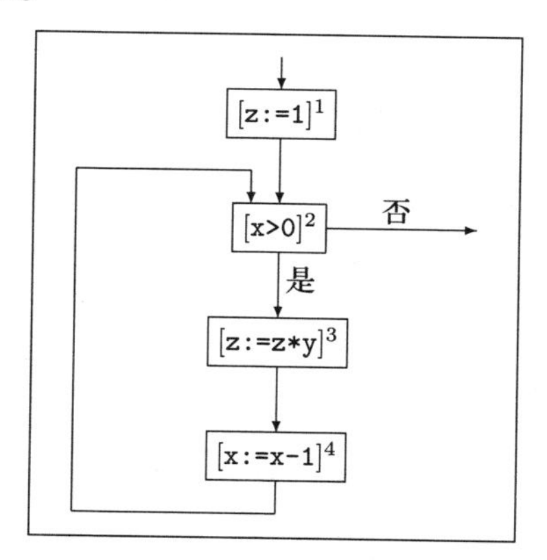

图 2.1 power 程序的数据流图

函数 $flow$ 应用于前向分析的表述。显然，$init(S)$是由结点 $labels(S)$和边 $flow(S)$构成的流图的(唯一)入口结点。并且：

$$labels(S) = \{init(S)\} \cup \{\ell \mid (\ell, \ell') \in flow(S)\} \cup \{\ell' \mid (\ell, \ell') \in flow(S)\}$$

对于复合语句(也就是不是形如$[B]^\ell$ 的语句)，去掉$\{init(S)\}$部分后这个等式依然是正确的。

37

为了表述后向分析，我们需要一个计算后向流的函数：

$$flow^R : \mathbf{Stmt} \to \mathcal{P}(\mathbf{Lab} \times \mathbf{Lab})$$

它的定义如下：

$$flow^R(S) = \{(\ell, \ell') \mid (\ell', \ell) \in flow(S)\}$$

例 2.2 对于例 2.1 中的 power 程序，$flow^R$产生：

$$\{(2,1),(2,4),(3,2),(4,3)\}$$

对应图 2.1 中的流图，但所有弧的方向都被颠倒了。■

如果 $final(S)$ 只包含一个元素，则该元素是由结点 $labels(S)$ 和边 $flow^R(S)$ 构成的流图的(唯一)入口结点。并且有：

$$labels(S) = final(S) \cup \{\ell \mid (\ell, \ell') \in flow^R(S)\} \cup \{\ell' \mid (\ell, \ell') \in flow^R(S)\}$$

对于复合语句，去掉 $final(S)$ 部分后上述等式依然是正确的。

被分析的程序　我们将使用 $S_\star$表示我们正在分析的程序(“顶层”语句)，$\mathbf{Lab}_\star$表示出现在 $S_\star$中的标号($labels(S_\star)$)，$\mathbf{Var}_\star$表示出现在 $S_\star$中的变量($FV(S_\star)$)，$\mathbf{Blocks}_\star$表示出现在 $S_\star$中的基本块($blocks(S_\star)$)，$\mathbf{AExp}_\star$表示出现在 $S_\star$中的非平凡的算术子表达式；如果它是单个变量或常量，则子表达式是平凡的。我们也用 $\mathbf{AExp}(a)$ 和 $\mathbf{AExp}(b)$ 来表示给定算术(布尔)表达式的非平凡算术子表达式的集合。

为了简化分析，并遵循文献的传统，我们通常假设程序 $S_\star$具有孤立的入口，即

$$\forall \ell \in \mathbf{Lab} : (\ell, init(S_\star)) \notin flow(S_\star)$$

每当 $S_\star$不以 while 循环开始时，这个条件成立。同样，我们通常会假设程序 $S_\star$具有孤立的出口，即

$$\forall \ell_1 \in final(S_\star)\ \forall \ell_2 \in \mathbf{Lab} : (\ell_1, \ell_2) \notin flow(S_\star)$$

语句 S 是标号一致的当且仅当

$$[B_1]^\ell, [B_2]^\ell \in blocks(S) \text{ 蕴含 } B_1 = B_2$$

显然，如果程序 S 中的所有基本块都有唯一的标号(每个标号只出现一次)，则 S 是标号一致的。当 S 标号一致时，语句“当 $[B]^\ell \in blocks(S)$”无歧义地定义了一个从标号到基本块的部分函数；我们可以说“ℓ 标记了基本块 B”。在定义后面的分析方法时，我们将利用这一点。

例 2.3 例 2.1 中的 power 程序有孤立的入口但没有孤立的出口。显然，它是标号一致的，并且每个基本块有唯一的标号。■

2.1.1 可用表达式分析

可用表达式分析的目标是计算：

> 对于每个程序点，当程序执行沿着某条路径到达该点时，哪些表达式**必定**已经计算出来，并且后续不会被修改。

这种信息可以用于避免一个表达式的重复计算。为了清晰起见，我们将集中讨论算术表达式。

例 2.4 考虑以下程序：

$$[\texttt{x:=a+b}]^1; [\texttt{y:=a*b}]^2; \texttt{while } [\texttt{y>a+b}]^3 \texttt{ do } ([\texttt{a:=a+1}]^4; [\texttt{x:=a+b}]^5)$$

38～39

显然，表达式 a + b 在每次执行到循环中的测试(标号 3)时都可用。因此，不需要重

新计算该表达式。

这种分析在表 2.1 中定义，解释如下。如果表达式使用的任何变量在某基本块中被修改，则称表达式在基本块中被杀死。我们用函数

$$kill_{\mathsf{AE}} : \mathbf{Blocks}_\star \rightarrow \mathcal{P}(\mathbf{AExp}_\star)$$

计算基本块中被杀死的非平凡表达式的集合。测试和 skip 基本块不会杀死任何表达式，而赋值将杀死所有使用被赋值变量的表达式。注意，在$[x := a]^\ell$ 的子句中，我们使用符号 $a' \in \mathbf{AExp}_\star$来表示 a'是程序中出现的一个非平凡的算术表达式。

表 2.1　可用表达式分析

kill 和 *gen* 函数

$$\begin{array}{rcl}
kill_{\mathsf{AE}}([x := a]^\ell) &=& \{a' \in \mathbf{AExp}_\star \mid x \in FV(a')\} \\
kill_{\mathsf{AE}}([\mathtt{skip}]^\ell) &=& \emptyset \\
kill_{\mathsf{AE}}([b]^\ell) &=& \emptyset \\
gen_{\mathsf{AE}}([x := a]^\ell) &=& \{a' \in \mathbf{AExp}(a) \mid x \notin FV(a')\} \\
gen_{\mathsf{AE}}([\mathtt{skip}]^\ell) &=& \emptyset \\
gen_{\mathsf{AE}}([b]^\ell) &=& \mathbf{AExp}(b)
\end{array}$$

数据流等式系统：$\mathsf{AE}^=$

$$\begin{array}{rcl}
\mathsf{AE}_{entry}(\ell) &=& \begin{cases} \emptyset & \ell = init(S_\star) \\ \bigcap\{\mathsf{AE}_{exit}(\ell') \mid (\ell', \ell) \in flow(S_\star)\} & \text{其他} \end{cases} \\
\mathsf{AE}_{exit}(\ell) &=& (\mathsf{AE}_{entry}(\ell) \backslash kill_{\mathsf{AE}}(B^\ell)) \cup gen_{\mathsf{AE}}(B^\ell) \\
&& \text{其中 } B^\ell \in blocks(S_\star)
\end{array}$$

一个被生成的表达式是在基本块中被计算，并且所有用到的变量没有在同一个基本块中被修改的表达式。计算基本块中被生成的非平凡表达式的集合的函数是：

$$gen_{\mathsf{AE}} : \mathbf{Blocks}_\star \rightarrow \mathcal{P}(\mathbf{AExp}_\star)$$

可用表达式分析本身由函数 AE_{enrty}和 AE_{exit}定义。每个函数是一个标号到表达式集的映射：

$$\mathsf{AE}_{entry}, \mathsf{AE}_{exit} : \mathbf{Lab}_\star \rightarrow \mathcal{P}(\mathbf{AExp}_\star)$$

对于标号一致的程序 $S_\star$(具有孤立的入口)，函数可以由表 2.1 定义。

40

以上是一个前向分析。并且，我们将看到需要找到满足 AE_{entry}方程的最大解——一个表达式是可用的只要没有路径杀死它。程序开始时没有可用的表达式。然后，一个基本块的入口处可用的表达式是在所有流向该基本块的基本块出口处都可用的表达式；如果没有这样的基本块，则公式得出 $\mathbf{AExp}_\star$。给定一组在基本块入口可用的表达式，在这个基本块出口可用的表达式的计算如下：首先删除被杀死的表达式，然后添加该基本块生成的表达式。

现在我们讨论为什么需要最大解。考虑图 2.2，它示意性地显示了一个程序的流图。这样的流图可能对应于以下程序：

$$[\mathtt{z:=x+y}]^\ell;\mathtt{while}\ [\mathtt{true}]^{\ell'}\ \mathtt{do}\ [\mathtt{skip}]^{\ell''}$$

第一个赋值生成的表达式集是{x + y}，其他基本块不生成也不杀死任何表达式。关于 AE_{entry}和 AE_{exit}的等式系统如下：

$$\begin{array}{rcl}
\mathsf{AE}_{entry}(\ell) &=& \emptyset \\
\mathsf{AE}_{entry}(\ell') &=& \mathsf{AE}_{exit}(\ell) \cap \mathsf{AE}_{exit}(\ell'') \\
\mathsf{AE}_{entry}(\ell'') &=& \mathsf{AE}_{exit}(\ell')
\end{array}$$

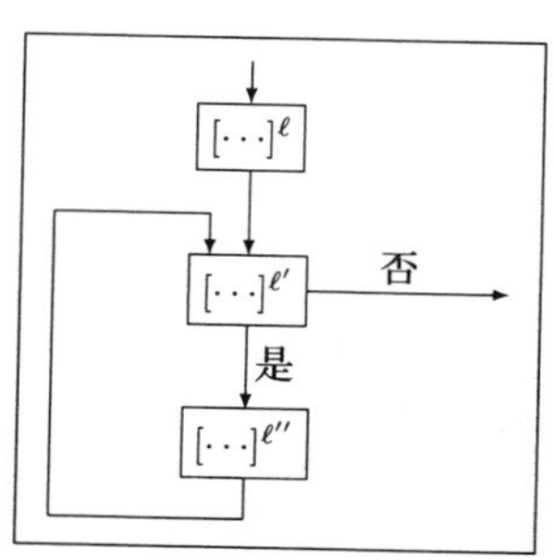

图 2.2　一个流图的图示

$$
\begin{aligned}
\mathsf{AE}_{exit}(\ell) &= \mathsf{AE}_{entry}(\ell) \cup \{\texttt{x+y}\} \\
\mathsf{AE}_{exit}(\ell') &= \mathsf{AE}_{entry}(\ell') \\
\mathsf{AE}_{exit}(\ell'') &= \mathsf{AE}_{entry}(\ell'')
\end{aligned}
$$

41

化简后得到：

$$\mathsf{AE}_{entry}(\ell') = \{\texttt{x+y}\} \cap \mathsf{AE}_{entry}(\ell')$$

这个等式系统有两个解：$\{\texttt{x + y}\}$和$\emptyset$。从这个例子和可用表达式的定义可知解$\{\texttt{x + y}\}$包含了最多的信息——每次进入 ℓ'时，该表达式都是可用的。因此，我们需要等式系统的最大解。

例 2.5　对于例 2.4 中的程序：

$$[\texttt{x:=a+b}]^1;[\texttt{y:=a*b}]^2;\texttt{while }[\texttt{y>a+b}]^3\texttt{ do }([\texttt{a:=a+1}]^4;[\texttt{x:=a+b}]^5)$$

$kill_{\mathsf{AE}}$和 gen_{AE}的定义如下：

ℓ	$kill_{\mathsf{AE}}(\ell)$	$gen_{\mathsf{AE}}(\ell)$
1	$\emptyset$	{a+b}
2	$\emptyset$	{a*b}
3	$\emptyset$	{a+b}
4	{a+b, a*b, a+1}	$\emptyset$
5	$\emptyset$	{a+b}

可以得到以下方程：

$$
\begin{aligned}
\mathsf{AE}_{entry}(1) &= \emptyset \\
\mathsf{AE}_{entry}(2) &= \mathsf{AE}_{exit}(1) \\
\mathsf{AE}_{entry}(3) &= \mathsf{AE}_{exit}(2) \cap \mathsf{AE}_{exit}(5) \\
\mathsf{AE}_{entry}(4) &= \mathsf{AE}_{exit}(3) \\
\mathsf{AE}_{entry}(5) &= \mathsf{AE}_{exit}(4)
\end{aligned}
$$

$$
\begin{aligned}
\mathsf{AE}_{exit}(1) &= \mathsf{AE}_{entry}(1) \cup \{\texttt{a+b}\} \\
\mathsf{AE}_{exit}(2) &= \mathsf{AE}_{entry}(2) \cup \{\texttt{a*b}\} \\
\mathsf{AE}_{exit}(3) &= \mathsf{AE}_{entry}(3) \cup \{\texttt{a+b}\} \\
\mathsf{AE}_{exit}(4) &= \mathsf{AE}_{entry}(4) \backslash \{\texttt{a+b}, \texttt{a*b}, \texttt{a+1}\} \\
\mathsf{AE}_{exit}(5) &= \mathsf{AE}_{entry}(5) \cup \{\texttt{a+b}\}
\end{aligned}
$$

使用类似于第 1 章中讨论的任意迭代方法（从 $\mathbf{AExp}_\star$而不是 $\emptyset$ 开始），我们可以计算出以下解：

ℓ	$\mathsf{AE}_{entry}(\ell)$	$\mathsf{AE}_{exit}(\ell)$
1	$\emptyset$	{a+b}
2	{a+b}	{a+b, a*b}
3	{a+b}	{a+b}
4	{a+b}	$\emptyset$
5	$\emptyset$	{a+b}

42

注意，即使 a 在循环中被重新定义，因为表达式 a + b 在循环中被重新计算，所以它在进入循环时始终可用。相反，a*b 在循环的第一次进入时可用，但在下一次迭代之前就被杀死了。■

2.1.2　到达定值分析

如第 1 章所述，到达定值分析应该更恰当地称为到达赋值分析，但我们将使用传统的名称。这种分析和之前的类似，但我们关注的是：

> 对于每个程序点，当程序执行沿着某条路径到达该点时，哪些赋值**可能**已经被执行，但没有被覆盖。

到达定值分析的一个主要应用是在产生值的基本块和使用值的基本块之间建立直接的联系，我们将在 2.1.5 节中回顾这一点。

例 2.6 考虑以下程序：

$$[\texttt{x:=5}]^1;[\texttt{y:=1}]^2;\texttt{while }[\texttt{x>1}]^3\texttt{ do }([\texttt{y:=x*y}]^4;[\texttt{x:=x-1}]^5)$$

所有赋值语句都到达了语句 4 的入口(赋值语句 1 和 2 在第一次迭代时就到达了语句 4 的入口)。只有赋值语句 1、4、5 到达了语句 5 的入口。 ■

表 2.2 描述了到达定值分析。其中，函数

$$kill_{\mathsf{RD}}:\mathbf{Blocks}_\star\to\mathcal{P}(\mathbf{Var}_\star\times\mathbf{Lab}_\star^?)$$

返回一个变量和赋值语句标号的二元组的集合，代表输入基本块破坏的赋值语句。如果基本块对语句左侧的变量赋予新的值，则称赋值语句被基本块破坏。如第 1 章所述，我们使用特殊标号“?”处理未初始化的变量，并规定 $\mathbf{Lab}_\star^?=\mathbf{Lab}_\star\cup\{?\}$。

表 2.2 到达定义分析

kill 和 *gen* 函数

$$\begin{array}{rcl}
kill_{\mathsf{RD}}([x:=a]^\ell) &=& \{(x,?)\}\\
&& \cup\{(x,\ell')\mid B^{\ell'}\text{ 是 }S_\star\text{ 里 }x\text{ 的一个赋值}\}\\
kill_{\mathsf{RD}}([\texttt{skip}]^\ell) &=& \emptyset\\
kill_{\mathsf{RD}}([b]^\ell) &=& \emptyset\\
gen_{\mathsf{RD}}([x:=a]^\ell) &=& \{(x,\ell)\}\\
gen_{\mathsf{RD}}([\texttt{skip}]^\ell) &=& \emptyset\\
gen_{\mathsf{RD}}([b]^\ell) &=& \emptyset
\end{array}$$

数据流等式系统：$\mathsf{RD}^=$

$$\begin{array}{rcl}
\mathsf{RD}_{entry}(\ell) &=& \begin{cases}\{(x,?)\mid x\in FV(S_\star)\} & \ell=init(S_\star)\\ \bigcup\{\mathsf{RD}_{exit}(\ell')\mid(\ell',\ell)\in flow(S_\star)\} & \text{其他}\end{cases}\\
\mathsf{RD}_{exit}(\ell) &=& (\mathsf{RD}_{entry}(\ell)\backslash kill_{\mathsf{RD}}(B^\ell))\cup gen_{\mathsf{RD}}(B^\ell)\\
&& \text{其中 }B^\ell\in blocks(S_\star)
\end{array}$$

函数

$$gen_{\mathsf{RD}}:\mathbf{Blocks}_\star\to\mathcal{P}(\mathbf{Var}_\star\times\mathbf{Lab}_\star^?)$$

返回一个变量和赋值语句标号的二元组的集合，代表输入基本块生成的赋值。只有赋值语句生成定值。

分析本身由 RD_{entry} 和 RD_{exit} 两个函数定义，将标号映射到变量和赋值基本块标号的二元组的集合：

$$\mathsf{RD}_{entry},\mathsf{RD}_{exit}:\mathbf{Lab}_\star\to\mathcal{P}(\mathbf{Var}_\star\times\mathbf{Lab}_\star^?)$$

43

对于一个标号一致的程序 $S_\star$(具有孤立的入口)，这两个函数由表 2.2 定义。

与前一个例子相似，这也是一个前向分析。但我们将看到，这次我们关注的是关于 RD_{entry} 的方程组的最小解。如果赋值语句到达任何在它之前的基本块的出口，则称赋值语句到达基本块的入口。如果没有这样的基本块出口，则公式得出 ∅。到达一个基本块出口的赋值语句集合的计算和可用表达式分析的情况类似。

下面我们解释为什么需要找到最小解。再次考虑程序$[\mathtt{z:=x+y}]^{\ell}$; $\mathtt{while}[\mathtt{true}]^{\ell'}$ do $[\mathtt{skip}]^{\ell''}$(与图2.2对应)。关于RD_{entry}和RD_{exit}的等式系统如下：

$$\begin{aligned}
\mathsf{RD}_{entry}(\ell) &= \{(\mathtt{x},?),(\mathtt{y},?),(\mathtt{z},?)\}\\
\mathsf{RD}_{entry}(\ell') &= \mathsf{RD}_{exit}(\ell)\cup\mathsf{RD}_{exit}(\ell'')\\
\mathsf{RD}_{entry}(\ell'') &= \mathsf{RD}_{exit}(\ell')\\
\mathsf{RD}_{exit}(\ell) &= (\mathsf{RD}_{entry}(\ell)\setminus\{(\mathtt{z},?)\})\cup\{(\mathtt{z},\ell)\}\\
\mathsf{RD}_{exit}(\ell') &= \mathsf{RD}_{entry}(\ell')\\
\mathsf{RD}_{exit}(\ell'') &= \mathsf{RD}_{entry}(\ell'')
\end{aligned}$$

44

我们仍然关注基本块ℓ'的入口$\mathsf{RD}_{entry}(\ell')$。化简后得到：

$$\mathsf{RD}_{entry}(\ell') = \{(\mathtt{x},?),(\mathtt{y},?),(\mathtt{z},\ell)\}\cup\mathsf{RD}_{entry}(\ell')$$

但这个等式有很多解：$\mathsf{RD}_{entry}(\ell')$可以是$\{(\mathtt{x},?),(\mathtt{y},?),(\mathtt{z},\ell)\}$的任何一个超集。然而，由于$\ell'$不生成任何新的定值，最精确的解是$\{(\mathtt{x},?),(\mathtt{y},?),(\mathtt{z},\ell)\}$，也就是等式系统的最小解。

有些文献中展示的到达定值分析定义$\mathsf{RD}_{entry}(init(S_\star))=\emptyset$，而不是$\mathsf{RD}_{entry}(init(S_\star))=\{(x,?)\mid x\in FV(S_\star)\}$。这仅适用于总是在首次使用变量前为变量赋值的程序；如果不是这样，可能会导致不正确的优化。如迷你项目2.2所示，我们这种表达方式的优点是它在语义上总是可靠的。

例2.7　下表总结了例2.6中的程序

$$[\mathtt{x:=5}]^1;[\mathtt{y:=1}]^2;\mathtt{while}\ [\mathtt{x>1}]^3\ \mathtt{do}\ ([\mathtt{y:=x*y}]^4;[\mathtt{x:=x-1}]^5)$$

的每个基本块破坏和生成的赋值语句：

ℓ	$kill_{\mathsf{RD}}(\ell)$	$gen_{\mathsf{RD}}(\ell)$
1	$\{(\mathtt{x},?),(\mathtt{x},1),(\mathtt{x},5)\}$	$\{(\mathtt{x},1)\}$
2	$\{(\mathtt{y},?),(\mathtt{y},2),(\mathtt{y},4)\}$	$\{(\mathtt{y},2)\}$
3	$\emptyset$	$\emptyset$
4	$\{(\mathtt{y},?),(\mathtt{y},2),(\mathtt{y},4)\}$	$\{(\mathtt{y},4)\}$
5	$\{(\mathtt{x},?),(\mathtt{x},1),(\mathtt{x},5)\}$	$\{(\mathtt{x},5)\}$

分析得出以下等式系统：

$$\begin{aligned}
\mathsf{RD}_{entry}(1) &= \{(\mathtt{x},?),(\mathtt{y},?)\}\\
\mathsf{RD}_{entry}(2) &= \mathsf{RD}_{exit}(1)\\
\mathsf{RD}_{entry}(3) &= \mathsf{RD}_{exit}(2)\cup\mathsf{RD}_{exit}(5)\\
\mathsf{RD}_{entry}(4) &= \mathsf{RD}_{exit}(3)\\
\mathsf{RD}_{entry}(5) &= \mathsf{RD}_{exit}(4)\\
\mathsf{RD}_{exit}(1) &= (\mathsf{RD}_{entry}(1)\setminus\{(\mathtt{x},?),(\mathtt{x},1),(\mathtt{x},5)\})\cup\{(\mathtt{x},1)\}\\
\mathsf{RD}_{exit}(2) &= (\mathsf{RD}_{entry}(2)\setminus\{(\mathtt{y},?),(\mathtt{y},2),(\mathtt{y},4)\})\cup\{(\mathtt{y},2)\}\\
\mathsf{RD}_{exit}(3) &= \mathsf{RD}_{entry}(3)\\
\mathsf{RD}_{exit}(4) &= (\mathsf{RD}_{entry}(4)\setminus\{(\mathtt{y},?),(\mathtt{y},2),(\mathtt{y},4)\})\cup\{(\mathtt{y},4)\}\\
\mathsf{RD}_{exit}(5) &= (\mathsf{RD}_{entry}(5)\setminus\{(\mathtt{x},?),(\mathtt{x},1),(\mathtt{x},5)\})\cup\{(\mathtt{x},5)\}
\end{aligned}$$

45

使用任意迭代方法，可以计算出以下解：

ℓ	$\mathsf{RD}_{entry}(\ell)$	$\mathsf{RD}_{exit}(\ell)$
1	$\{(x,?),(y,?)\}$	$\{(y,?),(x,1)\}$
2	$\{(y,?),(x,1)\}$	$\{(x,1),(y,2)\}$
3	$\{(x,1),(y,2),(y,4),(x,5)\}$	$\{(x,1),(y,2),(y,4),(x,5)\}$
4	$\{(x,1),(y,2),(y,4),(x,5)\}$	$\{(x,1),(y,4),(x,5)\}$
5	$\{(x,1),(y,4),(x,5)\}$	$\{(y,4),(x,5)\}$

■

2.1.3 很忙的表达式分析

如果无论从标号出发执行哪条路径，该式总是会在其中的任何变量被重新定值之前被使用，则称表达式在标号的出口是很忙的。很忙的表达式分析的目标是计算：

对于每个程序点，哪些表达式在该点的出口处**必定**是很忙的。

基于此信息的一种可能的优化是对表达式在该基本块取值，并存储其值以供以后使用；这种优化有时被称为提升(hoisting)表达式。

例 2.8 考虑以下程序：

$$\texttt{if } [\texttt{a>b}]^1 \texttt{ then } ([\texttt{x:=b-a}]^2; [\texttt{y:=a-b}]^3) \texttt{ else } ([\texttt{y:=b-a}]^4; [\texttt{x:=a-b}]^5)$$

表达式 a - b 和 b - a 在条件语句的开头都是很忙的。它们可以提升到条件语句之前，从而减少该程序生成的代码。■

表 2.3 描述了很忙的表达式分析。在展示可用表达式分析时，我们已经定义了表达式被杀死的概念。在这里我们使用一个等价的函数：

$$kill_{\mathsf{VB}} : \mathbf{Blocks}_\star \to \mathcal{P}(\mathbf{AExp}_\star)$$

和前面的分析类似，在这里也需定义一个基本块如何生成新的很忙的表达式。为此我们使用函数

$$gen_{\mathsf{VB}} : \mathbf{Blocks}_\star \to \mathcal{P}(\mathbf{AExp}_\star)$$

在基本块中出现的所有表达式在块的入口处都是很忙的(这与可用表达式的情况不同)。 46

表 2.3 很忙的表达式分析

kill 和 *gen* 函数

$$\begin{array}{rcl}
kill_{\mathsf{VB}}([x := a]^\ell) &=& \{a' \in \mathbf{AExp}_\star \mid x \in FV(a')\} \\
kill_{\mathsf{VB}}([\texttt{skip}]^\ell) &=& \emptyset \\
kill_{\mathsf{VB}}([b]^\ell) &=& \emptyset \\
gen_{\mathsf{VB}}([x := a]^\ell) &=& \mathbf{AExp}(a) \\
gen_{\mathsf{VB}}([\texttt{skip}]^\ell) &=& \emptyset \\
gen_{\mathsf{VB}}([b]^\ell) &=& \mathbf{AExp}(b)
\end{array}$$

数据流等式系统：$\mathsf{VB}^=$

$$\begin{array}{rcl}
\mathsf{VB}_{exit}(\ell) &=& \begin{cases} \emptyset & \ell \in final(S_\star) \\ \bigcap\{\mathsf{VB}_{entry}(\ell') \mid (\ell',\ell) \in flow^R(S_\star)\} & \text{其他} \end{cases} \\
\mathsf{VB}_{entry}(\ell) &=& (\mathsf{VB}_{exit}(\ell) \backslash kill_{\mathsf{VB}}(B^\ell)) \cup gen_{\mathsf{VB}}(B^\ell) \\
&& \text{其中 } B^\ell \in blocks(S_\star)
\end{array}$$

分析本身由 VB_{entry} 和 VB_{exit} 两个函数定义。这两个函数将标号映射到表达式的集合：

$$\mathsf{VB}_{entry}, \mathsf{VB}_{exit} : \mathbf{Lab}_\star \to \mathcal{P}(\mathbf{AExp}_\star)$$

对于标号一致的程序 $S_\star$(具有孤立的出口)，函数由表 2.3 定义。

以上分析是一个后向分析。我们将看到我们需要找到满足 VB_{exit} 的等式系统的最大集合。在这里，函数传播信息的方向与程序流相反：如果表达式在后续的所有基本块入口处都是很忙的，则它在基本块的出口是很忙的。如果没有此类基本块入口，则公式得出 $\mathbf{AExp}_\star$。但是，在任何终止基本块的出口，没有表达式是很忙的。

下面我们讨论为什么需要最大集合。考虑如图 2.3 所示的流图的情形，该流图可能代表以下程序：

$$(\texttt{while } [\texttt{x>1}]^{\ell} \texttt{ do } [\texttt{skip}]^{\ell'}); [\texttt{x:=x+1}]^{\ell''}$$

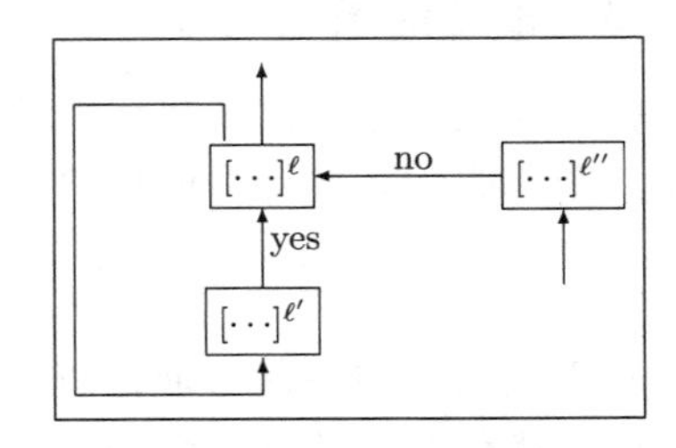

图 2.3　一个流图的示意图(显示逆流)

关于这个程序的等式系统是

47

$$\begin{aligned}
\mathsf{VB}_{entry}(\ell) &= \mathsf{VB}_{exit}(\ell)\\
\mathsf{VB}_{entry}(\ell') &= \mathsf{VB}_{exit}(\ell')\\
\mathsf{VB}_{entry}(\ell'') &= \{\texttt{x+1}\}\\
\mathsf{VB}_{exit}(\ell) &= \mathsf{VB}_{entry}(\ell') \cap \mathsf{VB}_{entry}(\ell'')\\
\mathsf{VB}_{exit}(\ell') &= \mathsf{VB}_{entry}(\ell)\\
\mathsf{VB}_{exit}(\ell'') &= \emptyset
\end{aligned}$$

对于标号 ℓ 的出口条件，可以计算得出：

$$\mathsf{VB}_{exit}(\ell) = \mathsf{VB}_{exit}(\ell) \cap \{\texttt{x+1}\}$$

任何 $\{\texttt{x+1}\}$ 的子集都是一个解，但 $\{\texttt{x+1}\}$ 包含最多的信息。因此我们想得到等式系统的最大解。

例 2.9　为了分析例 2.8 中的程序

$$\texttt{if } [\texttt{a>b}]^1 \texttt{ then } ([\texttt{x:=b-a}]^2; [\texttt{y:=a-b}]^3) \texttt{ else } ([\texttt{y:=b-a}]^4; [\texttt{x:=a-b}]^5)$$

计算以下杀死和生成的集合：

ℓ	$kill_{\mathsf{VB}}(\ell)$	$gen_{\mathsf{VB}}(\ell)$
1	$\emptyset$	$\emptyset$
2	$\emptyset$	$\{\texttt{b-a}\}$
3	$\emptyset$	$\{\texttt{a-b}\}$
4	$\emptyset$	$\{\texttt{b-a}\}$
5	$\emptyset$	$\{\texttt{a-b}\}$

进一步得到以下等式系统：

48

$$\begin{aligned}
\mathsf{VB}_{entry}(1) &= \mathsf{VB}_{exit}(1)\\
\mathsf{VB}_{entry}(2) &= \mathsf{VB}_{exit}(2) \cup \{\texttt{b-a}\}\\
\mathsf{VB}_{entry}(3) &= \{\texttt{a-b}\}\\
\mathsf{VB}_{entry}(4) &= \mathsf{VB}_{exit}(4) \cup \{\texttt{b-a}\}\\
\mathsf{VB}_{entry}(5) &= \{\texttt{a-b}\}\\
\mathsf{VB}_{exit}(1) &= \mathsf{VB}_{entry}(2) \cap \mathsf{VB}_{entry}(4)\\
\mathsf{VB}_{exit}(2) &= \mathsf{VB}_{entry}(3)\\
\mathsf{VB}_{exit}(3) &= \emptyset\\
\mathsf{VB}_{exit}(4) &= \mathsf{VB}_{entry}(5)\\
\mathsf{VB}_{exit}(5) &= \emptyset
\end{aligned}$$

然后，可以使用类似于任意迭代的方法(从 $\mathbf{AExp}_\star$ 而不是 $\emptyset$ 开始)，计算得到：

ℓ	$\mathsf{VB}_{entry}(\ell)$	$\mathsf{VB}_{exit}(\ell)$
1	{a-b, b-a}	{a-b, b-a}
2	{a-b, b-a}	{a-b}
3	{a-b}	$\emptyset$
4	{a-b, b-a}	{a-b}
5	{a-b}	$\emptyset$

■

2.1.4 活跃变量分析

如果存在一个从标号到变量的使用路径，在该路径上变量不被重新定值，则称变量在标号的出口是活跃的。活跃变量分析的目标是确定：

对于每个程序点，哪些变量在该点的出口**可能**是活跃的。

在这里，我们假设程序结束时没有变量是活跃的。在某些应用场景里，或许更好的假设是在程序结束时，所有变量都是活跃的。

活跃变量分析可用于死代码消除。如果一个基本块为某个变量赋值，且这个变量在该基本块标号的出口处不是活跃的，则这个基本块可以被消除。

例 2.10 考虑以下程序：

[x:=2]^1; [y:=4]^2; [x:=1]^3; (if [y>x]^4 then [z:=y]^5 else [z:=y*y]^6); [x:=z]^7

变量 x 在标号 1 的出口不是活跃的，因此该程序的第一个赋值语句是多余的。变量 x 和 y 在标号 3 的出口处都是活跃的。 ■

表 2.4 描述了活跃变量分析。一个赋值语句杀死语句左侧的变量，测试和 skip 语句不会杀死变量。这些由以下函数表达：

49

$$kill_{\mathsf{LV}} : \mathbf{Blocks}_\star \to \mathcal{P}(\mathbf{Var}_\star)$$

表 2.4 活跃变量分析

kill 和 *gen* 函数

$$\begin{array}{rcl} kill_{\mathsf{LV}}([x := a]^\ell) &=& \{x\} \\ kill_{\mathsf{LV}}([\texttt{skip}]^\ell) &=& \emptyset \\ kill_{\mathsf{LV}}([b]^\ell) &=& \emptyset \\ gen_{\mathsf{LV}}([x := a]^\ell) &=& FV(a) \\ gen_{\mathsf{LV}}([\texttt{skip}]^\ell) &=& \emptyset \\ gen_{\mathsf{LV}}([b]^\ell) &=& FV(b) \end{array}$$

数据流等式系统：$\mathsf{LV}^=$

$$\begin{array}{rcl} \mathsf{LV}_{exit}(\ell) &=& \begin{cases} \emptyset & \ell \in final(S_\star) \\ \bigcup\{\mathsf{LV}_{entry}(\ell') \mid (\ell',\ell) \in flow^R(S_\star)\} & \text{其他} \end{cases} \\ \mathsf{LV}_{entry}(\ell) &=& (\mathsf{LV}_{exit}(\ell) \backslash kill_{\mathsf{LV}}(B^\ell)) \cup gen_{\mathsf{LV}}(B^\ell) \\ && \text{其中 } B^\ell \in blocks(S_\star) \end{array}$$

函数

$$gen_{\mathsf{LV}} : \mathbf{Blocks}_\star \to \mathcal{P}(\mathbf{Var}_\star)$$

生成出现在基本块中的变量集合。

分析本身由 LV_{entry} 和 LV_{exit} 两个函数定义。它们将标号映射到变量的集合：

$$\mathsf{LV}_{exit}, \mathsf{LV}_{entry} : \mathbf{Lab}_\star \to \mathcal{P}(\mathbf{Var}_\star)$$

对于标号一致的程序 $S_\star$（具有孤立的出口），函数由表 2.4 定义。如果变量在任何 ℓ

的后续基本块的入口是活跃的，关于 $\mathsf{LV}_{exit}(\ell)$ 的等式表达一个变量在标号 ℓ 的出口是活跃的；如果没有这样的基本块，则公式得到 $\emptyset$。

以上分析是后向分析。在本节我们关注的是满足 LV_{exit} 的等式系统的最小集合。为了看到这一点，再次考虑以下程序（对应图 2.3 中的流图）：

$$(\texttt{while}\ [\texttt{x>1}]^{\ell}\ \texttt{do}\ [\texttt{skip}]^{\ell'});[\texttt{x:=x+1}]^{\ell''}$$

关于该程序的等式系统是：

50

$$\begin{array}{rcl}
\mathsf{LV}_{entry}(\ell) & = & \mathsf{LV}_{exit}(\ell) \cup \{\texttt{x}\} \\
\mathsf{LV}_{entry}(\ell') & = & \mathsf{LV}_{exit}(\ell') \\
\mathsf{LV}_{entry}(\ell'') & = & \{\texttt{x}\} \\
\mathsf{LV}_{exit}(\ell) & = & \mathsf{LV}_{entry}(\ell') \cup \mathsf{LV}_{entry}(\ell'') \\
\mathsf{LV}_{exit}(\ell') & = & \mathsf{LV}_{entry}(\ell) \\
\mathsf{LV}_{exit}(\ell'') & = & \emptyset
\end{array}$$

假设我们对 $\mathsf{LV}_{exit}(\ell)$ 感兴趣，经过一系列计算后可以得出：

$$\mathsf{LV}_{exit}(\ell) = \mathsf{LV}_{exit}(\ell) \cup \{\texttt{x}\}$$

$\{\texttt{x}\}$ 的任何超集都是上述等式系统的解。基于这种分析的优化基于“死”变量——活跃变量的集合越小，优化的可能性就越大。因此，我们关注等式系统的最小解。在本例中，最小解为 $\{\texttt{x}\}$。该分析的正确性将在 2.2 节中证明。

例 2.11 回顾例 2.10 的程序：

$$[\texttt{x:=2}]^1;[\texttt{y:=4}]^2;[\texttt{x:=1}]^3;(\texttt{if}\ [\texttt{y>x}]^4\ \texttt{then}\ [\texttt{z:=y}]^5\ \texttt{else}\ [\texttt{z:=y*y}]^6);[\texttt{x:=z}]^7$$

可以计算 $kill_{\mathsf{LV}}$ 和 gen_{LV}：

ℓ	$kill_{\mathsf{LV}}(\ell)$	$gen_{\mathsf{LV}}(\ell)$
1	$\{\texttt{x}\}$	$\emptyset$
2	$\{\texttt{y}\}$	$\emptyset$
3	$\{\texttt{x}\}$	$\emptyset$
4	$\emptyset$	$\{\texttt{x},\texttt{y}\}$
5	$\{\texttt{z}\}$	$\{\texttt{y}\}$
6	$\{\texttt{z}\}$	$\{\texttt{y}\}$
7	$\{\texttt{x}\}$	$\{\texttt{z}\}$

进一步可以得到以下等式系统：

$$\begin{array}{rcl}
\mathsf{LV}_{entry}(1) & = & \mathsf{LV}_{exit}(1)\backslash\{\texttt{x}\} \\
\mathsf{LV}_{entry}(2) & = & \mathsf{LV}_{exit}(2)\backslash\{\texttt{y}\} \\
\mathsf{LV}_{entry}(3) & = & \mathsf{LV}_{exit}(3)\backslash\{\texttt{x}\} \\
\mathsf{LV}_{entry}(4) & = & \mathsf{LV}_{exit}(4) \cup \{\texttt{x},\texttt{y}\} \\
\mathsf{LV}_{entry}(5) & = & (\mathsf{LV}_{exit}(5)\backslash\{\texttt{z}\}) \cup \{\texttt{y}\} \\
\mathsf{LV}_{entry}(6) & = & (\mathsf{LV}_{exit}(6)\backslash\{\texttt{z}\}) \cup \{\texttt{y}\} \\
\mathsf{LV}_{entry}(7) & = & \{\texttt{z}\} \\
\mathsf{LV}_{exit}(1) & = & \mathsf{LV}_{entry}(2) \\
\mathsf{LV}_{exit}(2) & = & \mathsf{LV}_{entry}(3) \\
\mathsf{LV}_{exit}(3) & = & \mathsf{LV}_{entry}(4) \\
\mathsf{LV}_{exit}(4) & = & \mathsf{LV}_{entry}(5) \cup \mathsf{LV}_{entry}(6) \\
\mathsf{LV}_{exit}(5) & = & \mathsf{LV}_{entry}(7) \\
\mathsf{LV}_{exit}(6) & = & \mathsf{LV}_{entry}(7) \\
\mathsf{LV}_{exit}(7) & = & \emptyset
\end{array}$$

51

使用任意迭代方法，可以得出以下解：

ℓ	$\mathsf{LV}_{entry}(\ell)$	$\mathsf{LV}_{exit}(\ell)$
1	$\emptyset$	$\emptyset$
2	$\emptyset$	{y}
3	{y}	{x, y}
4	{x, y}	{y}
5	{y}	{z}
6	{y}	{z}
7	{z}	$\emptyset$

注意，我们假设在程序结束时，所有变量都是死变量。但其他一些作者假设某些被关注的变量在程序结束时输出(因此应该是活跃的)。在这种假设下，$\mathsf{LV}_{exit}(7)$应该是{**x**,**y**,**z**}，意味着 $\mathsf{LV}_{entry}(7)$、$\mathsf{LV}_{exit}(5)$和 $\mathsf{LV}_{exit}(6)$都应该是{**y**,**z**}。■

2.1.5 派生数据流信息

我们经常需要将产生值的语句标号直接连接到使用这些值的语句标号，以便后续的分析。每个变量的引用与所有可到达该引用的赋值之间的关联称为*引用-定值链*(Use-Definition chain)或 *ud* 链。每个赋值语句与所有该赋值的引用之间的关联被称为*定值-引用链*(Definition-Use chain)或 *du* 链。

为了使以上定义更加精确，我们将使用对于一个变量的*无定值路径*(definition clear path)的概念。基本想法是：一个路径 $\ell_1,\cdots,\ell_n$ 是变量 x 的无定值路径，当 $\ell_1,\cdots,\ell_n$ 中没有对 x 赋值的基本块，且 ℓ_n 引用了 x。准确地说，对于标号一致的程序 $S_\star$，定义谓词 *clear*：

$$\begin{array}{rcl} clear(x,\ell,\ell') & = & \exists \ell_1,\cdots,\ell_n: \\ & & (\ell_1=\ell)\wedge(\ell_n=\ell')\wedge(n>0)\wedge \\ & & (\forall i\in\{1,\cdots,n-1\}:(\ell_i,\ell_{i+1})\in flow(S_\star))\wedge \\ & & (\forall i\in\{1,\cdots,n-1\}:\neg def(x,\ell_i))\wedge use(x,\ell_n) \end{array}$$

其中，谓词 *use* 检查变量是否在基本块中被引用：

$$use(x,\ell)=(\exists B:[B]^\ell\in blocks(S_\star)\wedge x\in gen_{\mathsf{LV}}([B]^\ell))$$

谓词 *def* 检查变量是否在基本块中被赋值：

$$def(x,\ell)=(\exists B:[B]^\ell\in blocks(S_\star)\wedge x\in kill_{\mathsf{LV}}([B]^\ell))$$

52

有了以上定义，我们可以将函数

$$ud, du:\mathbf{Var}_\star\times\mathbf{Lab}_\star\to\mathcal{P}(\mathbf{Lab}_\star)$$

定义如下：

$$\begin{array}{rcl} ud(x,\ell') & = & \{\ell\mid def(x,\ell)\wedge\exists\ell'':(\ell,\ell'')\in flow(S_\star)\wedge clear(x,\ell'',\ell')\} \\ & \cup & \{?\mid clear(x,init(S_\star),\ell')\} \end{array}$$

$$du(x,\ell)=\begin{cases}\{\ell'\mid def(x,\ell)\wedge\exists\ell'':(\ell,\ell'')\in flow(S_\star)\wedge clear(x,\ell'',\ell')\} \\ \qquad\text{如果}\ \ell\neq ? \\ \{\ell'\mid clear(x,init(S_\star),\ell')\} \\ \qquad\text{如果}\ \ell= ?\end{cases}$$

因此，$ud(x,\ell')$将返回在ℓ'中出现的变量 x 的所有可能获得值的地方，这可能是一个 $S_\star$ 中的标号 ℓ，也可能 x 是未初始化的，用“?”表示。类似地，$du(x,\ell)$将返回在 ℓ 中被赋值的变量 x 的所有可能引用的地方。我们同样区分 x 在程序中获得值和 x 未初始化的情况。实际上，我们有：

$$du(x,\ell)=\{\ell'\mid\ell\in ud(x,\ell')\}$$

在展示如何使用 *ud* 链和 *du* 链之前，我们给出一个简单的例子。

例 2.12　考虑程序：

$$[\texttt{x:=0}]^1;[\texttt{x:=3}]^2;(\texttt{if }[\texttt{z=x}]^3\texttt{ then }[\texttt{z:=0}]^4\texttt{ else }[\texttt{z:=x}]^5);[\texttt{y:=x}]^6;[\texttt{x:=y+z}]^7$$

可以得到：

$ud(x,\ell)$	x	y	z
1	$\emptyset$	$\emptyset$	$\emptyset$
2	$\emptyset$	$\emptyset$	$\emptyset$
3	$\{2\}$	$\emptyset$	$\{?\}$
4	$\emptyset$	$\emptyset$	$\emptyset$
5	$\{2\}$	$\emptyset$	$\emptyset$
6	$\{2\}$	$\emptyset$	$\emptyset$
7	$\emptyset$	$\{6\}$	$\{4,5\}$

$du(x,\ell)$	x	y	z
1	$\emptyset$	$\emptyset$	$\emptyset$
2	$\{3,5,6\}$	$\emptyset$	$\emptyset$
3	$\emptyset$	$\emptyset$	$\emptyset$
4	$\emptyset$	$\emptyset$	$\{7\}$
5	$\emptyset$	$\emptyset$	$\{7\}$
6	$\emptyset$	$\{7\}$	$\emptyset$
7	$\emptyset$	$\emptyset$	$\emptyset$
?	$\emptyset$	$\emptyset$	$\{3\}$

从 *ud* 表中可以看出基本块 3 中出现的变量 **x** 将从基本块 2 中获值。从 *du* 表中可以看出在基本块 2 中赋值的变量 **x** 可能被用于基本块 3、5 和 6。■

ud 链和 *du* 链的应用之一是*死代码消除*。比如，在例 2.12 的程序中，我们可以把基本块 1 删掉，因为变量 **x** 在下一个基本块中再次被赋值前没有被引用。另一个应用场景是*代码移动*：在例 2.12 的程序中，基本块 6 可以移动到条件语句之前，因为它只使用更早的基本块中被赋值的变量，而条件语句不使用基本块 6 中赋值的变量。

53

ud 链和 *du* 链的定义并没有告诉我们如何计算这些链，也就是说这些定义不是构造性的。通过重用前面的示例中定义的一些函数，我们可以给出构造性定义。为了定义 *ud* 链，可以使用 RD_{entry} 记录到达一个基本块的赋值语句，并将

$$\mathsf{UD}:\mathbf{Var}_\star\times\mathbf{Lab}_\star\to\mathcal{P}(\mathbf{Lab}_\star)$$

定义为：

$$\mathsf{UD}(x,\ell)=\begin{cases}\{\ell'\mid(x,\ell')\in\mathsf{RD}_{entry}(\ell)\} & x\in gen_{\mathsf{LV}}(B^\ell)\\ \emptyset & \text{其他}\end{cases}$$

同样，可以基于之前的函数定义 *du* 链的函数 DU: $\mathbf{Var}_\star\times\mathbf{Lab}_\star\to\mathcal{P}(\mathbf{Lab}_\star)$。我们将把这个定义留给迷你项目 2.1。在迷你项目 2.1 中，我们还将考虑 UD 和 DU 函数与 *ud* 和 *du* 函数之间的准确关系。

2.2　理论性质

在本节中，我们将证明 2.1.4 节的活跃变量分析的正确性，到达定值分析的正确性留给了迷你项目 2.2。我们将从 WHILE 语言的形式化语义开始。

本节的内容可以在第一次阅读时略过。然而，一个程序分析最重要且最细微的错误通常只有在进行正确性证明时才被发现和纠正！换言之，证明一个程序分析的语义正确性不应被视为仅仅是理论学家感兴趣的、可有可无的过程。

2.2.1　结构操作语义

我们选择使用*结构操作语义*（也称小步操作语义），因为它允许我们讨论程序执行的中间阶段，并允许我们处理非终止程序。

格局和迁移　首先定义*状态*为一个从变量到整数的映射：

54

$$\sigma\in\mathbf{State}\ =\ \mathbf{Var}\to\mathbf{Z}$$

程序语义的格局（configuration）可以是一个语句和状态组成的二元组，也可以是一个

状态。终点格局指仅仅是一个状态的格局。程序语义的迁移有以下形式：

$$\langle S,\sigma\rangle \to \sigma' \quad 和 \quad \langle S,\sigma\rangle \to \langle S',\sigma'\rangle$$

表示一步计算如何改变格局。因此，从格局$\langle S,\sigma\rangle$开始，有可能发生两件事：

- 在一步计算后程序执行终止，得到的状态记为σ'。
- 在一步计算后程序执行未终止，我们通过一个新的格局$\langle S',\sigma'\rangle$来记录，其中$S'$是程序的剩余部分，$\sigma'$是更新后的状态。

为了处理算术和布尔表达式，需要表2.5中定义的语义函数：

$$\mathcal{A}: \quad \mathbf{AExp} \to (\mathbf{State} \to \mathbf{Z})$$
$$\mathcal{B}: \quad \mathbf{BExp} \to (\mathbf{State} \to \mathbf{T})$$

在这里，我们假设$\mathbf{op}_a$、$\mathbf{op}_b$和$\mathbf{op}_r$是相应语法对应的语义。另外假设存在$\mathcal{N}$: $\mathbf{Num}\to\mathbf{Z}$定义数字的语义。为了简单起见，我们假设计算不会引发错误。例如，这意味着除以0必须得到一个整数。我们可以修改定义以允许错误，但这会使下面的正确性证明更复杂。注意，表达式的值只受表达式中出现的变量影响，即

表2.5　WHILE 语言里表达式的语义

$\mathcal{A}$: $\mathbf{AExp} \to (\mathbf{State} \to \mathbf{Z})$		
$\mathcal{A}[\![x]\!]\sigma$	$=$	$\sigma(x)$
$\mathcal{A}[\![n]\!]\sigma$	$=$	$\mathcal{N}[\![n]\!]$
$\mathcal{A}[\![a_1\ op_a\ a_2]\!]\sigma$	$=$	$\mathcal{A}[\![a_1]\!]\sigma\ \mathbf{op}_a\ \mathcal{A}[\![a_2]\!]\sigma$
$\mathcal{B}$: $\mathbf{BExp} \to (\mathbf{State} \to \mathbf{T})$		
$\mathcal{B}[\![\texttt{not}\ b]\!]\sigma$	$=$	$\neg\mathcal{B}[\![b]\!]\sigma$
$\mathcal{B}[\![b_1\ op_b\ b_2]\!]\sigma$	$=$	$\mathcal{B}[\![b_1]\!]\sigma\ \mathbf{op}_b\ \mathcal{B}[\![b_2]\!]\sigma$
$\mathcal{B}[\![a_1\ op_r\ a_2]\!]\sigma$	$=$	$\mathcal{A}[\![a_1]\!]\sigma\ \mathbf{op}_r\ \mathcal{A}[\![a_2]\!]\sigma$

$$如果\ \forall x \in FV(a) : \sigma_1(x) = \sigma_2(x)\ 则\ \mathcal{A}[\![a]\!]\sigma_1 = \mathcal{A}[\![a]\!]\sigma_2$$
$$如果\ \forall x \in FV(b) : \sigma_1(x) = \sigma_2(x)\ 则\ \mathcal{B}[\![b]\!]\sigma_1 = \mathcal{B}[\![b]\!]\sigma_2$$

55

这些结论很容易通过表达式上的结构归纳(或通过表达式的大小进行数学归纳)来证明；这些证明原则的简要介绍见附录B。

每个语句的语义的详细定义见表2.6。

表2.6　WHILE 语言的结构操作语义

$[ass]$	$\langle [x := a]^\ell, \sigma\rangle \to \sigma[x \mapsto \mathcal{A}[\![a]\!]\sigma]$	
$[skip]$	$\langle [\texttt{skip}]^\ell, \sigma\rangle \to \sigma$	
$[seq_1]$	$\dfrac{\langle S_1,\sigma\rangle \to \langle S_1',\sigma'\rangle}{\langle S_1;S_2,\sigma\rangle \to \langle S_1';S_2,\sigma'\rangle}$	
$[seq_2]$	$\dfrac{\langle S_1,\sigma\rangle \to \sigma'}{\langle S_1;S_2,\sigma\rangle \to \langle S_2,\sigma'\rangle}$	
$[if_1]$	$\langle \texttt{if}\ [b]^\ell\ \texttt{then}\ S_1\ \texttt{else}\ S_2,\sigma\rangle \to \langle S_1,\sigma\rangle$	如果 $\mathcal{B}[\![b]\!]\sigma = true$
$[if_2]$	$\langle \texttt{if}\ [b]^\ell\ \texttt{then}\ S_1\ \texttt{else}\ S_2,\sigma\rangle \to \langle S_2,\sigma\rangle$	如果 $\mathcal{B}[\![b]\!]\sigma = false$
$[wh_1]$	$\langle \texttt{while}\ [b]^\ell\ \texttt{do}\ S,\sigma\rangle \to \langle (S;\texttt{while}\ [b]^\ell\ \texttt{do}\ S),\sigma\rangle$	如果 $\mathcal{B}[\![b]\!]\sigma = true$
$[wh_2]$	$\langle \texttt{while}\ [b]^\ell\ \texttt{do}\ S,\sigma\rangle \to \sigma$	如果 $\mathcal{B}[\![b]\!]\sigma = false$

$[ass]$子句指定赋值语句$x:=a$在一步内完成，这里$\sigma[x\mapsto\mathcal{A}[\![a]\!]\sigma]$表示把状态$\sigma$里$x$的赋值改为$\mathcal{A}[\![a]\!]\sigma$，也就是表达式$a$在状态$\sigma$中的取值。准确地说：

$$(\sigma[x\mapsto\mathcal{A}[\![a]\!]\sigma])y = \begin{cases} \mathcal{A}[\![a]\!]\sigma & x=y \\ \sigma(y) & 其他 \end{cases}$$

顺序语句的语义由两个规则$[seq_1]$和$[seq_2]$给出，具体解释如下。$S_1;S_2$的执行的

第一步是 S_1 语句的第一步。有可能 S_1 在执行一步后终止，则规则[seq_2]可以使用，得到新的格局 $\langle S_2,\sigma'\rangle$，反映下一步可以开始执行 S_2。或者，S_1 语句在一步后不终止，而是产生一个新的格局 $\langle S'_1,\sigma'\rangle$；规则[seq_1]表示 S_1 语句的剩余部分和全部的 S_2 语句必须继续执行：下一个格局是 $\langle S'_1:S_2,\sigma'\rangle$。

56

条件语句的语义由两个公理[if_1]和[if_2]给出，表示计算的第一步将根据布尔表达式的当前值选择适当的分支。

最后，两个公理[wh_1]和[wh_2]给出 while 构造的语义。第一个公理表示，如果布尔表达式的取值为真，则第一步是展开循环。第二个公理表示，如果布尔表达式的取值为假，则执行终止。

推导序列　一个语句 S_1 和状态 σ_1 的推导序列可以是以下两种形式之一：

- 一个有限的格局序列 $\langle S_1,\sigma_1\rangle,\cdots,\langle S_n,\sigma_n\rangle,\sigma_{n+1}$，满足 $\langle S_i,\sigma_i\rangle\to\langle S_{i+1},\sigma_{i+1}\rangle$ $(i=1,\cdots,n-1)$ 和 $\langle S_n,\sigma_n\rangle\to\sigma_{n+1}$。这对应着终止的计算。
- $\langle S_1,\sigma_1\rangle,\cdots,\langle S_i,\sigma_i\rangle,\cdots$ 是一个无限的格局序列，满足 $\langle S_i,\sigma_i\rangle\to\langle S_{i+1},\sigma_{i+1}\rangle$ $(i\geqslant 1)$。这对应着无限循环的计算。

例 2.13　我们通过例 1.1 的阶乘程序的执行来演示这个程序语义。假设状态 $\sigma_{n_xn_yn_z}$ 将 x 映射到 n_x，将 y 映射到 n_y，将 z 映射到 n_z。我们得到以下的有限推导序列：

$$\langle[\texttt{y:=x}]^1;[\texttt{z:=1}]^2;\texttt{while }[\texttt{y>1}]^3\texttt{ do }([\texttt{z:=z*y}]^4;[\texttt{y:=y-1}]^5);[\texttt{y:=0}]^6,\sigma_{300}\rangle$$

$$\to\ \langle[\texttt{z:=1}]^2;\texttt{while }[\texttt{y>1}]^3\texttt{ do }([\texttt{z:=z*y}]^4;[\texttt{y:=y-1}]^5);[\texttt{y:=0}]^6,\sigma_{330}\rangle$$

$$\to\ \langle\texttt{while }[\texttt{y>1}]^3\texttt{ do }([\texttt{z:=z*y}]^4;[\texttt{y:=y-1}]^5);[\texttt{y:=0}]^6,\sigma_{331}\rangle$$

$$\to\ \langle[\texttt{z:=z*y}]^4;[\texttt{y:=y-1}]^5;\ \texttt{while }[\texttt{y>1}]^3\texttt{ do }([\texttt{z:=z*y}]^4;[\texttt{y:=y-1}]^5);[\texttt{y:=0}]^6,\sigma_{331}\rangle$$

$$\to\ \langle[\texttt{y:=y-1}]^5;\texttt{while }[\texttt{y>1}]^3\texttt{ do }([\texttt{z:=z*y}]^4;[\texttt{y:=y-1}]^5);[\texttt{y:=0}]^6,\sigma_{333}\rangle$$

$$\to\ \langle\texttt{while }[\texttt{y>1}]^3\texttt{ do }([\texttt{z:=z*y}]^4;[\texttt{y:=y-1}]^5);[\texttt{y:=0}]^6,\sigma_{323}\rangle$$

$$\to\ \langle[\texttt{z:=z*y}]^4;[\texttt{y:=y-1}]^5;\ \texttt{while }[\texttt{y>1}]^3\texttt{ do }([\texttt{z:=z*y}]^4;[\texttt{y:=y-1}]^5);[\texttt{y:=0}]^6,\sigma_{323}\rangle$$

$$\to\ \langle[\texttt{y:=y-1}]^5;\texttt{while }[\texttt{y>1}]^3\texttt{ do }([\texttt{z:=z*y}]^4;[\texttt{y:=y-1}]^5);[\texttt{y:=0}]^6,\sigma_{326}\rangle$$

$$\to\ \langle\texttt{while }[\texttt{y>1}]^3\texttt{ do }([\texttt{z:=z*y}]^4;[\texttt{y:=y-1}]^5);[\texttt{y:=0}]^6,\sigma_{316}\rangle$$

$$\to\ \langle[\texttt{y:=0}]^6,\sigma_{316}\rangle$$

$$\to\ \sigma_{306}$$

57

注意，标号对程序语义没有影响：它们只是被携带而不被检查。■

语义的性质　我们将首先证明在程序分析的表述中使用的程序和标号上的操作的一些性质。在计算过程中，流的集合、终止标号的集合和基本块的集合将会被修改。引理 2.14 表明这些集合将在计算过程中递减。

引理 2.14

(i) 如果 $\langle S,\sigma\rangle\to\sigma'$，则 $final(S)=\{init(S)\}$。

(ii) 如果 $\langle S,\sigma\rangle\to\langle S',\sigma'\rangle$，则 $final(S)\supseteq final(S')$。

(iii) 如果 $\langle S,\sigma\rangle\to\langle S',\sigma'\rangle$，则 $flow(S)\supseteq flow(S')$。

(iv) 如果 $\langle S,\sigma\rangle\rightarrow\langle S',\sigma'\rangle$，则 $blocks(S)\supseteq blocks(S')$，如果 S 是标号一致，则 S' 也是标号一致的。

证明 (i)的证明通过在 $\langle S,\sigma\rangle\rightarrow\sigma'$ 的推导树上进行归纳。关于这个证明原则的简要介绍，请参阅附录B。参考表2.6，我们发现有三种非空情况。

[ass]情况：则有 $\langle[x:=a]^\ell,\sigma\rangle\rightarrow\sigma[x\mapsto\mathcal{A}[\![a]\!]\sigma]$，可以得到：

$$final([x:=a]^\ell)=\{\ell\}=\{init([x:=a]^\ell)\}$$

[$skip$]情况：则有 $\langle[\texttt{skip}]^\ell,\sigma\rangle\rightarrow\sigma$，可以得到：

$$final([\texttt{skip}]^\ell)=\{\ell\}=\{init([\texttt{skip}]^\ell)\}$$

[wh_2]情况：则因为 $\mathcal{B}[\![b]\!]\sigma=false$，有 $\langle\texttt{while }[b]^\ell\texttt{ do }S,\sigma\rangle\rightarrow\sigma$，可以得到：

$$final(\texttt{while }[b]^\ell\texttt{ do }S)=\{\ell\}=\{init(\texttt{while }[b]^\ell\texttt{ do }S)\}$$

以上完成了(i)的证明。

(ii)的证明通过在 $\langle S,\sigma\rangle\rightarrow\langle S',\sigma'\rangle$ 的推导树上进行归纳。有5种非空情况。

[seq_1]情况：则因为 $\langle S_1,\sigma\rangle\rightarrow\langle S_1',\sigma'\rangle$，有 $\langle S_1;S_2,\sigma\rangle\rightarrow\langle S_1';S_2,\sigma'\rangle$，可以得到：

$$final(S_1;S_2)=final(S_2)=final(S_1';S_2)$$

[seq_2]情况：则因为 $\langle S_1,\sigma\rangle\rightarrow\sigma'$，有 $\langle S_1;S_2,\sigma\rangle\rightarrow\langle S_2,\sigma'\rangle$，可以得到：

$$final(S_1;S_2)=final(S_2)$$

[if_1]情况：则因为 $\mathcal{B}[\![b]\!]\sigma=true$，有 $\langle\texttt{if }[b]^\ell\texttt{ then }S_1\texttt{ else }S_2,\sigma\rangle\rightarrow\langle S_1,\sigma\rangle$，可以得到：

$$final(\texttt{if }[b]^\ell\texttt{ then }S_1\texttt{ else }S_2)=final(S_1)\cup final(S_2)\supseteq final(S_1)$$

[if_2]情况的证明过程与[if_1]类似。

58

[wh_1]情况：则因为 $\mathcal{B}[\![b]\!]\sigma=true$，有 $\langle\texttt{while }[b]^\ell\texttt{ do }S,\sigma\rangle\rightarrow\langle(S;\texttt{while }[b]^\ell\texttt{ do }S),\sigma\rangle$，可以得到：

$$final(S;\texttt{while }[b]^\ell\texttt{ do }S)=final(\texttt{while }[b]^\ell\texttt{ do }S)$$

以上完成了(ii)的证明。

(iii)的证明通过在 $\langle S,\sigma\rangle\rightarrow\langle S',\sigma'\rangle$ 的推导树上进行归纳。有5种非空情况：

[seq_1]情况：则因为 $\langle S_1,\sigma\rangle\rightarrow\langle S_1',\sigma'\rangle$，有 $\langle S_1;S_2,\sigma\rangle\rightarrow\langle S_1';S_2,\sigma'\rangle$，可以得到

$$\begin{aligned}flow(S_1;S_2)&=flow(S_1)\cup flow(S_2)\cup\{(\ell,init(S_2))\mid\ell\in final(S_1)\}\\&\supseteq flow(S_1')\cup flow(S_2)\cup\{(\ell,init(S_2))\mid\ell\in final(S_1)\}\\&\supseteq flow(S_1')\cup flow(S_2)\cup\{(\ell,init(S_2))\mid\ell\in final(S_1')\}\\&=flow(S_1';S_2)\end{aligned}$$

在这里我们使用了归纳假设和(ii)的结论。

[seq_2]情况：则因为 $\langle S_1,\sigma\rangle\rightarrow\sigma'$，有 $\langle S_1;S_2,\sigma\rangle\rightarrow\langle S_2,\sigma'\rangle$，可以得到：

$$\begin{aligned}flow(S_1;S_2)&=flow(S_1)\cup flow(S_2)\cup\{(\ell,init(S_2))\mid\ell\in final(S_1)\}\\&\supseteq flow(S_2)\end{aligned}$$

[if_1]情况：则因为 $\mathcal{B}[\![b]\!]\sigma=true$，有 $\langle\texttt{if }[b]^\ell\texttt{ then }S_1\texttt{ else }S_2,\sigma\rangle\rightarrow\langle S_1,\sigma\rangle$，可以得到：

$$\begin{aligned}flow(\texttt{if }[b]^\ell\texttt{ then }S_1\texttt{ else }S_2)&=flow(S_1)\cup flow(S_2)\\&\quad\cup\{(\ell,init(S_1)),(\ell,init(S_2))\}\\&\supseteq flow(S_1)\end{aligned}$$

[if_2]情况的证明过程与[if_1]类似。

[wh_1]情况：则因为 $\mathcal{B}[\![b]\!]\sigma=true$，有 $\langle\texttt{while }[b]^\ell\texttt{ do }S,\sigma\rangle\rightarrow\langle S;\texttt{while }[b]^\ell\texttt{ do }S,\sigma\rangle$，可以得到：

$$
\begin{aligned}
flow(S;\texttt{while } [b]^{\ell} \texttt{ do } S) &= flow(S) \cup flow(\texttt{while } [b]^{\ell} \texttt{ do } S) \\
&\quad \cup \{(\ell',\ell) \mid \ell' \in final(S)\} \\
&= flow(S) \cup flow(S) \cup \{(\ell, init(S))\} \\
&\quad \cup \{(\ell',\ell) \mid \ell' \in final(S)\} \cup \{(\ell',\ell) \mid \ell' \in final(S)\} \\
&= flow(S) \cup \{(\ell, init(S))\} \cup \{(\ell',\ell) \mid \ell' \in final(S)\} \\
&= flow(\texttt{while } [b]^{\ell} \texttt{ do } S)
\end{aligned}
$$

以上完成了(iii)的证明。

59

(iv)的证明与(iii)的证明类似，我们省略了细节。■

2.2.2 活跃变量分析的正确性

解的保持　2.1.4 节说明了如何为标号一致(并具有孤立出口)的程序 $S_\star$ 定义等式系统。我们将这个系统称为 $\mathsf{LV}^{=}(S_\star)$。通过修改 $\mathsf{LV}^{=}(S_\star)$，可以得到类似于 1.3.2 节所研究的约束系统 $\mathsf{LV}^{\subseteq}(S_\star)$：

$$
\mathsf{LV}_{exit}(\ell) \supseteq \begin{cases} \emptyset & \ell \in final(S_\star) \\ \bigcup\{\mathsf{LV}_{entry}(\ell') \mid (\ell',\ell) \in flow^R(S_\star)\} & \text{其他} \end{cases}
$$

$$
\mathsf{LV}_{entry}(\ell) \supseteq (\mathsf{LV}_{exit}(\ell) \backslash kill_{\mathsf{LV}}(B^\ell)) \cup gen_{\mathsf{LV}}(B^\ell) \quad \text{其中 } B^\ell \in blocks(S_\star)
$$

使用这个定义是因为：在正确性证明中，我们希望对从 $S_\star$ 派生的所有语句使用相同的解；这对于 $\mathsf{LV}^{\subseteq}(S_\star)$是可能的，但对于 $\mathsf{LV}^{=}(S_\star)$则不可能。

现在考虑一个函数的集合 *live* ：

$$
live_{entry}, live_{exit} : \mathbf{Lab}_\star \to \mathcal{P}(\mathbf{Var}_\star)
$$

我们说 *live* 是 $\mathsf{LV}^{=}(S)$的解，写作：

$$
live \models \mathsf{LV}^{=}(S)
$$

如果函数满足等式系统。类似地，我们写作：

$$
live \models \mathsf{LV}^{\subseteq}(S)
$$

如果 *live* 是 $\mathsf{LV}^{\subseteq}(S_\star)$的解。下面的结论表明任何等式系统的解也是约束系统的解，并且这两个系统的最小解一致。

引理 2.15　考虑一个标号一致的程序 $S_\star$，如果 $live \models \mathsf{LV}^{=}(S_\star)$，则 $live \models \mathsf{LV}^{\subseteq}(S_\star)$。$\mathsf{LV}^{=}(S_\star)$的最小解与 $\mathsf{LV}^{\subseteq}(S_\star)$的最小解一致。

证明　如果 $live \models \mathsf{LV}^{=}(S_\star)$，显然有 $live \models \mathsf{LV}^{\subseteq}(S_\star)$，因为$\supseteq$包含了 = 的情况。

接下来我们证明 $\mathsf{LV}^{\subseteq}(S_\star)$的最小解和 $\mathsf{LV}^{=}(S_\star)$的最小解一致。我们在第 1 章(在一些有限性假设下)给出了一个相关结论的构造性证明。因此，让我们在这里用更先进的不动点理论(如附录 A 所述)给出一个更抽象的证明。按照第 1 章的方式，我们构造一个函数 F^S_{LV}，使得：

$$
live \models \mathsf{LV}^{\subseteq}(S) \quad \text{iff} \quad live \sqsupseteq F^S_{\mathsf{LV}}(live)
$$

60

$$
live \models \mathsf{LV}^{=}(S) \quad \text{iff} \quad live = F^S_{\mathsf{LV}}(live)
$$

利用 Tarski 不动点定理(命题 A. 10)，我们得到 F^S_{LV}有一个最小不动点 $lfp(F^S_{\mathsf{LV}})$，即

$$
lfp(F^S_{\mathsf{LV}}) = \bigsqcap\{live \mid live \sqsupseteq F^S_{\mathsf{LV}}(live)\} = \bigsqcap\{live \mid live = F^S_{\mathsf{LV}}(live)\}
$$

由于 $lfp(F^S_{\mathsf{LV}}) = F^S_{\mathsf{LV}}(lfp(F^S_{\mathsf{LV}}))$且 $lfp(F^S_{\mathsf{LV}}) \sqsupseteq F^S_{\mathsf{LV}}(lfp(F^S_{\mathsf{LV}}))$，证明了 $\mathsf{LV}^{\subseteq}(S_\star)$的最

小解和 $\mathsf{LV}^{=}(S_\star)$ 的最小解一致。 ■

下一个结论表明，如果我们有一个对应于语句 S_1 的约束系统的解，那么它也将是从一个子语句 S_2 获得的约束系统的解。这个结论对于之后的正确性证明是必不可少的。

引理 2.16 如果 $live \models \mathsf{LV}^{\subseteq}(S_1)$（其中 S_1 是标号一致的），$flow(S_1) \supseteq flow(S_2)$ 且 $blocks(S_1) \supseteq blocks(S_2)$，则 $live \models \mathsf{LV}^{\subseteq}(S_2)$（其中 S_2 是标号一致的）。

证明 如果 S_1 是标号一致的，且 $blocks(S_1) \supseteq blocks(S_2)$，则 S_2 也是标号一致的。如果 $live \models \mathsf{LV}^{\subseteq}(S_1)$ 则 $live$ 同时满足了 $\mathsf{LV}^{\subseteq}(S_2)$ 中的每个约束，因此 $live \models \mathsf{LV}^{\subseteq}(S_2)$。 ■

我们有以下推论：计算过程保持约束系统 $\mathsf{LV}^{\subseteq}$ 的解。图 2.4 展示了有限计算的情况。

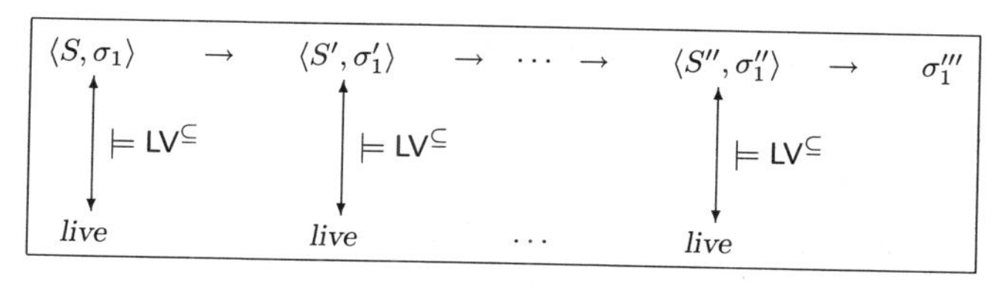

图 2.4 分析结果的保持

推论 2.17 如果 $live \models \mathsf{LV}^{\subseteq}(S)$（其中 S 是标号一致的）且 $\langle S, \sigma \rangle \to \langle S', \sigma' \rangle$，则 $live \models \mathsf{LV}^{\subseteq}(S')$。

证明 根据引理 2.14 和引理 2.16 推导可得。 ■

我们还可以轻松地将解的入口和出口部分关联起来。

引理 2.18 如果 $live \models \mathsf{LV}^{\subseteq}(S)$（其中 S 是标号一致的），则对于所有 $(\ell, \ell') \in flow(S)$，可以得到 $live_{exit}(\ell) \supseteq live_{entry}(\ell')$。

证明 结论可从 $\mathsf{LV}^{\subseteq}(S)$ 的构造性定义得到。 ■ 61

正确性关系 直观地说，活跃变量分析的正确性结论应该表示分析计算出的活跃变量集合在整个计算过程中是正确的。只有活跃变量的值对计算是有用的：如果变量不是活跃的，那么它在状态中的值将无关紧要——它的值不能影响计算结果中有用的部分。假设 V 是一个活跃变量的集合，定义正确性关系：

$$\sigma_1 \sim_V \sigma_2 \quad \text{iff} \quad \forall x \in V : \sigma_1(x) = \sigma_2(x)$$

以上关系表示状态 σ_1 和 σ_2 实质上是相等的：只有活跃变量的值才重要，而这里两个状态（在活跃变量上）是相等的。

例 2.19 考虑语句 $[\mathtt{x}{:=}\mathtt{y}+\mathtt{z}]^\ell$，令 $V_1 = \{\mathtt{y},\mathtt{z}\}$ 且 $V_2 = \{\mathtt{x}\}$。则 $\sigma_1 \sim_{V_1} \sigma_2$ 意味着 $\sigma_1(\mathtt{y}) = \sigma_2(\mathtt{y}) \wedge \sigma_1(\mathtt{z}) = \sigma_2(\mathtt{z})$，$\sigma_1 \sim_{V_2} \sigma_2$ 意味着 $\sigma_1(\mathtt{x}) = \sigma_2(\mathtt{x})$。

接下来假设 $\langle [\mathtt{x}{:=}\mathtt{y}+\mathtt{z}]^\ell, \sigma_1 \rangle \to \sigma_1'$ 和 $\langle [\mathtt{x}{:=}\mathtt{y}+\mathtt{z}]^\ell, \sigma_2 \rangle \to \sigma_2'$，显然 $\sigma_1 \sim_{V_1} \sigma_2$ 保证了 $\sigma_1' \sim_{V_2} \sigma_2'$。因此，如果 V_2 是 $[\mathtt{x}{:=}\mathtt{y}+\mathtt{z}]^\ell$ 语句后的活跃变量的集合，则 V_1 是 $[\mathtt{x}{:=}\mathtt{y}+\mathtt{z}]^\ell$ 语句前的活跃变量集合。 ■

正确性结论表明关系“~”在计算过程中是一个不变式。图 2.5 展示了有限计算的情况，具体数学表达见推论 2.22。为了提高可读性，定义：

$$N(\ell) = live_{entry}(\ell)$$

$$X(\ell) = live_{exit}(\ell)$$

由于一个标号出口处的活跃变量集合被定义为所有其后继标号的入口处的活跃变量的

62 并集(的一个超集)，因此有以下结论。

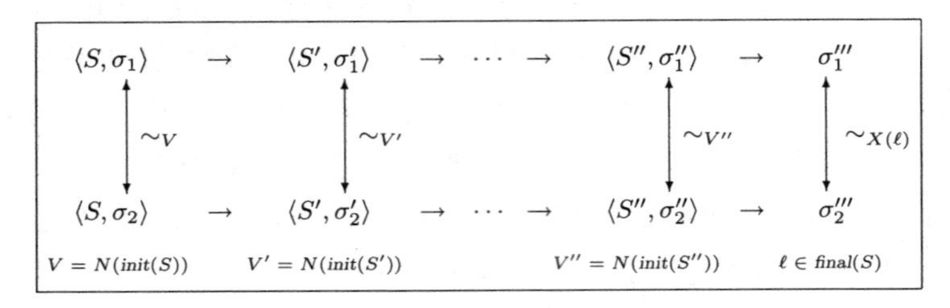

图2.5 live的正确性结论

引理2.20 假设 $live \models \mathsf{LV}^{\subseteq}(S)$，$S$ 是标号一致的。则对于所有的 $(\ell,\ell') \in flow(S)$，$\sigma_1 \sim_{X(\ell)} \sigma_2$ 蕴含 $\sigma_1 \sim_{N(\ell')} \sigma_2$。

证明 直接从引理2.18和 $\sim_V$ 的定义得到。 ■

正确性结论 我们现在为主要结论做好了准备。它说明执行的每个步骤保持语义正确的活跃性信息：(i)当程序不马上终止；(ii)当程序马上终止。

定理2.21 如果 $live \models \mathsf{LV}^{\subseteq}(S)$($S$ 是标号一致的)，则：

(i)如果 $\langle S,\sigma_1\rangle \to \langle S',\sigma_1'\rangle$ 且 $\sigma_1 \sim_{N(init(S))} \sigma_2$，则存在 σ_2'，使得 $\langle S,\sigma_2\rangle \to \langle S',\sigma_2'\rangle$ 和 $\sigma_1' \sim_{N(init(S'))} \sigma_2'$。

(ii)如果 $\langle S,\sigma_1\rangle \to \sigma_1'$ 且 $\sigma_1 \sim_{N(init(S))} \sigma_2$，则存在 σ_2'，使得 $\langle S,\sigma_2\rangle \to \sigma_2'$ 和 $\sigma_1' \sim_{X(init(S))} \sigma_2'$。

证明 证明通过分别在 $\langle S,\sigma_1\rangle \to \langle S',\sigma_1'\rangle$ 和 $\langle S,\sigma_1\rangle \to \sigma_1'$ 的推导树上进行归纳。

[*ass*]情况：有 $\langle [x := a]^\ell, \sigma_1\rangle \to \sigma_1[x \mapsto \mathcal{A}[\![a]\!]\sigma_1]$，从约束系统的定义，可得

$$N(\ell) = live_{entry}(\ell) \supseteq (live_{exit}(\ell)\backslash\{x\}) \cup FV(a) = (X(\ell)\backslash\{x\}) \cup FV(a)$$

因此

$$\sigma_1 \sim_{N(\ell)} \sigma_2 \text{ 蕴含 } \mathcal{A}[\![a]\!]\sigma_1 = \mathcal{A}[\![a]\!]\sigma_2$$

因为 a 的值只受其包含的变量影响。下面，设

$$\sigma_2' = \sigma_2[x \mapsto \mathcal{A}[\![a]\!]\sigma_2]$$

可得 $\sigma_1'(x) = \sigma_2'(x)$，因此 $\sigma_1' \sim_{X(\ell)} \sigma_2'$。

[*skip*]情况：有 $\langle [\mathtt{skip}]^\ell, \sigma_1\rangle \to \sigma_1$，根据约束系统的定义，可得

$$N(\ell) = live_{entry}(\ell) \supseteq (live_{exit}(\ell)\backslash\emptyset) \cup \emptyset = live_{exit}(\ell) = X(\ell)$$

然后让 σ_2' 等于 σ_2。

[*seq*$_1$]情况：则因为 $\langle S_1,\sigma_1\rangle \to \langle S_1',\sigma_1'\rangle$，有 $\langle S_1;S_2,\sigma_1\rangle \to \langle S_1';S_2,\sigma_1'\rangle$。根据构造的定义有 $flow(S_1;S_2) \supseteq flow(S_1)$ 和 $blocks(S_1;S_2) \supseteq blocks(S_1)$。由引理2.16可知，*live* 是 $LV^{\subseteq}(S_1)$ 的解，并且根据归纳假设，存在一个 σ_2' 使得

$$\langle S_1,\sigma_2\rangle \to \langle S_1',\sigma_2'\rangle \text{ 且 } \sigma_1' \sim_{N(init(S_1'))} \sigma_2'$$

63 因此得证。

[*seq*$_2$]情况：则因为 $\langle S_1,\sigma_1\rangle \to \sigma_1'$，有 $\langle S_1;S_2,\sigma_1\rangle \to \langle S_2,\sigma_1'\rangle$。由引理2.16可知，*live* 是 $LV^{\subseteq}(S_1)$ 的解，并且根据归纳假设，存在一个 σ_2' 使得

$$\langle S_1,\sigma_2\rangle \to \sigma_2' \text{ 且 } \sigma_1' \sim_{X(init(S_1))} \sigma_2'$$

又根据

$$\{(\ell, init(S_2)) \mid \ell \in final(S_1)\} \subseteq flow(S_1;S_2)$$

和引理2.14，可得$final(S_1)=\{init(S_1)\}$。再根据引理2.20，可得

$$\sigma_1' \sim_{N(init(S_2))} \sigma_2'$$

因此得证。

$[if_1]$ 情况：则因为 $\mathcal{B}[\![b]\!]\sigma_1 = true$，有 $\langle \texttt{if}\ [b]^\ell\ \texttt{then}\ S_1\ \texttt{else}\ S_2, \sigma_2\rangle \to \langle S_1, \sigma_2\rangle$。因为$\sigma_1 \sim_{N(\ell)} \sigma_2$ 和 $N(\ell) = live_{entry}(\ell) \supseteq FV(b)$，可得 $\mathcal{B}[\![b]\!]\sigma_2 = true$（$b$的值只受其包含的变量的影响）。因此

$$\langle \texttt{if}\ [b]^\ell\ \texttt{then}\ S_1\ \texttt{else}\ S_2, \sigma_2\rangle \to \langle S_1, \sigma_2\rangle$$

根据约束系统的定义，$N(\ell) = live_{entry}(\ell) \supseteq live_{exit}(\ell) = X(\ell)$，因此有 $\sigma_1 \sim_{X(\ell)} \sigma_2$。因为$(\ell, init(S_1)) \in flow(S)$，所以根据引理2.20得出 $\sigma_1 \sim_{N(init(S_1))} \sigma_2$。

$[if_2]$情况的证明同前。

$[wh_1]$情况：则因为 $\mathcal{B}[\![b]\!]\sigma_1 = true$，$\langle \texttt{while}\ [b]^\ell\ \texttt{do}\ S, \sigma_1\rangle \to \langle S; \texttt{while}\ [b]^\ell\ \texttt{do}\ S, \sigma_1\rangle$，由于$\sigma_1 \sim_{N(\ell)} \sigma_2$ 和 $N(\ell) \supseteq FV(\mathrm{b})$，可得 $\mathcal{B}[\![b]\!]\sigma_2 = true$，所以：

$$\langle \texttt{while}\ [b]^\ell\ \texttt{do}\ S, \sigma_2\rangle \to \langle S; \texttt{while}\ [b]^\ell\ \texttt{do}\ S, \sigma_2\rangle$$

又因为 $N(\ell) = live_{entry}(\ell) \supseteq live_{exit}(\ell) = X(\ell)$，可得 $\sigma_1 \sim_{X(\ell)} \sigma_2$。根据引理2.20和$(\ell, init(S)) \in flow(\texttt{while}[b]^\ell\ \texttt{do}\ S)$，可得

$$\sigma_1 \sim_{N(init(S))} \sigma_2$$

$[wh_2]$情况：则因为 $\mathcal{B}[\![b]\!]\sigma_1 = false$，有 $\langle \texttt{while}\ [b]^\ell\ \texttt{do}\ S, \sigma_1\rangle \to \sigma_1$。因为 $\sigma_1 \sim_{N(\ell)} \sigma_2$ 和 $N(\ell) \supseteq FV(b)$，可得 $\mathcal{B}[\![b]\!]\sigma_2 = false$，因此

$$\langle \texttt{while}\ [b]^\ell\ \texttt{do}\ S, \sigma_2\rangle \to \sigma_2$$

根据 $\mathrm{LV}^{\subseteq}(S)$的定义，有 $N(\ell) = live_{entry}(\ell) \supseteq live_{exit}(\ell) = X(\ell)$，因此 $\sigma_1 \sim_{X(\ell)} \sigma_2$。 ■

定理2.21得证。

最后，我们有一个重要的推论，将前面的结论运用到程序执行中：(i)当推导序列还没有终止；(ii)推导序列已经终止。

推论2.22 如果 $live \models LV^{\subseteq}(S)$（其中$S$是标号一致的），则：

(i)如果$\langle S, \sigma_1\rangle \to^* \langle S', \sigma_1'\rangle$且$\sigma_1 \sim_{N(init(S))} \sigma_2$，则存在$\sigma_2'$，使得$\langle S, \sigma_2\rangle \to^* \langle S', \sigma_2'\rangle$和$\sigma_1' \sim_{N(init(S'))} \sigma_2'$。

64

(ii)如果$\langle S, \sigma_1\rangle \to^* \sigma_1'$且$\sigma_1 \sim_{N(init(S))} \sigma_2$，则对于某个$\ell \in final(S)$，存在$\sigma_2'$使得$\langle S, \sigma_2\rangle \to^* \sigma_2'$和$\sigma_1' \sim_{X(\ell)} \sigma_2'$。

证明 根据定理2.21，通过对推导序列长度的归纳可得。 ■

备注 我们现在已经证明了活跃变量分析对于一个小步操作语义的正确性。显然，分析的正确性也可以用其他语义来证明。但是，如果依赖一个大步（或自然）语义，那么如何表达（和证明）无限循环计算的正确性就不那么明显了：在大步语义中，无限循环计算表现为不存在推导树，而小步语义的表达是一个无限的推导序列。 ■

2.3 单调框架

尽管2.1节里的各种分析之间存在差异，但也有足够的相似性，使我们相信可能存在一个统一的框架。我们将在2.4节中看到，识别这样一个框架的优势包括设计用于求解数据流等式系统的通用算法。

整体模式 四个经典分析（在2.1.1～2.1.4节中给出）中的每一个都考虑了标号一致

程序 $S_\star$的等式系统，它们采用以下形式：

$$Analysis_\circ(\ell) \;=\; \begin{cases} \iota & \ell \in E \\ \bigsqcup\{Analysis_\bullet(\ell') \mid (\ell',\ell) \in F\} & \text{其他} \end{cases}$$

$$Analysis_\bullet(\ell) \;=\; f_\ell(Analysis_\circ(\ell))$$

其中：

- $\bigsqcup$是$\bigcap$或$\bigcup$(并且$\sqcup$是$\cup$或$\cap$)。
- F是*flow* ($S_\star$) 或*flow* $^R(S_\star)$。
- E是{ *init* ($S_\star$)}或*final* ($S_\star$)。
- ι指定初始或终止时的分析信息。
- f_ℓ 是与 $B^\ell \in$ *blocks* ($S_\star$)相关的传递函数。

65

我们可以给出以下描述：

- 前向分析的 F是*flow* ($S_\star$), $Analysis_\circ$关注入口条件，$Analysis_\bullet$关注出口条件；等式系统假设 $S_\star$有孤立的入口。
- 后向分析的 F是*flow* $^R(S_\star)$, $Analysis_\circ$关注出口条件，$Analysis_\bullet$关注入口条件；等式系统假设 $S_\star$有孤立的出口。

我们在2.1节中看到的原则是：

- 当$\bigsqcup$是$\bigcap$时，我们需要求解方程的最大集合，并且需要检测所有到达(或离开)标号入口(或出口)的执行路径满足的属性；这些分析通常称为必定分析(must analyses)。
- 当$\bigsqcup$是$\bigcup$时，我们需要求解方程的最小集合，并且需要检测至少一个到达(或离开)标号入口(或出口)的执行路径满足的属性；这些分析通常称为可能分析(may analyses)。

备注 一些作者提出了一种数据流分析的类型学，将每种分析的特点分为三个部分：

$$\{\bigcap,\bigcup\} \times \{\rightarrow,\leftarrow\} \times \{\uparrow,\downarrow\}$$

其中→代表前向分析，←代表后向分析，↓代表最小集合，↑代表最大集合。这导致8种可能的分析类型——一个立方体。事实上，考虑我们的$\bigcap$与↑的关联，$\bigcup$与↓的关联，立方体会坍缩为一个正方形。我们对以下4种类型提供了分析的例子：($\bigcap$,→,↑)、($\bigcup$,→,↓)、($\bigcap$,←,↑)和($\bigcup$,←,↓)。 ■

有时很难假定前向分析有孤立的入口，后向分析有孤立的出口。这促使我们将上述等式系统重写为以下形式：

$$Analysis_\circ(\ell) \;=\; \bigsqcup\{Analysis_\bullet(\ell') \mid (\ell',\ell) \in F\} \sqcup \iota_E^\ell$$

$$\text{其中 } \iota_E^\ell = \begin{cases} \iota & \ell \in E \\ \bot & \ell \notin E \end{cases}$$

$$Analysis_\bullet(\ell) \;=\; f_\ell(Analysis_\circ(\ell))$$

其中$\bot$满足 $l \bigsqcup \bot = l$。这个等式系统对于没有孤立入口和出口的分析同样有意义。

在本节中，我们将提出一种更精确的方法来定义数据流框架，利用我们在前面确定的相似性。本节中介绍的任何内容都不依赖于基本块的定义或程序语言构造的定义；然而，这些技术不能直接适用于带有过程的语言(将在2.5节中讨论)。这里的观点是：程序是一个迁移系统(transition system)；结点表示基本块，每个基本块都有一个与之相关联的传递函数(transfer function)，它规定基本块在“输入”状态上的行为。(注意，对于前向分析，

66

输入状态是入口状态，而对于后向分析，输入状态是出口状态。)

2.3.1 基本定义

属性空间 单调框架的重要组成部分有：属性空间 L，用于表示数据流信息；组合运算符 $\bigsqcup: \mathcal{P}(L) \to L$，用于将不同路径上的信息组合在一起。和往常一样，$\sqcup: L \times L \to L$ 定义为 $l_1 \sqcup l_2 = \bigsqcup\{l_1, l_2\}$，并且我们把 $\bigsqcup \emptyset$ 写为 $\perp$。通常我们要求这个属性空间是一个完全格。如附录 A 中所讨论的，这仅仅意味着它是一个偏序集合 $(L, \sqsubseteq)$，对于每个子集 Y，都有一个最小上界 $\bigsqcup Y$。为了分析的具体实现，通常需要 L 满足升链条件(Ascending Chain Condition)，如附录 A 所述，这意味着每条升链 $(l_n)_n$，也就是 $l_1 \sqsubseteq l_2 \sqsubseteq l_3 \sqsubseteq \cdots$ 最终稳定，也就是 $\exists n$: $l_n = l_{n+1} = \cdots$。

例 2.23 对于到达定值，有 $L = \mathcal{P}(\mathbf{Var}_\star \times \mathbf{Lab}_\star^?)$。子集关系提供了偏序，也就是"$\sqsubseteq$"即"$\subseteq$"。类似地，$\bigsqcup Y$ 即 $\bigcup Y$，$l_1 \sqcup l_2$ 即 $l_1 \cup l_2$，且 $\perp$ 是 $\emptyset$。因为 $\mathbf{Var}_\star \times \mathbf{Lab}_\star^?$ 是有限的(与 $\mathbf{Var} \times \mathbf{Lab}$ 不同)，所以 L 满足升链条件，也就是 $l_1 \subseteq l_2 \subseteq \cdots$ 蕴含 $\exists n: l_n = l_{n+1} = \cdots$。 ■

例 2.24 对于可用表达式，有 $L = \mathcal{P}(\mathbf{AExp}_\star)$。超集关系提供了偏序，也就是"$\sqsubseteq$"即"$\supseteq$"。类似地，$\bigsqcup Y$ 即 $\bigcap Y$，$l_1 \sqcup l_2$ 即 $l_1 \cap l_2$，且 $\perp$ 是 $\mathbf{AExp}_\star$。因为 $\mathbf{AExp}_\star$ 是有限的(与 $\mathbf{AExp}$ 不同)，所以 L 满足升链条件，也就是 $l_1 \supseteq l_2 \supseteq \cdots$ 蕴含 $\exists n$: $l_n = l_{n+1} = \cdots$。 ■

备注 历史上，对属性空间 L 的要求通常以不同的方式表达。一个并半格(join semi-lattice)是一个非空集 L，带有一个二元并运算 $\sqcup$，具有幂等性、交换性和结合性，也就是 $l \sqcup l = l$、$l_1 \sqcup l_2 = l_2 \sqcup l_1$ 和 $(l_1 \sqcup l_2) \sqcup l_3 = l_1 \sqcup (l_2 \sqcup l_3)$。操作的交换性和结合性意味着按照什么顺序组合来自不同路径的信息并不重要。并操作衍生一个偏序关系 $\sqsubseteq$，定义为 $l_1 \sqsubseteq l_2$ 当且仅当 $l_1 \sqcup l_2 = l_2$。不难证明这定义了一个偏序关系，且 $l_1 \sqcup l_2$ 是最小上界(对于 $\sqsubseteq$)。并操作的单元是一个元素 $\perp$，满足 $\perp \sqcup l = l$。不难证明，单元是(对于 $\sqsubseteq$ 的)最小元素。习惯上我们要求属性空间 L 是一个带单元的并半格，且满足升链条件。如附录 A 的引理 A.8 所证明，这等价于假设属性空间 L 是满足升链条件的完全格。 ■

67

单调框架有时也用满足降链条件的属性空间和组合运算 $\sqcap$ 表达。根据格的对偶原则(见第 4 章的结束语)，这不改变单调框架的概念。

传递函数 框架的另一个重要组成部分是传递函数的集合：$f_\ell: L \to L$ ($\ell \in \mathbf{Lab}_\star$)。很自然地可以要求每个传递函数都是单调的，也就是如果 $l \sqsubseteq l'$，则 $f_\ell(l) \sqsubseteq f_\ell(l')$。直观地说，这意味着输入内容的增加必然导致输出内容的增加(或者至少维持原状)。准确地说，我们将看到单调性对于我们开发的算法很重要。为了控制传递函数的集合，我们要求在 L 上有一组单调函数 $\mathcal{F}$，满足以下条件：

- $\mathcal{F}$ 包含所有需要的传递函数 f_ℓ。
- $\mathcal{F}$ 包含恒等函数 id。
- $\mathcal{F}$ 在函数组合下是闭合的。

恒等函数的条件来自 **skip** 语句，函数组合的条件来自顺序语句。显然，我们可以设 $\mathcal{F}$ 为属性空间 L 上的所有单调函数，但偶尔考虑一个更小的集合是有利的，因为它允许我们用更简洁的方式表达函数。

有些单调框架的表述将传递函数与边(或流)相关联，而不是结点(或标号)。使用练习 2.11 的方法可以获得类似的效果。

框架　总之，一个单调框架包括：

- 一个满足升链条件的完全格 L，最小上界记为$\bigsqcup$。
- 一组从 L 到 L 的单调函数 $\mathcal{F}$，包含恒等函数，并且在函数组合下是闭合的。

68

注意，我们不要求 $\mathcal{F}$ 是一个完全格，甚至偏序集合，尽管这对于所有从 L 到 L 的单调函数的集合是成立的(见附录A)

一个更强的概念是可分配框架(Distributive Framework)。可分配框架首先是一个单调框架，除此之外，$\mathcal{F}$ 中的所有函数都要求满足分配律，即

$$f(l_1 \sqcup l_2) = f(l_1) \sqcup f(l_2)$$

由于根据单调性可得 $f(l_1 \bigsqcup l_2) \sqsupseteq f(l_1) \bigsqcup f(l_2)$，所以唯一的附加要求是 $f(l_1 \bigsqcup l_2) \sqsubseteq f(l_1) \bigsqcup f(l_2)$。当这个条件满足时，有时可以得到更高效的算法。

实例　数据流等式系统清楚地表明，指定一个分析不仅仅需要一个单调(或可分配的)框架。为此，我们定义一个单调(或可分配的)框架的实例 Analysis，包含：

- 框架的完全格 L。
- 框架的函数空间 $\mathcal{F}$。
- 一个有限的流 F，通常是 $flow(S_\star)$ 或 $flow^R(S_\star)$。
- 一组有限的边界标号(extremal label) E，通常是 $\{init(S_\star)\}$ 或 $final(S_\star)$。
- 一个边界值(extremal value) $\iota \in L$，用于边界标号。
- 一个映射关系 $f_\cdot$，从 F 和 E 的标号 $\mathbf{Lab}_\star$ 到 $\mathcal{F}$ 中的传递函数。

这样一个实例产生一个等式集合 Analysis$^=$，形式如上所述：

$$\begin{array}{rcl} Analysis_\circ(\ell) & = & \bigsqcup\{Analysis_\bullet(\ell') \mid (\ell',\ell) \in F\} \sqcup \iota_E^\ell \\ & & \text{其中 } \iota_E^\ell = \begin{cases} \iota & \ell \in E \\ \bot & \ell \notin E \end{cases} \\ Analysis_\bullet(\ell) & = & f_\ell(Analysis_\circ(\ell)) \end{array}$$

它还产生一个约束集合 Analysis$^\sqsubseteq$，定义如下：

$$\begin{array}{rcl} Analysis_\circ(\ell) & \sqsupseteq & \bigsqcup\{Analysis_\bullet(\ell') \mid (\ell',\ell) \in F\} \sqcup \iota_E^\ell \\ & & \text{其中 } \iota_E^\ell = \begin{cases} \iota & \ell \in E \\ \bot & \ell \notin E \end{cases} \\ Analysis_\bullet(\ell) & \sqsupseteq & f_\ell(Analysis_\circ(\ell)) \end{array}$$

69

2.3.2　案例回顾

现在，让我们回到2.1节中的4个经典分析，并展示如何将标号一致的程序 $S_\star$ 的分析表述为单调(实际上可分配的)框架的实例。图2.6展示了所有指定单调框架和实例所需的数据。

在所有情况下，显然属性空间 L 是一个完全格。给定偏序关系$\sqsubseteq$之后，关于最小元素$\bot$和最小上界操作$\bigsqcup$的信息是显然的。注意，如果在2.1节中我们使用$\bigcup$(并需要最小解)，我们把$\sqsubseteq$定义为$\subseteq$；类似地，如果在2.1节中我们使用$\bigcap$(并需要最大解)，我们把$\sqsubseteq$定义为$\supseteq$。为了保证 L 满足升链条件，我们将注意力局限于当前程序 $S_\star$ 中出现的表达式、标号和变量的有限集合。

	可用表达式分析	到达定值分析	很忙的表达式分析	活跃变量分析
L	$\mathcal{P}(\mathbf{AExp}_\star)$	$\mathcal{P}(\mathbf{Var}_\star \times \mathbf{Lab}^?_\star)$	$\mathcal{P}(\mathbf{AExp}_\star)$	$\mathcal{P}(\mathbf{Var}_\star)$
$\sqsubseteq$	$\supseteq$	$\subseteq$	$\supseteq$	$\subseteq$
$\bigsqcup$	$\bigcap$	$\bigcup$	$\bigcap$	$\bigcup$
$\bot$	$\mathbf{AExp}_\star$	$\emptyset$	$\mathbf{AExp}_\star$	$\emptyset$
ι	$\emptyset$	$\{(x,?) \mid x \in FV(S_\star)\}$	$\emptyset$	$\emptyset$
E	$\{init(S_\star)\}$	$\{init(S_\star)\}$	$final(S_\star)$	$final(S_\star)$
F	$flow(S_\star)$	$flow(S_\star)$	$flow^R(S_\star)$	$flow^R(S_\star)$
$\mathcal{F}$	$\{f : L \to L \mid \exists l_k, l_g : f(l) = (l \setminus l_k) \cup l_g\}$			
f_ℓ	$f_\ell(l) = (l \setminus kill([B]^\ell)) \cup gen([B]^\ell)$ 其中 $[B]^\ell \in blocks(S_\star)$			

图 2.6　4 个经典分析对应的实例

数据流 F 的定义正如我们期望的：前向分析时为 $flow(S_\star)$，后向分析时为 $flow^R(S_\star)$。类似地，边界标号的集合 E 在前向分析时为 $\{init(S_\star)\}$，在后向分析时为 $final(S_\star)$。关于边界值 ι 唯一需要注意的是：没有关于如何定义 ι 的一般模式，它不总被定义为 $\top_L$，也不总被定义为 $\bot_L$。

下面仍需证明传递函数集合 $\mathcal{F}$ 满足需要的条件。

70

引理 2.25　图 2.6 中的 4 个数据流分析中的每一个都是单调框架（以及可分配的框架）。

证明　为了证明分析是单调框架，我们只需确认 $\mathcal{F}$ 具有以下必要性质。

$\mathcal{F}$ 的函数是单调的：假设 $l \sqsubseteq l'$，则有 $(l \setminus l_k) \sqsubseteq (l' \setminus l_k)$，因此有 $((l \setminus l_k) \cup l_g) \sqsubseteq ((l' \setminus l_k) \cup l_g)$，可以得出 $f(l) \sqsubseteq f(l')$。注意，以上计算与 $\sqsubseteq$ 是 $\subseteq$ 还是 $\supseteq$ 无关。

恒等函数属于 $\mathcal{F}$：l_k 和 l_g 都取 $\emptyset$，可得恒等函数。

$\mathcal{F}$ 中的函数在组合下是闭合的：假设 $f(l) = (l \setminus l_k) \cup l_g$ 和 $f'(l) = (l \setminus l'_k) \cup l'_g$，通过计算

$$
\begin{aligned}
(f \circ f')(l) &= (((l \setminus l'_k) \cup l'_g) \setminus l_k) \cup l_g \\
&= (l \setminus (l'_k \cup l_k)) \cup ((l'_g \setminus l_k) \cup l_g)
\end{aligned}
$$

可得 $(f \circ f')(l) = (l \setminus l''_k) \cup l''_g$，其中 $l''_k = l'_k \cup l_k$ 和 $l''_g = (l'_g \setminus l_k) \cup l_g$。以上完成了引理第一部分的证明。

为了证明分析是可分配的框架，考虑 $f(l) = (l \setminus l_k) \cup l_g$ 给出的 $f \in \mathcal{F}$，有：

$$
\begin{aligned}
f(l \sqcup l') &= ((l \sqcup l') \setminus l_k) \cup l_g \\
&= ((l \setminus l_k) \sqcup (l' \setminus l_k)) \cup l_g \\
&= ((l \setminus l_k) \cup l_g) \sqcup ((l' \setminus l_k) \cup l_g) \\
&= f(l) \sqcup f(l')
\end{aligned}
$$

注意，以上计算与 $\sqcup$ 是 $\cup$ 还是 $\cap$ 无关。引理证明完毕。■

值得指出的是，为了得到这个结论，我们已经使框架依赖于实际的程序——需要这个限制来满足升链条件。

例 2.26　让我们回顾例 2.4 和例 2.5 的程序：

$$[\mathtt{x:=a+b}]^1;\ [\mathtt{y:=a*b}]^2;\ \mathtt{while}\ [\mathtt{y>a+b}]^3\ \mathtt{do}\ ([\mathtt{a:=a+1}]^4;\ [\mathtt{x:=a+b}]^5)$$

的可用表达式分析，并将其表示为相关单调框架的实例。相应的完全格是

$$(\mathcal{P}(\{\texttt{a+b}, \texttt{a*b}, \texttt{a+1}\}), \supseteq)$$

最小元素是{a + b, a * b, a + 1}。传递函数集合的形式如图 2.6 所示。

71

框架实例中有流{(1,2),(2,3),(3,4),(4,5),(5,3)}，边界标号是{1}，边界值是 ∅，与标号对应的传递函数集合是

$$\begin{array}{lcl} f_1^{\mathsf{AE}}(Y) & = & Y \cup \{\texttt{a+b}\} \\ f_2^{\mathsf{AE}}(Y) & = & Y \cup \{\texttt{a*b}\} \\ f_3^{\mathsf{AE}}(Y) & = & Y \cup \{\texttt{a+b}\} \\ f_4^{\mathsf{AE}}(Y) & = & Y \setminus \{\texttt{a+b}, \texttt{a*b}, \texttt{a+1}\} \\ f_5^{\mathsf{AE}}(Y) & = & Y \cup \{\texttt{a+b}\} \end{array}$$

其中 $Y \subseteq$ {a + b, a * b, a + 1}。 ■

2.3.3　一个不可分配的例子

为了避免读者认为所有单调框架都是可分配的框架，这里我们介绍一个不可分配的框架。常量传播分析能够确定：

对于每个程序点，每当执行到该点时，一个变量是否具有常量值。

这种信息可以作为常量折叠(Constant Folding)优化的基础：变量的所有使用都可以替换为常量值。

常量传播框架　用于程序 $S_\star$ 的常量传播分析的完全格是

$$\widehat{\textbf{State}}_{\mathsf{CP}} = ((\textbf{Var}_\star \to \mathbf{Z}^\top)_\bot, \sqsubseteq, \sqcup, \sqcap, \bot, \lambda x.\top)$$

其中 $\textbf{Var}_\star$ 是程序中变量的集合，$\mathbf{Z}^\top = \mathbf{Z} \cup \{\top\}$ 带有偏序，定义如下：

$$\forall z \in \mathbf{Z}^\top : z \sqsubseteq \top$$

$$\forall z_1, z_2 \in \mathbf{Z} : (z_1 \sqsubseteq z_2) \Leftrightarrow (z_1 = z_2)$$

$\mathbf{Z}^\top$ 中的最大元素用于表示变量不是常量，所有其他元素表示该值是特定常量。基本想法是：$\textbf{Var}_\star \to \mathbf{Z}^\top$ 中的一个元素 $\widehat{\sigma}$ 代表一个属性状态：对于每个变量 x，$\widehat{\sigma}(x)$ 将给出 x 是否为常量，以及在后一种情况下，x 是哪个常量。

为了覆盖没有可用信息的情况，我们通过添加最小元素 ⊥ 扩展 $\textbf{Var}_\star \to \mathbf{Z}^\top$，记为 $(\textbf{Var}_\star \to \mathbf{Z}^\top)_\bot$。$\widehat{\textbf{State}}_{\mathsf{CP}} = (\textbf{Var}_\star \to \mathbf{Z}^\top)_\bot$ 上的偏序关系 ⊑ 定义如下：

72

$$\begin{array}{ll} \forall \widehat{\sigma} \in (\textbf{Var}_\star \to \mathbf{Z}^\top)_\bot : & \bot \sqsubseteq \widehat{\sigma} \\ \forall \widehat{\sigma}_1, \widehat{\sigma}_2 \in \textbf{Var}_\star \to \mathbf{Z}^\top : & \widehat{\sigma}_1 \sqsubseteq \widehat{\sigma}_2 \ \text{ iff } \ \forall x : \widehat{\sigma}_1(x) \sqsubseteq \widehat{\sigma}_2(x) \end{array}$$

二元最小上界运算的定义是：

$$\begin{array}{ll} \forall \widehat{\sigma} \in (\textbf{Var}_\star \to \mathbf{Z}^\top)_\bot : & \widehat{\sigma} \sqcup \bot = \widehat{\sigma} = \bot \sqcup \widehat{\sigma} \\ \forall \widehat{\sigma}_1, \widehat{\sigma}_2 \in \textbf{Var}_\star \to \mathbf{Z}^\top : & \forall x : (\widehat{\sigma}_1 \sqcup \widehat{\sigma}_2)(x) = \widehat{\sigma}_1(x) \sqcup \widehat{\sigma}_2(x) \end{array}$$

与前面的例子不同，我们将传递函数定义如下：

$$\mathcal{F}_{\mathsf{CP}} = \{f \mid f \text{ 是 } \widehat{\textbf{State}}_{\mathsf{CP}} \text{ 上的单调函数}\}$$

很容易验证 $\widehat{\textbf{State}}_{\mathsf{CP}}$ 和 $\mathcal{F}_{\mathsf{CP}}$ 满足单调框架的要求(参见练习 2.8)。

常量传播是一种前向分析，所以，对于程序 $S_\star$，数据流 F 是 *flow*$(S_\star)$，边界标号集合 E 是 $\{init(S_\star)\}$，边界值 ι_{CP} 是 $\lambda x.\top$，从标号到传递函数的映射 $f_\cdot^{\mathsf{CP}}$ 在表 2.7 中给出。传递函数的描述使用函数

$$\mathcal{A}_{\mathsf{CP}} : \textbf{AExp} \to (\widehat{\textbf{State}}_{\mathsf{CP}} \to \mathbf{Z}_\bot^\top)$$

来分析表达式。这里将 $\mathbf{Z}$ 上的操作提升到 $\mathbf{Z}_{\perp}^{\top}=\mathbf{Z}\cup\{\perp,\top\}$，如果 $z_1,z_2\in\mathbf{Z}$(其中 $\mathbf{op}_a$ 是 $\mathbf{Z}$ 上相应的算术运算)，则定义 $z_1\,\widehat{\mathsf{op}}_a\,z_2=z_1\ \mathbf{op}_a\ z_2$；如果 $z_1=\perp$ 或 $z_2=\perp$，则 $z_1\ \widehat{\mathsf{op}}_a\ z_2=\perp$；否则，$z_1\ \widehat{\mathsf{op}}_a\ z_2=\top$。

表 2.7 常量传播分析

$$\mathcal{A}_{\mathsf{CP}}\ :\ \mathbf{AExp}\to(\widehat{\mathbf{State}}_{\mathsf{CP}}\to\mathbf{Z}_{\perp}^{\top})$$

$$\begin{aligned}
\mathcal{A}_{\mathsf{CP}}[\![x]\!]\widehat{\sigma} &= \begin{cases}\perp & \widehat{\sigma}=\perp\\ \widehat{\sigma}(x) & \text{其他}\end{cases}\\
\mathcal{A}_{\mathsf{CP}}[\![n]\!]\widehat{\sigma} &= \begin{cases}\perp & \widehat{\sigma}=\perp\\ n & \text{其他}\end{cases}\\
\mathcal{A}_{\mathsf{CP}}[\![a_1\ op_a\ a_2]\!]\widehat{\sigma} &= \mathcal{A}_{\mathsf{CP}}[\![a_1]\!]\widehat{\sigma}\ \widehat{\mathsf{op}}_a\ \mathcal{A}_{\mathsf{CP}}[\![a_2]\!]\widehat{\sigma}
\end{aligned}$$

传递函数：f_{ℓ}^{CP}

$$\begin{aligned}
[x:=a]^{\ell}:\quad f_{\ell}^{\mathsf{CP}}(\widehat{\sigma}) &= \begin{cases}\perp & \widehat{\sigma}=\perp\\ \widehat{\sigma}[x\mapsto\mathcal{A}_{\mathsf{CP}}[\![a]\!]\widehat{\sigma}] & \text{其他}\end{cases}\\
[\mathtt{skip}]^{\ell}:\quad f_{\ell}^{\mathsf{CP}}(\widehat{\sigma}) &= \widehat{\sigma}\\
[b]^{\ell}:\quad f_{\ell}^{\mathsf{CP}}(\widehat{\sigma}) &= \widehat{\sigma}
\end{aligned}$$

73

引理 2.27 常量传播是一个单调框架，但**不是**一个可分配的框架。

证明 常量传播是一个单调框架的证明留给练习 2.8。为了证明常量传播不是一个可分配的框架，考虑[y:=x*x]$^{\ell}$ 的传递函数 f_{ℓ}^{CP}，同时令 $\widehat{\sigma}_1(\mathtt{x})=1$ 和 $\widehat{\sigma}_2(\mathtt{x})=-1$，则 $\widehat{\sigma}_1\sqcup\widehat{\sigma}_2$ 把 x 映射到 T，因此 $f_{\ell}^{\mathsf{CP}}(\widehat{\sigma}_1\sqcup\widehat{\sigma}_2)$ 把 y 映射到 T，所以没有记录 y 的值是常量 1。然而，$f_{\ell}^{\mathsf{CP}}(\widehat{\sigma}_1)$ 和 $f_{\ell}^{\mathsf{CP}}(\widehat{\sigma}_2)$ 都把 y 映射到 1，因此 $f_{\ell}^{\mathsf{CP}}(\widehat{\sigma}_1)\sqcup f_{\ell}^{\mathsf{CP}}(\widehat{\sigma}_2)$ 也把 y 映射到 1。 ■

常量传播分析的正确性将在 4.5 节中证明。

2.4 等式系统的求解

在建立了一个框架之后，仍然存在如何使用该框架来获得分析结果的问题。在本节中，我们将考虑两种方法。一种是模拟 1.7 节所述的任意迭代的迭代算法，另一种更直接地沿着程序中的路径传播分析信息。

2.4.1 MFP 解

首先，我们提出一种通用的单调框架迭代算法，用于计算数据流等式系统的最小解。历史上，这被称为 MFP 解(MFP 指最大不动点(Maximal Fixed Point))，尽管它实际上计算的是最小不动点；原因是经典文献倾向于 ⊔ 是 ∩ 的分析(并且因为相对于 ⊑ 或 ⊒ 的最小不动点等于相对于 ⊆ 的最大不动点)。

该算法的伪代码在表 2.8 中展示，以一个单调框架的实例作为输入。它使用一个数组 Analysis，其中包括每个基本块的信息 $Analysis_{\circ}$，Analysis 数组以标号作为下标。算法中还使用工作列表 W，列表的每一项是流关系 F 的元素的二元组。工作列表中一个二元组的存在表示数据流分析在第一个分量标号的基本块的出口(或对于后向分析是入口)发生了变化，因此必须在第二个分量标号的基本块的入口(或出口)重新计算。在最后阶段，算法以接近数据流等式系统描述的形式给出分析结果($MFP_{\circ}$，$MFP_{\bullet}$)。

例 2.28 为了展示算法是如何工作的，让我们回顾例 2.26，考虑程序：

[x:=a+b]^1; [y:=a*b]^2; while [y>a+b]^3 do ([a:=a+1]^4; [x:=a+b]^5)

记 W 为列表((2,3),(3,4),(4,5),(5,3))，U 为集合{a+b, a*b, a+1}，算法的步骤 1 初始化数据结构，如表 2.9 的第一行所示。步骤 2 检查工作列表的第一个元素，第 2~7 行表示 Analysis 数组发生变化的情况，因此工作列表的顶部添加了新的二元组，这将在下一次迭代中检查。第 8~12 行表示数组没有被修改的情况，因此工作列表变小了——W 中的元素仅仅被检查。最后，步骤 3 生成我们在例 2.5 中已经看到的解。 ■

74

表 2.8 数据流等式系统求解算法

输入： 一个单调框架的实例：
$(L, \mathcal{F}, F, E, \iota, f_\cdot)$

输出： $MFP_\circ, MFP_\bullet$

方法： 步骤1：W 和 Analysis 的初始化

```
W := nil;
for all (ℓ,ℓ') in F do
    W := cons((ℓ,ℓ'),W);
for all ℓ in F or E do
    if ℓ ∈ E then Analysis[ℓ] := ι
             else Analysis[ℓ] := ⊥_L;
```

步骤2：迭代 （更新 W 和 Analysis）

```
while W ≠ nil do
    ℓ := fst(head(W)); ℓ' = snd(head(W));
    W := tail(W);
    if f_ℓ(Analysis[ℓ]) ⋢ Analysis[ℓ'] then
        Analysis[ℓ'] := Analysis[ℓ'] ⊔ f_ℓ(Analysis[ℓ]);
        for all ℓ'' with (ℓ',ℓ'') in F do
            W := cons((ℓ',ℓ''),W);
```

步骤3：展示结果（$MFP_\circ$ 和 $MFP_\bullet$）

```
for all ℓ in F or E do
    MFP_∘(ℓ) := Analysis[ℓ];
    MFP_•(ℓ) := f_ℓ(Analysis[ℓ])
```

表 2.9 工作列表算法的迭代

	W	ℓ取下值时的 Analysis[ℓ] 1	2	3	4	5
1	((1,2),W)	∅	U	U	U	U
2	((2,3),W)	∅	{a+b}	U	U	U
3	((3,4),W)	∅	{a+b}	{a+b,a*b}	U	U
4	((4,5),W)	∅	{a+b}	{a+b,a*b}	{a+b,a*b}	U
5	((5,3),W)	∅	{a+b}	{a+b,a*b}	{a+b,a*b}	∅
6	((3,4),W)	∅	{a+b}	{a+b}	{a+b,a*b}	∅
7	((4,5),W)	∅	{a+b}	{a+b}	{a+b}	∅
8	((2,3),···)	∅	{a+b}	{a+b}	{a+b}	∅
9	((3,4),···)	∅	{a+b}	{a+b}	{a+b}	∅
10	((4,5),···)	∅	{a+b}	{a+b}	{a+b}	∅
11	((5,3))	∅	{a+b}	{a+b}	{a+b}	∅
12	()	∅	{a+b}	{a+b}	{a+b}	∅

算法的性质 我们将首先证明该算法计算了等式系统预期的解。

引理 2.29 表 2.8 中的工作列表算法总是会终止，它计算作为输入的框架实例的最小(或 MFP)解。

证明 首先，我们证明终止性。步骤 1 和步骤 3 是有限集上的有界循环，因此显然是终止的。下面考虑步骤 2。假设程序中有 b 个标号，则工作列表初始化时最多有 b^2 个元素；最坏的情况是 F 将每个标号关联于每个标号。每次迭代要么从工作列表中删除一个元素，要么添加最多 b 个新元素。如果对于当前迭代选择的二元组(ℓ,ℓ')，有 f_ℓ(Analysis[ℓ]) $\not\sqsubseteq$ Analysis[ℓ']，即 f_ℓ(Analysis[ℓ]) $\sqsupset$ Analysis[ℓ'] 或它们是不可比较的，则添加新元素。无论哪种情况，新的 Analysis[ℓ'] 值都严格大于前一个值。由于值的集合满足升链条件，因此这种情况只能发生有限次。因此，工作列表最终将耗尽。

75

接下来我们证明算法是正确的。设 $Analysis_\circ$ 和 $Analysis_\bullet$ 为算法输入实例的最小解。证明分为三部分：(i)首先证明在每次迭代中，Analysis 数组中的值是 $Analysis_\circ$ 中相应的值的近似；(ii)然后证明 $Analysis_\circ$ 是 Analysis 在算法步骤 2 结束时的近似；(iii)最后把这两部分组合起来。

(i)：我们证明

$$\forall \ell : \mathsf{Analysis}[\ell] \sqsubseteq Analysis_\circ(\ell)$$

是步骤 2 里循环的不变量。在步骤 1 后，对于所有 ℓ 有 $\mathsf{Analysis}[\ell] \sqsubseteq Analysis_\circ(\ell)$，因为 $Analysis_\circ(\ell) \sqsupseteq \iota$(每当 $\ell \in E$)。在循环的每次迭代后，要么没有变化，因为迭代只是从工作列表中删除一个元素，要么 Analysis[ℓ'']对于所有 ℓ''是不变的，除了某个 ℓ'。在这种情况下，存在某个 ℓ 使得$(\ell,\ell') \in F$，且

$$\begin{aligned} new\mathsf{Analysis}[\ell'] &= old\mathsf{Analysis}[\ell'] \sqcup f_\ell(old\mathsf{Analysis}[\ell]) \\ &\sqsubseteq Analysis_\circ(\ell') \sqcup f_\ell(Analysis_\circ(\ell)) \\ &= Analysis_\circ(\ell') \end{aligned}$$

这里的不等式成立是因为 f_ℓ 是单调的，最后一个等式成立是因为$(Analysis_\circ, Analysis_\bullet)$是实例的一个解。

76

(ii)：在循环结束时，工作列表是空的，我们将通过反证法证明：

$$\forall \ell,\ell' : (\ell,\ell') \in F \Rightarrow \mathsf{Analysis}[\ell'] \sqsupseteq f_\ell(\mathsf{Analysis}[\ell])$$

因此假设 Analysis[ℓ']$\not\sqsupseteq$ f_ℓ(Analysis[ℓ])对于某个$(\ell,\ell') \in F$成立，并尝试推出矛盾。考虑Analysis[ℓ]的最后一次更新。如果这是在步骤 1 中，我们在步骤 2 考虑了(ℓ,ℓ')，并确保了

$$\mathsf{Analysis}[\ell'] \sqsupseteq f_\ell(\mathsf{Analysis}[\ell])$$

且这个不变量会一直保持。因此这种情况是矛盾的。因此，Analysis[ℓ]的最后一次更新是在步骤 2。但在步骤 2，(ℓ,ℓ')又被放进了工作列表。当在步骤 2 考虑(ℓ,ℓ')时，我们保证了

$$\mathsf{Analysis}[\ell'] \sqsupseteq f_\ell(\mathsf{Analysis}[\ell])$$

且这个不变量会一直保持。因此这种情况也是矛盾的。这完成了通过反证的证明。

在循环结束时，有

$$\forall \ell \in E : \mathsf{Analysis}[\ell] \sqsupseteq \iota$$

这是因为它在步骤 1 确立，且一直保持不变。因此，在步骤 2 结束时，有

$$\forall \ell : \mathsf{Analysis}[\ell] \sqsupseteq (\bigsqcup\{f_{\ell'}(\mathsf{Analysis}[\ell']) \mid (\ell',\ell) \in F\}) \sqcup \iota_E^\ell$$

(iii)：根据假设和命题 A.10，有

$$\forall \ell : MFP_\circ(\ell) = Analysis_\circ(\ell)$$

因为 $Analysis_\circ(\ell)$ 是以上约束系统的最小解，并且 $MFP_\circ$ 等于 Analysis 的最终值。结合(i)，这证明了在步骤 2 终止时有

$$\forall \ell : MFP_\circ(\ell) = Analysis_\circ(\ell)$$

■

根据引理 2.29 中的终止性证明，我们可以确定基本操作(例如 f_ℓ 的使用、$\sqcup$的使用或 Analysis 的更新)在算法中调用次数的上界。为此，我们假定数据流 F的表示(例如，一个列表数组)允许找到所有从 ℓ'开始的(ℓ',ℓ'')，使用时间与它们的个数成正比。假设 E和 F包含最多 $b\geqslant 1$ 个不同的标号，F包含最多 $e\geqslant b$ 个二元组，并且 L 的最大有限高度是 $h\geqslant 1$。则步骤 1 和步骤 3 最多有 $O(b+e)$个基本操作。考虑步骤 2，一个二元组最

77

多被放进工作列表 $O(h)$ 次，每次处理它只需固定数量的基本操作——不计算向 W 添加新的二元组所需的时间；这给出步骤 2 最多需要 $O(e\cdot h)$ 个基本操作。因为 $h\geqslant 1$，$e\geqslant b$，可得算法最多需要 $O(e\cdot h)$ 个基本操作(因为 $e\leqslant b^2$，所以一个可能更粗略的上界是 $O(b^2\cdot h)$)。

例 2.30 考虑到达定值分析，并假设被分析的程序 $S_\star$ 中最多有 $v\geqslant 1$ 个变量和 $b\geqslant 1$ 个标号。因为 $L=\mathcal{P}(\mathbf{Var}_\star\times\mathbf{Lab}_\star^?)$，所以 $h\leqslant v\cdot b$，因此可得基本操作数量的上限是 $O(v\cdot b^3)$。实际上，我们可以做得更好。如果程序 $S_\star$ 是标号一致的，则 $\mathcal{P}(\mathbf{Var}_\star\times\mathbf{Lab}_\star^?)$ 中的二元组 (x,ℓ) 中的变量总是由标号 ℓ 唯一确定，因此我们可以得到 $O(b^3)$ 个基本操作的上限。另外，F 是 $flow(S_\star)$，检查关于 $flow(S_\star)$ 的等式可得对于每个标号 ℓ，我们最多构造两个 ℓ 为第一分量的二元组。这意味着 $e\leqslant 2\cdot b$，因此我们得到基本操作的上限为 $O(b^2)$。 ■

2.4.2 MOP 解

现在让我们考虑单调框架的另一种求解方法。在这种方法中，我们更直接地沿着程序中的路径传播分析信息。历史上，这被称为 MOP 解(MOP 指所有路径的交(Meet Over all Paths))，尽管我们实际上取的是所有通向一个基本块的路径的并(或最小上界)。原因还是经典文献倾向于 $\sqcup$ 是 $\cap$ 的分析。

路径 我们暂时采用非正式的路径的概念，即到达一个基本块的入口的路径是从程序开始到该基本块(但不包括它本身)遍历的基本块的列表。类似地，我们可以定义从基本块的出口出发的路径。数据流分析决定这类路径的属性。前向分析关注从初始块到一个基本块入口的路径；后向分析关注从基本块出口到一个终止块的路径。路径对状态的影响可以通过组合路径中各个基本块对应的传递函数来计算。在前一种情况下，我们收集执行一个基本块之前的各种信息；在后一种情况下，我们收集一个基本块被执行后的各种信息。这种非正式的描述与 2.1 节和本节前面所采用的方法形成了对比；在那里，我们提出了根据基本块的直接前驱(后继)基本块定义的等式系统(由 $flow$ 和 $flow^R$ 函数定义)。稍后我们将看到，对于一大类分析，这两种方法是一致的。

78

下面让我们给出正式的定义。考虑一个单调框架的实例 $(L,\mathcal{F},F,E,\iota,f.)$。用符号 $\vec{\ell}=[\ell_1,\cdots,\ell_n]$ 表示 $n\geqslant 0$ 个标号的序列。我们定义两组路径。到达但不包含 ℓ 的路径：

$$path_\circ(\ell)=\{[\ell_1,\cdots,\ell_{n-1}]\mid n\geqslant 1\wedge\forall i<n:(\ell_i,\ell_{i+1})\in F\wedge\ell_n=\ell\wedge\ell_1\in E\}$$

到达且包含 ℓ 的路径：

$$path_\bullet(\ell)=\{[\ell_1,\cdots,\ell_n]\mid n\geqslant 1\wedge\forall i<n:(\ell_i,\ell_{i+1})\in F\wedge\ell_n=\ell\wedge\ell_1\in E\}$$

对于一个路径 $\vec{\ell}=[\ell_1,\cdots,\ell_n]$，定义传递函数

$$f_{\vec{\ell}}=f_{\ell_n}\circ\cdots\circ f_{\ell_1}\circ id$$

因此对于空路径，我们有 $f_{[\,]}=id$，其中 id 是恒等函数。

通过类比等式系统解的定义，特别是 $MFP_\circ(\ell)$ 和 $MFP_\bullet(\ell)$ 的定义，我们现在定义 MOP 解的两个分量。到达但不包含 ℓ 的解是

$$MOP_\circ(\ell)=\bigsqcup\{f_{\vec{\ell}}(\iota)\mid\vec{\ell}\in path_\circ(\ell)\}$$

到达且包含 ℓ 的解是

$$MOP_\bullet(\ell)=\bigsqcup\{f_{\vec{\ell}}(\iota)\mid\vec{\ell}\in path_\bullet(\ell)\}$$

然而，MOP 解有时是不可计算的(也就是不可判定的)，虽然 MFP 解总是容易计算的(因

为属性空间满足升链条件)。以下引理证明了这样一个结论。

引理 2.31 常量传播的 MOP 解是不可判定的。

证明 令 $u_1, \cdots, u_n$ 和 $v_1, \cdots, v_n$ 为字母表 $\{1, \cdots, 9\}$ 上的字符串(见附录 C)。修改后的波斯特对应问题(Modified Post Correspondence Problem)要求确定是否存在一个序列 $i_1, \cdots, i_m (i_1 = 1)$,使得 $u_{i_1} \cdots u_{i_m} = v_{i_1} \cdots v_{i_n}$。

令 $|u|$ 表示字符串 u 的长度,$[\![u]\!]$ 是字符串解释为自然数时的值。考虑以下程序(省略大多数标号):

```
x:=[[u1]]; y:=[[v1]];
while [···] do
      (if [···] then x:=x * 10^|u1| + [[u1]]; y:=y * 10^|v1| + [[v1]] else
       :
       if [···] then x:=x * 10^|un| + [[un]]; y:=y * 10^|vn| + [[vn]] else skip)
[z:=sign((x-y)*(x-y))]^ℓ
```

79

其中 sign 计算符号(如果参数为正,则结果为 1,否则结果为 0 或 -1),[…]是与我们无关的一些细节。

$MOP_\bullet(\ell)$ 将 z 映射到 1 当且仅当修改后的波斯特对应问题无解。由于修改后的波斯特对应问题是不可判定的,因此常量传播的 MOP 解也是不可判定的(假设我们选择的算术运算足以定义这里使用的计算)。 ■

MOP 解与 MFP 解 我们将很快证明 MFP 解是 MOP 解的一个安全近似(非正式地讲,MFP $\sqsupseteq$ MOP)。对于一个 $(\bigcap, \rightarrow, \uparrow)$ 或 $(\bigcap, \leftarrow, \uparrow)$ 分析,MFP 解是 MOP 解的子集($\sqsupseteq$ 是 $\subseteq$)。对于一个 $(\bigcup, \rightarrow, \downarrow)$ 或 $(\bigcup, \leftarrow, \downarrow)$ 分析,MFP 解是 MOP 解的超集。对于可分配的框架,MFP 解和 MOP 解是一致的。

引理 2.32 考虑一个单调框架的实例$(L, \mathcal{F}, F, B, \iota, f.)$的 MFP 和 MOP 解,有

$$MFP_\circ \sqsupseteq MOP_\circ \text{ and } MFP_\bullet \sqsupseteq MOP_\bullet$$

如果框架是可分配的,且对于 E 和 F 中的所有 ℓ,$path_\circ(\ell) \neq \emptyset$,则:

$$MFP_\circ = MOP_\circ \text{ 且 } MFP_\bullet = MOP_\bullet$$

证明 显然有

$$\forall \ell : MOP_\bullet(\ell) \sqsubseteq f_\ell(MOP_\circ(\ell))$$
$$\forall \ell : MFP_\bullet(\ell) = f_\ell(MFP_\circ(\ell))$$

因此,为了引理的第一部分,需要证明

$$\forall \ell : MOP_\circ(\ell) \sqsubseteq MFP_\circ(\ell)$$

注意 $MFP_\circ$ 是泛函 F

$$F(A_\circ)(\ell) = (\bigsqcup\{f_{\ell'}(A_\circ(\ell')) \mid (\ell', \ell) \in F\}) \sqcup \iota_E^\ell$$

的最小不动点。下面让我们限制计算 $MOP_\circ$ 使用的路径的长度;对于 $n \geqslant 0$ 的情况,定义

$$MOP_\circ^n(\ell) = \bigsqcup\{f_{\vec{\ell}}(\iota) \mid \vec{\ell} \in path_\circ(\ell), |\vec{\ell}| < n\}$$

显然,$MOP_\circ(\ell) = \bigsqcup_n MOP_\circ^n(\ell)$。为了证明 $MFP_\circ \sqsupseteq MOP_\circ$,只需证明

$$\forall n : MFP_\circ \sqsupseteq MOP_\circ^n$$

这可以通过数学归纳法证明。基础情况 $MFP_\circ \sqsupseteq MOP_\circ^0$ 是显然的。归纳步骤如下:

80

$$
\begin{aligned}
MFP_{\circ}(\ell) &= F(MFP_{\circ})(\ell) \\
&= (\bigsqcup\{f_{\ell'}(MFP_{\circ}(\ell')) \mid (\ell',\ell) \in F\}) \sqcup \iota_E^{\ell} \\
&\sqsupseteq (\bigsqcup\{f_{\ell'}(MOP_{\circ}^{n}(\ell')) \mid (\ell',\ell) \in F\}) \sqcup \iota_E^{\ell} \\
&= (\bigsqcup\{f_{\ell'}(\bigsqcup\{f_{\vec{\ell}}(\iota) \mid \vec{\ell} \in path_{\circ}(\ell'), |\vec{\ell}| < n\}) \mid (\ell',\ell) \in F\}) \sqcup \iota_E^{\ell} \\
&\sqsupseteq (\bigsqcup(\{\bigsqcup\{f_{\ell'}(f_{\vec{\ell}}(\iota)) \mid \vec{\ell} \in path_{\circ}(\ell'), |\vec{\ell}| < n\} \mid (\ell',\ell) \in F\}) \sqcup \iota_E^{\ell} \\
&= \bigsqcup(\{f_{\vec{\ell}}(\iota) \mid \vec{\ell} \in path_{\circ}(\ell), 1 \leqslant \vec{\ell} \leqslant n\}) \sqcup \iota_E^{\ell} \\
&= MOP_{\circ}^{n+1}(\ell)
\end{aligned}
$$

这里我们使用归纳假设得到第一个不等式。以上完成了 $MFP_{\circ} \sqsupseteq MOP_{\circ}$ 和 $MFP_{\bullet} \sqsupseteq MOP_{\bullet}$ 的证明。

为了证明引理的第二部分，我们现在假设框架是可分配的。考虑 E 和 F 中的 ℓ。从假设可得 f_{ℓ} 是可分配的，也就是 $f_{\ell}(l_1 \sqcup l_2) = f_{\ell}(l_1) \sqcup f_{\ell}(l_2)$，并且根据附录 A 的引理 A. 9，有

$$
f_{\ell}(\bigsqcup Y) = \bigsqcup\{f_{\ell}(l) \mid l \in Y\}
$$

每当 Y 是非空的。从假设也有 $path_{\circ}(\ell) \neq \emptyset$，因此

$$
\begin{aligned}
f_{\ell}(\bigsqcup\{f_{\vec{\ell}}(\iota) \mid \vec{\ell} \in path_{\circ}(\ell)\}) &= \bigsqcup\{f_{\ell}(f_{\vec{\ell}}(\iota)) \mid \vec{\ell} \in path_{\circ}(\ell)\} \\
&= \bigsqcup\{f_{\vec{\ell}}(\iota) \mid \vec{\ell} \in path_{\bullet}(\ell)\}
\end{aligned}
$$

这表明

$$
\forall \ell : f_{\ell}(MOP_{\circ}(\ell)) = MOP_{\bullet}(\ell)
$$

接下来我们计算：

$$
\begin{aligned}
MOP_{\circ}(\ell) &= \bigsqcup\{f_{\vec{\ell}}(\iota) \mid \vec{\ell} \in path_{\circ}(\ell)\} \\
&= \bigsqcup\{f_{\vec{\ell}}(\iota) \mid \vec{\ell} \in \bigcup\{path_{\bullet}(\ell') \mid (\ell',\ell) \in F\} \cup \{[\,] \mid \ell \in E\}\} \\
&= \bigsqcup(\{f_{\ell'}(f_{\vec{\ell}}(\iota)) \mid \vec{\ell} \in path_{\circ}(\ell'), (\ell',\ell) \in F\} \cup \{\iota \mid \ell \in E\}) \\
&= (\bigsqcup\{f_{\ell'}(\bigsqcup\{f_{\vec{\ell}}(\iota) \mid \vec{\ell} \in path_{\circ}(\ell')\} \mid (\ell',\ell) \in F\}) \sqcup \iota_E^{\ell} \\
&= (\bigsqcup\{f_{\ell'}(MOP_{\circ}(\ell')) \mid (\ell',\ell) \in F\}) \sqcup \iota_E^{\ell}
\end{aligned}
$$

这些表明 $(MOP_{\circ}, MOP_{\bullet})$ 是数据流等式系统的一个解。根据附录 A 中的命题 A. 10，以及 $(MFP_{\circ}, MFP_{\bullet})$ 是最小解的事实，我们得到 $MOP_{\circ} \sqsupseteq MFP_{\circ}$ 和 $MOP_{\bullet} \sqsupseteq MFP_{\bullet}$ 。连同引理第一部分的结论，我们得到 $MOP_{\circ} = MFP_{\circ}$ 和 $MOP_{\bullet} = MFP_{\bullet}$ 。 ■

我们将在练习 2. 13 中证明当单调框架是按照前面章节的方式从程序 $S_{\star}$ 构造时，条件 $path_{\circ}(\ell) \neq \emptyset$（对于 E 和 F 中的 ℓ）成立。

有时我们说 MOP 解是需要的解，但人们只使用 MFP 解，因为 MOP 解可能是不可计算的。为了证实这种看法，我们需要证明 MOP 解在语义上是正确的，正如 2. 2 节中对 MFP 解在活跃变量分析的情况下证明的那样。对于活跃变量分析这是显然的，因为它是一个可分配的框架。我们并不这么做，因为在一个不同的属性空间（如 $\mathcal{P}(L)$）上，总是可以将 MOP 解表示为 MFP 解，因此专注于单调框架的不动点方法几乎没有损失。（注意，当 L 是有限的时，$\mathcal{P}(L)$ 也满足升链条件。）

81

2.5 过程间分析

前几节中介绍的数据流分析技术称为过程内分析，因为它们处理没有函数或过程的简单程序语言。在考虑函数和过程的情况下，过程间分析的要求更高。新的复杂情况包括需要确保调用和返回彼此匹配、处理参数传递机制(和引用调用可能导致的别名)，以及允许过程作为参数。

在本节中，我们将介绍一些过程间分析的关键技术。为了简单起见，我们只扩展WHILE语言，添加在顶层声明的全局相互递归的过程，具有一个按值调用(call-by-value)参数和一个按结果调用(call-by-result)参数。很容易将这些技术扩展到有多个按值调用、按结果调用和按值结果调用(call-by-value-result)参数的过程，或添加局部变量的声明(参见练习2.20)。我们将在例子中自由使用这些扩展。

过程语言的语法 一个用扩展的WHILE语言编写的程序$P_\star$有如下形式：

$$\texttt{begin}\ D_\star\ S_\star\ \texttt{end}$$

其中$D_\star$是一系列过程声明：

$$D ::= \texttt{proc}\ p(\texttt{val}\ x, \texttt{res}\ y)\ \texttt{is}^{\ell_n}\ S\ \texttt{end}^{\ell_x} \mid D\ D$$

过程名(表示为p)在语法上不同于变量名(表示为x和y)。is的标号ℓ_n表示过程体的入口，end的标号ℓ_x表示过程体的出口。语句的语法扩展为：

$$S ::= \cdots \mid [\texttt{call}\ p(a,z)]_{\ell_r}^{\ell_c}$$

call语句有两个标号：ℓ_c用于过程的调用，ℓ_r用于相对应的返回。实在参数(actual parameter，后简称“实参”)是a和z。

82

语言具有静态作用域，参数传递机制是按值调用第一个参数，按结果调用第二个参数，过程可以相互递归。我们将假设程序是唯一标号的(因此是标号一致的)；另外还假设只有在$D_\star$里声明的过程才被调用，并且$D_\star$不定义两个名字相同的过程。

例2.33 考虑下面的程序，计算存储在x中的正整数的斐波那契数，并返回到y中：

```
begin  proc fib(val z, u, res v) is^1
              if [z<3]^2 then [v:=u+1]^3
              else ([call fib(z-1,u,v)]^4_5; [call fib(z-2,v,v)]^6_7)
       end^8;
       [call fib(x,0,y)]^9_10
end
```

它使用过程fib将z的斐波那契数加上u的值返回给v。x和y都是全局变量，而z、u和v都是形参，因此是局部变量。 ■

语句的流图 下一步是扩展函数*init*、*final*、*blocks*、*labels*和*flow*的定义，从而指定过程语言的流图。对于新的语句，我们定义：

$$\begin{aligned}
init([\texttt{call}\ p(a,z)]_{\ell_r}^{\ell_c}) &= \ell_c \\
final([\texttt{call}\ p(a,z)]_{\ell_r}^{\ell_c}) &= \{\ell_r\} \\
blocks([\texttt{call}\ p(a,z)]_{\ell_r}^{\ell_c}) &= \{[\texttt{call}\ p(a,z)]_{\ell_r}^{\ell_c}\} \\
labels([\texttt{call}\ p(a,z)]_{\ell_r}^{\ell_c}) &= \{\ell_c, \ell_r\} \\
flow([\texttt{call}\ p(a,z)]_{\ell_r}^{\ell_c}) &= \{(\ell_c;\ell_n), (\ell_x;\ell_r)\}
\end{aligned}$$

如果$\texttt{proc}\ p(\texttt{val}\ x, \texttt{res}\ y)\ \texttt{is}^{\ell_n}\ S\ \texttt{end}^{\ell_x}$在$D_\star$中

这里$(\ell_c;\ell_n)$和$(\ell_x;\ell_r)$是新的流种类：

- $(\ell_c;\ell_n)$是与在ℓ_c程序点调用过程相对应的流，ℓ_n是过程体的入口。
- $(\ell_x;\ell_r)$是与在ℓ_x程序点退出过程相对应的流，然后回到调用的地方ℓ_r。

$flow([\texttt{call}\ p(a,z)]^{\ell_c}_{\ell_r})$的定义利用了这样一个事实：过程调用的语法只允许我们使用程序中定义的过程的(常量)名称。如果我们被允许使用一个表示过程的变量(例如，因为它是某个过程的形参，或者因为它是一个被赋值为某个过程的变量)，那么定义$flow([\texttt{call}\ p(a,z)]^{\ell_c}_{\ell_r})$就要困难得多。这通常被称为动态调度问题，我们将在第3章处理它。

83

程序的流图　下面考虑形为 begin $D_\star$ $S_\star$ end 的程序 $P_\star$。对于每个过程声明 proc p(val x, res y) is$^{\ell_n}$ S end$^{\ell_x}$，设：

$$
\begin{aligned}
init(p) &= \ell_n \\
final(p) &= \{\ell_x\} \\
blocks(p) &= \{\texttt{is}^{\ell_n}, \texttt{end}^{\ell_x}\} \cup blocks(S) \\
labels(p) &= \{\ell_n, \ell_x\} \cup labels(S) \\
flow(p) &= \{(\ell_n, init(S))\} \cup flow(S) \cup \{(\ell, \ell_x) \mid \ell \in final(S)\}
\end{aligned}
$$

对于整个程序$P_\star$，设：

$$
\begin{aligned}
init_\star &= init(S_\star) \\
final_\star &= final(S_\star) \\
blocks_\star &= \bigcup\{blocks(p) \mid \texttt{proc}\ p(\texttt{val}\ x, \texttt{res}\ y)\ \texttt{is}^{\ell_n}\ S\ \texttt{end}^{\ell_x}\ \text{is in}\ D_\star\} \\
&\quad \cup blocks(S_\star) \\
labels_\star &= \bigcup\{labels(p) \mid \texttt{proc}\ p(\texttt{val}\ x, \texttt{res}\ y)\ \texttt{is}^{\ell_n}\ S\ \texttt{end}^{\ell_x}\ \text{is in}\ D_\star\} \\
&\quad \cup labels(S_\star) \\
flow_\star &= \bigcup\{flow(p) \mid \texttt{proc}\ p(\texttt{val}\ x, \texttt{res}\ y)\ \texttt{is}^{\ell_n}\ S\ \texttt{end}^{\ell_x}\ \text{is in}\ D_\star\} \\
&\quad \cup flow(S_\star)
\end{aligned}
$$

以及$\mathbf{Lab}_\star = labels_\star$。

我们还需定义一个过程间流的概念：

$$
\begin{aligned}
inter\text{-}flow_\star = \{(\ell_c, \ell_n, \ell_x, \ell_r) \mid\ & P_\star\ \text{包含}\ [\texttt{call}\ p(a,z)]^{\ell_c}_{\ell_r} \\
& \text{和}\ \texttt{proc}\ p(\texttt{val}\ x, \texttt{res}\ y)\ \texttt{is}^{\ell_n}\ S\ \texttt{end}^{\ell_x}\}
\end{aligned}
$$

它清楚地表示了过程调用的标号和相应的过程体之间的关系。此信息稍后将用于分析过程调用，使它能够返回更精确的结果。事实上，假设$inter\text{-}flow_\star$包含$(\ell_c^i, \ell_n, \ell_x, \ell_r^i)$ $(i=1,2)$。在这种情况下，$flow_\star$包含$(\ell_c^i;\ell_n)$和$(\ell_x;\ell_r^i)$ $(i=1,2)$。但是这产生了4个四元组$(\ell_c^i, \ell_n, \ell_x, \ell_r^j)$ $(i=1,2$ 且 $j=1,2)$，而只有$i=j$的四元组把调用与返回匹配：这些四元组正好是$inter\text{-}flow_\star$中的四元组。

84

例2.34　对于例2.33中考虑的斐波那契程序，我们有

$$
\begin{aligned}
flow_\star = \{&(1,2), (2,3), (3,8), \\
&(2,4), (4;1), (8;5), (5,6), (6;1), (8;7), (7,8), \\
&(9;1), (8;10)\}
\end{aligned}
$$

$$
inter\text{-}flow_\star = \{(9,1,8,10), (4,1,8,5), (6,1,8,7)\}
$$

并且有$init_\star = 9$和$final_\star = \{10\}$。相应的流图如图2.7所示。■

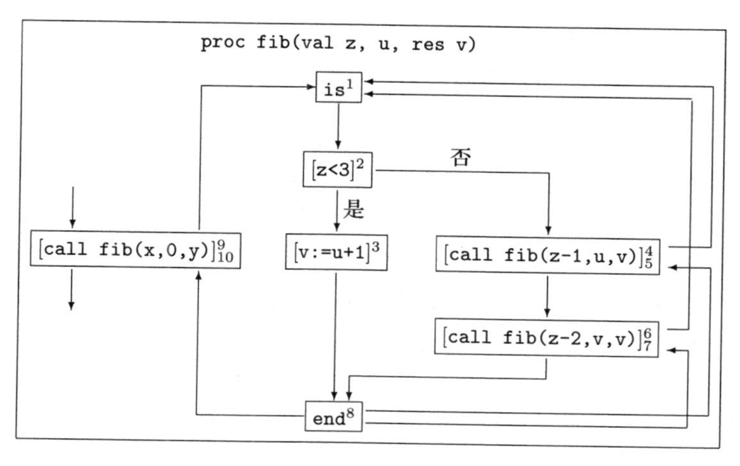

图 2.7 斐波那契程序的流图

对于前向分析，我们和以前一样使用 $F=flow_\star$和 $E=\{init_\star\}$。我们为过程间流引入一个新的“元变量” $IF=inter\text{-}flow_\star$；对于后向分析，我们使用 $F=flow_\star^R$、$E=final_\star$和 $IF=inter\text{-}flow_\star^R$。以下的大部分内容将集中在前向分析上。

2.5.1 结构操作语义

我们现在将展示如何扩展 WHILE 的语义来处理新的构造。为了确保程序语言允许过程中的*局部数据*，我们需要区分赋给同一变量不同化身的值。为此，我们引入一个无限的*位置*(或地址)集合：

85

$$\xi \in \mathbf{Loc} \qquad \text{位置}$$

一个*环境* ρ 将当前作用域中的变量映射到它们的位置，然后一个*存储* ς 将指定这些位置的值：

$$\begin{array}{llll} \rho \in \mathbf{Env} & = & \mathbf{Var}_\star \to \mathbf{Loc} & \text{环境} \\ \varsigma \in \mathbf{Store} & = & \mathbf{Loc} \to_{\text{fin}} \mathbf{Z} & \text{存储} \end{array}$$

这里 $\mathbf{Var}_\star$是程序中出现的(有限)变量集，$\mathbf{Loc}\to_{\text{fin}}\mathbf{Z}$ 表示从 $\mathbf{Loc}$ 到 $\mathbf{Z}$ 的具有有限定义域的部分函数集。因此之前使用的状态 $\sigma \in \mathbf{State} = \mathbf{Var}_\star \to \mathbf{Z}$ 替换为两个映射 ρ 和 ς，并且可以重建为 $\sigma = \varsigma \circ \rho$：为了确定变量 x 的值，我们首先确定它的位置 $\xi=\rho(x)$，然后确定存储在该位置的值 $\varsigma(\xi)$。为此，$\varsigma\circ\rho:\mathbf{Var}_\star \to \mathbf{Z}$ 必须是一个全值函数而不是部分函数；换言之，我们要求 $ran(\rho)\subseteq dom(\varsigma)$，其中 $ran(\rho)=\{\rho(x) \mid x\in\mathbf{Var}_\star\}$，$dom(\varsigma)=\{\xi \mid \varsigma$ 在 ξ 上定义$\}$。

程序 $P_\star$的全局变量的位置由一个*顶层环境* $\rho_\star$给出，我们假设它将每个变量映射到唯一的位置。语句的语义是相对于这个环境的修改给出的。如果计算没有在一步内终止，则迁移具有一般形式：

$$\rho \vdash_\star \langle S, \varsigma\rangle \to \langle S', \varsigma'\rangle$$

如果计算在一步内终止，则具有形式：

$$\rho \vdash_\star \langle S, \varsigma\rangle \to \varsigma'$$

很容易重写表 2.6 中给出的 WHILE 使其具有这个形式；例如，关于赋值的子句[*ass*]变成：

$$\rho \vdash_\star \langle x:=a, \varsigma\rangle \to \varsigma[\rho(x)\mapsto \mathcal{A}[\![a]\!](\varsigma\circ\rho)] \qquad \text{如果 } \varsigma\circ\rho \text{ 是全值函数}$$

注意，不需要修改算术和布尔表达式的语义。

[86] 对于过程调用，我们使用顶层环境 $\rho_\star$，并设：

$$\begin{array}{l}\rho \vdash_\star \langle [\texttt{call}\ p(a,z)]^{\ell_c}_{\ell_r}, \varsigma\rangle \to \\ \quad \langle \texttt{bind}\ \rho_\star[x \mapsto \xi_1, y \mapsto \xi_2]\ \texttt{in}\ S\ \texttt{then}\ z\texttt{:=}y, \varsigma[\xi_1 \mapsto \mathcal{A}[\![a]\!](\varsigma \circ \rho), \xi_2 \mapsto v]\rangle \\ \qquad\qquad\qquad \text{其中}\ \xi_1,\xi_2 \notin dom(\varsigma), v \in \mathbf{Z} \\ \qquad\qquad\qquad \text{并且}\ \texttt{proc}\ p(\texttt{val}\ x, \texttt{res}\ y)\ \texttt{is}^{\ell_n}\ S\ \texttt{end}^{\ell_x}\ \text{在}\ D_\star\ \text{中}\end{array}$$

这里的想法是为形参 x 和 y 分配新的位置 ξ_1 和 ξ_2，然后，使用 bind 构造将过程体 S 与执行它需要的环境 $\rho_\star[x \mapsto \xi_1, y \mapsto \xi_2]$ 结合起来，并记录 y 的最终值必须在实参 z 中返回。同时更新存储，使 x 的新位置映射到实参 a 的值，而我们不控制 y 的新位置的初始值 v。bind 构造的唯一用途是确保我们有静态作用域规则，其语义如下：

$$\frac{\rho' \vdash_\star \langle S, \varsigma\rangle \to \langle S', \varsigma'\rangle}{\rho \vdash_\star \langle \texttt{bind}\ \rho'\ \texttt{in}\ S\ \texttt{then}\ z\texttt{:=}y, \varsigma\rangle \to \langle \texttt{bind}\ \rho'\ \texttt{in}\ S'\ \texttt{then}\ z\texttt{:=}y, \varsigma'\rangle}$$

$$\frac{\rho' \vdash_\star \langle S, \varsigma\rangle \to \varsigma'}{\rho \vdash_\star \langle \texttt{bind}\ \rho'\ \texttt{in}\ S\ \texttt{then}\ z\texttt{:=}y, \varsigma\rangle \to \varsigma'[\rho(z) \mapsto \varsigma'(\rho'(y))]}$$

第一个规则表示：执行构造体一步相当于执行构造本身一步；注意，我们在执行构造体时使用局部环境。第二个规则表示：当构造体的执行完成时，构造本身的执行也会完成，并且我们将全局变量 z 的值更新为局部变量 y 的值；此外，不需要将局部环境 ρ' 保留，因为后续计算将使用以前的环境 ρ。

备注　尽管这个语义使用两个映射(一个环境和一个存储)，但分析方法通常会抽象出状态，也就是环境和存储的组合。分析的正确性必须将抽象状态与环境和存储关联起来。

正确性结论通常用 2.2 节的形式表示：分析原始程序获得的信息会在程序执行过程中保持正确。上面介绍的语义与 WHILE 语言的语义不同，因为它引入了仅在中间格局中使用的 bind 构造。因此，为了证明正确性，我们还需要指定如何分析 bind 构造。第 3 章将 [87] 展示如何进行此操作。 ■

2.5.2　过程内分析与过程间分析

为了理解为什么程序间分析比程序内分析更困难，让我们先尝试简单应用前面章节中的方法。假设：

- 对于每个过程调用 $[\texttt{call}\ p(a,z)]^{\ell_c}_{\ell_r}$，我们有两个传递函数 f_{ℓ_c} 和 f_{ℓ_r}，分别对应于调用过程和从调用返回。
- 对于每个过程定义 $\texttt{proc}\ p(\texttt{val}\ x, \texttt{res}\ y)\ \texttt{is}^{\ell_n}\ S\ \texttt{end}^{\ell_x}$，我们有两个传递函数 f_{ℓ_n} 和 f_{ℓ_x}，分别对应进入和退出过程体。

一个简单的表述　给定一个单调框架的实例 $(L, \mathcal{F}, F, E, \iota, f.)$，我们首先用同样的方法处理两种流（$(\ell_1, \ell_2)$ 对比 $(\ell_c;\ell_n)$ 和 $(\ell_x;\ \ell_r)$）：我们将分号解释为逗号。单调框架可以自由解释所有传递函数，但我们现在简单地假定与过程定义相关联的两个传递函数是恒等函数，与每个过程调用相关联的两个传递函数也是恒等函数，因此实际上忽略了参数传递。

我们现在得到类似于前面几节中考虑的等式系统：

$$\begin{array}{rcl} A_\bullet(\ell) & = & f_\ell(A_\circ(\ell)) \\ A_\circ(\ell) & = & \bigsqcup\{A_\bullet(\ell') \mid (\ell',\ell) \in F \text{ 或 } (\ell';\ell) \in F\} \sqcup \iota_E^\ell \end{array}$$

这里 ι_E^ℓ 和 2.3 节一样：

$$\iota_E^\ell = \begin{cases} \iota & \ell \in E \\ \bot & \ell \notin E \end{cases}$$

当检查这个方程组时，很明显过程调用$(\ell_c;\ell_n)$和过程返回$(\ell_x;\ell_r)$都被当作 goto 语句：没有机制确保一个过程调用$(\ell_c;\ell_n)$的信息流只从相同的过程调用的$(\ell_x;\ell_r)$返回（事实上，该描述没有涉及过程间流 *IF*）。用图 2.7 中的流图表示，没有什么能阻止我们考虑不符合程序运行的路径[9,1,2,4,1,2,3,8,10]。直观地说，该等式系统考虑的通过程序的“路径”的集合太大了，因此非常不精确（尽管严格地说是在安全的一边）。

88

有效路径 克服以上缺点的一个自然的方法是以某种方式将注意力限制在具有适当嵌套的过程调用和退出的路径上。我们将通过重新定义 2.4 节的 MOP 解来探讨这一想法。我们考虑适当的路径集，从而定义 MVP 解（MVP 指所有有效路径的交（Meet over all Valid Paths））。

因此，考虑形为 **begin** $D_\star$ $S_\star$ **end** 的程序 $P_\star$。如果路径具有适当的过程入口和出口的嵌套，并且过程返回到调用它的点，则称路径是 $P_\star$中从 ℓ_1 到 ℓ_2 的完整路径。这些路径由非终结符号 CP_{ℓ_1,ℓ_2}根据以下产生式生成：

$CP_{\ell_1,\ell_2} \longrightarrow \ell_1$ 当 $\ell_1 = \ell_2$

$CP_{\ell_1,\ell_3} \longrightarrow \ell_1, CP_{\ell_2,\ell_3}$ 当 $(\ell_1,\ell_2) \in F$；对于前向分析即$(\ell_1,\ell_2) \in \mathit{flow}_\star$

$CP_{\ell_c,\ell} \longrightarrow \ell_c, CP_{\ell_n,\ell_x}, CP_{\ell_r,\ell}$ 当 $(\ell_c,\ell_n,\ell_x,\ell_r) \in \mathit{IF}$；对于前向分析即$P_\star$ 包含 $[\mathtt{call}\ p(a,z)]_{\ell_r}^{\ell_c}$和$\mathtt{proc}\ p(\mathtt{val}\ x, \mathtt{res}\ y)\ \mathtt{is}^{\ell_n}\ S\ \mathtt{end}^{\ell_x}$

调用和返回的匹配由最后一个产生式确保：流$(\ell_c;\ell_n)$和$(\ell_x;\ell_r)$必须遵守括号结构，也就是说 ℓ_c,ℓ_n 出现在生成的路径中仅当 ℓ_x,ℓ_r 匹配地出现，反之亦然。因此对于前向分析，一个终止计算将产生从 $\mathit{init}_\star$到其中一个 $\mathit{final}_\star$标号的完整路径。注意，上面构造的语法只有有限个非终结符号，因为 $P_\star$中只有有限个标号。

例 2.35 对于例 2.33 中的斐波那契程序，我们得到以下语法（使用前向流并忽略无法从 $CP_{9,10}$到达的部分）：

$$\begin{array}{rcl} CP_{9,10} & \longrightarrow & 9, CP_{1,8}, CP_{10,10} \\ CP_{10,10} & \longrightarrow & 10 \\ CP_{1,8} & \longrightarrow & 1, CP_{2,8} \\ CP_{2,8} & \longrightarrow & 2, CP_{3,8} \\ CP_{2,8} & \longrightarrow & 2, CP_{4,8} \end{array} \qquad \begin{array}{rcl} CP_{3,8} & \longrightarrow & 3, CP_{8,8} \\ CP_{8,8} & \longrightarrow & 8 \\ CP_{4,8} & \longrightarrow & 4, CP_{1,8}, CP_{5,8} \\ CP_{5,8} & \longrightarrow & 5, CP_{6,8} \\ CP_{6,8} & \longrightarrow & 6, CP_{1,8}, CP_{7,8} \\ CP_{7,8} & \longrightarrow & 7, CP_{8,8} \end{array}$$

现在很容易验证路径[9,1,2,4,1,2,3,8,5,6,1,2,3,8,7,8,10]是由 $CP_{9,10}$生成的，而路径[9,1,2,4,1,2,3,8,10]则不是。 ■

如果路径从 $P_\star$的一个边界结点开始，并且所有的过程退出都与过程进入匹配，但可能有一些过程已经进入但还没有退出，则称路径是*有效路径*。这显然包括从 E 开始的完整路径的所有前缀，但我们还需要考虑可能不终止的计算的前缀。为了定义有效路径，我们构造另一个语法，包括以下产生式：

89

$VP_\star \longrightarrow VP_{\ell_1,\ell_2}$ 当 $\ell_1 \in E$ 且 $\ell_2 \in \mathbf{Lab}_\star$

$VP_{\ell_1,\ell_2} \longrightarrow \ell_1$ 当 $\ell_1 = \ell_2$

$VP_{\ell_1,\ell_3} \longrightarrow \ell_1, VP_{\ell_2,\ell_3}$ 当 $(\ell_1,\ell_2) \in F$

$VP_{\ell_c,\ell} \longrightarrow \ell_c, CP_{\ell_n,\ell_x}, VP_{\ell_r,\ell}$ 当 $(\ell_c,\ell_n,\ell_x,\ell_r) \in \mathit{IF}$

$VP_{\ell_c,\ell} \longrightarrow \ell_c, VP_{\ell_n,\ell}$ 当 $(\ell_c,\ell_n,\ell_x,\ell_r) \in \mathit{IF}$

有效路径将由非终结符号 $VP_\star$生成。对于前向分析，从过程调用的标号 ℓ_c 到程序点 ℓ 有两种可能。一种可能是在 ℓ_c 启动的调用在到达 ℓ 之前终止，这对应于倒数第二个产生式，其中我们使用非终结符号 CP_{ℓ_n,ℓ_x} 生成与执行过程体相对应的完整路径。另一种可能是在调用终止之前到达 ℓ，这对应于最后一个产生式，其中我们只使用 $VP_{\ell_n,\ell}$生成过程体中的有效路径。

现在我们修改 2.4 节中定义的两组路径如下(注意定义暗中依赖于 F，E 和 IF)：

$$\begin{aligned} vpath_\circ(\ell) &= \{[\ell_1,\cdots,\ell_{n-1}] \mid n \geqslant 1 \wedge \ell_n = \ell \wedge [\ell_1,\cdots,\ell_n] \text{是有效路径}\} \\ vpath_\bullet(\ell) &= \{[\ell_1,\cdots,\ell_n] \mid n \geqslant 1 \wedge \ell_n = \ell \wedge [\ell_1,\cdots,\ell_n] \text{是有效路径}\} \end{aligned}$$

显然这些路径集合小于如果我们仅将 $(\ell_1;\ell_2)$ 视为 (ℓ_1,ℓ_2) 并使用 2.4.2 节的概念 $path_\circ(\ell)$ 和 $path_\bullet(\ell)$ 得到的路径集合。

使用有效路径，我们现在定义 MVP 解如下：

$$MVP_\circ(\ell) = \bigsqcup\{f_{\vec{\ell}}(\iota) \mid \vec{\ell} \in vpath_\circ(\ell)\}$$

$$MVP_\bullet(\ell) = \bigsqcup\{f_{\vec{\ell}}(\iota) \mid \vec{\ell} \in vpath_\bullet(\ell)\}$$

因为这些路径集合小于 2.4.2 节中的类似定义，显然有 $MVP_\circ(\ell) \sqsubseteq MOP_\circ(\ell)$ 和 $MVP_\bullet(\ell) \sqsubseteq MOP_\bullet(\ell)$(对于任何 ℓ)。

2.5.3　显式使用上下文

正如 MOP 解那样，MVP 解可能是不可判定的，即使对于有限高度的格也是如此。因此，我们必须重新考虑 MFP 解，以及如何尽可能地避免无效的路径。一种显而易见的方法是在数据流属性里加入关于路径的信息。为此，我们引入上下文信息：

[90]

$$\delta \in \Delta \qquad \text{上下文信息}$$

上下文可能只是对路径的编码，但我们将在 2.5.5 节中看到还有其他可能性。现在我们将展示如何扩展 2.3 节介绍的单调框架的实例以考虑上下文。

过程内部分　考虑一个单调框架的实例$(L,\mathcal{F},F,E,\iota,f_\cdot)$。我们构造一个考虑上下文的修饰单调框架的实例

$$(\widehat{L},\widehat{\mathcal{F}},F,E,\widehat{\iota},\widehat{f_\cdot})$$

我们从独立于 Δ 的实际选择的定义部分开始，这些部分对应于过程内分析：

- $\widehat{L} = \Delta \rightarrow L$。
- $\widehat{\mathcal{F}}$ 中的传递函数是单调的。
- 每个传递函数 $\widehat{f_\ell}$ 由 $\widehat{f_\ell}(\widehat{l})(\delta) = f_\ell(\widehat{l}\ (\delta))$ 给出。

换句话说，新的实例以逐点方式应用原实例的传递函数。

忽略关于过程的处理，数据流等式系统将采用前面展示的形式：

$$A_\bullet(\ell) = \widehat{f_\ell}(A_\circ(\ell))$$

对于不是过程调用的标号(即，不作为 IF 中四元组的第一个或第四个分量出现的标号)

$$A_\circ(\ell) = \bigsqcup\{A_\bullet(\ell') \mid (\ell',\ell) \in F \text{ 或 } (\ell';\ell) \in F\} \sqcup \widehat{\iota_E^\ell}$$

对于所有标号(包括过程调用的标号)

例 2.36　令 $(L_{\mathsf{sign}},\mathcal{F}_{\mathsf{sign}},F,E,\iota_{\mathsf{sign}},f_\cdot^{\mathsf{sign}})$ 为描述符号检测分析的单调框架实例(参见练习 2.15)，并假设：

[91]

$$L_{\mathsf{sign}} = \mathcal{P}(\mathbf{Var}_\star \to \mathbf{Sign})$$

其中 **Sign** = { − ,0, + }，因此，L_{sign} 描述了一组抽象状态 σ^{sign} 将变量映射到它们可能的符号。关于赋值$[x:=a]^\ell$ 的传递函数可以写为

$$f_\ell^{\mathsf{sign}}(Y) = \bigcup\{\phi_\ell^{\mathsf{sign}}(\sigma^{\mathsf{sign}}) \mid \sigma^{\mathsf{sign}} \in Y\}$$

其中 $Y \subseteq \mathbf{Var}_\star \to \mathbf{Sign}$ 且

$$\phi_\ell^{\mathsf{sign}}(\sigma^{\mathsf{sign}}) = \{\sigma^{\mathsf{sign}}[x \mapsto s] \mid s \in \mathcal{A}_{\mathsf{sign}}[\![a]\!](\sigma^{\mathsf{sign}})\}$$

这里 $\mathcal{A}_{\mathsf{sign}}$: $\mathbf{AExp} \to (\mathbf{Var}_\star \to \mathbf{Sign}) \to \mathcal{P}(\mathbf{Sign})$ 指定算术表达式的分析。测试和 skip 语句的传递函数是恒等函数。

给定一组上下文 Δ，修饰单调框架有

$$\widehat{L_{\mathsf{sign}}} = \Delta \to L_{\mathsf{sign}}$$

但是我们更倾向于使用下面的等价定义：

$$\widehat{L_{\mathsf{sign}}} = \mathcal{P}(\Delta \times (\mathbf{Var}_\star \to \mathbf{Sign}))$$

因此 $\widehat{L_{\mathsf{sign}}}$ 描述了上下文和抽象状态的二元组的集合。关于赋值 $[x := a]^\ell$ 的传递函数现在写为：

$$\widehat{f_\ell^{\mathsf{sign}}}(Z) = \bigcup\{\{\delta\} \times \phi_\ell^{\mathsf{sign}}(\sigma^{\mathsf{sign}}) \mid (\delta, \sigma^{\mathsf{sign}}) \in Z\}$$

在后面的例子中，我们将进一步发展这种分析。 ■

过程间部分 下面还需指定对应过程的数据流等式系统。

对于过程定义 proc p(val x, res y) is$^{\ell_n}$ S end$^{\ell_x}$，我们有两个传递函数：

$$\widehat{f_{\ell_n}}, \widehat{f_{\ell_x}} : (\Delta \to L) \to (\Delta \to L)$$

在我们的简单语言中，我们倾向于把这两个传递函数都设为恒等函数，也就是说：

$$\widehat{f_{\ell_n}}(\widehat{l}) = \widehat{l}$$

$$\widehat{f_{\ell_x}}(\widehat{l}) = \widehat{l}$$

对于所有的 $\widehat{l} \in \widehat{L}$。因此，过程进入的作用由过程调用的传递函数处理(如下所述)，同样，过程退出的作用由过程返回的传递函数处理(如下所述)。对于一些更高级的语言，过程进入或退出时可能会发生很多语义操作。这时最好重新考虑该决定。 92

对于过程调用$(\ell_c, \ell_n, \ell_x, \ell_r) \in IF$，我们定义两个传递函数。我们将重点考虑前向分析的情况，其中 $P_\star$ 包含[call $p(a,z)$]$_{\ell_r}^{\ell_c}$和 proc p(val x, res y) is$^{\ell_n}$ S end$^{\ell_x}$。对应实际的调用，我们有传递函数

$$\widehat{f_{\ell_c}^1} : (\Delta \to L) \to (\Delta \to L)$$

用于等式：

$$A_\bullet(\ell_c) = \widehat{f_{\ell_c}^1}(A_\circ(\ell_c)) \text{ 对于所有 } (\ell_c, \ell_n, \ell_x, \ell_r) \in IF$$

换句话说，传递函数修改数据流属性(和上下文)，以满足进入过程的需要。

对应函数返回，我们有传递函数：

$$\widehat{f_{\ell_c,\ell_r}^2} : (\Delta \to L) \times (\Delta \to L) \to (\Delta \to L)$$

用于等式：

$$A_\bullet(\ell_r) = \widehat{f_{\ell_c,\ell_r}^2}(A_\circ(\ell_c), A_\circ(\ell_r)) \text{ 对于所有 } (\ell_c, \ell_n, \ell_x, \ell_r) \in IF$$

第一个参数 $\widehat{f^2_{\ell_c,\ell_r}}$ 描述过程调用点的数据流属性，第二个参数描述从过程主体退出时的属性。忽略第一个参数，传递函数修改数据流属性(和上下文)，以满足从过程出口返回的需要。第一个参数的目的是允许恢复函数调用前的一些信息(数据流属性和上下文信息)；如何做到这一点取决于上下文信息集 Δ 的实际选择(我们将很快回到这里)。图 2.8 说明了过程调用分析中的数据流。

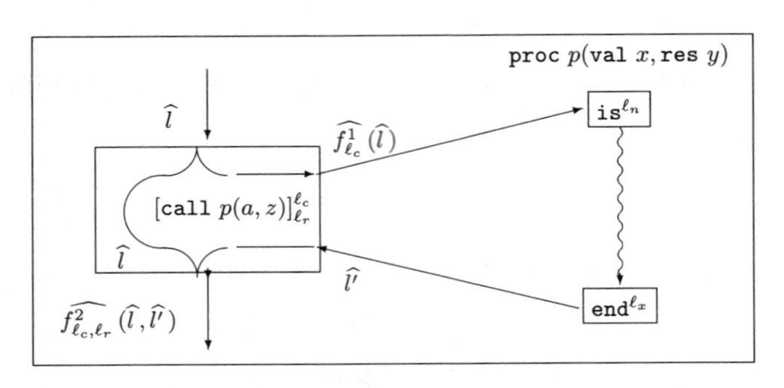

93

图 2.8　过程调用的分析：前向分析

变种　$\widehat{f^2_{\ell_c,\ell_r}}$ (以及图 2.8)的功能和使用足够通用，允许我们处理文献中的大多数场景。一个简单的例子是可以定义

$$\widehat{f^2_{\ell_c,\ell_r}}(\widehat{l},\widehat{l'}) = \widehat{f^2_{\ell_r}}(\widehat{l'})$$

完全忽略调用前的信息，如图 2.9 所示。

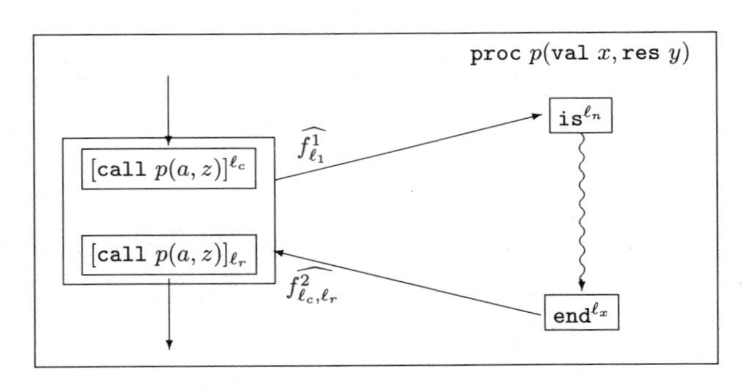

图 2.9　过程调用的分析：忽略调用上下文

一个更有趣的例子是可以定义

$$\widehat{f^2_{\ell_c,\ell_r}}(\widehat{l},\widehat{l'}) = \widehat{f^{2A}_{\ell_c,\ell_r}}(\widehat{l}) \sqcup \widehat{f^{2B}_{\ell_c,\ell_r}}(\widehat{l'})$$

从而允许调用返回的信息与调用前的信息的简单组合。这种形式如图 2.10 所示，其动机通常是 $\widehat{f^{2A}_{\ell_c,\ell_r}}$ 复制了发起调用的过程的局部信息，而 $\widehat{f^{2B}_{\ell_c,\ell_r}}$ 复制了全局信息。(值得注意的是，函数 $\widehat{f^2_{\ell_c,\ell_r}}$ 是完全加性的，当且仅当它可以写成这种形式，其中 $\widehat{f^{2A}_{\ell_c,\ell_r}}$ 和 $\widehat{f^{2B}_{\ell_c,\ell_r}}$ 是完全加性的。)

上下文敏感与上下文不敏感　到目前为止，我们批评了之前讲到的简单方法，因为它不能记录过程调用和过程返回之间的关系。另一个相关的缺点是：它不能区分过程的不同调用。所有调用点的调用状态信息被合并，程序主体仅使用此合并信息进行一次分析，得到的返回时状态的信息在所有返回点使用。我们通常用*上下文不敏感*指代这个缺点。

94

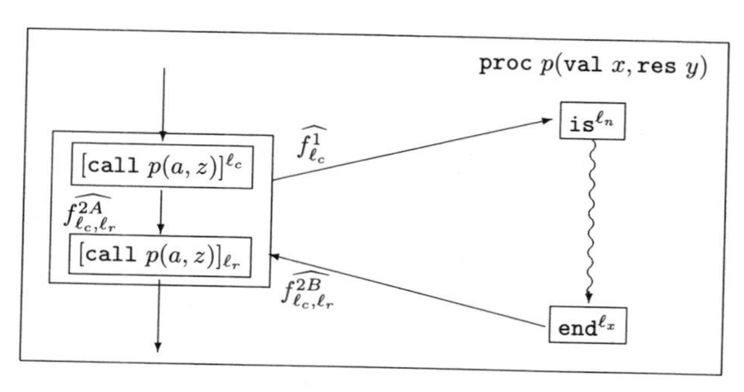

图 2.10 过程调用的分析：合并上下文

使用非空的上下文信息不仅有助于避免第一种缺点，也有助于避免第二种：如果有两个不同的调用，但到达时有不同的上下文 δ_1 和 δ_2，则从过程中获得的所有信息将显然与 δ_1 或 δ_2 相关，而不会发生不希望发生的组合或"交叉"。我们通常用上下文敏感指代这种能力。

显然，上下文敏感分析比上下文不敏感分析更精确，但同时也可能更昂贵。决定选择使用哪种技术需要在精度和效率之间进行仔细权衡。

2.5.4 调用字符串作为上下文

为了得到完整的程序分析的设计，我们必须选择上下文信息的集合 Δ，并指定边界值 $\widehat{\iota}$，以及定义与过程调用相关的两个传递函数。在本小节中，我们将考虑两种基于调用字符串的方法。我们仅考虑前向分析。

无界长度的调用字符串 第一种可能性是使用路径本身；但是，由于我们的主要兴趣在于过程调用，因此我们只记录与过程调用对应的形为$(\ell_c;\ell_n)$的流。准确地说，令

95

$$\Delta = \mathbf{Lab}^*$$

其中最新的过程调用的标号 ℓ_c 位于右端(与有效路径和一般路径的情况相同)，Δ 里的元素称为*调用字符串*。然后我们定义边界值$\widehat{\iota}$为

$$\widehat{\iota}(\delta) = \begin{cases} \iota & \delta = \Lambda \\ \bot & \text{其他} \end{cases}$$

其中 Λ 对应没有未完成的过程调用的空队列，例如当程序开始执行。ι是底层单调框架的边界值。

例 2.37 对于例 2.33 中的 Fibonacci 程序，我们关注以下调用字符串：

$$\Lambda, [9], [9,4], [9,6], [9,4,4], [9,4,6], [9,6,4], [9,6,6], \cdots$$

对应着有 0、1、2、3……个未完成的过程调用。 ■

对于过程调用$(\ell_c,\ell_n,\ell_x,\ell_r) \in IF$，也就是前向分析中的[call $p(a,z)]^{\ell_c}_{\ell_r}$，我们定义传递函数 $\widehat{f^1_{\ell_c}}$，使得 $\widehat{f^1_{\ell_c}}(\widehat{l})([\delta,\ell_c]) = f^1_{\ell_c}(\widehat{l}(\delta))$，其中$[\delta,\ell_c]$代表将 ℓ_c 附加到 δ 的路径(以反映我们现在进入了过程主体)，函数 $f^1_{\ell_c}: L \to L$ 代表属性是怎样被修改的。这个性质可以通过以下定义满足：

$$\widehat{f^1_{\ell_c}}(\widehat{l})(\delta') = \begin{cases} f^1_{\ell_c}(\widehat{l}(\delta)) & \delta' = [\delta,\ell_c] \\ \bot & \text{其他} \end{cases}$$

这个定义同时处理了空路径的情况。

接下来我们定义对应于过程调用返回的传递函数 $\widehat{f^2_{\ell_c,\ell_r}}$：

$$\widehat{f^2_{\ell_c,\ell_r}}(\widehat{l},\widehat{l'})(\delta)=f^2_{\ell_c,\ell_r}(\widehat{l}(\delta),\widehat{l'}([\delta,\ell_c]))$$

这里，函数 $f^2_{\ell_c,\ell_r}:L\times L\to L$ 把原调用的信息 $\widehat{l}$ 与过程退出时的信息 $\widehat{l'}$ 组合在一起。但是，对于调用点 ℓ_c，只有关于相同上下文的信息被组合：这由上述公式右侧出现的两个 δ 确保。

96

例 2.38　让我们回顾例 2.36 中的符号检测分析。对于过程调用 $[\texttt{call}\ p(a,z)]^{\ell_c}_{\ell_r}$，其中 p 声明为 $\texttt{proc}\ p(\texttt{val}\ x,\texttt{res}\ y)\ \texttt{is}^{\ell_n}\ S\ \texttt{end}^{\ell_x}$，我们可以设

$$\widehat{f^{\mathsf{sign1}}_{\ell_c}}(Z)\ =\ \bigcup\{\{\delta'\}\times\phi^{\mathsf{sign1}}_{\ell_c}(\sigma^{\mathsf{sign}})\mid(\delta,\sigma^{\mathsf{sign}})\in Z\ \wedge\ \delta'=[\delta,\ell_c]\}$$

$$\phi^{\mathsf{sign1}}_{\ell_c}(\sigma^{\mathsf{sign}})\ =\ \{\sigma^{\mathsf{sign}}[x\mapsto s][y\mapsto s']\mid s\in\mathcal{A}_{\mathsf{sign}}[\![a]\!](\sigma^{\mathsf{sign}})\ \wedge\ s'\in\{\texttt{-},\texttt{0},\texttt{+}\}\}$$

从过程调用返回时，设

$$\begin{aligned}\widehat{f^{\mathsf{sign2}}_{\ell_c,\ell_r}}(Z,Z')\ =\ &\bigcup\{\{\delta\}\times\phi^{\mathsf{sign2}}_{\ell_c,\ell_r}(\sigma^{\mathsf{sign}}_1,\sigma^{\mathsf{sign}}_2)\mid(\delta,\sigma^{\mathsf{sign}}_1)\in Z\ \wedge\\ &\wedge\ (\delta',\sigma^{\mathsf{sign}}_2)\in Z'\ \wedge\ \delta'=[\delta,\ell_c]\}\end{aligned}$$

$$\phi^{\mathsf{sign2}}_{\ell_c,\ell_r}(\sigma^{\mathsf{sign}}_1,\sigma^{\mathsf{sign}}_2)\ =\ \{\sigma^{\mathsf{sign}}_2[x\mapsto\sigma^{\mathsf{sign}}_1(x);y\mapsto\sigma^{\mathsf{sign}}_1(y);z\mapsto\sigma^{\mathsf{sign}}_2(y)]\}$$

因此，我们从过程体提取所有的信息，除了关于形参 x 和 y 以及实参 z 的信息。对于形参，我们依赖调用前的信息（仍然正确）。对于实参，我们执行需要的更新。注意，为了允许这个定义，传递函数 $\widehat{f^2_{\ell_c,\ell_r}}$ 必须接收两个参数：来自调用点和来自过程出口的信息。 ■

有界长度的调用字符串　显然，调用字符串可以具有任意长度，因为过程可能是递归的。因此，通常将调用字符串的长度限制为 $k(k\geqslant 0)$，基本想法是我们只记录最后 k 次调用。我们把它写为

$$\Delta=\mathbf{Lab}^{\leqslant k}$$

我们仍然采用由以下公式定义的边界值 $\widehat{\iota}$：

$$\widehat{\iota}(\delta)=\begin{cases}\iota & \delta=\Lambda\\ \bot & \text{其他}\end{cases}$$

注意，在 $k=0$ 的情况下，我们有 $\Delta=\{\Lambda\}$，这相当于没有上下文信息。

例 2.39　考虑例 2.33 中的斐波那契函数，并假设我们只对最后一次调用感兴趣，也就是 $k=1$。关注的调用字符串为：

$$\Lambda,[9],[4],[6]$$

或者，我们可以选择记录最后两次调用，即 $k=2$，在这种情况下，关注的调用字符串为：

$$\Lambda,[9],[9,4],[9,6],[4,4],[4,6],[6,4],[6,6]$$

97

一般来说，我们期望基于这 8 个上下文的分析比基于上面显示的 4 个上下文的分析更加精确。 ■

现在，我们为一般情况提供传递函数，其中调用字符串的长度最多为 k。过程调用的传递函数 $\widehat{f^1_{\ell_c}}$ 重新定义为：

$$\widehat{f^1_{\ell_c}}(\widehat{l})(\delta')=\bigsqcup\{f^1_{\ell_c}(\widehat{l}(\delta))\mid\delta'=\lceil\delta,\ell_c\rceil_k\}$$

其中 $\lceil\delta,\ell_c\rceil_k$ 表示调用字符串 $[\delta,\ell_c]$，但有可能被截断（通过删除左边的元素），使得字符串的长度最大不超过 k。从 δ 到 $\lceil\delta,\ell_c\rceil_k$ 的映射不是单射（这与从 δ 到 $[\delta,\ell_c]$ 的映射不同），因此我们需要对所有可能映射到相关上下文 δ' 的 δ 取最小上界。

类似地，过程返回的传递函数 $\widehat{f^2_{\ell_c,\ell_r}}$ 重新定义为

$$\widehat{f^2_{\ell_c,\ell_r}}(\widehat{l},\widehat{l'})(\delta) = f^2_{\ell_c,\ell_r}(\widehat{l}(\delta),\widehat{l'}(\lceil\delta,\ell_c\rceil_k))$$

例 2.40 让我们考虑在 $k=0$ 的特殊情况下的符号检测分析。这里 $\Delta=\{\Lambda\}$，所以 $\Delta\times(\mathbf{Var}_\star\to\mathbf{Sign})$ 同构于 $\mathbf{Var}_\star\to\mathbf{Sign}$。使用这种同构关系，定义过程调用的传递函数的公式可以简化为：

$$\begin{aligned}\widehat{f^{\mathsf{sign1}}_{\ell_c}}(Y) &= \bigcup\{\phi^{\mathsf{sign1}}_{\ell_c}(\sigma^{\mathsf{sign}}) \mid \sigma^{\mathsf{sign}}\in Y\}\\ \widehat{f^{\mathsf{sign2}}_{\ell_c,\ell_r}}(Y,Y') &= \bigcup\{\phi^{\mathsf{sign2}}_{\ell_c,\ell_r}(\sigma^{\mathsf{sign}}_1,\sigma^{\mathsf{sign}}_2) \mid \sigma^{\mathsf{sign}}_1\in Y \ \wedge\ \sigma^{\mathsf{sign}}_2\in Y'\}\end{aligned}$$

其中 Y，$Y'\subseteq\mathbf{Var}_\star\to\mathbf{Sign}$。现在很容易看出分析是上下文不敏感的：在过程返回时，不可能区分不同的调用点。

接下来，让我们考虑 $k=1$ 的情况。这里 $\Delta=\mathbf{Lab}\cup\{\Lambda\}$，过程调用的传递函数为：

$$\begin{aligned}\widehat{f^{\mathsf{sign1}}_{\ell_c}}(Z) &= \bigcup\{\{\ell_c\}\times\phi^{\mathsf{sign1}}_{\ell_c}(\sigma^{\mathsf{sign}}) \mid (\delta,\sigma^{\mathsf{sign}})\in Z\}\\ \widehat{f^{\mathsf{sign2}}_{\ell_c,\ell_r}}(Z,Z') &= \bigcup\{\{\delta\}\times\phi^{\mathsf{sign2}}_{\ell_c,\ell_r}(\sigma^{\mathsf{sign}}_1,\sigma^{\mathsf{sign}}_2) \mid (\delta,\sigma^{\mathsf{sign}}_1)\in Z\\ &\qquad\qquad \wedge\ (\ell_c,\sigma^{\mathsf{sign}}_2)\in Z'\}\end{aligned}$$

现在传递函数 $\widehat{f^{\mathsf{sign1}}_{\ell_c}}$ 将对所有来自调用点 ℓ_c 的数据标上这个标号。因此，$\widehat{f^{\mathsf{sign1}}_{\ell_c}}(Z)$ 与来自另一个类似调用的信息 $\widehat{f^{\mathsf{sign1}}_{\ell_{c'}}}(Z)$ 合并不会造成损害。在调用返回时，传递函数 $\widehat{f^{\mathsf{sign2}}_{\ell_c,\ell_r}}$ 选择与当前调用相关的二元组 $(\ell_c,\sigma^{\mathsf{sign}}_2)\in Z'$，并将它们与描述调用前情况的二元组 $(\delta,\sigma^{\mathsf{sign}}_1)\in Z$ 结合在一起；特别是，这允许我们将上下文重置为调用点的上下文。 ■

98

2.5.5 假设集作为上下文

与直接记录路径中的调用相对应的另一种方法是记录调用时关于状态的信息；这两种方法显然可以组合在一起，但为了简单起见，我们在这里不这样做。

大假设集 在本节中，我们进行以下简化假设：

$$L=\mathcal{P}(D)$$

这在符号检测分析的情况下成立。与例 2.36 和 2.38 类似，属性空间 $\widehat{L}=\Delta\to L$ 同构于

$$\widehat{L}=\mathcal{P}(\Delta\times D)$$

因此我们将在本节使用这个定义。如果将注意力限制于只记录有关上次调用的信息(相当于上面取 $k=1$)，一种可能是取

$$\Delta=\mathcal{P}(D)$$

然后令边界值为

$$\widehat{\iota}=\{(\{\iota\},\iota)\}$$

这意味着初始上下文由初始抽象状态描述。这种上下文信息通常称为*假设集*(assumption set)，表达对数据的依赖(而不是像调用字符串那样对控制的依赖)。

例 2.41 假设我们要对例 2.33 中的斐波那契程序做符号检测分析（见例 2.36)，并假设边界值 ι_{sign} 是单个元素 $[\mathtt{x}\mapsto +,\mathtt{y}\mapsto -,\mathtt{z}\mapsto -]$。则主要关注的上下文包括由以下抽象状态组成的集合：

$$[\mathtt{x}\mapsto +,\mathtt{y}\mapsto 0,\mathtt{z}\mapsto -],\quad [\mathtt{x}\mapsto +,\mathtt{y}\mapsto 0,\mathtt{z}\mapsto 0],\quad [\mathtt{x}\mapsto +,\mathtt{y}\mapsto 0,\mathtt{z}\mapsto +],$$
$$[\mathtt{x}\mapsto +,\mathtt{y}\mapsto +,\mathtt{z}\mapsto -],\quad [\mathtt{x}\mapsto +,\mathtt{y}\mapsto +,\mathtt{z}\mapsto 0],\quad [\mathtt{x}\mapsto +,\mathtt{y}\mapsto +,\mathtt{z}\mapsto +]$$

99 这些抽象状态对应于 call 语句可能遇到的状态。 ■

对于一个过程调用$(\ell_c,\ell_n,\ell_x,\ell_r)\in IF$，也就是前向分析里的$[\mathtt{call}\ p(a,z)]_{\ell_r}^{\ell_c}$，我们把过程调用的传递函数 $\widehat{f_{\ell_c}^1}$ 定义为：

$$\widehat{f_{\ell_c}^1}(Z)=\bigcup\{\{\delta'\}\times\phi_{\ell_c}^1(d)\mid\ (\delta,d)\in Z\ \wedge\ \delta'=\{d''\mid(\delta,d'')\in Z\}\}$$

其中 $\phi_{\ell_c}^1: D\to\mathcal{P}(D)$。主要想法是：一个二元组$(\delta,d)\in Z$描述当前调用的上下文和抽象状态。我们现在必须修改上下文以考虑调用，也就是说，我们必须确定在当前上下文中调用发生时可能的抽象状态集，这正是$\delta'=\{d''\mid(\delta,d'')\in Z\}$。给定此上下文，我们按照上面给出的调用字符串的表述继续，用此上下文标记数据流属性。

接下来我们考虑过程返回的传递函数 $\widehat{f_{\ell_c,\ell_r}^2}$：

$$\widehat{f_{\ell_c,\ell_r}^2}(Z,Z')=\bigcup\{\{\delta\}\times\phi_{\ell_c,\ell_r}^2(d,d')\mid\ (\delta,d)\in Z\ \wedge(\delta',d')\in Z'\wedge\ \delta'=\{d''\mid(\delta,d'')\in Z\}\}$$

其中 $\phi_{\ell_c,\ell_r}^2: D\times D\to\mathcal{P}(D)$。这里$(\delta,d)\in Z$描述了调用前的情况，$(\delta',d')\in Z'$描述了过程退出时的情况。根据 $\widehat{f_{\ell_c}^1}$ 的定义，我们知道能匹配(δ,d)的上下文是$\delta'=\{d''\mid(\delta,d'')\in Z\}$，所以我们添加了这个条件。我们现在可以像调用字符串方法一样，将调用前的信息与过程退出时的信息结合起来；特别是，我们可以将上下文重置为调用点的上下文。

传递函数 $\widehat{f_{\ell_c}^1}$ 和 $\widehat{f_{\ell_c,\ell_r}^2}$ 的定义有一个重要的问题：它们一般不单调！解决这一问题的一种方法是考虑更一般的等式系统求解技术，只需传递函数满足弱于单调性的条件。我们在结束语中提供了关于这种方法的文献。另一种方法是使用更近似但满足单调性质的定义，例如用$\delta'\subseteq\{d''\mid(\delta,d'')\in Z\}$替换条件$\delta'=\{d''\mid(\delta,d'')\in Z\}$。一种更近似但更容易计算的解决方案是使用更小的假设集，如下详述。

小假设集 假设集的一个更简单的版本是令

$$\Delta=D$$

然后使用 $\hat{\iota}=\{(\iota,\iota)\}$ 作为边界值。因此，我们不再像上面那样基于 $\mathcal{P}(D)\times D$ 建立修饰单调框架，而是基于 $D\times D$。当然，这远不如之前精确，但从积极的方面说，数据流属性的大小比以前大大降低了。100

对于过程调用 $(\ell_c,\ell_n,\ell_x,\ell_r)\in IF$，也就是前向分析中的 $[\mathtt{call}\ p(a,z)]_{\ell_r}^{\ell_c}$，传递函数 $\widehat{f_{\ell_c}^1}$ 现在被定义为：

$$\widehat{f_{\ell_c}^1}(Z)=\bigcup\{\{d\}\times\phi_{\ell_c}^1(d)\mid(\delta,d)\in Z\}$$

其中（和以前一样）$\phi_{\ell_c}^1: D\to\mathcal{P}(D)$。在这里，关于调用点的抽象状态的单个信息有它们自己的局部上下文；我们无法像使用大假设集方法时那样对与 δ 对应的抽象状态进行分组。

过程返回的传递函数$\widehat{f_{\ell_c,\ell_r}^2}$的相应定义是

$$\widehat{f_{\ell_c,\ell_r}^2}(Z,Z')=\bigcup\{\{\delta\}\times\phi_{\ell_c,\ell_r}^2(d,d')\mid\ (\delta,d)\in Z\ \wedge\ (d,d')\in Z'\}$$

其中$\phi_{\ell_c,\ell_r}^2: D\times D\to\mathcal{P}(D)$。假设集的使用案例将在练习中考虑。

2.5.6 流敏感与流不敏感

到目前为止，我们考虑的所有数据流分析都是流敏感的。也就是一般来说，当语句的

顺序不同时我们期望分析的结果不同，例如我们期望程序 $S_1;S_2$ 的分析与程序 $S_2;S_1$ 的分析结果不同。

有时，我们也会考虑一些*流不敏感*的分析，其中语句的顺序对正在执行的分析不重要。一开始这听起来很奇怪，但假设正在执行的分析与2.1节中考虑的分析类似，但为了简单起见，所有杀死部分都是空的。在这些假设下，可以期望程序 $S_1;S_2$ 和 $S_2;S_1$ 产生相同的分析结果。显然，流不敏感分析比流敏感分析的精度要低得多，但也可能便宜得多；由于过程间数据流分析往往非常昂贵，因此有一套降低成本的技术是很实用的。

赋值变量集 现在我们给出一个流不敏感分析的例子。考虑程序 $P_\star$ 形为 begin $D_\star$ $S_\star$ end。对于 $D_\star$ 里的每个过程：

$$\texttt{proc}\ p(\texttt{val}\ x,\texttt{res}\ y)\ \texttt{is}^{\ell_n}\ S\ \texttt{end}^{\ell_x}$$

目的是确定一个全局变量的集合 $IAV(p)$，包含所有调用 p 时可能直接或间接被赋值的变量。

为了计算这些集合，我们需要两个辅助概念。*直接赋值变量*的集合 $AV(S)$ 对每个语句 S 关联一组变量，包含所有在 S 中可能被赋值的变量——但忽略过程调用的作用。它根据 S 的结构进行归纳定义：

101

$$\begin{array}{rcl}
AV([\texttt{skip}]^\ell) & = & \emptyset \\
AV([x := a]^\ell) & = & \{x\} \\
AV(S_1;S_2) & = & AV(S_1) \cup AV(S_2) \\
AV(\texttt{if}\ [b]^\ell\ \texttt{then}\ S_1\ \texttt{else}\ S_2) & = & AV(S_1) \cup AV(S_2) \\
AV(\texttt{while}\ [b]^\ell\ \texttt{do}\ S) & = & AV(S) \\
AV([\texttt{call}\ p(a,z)]_{\ell_r}^{\ell_c}) & = & \{z\}
\end{array}$$

类似地，我们需要*立即调用过程*的集合 $CP(S)$，该集合为每个语句 S 关联一组过程的名称，包含所有在 S 中可能直接被调用的过程，但忽略过程调用的作用。它根据 S 的结构进行归纳定义：

$$\begin{array}{rcl}
CP([\texttt{skip}]^\ell) & = & \emptyset \\
CP([x := a]^\ell) & = & \emptyset \\
CP(S_1;S_2) & = & CP(S_1) \cup CP(S_2) \\
CP(\texttt{if}\ [b]^\ell\ \texttt{then}\ S_1\ \texttt{else}\ S_2) & = & CP(S_1) \cup CP(S_2) \\
CP(\texttt{while}\ [b]^\ell\ \texttt{do}\ S) & = & CP(S) \\
CP([\texttt{call}\ p(a,z)]_{\ell_r}^{\ell_c}) & = & \{p\}
\end{array}$$

$AV(S)$ 和 $CP(S)$ 都是通过对 S 的结构进行归纳定义的。而且应该清楚的是，它们是流不敏感的，也就是说 S 中的语句的任何重新排列都会产生相同的结果。$CP(\cdots)$ 中的信息可以用图表示：每个过程名是图的一个结点，另外还有一个名为 $\texttt{main}_\star$ 的结点代表程序本身。图里从 p（分别 $\texttt{main}_\star$）到 p' 有一条边，每当 p 的过程体 S 有 $p' \in CP(S)$（分别 $p' \in CP(S_\star)$）。此图通常称为*过程调用图*。

现在我们可以建立一个数据流等式系统，它规定了如何获得所需的集合 $IAV(P)$：

$$IAV(p) \ = \ (AV(S) \setminus \{x\}) \cup \bigcup\{IAV(p') \mid p' \in CP(S)\}$$

$$\text{其中}\ \texttt{proc}\ p(\texttt{val}\ x,\texttt{res}\ y)\ \texttt{is}^{\ell_n} S\ \texttt{end}^{\ell_x}\ \text{在}\ D_\star\ \text{中}$$

与2.1节中的考虑类似，我们希望得到这个等式系统的最小解。

102

例 2.42 现在让我们考虑下面的斐波那契程序版本（省略标号）：

```
begin proc fib(val z) is if z<3 then call add(1)
                          else (call fib(z-1); call fib(z-2))
      end;
      proc add(val u) is (y:=y+u; u:=0)
      end;
      y:=0; call fib(x)
end
```

然后我们得到下列等式：

$$\begin{aligned} IAV(\texttt{fib}) &= (\emptyset \setminus \{\texttt{z}\}) \cup IAV(\texttt{fib}) \cup IAV(\texttt{add}) \\ IAV(\texttt{add}) &= \{\texttt{y},\texttt{u}\} \setminus \{\texttt{u}\} \end{aligned}$$

相关的过程调用图如图 2.11 所示。等式系统的最小解是

$$IAV(\texttt{fib}) = IAV(\texttt{add}) = \{\texttt{y}\}$$

表明过程调用只对变量 y 赋值。(如果我们取等式系统的最大解，那么对于包含程序中使用变量的任何一组变量 $\mathbf{Var}_\star$，我们都可以得到 $IAV(\texttt{fib}) = IAV(\texttt{add}) = \mathbf{Var}_\star$。这样的分析是完全不可用的。) ■

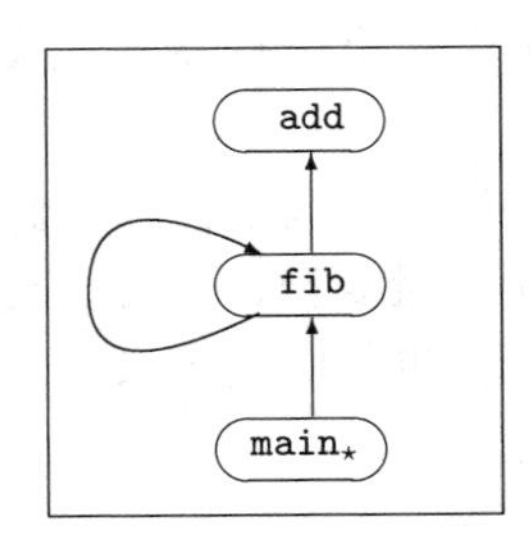

图 2.11　程序案例的过程调用图

注意，以上分析示例的描述并没有对基本块的入口和出口关联信息，而是对基本块本身(或者更一般地说，对语句)关联信息。对于流不敏感的分析来说，这是一种相当自然的节省空间的方法。它也跟 1.6 节中关于类型和作用系统的讨论有关：表 1.2 中的“带注释的基本类型”与表 1.3 中的“带注释的类型构造”形成对比。

103

2.6　形状分析

现在，我们将研究具有堆分配数据结构的 WHILE 语言的扩展和过程内形状分析(Shape Analysis)。该分析为这些数据结构的形状提供了一个有限刻画。因此，前面几节的目的是介绍数据流分析的基本技术，而在本节我们将展示如何使用这些技术来定义一个相对比较复杂的分析。

形状分析得到的信息不仅对经典编译器优化有用，而且对软件开发工具也有用：形状分析将允许我们静态地检测错误，例如对 nil 指针的解引用(dereferencing)——这必定会产生动态错误，因此应该发出警告。或许更令人惊讶的是，这种分析允许我们验证程序操作的数据结构形状的某些属性。例如，我们可以验证用于就地列表反转的程序确实将非循环列表转换为非循环列表。

指针语言的语法　我们将研究 WHILE 语言的一个扩展。它允许我们在堆中创建单元(cell)。单元具有结构，可能包含值以及指向其他单元的指针。存储在单元里的数据通过选择符访问，因此我们假设给定了选择符(selector)名称的有限非空集 **Sel**：

$$sel \in \mathbf{Sel} \qquad \text{选择符名称}$$

例如，**Sel** 可以包括 Lisp 里的选择符 car 和 cdr，用于选择二元组的第一个和第二个分量。堆的单元可以通过 x.cdr 之类的表达式来寻址：这将首先确定变量 x 指向的单元，然后返回 cdr 字段的值。为了简单起见，我们只允许一个级别的选择符，尽管本节的内容可以扩展到多级选择符的情况。准确地说，指针表达式

$$p \in \mathbf{PExp}$$

定义为：

$$p ::= x \mid x.sel$$

WHILE 语言的语法扩展为：

$$\begin{aligned}
a &::= p \mid n \mid a_1\ op_a\ a_2 \mid \texttt{nil}\\
b &::= \texttt{true} \mid \texttt{false} \mid \texttt{not}\ b \mid b_1\ op_b\ b_2 \mid a_1\ op_r\ a_2 \mid op_p\ p\\
S &::= [p\texttt{:=}a]^\ell \mid [\texttt{skip}]^\ell \mid S_1;\ S_2 \mid\\
&\quad\ \texttt{if}\ [b]^\ell\ \texttt{then}\ S_1\ \texttt{else}\ S_2 \mid \texttt{while}\ [b]^\ell\ \texttt{do}\ S \mid\\
&\quad\ [\texttt{malloc}\ p]^\ell
\end{aligned}$$

算术表达式在变量的基础上添加了指针表达式，以及常量 nil。二进制运算 op_a 和以前一样，也就是说，它们是标准的算术运算，特别是不允许指针运算。布尔表达式的扩展允许关系运算符 op_r 测试指针的相等性，并且允许一些指针上的一元运算符 op_p(例如 is-nil，以及对每个 $sel \in \mathbf{Sel}$，有 has-sel)。请注意，算术表达式和布尔表达式只能访问堆中的单元，它们不能创建新的单元，也不能更新现有的单元。 104

赋值语句采用一般形式 $p := a$，其中 p 是指针表达式。在 p 只是一个变量的情况下，我们使用 WHILE 语言的常规赋值，在 p 包含选择符的情况下，我们会对堆进行破坏性更新。同时，我们扩展语言以包含一个 malloc p 语句，用于创建新的单元并使 p 指向那个单元。

例 2.43 以下程序反转 x 指向的列表，并将结果保留在 y 中：

```
[y:=nil]^1;
while [not is-nil(x)]^2 do
      ([z:=y]^3; [y:=x]^4; [x:=x.cdr]^5; [y.cdr:=z]^6);
[z:=nil]^7
```

图 2.12 展示了当 x 指向一个 5 个元素的列表，y 和 z 最初未定义时程序的效果。第 0 行显示进入 while 循环之前的堆：x 指向列表，y 为 nil(用◇表示)。为了避免杂乱，我们不画 car 指针。执行循环体的语句一次后，情况如第 1 行所示：x 现在指向列表的尾部，y 指向列表的头部，z 为 nil。一般来说，第 n 行显示第 $n+1$ 次进入循环前的情况，因此在第 5 行中，我们看到 x 指向 nil，循环的执行终止，y 指向反向列表。最后一条语句 z:= nil 只是移除 z 到 ξ_4 的指针，并将其设置为 nil 值。 ■

2.6.1 结构操作语义

为了对上述场景建模，我们引入一个位置(或地址)的无穷集合 **Loc** 来代表堆单元：

$$\xi \in \mathbf{Loc} \quad \text{位置}$$

变量的值现在要么是一个整数(如前)，要么是一个位置(也就是一个指针)，要么是特殊常量◇，反映它是 nil 值。因此状态的类型如下：

$$\sigma \in \mathbf{State} = \mathbf{Var}_\star \to (\mathbf{Z} + \mathbf{Loc} + \{\diamond\})$$

105

其中，和往常一样，$\mathbf{Var}_\star$ 是出现在相关程序中的(有限)变量集。如上所述，堆的单元有多个字段，可以使用选择符访问这些字段。每个字段可以是一个整数，一个指向另一个单元的指针，也可以是 nil。准确描述如下：

$$\mathcal{H} \in \mathbf{Heap} = (\mathbf{Loc} \times \mathbf{Sel}) \to_{\text{fin}} (\mathbf{Z} + \mathbf{Loc} + \{\diamond\})$$

其中有限域上的部分函数的使用反映了并非所有的选择符字段都需要定义：正如我们稍后将看到的，一个新创建的具有位置 ξ 的单元的所有字段都未初始化，因此在相应的堆 $\mathcal{H}$，对于所有的 $sel \in \mathbf{Sel}$，$\mathcal{H}(\xi, sel)$ 都未定义。

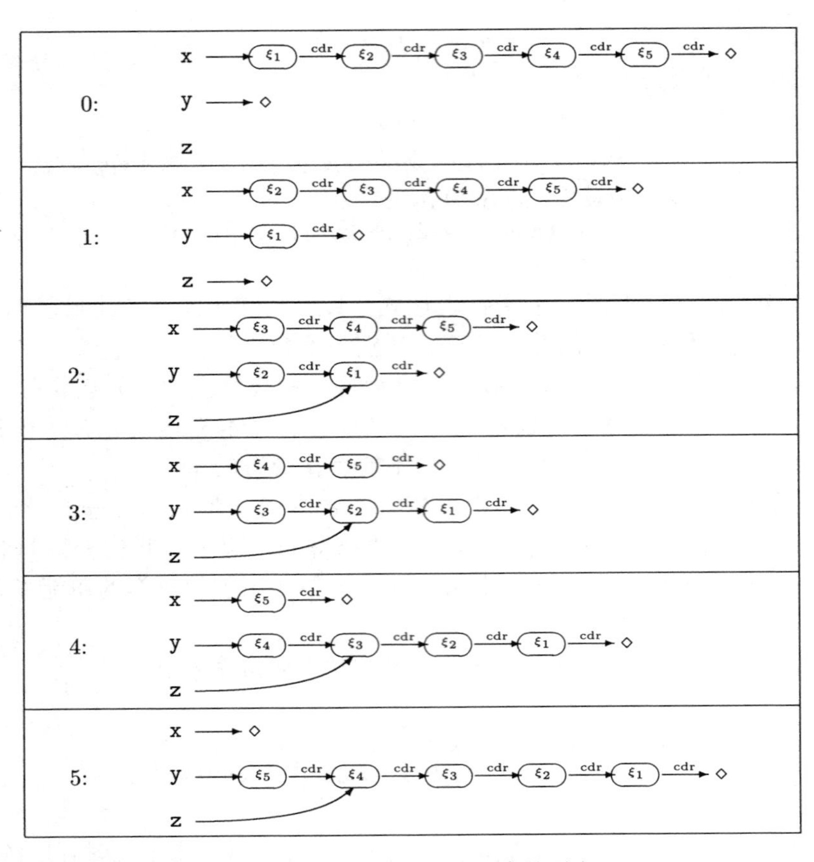

106

图2.12 反转包含5个元素的列表

指针表达式 给定一个状态和一个堆，我们需要确定一个指针表达式 p 的值，作为 $\mathbf{Z}+\mathbf{Loc}+\{\diamond\}$ 里的元素。为此，我们引入函数：

$$\wp : \mathbf{PExp}_\star \to (\mathbf{State}\times\mathbf{Heap}) \to_{\text{fin}} (\mathbf{Z}+\{\diamond\}+\mathbf{Loc})$$

其中 $\mathbf{PExp}_\star$表示包含 $\mathbf{Var}_\star$里变量的指针表达式。它的定义是：

$$\wp[\![x]\!](\sigma,\mathcal{H}) = \sigma(x)$$

$$\wp[\![x.sel]\!](\sigma,\mathcal{H}) = \begin{cases} \mathcal{H}(\sigma(x), sel) \\ \quad \text{如果}\sigma(x)\in\mathbf{Loc}\ \text{和}\ \mathcal{H}\ \text{定义在}\ (\sigma(x), sel)\ \text{上} \\ undef \\ \quad \text{如果}\sigma(x)\notin\mathbf{Loc}\ \text{或}\ \mathcal{H}\ \text{非定义在}\ (\sigma(x), sel)\ \text{上} \end{cases}$$

第一个子句处理 p 是一个简单变量的情况，并使用状态确定它的值——注意，这可能是一个整数、一个位置或特殊的 `nil` 值◇。第二个子句处理指针表达式具有 $x.sel$ 形式的情况。在这里，我们首先确定 x 的值。只有当 x 取值为一个位置，并且这个位置包含 sel 字段时，检查 sel 字段才有意义，因此该子句被分为两种情况。在 x 取值为某个位置的情况下，我们只需检查堆 $\mathcal{H}$以确定 sel 字段的值——同样，注意这可能是一个整数、一个位置或特殊值◇。

例2.44 在图2.12中，椭圆结点表示堆 $\mathcal{H}$ 里的单元，并标记了它们的位置（或地址）。未标记的边表示状态 σ：从变量 x 到某个标记为 ξ 的结点的边表示 $\sigma(x)=\xi$；从 x 到符号◇的边表示 $\sigma(x)=\diamond$。有标记的边表示堆 $\mathcal{H}$：一条标为 sel 的边从标为 ξ 的结点到

标为 ξ' 的结点意味着这两个单元之间有一个 **sel** 指针，即 $\mathcal{H}(\xi, sel) = \xi'$；一条标为 sel 的边从标为 ξ 的结点到符号 $\diamond$ 表示这个指针是 `nil` 指针，即 $\mathcal{H}(\xi, sel) = \diamond$。

考虑指针表达式 x.cdr，并假设 σ 和 $\mathcal{H}$ 由图 2.12 的第 0 行所示，即有 $\sigma(\mathtt{x}) = \xi_1$ 和 $\mathcal{H}(\xi_1, \mathtt{cdr}) = \xi_2$。则 $\wp[\![\mathtt{x.cdr}]\!](\sigma, \mathcal{H}) = \xi_2$。 ■

107

算术和布尔表达式 现在可以直接扩展算术表达式和布尔表达式的语义来处理指针表达式和 `nil` 常量。显然，为了将堆考虑在内，语义函数 $\mathcal{A}$ 和 $\mathcal{B}$ 的类型必须更改：

$$\mathcal{A} : \mathbf{AExp} \to (\mathbf{State} \times \mathbf{Heap}) \to_{\mathrm{fin}} (\mathbf{Z} + \mathbf{Loc} + \{\diamond\})$$
$$\mathcal{B} : \mathbf{BExp} \to (\mathbf{State} \times \mathbf{Heap}) \to_{\mathrm{fin}} \mathbf{T}$$

算术表达式包含以下子句：

$$\begin{aligned}
\mathcal{A}[\![p]\!](\sigma, \mathcal{H}) &= \wp[\![p]\!](\sigma, \mathcal{H}) \\
\mathcal{A}[\![n]\!](\sigma, \mathcal{H}) &= \mathcal{N}[\![n]\!] \\
\mathcal{A}[\![a_1\ op_a\ a_2]\!](\sigma, \mathcal{H}) &= \mathcal{A}[\![a_1]\!](\sigma, \mathcal{H})\ \mathbf{op}_a\ \mathcal{A}[\![a_2]\!](\sigma, \mathcal{H}) \\
\mathcal{A}[\![\mathtt{nil}]\!](\sigma, \mathcal{H}) &= \diamond
\end{aligned}$$

在这里，我们用 $\wp$ 来确定指针表达式的值，并且显式地写下 `nil` 的含义是 $\diamond$。此外，二进制运算 op_a 的含义 op_a 必须适当修改。如果两个参数都是整数，结果与 WHILE 语言相同，否则结果应为未定义。

布尔表达式的语义定义类似，因此我们只给出两个子句：

$$\begin{aligned}
\mathcal{B}[\![a_1\ op_r\ a_2]\!](\sigma, \mathcal{H}) &= \mathcal{A}[\![a_1]\!](\sigma, \mathcal{H})\ \mathbf{op}_r\ \mathcal{A}[\![a_2]\!](\sigma, \mathcal{H}) \\
\mathcal{B}[\![op_p\ p]\!](\sigma, \mathcal{H}) &= \mathbf{op}_p\ (\wp[\![p]\!](\sigma, \mathcal{H}))
\end{aligned}$$

和上面类似，二元关系运算符 op_r 的含义 $\mathbf{op}_r$ 必须进行适当的修改。如果两个参数都是指针，则测试指针的相等性。如果参数不是两个整数或两个指针，则应给出未定义。一元运算 op_p 的含义由 $\mathbf{op}_p$ 定义，例如：

$$\textbf{is-nil}(v) = \begin{cases} \mathsf{tt} & v = \diamond \\ \mathsf{ff} & \text{其他} \end{cases}$$

语句 最后，我们扩展语句的语义，以处理新添加的堆。现在格局除了包含一个状态之外，还包含一个堆，因此有：

$$\langle [x\!:=\!a]^\ell, \sigma, \mathcal{H}\rangle \to \langle \sigma[x \mapsto \mathcal{A}[\![a]\!](\sigma, \mathcal{H})], \mathcal{H}\rangle$$
$$\text{如果 } \mathcal{A}[\![a]\!](\sigma, \mathcal{H}) \text{ 被定义}$$

这反映对于赋值 $x := a$，状态照常更新，而堆保持不变。在赋值给包含选择符的指针表达式的情况下，应保持状态不变，并按如下方式更新堆：

$$\langle [x.sel\!:=\!a]^\ell, \sigma, \mathcal{H}\rangle \to \langle \sigma, \mathcal{H}[(\sigma(x), sel) \mapsto \mathcal{A}[\![a]\!](\sigma, \mathcal{H})]\rangle$$
$$\text{如果 } \sigma(x) \in \mathbf{Loc} \text{ 和 } \mathcal{A}[\![a]\!](\sigma, \mathcal{H}) \text{ 被定义}$$

108

在这里，附加条件确保了赋值的左侧的确取值为一个位置。

`malloc` p 语句负责创建新的单元。根据 p 的形式，我们有两种情况：

$$\langle [\mathtt{malloc}\ x]^\ell, \sigma, \mathcal{H}\rangle \to \langle \sigma[x \mapsto \xi], \mathcal{H}\rangle$$
$$\text{其中 } \xi \text{ 未出现在 } \sigma \text{ 或 } \mathcal{H} \text{ 中}$$
$$\langle [\mathtt{malloc}\ (x.sel)]^\ell, \sigma, \mathcal{H}\rangle \to \langle \sigma, \mathcal{H}[(\sigma(x), sel) \mapsto \xi]\rangle$$
$$\text{其中 } \xi \text{ 未出现在 } \sigma \text{ 或 } \mathcal{H} \text{ 中，且 } \sigma(x) \in \mathbf{Loc}$$

注意，在这两种情况下，我们都引入了一个新的位置 ξ，但没有为 $\mathcal{H}(\xi, sel)$ 指定任何值——正如我们之前讨论的那样，在我们确定的语义里，ξ 的字段是未定义的；显然，可能有其他的选择。另外注意，在最后一个子句中，附加条件确保 x 已经对应一个位置，因此可以创建一条边指向新的位置。

备注 这个语义只允许有限地重用垃圾位置。对于[malloc x]^1;[x:= nil]^2;[malloc y]^3 语句，我们会在标号1的语句中为 x 分配某个位置。由于在标号2的赋值之后，x 既不在状态中也不在堆中出现，因此我们可以在标号3的语句中重用它(但不是必须这样做)。对于像[malloc x]^1;[x. cdr:= nil]^2;[x:= nil]^3;[malloc y]^4 这样的语句，我们无法重用在标号1处分配的位置，尽管它在标号3的语句之后将无法访问(因此是垃圾)。 ■

2.6.2 形状图

很明显，在有些程序中，堆可以任意增大。因此，分析的设计目标是找到堆的有限表示。为此，我们将介绍一种将语义中的位置合并成有限数量的*抽象位置*的方法。然后，我们引入一个*抽象状态* S 来将变量映射到抽象位置(而不是位置)，以及一个抽象堆 H 来指定抽象位置(而不是位置)之间的链接。更准确地说，分析将在*形状图*(S,H,is)上进行，其中：

- S 是一个抽象状态。
- H 是一个抽象堆。
- is 是抽象位置的共享信息。

最后一个组成部分允许我们恢复将多个位置合并到一个抽象位置带来的一部分不精确性。我们现在描述如何从一个给定的状态 σ 和堆 $\mathcal{H}$ 产生一个形状图(S,H,is)。同时，我们将详细说明 S、H 和 is 的功能，并给出5个不变式。

109

抽象位置 抽象位置的形式为 n_X，其中 X 是 $\mathbf{Var}_\star$ 变量的子集：

$$\mathbf{ALoc} = \{n_X \mid X \subseteq \mathbf{Var}_\star\} \text{ 抽象位置}$$

由于 $\mathbf{Var}_\star$ 是有限的，所以很明显 **ALoc** 也是有限的。给定的形状图将包含 **ALoc** 抽象位置的一个子集。

基本思想是：如果 $x \in X$，则抽象位置 n_X 将表示位置 $\sigma(x)$。抽象位置 $n_\emptyset$ 称为*抽象汇总位置*(abstract summary location)，它表示在不查询堆的情况下无法直接从状态访问的所有位置。当 $X \neq \emptyset$ 时，n_X 和 $n_\emptyset$ 表示不相交的位置集。

一般来说，我们将确保以下不变式：两个不同的抽象位置 n_X 和 n_Y 总是表示不相交的位置集。因此，对于任意两个抽象位置 n_X 和 n_Y，要么 $X=Y$，要么 $X \cap Y=\emptyset$。证明依靠反正法：假设 $X \neq Y$ 且 $z \in X \cap Y$，根据 $z \in X$ 我们得到 $\sigma(z)$ 由 n_X 表示。同样，根据 $z \in Y$ 我们得到 $\sigma(z)$ 由 n_Y 表示。但是 $\sigma(z)$ 必须与 $\sigma(z)$ 不同，因此得到矛盾。

不变式的具体描述如下。

不变式1 *如果两个抽象位置 n_X 和 n_Y 出现在同一个形状图中，则 $X=Y$ 或 $X \cap Y=\emptyset$。*

例2.45 考虑图2.12第2行中的状态和堆。变量 **x**、**y** 和 **z** 指向不同的位置(分别为 ξ_3、ξ_2 和 ξ_1)。因此，在形状图中，它们将由不同的抽象位置表示，分别命名为 $n_{\{\mathtt{x}\}}$、$n_{\{\mathtt{y}\}}$ 和 $n_{\{\mathtt{z}\}}$。位置 ξ_4 和 ξ_5 无法从状态直接到达，因此它们将由抽象汇总位置 $n_\emptyset$ 表示。 ■

抽象状态 形状图的一个组成部分是将变量映射到抽象位置的*抽象状态* S。为了维护抽象位置的命名约定，我们将确保以下不变式成立。

不变式2 *如果 x 被抽象状态映射到 n_X，则 $x \in X$。*

从不变式1可以看出，对于任何给定变量，形状图中最多只有一个抽象位置包含该变量。

我们只对堆的形状感兴趣，因此我们不会区分整数值、nil 指针和未初始化字段；因此我们可以将抽象状态视为以下集合的元素：

$$\mathsf{S} \in \mathbf{AState} = \mathcal{P}(\mathbf{Var}_\star \times \mathbf{ALoc})$$

110

其中我们选择使用幂集来简化之后的符号。我们把 S 中出现的抽象位置的集合写为**ALoc**(S) = $\{n_X \mid \exists x: (x,n_X) \in \mathsf{S}\}$。（注意，**AState** 里并不是所有元素都满足不变式。）

抽象堆 形状图的另一个组成部分是*抽象堆* H，它指定抽象位置之间的链接（就像堆在语义中指定位置之间的链接一样）。链接由三元组(n_V, sel, n_W)指定。我们将抽象堆定义为以下集合的元素：

$$\mathsf{H} \in \mathbf{AHeap} = \mathcal{P}(\mathbf{ALoc} \times \mathbf{Sel} \times \mathbf{ALoc})$$

和刚才一样，我们不区分整数、nil 指针和未初始化字段。我们把出现在 H 中的抽象位置的集合写为 $ALoc(\mathsf{H}) = \{n_V, n_W \mid \exists sel: (n_V, sel, n_W) \in \mathsf{H}\}$。

其目的是：如果 $\mathcal{H}(\xi_1, sel) = \xi_2$ 且 ξ_1 和 ξ_2 分别被 n_V 和 n_W 表示，则有$(n_V, sel, n_W) \in \mathsf{H}$。

在堆 $\mathcal{H}$ 中，最多有一个位置 ξ_2，使得 $\mathcal{H}(\xi_1, sel) = \xi_2$，抽象堆仅部分共享此特征，因为抽象位置 $n_\emptyset$可以表示多个不同的位置。但是，抽象堆必须满足以下不变式。

不变式 3 *当(n_V, sel, n_W)和$(n_V, sel, n_{W'})$出现在抽象堆里时，要么 $V=\emptyset$，要么 $W=W'$。*

因此，除非源位置是抽象汇总位置 $n_\emptyset$，否则选择符字段的目标位置将由源位置唯一确定。

例 2.46 继续例 2.45，我们可以看到与图 2.12 第 2 行的状态相对应的抽象状态 S_2 是

$$\mathsf{S}_2 = \{(\mathtt{x}, n_{\{\mathtt{x}\}}), (\mathtt{y}, n_{\{\mathtt{y}\}}), (\mathtt{z}, n_{\{\mathtt{z}\}})\}$$

与第 2 行相对应的抽象堆 H_2 是

$$\mathsf{H}_2 = \{(n_{\{\mathtt{x}\}}, \mathtt{cdr}, n_\emptyset), (n_\emptyset, \mathtt{cdr}, n_\emptyset), (n_{\{\mathtt{y}\}}, \mathtt{cdr}, n_{\{\mathtt{z}\}})\}$$

第一个三元组表示堆将 ξ_3 和 cdr 映射到 ξ_4，ξ_3 由 $n_{\{\mathtt{x}\}}$ 表示，ξ_4 由 $n_\emptyset$表示。第二个三元组表示堆将 ξ_4 和 cdr 映射到 ξ_5，ξ_4 和 ξ_5 都由 $n_\emptyset$表示。最后一个三元组表示堆将 ξ_2 和 cdr 映射到 ξ_1，ξ_2 由 $n_{\{\mathtt{y}\}}$ 表示，ξ_1 由 $n_{\{\mathtt{z}\}}$ 表示。注意，这里没有三元组$(n_{\{\mathtt{z}\}}, \mathtt{cdr}, n_\emptyset)$，因为堆将 ξ_1 和 cdr 映射到$\diamond$，而不是一个位置。

111

最后得到的抽象状态和抽象堆如图 2.13 所示。该图同时包含图 2.12 中其他状态和堆对应的形状图。长方形结点代表抽象位置，从变量到长方形结点的未标记边代表抽象状态，长方形结点之间的带标记的边代表抽象堆。如果抽象状态不将某个变量关联到抽象位置，则该变量不出现在图中。

注意，即使语义在整个计算过程中使用同样的位置集合，在分析的过程中，这些位置未必与相同的抽象位置相关联。考虑图 2.12 和图 2.13：抽象位置 $n_\emptyset$依次表示位置$\{\xi_2, \xi_3, \xi_4, \xi_5\}$，$\{\xi_3, \xi_4, \xi_5\}$，$\{\xi_4, \xi_5\}$，$\{\xi_1, \xi_5\}$，$\{\xi_1, \xi_2\}$和$\{\xi_1, \xi_2, \xi_3\}$。■

共享信息 现在我们可以引入形状图的第三个也是最后一个部分。考虑图 2.14 的第 1 行。右侧的抽象状态和抽象堆表示左侧的状态和堆，但它们也表示第 2 行中显示的状态和堆。我们现在将展示如何区分这两种情况。

其思想是指定抽象位置的子集 is，表示由于堆中的指针而共享的位置：如果抽象位置 n_X 表示堆中多个指针的目标位置，则它将包含在 is 中。在图 2.14 的第 1 行中，抽象位置 $n_{\{\mathtt{y}\}}$ 表示位置 ξ_5，并且它不被共享（由两个或多个堆指针共享），因此 $n_{\{\mathtt{y}\}} \notin$ is；加粗框表示抽象位置是非共享的。另外，第 2 行中的 ξ_5 是共享的（ξ_3 和 ξ_4 都指向它），因此 $n_{\{\mathtt{y}\}} \in$ is 是共享的；双框表示抽象位置可能是共享的。

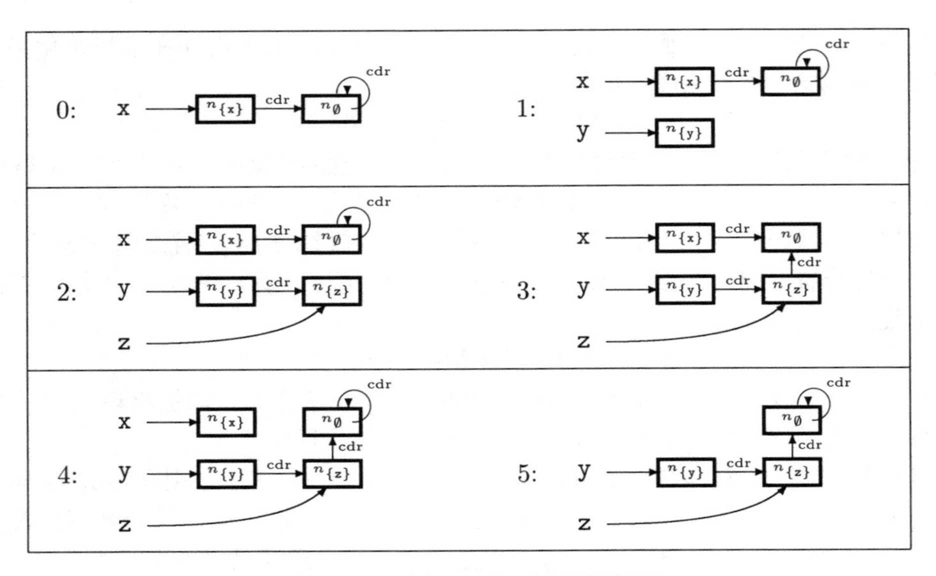

112

图 2. 13　与图 2. 12 相对应的形状图

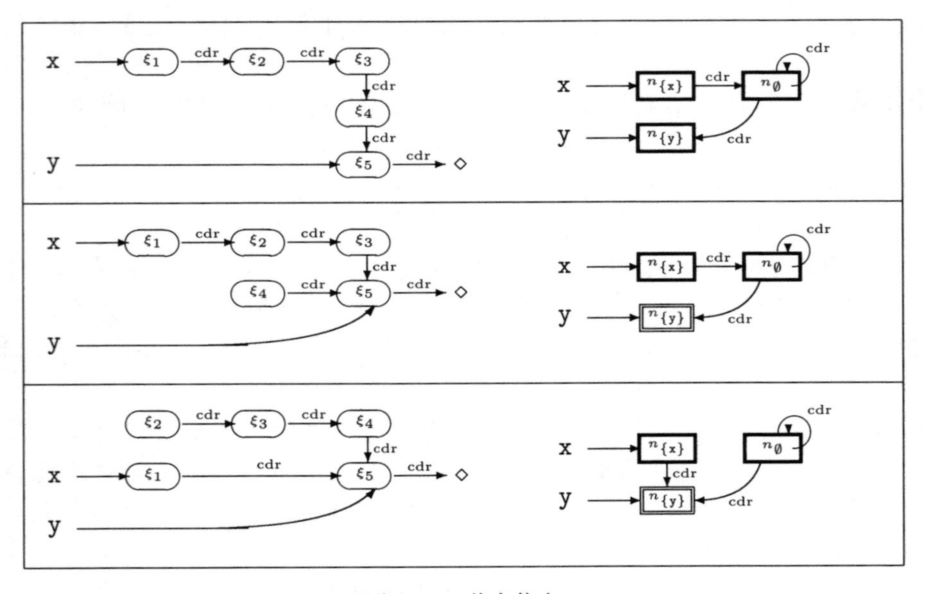

图 2. 14　共享信息

显然，抽象堆本身也包含一些隐式的共享信息：如图 2. 14 的底行所示，其中两条不同的边都有目标 $n_{\{y\}}$。我们将通过两个不变式来确保这种隐式共享信息与显式共享信息(也就是 is)是一致的。首先，我们确保共享信息里的内容也反映在抽象堆中，如不变式 4 所示。

不变式 4　如果 $n_X \in$ is，则：

(a) 对于某个 sel，$(n_\emptyset, sel, n_X)$ 在抽象堆中。

(b) 在抽象堆中有两个不同的三元组 (n_V, sel_1, n_X) 和 (n_W, sel_2, n_X) (要么 $sel_1 \neq sel_2$，要么 $V \neq W$)。

情况 4(a) 考虑了可能有多个由 $n_\emptyset$ 表示的位置指向 n_X(如图 2. 14 的第 2 行和第 3 行所示)。情况 4(b) 考虑了可能有两个不同的指针(具有不同的源位置或不同的选择符)指向

n_X(如图 2.14 的第 3 行所示)。

不变式 5 确保抽象堆中存在的信息也反映在共享信息中，如下所示。

不变式 5 当抽象堆中有两个不同的三元组(n_V, sel_1, n_X)和(n_W, sel_2, n_X)且 $n_X \neq n_\emptyset$ 时，有 $n_X \in$ is。 113

这考虑了 n_X 表示单个位置作为两个或更多堆指针的目标的情况(如图 2.14 的第 3 行所示)。

注意，不变式 5 是不变式 4(b)的“逆”。我们没有不变式 4(a)的“逆”——从 $n_\emptyset$ 到 n_X 的指针的存在不提供任何关于 n_X 的共享信息。

在抽象汇总位置的情况下，显式共享信息显然给出了额外的信息。如果 $n_\emptyset \in$ is 则可能有一个由 $n_\emptyset$ 表示的位置是两个或多个堆指针的目标，而如果 $n_\emptyset \notin$ is，则由 $n_\emptyset$ 表示的所有位置最多是一个堆指针的目标。显式共享信息还可以为抽象位置 n_X($X \neq \emptyset$)提供额外信息：仅从不变式 4(a)我们无法推断出 n_X 是共享的，图 2.14 的前两行关于结点 $n_{\{y\}}$ 的例子清楚地说明了这一点。

形状图的完全格 总而言之，形状图是由抽象状态 S、抽象堆 H 和共享抽象位置集合 is 构成的三元组：

$$
\begin{array}{lcll}
\mathsf{S} & \in & \mathbf{AState} & = \mathcal{P}(\mathbf{Var}_\star \times \mathbf{ALoc}) \\
\mathsf{H} & \in & \mathbf{AHeap} & = \mathcal{P}(\mathbf{ALoc} \times \mathbf{Sel} \times \mathbf{ALoc}) \\
\mathsf{is} & \in & \mathbf{IsShared} & = \mathcal{P}(\mathbf{ALoc})
\end{array}
$$

其中 $\mathbf{ALoc} = \{n_Z \mid Z \subseteq \mathbf{Var}_\star\}$。一个形状图(S, H, is)是一个*兼容的形状图*，如果它满足前面提到的 5 个不变式：

1). $\forall n_V, n_W \in ALoc(\mathsf{S}) \cup ALoc(\mathsf{H}) \cup \mathsf{is} : (V = W) \ \vee \ (V \cap W = \emptyset)$

2). $\forall (x, n_X) \in \mathsf{S} : x \in X$

3). $\forall (n_V, sel, n_W), (n_V, sel, n_{W'}) \in \mathsf{H} : (V = \emptyset) \ \vee \ (W = W')$

4). $\forall n_X \in \mathsf{is} :\ (\exists sel : (n_\emptyset, sel, n_X) \in \mathsf{H}) \ \vee$
$\quad (\exists (n_V, sel_1, n_X), (n_W, sel_2, n_X) \in \mathsf{H} :$
$\quad\quad sel_1 \neq sel_2 \vee V \neq W)$

5). $\forall (n_V, sel_1, n_X), (n_W, sel_2, n_X) \in \mathsf{H} :$
$\quad ((sel_1 \neq sel_2 \vee V \neq W) \wedge X \neq \emptyset) \Rightarrow n_X \in \mathsf{is}$

兼容的形状图的集合表示为：

$$\mathbf{SG} = \{(\mathsf{S}, \mathsf{H}, \mathsf{is}) \mid (\mathsf{S}, \mathsf{H}, \mathsf{is})\text{是兼容的}\}$$

而形状分析 *Shape* 将在兼容的形状图的集合(也就是 $\mathcal{P}(\mathbf{SG})$ 的元素)上进行。因为 $\mathcal{P}(\mathbf{SG})$ 是一个幂集，它显然是一个完全格，其中 $\sqcup$ 是 $\cup$ 以及 $\sqsubseteq$ 是 $\subseteq$。同时，$\mathcal{P}(\mathbf{SG})$ 是有限的，因为 $\mathbf{SG} \subseteq \mathbf{AState} \times \mathbf{AHeap} \times \mathbf{IsShared}$，而 **Astate**、**AHeap** 和 **IsShared** 都是有限的。

114

2.6.3 分析的描述

形状分析可以描述为一个单调框架的实例，其中属性的完全格是 $\mathcal{P}(\mathbf{SG})$。对于每个标号一致且具有孤立入口的程序 $S_\star$，我们得到一个等式系统：

$$Shape_\circ(\ell) = \begin{cases} \iota & \ell = init(S_\star) \\ \bigcup\{Shape_\bullet(\ell') \mid (\ell',\ell) \in flow(S_\star)\} & \text{其他} \end{cases}$$

$$Shape_\bullet(\ell) = f_\ell^{\mathsf{SA}}(Shape_\circ(\ell))$$

其中，$\iota \in \mathcal{P}(\mathbf{SG})$是 $S_\star$的入口的边界值，f_ℓ^{SA} 是下面定义的传递函数。

根据集合 *flow* ($S_\star$)定义，该分析是一个前向分析，同时它是一个可能分析，因为我们使用$\bigcup$作为组合操作。但是，它也有一些必定分析的特征，因为单个形状图不能包含任何多余的信息。这对于实现强更新(strong update)和强清零(strong nullification)非常有用。这里“强”表示指针表达式的更新或清零允许在添加新绑定之前删除现有绑定。这让我们得到一个非常强大的分析。

例 2.47　再次考虑例 2.43 的列表反转程序，假设 x 最初指向一个至少包含两个元素的非共享列表，而 y 和 z 最初未定义。图 2.15 显示了与此状态和堆相对应的单例形状图，这将在本节作为边界值 ι。

图 2.15　列表反转程序的边界值 ι 的单例形状图

形状分析计算由形状图组成的集合 $Shape_\circ(\ell)$ 和 $Shape_\bullet(\ell)$，描述标号为 ℓ 的基本块执行前后的状态和堆。描述 $Shape_\bullet(\ell)$ 的等式为：

$$\begin{aligned}
Shape_\bullet(1) &= f_1^{\mathsf{SA}}(Shape_\circ(1)) = f_1^{\mathsf{SA}}(\iota) \\
Shape_\bullet(2) &= f_2^{\mathsf{SA}}(Shape_\circ(2)) = f_2^{\mathsf{SA}}(Shape_\bullet(1) \cup Shape_\bullet(6)) \\
Shape_\bullet(3) &= f_3^{\mathsf{SA}}(Shape_\circ(3)) = f_3^{\mathsf{SA}}(Shape_\bullet(2)) \\
Shape_\bullet(4) &= f_4^{\mathsf{SA}}(Shape_\circ(4)) = f_4^{\mathsf{SA}}(Shape_\bullet(3)) \\
Shape_\bullet(5) &= f_5^{\mathsf{SA}}(Shape_\circ(5)) = f_5^{\mathsf{SA}}(Shape_\bullet(4)) \\
Shape_\bullet(6) &= f_6^{\mathsf{SA}}(Shape_\circ(6)) = f_6^{\mathsf{SA}}(Shape_\bullet(5)) \\
Shape_\bullet(7) &= f_7^{\mathsf{SA}}(Shape_\circ(7)) = f_7^{\mathsf{SA}}(Shape_\bullet(2))
\end{aligned}$$

115

其中传递函数 f_ℓ^{SA} 将在下面指定。在下面的例子中，我们将提供关于这些等式的更多信息，但 $Shape_\bullet(1)$，…，$Shape_\bullet(7)$ 的计算将留给练习 2.21。■

与标号 ℓ 相关联的传递函数 $f_\ell^{\mathsf{SA}}: \mathcal{P}(\mathbf{SG}) \to \mathcal{P}(\mathbf{SG})$的形式如下：

$$f_\ell^{\mathsf{SA}}(SG) = \bigcup\{\phi_\ell^{\mathsf{SA}}((\mathsf{S},\mathsf{H},\mathsf{is})) \mid (\mathsf{S},\mathsf{H},\mathsf{is}) \in SG\}$$

其中 $\phi_\ell^{\mathsf{SA}}: \mathbf{SG} \to \mathcal{P}(\mathbf{SG})$ 指定如何通过标号为 ℓ 的基本块，将 $Shape_\circ(\ell)$ 里的一个单个形状图转换到 $Shape_\bullet(\ell)$里的一个形状图集合。现在我们将检查各种形式的基本块，并在每种情况下定义 ϕ_ℓ^{SA}。我们将首先考虑布尔表达式和 skip 语句，然后考虑不同形式的赋值，最后考虑 malloc 语句。

$[b]^\ell$ 和 $[\texttt{skip}]^\ell$ 的传递函数。我们只对堆的形状感兴趣，而布尔测试不改变堆。因此令

$$\phi_\ell^{\mathsf{SA}}((\mathsf{S},\mathsf{H},\mathsf{is})) = \{(\mathsf{S},\mathsf{H},\mathsf{is})\}$$

所以传递函数 f_ℓ^{SA} 是恒等函数。skip 语句的情况类似。

例 2.48　例 2.43 的列表反转程序的测试语句$[\texttt{not is-nil(x)}]^2$ 展示了这种情况：传

递函数 f_2^{SA} 是恒等函数。因此，$Shape_\bullet(2) = Shape_\bullet(1) \cup Shape_\bullet(6)$，如例 2.47 所示。■

$[x:=a]^\ell$ **的传递函数**，其中 a 的形式是 n、$a_1\ op_a\ a_2$ 或 nil。该赋值的效果是删除对 x 的绑定，并重命名所有抽象位置，使其名称中不包含 x。抽象位置的重命名定义为函数 116

$$k_x(n_Z) = n_{Z\setminus\{x\}}$$

并且令

$$\phi_\ell^{\mathsf{SA}}((\mathsf{S},\mathsf{H},\mathsf{is})) = \{kill_x((\mathsf{S},\mathsf{H},\mathsf{is}))\}$$

其中 $kill_x((\mathsf{S},\mathsf{H},\mathsf{is})) = (\mathsf{S}',\mathsf{H}',\mathsf{is}')$ 的定义是

$$\begin{array}{lcl} \mathsf{S}' & = & \{(z, k_x(n_Z)) \mid (z, n_Z) \in S \ \wedge \ z \neq x\} \\ \mathsf{H}' & = & \{(k_x(n_V), sel, k_x(n_W)) \mid (n_V, sel, n_W) \in \mathsf{H}\} \\ \mathsf{is}' & = & \{k_x(n_X) \mid n_X \in \mathsf{is}\} \end{array}$$

因此我们获得强清零操作。如果 $(\mathsf{S},\mathsf{H},\mathsf{is})$ 是兼容的，则 $(\mathsf{S}',\mathsf{H}',\mathsf{is}')$ 也是兼容的。

例 2.49　例 2.43 的列表反转程序中的语句 $[\mathtt{y}:=\mathtt{nil}]^1$ 是这种形式。由于图 2.15 中 ι 的单例形状图中没有出现 y，因此例 2.47 中的形状图 $Shape_\bullet(1)$ 等于 ι。■

一个有趣的例子是 $(x, n_{\{x\}}) \in \mathsf{S}$ 的情况。这将导致两个抽象位置 $n_{\{x\}}$ 和 $n_\emptyset$ 合并，然后更新共享信息以反映以下逻辑：只有在原始形状图中 $n_\emptyset$ 和 $n_{\{x\}}$ 都未共享的情况下，才能确保 $n_\emptyset$ 在新的形状图中未共享。如图 2.16 所示：左侧图显示形状图 $(\mathsf{S},\mathsf{H},\mathsf{is})$ 中我们关注的部分，右侧图显示 $(\mathsf{S}',\mathsf{H}',\mathsf{is}')$ 中的相应部分。我们假定长方形方框代表不同的抽象位置，因此 V、$\{x\}$、W 和 $\emptyset$ 都是不同的集合。加粗框和以前一样表示非共享的抽象位置，细线框表示共享信息不受传递函数影响的抽象位置，抽象位置之间的未标记边表示不受传递函数影响的指针。

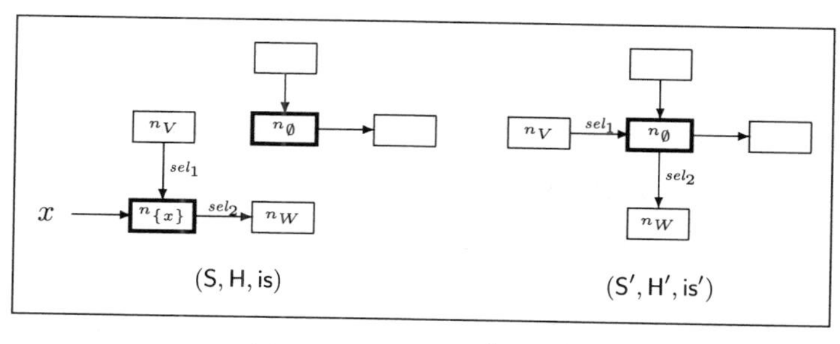

图 2.16　$[x:=\mathtt{nil}]^\ell$ 的效果

例 2.50　例 2.43 的列表反转程序的语句 $[\mathtt{z}:=\mathtt{nil}]^7$ 说明了这种情况：对于 $Shape_\bullet(2)$ 中的每个形状图，抽象位置 $n_{\{\mathtt{z}\}}$ 与 $n_\emptyset$ 合并产生 $Shape_\bullet(7)$ 的其中一个形状图。■

备注　该分析不执行垃圾回收：可能出现没有指向 $n_{\{x\}}$ 的堆指针的情况，因此赋值后堆中的相应位置将无法访问。尽管如此，该分析还是将抽象位置 $n_{\{x\}}$ 和 $n_\emptyset$ 合并，并坚持认为 $n_\emptyset$ 指向任何 $n_{\{x\}}$ 可能指向的抽象位置。■ 117

$[x:=y]^\ell$ **的传递函数**　如果 $x = y$，则传递函数 f_ℓ^{SA} 是恒等函数。

接下来假设 $x \neq y$。赋值的第一个效果是删除 x 上的旧绑定。为此，我们使用上面介绍的 $kill_x$ 操作。接下来记录 x 的新绑定。这包括重命名包含 y 的抽象位置使它的变量集也包含 x。抽象位置的重命名函数如下：

$$g_x^y(n_Z) = \begin{cases} n_{Z\cup\{x\}} & y \in Z \\ n_Z & \text{其他} \end{cases}$$

然后令

$$\phi_\ell^{\mathsf{SA}}((\mathsf{S},\mathsf{H},\mathsf{is})) = \{(\mathsf{S}'',\mathsf{H}'',\mathsf{is}'')\}$$

其中$(\mathsf{S}',\mathsf{H}',\mathsf{is}') = kill_x((\mathsf{S},\mathsf{H},\mathsf{is}))$且

$$\begin{aligned}
\mathsf{S}'' &= \{(z, g_x^y(n_Z)) \mid (z, n_Z) \in \mathsf{S}'\} \\
&\quad \cup \{(x, g_x^y(n_Y)) \mid (y', n_Y) \in \mathsf{S}' \wedge y' = y\} \\
\mathsf{H}'' &= \{(g_x^y(n_V), sel, g_x^y(n_W)) \mid (n_V, sel, n_W) \in \mathsf{H}'\} \\
\mathsf{is}'' &= \{g_x^y(n_Z) \mid n_Z \in \mathsf{is}'\}
\end{aligned}$$

这样我们获得了强更新操作。这里，关于S''的公式的第二个子句添加新的绑定到x。和之前一样，如果$(\mathsf{S},\mathsf{H},\mathsf{is})$是兼容的，则$(\mathsf{S}',\mathsf{H}',\mathsf{is}')$也是兼容的。

图2.17展示了这种情况，其中我们假定结点代表不同的抽象位置。从不变式可得$y \in Y$但$y \notin V$且$y \notin W$。注意，$n_{Y\cup\{x\}}$继承了n_Y的共享信息，虽然x和y指向同一个单元；原因是共享信息只记录在堆中的共享——而不是通过状态的共享。

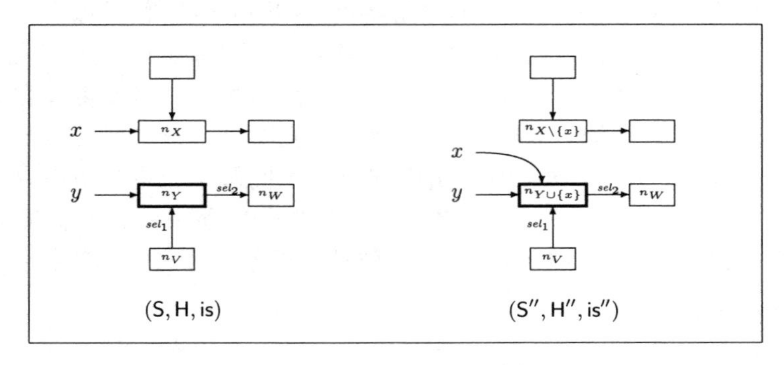

118

图2.17　当$x \neq y$时$[x := y]^\ell$的效果

例2.51　例2.43的列表反转程序的语句$[\mathtt{y:=x}]^4$是这种形式：例2.47中$Shape_\bullet(3)$的每个形状图将被转换为$Shape_\bullet(4)$的形状图之一。

另外，语句$[\mathtt{z:=y}]^3$也是现在考虑的形式：$Shape_\bullet(2)$的每个形状图将转换为$Shape_\bullet(3)$的形状图之一。■

$[x := y.sel]^\ell$**的传递函数**　首先假定$x = y$，则赋值语句在语义上等价于以下赋值序列：

$$[t := y.sel]^{\ell_1}; [x := t]^{\ell_2}; [t := \mathtt{nil}]^{\ell_3}$$

其中t是一个新变量，ℓ_1、ℓ_2和ℓ_3是新标号。传递函数f_ℓ^{SA}可由以下公式得到：

$$f_\ell^{\mathsf{SA}} = f_{\ell_3}^{\mathsf{SA}} \circ f_{\ell_2}^{\mathsf{SA}} \circ f_{\ell_1}^{\mathsf{SA}}$$

其中传递函数$f_{\ell_2}^{\mathsf{SA}}$和$f_{\ell_3}^{\mathsf{SA}}$满足上面描述的模式。因此，我们将主要关注传递函数$f_{\ell_1}^{\mathsf{SA}}$，也就是当$x \neq y$时的f_ℓ^{SA}。

例2.52　例2.43的列表反转程序的语句$[\mathtt{x:=x.cdr}]^5$可被转换为$[\mathtt{t:=x.cdr}]^{51}$；$[\mathtt{x:=t}]^{52}$；$[\mathtt{t:=nil}]^{53}$。稍后我们将回到语句$[\mathtt{t:=x.cdr}]^{51}$的分析。■

因此，我们假设$x \neq y$，并令$(\mathsf{S},\mathsf{H},\mathsf{is})$为一个兼容的形状图。和前面的情况一样，第一步是删除x上的旧绑定，同样使用辅助函数$kill_x$：

$$(\mathsf{S}',\mathsf{H}',\mathsf{is}') = kill_x((\mathsf{S},\mathsf{H},\mathsf{is}))$$

下一步是重命名对应着$y.sel$的抽象位置，使其包含x，并建立x到那个抽象位置的

绑定。这里有三种可能性：

1. 没有抽象位置 n_Y 满足 $(y,n_Y)\in \mathsf{S}'$，或者有抽象位置 n_Y 满足 $(y,n_Y)\in \mathsf{S}'$ 但没有 n_Z 满足 $(n_Y,sel,n_Z)\in \mathsf{H}'$。在这种情况下，形状图将表示一个状态和一个堆，其中 y 或 $y.sel$ 是整数、nil 或未定义。

119

2. 有抽象位置 n_Y 满足 $(y,n_Y)\in \mathsf{S}'$，且有抽象位置 $n_U\neq n_\emptyset$ 满足 $(n_Y,sel,n_U)\in \mathsf{H}'$。在这种情况下，形状图将表示一个状态和一个堆，其中 $y.sel$ 指向的位置也被(在 U 中的)其他变量指向。

3. 有抽象位置 n_Y 满足 $(y,n_Y)\in \mathsf{S}'$，且 $(n_Y,sel,n_\emptyset)\in \mathsf{H}'$。在这种情况下，形状图将表示一个状态和一个堆，其中没有其他变量指向 $y.sel$ 指向的位置。

情况 1 首先考虑语句 $[x:=y.sel]^\ell$（其中 $x\neq y$）在没有抽象位置 n_Y 满足 $(y,n_Y)\in S'$ 时的情况。因此没有抽象位置代表 $y.sel$，所以无须重命名抽象位置，也无须建立绑定。因此，我们令：

$$\phi_\ell^{\mathsf{SA}}((\mathsf{S},\mathsf{H},\mathsf{is}))=\{kill_x((\mathsf{S},\mathsf{H},\mathsf{is}))\}$$

请注意，这种情况包括试图对 nil 指针解引用的情况。

有抽象位置 n_Y 满足 $(y,n_Y)\in \mathsf{S}'$，但没有抽象位置 n 满足 $(n_Y,sel,n)\in \mathsf{H}'$。根据不变式可得 n_Y 是唯一的，但仍然没有要重命名的抽象位置，也没有要建立的绑定。因此，我们仍然令：

$$\phi_\ell^{\mathsf{SA}}((\mathsf{S},\mathsf{H},\mathsf{is}))=\{kill_x((\mathsf{S},\mathsf{H},\mathsf{is}))\}$$

这种情况包括试图对不存在的选择符字段解引用的情况。

情况 2 下面考虑语句 $[x:=y.sel]^\ell$（其中 $x\neq y$）在存在抽象位置 n_Y 满足 $(y,n_Y)\in \mathsf{S}'$，且有抽象位置 $n_U\neq n_\emptyset$ 满足 $(n_Y,sel,n_U)\in \mathsf{H}'$ 时的情况。从不变式可得 n_Y 和 n_U 都是唯一的（它们可能相等）。抽象位置 n_U 将被重命名以包含变量 x，使用函数：

$$h_x^U(n_Z)=\begin{cases} n_{U\cup\{x\}} & Z=U \\ n_Z & \text{其他}\end{cases}$$

120

接下来，我们令：

$$\phi_\ell^{\mathsf{SA}}((\mathsf{S},\mathsf{H},\mathsf{is}))=\{(\mathsf{S}'',\mathsf{H}'',\mathsf{is}'')\}$$

其中 $(\mathsf{S}',\mathsf{H}',\mathsf{is}')=kill_x((\mathsf{S},\mathsf{H},\mathsf{is}))$ 且

$$\begin{aligned}\mathsf{S}'' &= \{(z,h_x^U(n_Z))\mid (z,n_Z)\in \mathsf{S}'\}\cup\{(x,h_x^U(n_U))\}\\ \mathsf{H}'' &= \{(h_x^U(n_V),sel',h_x^U(n_W))\mid (n_V,sel',n_W)\in \mathsf{H}'\}\\ \mathsf{is}'' &= \{h_x^U(n_Z)\mid n_Z\in \mathsf{is}'\}\end{aligned}$$

在 S'' 中包含 $(x,h_x^U(n_U))$ 反映了赋值操作。is'' 的定义确保了操作保持共享信息。特别地，$n_{U\cup\{x\}}$ 在 H'' 中共享当且仅当 n_U 在 H' 中共享。

图 2.18 展示了在 $n_U\in \mathsf{is}$ 的情况下赋值操作的效果。如前所述，我们假定图中所示的抽象位置是不同的，特别是 Y、V 和 W 都和 U 不同。

情况 3 下面考虑语句 $[x:=y.sel]^\ell$（其中 $x\neq y$）在存在抽象位置 n_Y 满足 $(y,n_Y)\in \mathsf{S}'$，且 $(n_Y,sel,n_U)\in \mathsf{H}'$ 时的情况 。和之前一样，不变式确保 n_Y 是唯一的。抽象位置 $n_\emptyset$ 包含 $y.sel$ 的位置以及一组（可能是空的）其他位置。我们现在必须从 $n_\emptyset$ 具体化一个新的抽象位置 $n_{\{x\}}$，然后 $n_{\{x\}}$ 将描述 $y.sel$ 的位置，$n_\emptyset$ 将继续表示其余位置。引入一个新的抽象位置后，我们必须相应地修改抽象堆。

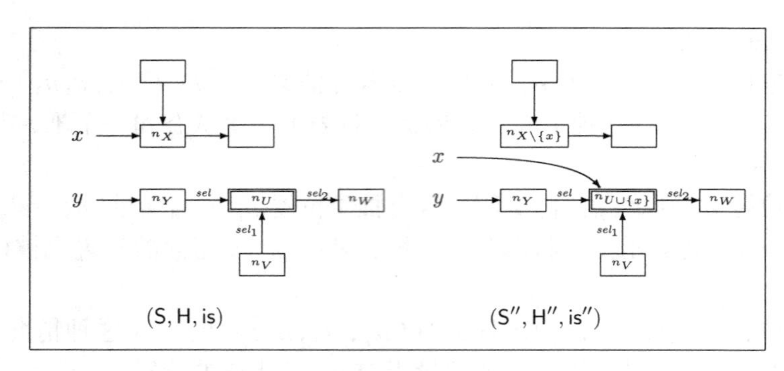

图2.18　情况2中$[x:=y.sel]^{\ell}$在$x\neq y$时的效果

这个操作比较困难，因此让我们考虑以下任务序列：

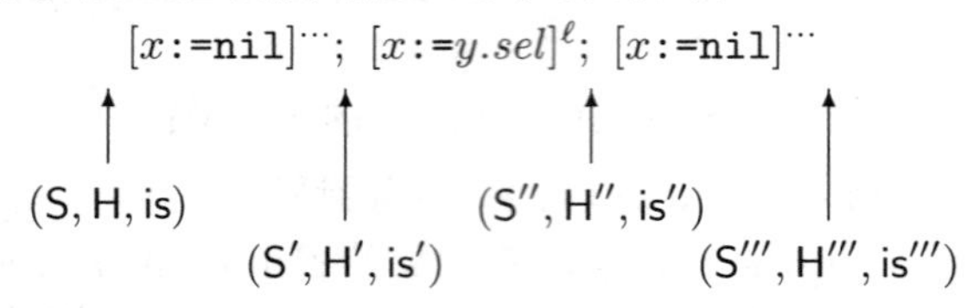

显然，从分析和语义的角度，$[x\texttt{:=nil}]^{\cdots};[x\texttt{:=}y.sel]^{\ell}$和$[x:=y.sel]^{\ell}$是等价的。事实上，$(\mathsf{S}',\mathsf{H}',\mathsf{is}')=kill_x((\mathsf{S},\mathsf{H},\mathsf{is}))$表示删除对$x$的绑定的效果。我们现在试图确定赋值$[x:=y.sel]^{\ell}$(其中$x\neq y$)后的形状图$(\mathsf{S}'',\mathsf{H}'',\mathsf{is}'')$，但让我们先研究一下对$(\mathsf{S}''',\mathsf{H}''',\mathsf{is}''')$的期望。很明显，$(\mathsf{S}''',\mathsf{H}''',\mathsf{is}''')=kill_x((\mathsf{S}'',\mathsf{H}'',\mathsf{is}''))$。同时，$(\mathsf{S}',\mathsf{H}',\mathsf{is}')$描述的点上可能的状态和堆应该与$(\mathsf{S}''',\mathsf{H}''',\mathsf{is}''')$描述的点上可能的状态和堆相同。这要求：

121

$$(\mathsf{S}''',\mathsf{H}''',\mathsf{is}''')=(\mathsf{S}',\mathsf{H}',\mathsf{is}')$$

这意味着$kill_x((\mathsf{S}'',\mathsf{H}'',\mathsf{is}''))=(\mathsf{S}',\mathsf{H}',\mathsf{is}')$。另外，显然$(x,n_{\{x\}})\in\mathsf{S}''$和$(n_Y,sel,n_{\{x\}})\in\mathsf{H}''$成立。

因此，我们令：

$$\begin{aligned}\phi_{\ell}^{\mathsf{SA}}((\mathsf{S},\mathsf{H},\mathsf{is}))=\{(\mathsf{S}'',\mathsf{H}'',\mathsf{is}'')\mid\ & (\mathsf{S}'',\mathsf{H}'',\mathsf{is}'')\text{是兼容的}\wedge\\ & kill_x((\mathsf{S}'',\mathsf{H}'',\mathsf{is}''))=(\mathsf{S}',\mathsf{H}',\mathsf{is}')\ \wedge\\ & (x,n_{\{x\}})\in\mathsf{S}''\ \wedge\ (n_Y,sel,n_{\{x\}})\in\mathsf{H}''\}\end{aligned}$$

其中$(\mathsf{S}',\mathsf{H}',\mathsf{is}')=kill_x((\mathsf{S},\mathsf{H},\mathsf{is}))$。

希望大家可以看到我们没有遗漏任何可能是赋值结果的形状图$(\mathsf{S}'',\mathsf{H}'',\mathsf{is}'')$。可能令人担忧的是，我们包括了大量不相关的形状图(毕竟，生成所有兼容的形状图显然是可靠的，但也是完全无用的)。我们现在论证上述定义并非过分地不精确，尽管可以做得稍微更好一点(见练习2.23)。

我们首先证明

$$\mathsf{S}''=\mathsf{S}'\cup\{(x,n_{\{x\}})\}$$

因此抽象状态是完全确定的。考虑$(z,n_Z)\in\mathsf{S}''$，如果$z=x$，则根据$(\mathsf{S}'',\mathsf{H}'',\mathsf{is}'')$的兼容性，有$n_Z=n_{\{x\}}$。如果$z\neq x$，根据$(x,n_{\{x\}})\in\mathsf{S}''$和$(\mathsf{S}'',\mathsf{H}'',\mathsf{is}'')$的兼容性，有$x\notin Z$，因此$(z,n_Z)=(z,k_x(n_Z))$(其中$k_x$是用来定义$kill_x$操作的辅助函数)。这证明了$\mathsf{S}''\subseteq\mathsf{S}'\cup\{(x,n_{\{x\}})\}$。接下来考虑$(u,n_U)\in\mathsf{S}'$。根据$\mathsf{S}'$的定义和$(\mathsf{S}',\mathsf{H}',\mathsf{is}')$的兼容性，可知$u\neq x$和$x\notin U$。一定存在$(u,n'_U)\in\mathsf{S}''$，使得$k_x(n'_U)=n_U$，但因为$x\neq u$，所以$n'_U=n_U$。由此可知$\mathsf{S}''\supseteq\mathsf{S}'\cup\{(x,n_{\{x\}})\}$，我们已经证明了所需的等式。

我们接下来证明：

$$\mathsf{is}' \setminus \{n_\emptyset\} \quad = \quad \mathsf{is}'' \setminus \{n_\emptyset, n_{\{x\}}\}$$

$$n_\emptyset \in \mathsf{is}' \quad \text{iff} \quad n_\emptyset \in \mathsf{is}'' \ \vee \ n_{\{x\}} \in \mathsf{is}''$$

展示了：

- 除了 $n_\emptyset$以外的抽象位置保留其共享信息。
- 如果 $n_\emptyset$是共享的，则共享不会消失，而是转为 $n_\emptyset$和 $n_{\{x\}}$至少一个的共享。
- 如果没有共享 $n_\emptyset$，则不能为 $n_\emptyset$或 $n_{\{x\}}$引入共享。

因为(S′,H′,is′)和(S″,H″,is″)都是兼容的形状图，所以如果 $n_U \in \mathsf{is}'$，则 $x \notin U$，如果 $n_U \in \mathsf{is}''$，则 $x \notin U \ \vee \ \{x\} = U$。因此从 $\mathsf{is}' = \{k_x(n_U) \mid n_U \in \mathsf{is}''\}$ 可推出$\mathsf{is}' \setminus \{n_\emptyset\} = \mathsf{is}'' \setminus \{n_\emptyset, n_{\{x\}}\}$，因为对于所有 $n_U \in \mathsf{is}'' \setminus \{n_\emptyset, n_{\{x\}}\}$，有 $k_x(n_U) = n_U \neq n_\emptyset$。同时，$n_\emptyset \in \mathsf{is}'' \ \vee \ n_{\{x\}} \in \mathsf{is}''$ 给出 $n_\emptyset \in \mathsf{is}'$，并且 $n_\emptyset \notin \mathsf{is}'' \ \wedge \ n_{\{x\}} \notin \mathsf{is}''$ 给出 $n_\emptyset \notin \mathsf{is}'$。因此，我们建立了需要的关系。

122

现在我们转向抽象堆。根据源位置或目标位置是否为结点 $n_\emptyset$或 $n_{\{x\}}$之一，我们将带标记的边分为四组：

(n_V, sel', n_W)是外部的，　iff　$\{n_V, n_W\} \cap \{n_\emptyset, n_{\{x\}}\} = \emptyset$

(n_V, sel', n_W)是内部的，　iff　$\{n_V, n_W\} \subseteq \{n_\emptyset, n_{\{x\}}\}$

(n_V, sel', n_W)是出去的，　iff　$n_V \in \{n_\emptyset, n_{\{x\}}\} \wedge n_W \notin \{n_\emptyset, n_{\{x\}}\}$

(n_V, sel', n_W)是进入的，　iff　$n_V \notin \{n_\emptyset, n_{\{x\}}\} \wedge n_W \in \{n_\emptyset, n_{\{x\}}\}$

同时，我们说(n_V, sel', n_W)和(n'_V, sel'', n'_W)是相关的，当且仅当 $k_x(n_V) = k_x(n'_V)$，$sel' = sel''$且 $k_x(n_W) = k_x(n'_W)$。显然，外部的边仅和自身相关。

上述推理可以证明：

- H′和 H″有相同的外部的边。
- H′中的每条内部的边与 H″中的一条内部的边相关，反之亦然。
- H′中的每条出去的边与 H″中的一条出去的边相关，反之亦然。
- H′中的每条进入的边与 H″中的一条进入的边相关，反之亦然。

123

一个考虑是：进入的边$(n_Y, sel, n_\emptyset) \in$ H′应该改为进入的边$(n_Y, sel, n_{\{x\}}) \in$ H″。我们明确要求了$(n_Y, sel, n_{\{x\}}) \in$ H″，并且因为(S″,H″,is″)是兼容的，所以$(n_Y, sel, n_\emptyset) \notin$ H″。

作为一个更具体的例子，考虑图 2.19 中的场景。这里 $n_\emptyset$和 n_W 都是非共享的，并且我们假设 n_V 和 n_W 都与 $n_\emptyset$不同，也假设 $x \neq y$ 和 $sel_2 \neq sel_3$，传递函数的结果如图 2.20 所示。首先注意在所有的形状图中，进入的边$(n_Y, sel, n_\emptyset) \in$ H 被转变为边$(n_Y, sel, n_{\{x\}}) \in \mathsf{H}''_i$。然后注意，标记为 sel_1 的进入的边只能指向 $n_\emptyset$，因为 $n_{\{x\}}$是不共享的($n_\emptyset$也不共享)，并且 n_Y 指向 $n_{\{x\}}$。标记为 sel_2 的出去的边可以从 $n_\emptyset$和 $n_{\{x\}}$ 开始，但不能从两个同时开始，因为 n_W 不共享。标记为 sel_3 的内部的边只能指向 $n_\emptyset$，因为 $n_{\{x\}}$ 不共享，并且 n_Y 指向 $n_{\{x\}}$；但它可以从 $n_\emptyset$和 $n_{\{x\}}$ 开始，甚至可以同时从 $n_\emptyset$和 $n_{\{x\}}$ 开始。这就解释了为什么 $\phi^{\mathsf{SA}}_\ell((\mathsf{S},\mathsf{H},\mathsf{is}))$中有 6 个形状图，所有这些显然都是需要的。

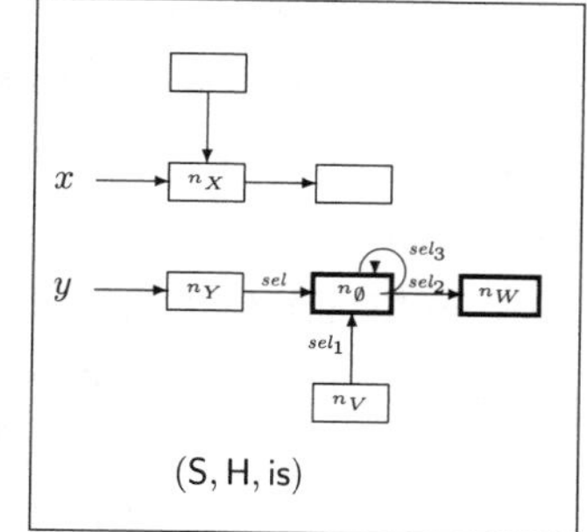

图 2.19　特殊情况下$[x := y.sel]^\ell$的作用(第一部分)

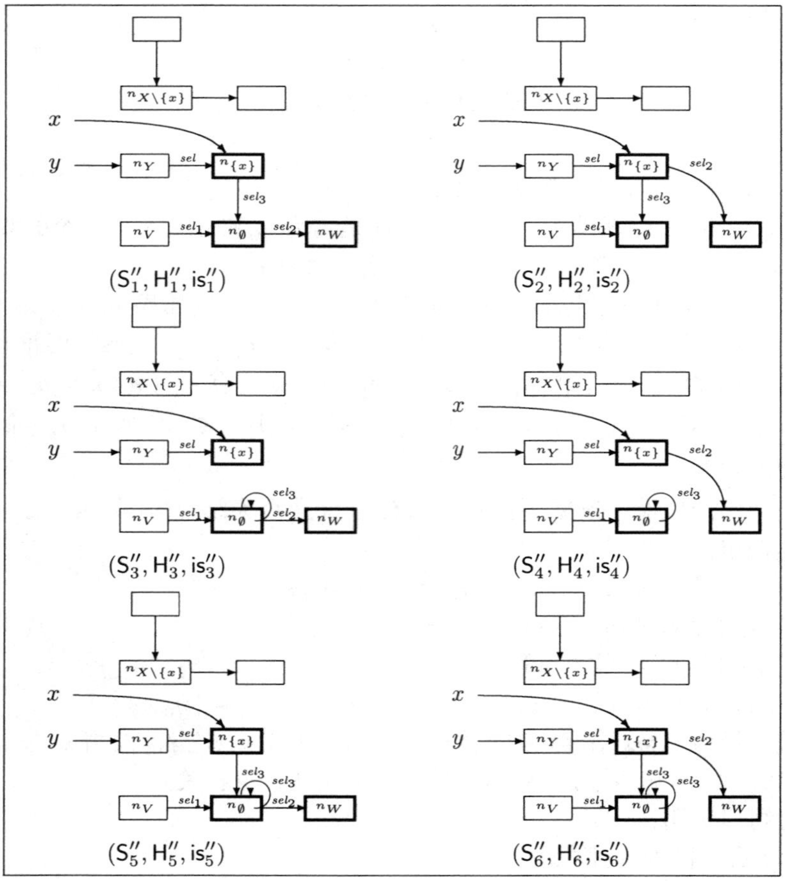

$(\mathsf{S}_1'',\mathsf{H}_1'',\mathsf{is}_1'')$　$(\mathsf{S}_2'',\mathsf{H}_2'',\mathsf{is}_2'')$

$(\mathsf{S}_3'',\mathsf{H}_3'',\mathsf{is}_3'')$　$(\mathsf{S}_4'',\mathsf{H}_4'',\mathsf{is}_4'')$

$(\mathsf{S}_5'',\mathsf{H}_5'',\mathsf{is}_5'')$　$(\mathsf{S}_6'',\mathsf{H}_6'',\mathsf{is}_6'')$

124

图 2.20　特殊情况下$[x{:=}y.sel]^\ell$的作用(第二部分)

例 2.53　例2.52中的语句[t:= x. cdr][51]是当前讨论的形式：传递函数将对$Shape_\bullet(4)$的每个形状图进行转换，后续转换将生成$Shape_\bullet(5)$。■

$[x.sel{:=}a]^\ell$ **的传递函数**，其中a是n、$a_1\,op_a\,a_2$或**nil**。和往常一样，我们考虑一个兼容的形状图$(\mathsf{S},\mathsf{H},\mathsf{is})$。首先假设没有$n_X$满足$(x,n_X)\in\mathsf{S}$；那么$x$不会指向堆中的一个单元，语句也不会影响堆的形状，因此传递函数f_ℓ^{SA}是恒等函数。接下来假设有一个(必然唯一的)n_X满足$(x,n_X)\in\mathsf{S}$，但没有n_U满足$(n_X,sel,n_U)\in\mathsf{H}$；那么$sel$指向的单元不指向另一个单元，因此语句不会更改堆的形状，所有传递函数f_ℓ^{SA}还是恒等函数。

有趣的情况是存在抽象位置n_X和n_U，使得$(x,n_X)\in\mathsf{S}$和$(n_X,sel,n_U)\in\mathsf{H}$。从不变式可得这两个抽象位置是唯一的。赋值的效果是从H中删除三元组(n_X,sel,n_U)：

$$\phi_\ell^{\mathsf{SA}}((\mathsf{S},\mathsf{H},\mathsf{is}))=\{kill_{x.sel}((\mathsf{S},\mathsf{H},\mathsf{is}))\}$$

其中$kill_{x.sel}((\mathsf{S},\mathsf{H},\mathsf{is}))=(\mathsf{S}',\mathsf{H}',\mathsf{is}')$的定义如下：

$$\begin{aligned}\mathsf{S}' &= \mathsf{S}\\ \mathsf{H}' &= \{(n_V,sel',n_W)\mid(n_V,sel',n_W)\in\mathsf{H}\ \wedge\ \neg(X=V\ \wedge\ sel=sel')\}\\ \mathsf{is}' &= \begin{cases}\mathsf{is}\backslash\{n_U\} & n_U\in\mathsf{is}\ \wedge\ \#into(n_U,\mathsf{H}')\leqslant 1\ \wedge\\ & \neg\exists sel':(n_\emptyset,sel',n_U)\in\mathsf{H}'\\ \mathsf{is} & \text{其他}\end{cases}\end{aligned}$$

共享信息和以前一样，但我们可以对结点 n_U 做得更好——我们已经删除了其中一个指向它的指针。如果最多还有一个指针，并且它的源位置不是 $n_\emptyset$，那么新的抽象位置将是非共享的。这是强更新的另一个方面。我们用 $\#into(n_U, \mathsf{H}')$表示 H′中指向 n_U 的指针个数。该子句如图 2.21 所示。

125

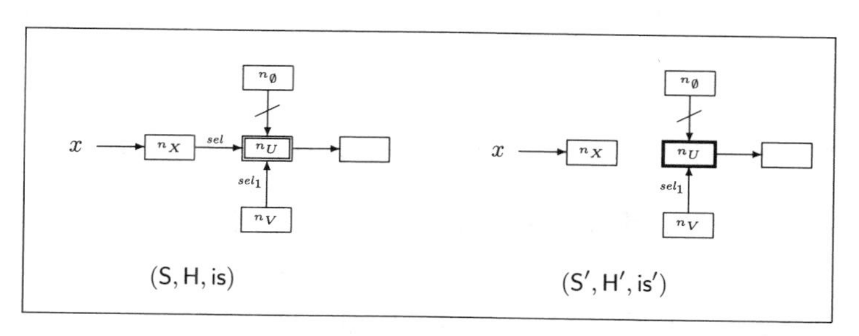

图 2.21 $[x.sel{:=}\mathtt{nil}]^\ell$ 在 $\#into(n_U, \mathsf{H}') \leqslant 1$ 时的作用

备注 我们还需注意的是，该分析不包含垃圾回收：可能只有一个指向抽象位置 n_U 的指针，并且在 $x.sel{:=}\mathtt{nil}$ 赋值之后，将无法访问相应的位置。然而，抽象位置可能仍然是形状图的一部分。 ■

$[x.sel{:=}y]^\ell$ **的传递函数**。首先假设 $x=y$。则该语句在语义上等价于：

$$[t{:=}y]^{\ell_1}; [x.sel{:=}t]^{\ell_2}; [t{:=}\mathtt{nil}]^{\ell_3}$$

其中 t 是一个新变量，ℓ_1、ℓ_2 和 ℓ_3 是新标号。传递函数 f_ℓ^{SA} 可由以下公式得到：

$$f_\ell^{\mathsf{SA}} = f_{\ell_3}^{\mathsf{SA}} \circ f_{\ell_2}^{\mathsf{SA}} \circ f_{\ell_1}^{\mathsf{SA}}$$

其中传递函数 $f_{\ell_1}^{\mathsf{SA}}$ 和 $f_{\ell_3}^{\mathsf{SA}}$ 满足已经描述的模式。因此，我们将集中考虑 $f_{\ell_2}^{\mathsf{SA}}$ 的子句，也就是 $x \neq y$ 时的 f_ℓ^{SA}。

因此，我们假设 $x \neq y$，并且(S,H,is)是一个兼容的形状图。如果没有 n_X 满足$(x, n_X) \in \mathsf{S}$，则传递函数是恒等函数，因为语句不能影响堆的形状。

因此假设存在 n_X 满足$(x,n_X) \in \mathsf{S}$。如果没有 n_Y 满足$(x,n_Y) \in \mathsf{S}$，则 y 为整数、**nil** 值或未定义，因此这种情况类似于$[x.sel{:=}\mathtt{nil}]^\ell$ 的情况：

$$\phi_\ell^{\mathsf{SA}}((\mathsf{S},\mathsf{H},\mathsf{is})) = \{kill_{x.sel}((\mathsf{S},\mathsf{H},\mathsf{is}))\}$$

有趣的情况是当 $x \neq y$ 时，有$(x,n_X) \in \mathsf{S}$ 和$(x,n_Y) \in \mathsf{S}$。第一步是删除对 $x.sel$ 的绑定，为此我们可以使用 $kill_{x.sel}$函数。第二步是建立新的绑定。所以我们令：

$$\phi_\ell^{\mathsf{SA}}((\mathsf{S},\mathsf{H},\mathsf{is})) = \{(\mathsf{S}'',\mathsf{H}'',\mathsf{is}'')\}$$

126

其中$(\mathsf{S}',\mathsf{H}',\mathsf{is}') = kill_{x.sel}((\mathsf{S},\mathsf{H},\mathsf{is}))$且

$$\begin{aligned} \mathsf{S}'' &= \mathsf{S}' \quad (= \mathsf{S}) \\ \mathsf{H}'' &= \mathsf{H}' \cup \{(n_X, sel, n_Y)\} \\ \mathsf{is}'' &= \begin{cases} \mathsf{is}' \cup \{n_Y\} & \#into(n_Y, \mathsf{H}') \geq 1 \\ \mathsf{is}' & \text{其他} \end{cases} \end{aligned}$$

请注意，当我们向结点 n_Y 添加新指针时，它可能成为共享结点。传递函数的效果如图 2.22 所示。

例 2.54 例 2.43 的列表反转程序的赋值语句$[\mathtt{y.cdr:=z}]^6$ 展示了这个传递函数：例 2.47 中 $Shape_\bullet(5)$ 的每个形状图被转换为 $Shape_\bullet(6)$ 的形状图之一。 ■

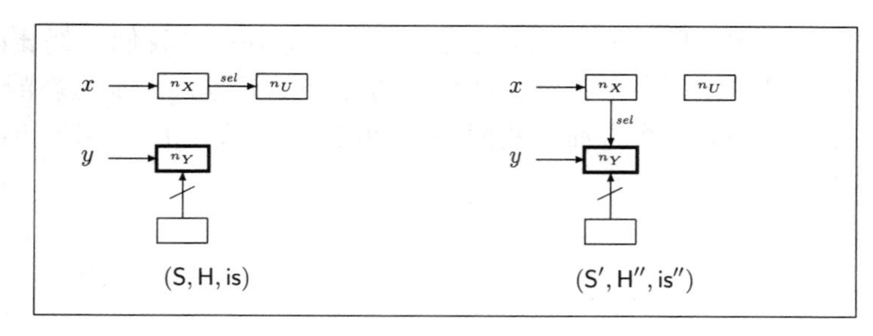

图 2.22　$[x.sel:=y]^{\ell}$ 在 $\#into(n_Y, \mathsf{H}') < 1$时的效果

$[x.sel:=y.sel']^{\ell}$ **的传递函数**　该语句等价于语句序列：

$$[t:=y.sel']^{\ell_1};[x.sel:=t]^{\ell_2};[t:=\mathtt{nil}]^{\ell_3}$$

其中 t 是一个新变量，ℓ_1、ℓ_2 和 ℓ_3 是新标号。传递函数 f_{ℓ}^{SA} 满足：

$$f_{\ell}^{\mathsf{SA}}=f_{\ell_3}^{\mathsf{SA}}\circ f_{\ell_2}^{\mathsf{SA}}\circ f_{\ell_1}^{\mathsf{SA}}$$

传递函数 $f_{\ell_1}^{\mathsf{SA}}$、$f_{\ell_2}^{\mathsf{SA}}$ 和 $f_{\ell_3}^{\mathsf{SA}}$ 都是我们以前看到的模式，因此我们完成了对这个传递函数的定义。

$[\mathtt{malloc}\ p]^{\ell}$ **的传递函数**　我们首先考虑语句$[\mathtt{malloc}\ x]^{\ell}$，这里我们需要删除对 x 的绑定，然后引入一个新的(非共享)位置，由 x 指向。因此，我们定义：

$$\phi_{\ell}^{\mathsf{SA}}((\mathsf{S},\mathsf{H},\mathsf{is}))=\{(\mathsf{S}'\cup\{(x,n_{\{x\}})\},\mathsf{H}',\mathsf{is}')\}$$

127　其中$(\mathsf{S}',\mathsf{H}',\mathsf{is}')=kill_x(\mathsf{S},\mathsf{H},\mathsf{is})$。

$[\mathtt{malloc}(x.sel)]^{\ell}$ 语句等价于序列

$$[\mathtt{malloc}\ t]^{\ell_1};[x.sel:=t]^{\ell_2};[t:=\mathtt{nil}]^{\ell_3}$$

其中 t 是一个新变量，ℓ_1、ℓ_2 和 ℓ_3 是新标号。传递函数 f_{ℓ}^{SA} 为：

$$f_{\ell}^{\mathsf{SA}}=f_{\ell_3}^{\mathsf{SA}}\circ f_{\ell_2}^{\mathsf{SA}}\circ f_{\ell_1}^{\mathsf{SA}}$$

其中，传递函数 $f_{\ell_1}^{\mathsf{SA}}$、$f_{\ell_2}^{\mathsf{SA}}$ 和 $f_{\ell_3}^{\mathsf{SA}}$ 都是我们以前看到的模式，因此我们完成了对这个传递函数的定义。

结束语

命令式语言的数据流分析　如本章开头所述，数据流分析具有悠久的传统。大多数编译器教科书都包含有关优化的章节，主要讨论数据流分析及其实现[5,55,181]。这些书中的重点通常是数据流分析的实际实现。一本更倾向理论的经典教材是 Hecht[69] 的著作，该书对 2.1 节中的 4 个数据流分析实例进行了详细的讨论，并以更传统的方式基于半格和若干个算法(有关算法的更深入的讨论，请参阅第 6 章)介绍了单调框架。Marlowe 和 Ryder[103] 提供了一个对数据流框架的综述。Steffen[164] 和 Schmidt[151] 使用模态逻辑(而不是等式系统)表达数据流分析，从而启发了人们使用模型检测技术进行程序分析。

2.1 节中的例子是相当标准的。任何已引用的书籍中都包含这些例子。所有这些例子都能用位向量框架表示(参见练习 2.9)：格的元素可以表示为由位组成的向量，格上的运算可以高效地实现为布尔运算。2.2 节中用于证明活跃变量分析的正确性的方法改编自文献[112]，并通过操作语义表示[140,130]。练习 2.4 中引入的弱变量(faint variables)的概念首先由 Giegerich、Möncke 和 Wilhelm[65] 提出。

半格在数据流分析中的使用首先在文献[96]中提出。单调框架的概念源于 Kam 和 Ullman[93]。这些早期的论文以及许多后来的文献，相比于我们的陈述使用了对偶的概念(并(meet)和最大不动点)。Kam 和 Ullman[93]证明了计算 MOP 解的一般算法的存在性意味着修改后的波斯特对应问题的可判定性[76]。Cousot 和 Cousot[37]在关于抽象解释的文章中使用了完全半格对抽象程序属性进行建模(见第 4 章)。

128

我们为每个基本块关联了传递函数。其实，还可以为流关联传递函数，例如文献[147]。这两种方法具有相同的能力：从第一种到第二种，传递函数可以从基本块移动到它们的输出流；从第二种到第一种，我们可以人工引入基本块。事实上，人工引入基本块都是可以避免的，如练习 2.11 所示。

到目前为止，我们引用的大多数文献都集中在过程内分析上。一篇早期且具有影响力的关于过程间分析的论文是文献[155]，研究了两种建立上下文的方法。一种基于调用字符串，表达了动态调用上下文的一些信息。我们的介绍受到文献[178]的启发。另一种是基于数据的“函数式方法”，与假设集[99,138,145]的一些目标相同，但技术上的表达不同，因为文献[155]通过计算调用语句的传递函数来计算作用。随后的大部分论文都可以看作这一主题的变化和组合，文献[44]代表了这个方向的一个巨大的努力。如 2.5.5 节所述，使用大假设集可能导致等式系统中的传递函数不是单调的。对于求解所谓的*弱单调*(weakly monotonic)等式系统的方法的近期介绍，参见文献[51-52]。

指针分析 关于带指针语言的别名的分析有大量的文献。根据文献[62]，我们可以区分(1)静态分配数据(通常在栈上)和(2)动态分配数据(通常在堆中)的指针分析。静态分配数据的指针的分析是最简单的：通常，数据将有编译时名称，并且分析结果可以表示为一组形为(p,x)的指向关系的二元组，表示指针 p 指向数据 x，或形为$(*p,x)$的别名关系的二元组，表示 $*p$ 和 x 是别名。涉及这类分析的文献包括文献[47,100,145,182,162,153]。

动态分配数据的分析更加复杂，因为所关注的对象本质上是匿名的。最简单的分析[38,61]研究堆的*连接性*(connectivity)：它们试图将堆分割成不相交的部分，并且不保留单个部分内部结构的任何信息。这类分析对许多应用都非常有用。

更复杂的动态分配数据的分析为堆的*形状*提供了更精确的信息。许多方法使用图来表示堆。这些方法之间的一个主要区别是如何将一个潜在无限大小的堆映射为一个有限大小的图：一些方法限制了堆中路径的长度[84,165]，其他方法合并了在同一程序点上创建的堆单元[85,30]，而另一些方法合并了不能由指向它们的指针变量分隔开的堆单元[148-149]。另一类分析通过更直接地近似*访问路径*(access path)来获取有关堆形状的信息。这里的一个主要区别是记录访问路径的哪些属性：一类分析关注简单的连接属性[62]，一类分析使用有限形式的正则表达式[101]，还有一类使用单项式关系[45]。

129

2.6 节中的分析基于 Sagiv、Reps 和 Wilhelm 的工作[148-149]。与文献[148-149]不同的是，它使用兼容的形状图的集合，而文献[148-149]将一组兼容的形状图合并成一个单一的汇总形状图，然后使用各种机制提取单个兼容形状图的部分，并以这种方式避免成本分析中的指数部分。形状图中的共享部分设计用于检测类似列表的属性。它可以替换为其他组件，以检测其他形状属性[150]。

静态单赋值 当程序被转换为称为*静态单赋值*(Static Single Assignment，SSA)的中间形式[42]时，有些程序分析可以更高效，或更精确地执行。SSA 形式的好处在于，程序的定值 - 引用链(definition-use chain)在表示中是明确的：每个变量最多有一个定值(即最多赋值一次)。因此，使用这种表示可以更高效地执行一些优化[12,180,109-110]。

转换到SSA形式相当于重命名变量，并在控制流可能汇合的点引入特殊赋值。这些赋值使用所谓的ϕ函数：每个参数位置标识控制流可能来自的程序点之一。这些特殊语句的形式为$x:=\phi(x_1,\cdots,x_n)$，其思想是在控制流来自第i个前驱时，x的值等于x_i的值。转换到SSA形式的算法通常分两个阶段进行：第一阶段确定控制流可能汇合的点，以及特殊赋值的插入位置，第二阶段重命名变量以确保每个变量最多赋值一次。为了获得程序的紧凑表示，我们希望最小化额外语句(和变量)的数量。可以通过一些基于额外数据流信息的方法实现这一点。

其他语言范式的数据流分析　我们研究的分析技术假定存在程序中控制流的某种表示。对于我们研究过的命令式语言，确定这种控制流信息相对容易。然而对于许多语言，例如函数式程序语言，情况并非如此。下一章将介绍确定这些语言的控制流信息的方法，并说明如何集成数据流分析和控制流分析。

130

我们提出的方法可以直接应用于其他语言范式。两个例子是面向对象编程和通信进程语言。Vitek、Horspool 和 Uhl[178]提出了一种面向对象语言的分析方法，该方法确定了对象的类和它们的生命周期。他们的分析是一种过程间分析，使用一种基于图的内存表示作为数据流值。Reif 和 Smolka[142]将数据流分析技术应用于分布式通信进程，以检测不可访问的代码并确定程序表达式的值。他们将分析应用于具有异步通信的语言。他们的可达性分析基于一个算法，为每个进程的流图构造一个生成树，并连接匹配的进程间的发送和接收。他们构造了一个用于确定值的集合的单调框架。

过程内控制流分析　许多编译器将源程序转换成由相当低级别的指令序列(如三地址代码)组成的中间形式，然后基于这种表达方式执行优化。为了实现这一点，需要更多关于单个程序段中控制流的信息；在我们的术语中，我们需要 *flow* (或 $flow^R$)关系，以便应用数据流分析技术。提供这些信息是过程内控制流分析的任务。

更精细的过程内控制流分析包括结构分析(structural analysis)[154,110]，其目的是在代码中发现更多类型的控制结构——例如和源语言类似的条件语句、`while`循环和`repeat`循环。结构分析的出发点是流图。通过检查流图来识别各种控制结构的实例，这些实例由抽象结点替换，并折叠连接边。此过程重复，直到流图折叠成单个抽象结点。上述方法是基于识别自然循环(或区间分析[69,5,110])的经典技术的改进，旨在提供更有意义的程序结构。

131

关于实现数据流分析的系统，请参阅第6章的结束语。

迷你项目

迷你项目2.1　ud链和du链

这个迷你项目的目的是对2.1.5节中介绍的ud链和du链的概念进行更深入的介绍。

1. 函数ud是根据无定值路径来定义的，而UD则是通过重用到达定值和活跃变量分析引入的函数定义。证明这两个函数计算的信息相同。

2. DU可以通过与UD类似的方法来定义。从du的定义入手，建立DU的等式定义，并验证其正确性。

3. 2.3.3节给出了常量传播分析；另一种方法是使用du链和ud链。假设基本块$[x:=n]^\ell$将常量n赋值给变量x。通过跟踪du链，可以找到所有使用变量x的基本块。在基本块ℓ'中使用常量n替换x是安全的，仅当所有到达ℓ'的定值将相同的常量n赋值给x。这可以通过ud链来确定。如图2.23所示。考虑例2.12的程序，常量折叠(然后消除死代码）可用于生成以下程序：

$$(\texttt{if}\ [\texttt{z=3}]^3\ \texttt{then}\ [\texttt{z:=0}]^4\ \texttt{else}\ [\texttt{z:=3}]^5); [\texttt{y:=3}]^6; [\texttt{x:=3+z}]^7$$

对该分析进行准确描述。

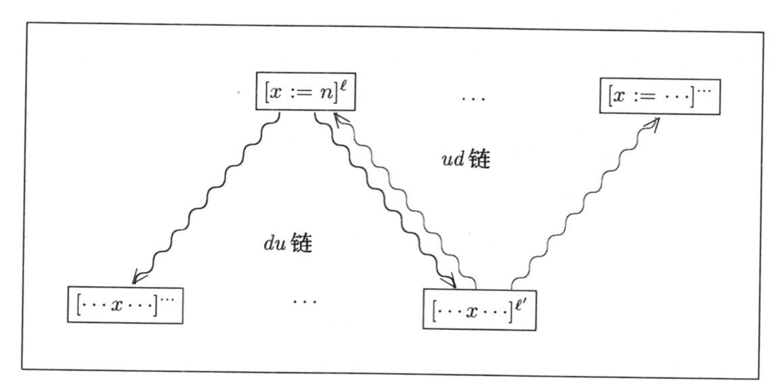

图 2.23　*du* 链和 *ud* 链

132

迷你项目 2.2　到达定值分析的正确性

这个迷你项目的目的是证明到达定值分析相对于 1.5 节引入的语义到达定值概念的正确性。为了准确定义我们感兴趣的迹集合，我们首先引入一种所谓的带跟踪语义(instrumented semantics)：一种传统语义的扩展，主要用于跟踪对程序分析有意义的附加信息。

带跟踪语义有以下形式的转换：

$$\langle S,\sigma,tr\rangle \to \langle \sigma',tr'\rangle \quad 和 \quad \langle S,\sigma,tr\rangle \to \langle S',\sigma',tr'\rangle$$

所有格局都包含一个迹 $tr \in \mathbf{Trace} = (\mathbf{Var}\times\mathbf{Lab})^*$，记录对一个变量赋值的基本块。带跟踪语义的详细定义见表 2.10。

表 2.10　WHILE 语言的带跟踪语义

规则	转换	条件
$[ass]$	$\langle [x:=a]^\ell,\sigma,tr\rangle \to \langle \sigma[x\mapsto \mathcal{A}[\![a]\!]\sigma], tr:(x,\ell)\rangle$	
$[skip]$	$\langle [\texttt{skip}]^\ell,\sigma,tr\rangle \to \langle \sigma,tr\rangle$	
$[seq_1]$	$\dfrac{\langle S_1,\sigma,tr\rangle \to \langle S_1',\sigma',tr'\rangle}{\langle S_1;S_2,\sigma,tr\rangle \to \langle S_1';S_2,\sigma',tr'\rangle}$	
$[seq_2]$	$\dfrac{\langle S_1,\sigma,tr\rangle \to \langle \sigma',tr'\rangle}{\langle S_1;S_2,\sigma,tr\rangle \to \langle S_2,\sigma',tr'\rangle}$	
$[if_1]$	$\langle \texttt{if}\ [b]^\ell\ \texttt{then}\ S_1\ \texttt{else}\ S_2,\sigma,tr\rangle \to \langle S_1,\sigma,tr\rangle$	$,\ \mathcal{B}[\![b]\!]\sigma = true$
$[if_2]$	$\langle \texttt{if}\ [b]^\ell\ \texttt{then}\ S_1\ \texttt{else}\ S_2,\sigma,tr\rangle \to \langle S_2,\sigma,tr\rangle$	$,\ \mathcal{B}[\![b]\!]\sigma = false$
$[wh_1]$	$\langle \texttt{while}\ [b]^\ell\ \texttt{do}\ S,\sigma,tr\rangle \to \langle (S;\texttt{while}\ [b]^\ell\ \texttt{do}\ S),\sigma,tr\rangle$	$,\ \mathcal{B}[\![b]\!]\sigma = true$
$[wh_2]$	$\langle \texttt{while}\ [b]^\ell\ \texttt{do}\ S,\sigma,tr\rangle \to \langle \sigma,tr\rangle$	$,\ \mathcal{B}[\![b]\!]\sigma = false$

给定程序 $S_\star$ 和初始状态 $\sigma_\star \in \mathbf{State}$，很自然地可以构造以下迹：

$$tr_\star = ((x_1,?),\cdots,(x_n,?))$$

其中 $x_1,\cdots,x_n$ 是 $\mathbf{Var}_\star$ 中的变量，并考虑有限推导序列：

133

$$\langle S_\star,\sigma_\star,tr_\star\rangle \to^* \langle \sigma',tr'\rangle$$

显而易见(并可以严格地证明):

$$tr' \in \mathbf{TrVar}_\star^? = \{tr \in \mathbf{Trace} \mid \forall x \in \mathbf{Var}_\star : \exists \ell \in \mathbf{Lab}_\star^? : (x, \ell) \text{ 出现在 } tr \text{ 中}\}$$

直观地(并可以严格证明),在结构操作语义中应该存在一个相似的推导序列 $\langle S_\star, \sigma_\star \rangle \to^* \sigma'$。这些同样适用于无限推导序列。

如2.2节所述,我们将研究与等式系统 $\mathsf{RD}^=(S_\star)$ 相对应的约束系统 $\mathsf{RD}^\subseteq(S_\star)$。令 *reach* 为一组函数:

$$reach_{entry}, reach_{exit} : \mathbf{Lab}_\star \to \mathcal{P}(\mathbf{Var}_\star \times \mathbf{Lab}_\star^?)$$

如果这些函数满足约束,我们就说 *reach* 是 $\mathsf{RD}^\subseteq(S)$ 的解,写作:

$$reach \models \mathsf{RD}^\subseteq(S)$$

以类似的方式定义 $reach \models \mathsf{RD}^\subseteq(S)$。

1. 表述并证明与引理2.15、引理2.16和引理2.18相对应的结论。

正确性关系 ~ 将把迹 $tr \in \mathbf{Trace}$ 和分析获得的信息联系起来。令 $Y \subseteq \mathcal{P}(\mathbf{Var}_\star \times \mathbf{Lab}_\star^?)$ 并定义:

$$tr \sim Y \quad \text{iff} \quad \forall x \in \mathsf{DOM}(tr) : (x, \mathsf{SRD}(tr)(x)) \in Y$$

这意味着 Y 至少包含通过1.5节引入的 SRD 函数从迹 tr 获得的语义到达定值(注意,$\mathsf{DOM}(tr) = \mathbf{Var}_\star$ 每当 $tr \in \mathbf{TrVar}_\star^?$)。

2. 表述并证明与引理2.20、定理2.21和推论2.22相对应的结论。

迷你项目2.3 原型实现

在这个迷你项目中,我们将实现2.1节里考虑的其中一个程序分析。作为实现语言,[134] 我们将选择类似于 Standard ML 或 Haskell 的函数式语言。这样,我们可以为 WHILE 程序定义一个合适的数据类型,如下所示:

```
type var        = string
type label      = int
datatype aexp   = Var of var | Const of int
                | Op of string * aexp * aexp
and bexp        = True | False
                | Not of bexp | Boolop of string * bexp * bexp
                | Relop of string * aexp * aexp
datatype stat   = Assign of var * aexp * label | Skip of label
                | Seq of stat * stat | If of bexp * label * stat * stat
                | While of bexp * label * stat
```

现在按以下步骤进行:

1. 实现 *init*、*final*、*flow*、$flow^R$ 和 *blocks* 操作。
2. 生成2.1.4节的活跃变量分析的数据流方程。
3. 求解数据流方程,该函数应基于2.4节的算法。

一个更难的挑战:实现更通用的程序,可接受单调框架的实例作为输入。

练习

练习2.1 为第1章例1.1中研究的程序建立到达定值分析的数据流等式系统,特别是定义适当的 *gen* 和 *kill* 函数。

练习 2.2 考虑以下程序：

$$\texttt{[x:=1]}^1;\texttt{(while [y>0]}^2\texttt{ do [x:=x-1]}^3\texttt{); [x:=2]}^4$$

使用 2.1.4 节中的等式系统对该程序执行活跃变量分析。

练习 2.3 一个可用表达式分析的改进检测一个表达式在特定变量上什么时候是可用的：一个非平凡的表达式 a 对于变量 x 在标号 ℓ 上可用，如果在所有到达 ℓ 的路径上，该表达式被求值并赋值到 x，并且 x 的值和所有出现在表达式中的变量的值此后都没有被修改。写下该分析的数据流等式系统和任何辅助函数。

135

练习 2.4 考虑以下程序：

$$\texttt{[x:=1]}^1;\texttt{[x:=x-1]}^2;\texttt{[x:=2]}^3$$

显然，x 在标号 2 和 3 的出口是死的。但是 x 在标号 1 的出口是活跃的，即使它的唯一用途是计算一个死变量的新值。我们称一个变量是*弱变量*(faint variable)，如果它是死的，或者只用来计算弱变量的新值；否则我们称它是*强活跃变量*(strongly live)。在示例中，x 在 1、2 和 3 的出口处都是弱变量。定义一个检测强活跃变量的数据流分析(提示：对于赋值语句 $[x := a]^\ell$，$f_\ell(l)$ 的定义应根据 x 是否在 ℓ 中决定)。

练习 2.5 一个基本块通常被认为是一个极大的语句组，使得所有到达该块的迁移都到达组中的第一个语句，并且一旦进入该块，组中的所有语句都将按顺序执行。在本练习中，我们将考虑如下形式的基本块：

$$[x_1 := a_1;\cdots;x_n := a_n;B]^\ell$$

其中 $n\geqslant0$ 且 B 是 $x:=a$、skip 或 b。使用这种更一般的基本块的概念重新表述 2.1 节的分析。

练习 2.6 考虑可用表达式和到达定值分析。对于没有孤立入口的程序，哪些等式依然是有意义的(以及如何改进这一点)？同样，考虑很忙的表达式分析和活跃变量分析，对于没有孤立出口的程序，哪些等式依然是有意义的(以及如何改进这一点)？(提示：参见 2.3 节的开头。)

练习 2.7 考虑 2.2 节中的活跃变量分析的正确性证明。对于标号一致的程序，给出 $\mathsf{LV}^=(\cdots)$ 的可组合定义，使用

$$\mathsf{LV}^=([\texttt{skip}]^\ell) = \{\mathsf{LV}_{exit}(\ell) = \mathsf{LV}_{entry}(\ell)\}$$

作为其中一个子句，并注意 $\mathsf{LV}^\subseteq(\cdots)$ 也有类似的定义。给出 $live \models C$ 的严格定义，其中 C 是一个等式或包含关系的集合，例如由 $\mathsf{LV}^=(S)$ 或 $\mathsf{LV}^\subseteq(S)$ 产生。

练习 2.8 证明常量传播是一个单调框架，其中集合 $\mathcal{F}_{\mathrm{CP}}$ 在 2.3.3 节定义。

136

练习 2.9 一个位向量框架(Bit Vector Framework)是单调框架的一个特殊实例，其中：

- $L=(\mathcal{P}(D),\sqsubseteq)$ 对于某个有限集合 D，其中 $\sqsubseteq$ 是 $\subseteq$ 或 $\supseteq$。
- $\mathcal{F}=\{f:\mathcal{P}(D)\to\mathcal{P}(D) \mid \exists Y_f^1, Y_f^2 \subseteq D : \forall Y \subseteq D : f(Y) = (Y\cap Y_f^1)\cup Y_f^2\}$

证明 2.1 节的 4 个经典分析是位向量框架。证明所有的位向量框架都是可分配的框架。设计一个不是位向量框架的可分配框架。

练习 2.10 考虑 2.3.3 节的常量传播分析和程序

$$\texttt{(if }[\cdots]^1\texttt{ then [x:=-1]}^2\texttt{;[y:=1]}^3\texttt{ else [x:=1]}^4\texttt{;[y:=-1]}^5\texttt{);[z:=x*y]}^6$$

证明 $MFP_\bullet(6)$ 和 $MOP_\bullet(6)$ 不同。

练习 2.11 在单调框架的描述中，我们对基本块关联传递函数。在如下形式的语句中：

$$\texttt{if } [b]^{\ell} \texttt{ then } S_1 \texttt{ else } S_2$$

这阻止了我们使用测试结果将不同的信息传递给 S_1 和 S_2。例如，假设已知 x 为正或负，b 测试是否 x > 0，那么 x 在 S_1 的入口总是正的，在 S_2 的入口总是负的。为了弥补这一缺陷，考虑将 $[b]^{\ell}$ 写为 $[b]^{\ell_1,\ell_2}$，其中 ℓ_1 对应 b 为真的情况，ℓ_2 对应 b 为假的情况。对 2.1 节和 2.3 节中的内容进行必要的更改。（首先考虑前向分析。）

练习 2.12　考虑可用表达式分析、很忙的表达式分析和活跃变量分析中的一个，并按照例 2.30 的方式进行复杂性分析。

练习 2.13　对于标号一致程序 $S_\star$，令 F 为 $flow(S_\star)$，E 为 $\{init(S_\star)\}$，证明

$$\forall \ell \in \mathbf{Lab}_\star : path_\circ(\ell) \neq \emptyset$$

137

当 F 为 $flow^R(S_\star)$ 且 E 为 $final(S_\star)$ 时，证明类似的结论。

练习 2.14　在符号检测分析中，用符号 - 表示所有负数，用符号 0 表示零，用符号 + 表示所有正数。例如，集合 $\{-2,1,1\}$ 可以用 $\{-,+\}$ 表示，该集合是幂集 $\mathcal{P}(\{-,0,+\})$ 的一个元素。

令 $S_\star$ 为一个程序，$\mathbf{Var}_\star$ 为 $S_\star$ 中的有限变量集合。令 L 为 $\mathbf{Var}_\star \to \mathcal{P}(\{-,0,+\})$。定义符号检测分析的单调框架实例 $(L,\mathcal{F},F,E,\iota,f_\cdot)$。

类似地，令 L' 为 $\mathcal{P}(\mathbf{Var}_\star \times \{-,0,+\})$，然后定义符号检测分析的单调框架实例 $(L',\mathcal{F}',F',E',\iota',f'_\cdot)$。这两种方法得到的精度有什么不同？

练习 2.15　在前面的练习中，我们定义了一个符号检测分析，它不能记录变量的符号之间的相互依赖性（例如，两个变量 x 和 y 总是有相同的符号），这有时被称为独立特征分析（independent attribute analysis）。在这个练习中，我们将考虑分析的一个变种，它能够记录变量的符号之间的相互依赖关系，这有时被称为相关性分析。令 L 为 $\mathcal{P}(\mathbf{Var}_\star \to \{-,0,+\})$，定义符号检测分析的单调框架实例 $(L,\mathcal{F},F,E,\iota,f_\cdot)$。构造一个例子，说明这种相关性分析和独立特征分析相比可能提供更多的信息。第 4 章将进一步讨论独立特征方法和相关性方法之间的区别。

练习 2.16　使用有界调用字符串的过程间分析使用上下文来记录最后 k 个调用点。重新表述分析，使得上下文记录最后 k 个不同的调用点。讨论此分析是否有助于区分过程调用和后续的递归调用。

练习 2.17　考虑例 2.33 的斐波那契程序以及例 2.15 和例 2.36 的符号检测分析。分别用大假设集和小假设集构造相应的数据流等式系统。

练习 2.18　从 2.1 节中的 4 个经典分析中选择一个，并表述相应的基于调用字符串的过程间分析。（提示：有些分析可能比其他的容易。）

练习 2.19　扩展程序的语法，使其具有以下形式：

138

$$\texttt{begin } D_\star;\texttt{ input } x;\ S_\star;\texttt{ output } y \texttt{ end}$$

因此它从整数映射到整数，而不是从状态映射到状态。考虑符号检测分析，并定义输入和输出语句的传递函数。

练习 2.20　扩展过程的语言，使过程可以有多个按值调用、按结果调用和按值结果调用参数以及局部变量，并重新考虑符号检测分析。如何定义与过程调用、过程进入、过程退出和过程返回相关联的传递函数？

练习 2.21*　使用例 2.48 ~ 例 2.54 中提供的信息计算例 2.47 中的形状图 $Shape_\bullet(1),\cdots,Shape_\bullet(7)$。（警告：将有 50 多个形状图。）

练习 2.22 在 2.6 节的形状分析中，找到 $[x:=x.sel]^{\ell}$、$[x.sel:=x]^{\ell}$、$[x.sel:=x.sel']^{\ell}$ 和 $[\texttt{malloc}\ (x.sel)]^{\ell}$ 形式的基本语句的传递函数的直接定义。

练习 2.23 ∗ 考虑形状分析中 $[x:=y.sel]^{\ell}$（其中 $x \neq y$）的传递函数定义中的情况 3。仔细分析内部的、进入的和出去的边，并判断是否可以通过对 H″中的边提出比 H′中的边更强的要求，以删除 $\phi_{\ell}^{\mathsf{SA}}((\mathsf{S},\mathsf{H},\mathsf{is}))$ 中的一些形状图（S″, H″, is″）（这里（S′, H′, is′）= $kill_x$（S, H, is））。

练习 2.24* 2.6 节所述的形状分析不考虑垃圾回收。修改指针语言的结构操作语义以执行垃圾回收，然后修改形状分析以反映这一点。

练习 2.25* 使用一个抽象汇总位置导致了形状分析的一些不精确性。更精确的分析可以将抽象位置与内存分配点关联起来。一个抽象位置就有了 $n_{\ell,X}$ 的形式，其中 ℓ 是一个内存分配点（一个 malloc 语句的标号），X 和前面一样是一组变量。给出新的分析的传递函数。

139

第3章
Principles of Program Analysis

基于约束的分析

在本章中，我们使用一个简单的函数式语言 FUN 来介绍基于约束的分析技术。首先，我们提出一个控制流分析的抽象规范，然后研究该规范的理论性质：它对于结构操作语义是正确的，并且可以用来分析所有程序。这种分析的规范并不能立即为计算约束的解提供高效的算法，因此我们首先引入一个语法引导的规范，然后得到一个基于约束的表述，最后展示如何得到约束的解。在本章的后半部分，我们将讨论如何结合基于约束的分析与数据流分析，并引入上下文信息(与前一章的内容联系起来)，提高分析的精度。

3.1 抽象 0-CFA 分析

在第 2 章中，我们看到了如何在一个程序里传播数据属性。在描述分析的规范时，我们依赖操作符 *flow* (和 $flow^R$) 以及过程间流 $inter\text{-}flow_\star$(和 $inter\text{-}flow_\star^R$) 来为每个程序片段识别所有可能的后继(和前驱)片段。由此产生的规范之所以可用，是因为前驱和后继的数量很小(除了过程的退出，通常只有一个或两个)。这是不包含过程的命令式程序的一个典型特征，但对于更一般的语言来说，它通常是不成立的，不管是带过程参数的命令式语言、函数式语言还是面向对象的语言。特别是，2.5 节中的过程间分析技术为相对简单的情况提供了解决方案：在程序文本能够限制后继的数量的情况下，通过明确提及程序名称来执行过程调用。然而，这些技术不足以处理*动态调度问题*，即变量可以代表过程的情况。在 1.4 节，我们用以下函数式程序说明了这一点：

141

```
let f = fn x => x 1;
    g = fn y => y+2;
    h = fn z => z+3
in (f g) + (f h)
```

其中，f 主体中的函数应用 x 1 将控制转移到函数 x 的主体中，而这实际上是哪个程序片段就不那么明显了，因为 x 是 f 的形参。本章的控制流分析将为动态调度问题提供一个解决方案，通过为每个子表达式确定可能计算到的少量函数，确定在子表达式是函数应用的运算符的情况下，控制流可能转移到哪里。总之，控制流分析将确定 2.5 节基于的过程间流信息($inter\text{-}flow_\star$或 *IF*)。

FUN 语言的语法 在本章的主要部分，我们将集中讨论一个较小的函数式语言：无类型的 lambda 演算，包括递归、条件和局部定义的显式运算符。控制流分析的目的是为每个子表达式计算它可以取值的函数集合。为了表达这一点，我们需要标记所有程序片段。我们将对此非常明确：带有标号的程序片段称为*表达式*，而没有标号的程序片段称为*项*。因此我们使用以下语法类别：

$$e \in \mathbf{Exp} \quad \text{表达式(或带标号的项)}$$
$$t \in \mathbf{Term} \quad \text{项(或不带标号的表达式)}$$

我们假设给定了一个可数的变量集合，以及未指定的常量(包括真值)、二元运算符(包括通常的算术、布尔和关系运算符)和标号：

$$\begin{array}{llll} f,x & \in & \textbf{Var} & \text{变量} \\ c & \in & \textbf{Const} & \text{常量} \\ op & \in & \textbf{Op} & \text{二元运算符} \\ l & \in & \textbf{Lab} & \text{标号} \end{array}$$

以下是语言的抽象语法：

$$\begin{array}{lll} e & ::= & t^{\ell} \\ t & ::= & c \mid x \mid \texttt{fn}\ x\ \texttt{=>}\ e_0 \mid \texttt{fun}\ f\ x\ \texttt{=>}\ e_0 \mid e_1\ e_2 \\ & \mid & \texttt{if}\ e_0\ \texttt{then}\ e_1\ \texttt{else}\ e_2 \mid \texttt{let}\ x\ \texttt{=}\ e_1\ \texttt{in}\ e_2 \mid e_1\ op\ e_2 \end{array}$$

142

这里，fn x => e_0 是函数定义(或函数抽象)，而 fun f x => e_0 是 fn x => e_0 的递归变体，其中 e_0 中所有自由出现的 f 都表示 fun f x => e_0 本身。构造 let x = e_1 in e_2 是一个非递归的局部定义，在语义上等价于(fn x => e_2)(e_1)。跟往常一样，我们将在需要时使用括号来消除语法分析的歧义。此外，我们将始终假设在所有出现的 fun f x => e_0 中，f 和 x 是不同的变量。

我们需要表达式和项的自由变量的概念，因此我们根据以下标准方式定义函数：

$$FV : (\textbf{Term} \cup \textbf{Exp}) \to \mathcal{P}(\textbf{Var})$$

抽象 fn x => e_0 和 fun f x => e_0 包含变量的约束出现，因此 FV(fn x => e_0) = $FV(e_0)\setminus\{x\}$，并且 FV(fun f x => e_0) = $FV(e_0)\setminus\{f,x\}$。类似地，let x = e_1 in e_2 包含一个 x 的约束出现，因此我们有 FV(let x = e_1 in e_2) = $FV(e_1)\cup(FV(e_2)\setminus\{x\})$，反映 x 在 e_1 中的自由出现不在构造内被约束。FV 定义的其余子句很直接。

例 3.1 1.4 节中提到的函数式程序 (fn x => x) (fn y => y)现在写为：

$$((\texttt{fn x => x}^1)^2(\texttt{fn y => y}^3)^4)^5$$

与例 1.2 的表达方式相比，我们省略了方括号。 ■

例 3.2 考虑以下 FUN 语言的表达式 loop：

```
(let g = (fun f x => (f¹ (fn y => y²)³)⁴)⁵
 in (g⁶ (fn z => z⁷)⁸)⁹)¹⁰
```

它定义了一个函数 g，应用于恒等函数 fn z => z^7。函数 g 是递归定义的：f 是它的局部名称，x 是形式参数。因此，函数将忽略它的实在参数，并使用参数 fn y => y^2 递归地调用自己。这会一次又一次地发生，因此程序是无限循环的。 ■

3.1.1 分析的描述

抽象域 我们现在将展示如何指定 0-CFA 分析。因为没有考虑上下文信息，这可以被视为最简单的控制流分析。(这正是数字 0 的含义，在 3.6 节会明确指出。)

0-CFA 分析的结果是($\widehat{\mathsf{C}},\widehat{\rho}$)，其中：

143

- $\widehat{\mathsf{C}}$ 是抽象缓存，为每个标号的程序点关联抽象值。
- $\widehat{\rho}$ 是抽象环境，为每个变量关联抽象值。

具体描述如下：

$$\begin{array}{lllll} \widehat{v} & \in & \widehat{\textbf{Val}} & = \mathcal{P}(\textbf{Term}) & \text{抽象值} \\ \widehat{\rho} & \in & \widehat{\textbf{Env}} & = \textbf{Var} \to \widehat{\textbf{Val}} & \text{抽象环境} \\ \widehat{\mathsf{C}} & \in & \widehat{\textbf{Cache}} & = \textbf{Lab} \to \widehat{\textbf{Val}} & \text{抽象缓存} \end{array}$$

在这里，抽象值 $\widehat{v}$ 是一个函数集合的抽象：它是包含形为 fn x => e_0 或 fun f x => e_0 的项的集合。我们不会在抽象值中记录任何常量，因为我们指定的分析是纯控制流分析，没有数据流分析部分。在3.5节中，我们将展示如何将它扩展，以包含数据流分析。此外，我们不需要假设所有的约束变量都是不同的，以及所有的标号都是不同的。但如果真的是这样，很明显我们可以获得更高的精度。这意味着语义上等价的程序可能有不同的分析结果，这是所有程序分析方法的共同特点。正如我们将看到的，*抽象环境*是运行时在闭包中出现的环境的集合的抽象（参见3.2.1节中的语义）。类似地，*抽象缓存*可以被视为一个执行概况（execution profile）的集合的抽象：正如下面讨论的，一些文献更喜欢将抽象环境与抽象缓存结合在一起。

例3.3　考虑例3.1中的表达式((fn x = > x^1)^2(fn y => y^3)^4)^5。下表包含0-CFA分析的三个猜测：

	$(\widehat{C}_e,\widehat{\rho}_e)$	$(\widehat{C}'_e,\widehat{\rho}'_e)$	$(\widehat{C}''_e,\widehat{\rho}''_e)$
1	{fn y => y^3}	{fn y => y^3}	{fn x => x^1, fn y => y^3}
2	{fn x => x^1}	{fn x => x^1}	{fn x => x^1, fn y => y^3}
3	$\emptyset$	$\emptyset$	{fn x => x^1, fn y => y^3}
4	{fn y => y^3}	{fn y => y^3}	{fn x => x^1, fn y => y^3}
5	{fn y => y^3}	{fn y => y^3}	{fn x => x^1, fn y => y^3}
x	{fn y => y^3}	$\emptyset$	{fn x => x^1, fn y => y^3}
y	$\emptyset$	$\emptyset$	{fn x => x^1, fn y => y^3}

直观上，第一列的猜测($\widehat{C}_e$，$\widehat{\rho}_e$)是可以接受的，而第二列的猜测($\widehat{C}'_e$，$\widehat{\rho}'_e$)是错误的：fn x => x^1 似乎从未被调用，因为 $\widehat{\rho}'_e$(x) = $\emptyset$ 表示 x 永远不会约束为任何闭包。另外，第三列的猜测($\widehat{C}''_e$，$\widehat{\rho}''_e$)似乎是可以接受的，尽管显然比($\widehat{C}_e$，$\widehat{\rho}_e$)更不精确。■

144

例3.4　让我们考虑例3.2的表达式 loop，并引入以下抽象值的缩写：

$$
\begin{aligned}
\mathsf{f} &= \texttt{fun f x => (f}^1\ \texttt{(fn y => y}^2)^3)^4\\
\mathsf{id}_y &= \texttt{fn y => y}^2\\
\mathsf{id}_z &= \texttt{fn z => z}^7
\end{aligned}
$$

对该程序进行0-CFA分析的一个猜测($\widehat{C}_{lp}$,$\widehat{\rho}_{lp}$)定义如下：

$$
\begin{array}{lllllllll}
\widehat{C}_{lp}(1) &=& \{f\} & \widehat{C}_{lp}(6) &=& \{f\} & \widehat{\rho}_{lp}(f) &=& \{f\}\\
\widehat{C}_{lp}(2) &=& \emptyset & \widehat{C}_{lp}(7) &=& \emptyset & \widehat{\rho}_{lp}(g) &=& \{f\}\\
\widehat{C}_{lp}(3) &=& \{id_y\} & \widehat{C}_{lp}(8) &=& \{id_z\} & \widehat{\rho}_{lp}(x) &=& \{id_y, id_z\}\\
\widehat{C}_{lp}(4) &=& \emptyset & \widehat{C}_{lp}(9) &=& \emptyset & \widehat{\rho}_{lp}(y) &=& \emptyset\\
\widehat{C}_{lp}(5) &=& \{f\} & \widehat{C}_{lp}(10) &=& \emptyset & \widehat{\rho}_{lp}(z) &=& \emptyset
\end{array}
$$

直观上，这是一个可以接受的猜测。$\widehat{\rho}_{lp}$(g) = {f} 的选择反映了 g 将取值为来自该抽象构造的闭包。$\widehat{\rho}_{lp}$(x) = {id_y,id_z} 的选择反映了在计算过程中，x 将被约束为这两个抽象所构建的闭包。$\widehat{C}_{lp}(10) = \emptyset$ 的选择反映了表达式的计算永远不会终止。■

我们已经说过控制流分析计算了2.5节中使用的过程间流信息。指出控制流分析和命令式语言的*引用－定值链*（*ud* 链）之间的相似性（见2.1.5节）也很有指导意义：在这两种情况下，我们都试图追踪定值点如何到达引用点。在控制流分析的情况下，*定值点*是创建函数抽象的点，*引用点*是应用函数的点；在引用－定值链的情况下，*定值点*是为变量赋值的点，*引用点*是访问变量值的点。

备注　显然，抽象缓存 $\widehat{C}$: **Lab** → $\widehat{\mathbf{Val}}$ 和抽象环境 $\widehat{\rho}$: **Var** → $\widehat{\mathbf{Val}}$ 可以组合成一个(**Var** ∪ **Lab**)→$\widehat{\mathbf{Val}}$ 类型的实体。有些文献完全不使用标号，只使用抽象环境而不使用抽

象缓存，同时确保所有的子项都被变量正确地“标记”。这种类型的表达式经常以“连续传递风格”(continuation passing style)、“A-标准格式”(A-normal form)或“三地址代码”的形式出现在编译器的内部。我们不这样做是为了说明这些技术不仅适用于编译器的中间形式，而且也适用于一般程序语言和演算。这种灵活性在处理非标准应用时非常有用(如结束语所述)。

145

可接受关系 现在需要决定分析给出的猜测$(\widehat{\mathsf{C}},\widehat{\rho})$对于所考虑的程序是否是一个可接受的 0-CFA 分析。我们将为此给出一个*抽象*规范。在研究它的理论性质(见 3.2 节)后，我们再考虑如何计算所需的分析(见 3.3 节和 3.4 节)。

需要指出该抽象规范对应于第 2 章的数据流等式系统的*隐式*描述，它将用于确定一个猜测是否确实是分析问题的可接受的解。语法引导的和基于约束的描述(3.3 节和 3.4 节)对应于数据流等式系统的显式描述，从这些可以使用基于任意迭代(1.7 节)的迭代算法计算分析结果。

为了描述抽象 0-CFA 分析，我们用

$$(\widehat{\mathsf{C}},\widehat{\rho}) \models e$$

代表$(\widehat{\mathsf{C}},\widehat{\rho})$是表达式 e 的一个可接受的控制流分析。因此关系“$\models$”具有以下函数类型：

$$\models : (\widehat{\mathbf{Cache}} \times \widehat{\mathbf{Env}} \times \mathbf{Exp}) \to \{\mathit{true}, \mathit{false}\}$$

定义该关系的子句见表 3.1(用“always”代表“iff *true*”)。这些子句的解释如下，但注意直到 3.1.2 节，关系$\models$才被正式定义。

表 3.1 抽象控制流分析(3.1.1 节和 3.1.2 节)

$[con]$ $(\widehat{\mathsf{C}},\widehat{\rho}) \models c^\ell$ always

$[var]$ $(\widehat{\mathsf{C}},\widehat{\rho}) \models x^\ell$ iff $\widehat{\rho}(x) \subseteq \widehat{\mathsf{C}}(\ell)$

$[fn]$ $(\widehat{\mathsf{C}},\widehat{\rho}) \models (\mathtt{fn}\ x\ \mathtt{=>}\ e_0)^\ell$ iff $\{\mathtt{fn}\ x\ \mathtt{=>}\ e_0\} \subseteq \widehat{\mathsf{C}}(\ell)$

$[fun]$ $(\widehat{\mathsf{C}},\widehat{\rho}) \models (\mathtt{fun}\ f\ x\ \mathtt{=>}\ e_0)^\ell$ iff $\{\mathtt{fun}\ f\ x\ \mathtt{=>}\ e_0\} \subseteq \widehat{\mathsf{C}}(\ell)$

$[app]$ $(\widehat{\mathsf{C}},\widehat{\rho}) \models (t_1^{\ell_1}\ t_2^{\ell_2})^\ell$
iff $(\widehat{\mathsf{C}},\widehat{\rho}) \models t_1^{\ell_1} \wedge (\widehat{\mathsf{C}},\widehat{\rho}) \models t_2^{\ell_2} \wedge$
$(\forall (\mathtt{fn}\ x\ \mathtt{=>}\ t_0^{\ell_0}) \in \widehat{\mathsf{C}}(\ell_1):$
$(\widehat{\mathsf{C}},\widehat{\rho}) \models t_0^{\ell_0} \wedge$
$\widehat{\mathsf{C}}(\ell_2) \subseteq \widehat{\rho}(x) \wedge \widehat{\mathsf{C}}(\ell_0) \subseteq \widehat{\mathsf{C}}(\ell)) \wedge$
$(\forall (\mathtt{fun}\ f\ x\ \mathtt{=>}\ t_0^{\ell_0}) \in \widehat{\mathsf{C}}(\ell_1):$
$(\widehat{\mathsf{C}},\widehat{\rho}) \models t_0^{\ell_0} \wedge$
$\widehat{\mathsf{C}}(\ell_2) \subseteq \widehat{\rho}(x) \wedge \widehat{\mathsf{C}}(\ell_0) \subseteq \widehat{\mathsf{C}}(\ell) \wedge$
$\{\mathtt{fun}\ f\ x\ \mathtt{=>}\ t_0^{\ell_0}\} \subseteq \widehat{\rho}(f))$

$[if]$ $(\widehat{\mathsf{C}},\widehat{\rho}) \models (\mathtt{if}\ t_0^{\ell_0}\ \mathtt{then}\ t_1^{\ell_1}\ \mathtt{else}\ t_2^{\ell_2})^\ell$
iff $(\widehat{\mathsf{C}},\widehat{\rho}) \models t_0^{\ell_0} \wedge$
$(\widehat{\mathsf{C}},\widehat{\rho}) \models t_1^{\ell_1} \wedge (\widehat{\mathsf{C}},\widehat{\rho}) \models t_2^{\ell_2} \wedge$
$\widehat{\mathsf{C}}(\ell_1) \subseteq \widehat{\mathsf{C}}(\ell) \wedge \widehat{\mathsf{C}}(\ell_2) \subseteq \widehat{\mathsf{C}}(\ell)$

$[let]$ $(\widehat{\mathsf{C}},\widehat{\rho}) \models (\mathtt{let}\ x = t_1^{\ell_1}\ \mathtt{in}\ t_2^{\ell_2})^\ell$
iff $(\widehat{\mathsf{C}},\widehat{\rho}) \models t_1^{\ell_1} \wedge (\widehat{\mathsf{C}},\widehat{\rho}) \models t_2^{\ell_2} \wedge$
$\widehat{\mathsf{C}}(\ell_1) \subseteq \widehat{\rho}(x) \wedge \widehat{\mathsf{C}}(\ell_2) \subseteq \widehat{\mathsf{C}}(\ell)$

$[op]$ $(\widehat{\mathsf{C}},\widehat{\rho}) \models (t_1^{\ell_1}\ op\ t_2^{\ell_2})^\ell$ iff $(\widehat{\mathsf{C}},\widehat{\rho}) \models t_1^{\ell_1} \wedge (\widehat{\mathsf{C}},\widehat{\rho}) \models t_2^{\ell_2}$

146

子句[*con*]对 $\widehat{\mathsf{C}}(\ell)$ 没有任何要求，因为在此处考虑的纯 0-CFA 分析中我们没有追踪任何数据值，并且因为我们假定常量中没有函数。该子句可以被重新表示为

$$(\widehat{\mathsf{C}},\widehat{\rho}) \models c^{\ell} \text{ iff } \emptyset \subseteq \widehat{\mathsf{C}}(\ell)$$

从而突出这一点。

子句[*var*]负责抽象环境到抽象缓存的链接：为了使 $(\widehat{\mathsf{C}},\widehat{\rho})$ 成为可接受的分析，变量 x 所有可能的取值都必须包含在程序点 ℓ: $\widehat{\rho}(x) \subseteq \widehat{\mathsf{C}}(\ell)$ 可观察到的集合中。

子句[*fn*]和[*fun*]仅要求，为了使 $(\widehat{\mathsf{C}},\widehat{\rho})$ 成为可接受的分析，函数项(`fn` x `=>` e_0 或 `fun` f x `=>` e_0)必须包含在 $\widehat{\mathsf{C}}(\ell)$ 中。这表示该项是计算过程中可能出现在程序点 ℓ 处的闭包的一部分。请注意，这两个子句并不要求 $(\widehat{\mathsf{C}},\widehat{\rho})$ 是函数主体的可接受分析结果。函数应用子句将负责此问题。

在讨论更复杂的子句[*app*]之前，让我们首先考虑子句[*if*]和[*let*]。它们包含"递归调用"，要求使用 $(\widehat{\mathsf{C}},\widehat{\rho})$ 一致地分析子表达式；此外，子句将子表达式生成的值显式链接到整个表达式的值，在[*let*]的情况下，抽象缓存也链接到抽象环境中。子句[*var*]和[*let*]之间的相互作用如图 3.1 所示。和第 2 章一样，箭头表示信息流。子句[*app*]遵循相同的总体模式。

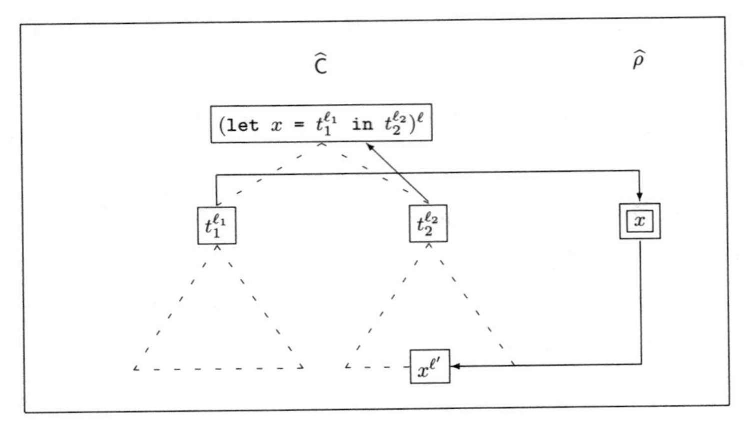

图 3.1　子句[*let*]和[*var*]的图示说明

子句[*app*]也包含"递归调用"，要求可以使用 $(\widehat{\mathsf{C}},\widehat{\rho})$ 分析操作符 $t_1^{\ell_1}$ 和操作数 $t_2^{\ell_2}$。对于可能到达操作符位置(ℓ_1)的每个项 `fn` x `=>` $t_0^{\ell_0}$，即

$$(\texttt{fn}\ x \texttt{ => } t_0^{\ell_0}) \in \widehat{\mathsf{C}}(\ell_1)$$

它还要求实参(标号为 ℓ_2)与形参(x)相关联：

147

$$\widehat{\mathsf{C}}(\ell_2) \subseteq \widehat{\rho}(x)$$

并且，函数计算的结果(标号为 ℓ_0)与应用本身的结果(标号为 ℓ)相关联：

$$\widehat{\mathsf{C}}(\ell_0) \subseteq \widehat{\mathsf{C}}(\ell)$$

最后，可以使用 $(\widehat{\mathsf{C}},\widehat{\rho})$ 分析函数体本身：

$$(\widehat{\mathsf{C}},\widehat{\rho}) \models t_0^{\ell_0}$$

这些在图 3.2 中展示。对于项 `fun` f x `=>` $t_0^{\ell_0}$，要求基本相同，只是项本身还需要包含

在 $\widehat{\rho}(f)$ 中，以反映 fun f x => $t_0^{\ell_0}$ 的递归性质。

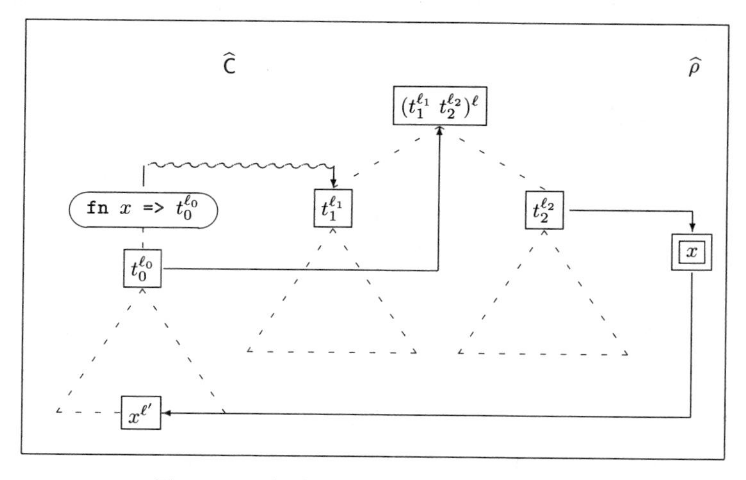

图 3.2　子句[*app*]、[*fn*]和[*var*]的图示

例 3.5　考虑例 3.3 和对表达式的 0-CFA 分析的猜测。首先，我们证明$(\widehat{\mathsf{C}}_{\mathsf{e}},\widehat{\rho}_{\mathsf{e}})$是一个可接受的猜测：

$$(\widehat{\mathsf{C}}_{\mathsf{e}},\widehat{\rho}_{\mathsf{e}}) \models ((\texttt{fn x => x}^1)^2\ (\texttt{fn y => y}^3)^4)^5$$

使用子句[*app*]和 $\widehat{\mathsf{C}}_{\mathsf{e}}(2)=\{\texttt{fn x => x}^1\}$，我们必须检查：

$$(\widehat{\mathsf{C}}_{\mathsf{e}},\widehat{\rho}_{\mathsf{e}}) \models (\texttt{fn x => x}^1)^2$$
$$(\widehat{\mathsf{C}}_{\mathsf{e}},\widehat{\rho}_{\mathsf{e}}) \models (\texttt{fn y => y}^3)^4$$
$$(\widehat{\mathsf{C}}_{\mathsf{e}},\widehat{\rho}_{\mathsf{e}}) \models \texttt{x}^1$$
$$\widehat{\mathsf{C}}_{\mathsf{e}}(4) \subseteq \widehat{\rho}_{\mathsf{e}}(\texttt{x})$$
$$\widehat{\mathsf{C}}_{\mathsf{e}}(1) \subseteq \widehat{\mathsf{C}}_{\mathsf{e}}(5)$$

148

所有这些都可以使用子句[*fn*]和[*var*]简单地进行检查。

接下来我们证明$(\widehat{\mathsf{C}}'_{\mathsf{e}},\widehat{\rho}_{\mathsf{e}})$不是一个可接受的猜测：

$$(\widehat{\mathsf{C}}'_{\mathsf{e}},\widehat{\rho}'_{\mathsf{e}}) \not\models ((\texttt{fn x => x}^1)^2\ (\texttt{fn y => y}^3)^4)^5$$

方法根据上面所述，并观察 $\widehat{\mathsf{C}}'_{\mathsf{e}}(4) \not\subseteq \widehat{\rho}'_{\mathsf{e}}(\texttt{x})$。■

请注意，这些子句包括以下形式的包含关系：

$$lhs \subseteq rhs$$

其中 rhs 的形式为 $\widehat{\mathsf{C}}(\ell)$或 $\widehat{\rho}(x)$，而 lhs 的形式为 $\widehat{\mathsf{C}}(\ell)$，$\widehat{\rho}(x)$或$\{t\}$。这些包含关系表达高阶实体如何流经表达式。

必须注意，子句[*fn*]和[*fun*]不包括要求分析对子表达式也成立的“递归调用”。相反，我们依赖子句[*app*]来要求能够分析所有可能被应用的“子表达式”。这是程序分析中一个常见的现象，我们不想分析不可访问的程序片段：有时从程序的这些部分获得的结果会抑制程序可访问部分的转换。它还允许我们处理*开放系统*，其中函数可能由环境提供，这对于涉及并发的语言尤其重要。但请注意，这与类型推导的观念不同。在类型推导的情况下，即使不可访问的程序片段也必须具有正确的类型。

149

在 2.5 节的术语中，分析是*流不敏感的*，因为 FUN 不包含任何副作用，而且我们将分析函数调用的操作数，即使操作符不能取值为任何函数。对于可能的改进，请参见练习3.3。此外，分析是上下文不敏感的，因为它以相同的方式处理所有函数调用。对于可能的改进，请参阅3.6节。

3.1.2 分析的明确定义

现在，我们需要澄清表3.1中的子句确实定义了一个关系。这里的困难在于，子句[*app*]的形式不允许我们在表达式e上按照结构归纳定义$(\widehat{\mathsf{C}},\widehat{\rho})\models e$——它要求检查$(\widehat{\mathsf{C}},\widehat{\rho})$对于表达式$t_0^{\ell_0}$的可接受性，但该表达式不是程序$(t_1^{\ell_1}t_2^{\ell_2})^{\ell}$的子表达式。因此，我们将使用余归纳来定义表3.1中的关系"$\models$"，即定义它是某个函数的最大不动点。另一种方法是将分析定义为该函数的最小不动点，但是，我们将在例3.6和命题3.16中看到，这样做并不总是合适的。

$\models$的严格定义　按照附录B的做法，我们把表3.1看成定义一个函数：

$$\begin{aligned}\mathcal{Q} : ((\widehat{\mathbf{Cache}} \times \widehat{\mathbf{Env}} \times \mathbf{Exp}) &\to \{\mathit{true}, \mathit{false}\}) \\ &\to ((\widehat{\mathbf{Cache}} \times \widehat{\mathbf{Env}} \times \mathbf{Exp}) \to \{\mathit{true}, \mathit{false}\})\end{aligned}$$

例如：

$$\begin{aligned}&\mathcal{Q}(Q)(\widehat{\mathsf{C}}, \widehat{\rho}, (\texttt{let}\ x = t_1^{\ell_1}\ \texttt{in}\ t_2^{\ell_2})^{\ell}) \\ &\quad = Q(\widehat{\mathsf{C}}, \widehat{\rho}, t_1^{\ell_1}) \ \wedge\ Q(\widehat{\mathsf{C}}, \widehat{\rho}, t_2^{\ell_2}) \ \wedge\ \widehat{\mathsf{C}}(\ell_1) \subseteq \widehat{\rho}(x) \ \wedge\ \widehat{\mathsf{C}}(\ell_2) \subseteq \widehat{\mathsf{C}}(\ell)\end{aligned}$$

我们通常将$\mathcal{Q}$称为泛函(functional)，因为它的参数和结果本身就是函数。

现在，通过检查表3.1，可以很容易地证明用这种方式构造的泛函$\mathcal{Q}$是以下完全格上的单调函数：

$$((\widehat{\mathbf{Cache}} \times \widehat{\mathbf{Env}} \times \mathbf{Exp}) \to \{\mathit{true}, \mathit{false}\}, \sqsubseteq)$$

其中，$\sqsubseteq$由以下方式定义：

$$Q_1 \sqsubseteq Q_2 \ \text{ iff }\ \forall(\widehat{\mathsf{C}}, \widehat{\rho}, e) : (Q_1(\widehat{\mathsf{C}}, \widehat{\rho}, e) = \mathit{true}) \ \Rightarrow\ (Q_2(\widehat{\mathsf{C}}, \widehat{\rho}, e) = \mathit{true})$$

150

因此$\mathcal{Q}$有不动点，我们将"$\models$"余归纳定义为

$\models$是$\mathcal{Q}$的最大不动点

下面的示例直观地说明了使用余归纳定义(即最大不动点)，而不是归纳定义(即最小不动点)的动机；更准确的解释将在3.2.4节中给出。

例3.6　考虑例3.4的表达式loop

$$\begin{aligned}&(\texttt{let g = (fun f x => (f}^1\ \texttt{(fn y => y}^2)^3)^4)^5 \\ &\ \ \texttt{in (g}^6\ \texttt{(fn z => z}^7)^8)^9)^{10}\end{aligned}$$

以及建议的分析结果$(\widehat{\mathsf{C}}_{\mathsf{lp}},\widehat{\rho}_{\mathsf{lp}})$。为了证明$(\widehat{\mathsf{C}}_{\mathsf{lp}},\widehat{\rho}_{\mathsf{lp}})\models$ loop，根据子句[*let*]，只需验证

$$\begin{aligned}&(\widehat{\mathsf{C}}_{\mathsf{lp}}, \widehat{\rho}_{\mathsf{lp}}) \models (\texttt{fun f x => (f}^1\ \texttt{(fn y => y}^2)^3)^4)^5 \\ &(\widehat{\mathsf{C}}_{\mathsf{lp}}, \widehat{\rho}_{\mathsf{lp}}) \models (\texttt{g}^6\ \texttt{(fn z => z}^7)^8)^9\end{aligned}$$

因为$\widehat{\mathsf{C}}_{\mathsf{lp}}(5) \subseteq \widehat{\rho}_{\mathsf{lp}}(\mathtt{g})$和$\widehat{\mathsf{C}}_{\mathsf{lp}}(9) \subseteq \widehat{\mathsf{C}}_{\mathsf{lp}}(10)$。第一条子句来自[*fun*]，对于第二条子句，我们使用$\widehat{\mathsf{C}}_{\mathsf{lp}}(6) = \{\mathtt{f}\}$，根据[*app*]，只需验证

$$\begin{aligned}&(\widehat{\mathsf{C}}_{\mathsf{lp}}, \widehat{\rho}_{\mathsf{lp}}) \models \texttt{g}^6 \\ &(\widehat{\mathsf{C}}_{\mathsf{lp}}, \widehat{\rho}_{\mathsf{lp}}) \models (\texttt{fn z => z}^7)^8 \\ &(\widehat{\mathsf{C}}_{\mathsf{lp}}, \widehat{\rho}_{\mathsf{lp}}) \models (\texttt{f}^1\ \texttt{(fn y => y}^2)^3)^4\end{aligned}$$

因为 $\widehat{\mathsf{C}}_{\mathsf{lp}}(8) \subseteq \widehat{\rho}_{\mathsf{lp}}(\mathtt{x})$, $\widehat{\mathsf{C}}_{\mathsf{lp}}(4) \subseteq \widehat{\mathsf{C}}_{\mathsf{lp}}(9)$ 且 $\mathtt{f} \in \widehat{\rho}_{\mathsf{lp}}(\mathtt{f})$。前两个子句来自[*var*]和[*fn*]。对于第三条子句，我们按照上述步骤进行，因为 $\widehat{\mathsf{C}}_{\mathsf{lp}}(1) = \{\mathtt{f}\}$，只需验证

$$(\widehat{\mathsf{C}}_{\mathsf{lp}}, \widehat{\rho}_{\mathsf{lp}}) \models \mathtt{f}^1$$
$$(\widehat{\mathsf{C}}_{\mathsf{lp}}, \widehat{\rho}_{\mathsf{lp}}) \models (\mathtt{fn\ y\ =>\ y}^2)^3$$
$$(\widehat{\mathsf{C}}_{\mathsf{lp}}, \widehat{\rho}_{\mathsf{lp}}) \models (\mathtt{f}^1\ (\mathtt{fn\ y\ =>\ y}^2)^3)^4$$

因为 $\widehat{\mathsf{C}}_{\mathsf{lp}}(3) \subseteq \widehat{\rho}_{\mathsf{lp}}(\mathtt{x})$, $\widehat{\mathsf{C}}_{\mathsf{lp}}(4) \subseteq \widehat{\mathsf{C}}_{\mathsf{lp}}(4)$ 且 $\mathtt{f} \in \widehat{\rho}_{\mathsf{lp}}(\mathtt{f})$。

前两个子句同样是直截了当的，但在最后一个子句中，我们遇到了循环性：要验证 $(\widehat{\mathsf{C}}_{\mathsf{lp}}, \widehat{\rho}_{\mathsf{lp}}) \models (\mathtt{f}^1\ (\mathtt{fn\ y\ =>\ y}^2)^3)^4$，我们必须验证 $(\widehat{\mathsf{C}}_{\mathsf{lp}}, \widehat{\rho}_{\mathsf{lp}}) \models (\mathtt{f}^1\ (\mathtt{fn\ y\ =>\ y}^2)^3)^4$。

为了解决这个问题，我们使用余归纳：基本上，这相当于假设 $(\widehat{\mathsf{C}}_{\mathsf{lp}}, \widehat{\rho}_{\mathsf{lp}}) \models (\mathtt{f}^1\ (\mathtt{fn\ y\ =>\ y}^2)^3)^4$在"内部层次"上成立，然后证明它在"外部层次"上同样成立。这将完成需要的证明。 ■

151

比喻　一开始，余归纳和归纳，或最大和最小不动点的使用比较容易混淆。因此，我们提供以下比喻。想象一下，一家公司将要购买大量计算机。为了遵守国家和国际商务规则，交易必须以所有供应商都有机会投标的方式进行。为此，公司首先针对计算机制定需求规范(例如能有效执行某些基准)。但是，规范必然是宽松的，这意味着可能有多种方法满足需求。公司随后从投标中选择被认定为最好的投标(在提供所需功能的基础上，尽可能便宜或提供尽可能多的功能)。那么假设当实际的计算机进行交付时，公司怀疑投标方没有履行承诺。然后，它开始仲裁，以便说服供应商没有履行义务(并且必须收回计算机，或升级它们或以更低的价格出售它们)。为了使公司成功，它必须能够使用规范中的细节，而不是其他供应商能够提供的任何其他信息，以证明交付的计算机不能满足规范中明确提出的一个或多个需求。如果规范过于宽松，比如仅仅要求一台基于 Intel 的 PC，那么就不可能利用无法运行 Linux(或其他操作系统)的缺陷说服供应商。回到表 3.1 中的分析，它的主要目的是提供一个规范，说明什么时候潜在的分析结果是可以被接受的。该规范采用的形式是定义一个关系：

$$\models: (\widehat{\mathbf{Cache}} \times \widehat{\mathbf{Env}} \times \mathbf{Exp}) \to \{\mathit{true}, \mathit{false}\}$$

由于规范是宽松的，所以必须使用余归纳定义：一个分析结果不符合规范，只有当可以从子句中证明这一点。这种推理实际上是代数规范理论的一个基本要素。举个例子，假设我们是愚蠢的，只是定义了

$$(C, \rho) \models P \quad \text{iff} \quad (C, \rho) \models P$$

那么，任何解(C,ρ)实际上都会符合规范。容易看到只有对$\models$定义余归纳解释才能满足这一要求(特别地，归纳定义不能满足该要求，因为它根本不接受任何解)。在明确了规范的含义之后，我们可以寻找最佳的解(C,ρ)：这通常是满足规范的最小解。综上所述，实际的规范由一个最大不动点定义(也就是余归纳定义)，而计算预期解的算法通常由最小不动点定义。

152

3.2　理论性质

在本节中，我们将研究控制流分析的更多理论性质，即：

- 语义正确性。
- 最小解的存在性。

语义正确性很重要，因为它确保分析得到的信息确实是执行程序期间将发生的事情的

安全描述。最小解的存在性则确保可以分析任何程序，并且存在“最佳”或“最精确”的分析结果。

如2.2节所述，本节的内容可以在第一次阅读时略过；但是我们重申，很多最后和最细微的错误都是在进行正确性证明时发现并纠正的。

3.2.1 结构操作语义

格局 我们将为FUN语言配备结构操作语义。我们选择一种基于显式环境而非替换的方法，因为(如结束语中所讨论的)基于替换的语义在程序执行期间不保留函数的标识(以及抽象值)。因此，函数的定义将取值为一个闭包，包含函数定义的语法，以及一个将自由变量映射到其值的环境。为此，我们引入以下语法类别：

$$v \in \mathbf{Val} \quad 值$$
$$\rho \in \mathbf{Env} \quad 环境$$

它们的定义是：

$$v ::= c \mid \texttt{close}\ t\ \texttt{in}\ \rho$$
$$\rho ::= [\,] \mid \rho[x \mapsto v]$$

一个函数抽象 $\texttt{fn}\ x \texttt{=>} e_0$ 将取值为一个闭包，写为 $\texttt{close}(\texttt{fn}\ x \texttt{=>} e_0)\ \texttt{in}\ \rho$；类似地，函数抽象 $\texttt{fun}\ f\ x \texttt{=>} e_0$ 将取值为 $\texttt{close}(\texttt{fun}\ f\ x \texttt{=>} e_0)\ \texttt{in}\ \rho$。我们的定义并不要求 $\texttt{close}\ t\ \texttt{in}\ \rho$ 中出现的所有项 t 都是 $\texttt{fn}\ x \texttt{=>} e_0$ 或 $\texttt{fun}\ f\ x \texttt{=>} e_0$ 的形式。然而，这对于下面介绍的语义是成立的。 153

如2.5节所述，我们需要中间格局来处理局部变量的绑定。因此，我们将介绍中间表达式和中间项的语法类别：

$$ie \in \mathbf{IExp} \quad 中间表达式$$
$$ie \in \mathbf{ITerm} \quad 中间项$$

扩展表达式和项的语法如下：

$$ie ::= it^{\ell}$$
$$\begin{aligned} it ::= {} & c \mid x \mid \texttt{fn}\ x \texttt{ => } e_0 \mid \texttt{fun}\ f\ x \texttt{ => } e_0 \mid ie_1\ ie_2 \\ \mid {} & \texttt{if}\ ie_0\ \texttt{then}\ e_1\ \texttt{else}\ e_2 \mid \texttt{let}\ x \texttt{ = } ie_1\ \texttt{in}\ e_2 \mid ie_1\ op\ ie_2 \\ \mid {} & \texttt{bind}\ \rho\ \texttt{in}\ ie \mid \texttt{close}\ t\ \texttt{in}\ \rho \end{aligned}$$

bind构造的作用与2.5节中的相同：$\texttt{bind}\ \rho\ \texttt{in}\ ie$ 记录了中间表达式 ie 必须在包含绑定 ρ 的环境中求值。(嵌套bind构造对应的环境序列可以被视为运行时刻栈的帧。)所以，$\texttt{close}\ t\ \texttt{in}\ \rho$ 是一个计算完毕的值，而 $\texttt{bind}\ \rho\ \texttt{in}\ ie$ 不是。我们需要这些中间项，因为我们定义的是一个小步语义，语义的大步版本只需要close构造。

Val 和 **Env** 的定义也可以写成 $\mathbf{Val} = \mathbf{Const} + (\mathbf{Term} \times \mathbf{Env})$ 和 $\mathbf{Env} = \mathbf{Var} \to_{\text{fin}} \mathbf{Val}$(对于有限映射)，但需要强调所有这些都是以上下文无关文法的方式相互递归定义的。准确地说，我们将环境 ρ 定义为一个列表，但可以随时将其视为一个有限映射：我们用 $dom(\rho)$ 代表 $\{x \mid \rho 包含 [x \mapsto \cdots]\}$；我们写 $\rho(x) = v$ 如果 $x \in dom(\rho)$ 并且 ρ 中最右边出现的 $[x \mapsto \cdots]$ 是 $[x \mapsto v]$，我们用 $\rho \mid X$ 代表从 ρ 中去除所有 ρ 的出现(其中 $x \notin X$)得到的环境。为了便于阅读，我们将 $[\,][x \mapsto v]$ 写成 $[x \mapsto v]$。

我们在何时使用中间表达式和何时使用表达式上一直非常谨慎，尽管很明显所有表达式都是中间表达式。由于在应用函数之前不对函数体求值，因此我们继续让函数体为表达式而不是中间表达式。类似的讨论适用于条件的分支和局部定义的主体。请注意，尽管一个环境只在绑定于它的闭包中记录了 fn x => e_0 和 fun f x => e_0 这两个项，我们并没有丢失函数抽象的标识，因为 e_0 总是 $t_0^{\ell_0}$ 的形式。因此 ℓ_0 可以用作函数抽象的“唯一”标识。

迁移 我们现在可以定义结构操作语义的迁移规则，使用以下形式的断言：

$$\rho \vdash ie_1 \to ie_2$$

154

由表 3.2 和表 3.3 的公理和推理规则给出。这个断言的含义是在环境 ρ 中计算表达式 ie_1 会将其迁移到 ie_2。

表 3.2 FUN 语言的结构操作语义(第一部分)

[*var*]	$\rho \vdash x^\ell \to v^\ell$ if $x \in dom(\rho)$ and $v = \rho(x)$
[*fn*]	$\rho \vdash (\texttt{fn}\ x \texttt{ => } e_0)^\ell \to (\texttt{close}\ (\texttt{fn}\ x \texttt{ => } e_0)\ \texttt{in}\ \rho_0)^\ell$ where $\rho_0 = \rho \mid FV(\texttt{fn}\ x \texttt{ => } e_0)$
[*fun*]	$\rho \vdash (\texttt{fun}\ f\ x \texttt{ => } e_0)^\ell \to (\texttt{close}\ (\texttt{fun}\ f\ x \texttt{ => } e_0)\ \texttt{in}\ \rho_0)^\ell$ where $\rho_0 = \rho \mid FV(\texttt{fun}\ f\ x \texttt{ => } e_0)$
[*app*$_1$]	$\dfrac{\rho \vdash ie_1 \to ie_1'}{\rho \vdash (ie_1\ ie_2)^\ell \to (ie_1'\ ie_2)^\ell}$
[*app*$_2$]	$\dfrac{\rho \vdash ie_2 \to ie_2'}{\rho \vdash (v_1^{\ell_1}\ ie_2)^\ell \to (v_1^{\ell_1}\ ie_2')^\ell}$
[*app*$_{fn}$]	$\rho \vdash ((\texttt{close}\ (\texttt{fn}\ x \texttt{ => } e_1)\ \texttt{in}\ \rho_1)^{\ell_1}\ v_2^{\ell_2})^\ell \to (\texttt{bind}\ \rho_1[x \mapsto v_2]\ \texttt{in}\ e_1)^\ell$
[*app*$_{fun}$]	$\rho \vdash ((\texttt{close}\ (\texttt{fun}\ f\ x \texttt{ => } e_1)\ \texttt{in}\ \rho_1)^{\ell_1}\ v_2^{\ell_2})^\ell \to (\texttt{bind}\ \rho_2[x \mapsto v_2]\ \texttt{in}\ e_1)^\ell$ where $\rho_2 = \rho_1[f \mapsto \texttt{close}\ (\texttt{fun}\ f\ x \texttt{ => } e_1)\ \texttt{in}\ \rho_1]$
[*bind*$_1$]	$\dfrac{\rho_1 \vdash ie_1 \to ie_1'}{\rho \vdash (\texttt{bind}\ \rho_1\ \texttt{in}\ ie_1)^\ell \to (\texttt{bind}\ \rho_1\ \texttt{in}\ ie_1')^\ell}$
[*bind*$_2$]	$\rho \vdash (\texttt{bind}\ \rho_1\ \texttt{in}\ v_1^{\ell_1})^\ell \to v_1^\ell$

表 3.3 FUN 语言的结构操作语义(第二部分)

[*if*$_1$]	$\dfrac{\rho \vdash ie_0 \to ie_0'}{\rho \vdash (\texttt{if}\ ie_0\ \texttt{then}\ e_1\ \texttt{else}\ e_2)^\ell \to (\texttt{if}\ ie_0'\ \texttt{then}\ e_1\ \texttt{else}\ e_2)^\ell}$
[*if*$_2$]	$\rho \vdash (\texttt{if true}^{\ell_0}\ \texttt{then}\ t_1^{\ell_1}\ \texttt{else}\ t_2^{\ell_2})^\ell \to t_1^\ell$
[*if*$_3$]	$\rho \vdash (\texttt{if false}^{\ell_0}\ \texttt{then}\ t_1^{\ell_1}\ \texttt{else}\ t_2^{\ell_2})^\ell \to t_2^\ell$
[*let*$_1$]	$\dfrac{\rho \vdash ie_1 \to ie_1'}{\rho \vdash (\texttt{let}\ x \texttt{ = } ie_1\ \texttt{in}\ e_2)^\ell \to (\texttt{let}\ x \texttt{ = } ie_1'\ \texttt{in}\ e_2)^\ell}$
[*let*$_2$]	$\rho \vdash (\texttt{let}\ x \texttt{ = } v^{\ell_1}\ \texttt{in}\ e_2)^\ell \to (\texttt{bind}\ \rho_0[x \mapsto v]\ \texttt{in}\ e_2)^\ell$ where $\rho_0 = \rho \mid FV(e_2)$
[*op*$_1$]	$\dfrac{\rho \vdash ie_1 \to ie_1'}{\rho \vdash (ie_1\ op\ ie_2)^\ell \to (ie_1'\ op\ ie_2)^\ell}$
[*op*$_2$]	$\dfrac{\rho \vdash ie_2 \to ie_2'}{\rho \vdash (v_1^{\ell_1}\ op\ ie_2)^\ell \to (v_1^{\ell_1}\ op\ ie_2')^\ell}$
[*op*$_3$]	$\rho \vdash (v_1^{\ell_1}\ op\ v_2^{\ell_2})^\ell \to v^\ell$ if $v = v_1\ \mathbf{op}\ v_2$

公理[*var*]表示变量的值是从环境中获得的。公理[*fn*]和[*fun*]构造了适当的闭包，它们将环境 ρ 限制为函数抽象里的自由变量。请注意，在[*fun*]中仅记录我们有一个递归定义的函数，在调用函数之前不会展开递归。

函数应用的子句表明语义是一个按值调用的语义：在一个函数应用中，我们首先使用规则 app_1 在若干步中计算操作符，然后使用规则 app_2 在若干步中计算操作数。下一阶段是使用规则[app_{fn}]或[app_{fun}]将实在参数绑定到形式参数，并且在[app_{fun}]的情况下展开递归函数，以便后续递归调用使用正确的绑定。我们将使用 bind 构造来包含函数体和适当的环境。最后，我们使用规则 $bind_1$ 在若干步中计算 bind 构造，然后使用[$bind_2$]规则获得函数应用的结果。以下示例说明了这些规则之间的相互作用。

155

例 3.7 考虑例 3.1 中的表达式$(\texttt{fn x => x}^1)^2(\texttt{fn y => y}^3)^4)^5$。它具有以下推导顺序（解释如下）：

$$
\begin{array}{lll}
[\,] & \vdash & ((\texttt{fn x => x}^1)^2\ (\texttt{fn y => y}^3)^4)^5 \\
 & \to & ((\texttt{close}\ (\texttt{fn x => x}^1)\ \texttt{in}\ [\,])^2\ (\texttt{fn y => y}^3)^4)^5 \\
 & \to & ((\texttt{close}\ (\texttt{fn x => x}^1)\ \texttt{in}\ [\,])^2\ (\texttt{close}\ (\texttt{fn y => y}^3)\ \texttt{in}\ [\,])^4)^5 \\
 & \to & (\texttt{bind}\ [\texttt{x} \mapsto (\texttt{close}\ (\texttt{fn y => y}^3)\ \texttt{in}\ [\,])]\ \texttt{in}\ \texttt{x}^1)^5 \\
 & \to & (\texttt{bind}\ [\texttt{x} \mapsto (\texttt{close}\ (\texttt{fn y => y}^3)\ \texttt{in}\ [\,])]\ \texttt{in} \\
 & & \quad (\texttt{close}\ (\texttt{fn y => y}^3)\ \texttt{in}\ [\,])^1)^5 \\
 & \to & (\texttt{close}\ (\texttt{fn y => y}^3)\ \texttt{in}\ [\,])^5
\end{array}
$$

首先，[app_1]和[*fn*]用于计算操作符。然后，[app_2]和[*fn*]用于计算操作数，并且[app_{fn}]引入了 bind 构造，包含计算其主体所需的局部环境[$\texttt{x} \mapsto (\texttt{close}\ (\texttt{fn y => y}^3)$ in[ ])]。因此，$\texttt{x}^1$ 的求值使用[$bind_1$]和[*var*]，最后使用[$bind_2$]来去除局部环境。 ■

156

条件语句的语义是常见的：首先使用规则[if_1]在若干步中计算条件，然后通过规则[if_2]和[if_3]选择适当的分支。对于局部定义，我们首先使用规则[let_1]在若干步中计算约束变量的值，然后使用规则[let_2]引入 bind 构造，反映 let 构造的主体必须在扩展的环境中求值。规则[$bind_1$]和[$bind_2$]现在可用于计算结果。对于二元运算的表达式，我们首先使用[op_1]和[op_2]计算两个参数，然后使用[op_3]执行写为 **op** 的操作本身。

和第 2 章一样，标号对语义没有影响，只是在规则中被携带。需要注意的是，最外层的标号永远不会改变，而内部的标号可能会消失，例如规则 if_2 和 $bind_2$。这是 0-CFA 分析会用到的语义的重要特征。

例 3.8 让我们考虑例 3.2 中的表达式 loop

$$
\begin{array}{l}
(\texttt{let g = (fun f x => (f}^1\ (\texttt{fn y => y}^2)^3)^4)^5 \\
\ \texttt{in (g}^6\ (\texttt{fn z => z}^7)^8)^9)^{10}
\end{array}
$$

并观察形式化语义如何捕获语义的非形式化解释。首先，我们引入三个闭包的缩写：

$$
\begin{array}{lll}
\mathbf{f} & = & \texttt{close (fun f x => (f}^1\ (\texttt{fn y => y}^2)^3)^4)\ \texttt{in}\ [\,] \\
\mathbf{id}_y & = & \texttt{close (fn y => y}^2)\ \texttt{in}\ [\,] \\
\mathbf{id}_z & = & \texttt{close (fn z => z}^7)\ \texttt{in}\ [\,]
\end{array}
$$

然后我们有以下推导序列：

$$
\begin{array}{lll}
[\,] & \vdash & \text{loop} \\
 & \to & (\texttt{let g} = \mathbf{f}^5\ \texttt{in (g}^6\ (\texttt{fn z => z}^7)^8)^9)^{10} \\
 & \to & (\texttt{bind}\ [\texttt{g} \mapsto \mathbf{f}]\ \texttt{in (g}^6\ (\texttt{fn z => z}^7)^8)^9)^{10}
\end{array}
$$

$$
\begin{array}{ll}
\to & (\texttt{bind}\ [\texttt{g} \mapsto \mathbf{f}]\ \texttt{in}\ (\mathbf{f}^6\ (\texttt{fn z => z}^7)^8)^9)^{10} \\
\to & (\texttt{bind}\ [\texttt{g} \mapsto \mathbf{f}]\ \texttt{in}\ (\mathbf{f}^6\ \mathbf{id}_z^8)^9)^{10} \\
\to & (\texttt{bind}\ [\texttt{g} \mapsto \mathbf{f}]\ \texttt{in} \\
 & \quad (\texttt{bind}\ [\texttt{f} \mapsto \mathbf{f}][\texttt{x} \mapsto \mathbf{id}_z]\ \texttt{in}\ (\texttt{f}^1\ (\texttt{fn y => y}^2)^3)^4)^9)^{10} \\
\to^* & (\texttt{bind}\ [\texttt{g} \mapsto \mathbf{f}]\ \texttt{in} \\
 & \quad (\texttt{bind}\ [\texttt{f} \mapsto \mathbf{f}][\texttt{x} \mapsto \mathbf{id}_z]\ \texttt{in} \\
 & \quad\quad (\texttt{bind}\ [\texttt{f} \mapsto \mathbf{f}][\texttt{x} \mapsto \mathbf{id}_y]\ \texttt{in}\ (\texttt{f}^1\ (\texttt{fn y => y}^2)^3)^4)^4)^9)^{10} \\
\to^* & \cdots
\end{array}
$$

说明该程序确实存在无限循环。 ■ 157

3.2.2 语义正确性

我们将控制流分析的语义正确性表达为一种主语约化结论(subject reduction result)。这种方法借鉴于类型论，表示可接受的分析在计算过程中仍然可接受。但是，为了使用这种表达方式，我们需要将分析扩展到中间表达式。

中间表达式的分析 表3.4给出了 bind ρ in ie 和 close t_0 in ρ 构造的子句，其余子句如表3.1所示(在若干处把表达式替换为中间表达式)。

表3.4 中间表达式的抽象控制流分析

[*bind*]	$(\widehat{C},\widehat{\rho}) \models (\texttt{bind}\ \rho\ \texttt{in}\ it_0^{\ell_0})^\ell$ iff $(\widehat{C},\widehat{\rho}) \models it_0^{\ell_0} \wedge \widehat{C}(\ell_0) \subseteq \widehat{C}(\ell) \wedge \rho\ \mathcal{R}\ \widehat{\rho}$
[*close*]	$(\widehat{C},\widehat{\rho}) \models (\texttt{close}\ t_0\ \texttt{in}\ \rho)^\ell$ iff $\{t_0\} \subseteq \widehat{C}(\ell) \wedge \rho\ \mathcal{R}\ \widehat{\rho}$

子句[*bind*]反映它的主体将被执行，因此它的任何取值也是整个构造的可能取值。另外，它表达(语义的)局部环境和(分析的)抽象环境之间存在某种关系 $\mathcal{R}$。子句[*close*]和函数抽象的子句类似：闭包的项是构造的一个可能取值。此外，两个环境之间必须存在关系 $\mathcal{R}$。

正确性关系 全局抽象环境 $\widehat{\rho}$ 的目的是为计算过程中出现的所有局部环境建立模型。我们将正确性关系定义为如下类型：

$$\mathcal{R} : (\mathbf{Env} \times \widehat{\mathbf{Env}}) \to \{true, false\}$$

并要求所有出现在中间表达式中的局部环境 ρ 满足 $\rho\ \mathcal{R}\ \widehat{\rho}$。然后我们定义：

$$
\begin{array}{l}
\rho\ \mathcal{R}\ \widehat{\rho} \quad \text{iff} \quad dom(\rho) \subseteq dom(\widehat{\rho}) \wedge \forall x \in dom(\rho)\ \forall t_x\ \forall \rho_x : \\
\qquad\qquad (\rho(x) = \texttt{close}\ t_x\ \texttt{in}\ \rho_x) \ \Rightarrow\ (t_x \in \widehat{\rho}(x) \wedge \rho_x\ \mathcal{R}\ \widehat{\rho})
\end{array}
$$

这显然要求 $\rho(x)$ 中的函数抽象 t_x 必须是 $\widehat{\rho}(x)$ 里的元素。它还表明所有可以从 ρ 到达的局部环境(例如 ρ_x)必须包含在 $\widehat{\rho}$ 的模型中。注意，关系 $\mathcal{R}$ 是明确定义的，因为每次递归调用的局部环境都严格小于调用本身的局部环境。因此，通过良基归纳(附录B)可以简单地证明 $\mathcal{R}$ 是明确定义的。 158

例3.9 假设：

$$
\begin{array}{lcl}
\rho & = & [x \mapsto \texttt{close}\ t_1\ \texttt{in}\ \rho_1][y \mapsto \texttt{close}\ t_2\ \texttt{in}\ \rho_2] \\
\rho_1 & = & [\ ] \\
\rho_2 & = & [x \mapsto \texttt{close}\ t_3\ \texttt{in}\ \rho_3] \\
\rho_3 & = & [\ ]
\end{array}
$$

则 $\rho\ \mathcal{R}\ \widehat{\rho}$ 展开为 $\{t_1, t_3\} \subseteq \widehat{\rho}(x) \wedge \{t_2\} \subseteq \widehat{\rho}(y)$ ■

有时，我们更倾向于把 $\mathcal{R}$ 的定义分为两部分。为此，我们定义辅助关系

$$\mathcal{V} : (\mathbf{Val} \times (\widehat{\mathbf{Env}} \times \widehat{\mathbf{Val}})) \to \{true, false\}$$

并通过相互递归定义 $\mathcal{V}$ 和 $\mathcal{R}$：

$$v\ \mathcal{V}\ (\widehat{\rho}, \widehat{v}) \quad \text{iff} \quad \forall t\ \forall \rho : (v = \texttt{close}\ t\ \texttt{in}\ \rho) \Rightarrow (t \in \widehat{v} \wedge \rho\ \mathcal{R}\ \widehat{\rho})$$

$$\rho\ \mathcal{R}\ \widehat{\rho} \quad \text{iff} \quad dom(\rho) \subseteq dom(\widehat{\rho}) \wedge \forall x \in dom(\rho) : \rho(x)\ \mathcal{V}\ (\widehat{\rho}, \widehat{\rho}(x))$$

显然，$\mathcal{R}$ 的两个定义是等价的。

正确性结论　正确性结论现在可以表达为定理3.10。

定理3.10　如果 $\rho\ \mathcal{R}\ \widehat{\rho}$ 和 $\rho \vdash ie \to ie'$，则 $(\widehat{\mathsf{C}}, \widehat{\rho}) \models ie$ 蕴含 $(\widehat{\mathsf{C}}, \widehat{\rho}) \models ie'$。

图3.3展示了这个定理，对于一个终止的求值序列 $\rho \vdash ie \to^{\star} v^{\ell}$。请注意，该结论类似于第2章关于活跃变量分析的推论2.17。

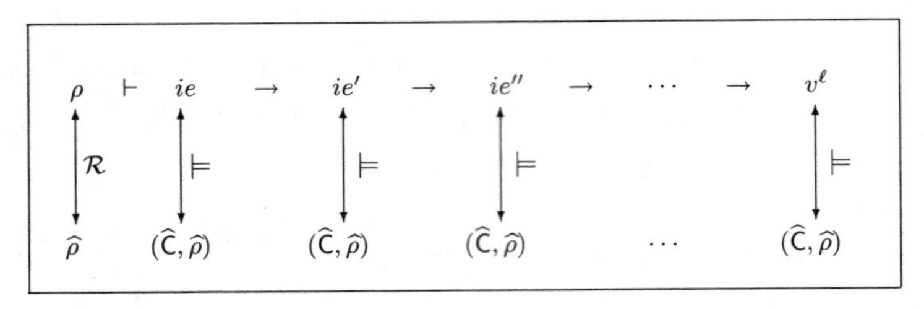

159

图3.3　分析结果的保持

该结论的直观内容如下：

> 如果程序存在一个求值过程把某个调用点的函数取值为某个抽象，则该抽象必须在分析计算的可能抽象集合中。

为了看到这一点，假设 $\rho \vdash t^{\ell} \to^{\star} (\texttt{close}\ t_0\ \texttt{in}\ \rho_0)^{\ell}$ 和 $(\widehat{\mathsf{C}}, \widehat{\rho}) \models t^{\ell}$ 以及 $\rho\ \mathcal{R}\ \widehat{\rho}$。然后定理3.10(和一个数值上的归纳)给出 $(\widehat{\mathsf{C}}, \widehat{\rho}) \models (\texttt{close}\ t_0\ \texttt{in}\ \rho_0)^{\ell}$。现在，根据表3.4的[*close*]子句，我们得到需要的 $t_0 \in \widehat{\mathsf{C}}(\ell)$。值得注意的是，如果程序是封闭的，即如果它不包含自由变量，那么 ρ 将是[ ]并且条件 $\rho\ \mathcal{R}\ \widehat{\rho}$ 可以简单地满足。

注意，该定理表明所有可接受的分析结果在求值中仍然是可接受的。这样做的一个优点是我们不需要依赖于最小或“最佳”约束的解的存在(将在3.2.3节中证明)就可以表述结论。实际上，结论并没有说“最佳”的解保持“最佳”，只是它仍然可以被接受。更重要的是，该结论使得3.3节和3.4节的计算更近似的解的高效实现成为可能(或许使用第4章的技术)。最后请注意，定理的表述关键依赖于为所有中间表达式而不仅仅是普通表达式定义了分析。

我们现在转向定理3.10的证明。首先我们陈述一个重要的观察。

结论3.11　如果 $(\widehat{\mathsf{C}}, \widehat{\rho}) \models it^{\ell_1}$ 和 $\widehat{\mathsf{C}}(\ell_1) \subseteq \widehat{\mathsf{C}}(\ell_2)$，则 $(\widehat{\mathsf{C}}, \widehat{\rho}) \models it^{\ell_2}$。

证明　在“$\models$”的子句上分情况考虑。■

然后我们证明定理3.10。

证明　我们假设 $\rho\ \mathcal{R}\ \widehat{\rho}$ 和 $(\widehat{\mathsf{C}}, \widehat{\rho}) \models ie$ 并通过对 $\rho \vdash ie \to ie'$ 的推导树结构进行归纳证明 $(\widehat{\mathsf{C}}, \widehat{\rho}) \models ie'$。大部分情况只需检查 $(\widehat{\mathsf{C}}, \widehat{\rho}) \models ie$ 的定义子句。请注意，这种证明方法适用于一个递归定义的所有不动点，特别是最大不动点。我们只为一些更有趣的情况提供证明。

情况[var]。这里$\rho\vdash ie\to ie'$是

$$\rho\vdash x^{\ell}\to v^{\ell}\text{因为}x\in dom(\rho)\text{和}v=\rho(x)$$

如果$v=c$则没有什么需要证明的，因此假设$v=\texttt{close}\ t_0\ \texttt{in}\ \rho_0$。从$\rho\ \mathcal{R}\ \widehat{\rho}$我们得到$v\ \mathcal{V}(\widehat{\rho},\widehat{\rho}(x))$，因此得到$t_0\in\widehat{\rho}(x)$和$\rho_0\ \mathcal{R}\ \widehat{\rho}$。从$(\widehat{\mathsf{C}},\widehat{\rho})\models ie$我们得到$\widehat{\rho}(x)\subseteq\widehat{\mathsf{C}}(\ell)$，因此得到$t_0\in\widehat{\mathsf{C}}(\ell)$。由于$t_0\in\widehat{\mathsf{C}}(\ell)$和$\rho_0\ \mathcal{R}\ \widehat{\rho}$，我们已经证明了$(\widehat{\mathsf{C}},\widehat{\rho})\models ie'$。

160

情况[fn]。这里$\rho\vdash ie\to ie'$是

$$\rho\vdash(\texttt{fn}\ x\ \texttt{=>}\ e_0)^{\ell}\to(\texttt{close}\ (\texttt{fn}\ x\ \texttt{=>}\ e_0)\ \texttt{in}\ \rho_0)^{\ell}$$
$$\text{其中}\ \rho_0=\rho\mid FV(\texttt{fn}\ x\ \texttt{=>}\ e_0)$$

从$(\widehat{\mathsf{C}},\widehat{\rho})\models ie$我们得到$(\texttt{fn}\ x\ \texttt{=>}\ e_0)\in\widehat{\mathsf{C}}(\ell)$，从$\rho\ \mathcal{R}\ \widehat{\rho}$显然可以得到$\rho_0\ \mathcal{R}\ \widehat{\rho}$，然后这证明了$(\widehat{\mathsf{C}},\widehat{\rho})\models ie'$。

情况[app_1]。这里$\rho\vdash ie\to ie'$是

$$\rho\vdash(ie_1\ ie_2)^{\ell}\to(ie_1'\ ie_2)^{\ell}\ \text{因为}\ \rho\vdash ie_1\to ie_1'$$

$(\widehat{\mathsf{C}},\widehat{\rho})\models ie$和$(\widehat{\mathsf{C}},\widehat{\rho})\models ie'$的定义子句是相同的，除了前者有$(\widehat{\mathsf{C}},\widehat{\rho})\models ie_1$，而后者有$(\widehat{\mathsf{C}},\widehat{\rho})\models ie_1'$。通过对

$$(\widehat{\mathsf{C}},\widehat{\rho})\models ie_1,\ \ \rho\ \mathcal{R}\ \widehat{\rho},\ \ \text{和}\ \ \rho\vdash ie_1\to ie_1'$$

进行归纳假设我们得到$(\widehat{\mathsf{C}},\widehat{\rho})\models ie_1'$，然后得到所需的结论。

情况[app_{fn}]。这里$\rho\vdash ie\to ie'$是

$$\rho\vdash((\texttt{close}\ (\texttt{fn}\ x\ \texttt{=>}\ t_0^{\ell_0})\ \texttt{in}\ \rho_1)^{\ell_1}\ v_2^{\ell_2})^{\ell}\to(\texttt{bind}\ \rho_1[x\mapsto v_2]\ \texttt{in}\ t_0^{\ell_0})^{\ell}$$

从$(\widehat{\mathsf{C}},\widehat{\rho})\models ie$我们得到$(\widehat{\mathsf{C}},\widehat{\rho})\models(\texttt{close}(\texttt{fn}\ x\ \texttt{=>}\ t_0^{\ell_0})\ \texttt{in}\ \rho_1)^{\ell_1}$，然后得到：

$$(\texttt{fn}\ x\ \texttt{=>}\ t_0^{\ell_0})\in\widehat{\mathsf{C}}(\ell_1)\quad\text{和}\quad\rho_1\ \mathcal{R}\ \widehat{\rho}$$

此外我们有$(\widehat{\mathsf{C}},\widehat{\rho})\models v_2^{\ell_2}$。在$v_2=c$的情况下，立即得到：

$$v_2\ \mathcal{V}\ (\widehat{\rho},\widehat{\mathsf{C}}(\ell_2))$$

在$v_2=\texttt{close}\ t_2\ \texttt{in}\ \rho_2$的情况下，从$(\widehat{\mathsf{C}},\widehat{\rho})\models v_2^{\ell_2}$的定义可得该式。最后，$(\widehat{\mathsf{C}},\widehat{\rho})=ie$的定义中的第一个全称量词公式给出：

$$(\widehat{\mathsf{C}},\widehat{\rho})\models t_0^{\ell_0},\ \ \widehat{\mathsf{C}}(\ell_2)\subseteq\widehat{\rho}(x),\ \ \widehat{\mathsf{C}}(\ell_0)\subseteq\widehat{\mathsf{C}}(\ell)$$

现在观察$v_2\mathcal{V}(\widehat{\rho},\widehat{\rho}(x))$，因为$\widehat{\mathsf{C}}(\ell_2)\subseteq\widehat{\rho}(x)$来自子句($app_{fn}$)。因为$\rho_1\ \mathcal{R}\ \widehat{\rho}$，我们现在有：

$$(\widehat{\mathsf{C}},\widehat{\rho})\models t_0^{\ell_0},\ \ \widehat{\mathsf{C}}(\ell_0)\subseteq\widehat{\mathsf{C}}(\ell),\ \ (\rho_1[x\mapsto v_2])\ \mathcal{R}\ \widehat{\rho}$$

这证明了$(\widehat{\mathsf{C}},\widehat{\rho})\models ie'$。

情况[$bind_2$]。这里$\rho\vdash ie\to ie'$是

$$\rho\vdash(\texttt{bind}\ \rho_1\ \texttt{in}\ v_1^{\ell_1})^{\ell}\to v_1^{\ell}$$

从$(\widehat{\mathsf{C}},\widehat{\rho})\models ie$我们得到$(\widehat{\mathsf{C}},\widehat{\rho})\models v_1^{\ell_1}$和$\widehat{\mathsf{C}}(\ell_1)\subseteq\widehat{\mathsf{C}}(\ell)$，并且根据结论3.11可得$(\widehat{\mathsf{C}},\widehat{\rho})\models v_1^{\ell}$。

这样就完成了证明。 ■

161

例3.12 从例3.7我们得到：

$$[\,]\vdash((\texttt{fn x => x}^1)^2\ (\texttt{fn y => y}^3)^4)^5\to^*(\texttt{close}\ (\texttt{fn y => y}^3)\ \texttt{in}\ [\,])^5$$

接下来让$(\widehat{\mathsf{C}}_e,\widehat{\rho}_e)$如例3.3中的那样。显然$[\,]\ \mathcal{R}\ \widehat{\rho}_e$，并且从例3.5我们得到：

$$(\widehat{\mathsf{C}}_{\mathsf{e}},\widehat{\rho}_{\mathsf{e}}) \models ((\texttt{fn x => x}^1)^2\ (\texttt{fn y => y}^3)^4)^5$$

根据定理 3.10，我们现在可以得出结论：

$$(\widehat{\mathsf{C}}_{\mathsf{e}},\widehat{\rho}_{\mathsf{e}}) \models (\texttt{close (fn y => y}^3\texttt{) in [ ]})^5$$

使用表 3.4，很容易检查确实如此。■

3.2.3　解的存在性

在定义了表 3.1 中的分析之后，自然会问下面的问题：每个表达式 e 是否允许控制流分析，即是否存在$(\widehat{\mathsf{C}},\widehat{\rho})$使得$(\widehat{\mathsf{C}},\widehat{\rho})\models e$? 我们接下来将证明这个问题的答案是肯定的。

然而，这并不排除对同一表达式有多种不同分析的可能性，因此另一个问题是：每个表达式 e 是否具有“最小”的控制流分析，即是否存在$(\widehat{\mathsf{C}}_0,\widehat{\rho}_0)$使得$(\widehat{\mathsf{C}}_0,\widehat{\rho}_0)\models e$ 并且每当$(\widehat{\mathsf{C}},\widehat{\rho})\models e$，$(\widehat{\mathsf{C}}_0,\widehat{\rho}_0)$“小于”$(\widehat{\mathsf{C}},\widehat{\rho})$? 同样，答案是肯定的。

这里“最小”是对于下面定义的偏序：

$$\begin{aligned}(\widehat{\mathsf{C}}_1,\widehat{\rho}_1) \sqsubseteq (\widehat{\mathsf{C}}_2,\widehat{\rho}_2) \quad \text{iff} \quad & (\forall \ell \in \mathbf{Lab} : \widehat{\mathsf{C}}_1(\ell) \subseteq \widehat{\mathsf{C}}_2(\ell)) \ \wedge \\ & (\forall x \in \mathbf{Var} : \widehat{\rho}_1(x) \subseteq \widehat{\rho}_2(x))\end{aligned}$$

3.3 节和 3.4 节(以及迷你项目 3.1)的主题是展示最小解可以为所有表达式高效计算。但是，为中间表达式的最小解的存在性提供一般证明也是有益的。为此，我们回顾 Moore 族的概念(见附录 A 和练习 2.7)：

> 一个完全格 $L=(L,\sqsubseteq)$的子集 Y是一个 Moore 族当且仅当$(\sqcap Y')\in Y$对于所有$Y'\subseteq Y$都成立。

这个性质也称为模型交集性质(model intersection property)，因为每当我们取多个“模型”的“交集”时，我们仍然会得到一个“模型”。

162

命题 3.13　对于所有 $ie\in\mathbf{IExp}$，集合 $\{(\widehat{\mathsf{C}},\widehat{\rho})\mid(\widehat{\mathsf{C}},\widehat{\rho})\models ie\}$ 是一个 Moore 族。

可以直接得到一个推论，即所有中间表达式 ie 都允许控制流分析：设 Y'为空集，那么$\sqcap Y'$是 $\{(\widehat{\mathsf{C}},\widehat{\rho})\mid(\widehat{\mathsf{C}},\widehat{\rho})\models ie\}$ 的一个元素，表明至少存在一个 ie 的分析。

另一个推论是，所有中间表达式都具有最小的控制流分析：设 Y'为集合 $\{(\widehat{\mathsf{C}},\widehat{\rho})\mid(\widehat{\mathsf{C}},\widehat{\rho})\models ie\}$，则$\sqcap Y'$是 $\{(\widehat{\mathsf{C}},\widehat{\rho})\mid(\widehat{\mathsf{C}},\widehat{\rho})\models ie\}$ 的一个元素，因此它也是 ie 的一个分析。显然$\sqcap Y'\sqsubseteq(\widehat{\mathsf{C}},\widehat{\rho})$对于 ie 的所有其他分析$(\widehat{\mathsf{C}},\widehat{\rho})$，因此它是最小的分析结果。

为了证明命题 3.13，我们首先为 $\mathcal{R}$ 和 $\mathcal{V}$ 证明一个辅助结论。

引理 3.14

(i) 对于所有 $\rho\in\mathbf{Env}$，集合$\{\widehat{\rho}\mid\rho\,\mathcal{R}\,\widehat{\rho}\}$是一个 Moore 族。

(ii) 对于所有 $v\in\mathbf{Val}$，集合$\{(\widehat{\rho},\widehat{v})\mid v\,\mathcal{V}(\widehat{\rho},\widehat{v})\}$是一个 Moore 族。

证明　为了证明(i)，我们使用ρ上的良基归纳(这也是证明谓词存在的方法)。现在假设：

$$\forall i\in I:\rho\,\mathcal{R}\,\widehat{\rho}_i$$

对于某个索引集合 I，我们来证明 $\rho\,\mathcal{R}\,(\sqcap_i\widehat{\rho}_i)$。为此，考虑 x、t_x 和 ρ_x，使得：

$$\rho(x)=\texttt{close}\ t_x\ \texttt{in}\ \rho_x$$

60

然后我们知道：

$$\forall i\in I: t_x\in\widehat{\rho}_i(x)\ \wedge\ \rho_x\,\mathcal{R}\,\widehat{\rho}_i$$

并使用归纳假设得出结论：

$$t_x \in (\bigsqcap_i \widehat{\rho}_i)(x) \ \wedge \ \rho_x \ \mathcal{R} \ (\bigsqcap_i \widehat{\rho}_i)$$

（当 $I=\emptyset$ 时要注意。）

为了证明(ii)，我们只需展开 $\mathcal{V}$ 的定义，并注意结论来自(i)。 ■

我们现在使用余归纳原理来证明命题3.13（见附录B）：

证明 表3.1和表3.4中的三元关系 $\models$ 是函数 $\mathcal{Q}$ 的最大不动点，如3.1节所述。现在假设：

$$\forall i \in I : (\widehat{\mathsf{C}}_i, \widehat{\rho}_i) \models ie$$

并证明 $\bigsqcap_i(\widehat{\mathsf{C}}_i,\widehat{\rho}_i) \models ie$。我们将使用余归纳（见附录B），因此首先定义如下三元关系 Q'：

$$(\widehat{\mathsf{C}}', \widehat{\rho}') \ Q' \ ie' \ \text{ iff } \ (\widehat{\mathsf{C}}', \widehat{\rho}') = \bigsqcap_i(\widehat{\mathsf{C}}_i, \widehat{\rho}_i) \ \wedge \ \forall i \in I : (\widehat{\mathsf{C}}_i, \widehat{\rho}_i) \models ie'$$

163

然后，能够马上得到：

$$\bigsqcap_i(\widehat{\mathsf{C}}_i, \widehat{\rho}_i) \ Q' \ ie$$

余归纳原理要求我们证明：

$$Q' \sqsubseteq \mathcal{Q}(Q')$$

这相当于假定 $(\widehat{\mathsf{C}}',\widehat{\rho}') \ Q' \ ie'$，然后证明 $(\widehat{\mathsf{C}}',\widehat{\rho}') \ (\mathcal{Q}(Q')) \ ie'$。因此我们假设

$$\forall i \in I : (\widehat{\mathsf{C}}_i, \widehat{\rho}_i) \models ie'$$

并表明：

$$\bigsqcap_i(\widehat{\mathsf{C}}_i, \widehat{\rho}_i) \ (\mathcal{Q}(Q')) \ ie'$$

为此，我们依次考虑 ie'的每个子句。

这里我们只处理最复杂的情况 $ie' = (it_1^{\ell_1} \ it_2^{\ell_2})^{\ell}$。从

$$\forall i \in I : (\widehat{\mathsf{C}}_i, \widehat{\rho}_i) \models (it_1^{\ell_1} \ it_2^{\ell_2})^{\ell}$$

我们得到 $\forall i \in I : (\widehat{\mathsf{C}}_i,\widehat{\rho}_i) \models it_1^{\ell_1}$，因此：

$$\bigsqcap_i(\widehat{\mathsf{C}}_i, \widehat{\rho}_i) \ Q' \ it_1^{\ell_1}$$

同样，我们得到：

$$\bigsqcap_i(\widehat{\mathsf{C}}_i, \widehat{\rho}_i) \ Q' \ it_2^{\ell_2}$$

接下来考虑 $(\texttt{fn}\ x\ \texttt{=>}\ t_0^{\ell_0}) \in \bigcap_i(\widehat{\mathsf{C}}_i(\ell_1))$并证明：

$$\bigcap_i(\widehat{\mathsf{C}}_i(\ell_2)) \subseteq \bigcap_i(\widehat{\rho}_i(x)), \quad \bigcap_i(\widehat{\mathsf{C}}_i(\ell_0)) \subseteq \bigcap_i(\widehat{\mathsf{C}}_i(\ell)), \quad \bigsqcap_i(\widehat{\mathsf{C}}_i, \widehat{\rho}_i) \ Q' \ t_0^{\ell_0} \qquad (3.1)$$

对于所有 $i \in I$，我们有 $(\widehat{\mathsf{C}}_i,\widehat{\rho}_i) \models ie'$，并且因为 $(\texttt{fn}\ x\ \texttt{=>}\ t_0^{\ell_0}) \in \widehat{\mathsf{C}}_i(\ell_1)$我们有：

$$\widehat{\mathsf{C}}_i(\ell_2) \subseteq \widehat{\rho}_i(x), \quad \widehat{\mathsf{C}}_i(\ell_0) \subseteq \widehat{\mathsf{C}}_i(\ell), \quad (\widehat{\mathsf{C}}_i, \widehat{\rho}_i) \models t_0^{\ell_0}$$

这给出了式(3.1)（当 $I=\emptyset$ 时要注意）。$(\texttt{fun}\ f\ x\ \texttt{=>}\ t_0^{\ell_0}) \in \bigcap_i(\widehat{\mathsf{C}}_i(\ell_1))$ 的情况类似。这样就完成了证明。 ■

例3.15 让我们回顾例3.5并考虑 $((\texttt{fn x => x}^1)^2\ (\texttt{fn y => y}^3)^4)^5$ 的以下潜在分析结果：

	$(\widehat{\mathsf{C}}_e,\widehat{\rho}_e)$	$(\widehat{\mathsf{C}}'_e,\widehat{\rho}'_e)$	$(\widehat{\mathsf{C}}''_e,\widehat{\rho}''_e)$
1	{fn y => y^3}	{fn y => y^3}	{fn y => y^3}
2	{fn x => x^1}	{fn x => x^1}	{fn x => x^1}
3	$\emptyset$	{fn x => x^1}	{fn y => y^3}
4	{fn y => y^3}	{fn y => y^3}	{fn y => y^3}
5	{fn y => y^3}	{fn y => y^3}	{fn y => y^3}
x	{fn y => y^3}	{fn y => y^3}	{fn y => y^3}
y	$\emptyset$	{fn x => x^1}	{fn y => y^3}

164

很容易验证

$$(\widehat{\mathsf{C}}'_{\mathsf{e}}, \widehat{\rho}'_{\mathsf{e}}) \models ((\texttt{fn x => x}^1)^2\ (\texttt{fn y => y}^3)^4)^5$$
$$(\widehat{\mathsf{C}}''_{\mathsf{e}}, \widehat{\rho}''_{\mathsf{e}}) \models ((\texttt{fn x => x}^1)^2\ (\texttt{fn y => y}^3)^4)^5$$

现在命题3.13也保证了：

$$(\widehat{\mathsf{C}}'_{\mathsf{e}} \sqcap \widehat{\mathsf{C}}''_{\mathsf{e}}, \widehat{\rho}'_{\mathsf{e}} \sqcap \widehat{\rho}''_{\mathsf{e}}) \models ((\texttt{fn x => x}^1)^2\ (\texttt{fn y => y}^3)^4)^5$$

$(\widehat{\mathsf{C}}'_{\mathsf{e}}, \widehat{\rho}'_{\mathsf{e}})$ 和 $(\widehat{\mathsf{C}}''_{\mathsf{e}}, \widehat{\rho}''_{\mathsf{e}})$ 都不是最小解。它们的“交集” $(\widehat{\mathsf{C}}'_{\mathsf{e}} \sqcap \widehat{\mathsf{C}}''_{\mathsf{e}}, \widehat{\rho}'_{\mathsf{e}} \sqcap \widehat{\rho}''_{\mathsf{e}})$更小，等于 $(\widehat{\mathsf{C}}_{\mathsf{e}}, \widehat{\rho}_{\mathsf{e}})$，这是表达式的最小分析结果。■

3.2.4　余归纳和归纳的比较

表3.1中的抽象控制流分析的一个主要特点是可接受关系的余归纳定义：

$\models$是泛函 $\mathcal{Q}$ 的**最大**不动点

另一个选择是可接受关系的归纳定义：

$\models'$是泛函 $\mathcal{Q}$ 的**最小**不动点

然而，在例3.6中，我们认为这可能是不合适的。在这里我们将证明前一小节的一个重要部分对于 $\mathcal{Q}$ 的最小不动点($\models'$)不成立。

命题3.16　存在 $e_\star \in \mathbf{Exp}$ 使得 $\{(\widehat{\mathsf{C}}, \widehat{\rho}) \mid (\widehat{\mathsf{C}}, \widehat{\rho}) \models' e_\star\}$ **不是一个** Moore 族。

证明(概述)　这个证明要求很高，最好在第一次阅读时跳过。为了使证明易于处理，我们考虑

$$\begin{aligned} \mathsf{e}_\star &= \mathsf{t}_\star^\ell \\ \mathsf{t}_\star &= (\texttt{fn x => (x}^\ell\ \texttt{x}^\ell)^\ell)^\ell\ (\texttt{fn x => (x}^\ell\ \texttt{x}^\ell)^\ell)^\ell \end{aligned}$$

并取

$$\begin{aligned} \mathbf{Lab}_{\mathsf{e}} &= \{\ell\} \\ \mathbf{Var}_{\mathsf{e}} &= \{\mathtt{x}\} \\ \mathbf{Term}_{\mathsf{e}} &= \{\mathsf{t}_\star, \texttt{fn x => (x}^\ell\ \texttt{x}^\ell)^\ell, \texttt{x}^\ell\ \texttt{x}^\ell, \texttt{x}\} \\ \mathbf{IExp}_{\mathsf{e}} &= \{t^\ell \mid t \in \mathbf{Term}_{\mathsf{e}}\} \\ \widehat{\mathbf{Val}}_{\mathsf{e}} &= \mathcal{P}(\{\texttt{fn x => (x}^\ell\ \texttt{x}^\ell)^\ell\}) = \{\emptyset, \{\texttt{fn x => (x}^\ell\ \texttt{x}^\ell)^\ell\}\} \end{aligned}$$

165

这符合练习3.2(以及3.3.2节的内容)，并且我们将看到命题3.13的证明没有失效。

接下来让 $\mathcal{Q}$ 为表3.1定义的泛函，并且让 Q 在 $\mathcal{Q}$ 的定义域中。条件

$$Q = \mathcal{Q}(Q)$$

相当于：

$$\forall t \in \mathbf{Term}_{\mathsf{e}} : \forall (\widehat{\mathsf{C}}, \widehat{\rho}) : ((\widehat{\mathsf{C}}, \widehat{\rho})\ Q\ t^\ell \ \text{ iff }\ (\widehat{\mathsf{C}}, \widehat{\rho})\ \mathcal{Q}(Q)\ t^\ell)$$

通过考虑 $t \in \mathbf{Term}_{\mathsf{e}}$ 的四种可能性，这相当于以下四个条件的合取(对于所有 $(\widehat{\mathsf{C}}, \widehat{\rho})$ 成立)：

$$\begin{aligned}
(\widehat{\mathsf{C}}, \widehat{\rho})\ Q\ \mathtt{x}^\ell \quad &\text{iff} \quad \widehat{\rho}(\mathtt{x}) \subseteq \widehat{\mathsf{C}}(\ell) \\
(\widehat{\mathsf{C}}, \widehat{\rho})\ Q\ (\texttt{fn x => (x}^\ell\ \texttt{x}^\ell)^\ell)^\ell \quad &\text{iff} \quad \{\texttt{fn x => (x}^\ell\ \texttt{x}^\ell)^\ell\} \subseteq \widehat{\mathsf{C}}(\ell) \\
(\widehat{\mathsf{C}}, \widehat{\rho})\ Q\ (\mathtt{x}^\ell\ \mathtt{x}^\ell)^\ell \quad &\text{iff} \quad (\widehat{\mathsf{C}}, \widehat{\rho})\ Q\ \mathtt{x}^\ell\ \wedge \\
&\qquad \widehat{\mathsf{C}}(\ell) \neq \emptyset \Rightarrow ((\widehat{\mathsf{C}}, \widehat{\rho})\ Q\ (\mathtt{x}^\ell\ \mathtt{x}^\ell)^\ell\ \wedge \\
&\qquad\qquad \widehat{\mathsf{C}}(\ell) \subseteq \widehat{\rho}(\mathtt{x})) \\
(\widehat{\mathsf{C}}, \widehat{\rho})\ Q\ t_\star^\ell \quad &\text{iff} \quad (\widehat{\mathsf{C}}, \widehat{\rho})\ Q\ (\texttt{fn x => (x}^\ell\ \texttt{x}^\ell)^\ell)^\ell\ \wedge \\
&\qquad \widehat{\mathsf{C}}(\ell) \neq \emptyset \Rightarrow ((\widehat{\mathsf{C}}, \widehat{\rho})\ Q\ (\mathtt{x}^\ell\ \mathtt{x}^\ell)^\ell\ \wedge \\
&\qquad\qquad \widehat{\mathsf{C}}(\ell) \subseteq \widehat{\rho}(\mathtt{x}))
\end{aligned}$$

这里我们使用了 $\widehat{\mathsf{C}}(\ell) \neq \emptyset$ 蕴含 $\widehat{\mathsf{C}}(\ell) = \{\texttt{fn x => (x}^\ell\ \texttt{x}^\ell)^\ell\}$，从本证明开头的 $\widehat{\mathbf{Val}}_\mathsf{e}$ 定义可得。

上述四个条件的合取蕴含以下四个条件的合取：

$$\begin{array}{rll} (\widehat{\mathsf{C}},\widehat{\rho})\ Q\ \texttt{x}^\ell & \text{iff} & \widehat{\rho}(\texttt{x}) \subseteq \widehat{\mathsf{C}}(\ell) \\ (\widehat{\mathsf{C}},\widehat{\rho})\ Q\ (\texttt{fn x => (x}^\ell\ \texttt{x}^\ell)^\ell)^\ell & \text{iff} & \{\texttt{fn x => (x}^\ell\ \texttt{x}^\ell)^\ell\} \subseteq \widehat{\mathsf{C}}(\ell) \\ (\widehat{\mathsf{C}},\widehat{\rho})\ Q\ (\texttt{x}^\ell\ \texttt{x}^\ell)^\ell & \text{iff} & \widehat{\rho}(\texttt{x}) \subseteq \widehat{\mathsf{C}}(\ell)\ \wedge \\ & & (\widehat{\mathsf{C}}(\ell) \neq \emptyset \ \Rightarrow\ (\widehat{\mathsf{C}},\widehat{\rho})\ Q\ (\texttt{x}^\ell\ \texttt{x}^\ell)^\ell)\ \wedge \\ & & \widehat{\mathsf{C}}(\ell) \subseteq \widehat{\rho}(\texttt{x}) \\ (\widehat{\mathsf{C}},\widehat{\rho})\ Q\ t_\star^\ell & \text{iff} & \{\texttt{fn x => (x}^\ell\ \texttt{x}^\ell)^\ell\} \subseteq \widehat{\mathsf{C}}(\ell)\ \wedge \\ & & (\widehat{\mathsf{C}},\widehat{\rho})\ Q\ (\texttt{x}^\ell\ \texttt{x}^\ell)^\ell\ \wedge \\ & & \widehat{\mathsf{C}}(\ell) \subseteq \widehat{\rho}(\texttt{x}) \end{array}$$

这个蕴含可以颠倒过来，表明上述四个条件的合取等价于 $Q = \mathcal{Q}(Q)$。

由于 $\widehat{\rho}(\texttt{x})$ 只能是 $\emptyset$ 或 $\{\texttt{fn x => (x}^\ell\ \texttt{x}^\ell)^\ell\}$，并且对 $\widehat{\mathsf{C}}(\ell)$ 也类似，上述四个条件等价于以下条件：

166

$$\begin{array}{rll} (\widehat{\mathsf{C}},\widehat{\rho})\ Q\ \texttt{x}^\ell & \text{iff} & \widehat{\rho}(\texttt{x}) \subseteq \widehat{\mathsf{C}}(\ell) \\ (\widehat{\mathsf{C}},\widehat{\rho})\ Q\ (\texttt{fn x => (x}^\ell\ \texttt{x}^\ell)^\ell)^\ell & \text{iff} & \{\texttt{fn x => (x}^\ell\ \texttt{x}^\ell)^\ell\} = \widehat{\mathsf{C}}(\ell) \\ (\widehat{\mathsf{C}},\widehat{\rho})\ Q\ (\texttt{x}^\ell\ \texttt{x}^\ell)^\ell & \text{iff} & \widehat{\rho}(\texttt{x}) = \widehat{\mathsf{C}}(\ell)\ \wedge \\ & & (\widehat{\mathsf{C}}(\ell) \neq \emptyset \ \Rightarrow\ (\widehat{\mathsf{C}},\widehat{\rho})\ Q\ (\texttt{x}^\ell\ \texttt{x}^\ell)^\ell) \\ (\widehat{\mathsf{C}},\widehat{\rho})\ Q\ t_\star^\ell & \text{iff} & \{\texttt{fn x => (x}^\ell\ \texttt{x}^\ell)^\ell\} = \widehat{\mathsf{C}}(\ell) = \widehat{\rho}(\texttt{x})\ \wedge \\ & & (\widehat{\mathsf{C}},\widehat{\rho})\ Q\ (\texttt{x}^\ell\ \texttt{x}^\ell)^\ell \end{array}$$

由此得出，上述四个条件的合取再次等价于 $Q = \mathcal{Q}(Q)$。

$(\widehat{\mathsf{C}},\widehat{\rho})\ Q\ e$ 定义中的关键情况是 $e = (\texttt{x}^\ell\ \texttt{x}^\ell)^\ell$，因为这些决定了其他情况的真假。我们现在试着掌握哪些候选 $Q_1, \cdots, Q_n$ 满足 $Q_i = \mathcal{Q}(Q_i)$。集中考虑 $(\texttt{x}^\ell\ \texttt{x}^\ell)^\ell$ 的条件，可得 $(\widehat{\mathsf{C}},\widehat{\rho})\ Q_i\ (\texttt{x}^\ell\ \texttt{x}^\ell)^\ell$ 必须要求 $\widehat{\mathsf{C}}(\ell) = \widehat{\rho}(\texttt{x})$。由于每个 $\widehat{\mathsf{C}}(\ell)$ 和 $\widehat{\rho}(\texttt{x})$ 只能是 $\{\texttt{fn x => (x}^\ell\ \texttt{x}^\ell)^\ell\}$ 或 $\emptyset$，因此 Q_i 最多有以下四个选择：

$$\begin{array}{rll} (\widehat{\mathsf{C}},\widehat{\rho})\ Q_1\ (\texttt{x}^\ell\ \texttt{x}^\ell)^\ell & \text{iff} & \widehat{\mathsf{C}}(\ell) = \widehat{\rho}(\texttt{x}) \\ (\widehat{\mathsf{C}},\widehat{\rho})\ Q_2\ (\texttt{x}^\ell\ \texttt{x}^\ell)^\ell & \text{iff} & \widehat{\mathsf{C}}(\ell) = \widehat{\rho}(\texttt{x}) = \emptyset \\ (\widehat{\mathsf{C}},\widehat{\rho})\ Q_3\ (\texttt{x}^\ell\ \texttt{x}^\ell)^\ell & \text{iff} & \widehat{\mathsf{C}}(\ell) = \widehat{\rho}(\texttt{x}) \neq \emptyset \\ (\widehat{\mathsf{C}},\widehat{\rho})\ Q_4\ (\texttt{x}^\ell\ \texttt{x}^\ell)^\ell & \text{iff} & \mathit{false} \end{array}$$

验证条件

$$\forall(\widehat{\mathsf{C}},\widehat{\rho}) : \left(\begin{array}{rll} (\widehat{\mathsf{C}},\widehat{\rho})\ Q_i\ (\texttt{x}^\ell\ \texttt{x}^\ell)^\ell & \text{iff} & \widehat{\rho}(\texttt{x}) = \widehat{\mathsf{C}}(\ell)\ \wedge \\ & & (\widehat{\mathsf{C}}(\ell) \neq \emptyset \ \Rightarrow\ (\widehat{\mathsf{C}},\widehat{\rho})\ Q_i\ (\texttt{x}^\ell\ \texttt{x}^\ell)^\ell) \end{array} \right)$$

其中 $i \in \{1,2,3,4\}$，可以得出 Q_1 和 Q_2 满足条件，而 Q_3 和 Q_4 不满足条件。

现在可以直接验证其余三个条件，可得

$$Q_i = \mathcal{Q}(Q_i), \quad i = 1,2$$

这意味着 Q_1 等于 $\models$（$\mathcal{Q}$ 的最大不动点），并且 Q_2 等于 $\models'$（$\mathcal{Q}$ 的最小不动点）。然后可以计算出来：

$$\begin{array}{rll} (\widehat{\mathsf{C}},\widehat{\rho})\ Q_1\ t_\star^\ell & \text{iff} & \widehat{\mathsf{C}}(\ell) = \widehat{\rho}(\texttt{x}) \neq \emptyset \\ (\widehat{\mathsf{C}},\widehat{\rho})\ Q_2\ t_\star^\ell & \text{iff} & \mathit{false} \end{array}$$

这表明了

$$\{(\widehat{\mathsf{C}},\widehat{\rho}) \mid (\widehat{\mathsf{C}},\widehat{\rho})\ Q_1\ e_\star\} = \{(\widehat{\mathsf{C}},\widehat{\rho}) \mid \widehat{\mathsf{C}}(\ell) = \widehat{\rho}(\mathtt{x}) = \{\mathtt{fn\ x\ =>\ (x^\ell\ x^\ell)^\ell}\}\}$$

这是一个单例集，实际上是 Moore 族，而

$$\{(\widehat{\mathsf{C}},\widehat{\rho}) \mid (\widehat{\mathsf{C}},\widehat{\rho})\ Q_2\ e_\star\} = \emptyset$$

167 这不可能是 Moore 族(因为 Moore 族永远不能为空)。这样就完成了证明。 ■

3.3 语法引导的 0-CFA 分析

现在我们将展示如何获得 0-CFA 分析的高效实现。因此，在本节中，我们设 $e_\star \in \mathbf{Exp}$ 为所关注的表达式，并希望找到一个“好”的解$(\widehat{\mathsf{C}},\widehat{\rho})$，满足$(\widehat{\mathsf{C}},\widehat{\rho}) \models e_\star$。

这相当于找到一个对于 3.2 节中定义的偏序$\sqsubseteq$的尽可能小的解：

$$(\widehat{\mathsf{C}}_1,\widehat{\rho}_1) \sqsubseteq (\widehat{\mathsf{C}}_2,\widehat{\rho}_2) \quad \text{iff} \quad (\forall \ell : \widehat{\mathsf{C}}_1(\ell) \subseteq \widehat{\mathsf{C}}_2(\ell)) \wedge (\forall x : \widehat{\rho}_1(x) \subseteq \widehat{\rho}_2(x))$$

命题 3.13 表明存在最小解。然而，证明中隐含的算法并不具有可行的(多项式)复杂性：它涉及枚举所有候选解，确定它们是否确实是解，如果是，则对目前为止发现的其他解取最大下界。

另一种方法是以某种方式获得一组有限的约束，例如形式为 $lhs \subseteq rhs$(其中 lhs 和 rhs 类似于 3.1 节中描述过的)，然后取约束集合的最小解。最明显的方法是展开公式$(\widehat{\mathsf{C}},\widehat{\rho}) \models e_\star$，包括展开所有“递归调用”，使用备忘方法记录到目前为止执行的所有展开，并在再次遇到之前展开的调用时停止展开。

三个阶段　基于上述考虑，我们将采取更直接的途径。它有三个阶段：

(i)表 3.1 的规范用语法引导的方式重新表述(3.3.1 节)。

(ii)将语法引导的规范转化为一个构造有限约束集合的算法(3.4.1 节)。

(iii)计算这个约束集合的最小解(3.4.2 节)。

这实际上是一个常见现象：规范“$\models_A$”被重新表述为规范“$\models_B$”，以确保：

$$(\widehat{\mathsf{C}},\widehat{\rho}) \models_A e_\star \ \Leftarrow\ (\widehat{\mathsf{C}},\widehat{\rho}) \models_B e_\star$$

因此“$\models_B$”是“$\models_A$”的一个安全近似，“$\models_B e_\star$”的最佳(最小)解也是“$\models_A e_\star$”的一个解。这还确保了“$\models_B$”的所有解都是语义正确的(假设已经证明了“$\models_A$”的所有解都是语义正确的)。然而，我们并不宣称主语约化结论适用于$\models_B$(即使对于$\models_A$已经证明了)。

168

如果额外有：

$$(\widehat{\mathsf{C}},\widehat{\rho}) \models_A e_\star \ \Rightarrow\ (\widehat{\mathsf{C}},\widehat{\rho}) \models_B e_\star$$

则可以确保没有任何解会丢失，因此“$\models_B e_\star$”的最佳(最小)解也是“$\models_A e_\star$”的最佳(最小)解。正如我们将看到的，可能需要限制注意力于满足一些附加条件的解$(\widehat{\mathsf{C}},\widehat{\rho})$(例如，只有 $e_\star$的程序片段出现在 $\widehat{\mathsf{C}}$ 和$\widehat{\rho}$的值域内)。

3.3.1 语法引导的规范

在将“$\models e_\star$”的规范重新表述为一个更易计算的规范“$\models_s e_\star$”时，我们将确保每个函数体最多只分析一次，而不是每次应用时分析。一种实现方法如表 3.5 描述的语法引导 0-CFA 分析那样，对每个函数体正好分析一次。一个更好的选择是只分析可到达的函数体，其具体实现请参考迷你项目 3.1。因此，在表 3.5 中，每个函数体在函数抽象的相关

子句中分析，而不是在函数应用的子句中分析，所以我们可能分析无法访问的程序片段。

表 3.5　语法引导的控制流分析

$$
\begin{array}{ll}
[con] & (\widehat{\mathsf{C}},\widehat{\rho}) \models_s c^{\ell} \text{ always} \\
[var] & (\widehat{\mathsf{C}},\widehat{\rho}) \models_s x^{\ell} \text{ iff } \widehat{\rho}(x) \subseteq \widehat{\mathsf{C}}(\ell) \\
[fn] & (\widehat{\mathsf{C}},\widehat{\rho}) \models_s (\texttt{fn } x \texttt{ => } e_0)^{\ell} \\
& \quad \text{iff } \{\texttt{fn } x \texttt{ => } e_0\} \subseteq \widehat{\mathsf{C}}(\ell) \wedge \\
& \quad\quad (\widehat{\mathsf{C}},\widehat{\rho}) \models_s e_0 \\
[fun] & (\widehat{\mathsf{C}},\widehat{\rho}) \models_s (\texttt{fun } f\ x \texttt{ => } e_0)^{\ell} \\
& \quad \text{iff } \{\texttt{fun } f\ x \texttt{ => } e_0\} \subseteq \widehat{\mathsf{C}}(\ell) \wedge \\
& \quad\quad (\widehat{\mathsf{C}},\widehat{\rho}) \models_s e_0 \ \wedge\ \{\texttt{fun } f\ x \texttt{ => } e_0\} \subseteq \widehat{\rho}(f) \\
[app] & (\widehat{\mathsf{C}},\widehat{\rho}) \models_s (t_1^{\ell_1}\ t_2^{\ell_2})^{\ell} \\
& \quad \text{iff } (\widehat{\mathsf{C}},\widehat{\rho}) \models_s t_1^{\ell_1} \ \wedge\ (\widehat{\mathsf{C}},\widehat{\rho}) \models_s t_2^{\ell_2} \ \wedge \\
& \quad\quad (\forall (\texttt{fn } x \texttt{ => } t_0^{\ell_0}) \in \widehat{\mathsf{C}}(\ell_1): \\
& \quad\quad\quad \widehat{\mathsf{C}}(\ell_2) \subseteq \widehat{\rho}(x) \ \wedge\ \widehat{\mathsf{C}}(\ell_0) \subseteq \widehat{\mathsf{C}}(\ell)) \ \wedge \\
& \quad\quad (\forall (\texttt{fun } f\ x \texttt{ => } t_0^{\ell_0}) \in \widehat{\mathsf{C}}(\ell_1): \\
& \quad\quad\quad \widehat{\mathsf{C}}(\ell_2) \subseteq \widehat{\rho}(x) \ \wedge\ \widehat{\mathsf{C}}(\ell_0) \subseteq \widehat{\mathsf{C}}(\ell)) \\
[if] & (\widehat{\mathsf{C}},\widehat{\rho}) \models_s (\texttt{if } t_0^{\ell_0} \texttt{ then } t_1^{\ell_1} \texttt{ else } t_2^{\ell_2})^{\ell} \\
& \quad \text{iff } (\widehat{\mathsf{C}},\widehat{\rho}) \models_s t_0^{\ell_0} \ \wedge \\
& \quad\quad (\widehat{\mathsf{C}},\widehat{\rho}) \models_s t_1^{\ell_1} \ \wedge\ (\widehat{\mathsf{C}},\widehat{\rho}) \models_s t_2^{\ell_2} \ \wedge \\
& \quad\quad \widehat{\mathsf{C}}(\ell_1) \subseteq \widehat{\mathsf{C}}(\ell) \ \wedge\ \widehat{\mathsf{C}}(\ell_2) \subseteq \widehat{\mathsf{C}}(\ell) \\
[let] & (\widehat{\mathsf{C}},\widehat{\rho}) \models_s (\texttt{let } x \texttt{ = } t_1^{\ell_1} \texttt{ in } t_2^{\ell_2})^{\ell} \\
& \quad \text{iff } (\widehat{\mathsf{C}},\widehat{\rho}) \models_s t_1^{\ell_1} \ \wedge\ (\widehat{\mathsf{C}},\widehat{\rho}) \models_s t_2^{\ell_2} \ \wedge \\
& \quad\quad \widehat{\mathsf{C}}(\ell_1) \subseteq \widehat{\rho}(x) \ \wedge\ \widehat{\mathsf{C}}(\ell_2) \subseteq \widehat{\mathsf{C}}(\ell) \\
[op] & (\widehat{\mathsf{C}},\widehat{\rho}) \models_s (t_1^{\ell_1}\ op\ t_2^{\ell_2})^{\ell} \ \text{ iff }\ (\widehat{\mathsf{C}},\widehat{\rho}) \models_s t_1^{\ell_1} \ \wedge\ (\widehat{\mathsf{C}},\widehat{\rho}) \models_s t_2^{\ell_2}
\end{array}
$$

$\models_s$的正式定义。由于语义正确性已经在 3.2 节中讨论过，因此不再需要考虑中间表达式，因此表 3.5 中

$$(\widehat{\mathsf{C}},\widehat{\rho}) \models_s e$$

的规范只考虑普通表达式。我们将取“$\models_s$”为满足规范的最大关系。然而，考虑到规范是语法引导的，实际上只有一个满足规范的关系(参见练习 3.9)。因此，声称我们采用满足规范的最小关系在技术上也是正确的，但在直觉上具有误导性。换句话说，无论$\models_s$是归纳定义的还是余归纳定义的，都定义了同样的关系。当子句以语法引导的方式定义时，这是一种常见的现象。

例 3.17　考虑例 3.4 的表达式 loop：

$$
\begin{array}{l}
(\texttt{let g = (fun f x => (f}^1\ \texttt{(fn y => y}^2)^3)^4)^5 \\
\ \texttt{in (g}^6\ \texttt{(fn z => z}^7)^8)^9)^{10}
\end{array}
$$

我们将验证$(\widehat{\mathsf{C}}_{\mathsf{lp}},\widehat{\rho}_{\mathsf{lp}}) \models_s$ loop，其中$\widehat{\mathsf{C}}_{\mathsf{lp}}$和$\widehat{\rho}_{\mathsf{lp}}$如例 3.4 所示。使用子句[*let*]，只需证明

$$(\widehat{\mathsf{C}}_{\mathsf{lp}},\widehat{\rho}_{\mathsf{lp}}) \ \models_s \ (\texttt{fun f x => (f}^1\ \texttt{(fn y => y}^2)^3)^4)^5 \tag{3.2}$$

$$(\widehat{\mathsf{C}}_{\mathsf{lp}},\widehat{\rho}_{\mathsf{lp}}) \ \models_s \ (\texttt{g}^6\ \texttt{(fn z => z}^7)^8)^9 \tag{3.3}$$

169

因为我们有$\widehat{\mathsf{C}}_{\mathsf{lp}}(5) \subseteq \widehat{\rho}_{\mathsf{lp}}(\texttt{g})$和$\widehat{\mathsf{C}}_{\mathsf{lp}}(9) \subseteq \widehat{\mathsf{C}}_{\mathsf{lp}}(10)$。要证明式(3.2)，可使用子句[*fun*]，只需证明：

$$(\widehat{\mathsf{C}}_{\mathsf{lp}},\widehat{\rho}_{\mathsf{lp}}) \models_s (\texttt{f}^1\ \texttt{(fn y => y}^2)^3)^4$$

因为 $\mathsf{f} \in \widehat{\mathsf{C}}_{\mathsf{lp}}(5)$ 和 $\mathsf{f} \in \widehat{\rho}_{\mathsf{lp}}(\mathtt{f})$。现在 $\widehat{\mathsf{C}}_{\mathsf{lp}}(1) = \{\mathtt{f}\}$，因此根据子句[*app*]，这可从

170

$$(\widehat{\mathsf{C}}_{\mathsf{lp}}, \widehat{\rho}_{\mathsf{lp}}) \models_s \mathtt{f}^1$$
$$(\widehat{\mathsf{C}}_{\mathsf{lp}}, \widehat{\rho}_{\mathsf{lp}}) \models_s (\mathtt{fn\ y\ =>\ y}^2)^3$$

得到，因为 $\widehat{\mathsf{C}}_{\mathsf{lp}}(3) \subseteq \widehat{\rho}_{\mathsf{lp}}(\mathtt{x})$ 和 $\widehat{\mathsf{C}}_{\mathsf{lp}}(4) \subseteq \widehat{\mathsf{C}}_{\mathsf{lp}}(4)$。第一个子句来自[*var*]，因为 $\widehat{\rho}_{\mathsf{lp}}(\mathtt{f}) \subseteq \widehat{\mathsf{C}}_{\mathsf{lp}}(1)$。而对于最后一个子句，我们观察到根据 $\widehat{\rho}_{\mathsf{lp}}(\mathtt{y}) \subseteq \widehat{\mathsf{C}}_{\mathsf{lp}}(2)$，可得 $\mathsf{id}_y \in \widehat{\mathsf{C}}_{\mathsf{lp}}(3)$ 且 $(\widehat{\mathsf{C}}_{\mathsf{lp}}, \widehat{\rho}_{\mathsf{lp}}) \models_s \mathtt{y}^2$。

为了证明式(3.3)我们观察到 $\widehat{\mathsf{C}}_{\mathsf{lp}}(6) = \{\mathtt{f}\}$，因此使用[*app*]，只需证明：

$$(\widehat{\mathsf{C}}_{\mathsf{lp}}, \widehat{\rho}_{\mathsf{lp}}) \models_s \mathtt{g}^6$$
$$(\widehat{\mathsf{C}}_{\mathsf{lp}}, \widehat{\rho}_{\mathsf{lp}}) \models_s (\mathtt{fn\ z=>\ z}^7)^8$$

因为 $\widehat{\mathsf{C}}_{\mathsf{lp}}(8) \subseteq \widehat{\rho}_{\mathsf{lp}}(\mathtt{x})$ 和 $\widehat{\mathsf{C}}_{\mathsf{lp}}(4) \subseteq \widehat{\mathsf{C}}_{\mathsf{lp}}(9)$。这是显然的，除了最后一个子句，其中我们观察到根据 $\widehat{\rho}_{\mathsf{lp}}(\mathtt{z}) \subseteq \widehat{\mathsf{C}}_{\mathsf{lp}}(7)$，可得 $\mathsf{id}_z \in \widehat{\mathsf{C}}_{\mathsf{lp}}(8)$ 且 $(\widehat{\mathsf{C}}_{\mathsf{lp}}, \widehat{\rho}_{\mathsf{lp}}) \models_s \mathtt{z}^7$。

注意，由于分析是语法引导的，所以我们不需要余归纳，这和例3.6中的情况不同。■

3.3.2　解的保持

表3.5中分析的规范使用了潜在无限的值空间，尽管这不是真正必要的(对于表3.1，如练习3.2所示)。我们很容易就可以将分析限制在原始表达式中出现的实体上，这构成了联系表3.5的分析结果和表3.1的分析结果的基础。

因此，令 $\mathbf{Lab}_\star \subseteq \mathbf{Lab}$ 为程序 $e_\star$ 的标号的有限集合，令 $\mathbf{Var}_\star \subseteq \mathbf{Var}$ 为程序 $e_\star$ 的变量的有限集合，令 $\mathbf{Term}_\star$ 为程序 $e_\star$ 的子项的有限集合。定义 $(\widehat{\mathsf{C}}_\star^\top, \widehat{\rho}_\star^\top)$ 如下：

$$\widehat{\mathsf{C}}_\star^\top(\ell) = \begin{cases} \emptyset & \ell \notin \mathbf{Lab}_\star \\ \mathbf{Term}_\star & \ell \in \mathbf{Lab}_\star \end{cases}$$

$$\widehat{\rho}_\star^\top(x) = \begin{cases} \emptyset & x \notin \mathbf{Var}_\star \\ \mathbf{Term}_\star & x \in \mathbf{Var}_\star \end{cases}$$

然后，

$$(\widehat{\mathsf{C}}, \widehat{\rho}) \sqsubseteq (\widehat{\mathsf{C}}_\star^\top, \widehat{\rho}_\star^\top)$$

直观地表达$(\widehat{\mathsf{C}}, \widehat{\rho})$只涉及表达式 $e_\star$ 中出现的子项。显然，我们主要对具有该性质的分析结果感兴趣。实际上，这个条件可以“重新表述”为技术上更易于处理的

$$(\widehat{\mathsf{C}}, \widehat{\rho}) \in \widehat{\mathbf{Cache}}_\star \times \widehat{\mathbf{Env}}_\star$$

171

其中我们定义 $\widehat{\mathbf{Cache}}_\star = \mathbf{Lab}_\star \to \widehat{\mathbf{Val}}_\star$、$\widehat{\mathbf{Env}}_\star = \mathbf{Var}_\star \to \widehat{\mathbf{Val}}_\star$ 和 $\widehat{\mathbf{Val}}_\star = \mathcal{P}(\mathbf{Term}_\star)$。

现在我们可以证明“$\models_s e_\star$”的所有小于 $(\widehat{\mathsf{C}}_\star^\top, \widehat{\rho}_\star^\top)$ 的解也是“$\models e_\star$”的解。

命题3.18　如果 $(\widehat{\mathsf{C}}, \widehat{\rho}) \models_s e_\star$ 并且 $(\widehat{\mathsf{C}}, \widehat{\rho}) \sqsubseteq (\widehat{\mathsf{C}}_\star^\top, \widehat{\rho}_\star^\top)$，那么 $(\widehat{\mathsf{C}}, \widehat{\rho}) \models e_\star$。

证明　假设 $(\widehat{\mathsf{C}}, \widehat{\rho}) \models_s e_\star$ 并且 $(\widehat{\mathsf{C}}, \widehat{\rho}) \sqsubseteq (\widehat{\mathsf{C}}_\star^\top, \widehat{\rho}_\star^\top)$。此外，令 $\mathbf{Exp}_\star$ 为 $e_\star$ 中出现的表达式的集合，注意

$$\forall e \in \mathbf{Exp}_\star : (\widehat{\mathsf{C}}, \widehat{\rho}) \models_s e \tag{3.4}$$

来自 $\models_s$ 的定义是语法引导的。

为了证明 $(\widehat{\mathsf{C}}, \widehat{\rho}) \models e_\star$，我们使用余归纳法。我们知道“$\models$”是由表3.1的规范余归纳定义的，即“$\models = gfp(\mathcal{Q})$”，其中 $\mathcal{Q}$ 是表3.1(隐式)定义的函数。类似地，我们知道“$\models_s = gfp(\mathcal{Q}_s)$”，其中 $\mathcal{Q}_s$ 是表3.5(隐式)定义的函数。

接下来用 $(\widehat{\mathsf{C}}', \widehat{\rho}') \models^\star e'$ 表示 $(\widehat{\mathsf{C}}', \widehat{\rho}') = (\widehat{\mathsf{C}}, \widehat{\rho}) \wedge e' \in \mathbf{Exp}_\star$。现在只需证明：

$$(\mathcal{Q}_s(\models_s) \cap \models^\star) \subseteq \mathcal{Q}(\models_s \cap \models^\star) \tag{3.5}$$

因为从它可以得到“$(\models_s \cap \models^\star) \subseteq \mathcal{Q}(\models_s \cap \models^\star)$”，且因此通过余归纳“$(\models_s \cap \models^\star) \subseteq \models$”，并且因为$(\widehat{\mathsf{C}},\widehat{\rho}) \models_s e_\star$和$(\widehat{\mathsf{C}},\widehat{\rho}) \models^\star e_\star$，我们得到所需的$(\mathsf{C},\widehat{\rho}) \models e_\star$。

式(3.5)的证明相当于表3.5和表3.1的右侧的比较：对于每个子句，我们假设表3.5的右侧对于$(\widehat{\mathsf{C}},\widehat{\rho},e)$成立，并且$e \in \mathbf{Exp}_\star$，然后我们将证明当所有出现的“$\models$”被“$\models_s \cap \models^\star$”代替时，表3.1里相对应的右侧成立。

子句[*con*]、[*var*]、[*if*]、[*let*]和[*op*]都是显然的，因为表3.5和表3.1的右侧相似，并且所有的子项都在$\mathbf{Exp}_\star$中。子句[*fn*]和[*fun*]也是直接的，因为表3.5的右侧蕴含表3.1的右侧。最后，我们考虑子句[*app*]。对于$(\texttt{fn}\ x\ \texttt{=>}\ t_0^{\ell_0}) \in \widehat{\mathsf{C}}(\ell_1)$，我们需要证明$(\widehat{\mathsf{C}},\widehat{\rho}) \models_s t_0^{\ell_0}$；但因为$(\widehat{\mathsf{C}},\widehat{\rho}) \sqsubseteq (\widehat{\mathsf{C}}_\star^\top,\widehat{\rho}_\star^\top)$，这可由式(3.4)推出。对于$(\texttt{fun}\ f\ x\ \texttt{=>}\ t_0^{\ell_0}) \in \widehat{\mathsf{C}}(\ell_1)$我们需要证明$(\widehat{\mathsf{C}},\widehat{\rho}) \models_s t_0^{\ell_0}$和$(\texttt{fun}\ f\ x\ \texttt{=>}\ t_0^{\ell_0}) \in \widehat{\rho}(f)$。第一个由式(3.4)推出，第二个是$(\widehat{\mathsf{C}},\widehat{\rho}) \models_s (\texttt{fun}\ f\ x\ \texttt{=>}\ t_0^{\ell_0})^{\ell}$(对于某个$\ell$)的直接推论，而它可由式(3.4)推出。 ■

我们为语法引导的分析证明一个类似于命题3.13的结论。

命题3.19 $\{(\widehat{\mathsf{C}},\widehat{\rho}) \in \widehat{\mathbf{Cache}}_\star \times \widehat{\mathbf{Env}}_\star \mid (\widehat{\mathsf{C}},\widehat{\rho}) \models_s e_\star\}$是一个Moore族。

[172]

这一结论的直接推论是：

- 每个表达式$e_\star$都有一个“小于”$(\widehat{\mathsf{C}}_\star^\top,\widehat{\rho}_\star^\top)$的控制流分析。
- 每个表达式$e_\star$都有一个“小于”$(\widehat{\mathsf{C}}_\star^\top,\widehat{\rho}_\star^\top)$的“最小”控制流分析。

这意味着，3.2.3节中对表3.1的分析所得到的性质对表3.5的分析也成立，但对分析函数的范围有额外的限制。特别是，对于表3.5的任何可接受的分析结果(适当限制在$\widehat{\mathbf{Cache}}_\star \times \widehat{\mathbf{Env}}_\star$)也是对于表3.1可接受的分析结果。相反的关系在练习3.11和迷你项目3.1中进行了研究。

证明 我们也用$(\widehat{\mathsf{C}}_\star^\top,\widehat{\rho}_\star^\top)$表示$\widehat{\mathbf{Cache}}_\star \times \widehat{\mathbf{Env}}_\star$的最大元素。通过$e$上的结构归纳立刻可得：

(a)$(\widehat{\mathsf{C}}_\star^\top,\widehat{\rho}_\star^\top) \models_s e$。

(b)如果$(\widehat{\mathsf{C}}_1,\widehat{\rho}_1) \models_s e$且$(\widehat{\mathsf{C}}_2,\widehat{\rho}_2) \models_s e$，则$((\widehat{\mathsf{C}}_1,\widehat{\rho}_1) \sqcap (\widehat{\mathsf{C}}_2,\widehat{\rho}_2)) \models_s e$。

对于所有$e_\star$的子表达式e成立。这也证明了(a)和(b)对于$e=e_\star$成立。接下来再考虑：

$$Y \subseteq \{(\widehat{\mathsf{C}},\widehat{\rho}) \in \widehat{\mathbf{Cache}}_\star \times \widehat{\mathbf{Env}}_\star \mid (\widehat{\mathsf{C}},\widehat{\rho}) \models_s e_\star\}$$

并注意我们可以写$Y = \{(\widehat{\mathsf{C}}_i,\widehat{\rho}_i) \mid i \in \{1,\cdots,n\}\}$对于某个$n \geqslant 0$成立，因为$\widehat{\mathbf{Cache}}_\star \times \widehat{\mathbf{Env}}_\star$是有限的。然后从(a)和(b)可得，因为$\sqcap Y = (\widehat{\mathsf{C}}_\star^\top,\widehat{\rho}_\star^\top) \sqcap (\widehat{\mathsf{C}}_1,\widehat{\rho}_1) \sqcap \cdots \sqcap (\widehat{\mathsf{C}}_n,\widehat{\rho}_n)$，有

$$\bigsqcap Y \in \{(\widehat{\mathsf{C}},\widehat{\rho}) \in \widehat{\mathbf{Cache}}_\star \times \widehat{\mathbf{Env}}_\star \mid (\widehat{\mathsf{C}},\widehat{\rho}) \models_s e_\star\}$$ ■

3.4 基于约束的0-CFA分析

我们现在可以考虑找到最小的解$(\widehat{\mathsf{C}},\widehat{\rho})$使得$(\widehat{\mathsf{C}},\widehat{\rho}) \models_s e_\star$成立的高效方法。为此，我们首先构造一个有限集合$\mathcal{C}_\star[\![e_\star]\!]$，包含以下形式的约束和带条件约束：

$$lhs \subseteq rhs \tag{3.6}$$

$$\{t\} \subseteq rhs' \Rightarrow lhs \subseteq rhs \tag{3.7}$$

其中rhs是$\mathsf{C}(\ell)$或$\mathsf{r}(x)$，lhs是$\mathsf{C}(\ell)$、$\mathsf{r}(x)$或$\{t\}$，并且所有出现的t都是$\texttt{fn}\ x\ \texttt{=>}\ e_0$或$\texttt{fun}\ f\ x\ \texttt{=>}\ e_0$。为了简化以下的技术性内容，我们将式(3.7)读作

$$(\{t\} \subseteq rhs' \Rightarrow lhs) \subseteq rhs$$

173 并用 ls 代表 lhs 和 $\{t\} \subseteq rhs' \Rightarrow lhs$。

非正式地讲，我们展开定义 $(\widehat{\mathsf{C}},\widehat{\rho}) \models_s e_\star$ 的子句到以上形式的约束的有限集合 $\mathcal{C}_\star[\![e_\star]\!]$，最后得到的约束是这个集合里单个约束的合取。需要注意的是，所有出现的"$\widehat{\mathsf{C}}$"都变成"C"，所有出现的"$\widehat{\rho}$"都变成"r"以避免混淆：$\widehat{\mathsf{C}}(\ell)$ 将是一个项的集合，而 $\mathsf{C}(\ell)$ 是纯语法，$\widehat{\rho}(x)$ 和 $\mathsf{r}(x)$ 也是类似的。

严格来说，基于约束的0-CFA分析由表3.6的函数 $\mathcal{C}_\star$ 定义：它利用表达式 $e_\star$ 中出现的子项的集合 $\mathbf{Term}_\star$，以便在关于函数应用的子句中仅生成有限数量的约束。命题3.18和命题3.19为此提供了支持。

表3.6　基于约束的控制流分析

$$
\begin{array}{lll}
[con] & \mathcal{C}_\star[\![c^\ell]\!] = \emptyset \\
[var] & \mathcal{C}_\star[\![x^\ell]\!] = \{\mathsf{r}(x) \subseteq \mathsf{C}(\ell)\} \\
[fn] & \mathcal{C}_\star[\![(\texttt{fn } x \texttt{ => } e_0)^\ell]\!] & = \{\{\texttt{fn } x \texttt{ => } e_0\} \subseteq \mathsf{C}(\ell)\} \\
& & \cup\ \mathcal{C}_\star[\![e_0]\!] \\
[fun] & \mathcal{C}_\star[\![(\texttt{fun } f\ x \texttt{ => } e_0)^\ell]\!] & = \{\{\texttt{fun } f\ x \texttt{ => } e_0\} \subseteq \mathsf{C}(\ell)\} \\
& & \cup\ \mathcal{C}_\star[\![e_0]\!] \cup \{\{\texttt{fun } f\ x \texttt{ => } e_0\} \subseteq \mathsf{r}(f)\} \\
[app] & \mathcal{C}_\star[\![(t_1^{\ell_1}\ t_2^{\ell_2})^\ell]\!] & = \mathcal{C}_\star[\![t_1^{\ell_1}]\!] \cup \mathcal{C}_\star[\![t_2^{\ell_2}]\!] \\
& & \cup\ \{\{t\} \subseteq \mathsf{C}(\ell_1) \Rightarrow \mathsf{C}(\ell_2) \subseteq \mathsf{r}(x) \\
& & \quad \mid t = (\texttt{fn } x \texttt{ => } t_0^{\ell_0}) \in \mathbf{Term}_\star\} \\
& & \cup\ \{\{t\} \subseteq \mathsf{C}(\ell_1) \Rightarrow \mathsf{C}(\ell_0) \subseteq \mathsf{C}(\ell) \\
& & \quad \mid t = (\texttt{fn } x \texttt{ => } t_0^{\ell_0}) \in \mathbf{Term}_\star\} \\
& & \cup\ \{\{t\} \subseteq \mathsf{C}(\ell_1) \Rightarrow \mathsf{C}(\ell_2) \subseteq \mathsf{r}(x) \\
& & \quad \mid t = (\texttt{fun } f\ x \texttt{ => } t_0^{\ell_0}) \in \mathbf{Term}_\star\} \\
& & \cup\ \{\{t\} \subseteq \mathsf{C}(\ell_1) \Rightarrow \mathsf{C}(\ell_0) \subseteq \mathsf{C}(\ell) \\
& & \quad \mid t = (\texttt{fun } f\ x \texttt{ => } t_0^{\ell_0}) \in \mathbf{Term}_\star\} \\
[if] & \mathcal{C}_\star[\![(\texttt{if } t_0^{\ell_0} \texttt{ then } t_1^{\ell_1} \texttt{ else } t_2^{\ell_2})^\ell]\!] & = \mathcal{C}_\star[\![t_0^{\ell_0}]\!] \cup \mathcal{C}_\star[\![t_1^{\ell_1}]\!] \cup \mathcal{C}_\star[\![t_2^{\ell_2}]\!] \\
& & \cup\ \{\mathsf{C}(\ell_1) \subseteq \mathsf{C}(\ell)\} \\
& & \cup \{\mathsf{C}(\ell_2) \subseteq \mathsf{C}(\ell)\} \\
[let] & \mathcal{C}_\star[\![(\texttt{let } x \texttt{ = } t_1^{\ell_1} \texttt{ in } t_2^{\ell_2})^\ell]\!] & = \mathcal{C}_\star[\![t_1^{\ell_1}]\!] \cup \mathcal{C}_\star[\![t_2^{\ell_2}]\!] \\
& & \cup\ \{\mathsf{C}(\ell_1) \subseteq \mathsf{r}(x)\} \cup \{\mathsf{C}(\ell_2) \subseteq \mathsf{C}(\ell)\} \\
[op] & \mathcal{C}_\star[\![(t_1^{\ell_1}\ op\ t_2^{\ell_2})^\ell]\!] & = \mathcal{C}_\star[\![t_1^{\ell_1}]\!] \cup \mathcal{C}_\star[\![t_2^{\ell_2}]\!]
\end{array}
$$

如果表达式 $e_\star$ 的大小为 n，那么似乎可能存在 $O(n^2)$ 个形为式(3.6)的约束和 $O(n^4)$ 174 个形为式(3.7)的约束。但是，检查 $\mathcal{C}_\star$ 的定义可以确保最多 $O(n)$ 个形为式(3.6)的约束和 $O(n^2)$ 个形为式(3.7)的约束最终会产生：$O(n)$ 个子表达式中的每一个只产生 $O(1)$ 个形为式(3.6)的约束和 $O(n)$ 个形为式(3.7)的约束。

例3.20　考虑例3.7的表达式

$$((\texttt{fn x => x}^1)^2\ (\texttt{fn y => y}^3)^4)^5$$

我们得到下面的约束集合：

$$
\begin{array}{l}
\mathcal{C}_\star[\![((\texttt{fn x => x}^1)^2\ (\texttt{fn y => y}^3)^4)^5]\!] = \\
\quad \{\ \{\texttt{fn x => x}^1\} \subseteq \mathsf{C}(2), \\
\quad\quad \mathsf{r}(\mathtt{x}) \subseteq \mathsf{C}(1),
\end{array}
$$

$$\begin{aligned}
&\{\texttt{fn y => y}^3\} \subseteq \mathsf{C}(4),\\
&\mathsf{r}(\mathtt{y}) \subseteq \mathsf{C}(3),\\
&\{\texttt{fn x => x}^1\} \subseteq \mathsf{C}(2) \Rightarrow \mathsf{C}(4) \subseteq \mathsf{r}(\mathtt{x}),\\
&\{\texttt{fn x => x}^1\} \subseteq \mathsf{C}(2) \Rightarrow \mathsf{C}(1) \subseteq \mathsf{C}(5),\\
&\{\texttt{fn y => y}^3\} \subseteq \mathsf{C}(2) \Rightarrow \mathsf{C}(4) \subseteq \mathsf{r}(\mathtt{y}),\\
&\{\texttt{fn y => y}^3\} \subseteq \mathsf{C}(2) \Rightarrow \mathsf{C}(3) \subseteq \mathsf{C}(5)\ \}
\end{aligned}$$

其中我们利用了 $\texttt{fn x => x}^1$ 和 $\texttt{fn y => y}^3$ 是 $\mathbf{Term}_\star$里的所有抽象。 ■

3.4.1 解的保持

需要强调的是：$(\widehat{\mathsf{C}},\widehat{\rho}) \models_s e_\star$是一个逻辑公式，而$\mathcal{C}_\star[\![e_\star]\!]$是一个语法实体的集合。为了给语法赋予含义，我们首先将符号“C”和“r”转换为集合“$\widehat{\mathsf{C}}$”和“$\widehat{\rho}$”：

$$\begin{aligned}
(\widehat{\mathsf{C}},\widehat{\rho})[\![\mathsf{C}(\ell)]\!] &= \widehat{\mathsf{C}}(\ell)\\
(\widehat{\mathsf{C}},\widehat{\rho})[\![\mathsf{r}(x)]\!] &= \widehat{\rho}(x)
\end{aligned}$$

为了处理 ls 的可能形式，我们另外取：

$$\begin{aligned}
(\widehat{\mathsf{C}},\widehat{\rho})[\![\{t\}]\!] &= \{t\}\\
(\widehat{\mathsf{C}},\widehat{\rho})[\![\{t\} \subseteq rhs' \Rightarrow lhs]\!] &= \begin{cases} (\widehat{\mathsf{C}},\widehat{\rho})[\![lhs]\!] & \{t\} \subseteq (\widehat{\mathsf{C}},\widehat{\rho})[\![rhs']\!]\\ \emptyset & \text{其他} \end{cases}
\end{aligned}$$

接下来，我们为每个约束定义满足性关系 $(\widehat{\mathsf{C}},\widehat{\rho}) \models_c (ls \subseteq rhs)$：

$$(\widehat{\mathsf{C}},\widehat{\rho}) \models_c (ls \subseteq rhs) \quad \text{iff} \quad (\widehat{\mathsf{C}},\widehat{\rho})[\![ls]\!] \subseteq (\widehat{\mathsf{C}},\widehat{\rho})[\![rhs]\!]$$

175

这个定义可以提升到一个约束的集合：

$$(\widehat{\mathsf{C}},\widehat{\rho}) \models_c C \quad \text{iff} \quad \forall (ls \subseteq rhs) \in C : (\widehat{\mathsf{C}},\widehat{\rho}) \models_c (ls \subseteq rhs)$$

然后，我们得到以下结论，表明约束集合 $\mathcal{C}_\star[\![e_\star]\!]$ 的所有解也满足控制流分析的语法引导规范，反之亦然。

命题 3.21 如果 $(\widehat{\mathsf{C}},\widehat{\rho}) \sqsubseteq (\widehat{\mathsf{C}}_\star^\top,\widehat{\rho}_\star^\top)$，那么

$$(\widehat{\mathsf{C}},\widehat{\rho}) \models_s e_\star \quad \text{iff} \quad (\widehat{\mathsf{C}},\widehat{\rho}) \models_c \mathcal{C}_\star[\![e_\star]\!]$$

因此，$(\widehat{\mathsf{C}},\widehat{\rho}) \models_s e_\star$的最小解$(\widehat{\mathsf{C}},\widehat{\rho})$等于$(\widehat{\mathsf{C}},\widehat{\rho}) \models_c \mathcal{C}_\star[\![e_\star]\!]$的最小解。

证明 一个简单的 e 上的结构归纳表明

$$(\widehat{\mathsf{C}},\widehat{\rho}) \models_s e \quad \text{iff} \quad (\widehat{\mathsf{C}},\widehat{\rho}) \models_c \mathcal{C}_\star[\![e]\!]$$

对于所有 $e_\star$ 的子表达式 e 成立。在函数应用 $(t_1^{\ell_1}\ t_2^{\ell_2})^\ell$ 的情况下，命题的假设 $(\widehat{\mathsf{C}},\widehat{\rho}) \sqsubseteq (\widehat{\mathsf{C}}_\star^\top,\widehat{\rho}_\star^\top)$ 用于确保 $\widehat{\mathsf{C}}(\ell_1) \subseteq \mathbf{Term}_\star$。 ■

3.4.2 约束的求解

我们将提出两种约束集合 $\mathcal{C}_\star[\![e_\star]\!]$ 的求解方法。首先，我们将证明寻找 $\mathcal{C}_\star[\![e_\star]\!]$ 的最小解相当于寻找某个函数的最小不动点。直接的方法允许我们在 $O(n^5)$时间内计算最小不动点，其中表达式 $e_\star$的大小为 n。改善这个时间复杂度是可能的，但为了获得最佳结果，我们将考虑问题的一个图形表示，这将带给我们一个 $O(n^3)$的算法。这在程序分析中是常见现象：语法引导的规范适用于研究正确性，但通常需要一定的调整才能获得高效的实现。

不动点的表述 为了说明寻找约束集合 $\mathcal{C}_\star[\![e_\star]\!]$ 的解是一个不动点问题，我们将定义一

个函数：

$$F_\star : \widehat{\mathbf{Cache}}_\star \times \widehat{\mathbf{Env}}_\star \to \widehat{\mathbf{Cache}}_\star \times \widehat{\mathbf{Env}}_\star$$

并证明它具有最小不动点 $lfp\ (F_\star)$，并且这是命题3.18和命题3.21保证存在的约束的最小解。

176

函数 $F_\star$的定义是

$$F_\star(\widehat{\mathsf{C}},\widehat{\rho}) = (F_1(\widehat{\mathsf{C}},\widehat{\rho}), F_2(\widehat{\mathsf{C}},\widehat{\rho}))$$

其中：

$$\begin{aligned} F_1(\widehat{\mathsf{C}},\widehat{\rho})(\ell) &= \bigcup\{(\widehat{\mathsf{C}},\widehat{\rho})[\![ls]\!] \mid (ls \subseteq \mathsf{C}(\ell)) \in \mathcal{C}_\star[\![e_\star]\!]\} \\ F_2(\widehat{\mathsf{C}},\widehat{\rho})(x) &= \bigcup\{(\widehat{\mathsf{C}},\widehat{\rho})[\![ls]\!] \mid (ls \subseteq \mathsf{r}(x)) \in \mathcal{C}_\star[\![e_\star]\!]\} \end{aligned}$$

下面证明这定义了一个单调函数。只需考虑一个 $\mathcal{C}_\star[\![e_\star]\!]$ 中的约束

$$lhs' \subseteq rhs' \ \Rightarrow\ lhs \subseteq rhs$$

并观察 lhs'的形式为 $\{t\}$。这确保了 $(\widehat{\mathsf{C}}_1,\widehat{\rho}_1) \sqsubseteq (\widehat{\mathsf{C}}_2,\widehat{\rho}_2)$ 蕴含 $F_i(\widehat{\mathsf{C}}_1,\widehat{\rho}_1) \sqsubseteq F_i(\widehat{\mathsf{C}}_2,\widehat{\rho}_2)$(对于 $i=1,2$)，因为如果 $\{t\} \subseteq (\widehat{\mathsf{C}}_1,\widehat{\rho}_1)[\![rhs']\!]$，则也有 $\{t\} \subseteq (\widehat{\mathsf{C}}_2,\widehat{\rho}_2)[\![rhs']\!]$。由于 $\widehat{\mathbf{Cache}}_\star \times \widehat{\mathbf{Env}}_\star$ 是一个完全格，这意味着 $F_\star$具有最小不动点，并且它也是约束集合 $\mathcal{C}_\star[\![e_\star]\!]$ 的最小解。

命题 3.22　$lfp(F_\star) = \bigsqcap\{(\widehat{\mathsf{C}},\widehat{\rho}) \mid (\widehat{\mathsf{C}},\widehat{\rho}) \models_c \mathcal{C}_\star[\![e_\star]\!]\}$

证明　很容易验证：

$$F_\star(\widehat{\mathsf{C}},\widehat{\rho}) \sqsubseteq (\widehat{\mathsf{C}},\widehat{\rho}) \ \text{ iff } \ (\widehat{\mathsf{C}},\widehat{\rho}) \models_c \mathcal{C}_\star[\![e_\star]\!]$$

使用公式 $lfp(f) = \sqcap\{x \mid f(x) \sqsubseteq x\}$(见附录A)，然后得证。■

如果 $e_\star$的大小是 n，那么 $\widehat{\mathbf{Cache}}_\star \times \widehat{\mathbf{Env}}_\star$ 的元素 $(\widehat{\mathsf{C}},\widehat{\rho})$ 可以被视为由$\widehat{\mathbf{Val}}_\star$的值组成的 $O(n)$元组。由于 $\widehat{\mathbf{Val}}_\star$是高度为 $O(n)$的格，这意味着 $\widehat{\mathbf{Cache}}_\star \times \widehat{\mathbf{Env}}_\star$ 具有高度 $O(n^2)$，因此公式

$$lfp(F_\star) = \bigsqcup_m F_\star^m(\bot)$$

可用于在最多 $O(n^2)$次迭代中计算最小不动点。一种简单的方法需要考虑所有 $O(n^2)$个约束来确定新一轮迭代中 $O(n)$个分量各自的值。这最终得到 $O(n^5)$复杂度。

基于图的表述　另一种计算约束集合 $\mathcal{C}_\star[\![e_\star]\!]$ 的最小解的方法是使用约束的图表述。该图具有结点 $\mathsf{C}(\ell)$和 $\mathsf{r}(x)$，对于 $\ell \in \mathbf{Lab}_\star$和 $x \in \mathbf{Var}_\star$。我们为每个结点 p 关联一个数据字段 $\mathsf{D}[p]$，最初由下式给出：

$$\mathsf{D}[\mathsf{p}] = \{t \mid (\{t\} \subseteq p) \in \mathcal{C}_\star[\![e_\star]\!]\}$$

177

该图的边对应于 $\mathcal{C}_\star[\![e_\star]\!]$ 中的约束，每条边都标注产生它的约束：

- 约束 $p_1 \subseteq p_2$ 产生从 p_1 到 p_2 的边。
- 约束 $\{t\} \subseteq p \Rightarrow p_1 \subseteq p_2$ 产生从 p_1 到 p_2 的边和从 p 到 p_2 的边。

构建图后，我们将遍历所有的边，以便将信息从一个数据字段传播到另一个数据字段。我们保证从 p_1 到 p_2 的边只有在 $\mathsf{D}[p_1]$添加了之前不存在的项时才被遍历(这包括 $\mathsf{D}[p_1]$最初设置为非空集的情况)。此外，一个标注 $\{t\} \subseteq p \Rightarrow p_1 \subseteq p_2$ 的边只有当 $t \in \mathsf{D}[p]$ 时才会被遍历。

更具体地，考虑表3.7的算法。它将约束集合 $\mathcal{C}_\star[\![e_\star]\!]$ 作为输入，并产生解 $(\widehat{\mathsf{C}},\widehat{\rho}) \in \widehat{\mathbf{Cache}}_\star \times \widehat{\mathbf{Env}}_\star$作为输出。它运行在以下主要数据结构上：

- 一个工作列表 W，即应遍历其输出边的结点的列表。
- 一个数据数组 D，为每个结点给出一个$\widehat{\mathbf{Val}}_\star$元素。
- 边的数组 E，为每个结点给出一个约束列表，可用于计算后继结点的列表。

表 3.7 约束求解的算法

```
输入：   C⋆⟦e⋆⟧

输出：   (Ĉ, ρ̂)

方法：   步骤1：初始化
                W := nil;
                for q in Nodes do D[q] := ∅;
                for q in Nodes do E[q] := nil;

         步骤2：构建图
                for cc in C⋆⟦e⋆⟧ do
                    case cc of
                        {t} ⊆ p: add(p,{t});
                        p1 ⊆ p2: E[p1] := cons(cc,E[p1]);
                        {t} ⊆ p ⇒ p1 ⊆ p2:
                                E[p1] := cons(cc,E[p1]);
                                E[p] := cons(cc,E[p]);

         步骤3：迭代
                while W ≠ nil do
                    q := head(W); W := tail(W);
                    for cc in E[q] do
                        case cc of
                            p1 ⊆ p2: add(p2, D[p1]);
                            {t} ⊆ p ⇒ p1 ⊆ p2:
                                    if t ∈ D[p] then add(p2, D[p1]);

         步骤4：记录约束的解
                for ℓ in Lab⋆ do Ĉ(ℓ) := D[C(ℓ)];
                for x in Var⋆ do ρ̂(x) := D[r(x)];

使用：   procedure add(q,d) is
                if ¬ (d ⊆ D[q])
                then  D[q] := D[q] ∪ d;
                      W := cons(q,W);
```

178

Nodes 集合包含 C(ℓ)(对于$\widehat{\mathbf{Lab}}_\star$中所有的 ℓ)和 r(x)(对于$\mathbf{Var}_\star$中所有的 x)。

该算法的步骤 1 是初始化数据结构。步骤 2 是构建图并执行数据字段的初始赋值。这里使用过程 add(q,d)将 d 添加到 D[q]，并且如果 d 之前不在 D[q]中，则将 q 添加到工作列表中。步骤 3 持续沿着边传播数据字段的内容，只要工作列表非空。步骤 4 用更熟悉的方式记录约束的解。

例 3.23 让我们考虑算法如何在例 3.20 的表达式((`fn x => x`^{1})^2 (`fn y => y`^{3})^4)^{5}上运行。在步骤 2 之后，数据结构 W 已被初始化为

$$\mathsf{W} = [\mathsf{C}(4), \mathsf{C}(2)]$$

179

并且数据结构 D 和 E 已经初始化，如图 3.4 所示，其中我们用 id_x 代表 {`fn x => x`^{1}}，用 id_y 代表 {`fn y => y`^{3}}。该算法然后将迭代工作列表并更新数据结构 W 和 D，如步骤 3 所述。各个中间阶段记录在图 3.5 中。该算法在最后一列计算约束的解，并且这与例 3.5 中提供的约束的解一致。 ■

p	$\mathsf{D}[p]$	$\mathsf{E}[p]$
C(1)	$\emptyset$	$[\mathsf{id}_x \subseteq \mathsf{C}(2) \Rightarrow \mathsf{C}(1) \subseteq \mathsf{C}(5)]$
C(2)	id_x	$[\mathsf{id}_y \subseteq \mathsf{C}(2) \Rightarrow \mathsf{C}(3) \subseteq \mathsf{C}(5),\ \mathsf{id}_y \subseteq \mathsf{C}(2) \Rightarrow \mathsf{C}(4) \subseteq \mathsf{r}(\mathsf{y}),$ $\mathsf{id}_x \subseteq \mathsf{C}(2) \Rightarrow \mathsf{C}(1) \subseteq \mathsf{C}(5),\ \mathsf{id}_x \subseteq \mathsf{C}(2) \Rightarrow \mathsf{C}(4) \subseteq \mathsf{r}(\mathsf{x})]$
C(3)	$\emptyset$	$[\mathsf{id}_y \subseteq \mathsf{C}(2) \Rightarrow \mathsf{C}(3) \subseteq \mathsf{C}(5)]$
C(4)	id_y	$[\mathsf{id}_y \subseteq \mathsf{C}(2) \Rightarrow \mathsf{C}(4) \subseteq \mathsf{r}(\mathsf{y}),\ \mathsf{id}_x \subseteq \mathsf{C}(2) \Rightarrow \mathsf{C}(4) \subseteq \mathsf{r}(\mathsf{x})]$
C(5)	$\emptyset$	[ ]
r(x)	$\emptyset$	$[\mathsf{r}(\mathsf{x}) \subseteq \mathsf{C}(1)]$
r(y)	$\emptyset$	$[\mathsf{r}(\mathsf{y}) \subseteq \mathsf{C}(3)]$

图 3.4 示例程序的数据结构的初始化

W	[C(4),C(2)]	[r(x),C(2)]	[C(1),C(2)]	[C(5),C(2)]	[C(2)]	[ ]
p	D[p]	D[p]	D[p]	D[p]	D[p]	D[p]
C(1)	$\emptyset$	$\emptyset$	id_y	id_y	id_y	id_y
C(2)	id_x	id_x	id_x	id_x	id_x	id_x
C(3)	$\emptyset$	$\emptyset$	$\emptyset$	$\emptyset$	$\emptyset$	$\emptyset$
C(4)	id_y	id_y	id_y	id_y	id_y	id_y
C(5)	$\emptyset$	$\emptyset$	$\emptyset$	id_y	id_y	id_y
r(x)	$\emptyset$	id_y	id_y	id_y	id_y	id_y
r(y)	$\emptyset$	$\emptyset$	$\emptyset$	$\emptyset$	$\emptyset$	$\emptyset$

图 3.5 示例程序的迭代步骤

以下结论表明表 3.7 的算法确实计算了我们想要的约束的解。

命题 3.24 给定输入 $\mathcal{C}_\star[\![e_\star]\!]$，表 3.7 的算法终止，并且算法产生的结果$(\widehat{\mathsf{C}},\widehat{\rho})$满足

$$(\widehat{\mathsf{C}},\widehat{\rho}) = \bigsqcap\{(\widehat{\mathsf{C}}',\widehat{\rho}') \mid (\widehat{\mathsf{C}}',\widehat{\rho}') \models_c \mathcal{C}_\star[\![e_\star]\!]\}$$

因此它是 $\mathcal{C}_\star[\![e_\star]\!]$ 的最小解。

证明 步骤 1、2 和 4 显然是终止的，因此只需考虑步骤 3。D[q]里的值永远不会减少，并且它们最多可以增加有限次。另外，仅当 D[q]的某个值实际增加时，结点 q 才会添加到工作列表中。对于放置在工作列表上的每个结点，只需要执行有限量的计算(以输出边的数量为上界)，以便从工作列表中移除结点。这保证了终止性。

180

接下来令$(\widehat{\mathsf{C}}',\widehat{\rho}')$为$(\widehat{\mathsf{C}}',\widehat{\rho}') \models_c \mathcal{C}_\star[\![e_\star]\!]$的一个解。可以证明以下不变式

$$\forall \ell \in \mathbf{Lab}_\star : \mathsf{D}[\mathsf{C}(\ell)] \subseteq \widehat{\mathsf{C}}'(\ell)$$
$$\forall x \in \mathbf{Var}_\star : \mathsf{D}[\mathsf{r}(x)] \subseteq \widehat{\rho}'(x)$$

在步骤 1 之后的所有点保持。因此，在算法完成之后 $(\widehat{\mathsf{C}},\widehat{\rho}) \sqsubseteq (\widehat{\mathsf{C}}',\widehat{\rho}')$ 成立。

我们通过反证法证明 $(\widehat{\mathsf{C}},\widehat{\rho}) \models_c \mathcal{C}_\star[\![e_\star]\!]$。因此，假设存在 $cc \in \mathcal{C}_\star[\![e_\star]\!]$ 使得 $(\widehat{\mathsf{C}},\widehat{\rho}) \models_c cc$ 不成立。如果 cc 是 $\{t\} \subseteq p$，则步骤 2 确保 $\{t\} \subseteq \mathsf{D}[p]$，并且这在整个算法中保持。因此，$cc$ 不能有这种形式。如果 cc 是 $p_1 \subseteq p_2$，则必须是 D 的最终值满足 $\mathsf{D}[p_1] \neq \emptyset$，否则 $(\widehat{\mathsf{C}},\widehat{\rho}) \models_c cc$ 将成立。现在考虑 D[p_1]的最后一次修改，并注意当时 p_1 被放置在工作列表上(通过 add 过程)。由于最终工作列表是空的，我们必须考虑约束 cc(在 E[p_1]中)并相应地更新 D[p_2]。因此，cc 不能有这种形式。如果 cc 是 $\{t\} \subseteq p \Rightarrow p_1 \subseteq p_2$，则必须是 D 的最终值满足 $\mathsf{D}[p] \neq \emptyset$ 并且 $\mathsf{D}[p_1] \neq \emptyset$。现在考虑最后一次 D[$p$]和 D[$p_1$]中的一个被修改，并注意那时 p 或 p_1 被放在工作列表上。由于最终工作列表是空的，我们必须考虑约束 cc 并相应地更新

D[p_2]。因此，cc 不能有这种形式。因此 $(\widehat{\mathsf{C}},\widehat{\rho}) \models_c cc$ 对于所有 $cc \in \mathcal{C}_\star[\![e_\star]\!]$ 成立。

我们现在已经证明了 $(\widehat{\mathsf{C}},\widehat{\rho}) \models_c \mathcal{C}_\star[\![e_\star]\!]$，并且 $(\widehat{\mathsf{C}},\widehat{\rho}) \sqsubseteq (\widehat{\mathsf{C}}',\widehat{\rho}')$ 每当 $(\widehat{\mathsf{C}},\widehat{\rho}) \models_c \mathcal{C}_\star[\![e_\star]\!]$。因此

$$(\widehat{\mathsf{C}},\widehat{\rho}) = \bigsqcap\{(\widehat{\mathsf{C}}',\widehat{\rho}') \mid (\widehat{\mathsf{C}}',\widehat{\rho}') \models_c \mathcal{C}_\star[\![e_\star]\!]\}$$ ■

算法的终止性证明可以细化为以下结论：如果原始表达式 $e_\star$ 的大小为 n，则算法最多需要 $O(n^3)$ 步。要看到这一点，回忆 $\mathcal{C}_\star[\![e_\star]\!]$ 最多包含 $O(n)$ 个形为 $\{t\} \subseteq p$ 或 $p_1 \subseteq p_2$ 的约束，和最多 $O(n^2)$ 个形为 $\{t\} \subseteq p \Rightarrow p_1 \subseteq p_2$ 的约束。因此，我们知道该图最多有 $O(n)$ 个结点和 $O(n^2)$ 条边，并且每个数据字段最多可以扩大 $O(n)$ 次。假设 D[p]上的操作花费单位时间，我们可以计算如下：步骤 1 花费时间 $O(n)$，步骤 2 花费时间 $O(n^2)$，步骤 4 花费时间 $O(n)$；步骤 3 最多沿着 $O(n^2)$ 条边的每一条遍历 $O(n)$ 次，因此花费时间 $O(n^3)$。因此，整体算法不超过 $O(n^3)$ 个基本步骤。

结合三个阶段 从命题 3.24 我们看到根据表 3.7 的算法计算的 $(\widehat{\mathsf{C}},\widehat{\rho})$ 是 $\mathcal{C}[\![e_\star]\!]$ 的最小解，特别是我们有 $(\widehat{\mathsf{C}},\widehat{\rho}) \models_c \mathcal{C}[\![e_\star]\!]$。命题 3.21 表明约束的解也是语法引导规范的一个可接受的分析结果，因此 $(\widehat{\mathsf{C}},\widehat{\rho}) \models_s e_\star$。命题 3.18 表明一个只涉及 $e_\star$ 的程序片段并且语法引导规范可接受的解对于抽象规范也是可接受的，因此 $(\widehat{\mathsf{C}},\widehat{\rho}) \models e_\star$。这样，我们得到以下重要的推论。

181

推论 3.25 假设 $(\widehat{\mathsf{C}},\widehat{\rho})$ 是由表 3.7 的算法计算的约束集合 $\mathcal{C}[\![e_\star]\!]$ 的解，则 $(\widehat{\mathsf{C}},\widehat{\rho}) \models e_\star$。

并不是任何满足 $(\widehat{\mathsf{C}},\widehat{\rho}) \models e_\star$ 的 $(\widehat{\mathsf{C}},\widehat{\rho})$ 都可以使用上述方法获得，参见练习 3.11 和迷你项目 3.1。

对于很多应用来说，计算满足 $(\widehat{\mathsf{C}},\widehat{\rho}) \models e_\star$ 的最小解 $(\widehat{\mathsf{C}},\widehat{\rho})$ 是最重要的，而不是检查某个猜测 $(\widehat{\mathsf{C}},\widehat{\rho})$ 是否满足 $(\widehat{\mathsf{C}},\widehat{\rho}) \models e_\star$。但是，在有些应用里检查 $(\widehat{\mathsf{C}},\widehat{\rho}) \models e_\star$ 条件是主要关注的问题。例如，考虑一个开放系统 e_o，使用未指定的库 $e_\star$ 的资源。那么 e_o 的分析和优化必须依赖于 $(\widehat{\mathsf{C}},\widehat{\rho})$ 表达所有关于库 $e_\star$ 的有意义的性质，即 $(\widehat{\mathsf{C}},\widehat{\rho}) \models e_\star$。这确保了未指定的库 $e_\star$ 可以被另一个库 $e'_\star$ 替换，只要求 $(\widehat{\mathsf{C}},\widehat{\rho})$ 继续表达关于库 $e'_\star$ 的所有有意义的性质，即 $(\widehat{\mathsf{C}},\widehat{\rho}) \models e'_\star$。 ■

3.5 添加数据流分析

在 3.1 节中，我们指出了可以在控制流分析的基础上添加数据流分析部分。这相当于拓展集合 **Val** 使其包含抽象值而不仅仅是函数抽象。我们将首先研究数据流部分由一个幂集代表的情况，然后我们将考虑扩展到一般的完全格。我们将只介绍抽象的规范形式(以 3.1 节的方式)，把语法引导的表述作为练习。

3.5.1 抽象值为幂集

抽象值域 我们有多种拓展值域 $\widehat{\mathbf{Val}}$ 的方法，以便同时描述控制流分析和数据流分析。一个比较简单的方法是使用一个抽象数据值(abstract data value)的集合 **Data**(即布尔值和整数的抽象属性)，因为这允许我们定义：

$$\widehat{v} \in \widehat{\mathbf{Val}}_d = \mathcal{P}(\mathbf{Term} \cup \mathbf{Data}) \quad \text{抽象值}$$

对于每个常量 $c \in \mathbf{Const}$ 我们需要一个元素 $d_c \in \mathbf{Data}$ 来指定常量 c 的抽象属性。同样，对于每个运算符 $op \in \mathbf{Op}$ 我们需要一个全函数

$$\widehat{\mathsf{op}}: \widehat{\mathbf{Val}}_d \times \widehat{\mathbf{Val}}_d \to \widehat{\mathbf{Val}}_d$$

来描述 op 运算符在抽象属性上的行为。通常来说，$\widehat{\mathsf{op}}$ 会有以下形式的定义：

182

$$\widehat{v}_1 \ \widehat{\mathsf{op}} \ \widehat{v}_2 = \bigcup\{d_{op}(d_1, d_2) \mid d_1 \in \widehat{v}_1 \cap \mathbf{Data}, d_2 \in \widehat{v}_2 \cap \mathbf{Data}\}$$

对于某个函数 d_{op}：$\mathbf{Data} \times \mathbf{Data} \to \mathcal{P}(\mathbf{Data})$，指定运算符在整数和布尔值的抽象属性上的计算。

例 3.26 对于符号检测分析，设 $\mathbf{Data}_{\mathsf{sign}} = \{\mathsf{tt}, \mathsf{ff}, -, 0, +\}$，其中 tt 和 ff 表示两个真假值，而 −、0 和 + 分别表示负数、数字 0 和正数。于是很自然地定义 $d_{\mathsf{true}} = \mathsf{tt}$ 和 $d_7 = +$，对于其他常量也可以用相同的方式定义。拿 $\widehat{+}$ 作为例子，我们根据它的定义给出以下表格：

d_+	tt	ff	−	0	+
tt	∅	∅	∅	∅	∅
ff	∅	∅	∅	∅	∅
−	∅	∅	{−}	{−}	{−, 0, +}
0	∅	∅	{−}	{0}	{+}
+	∅	∅	{−, 0, +}	{+}	{+}

其他运算符也相同。 ■

可接受关系 控制流和数据流组合分析的可接受关系具有以下形式：

$$(\widehat{\mathsf{C}}, \widehat{\rho}) \models_d e$$

并在表 3.8 中展示。与表 3.1 的分析相比，子句[con]现在记录了 d_c 是 c 的一个可能值，子句[op]使用了上面描述的函数 $\widehat{\mathsf{op}}$。在[if]的情况下，我们只需分析那些满足条件的分支，于是我们可以比纯控制流分析更精确——数据流分析部分可以影响控制流分析的结果。和练习 3.3 类似，我们可以对很多子句进行改进(参见练习 3.14)，从而使得分析更加流敏感。

表 3.8　抽象数据为幂集

[con]　$(\widehat{\mathsf{C}}, \widehat{\rho}) \models_d c^\ell$ iff $\{d_c\} \subseteq \widehat{\mathsf{C}}(\ell)$

[var]　$(\widehat{\mathsf{C}}, \widehat{\rho}) \models_d x^\ell$ iff $\widehat{\rho}(x) \subseteq \widehat{\mathsf{C}}(\ell)$

[fn]　$(\widehat{\mathsf{C}}, \widehat{\rho}) \models_d (\mathtt{fn}\ x \ \mathtt{=>}\ e_0)^\ell$ iff $\{\mathtt{fn}\ x \ \mathtt{=>}\ e_0\} \subseteq \widehat{\mathsf{C}}(\ell)$

[fun]　$(\widehat{\mathsf{C}}, \widehat{\rho}) \models_d (\mathtt{fun}\ f\ x \ \mathtt{=>}\ e_0)^\ell$ iff $\{\mathtt{fun}\ f\ x \ \mathtt{=>}\ e_0\} \subseteq \widehat{\mathsf{C}}(\ell)$

[app]　$(\widehat{\mathsf{C}}, \widehat{\rho}) \models_d (t_1^{\ell_1}\ t_2^{\ell_2})^\ell$
　iff $(\widehat{\mathsf{C}}, \widehat{\rho}) \models_d t_1^{\ell_1} \land (\widehat{\mathsf{C}}, \widehat{\rho}) \models_d t_2^{\ell_2} \land$
　$(\forall (\mathtt{fn}\ x \ \mathtt{=>}\ t_0^{\ell_0}) \in \widehat{\mathsf{C}}(\ell_1):$
　　$(\widehat{\mathsf{C}}, \widehat{\rho}) \models_d t_0^{\ell_0} \land$
　　$\widehat{\mathsf{C}}(\ell_2) \subseteq \widehat{\rho}(x) \land \widehat{\mathsf{C}}(\ell_0) \subseteq \widehat{\mathsf{C}}(\ell)) \land$
　$(\forall (\mathtt{fun}\ f\ x \ \mathtt{=>}\ t_0^{\ell_0}) \in \widehat{\mathsf{C}}(\ell_1):$
　　$(\widehat{\mathsf{C}}, \widehat{\rho}) \models_d t_0^{\ell_0} \land$
　　$\widehat{\mathsf{C}}(\ell_2) \subseteq \widehat{\rho}(x) \land \widehat{\mathsf{C}}(\ell_0) \subseteq \widehat{\mathsf{C}}(\ell) \land$
　　$\{\mathtt{fun}\ f\ x \ \mathtt{=>}\ t_0^{\ell_0}\} \subseteq \widehat{\rho}(f))$

[if]　$(\widehat{\mathsf{C}}, \widehat{\rho}) \models_d (\mathtt{if}\ t_0^{\ell_0}\ \mathtt{then}\ t_1^{\ell_1}\ \mathtt{else}\ t_2^{\ell_2})^\ell$
　iff $(\widehat{\mathsf{C}}, \widehat{\rho}) \models_d t_0^{\ell_0} \land$
　$(d_{\mathtt{true}} \in \widehat{\mathsf{C}}(\ell_0) \Rightarrow ((\widehat{\mathsf{C}}, \widehat{\rho}) \models_d t_1^{\ell_1} \land \widehat{\mathsf{C}}(\ell_1) \subseteq \widehat{\mathsf{C}}(\ell))) \land$
　$(d_{\mathtt{false}} \in \widehat{\mathsf{C}}(\ell_0) \Rightarrow ((\widehat{\mathsf{C}}, \widehat{\rho}) \models_d t_2^{\ell_2} \land \widehat{\mathsf{C}}(\ell_2) \subseteq \widehat{\mathsf{C}}(\ell)))$

[let]　$(\widehat{\mathsf{C}}, \widehat{\rho}) \models_d (\mathtt{let}\ x = t_1^{\ell_1}\ \mathtt{in}\ t_2^{\ell_2})^\ell$
　iff $(\widehat{\mathsf{C}}, \widehat{\rho}) \models_d t_1^{\ell_1} \land (\widehat{\mathsf{C}}, \widehat{\rho}) \models_d t_2^{\ell_2} \land$
　$\widehat{\mathsf{C}}(\ell_1) \subseteq \widehat{\rho}(x) \land \widehat{\mathsf{C}}(\ell_2) \subseteq \widehat{\mathsf{C}}(\ell)$

[op]　$(\widehat{\mathsf{C}}, \widehat{\rho}) \models_d (t_1^{\ell_1}\ op\ t_2^{\ell_2})^\ell$
　iff $(\widehat{\mathsf{C}}, \widehat{\rho}) \models_d t_1^{\ell_1} \land (\widehat{\mathsf{C}}, \widehat{\rho}) \models_d t_2^{\ell_2} \land$
　$\widehat{\mathsf{C}}(\ell_1)\ \widehat{\mathsf{op}}\ \widehat{\mathsf{C}}(\ell_2) \subseteq \widehat{\mathsf{C}}(\ell)$

例 3.27 考虑表达式

```
(let f = (fn x => (if (x¹ > 0²)³ then (fn y => y⁴)⁵
                   else (fn z => 25⁶)⁷)⁸)⁹
 in ((f¹⁰ 3¹¹)¹² 0¹³)¹⁴)¹⁵
```

一个纯粹的 0-CFA 分析不能发现条件语句的 else 分支永远不会被执行，所以它得到的结论是标号为 12 的子项可能取值为 fn y => y^4 和 fn z => 25^6，如图 3.6 的第一列所示。图 3.6 的第二列展示当我们将控制流分析与符号检测分析（例 3.26 中有概述）相结合，分析可以得出标号 12 只能取值为函数抽象 fn y => y^4。注意符号检测分析（正确地）确定了该表达式将取值为属性为{0}的值。 ■

183

	3.1节	3.5.1节	3.5.2节	
	$(\widehat{C},\widehat{\rho})$	$(\widehat{C},\widehat{\rho})$	$(\widehat{C},\widehat{\rho})$	$(\widehat{D},\widehat{\delta})$
1	∅	{+}	∅	{+}
2	∅	{0}	∅	{0}
3	∅	{tt}	∅	{tt}
4	∅	{0}	∅	{0}
5	{fn y => y^4}	{fn y => y^4}	{fn y => y^4}	∅
6	∅	∅	∅	∅
7	{fn z => 25^6}	∅	∅	∅
8	{fn y => y^4, fn z => 25^6}	{fn y => y^4}	{fn y => y^4}	∅
9	{fn x => $(\cdots)^8$}	{fn x => $(\cdots)^8$}	{fn x => $(\cdots)^8$}	∅
10	{fn x => $(\cdots)^8$}	{fn x => $(\cdots)^8$}	{fn x => $(\cdots)^8$}	∅
11	∅	{+}	∅	{+}
12	{fn y => y^4, fn z => 25^6}	{fn y => y^4}	{fn y => y^4}	∅
13	∅	{0}	∅	{0}
14	∅	{0}	∅	{0}
15	∅	{0}	∅	{0}
f	{fn x => $(\cdots)^8$}	{fn x => $(\cdots)^8$}	{fn x => $(\cdots)^8$}	∅
x	∅	{+}	∅	{+}
y	∅	{0}	∅	{0}
z	∅	∅	∅	∅

图 3.6 示例程序的控制流和数据流分析

3.2 节中介绍的证明方法足以证明分析相对于操作语义的正确性。对 3.3 节和 3.4 节（以及迷你项目 3.1）中介绍的算法稍加扩展就能得到分析的实现，只要集合 **Data** 是有限的。

184

最后我们应该强调，从表 3.8 的分析的解不能立即得到表 3.1 的分析的解。更准确地说，$(\widehat{C},\widehat{\rho})\models_d e$ 不能保证 $(\widehat{C}',\widehat{\rho}')\models e$，这里 $\forall \ell:\widehat{C}'(\ell)=\widehat{C}(\ell)\cap \mathbf{Term}$ 且 $\forall x: \widehat{\rho}'(x)=\widehat{\rho}(x)\cap \mathbf{Term}$。原因是表 3.8 中的控制流分析受到数据流分析的子句 [*if*] 的影响。例如，如果抽象值的条件不包含 d_{true}，则分支 then 就不会被分析。

3.5.2 抽象值为完全格

抽象值域 显然 $\widehat{\mathbf{Val}}_d=\mathcal{P}(\mathbf{Term}\cup\mathbf{Data})$ 与 $\mathcal{P}(\mathbf{Term})\times\mathcal{P}(\mathbf{Data})$ 同构，这表明抽象缓存 $\widehat{C}:\mathbf{Lab}\to\widehat{\mathbf{Val}}_d$ 可以被分解为 term 部分和 data 部分，对于抽象环境 $\widehat{\rho}:\mathbf{Var}\to\widehat{\mathbf{Val}}_d$ 也是一样。

185

将 $\mathcal{P}(\mathbf{Term})$ 和 $\mathcal{P}(\mathbf{Data})$ 分开之后，我们可以考虑使用更一般的属性集合替换 $\mathcal{P}(\mathbf{Data})$。一个明显的可能性是用一个完全格 L 替换 $\mathcal{P}(\mathbf{Data})$，并进行与第2章的(前向)单调框架非常类似的讨论。

于是我们定义一个单调结构(monotone structure)包含：

- 一个完全格 L。
- 一个 $L\times L\to L$ 的单调函数的集合 $\mathcal{F}$。

单调结构的实例包含结构 $(L,\mathcal{F})$，以及：

- 一个映射 ι，从 $c\in\mathbf{Const}$ 里的常量到 L 里的值。
- 一个映射 f，从二元运算符 $op\in\mathbf{Op}$ 到 $\mathcal{F}$ 里的函数。

与2.3节中阐述的单调框架的实例相比，我们省略了流的部分，因为这将是控制流分析的责任。组件 ι 被替换为映射 ι，给出所有常量的边界值。组件 f，一个标号到传递函数的映射，被替换为二元运算符到它们的解释的映射。

例3.28　与3.5.1节的分析对应的单调结构设 L 为 $\mathcal{P}(\mathbf{Data})$，并设 $\mathcal{F}$ 为 $\mathcal{P}(\mathbf{Data})\times\mathcal{P}(\mathbf{Data})\to\mathcal{P}(\mathbf{Data})$ 中的单调函数。

一个单调结构的实例是：

$$\iota_c=\{d_c\}$$

对于所有的常数 c(以及上面描述的 $d_c\in\mathbf{Data}$)，并且

$$f_{op}(l_1,l_2)=\bigcup\{d_{op}(d_1,d_2)\mid d_1\in l_1,d_2\in l_2\}$$

对于二元运算符 op(其中 d_{op}：$\mathbf{Data}\times\mathbf{Data}\to\mathcal{P}(\mathbf{Data})$，如上所述)。 ■

例3.29　与常量传播分析对应的单调结构设 L 为 $\mathbf{Z}_\perp^\top\times\mathcal{P}(\{\mathsf{tt},\mathsf{ff}\})$，并设 $\mathcal{F}$ 为 $L\times L\to L$ 里的单调函数。

186

一个单调结构的实例为 $\iota_7=(7,\emptyset)$ 和 $\iota_{\mathsf{true}}=(\perp,\{\mathsf{tt}\})$。对于二元运算符 + 我们可以设

$$f_+(l_1,l_2)=\begin{cases}(z_1+z_2,\emptyset) & l_1=(z_1,\cdots),l_2=(z_2,\cdots),\\ & \text{且} z_1,z_2\in\mathbf{Z}\\ (\perp,\emptyset) & l_1=(z_1,\cdots),l_2=(z_2,\cdots),\\ & \text{且} z_1=\perp \text{ or } z_2=\perp\\ (\top,\emptyset) & \text{其他}\end{cases}$$

■

我们现在可以定义以下抽象域

$$\begin{array}{lllll}\widehat{v} & \in & \widehat{\mathbf{Val}} & = \mathcal{P}(\mathbf{Term}) & \text{抽象值}\\ \widehat{\rho} & \in & \widehat{\mathbf{Env}} & = \mathbf{Var}\to\widehat{\mathbf{Val}} & \text{抽象环境}\\ \widehat{\mathsf{C}} & \in & \widehat{\mathbf{Cache}} & = \mathbf{Lab}\to\widehat{\mathbf{Val}} & \text{抽象缓存}\end{array}$$

用于控制流分析，并定义

$$\begin{array}{lllll}\widehat{d} & \in & \widehat{\mathbf{Data}} & = L & \text{抽象数据值}\\ \widehat{\delta} & \in & \widehat{\mathbf{DEnv}} & = \mathbf{Var}\to\widehat{\mathbf{Data}} & \text{抽象数据环境}\\ \widehat{\mathsf{D}} & \in & \widehat{\mathbf{DCache}} & = \mathbf{Lab}\to\widehat{\mathbf{Data}} & \text{抽象数据缓存}\end{array}$$

用于数据流分析。

可接受关系　可接受关系的形式为

$$(\widehat{\mathsf{C}},\widehat{\mathsf{D}},\widehat{\rho},\widehat{\delta})\models_D e$$

并在表3.9中定义。在子句[*con*]中我们看到实例中的组件 ι 用于限制组件 $\widehat{\mathsf{D}}$ 中的值。在子句[*op*]我们看到组件 f 如何使用。子句[*if*]和之前一样显式地测试了两个分支，从而允

许控制流分析从数据流分析获取的结果中受益。如前一节所述，可以对其他子句进行类似的改进，以得到一个更加流敏感的分析。

表 3.9 抽象数据为完全格

$$
\begin{array}{ll}
[con] & (\widehat{\mathsf{C}},\widehat{\mathsf{D}},\widehat{\rho},\widehat{\delta}) \models_D c^\ell \text{ iff } \iota_c \sqsubseteq \widehat{\mathsf{D}}(\ell) \\
[var] & (\widehat{\mathsf{C}},\widehat{\mathsf{D}},\widehat{\rho},\widehat{\delta}) \models_D x^\ell \text{ iff } \widehat{\rho}(x) \subseteq \widehat{\mathsf{C}}(\ell) \ \wedge\ \widehat{\delta}(x) \sqsubseteq \widehat{\mathsf{D}}(\ell) \\
[fn] & (\widehat{\mathsf{C}},\widehat{\mathsf{D}},\widehat{\rho},\widehat{\delta}) \models_D (\texttt{fn}\ x \texttt{ => } e_0)^\ell \text{ iff } \{\texttt{fn}\ x \texttt{ => } e_0\} \subseteq \widehat{\mathsf{C}}(\ell) \\
[fun] & (\widehat{\mathsf{C}},\widehat{\mathsf{D}},\widehat{\rho},\widehat{\delta}) \models_D (\texttt{fun}\ f\ x \texttt{ => } e_0)^\ell \text{ iff } \{\texttt{fun}\ f\ x \texttt{ => } e_0\} \subseteq \widehat{\mathsf{C}}(\ell) \\
[app] & (\widehat{\mathsf{C}},\widehat{\mathsf{D}},\widehat{\rho},\widehat{\delta}) \models_D (t_1^{\ell_1}\ t_2^{\ell_2})^\ell \\
& \quad \text{iff } (\widehat{\mathsf{C}},\widehat{\mathsf{D}},\widehat{\rho},\widehat{\delta}) \models_D t_1^{\ell_1} \ \wedge\ (\widehat{\mathsf{C}},\widehat{\mathsf{D}},\widehat{\rho},\widehat{\delta}) \models_D t_2^{\ell_2} \ \wedge \\
& \quad\quad (\forall (\texttt{fn}\ x \texttt{ => } t_0^{\ell_0}) \in \widehat{\mathsf{C}}(\ell_1): \\
& \quad\quad\quad (\widehat{\mathsf{C}},\widehat{\mathsf{D}},\widehat{\rho},\widehat{\delta}) \models_D t_0^{\ell_0} \ \wedge \\
& \quad\quad\quad \widehat{\mathsf{C}}(\ell_2) \subseteq \widehat{\rho}(x) \ \wedge\ \widehat{\mathsf{D}}(\ell_2) \sqsubseteq \widehat{\delta}(x) \ \wedge \\
& \quad\quad\quad \widehat{\mathsf{C}}(\ell_0) \subseteq \widehat{\mathsf{C}}(\ell) \ \wedge\ \widehat{\mathsf{D}}(\ell_0) \sqsubseteq \widehat{\mathsf{D}}(\ell)) \ \wedge \\
& \quad\quad (\forall (\texttt{fun}\ f\ x \texttt{ => } t_0^{\ell_0}) \in \widehat{\mathsf{C}}(\ell_1): \\
& \quad\quad\quad (\widehat{\mathsf{C}},\widehat{\mathsf{D}},\widehat{\rho},\widehat{\delta}) \models_D t_0^{\ell_0} \ \wedge \\
& \quad\quad\quad \widehat{\mathsf{C}}(\ell_2) \subseteq \widehat{\rho}(x) \ \wedge\ \widehat{\mathsf{D}}(\ell_2) \sqsubseteq \widehat{\delta}(x) \ \wedge \\
& \quad\quad\quad \widehat{\mathsf{C}}(\ell_0) \subseteq \widehat{\mathsf{C}}(\ell) \ \wedge\ \widehat{\mathsf{D}}(\ell_0) \sqsubseteq \widehat{\mathsf{D}}(\ell) \ \wedge \\
& \quad\quad\quad \{\texttt{fun}\ f\ x \texttt{ => } t_0^{\ell_0}\} \subseteq \widehat{\rho}(f)) \\
[if] & (\widehat{\mathsf{C}},\widehat{\mathsf{D}},\widehat{\rho},\widehat{\delta}) \models_D (\texttt{if}\ t_0^{\ell_0}\ \texttt{then}\ t_1^{\ell_1}\ \texttt{else}\ t_2^{\ell_2})^\ell \\
& \quad \text{iff } (\widehat{\mathsf{C}},\widehat{\mathsf{D}},\widehat{\rho},\widehat{\delta}) \models_D t_0^{\ell_0} \ \wedge \\
& \quad\quad (\iota_{\texttt{true}} \sqsubseteq \widehat{\mathsf{D}}(\ell_0) \Rightarrow (\widehat{\mathsf{C}},\widehat{\mathsf{D}},\widehat{\rho},\widehat{\delta}) \models_D t_1^{\ell_1} \ \wedge \\
& \quad\quad\quad \widehat{\mathsf{C}}(\ell_1) \subseteq \widehat{\mathsf{C}}(\ell) \wedge \\
& \quad\quad\quad \widehat{\mathsf{D}}(\ell_1) \sqsubseteq \widehat{\mathsf{D}}(\ell)) \ \wedge \\
& \quad\quad (\iota_{\texttt{false}} \sqsubseteq \widehat{\mathsf{D}}(\ell_0) \Rightarrow (\widehat{\mathsf{C}},\widehat{\mathsf{D}},\widehat{\rho},\widehat{\delta}) \models_D t_2^{\ell_2} \ \wedge \\
& \quad\quad\quad \widehat{\mathsf{C}}(\ell_2) \subseteq \widehat{\mathsf{C}}(\ell) \wedge \\
& \quad\quad\quad \widehat{\mathsf{D}}(\ell_2) \sqsubseteq \widehat{\mathsf{D}}(\ell)) \\
[let] & (\widehat{\mathsf{C}},\widehat{\mathsf{D}},\widehat{\rho},\widehat{\delta}) \models_D (\texttt{let}\ x \texttt{ = } t_1^{\ell_1}\ \texttt{in}\ t_2^{\ell_2})^\ell \\
& \quad \text{iff } (\widehat{\mathsf{C}},\widehat{\mathsf{D}},\widehat{\rho},\widehat{\delta}) \models_D t_1^{\ell_1} \ \wedge\ (\widehat{\mathsf{C}},\widehat{\mathsf{D}},\widehat{\rho},\widehat{\delta}) \models_D t_2^{\ell_2} \ \wedge \\
& \quad\quad \widehat{\mathsf{C}}(\ell_1) \subseteq \widehat{\rho}(x) \wedge \widehat{\mathsf{D}}(\ell_1) \sqsubseteq \widehat{\delta}(x) \ \wedge \\
& \quad\quad \widehat{\mathsf{C}}(\ell_2) \subseteq \widehat{\mathsf{C}}(\ell) \wedge \widehat{\mathsf{D}}(\ell_2) \sqsubseteq \widehat{\mathsf{D}}(\ell) \\
[op] & (\widehat{\mathsf{C}},\widehat{\mathsf{D}},\widehat{\rho},\widehat{\delta}) \models_D (t_1^{\ell_1}\ op\ t_2^{\ell_2})^\ell \\
& \quad \text{iff } (\widehat{\mathsf{C}},\widehat{\mathsf{D}},\widehat{\rho},\widehat{\delta}) \models_D t_1^{\ell_1} \ \wedge\ (\widehat{\mathsf{C}},\widehat{\mathsf{D}},\widehat{\rho},\widehat{\delta}) \models_D t_2^{\ell_2} \ \wedge \\
& \quad\quad f_{op}(\widehat{\mathsf{D}}(\ell_1), \widehat{\mathsf{D}}(\ell_2)) \sqsubseteq \widehat{\mathsf{D}}(\ell)
\end{array}
$$

例 3.30 回顾例 3.27 的表达式和符号检测分析，我们得到表 3.6 最后一列的分析结果。可以看到，结果和之前一致。 ■

3.2 节介绍的证明方法足以证明分析相对于操作语义的正确性。对 3.3 节和 3.4 节(以及迷你项目 3.1)中所介绍的算法进行简单的扩展，就可以得到分析的实现，只要 L 满足升链条件(这和单调框架的情况一样)。

187 ~ 188

分段的规范 让我们简单考虑一下子句[if]的选择。以下选择使得数据流部分不能影响控制流部分，因为我们总是确保分析结果对于两个分支都是可接受的：

$$
\begin{array}{l}
(\widehat{\mathsf{C}},\widehat{\mathsf{D}},\widehat{\rho},\widehat{\delta}) \models'_D (\texttt{if}\ t_0^{\ell_0}\ \texttt{then}\ t_1^{\ell_1}\ \texttt{else}\ t_2^{\ell_2})^\ell \\
\quad \text{iff } (\widehat{\mathsf{C}},\widehat{\mathsf{D}},\widehat{\rho},\widehat{\delta}) \models'_D t_0^{\ell_0} \ \wedge \\
\quad\quad (\widehat{\mathsf{C}},\widehat{\mathsf{D}},\widehat{\rho},\widehat{\delta}) \models'_D t_1^{\ell_1} \ \wedge\ \widehat{\mathsf{C}}(\ell_1) \subseteq \widehat{\mathsf{C}}(\ell) \wedge \widehat{\mathsf{D}}(\ell_1) \sqsubseteq \widehat{\mathsf{D}}(\ell) \ \wedge \\
\quad\quad (\widehat{\mathsf{C}},\widehat{\mathsf{D}},\widehat{\rho},\widehat{\delta}) \models'_D t_2^{\ell_2} \ \wedge\ \widehat{\mathsf{C}}(\ell_2) \subseteq \widehat{\mathsf{C}}(\ell) \wedge \widehat{\mathsf{D}}(\ell_2) \sqsubseteq \widehat{\mathsf{D}}(\ell)
\end{array}
$$

与表3.8和表3.9的分析不同，在这里分析的解确实确定了表3.1的分析的解。准确地说，从$(\widehat{\mathsf{C}},\widehat{\mathsf{D}},\widehat{\rho},\widehat{\delta}) \models'_D e$ 能够保证$(\widehat{\mathsf{C}},\widehat{\rho}) \models e$。

在实现层面上，这种修改意味着控制流部分的约束($\widehat{\mathsf{C}}$ 和$\widehat{\rho}$)可以先被求解，然后基于这个解，数据流部分的约束($\widehat{\mathsf{D}}$ 和 $\widehat{\delta}$)再被求解。如果这两组约束都求出了它们的最小解，我们就得到了整体约束的最小解。

例3.31　让我们回顾例3.30。如果我们按上面讨论的那样修改子句[*if*]，那么我们得到的分析结果的 $\widehat{\mathsf{C}}$ 和$\widehat{\rho}$部分将如3.1节的纯控制流分析对应的列，而 $\widehat{\mathsf{D}}$ 和 $\widehat{\delta}$ 部分将对其中一些标号和变量关联稍微大一些的集合：

$$\begin{array}{rcl} \widehat{\mathsf{D}}(6) & = & \{+\} \\ \widehat{\mathsf{D}}(14) & = & \{0,+\} \\ \widehat{\mathsf{D}}(15) & = & \{0,+\} \\ \widehat{\delta}(\mathtt{z}) & = & \{0\} \end{array}$$

这个分析没有表3.8和表3.9的分析准确，只能确定表达式的值具有属性{0，+}。 ■

命令式语句和数据结构　迷你项目3.2展示了一种扩展，可以跟踪数据结构的创建点。迷你项目3.4展示了如何处理类似于第2章的WHILE语言的命令式构造。

3.6　添加上下文信息

到目前为止呈现的控制流分析是不精确的，因为它们无法区分一个函数的不同调用。

189

在2.5节的术语中，0-CFA分析是上下文不敏感的，在控制流分析的术语中它是单变(monovariant)的。

例3.32　参考以下表达式：

$$\begin{array}{l} \mathtt{(let\ f\ =\ (fn\ x\ =>\ x^1)^2} \\ \mathtt{\ in\ ((f^3\ f^4)^5\ (fn\ y\ =>\ y^6)^7)^8)^9} \end{array}$$

最小的0-CFA分析由$(\widehat{\mathsf{C}}_{\mathsf{id}},\widehat{\rho}_{\mathsf{id}})$给出：

$$\begin{array}{rcl} \widehat{\mathsf{C}}_{\mathsf{id}}(1) & = & \{\mathtt{fn\ x\ =>\ x^1},\mathtt{fn\ y\ =>\ y^6}\} \\ \widehat{\mathsf{C}}_{\mathsf{id}}(2) & = & \{\mathtt{fn\ x\ =>\ x^1}\} \\ \widehat{\mathsf{C}}_{\mathsf{id}}(3) & = & \{\mathtt{fn\ x\ =>\ x^1}\} \\ \widehat{\mathsf{C}}_{\mathsf{id}}(4) & = & \{\mathtt{fn\ x\ =>\ x^1}\} \\ \widehat{\mathsf{C}}_{\mathsf{id}}(5) & = & \{\mathtt{fn\ x\ =>\ x^1},\mathtt{fn\ y\ =>\ y^6}\} \\ \widehat{\mathsf{C}}_{\mathsf{id}}(6) & = & \{\mathtt{fn\ y\ =>\ y^6}\} \\ \widehat{\mathsf{C}}_{\mathsf{id}}(7) & = & \{\mathtt{fn\ y\ =>\ y^6}\} \\ \widehat{\mathsf{C}}_{\mathsf{id}}(8) & = & \{\mathtt{fn\ x\ =>\ x^1},\mathtt{fn\ y\ =>\ y^6}\} \\ \widehat{\mathsf{C}}_{\mathsf{id}}(9) & = & \{\mathtt{fn\ x\ =>\ x^1},\mathtt{fn\ y\ =>\ y^6}\} \\ \\ \widehat{\rho}_{\mathsf{id}}(\mathtt{f}) & = & \{\mathtt{fn\ x\ =>\ x^1}\} \\ \widehat{\rho}_{\mathsf{id}}(\mathtt{x}) & = & \{\mathtt{fn\ x\ =>\ x^1},\mathtt{fn\ y\ =>\ y^6}\} \\ \widehat{\rho}_{\mathsf{id}}(\mathtt{y}) & = & \{\mathtt{fn\ y\ =>\ y^6}\} \end{array}$$

因此我们看到x可以取值为 $\mathtt{fn\ x\ =>\ x^1}$ 和 $\mathtt{fn\ y\ =>\ y^6}$，所以整个表达式(标号9)可以取值为这两个抽象中的任何一个。但是，很容易看出实际上只有 $\mathtt{fn\ y\ =>\ y^6}$ 才是可能的

结果。 ■

为了获得更精确的分析，需要引入一种机制来区分变量和标号的不同动态实例。这将得到上下文敏感分析，在控制流分析的术语中称为多变(polyvariant)分析。有几种方法可以做到这一点。一种简单的方法是展开程序，使得问题不会出现。

例 3.33 对于例 3.32 的表达式，我们可以考虑把程序展开为

```
let f1 = (fn x1 => x1)
in let f2 = (fn x2 => x2)
   in (f1 f2) (fn y => y)
```

190

然后分析展开的表达式：0-CFA 分析现在可以推断 `x1` 只能取值为 `fn x2 => x2` 并且 `x2` 只能取值为 `fn y => y`，所以整个表达式将取值为 `fn y => y`。 ■

一个更令人满意的方法是扩展分析以包含上下文信息，使其能够区分变量和程序点的不同实例，并仍然可以分析原始表达式。此类分析包括 k-CFA 分析、均匀 k-CFA 分析、多项式 k-CFA 分析(主要对 $k>0$ 感兴趣)和笛卡儿积算法。

3.6.1 均匀 k-CFA 分析

抽象域 一个关键的想法是引入上下文来区分变量和程序点的不同动态实例。关于如何为上下文建模，以及如何在分析过程中修改它们有很多选择。在均匀 k-CFA 分析(以及 k-CFA 分析)中，上下文 δ 记录最后 k 个动态调用点。因此，在这种情况下，上下文将是长度最多为 k 的标号序列，并且每当分析函数调用时它们将被更新。

上下文将表示为：

$$\delta \in \Delta = \mathbf{Lab}^{\leqslant k} \quad \text{上下文信息}$$

由于上下文将用于区分变量的不同实例，因此我们需要一个上下文环境来确定与当前变量实例相关联的上下文：

$$ce \in \mathbf{CEnv} = \mathbf{Var} \to \Delta \quad \text{上下文环境}$$

上下文环境扮演的角色类似于语义的环境。特别是，这意味着我们需要扩展抽象值以包含上下文环境：

$$\widehat{v} \in \widehat{\mathbf{Val}} = \mathcal{P}(\mathbf{Term} \times \mathbf{CEnv}) \quad \text{抽象值}$$

因此，除了记录抽象(`fn` x `=>` e 和 `fun` f x `=>` e)以外，我们还将在项的自由变量的定值点记录上下文环境。这应该与 3.2 节的结构操作语义相比较，在那里闭包包含有关抽象的信息以及确定自由变量在定值点上的值的环境。

抽象环境 $\widehat{\rho}$ 现在将变量和上下文映射到抽象值：

$$\widehat{\rho} \in \widehat{\mathbf{Env}} = (\mathbf{Var} \times \Delta) \to \widehat{\mathbf{Val}} \quad \text{抽象环境}$$

191

一般我们会使用上下文环境来查找与期望的变量相关联的上下文，然后将其与变量一起用来访问抽象环境。这意味着我们间接地获得了在抽象值中带有局部抽象环境的效果，尽管 $\widehat{\rho}$ 仍然像前面几节一样是一个全局实体。

均匀 k-CFA 分析与 k-CFA 分析的不同之处在于为抽象缓存执行类似的操作。因此抽象缓存将标号和上下文映射到抽象值：

$$\widehat{\mathsf{C}} \in \widehat{\mathbf{Cache}} = (\mathbf{Lab} \times \Delta) \to \widehat{\mathbf{Val}} \quad \text{抽象缓存}$$

给定关于上下文的信息，我们可以确定与标号相关联的抽象值。和刚才一样，我们间接地获得了为每个可能的上下文保留缓存的效果，尽管它仍然是一个全局实体(在 k-CFA

中，我们有 $\widehat{\mathbf{Cache}} = (\mathbf{Lab} \times \mathbf{CEnv}) \to \widehat{\mathbf{Val}}$)。

可接受关系　均匀 k-CFA 的可接受关系见表 3.10。它由以下形式的公式定义：

$$(\widehat{\mathsf{C}}, \widehat{\rho}) \models_{\delta}^{ce} e$$

其中 ce 是当前上下文环境，δ 是当前上下文。该公式表示$(\widehat{\mathsf{C}},\widehat{\rho})$在由 ce 和 δ 指定的上下文环境下是 e 的可接受的分析。各个构造的子句与表 3.1 中的子句非常相似，并将在下面解释。

表 3.10　均匀 k-CFA 分析

$$
\begin{array}{ll}
[con] & (\widehat{\mathsf{C}}, \widehat{\rho}) \models_{\delta}^{ce} c^{\ell} \text{ always} \\[4pt]
[var] & (\widehat{\mathsf{C}}, \widehat{\rho}) \models_{\delta}^{ce} x^{\ell} \text{ iff } \widehat{\rho}(x, ce(x)) \subseteq \widehat{\mathsf{C}}(\ell, \delta) \\[4pt]
[fn] & (\widehat{\mathsf{C}}, \widehat{\rho}) \models_{\delta}^{ce} (\texttt{fn } x \texttt{ => } e_0)^{\ell} \text{ iff } \{(\texttt{fn } x \texttt{ => } e_0, ce_0)\} \subseteq \widehat{\mathsf{C}}(\ell, \delta) \\
& \qquad\qquad\qquad \text{where } ce_0 = ce \mid FV(\texttt{fn } x \texttt{ => } e_0) \\[4pt]
[fun] & (\widehat{\mathsf{C}}, \widehat{\rho}) \models_{\delta}^{ce} (\texttt{fun } f\ x \texttt{ => } e_0)^{\ell} \text{ iff } \{(\texttt{fun } f\ x \texttt{ => } e_0, ce_0)\} \subseteq \widehat{\mathsf{C}}(\ell, \delta) \\
& \qquad\qquad\qquad \text{where } ce_0 = ce \mid FV(\texttt{fun } f\ x \texttt{ => } e_0) \\[4pt]
[app] & (\widehat{\mathsf{C}}, \widehat{\rho}) \models_{\delta}^{ce} (t_1^{\ell_1}\ t_2^{\ell_2})^{\ell} \\
& \quad \text{iff } (\widehat{\mathsf{C}}, \widehat{\rho}) \models_{\delta}^{ce} t_1^{\ell_1} \ \wedge\ (\widehat{\mathsf{C}}, \widehat{\rho}) \models_{\delta}^{ce} t_2^{\ell_2} \ \wedge \\
& \quad\quad (\forall (\texttt{fn } x \texttt{ => } t_0^{\ell_0}, ce_0) \in \widehat{\mathsf{C}}(\ell_1, \delta) : \\
& \quad\quad\quad (\widehat{\mathsf{C}}, \widehat{\rho}) \models_{\delta_0}^{ce_0'} t_0^{\ell_0} \ \wedge \\
& \quad\quad\quad \widehat{\mathsf{C}}(\ell_2, \delta) \subseteq \widehat{\rho}(x, \delta_0) \ \wedge\ \widehat{\mathsf{C}}(\ell_0, \delta_0) \subseteq \widehat{\mathsf{C}}(\ell, \delta) \\
& \quad\quad\quad \text{where } \delta_0 = \lceil \delta, \ell \rceil_k \\
& \quad\quad\quad \text{and } ce_0' = ce_0[x \mapsto \delta_0]) \ \wedge \\
& \quad\quad (\forall (\texttt{fun } f\ x \texttt{ => } t_0^{\ell_0}, ce_0) \in \widehat{\mathsf{C}}(\ell_1, \delta) : \\
& \quad\quad\quad (\widehat{\mathsf{C}}, \widehat{\rho}) \models_{\delta_0}^{ce_0'} t_0^{\ell_0} \ \wedge \\
& \quad\quad\quad \widehat{\mathsf{C}}(\ell_2, \delta) \subseteq \widehat{\rho}(x, \delta_0) \ \wedge\ \widehat{\mathsf{C}}(\ell_0, \delta_0) \subseteq \widehat{\mathsf{C}}(\ell, \delta) \ \wedge \\
& \quad\quad\quad \{(\texttt{fun } f\ x \texttt{ => } t_0^{\ell_0}, ce_0)\} \subseteq \widehat{\rho}(f, \delta_0) \\
& \quad\quad\quad \text{where } \delta_0 = \lceil \delta, \ell \rceil_k \\
& \quad\quad\quad \text{and } ce_0' = ce_0[f \mapsto \delta_0, x \mapsto \delta_0]) \\[4pt]
[if] & (\widehat{\mathsf{C}}, \widehat{\rho}) \models_{\delta}^{ce} (\texttt{if } t_0^{\ell_0} \texttt{ then } t_1^{\ell_1} \texttt{ else } t_2^{\ell_2})^{\ell} \\
& \quad \text{iff } (\widehat{\mathsf{C}}, \widehat{\rho}) \models_{\delta}^{ce} t_0^{\ell_0} \ \wedge\ (\widehat{\mathsf{C}}, \widehat{\rho}) \models_{\delta}^{ce} t_1^{\ell_1} \ \wedge\ (\widehat{\mathsf{C}}, \widehat{\rho}) \models_{\delta}^{ce} t_2^{\ell_2} \ \wedge \\
& \quad\quad \widehat{\mathsf{C}}(\ell_1, \delta) \subseteq \widehat{\mathsf{C}}(\ell, \delta) \ \wedge\ \widehat{\mathsf{C}}(\ell_2, \delta) \subseteq \widehat{\mathsf{C}}(\ell, \delta) \\[4pt]
[let] & (\widehat{\mathsf{C}}, \widehat{\rho}) \models_{\delta}^{ce} (\texttt{let } x \texttt{ = } t_1^{\ell_1} \texttt{ in } t_2^{\ell_2})^{\ell} \\
& \quad \text{iff } (\widehat{\mathsf{C}}, \widehat{\rho}) \models_{\delta}^{ce} t_1^{\ell_1} \ \wedge\ (\widehat{\mathsf{C}}, \widehat{\rho}) \models_{\delta}^{ce'} t_2^{\ell_2} \ \wedge \\
& \quad\quad \widehat{\mathsf{C}}(\ell_1, \delta) \subseteq \widehat{\rho}(x, \delta) \ \wedge\ \widehat{\mathsf{C}}(\ell_2, \delta) \subseteq \widehat{\mathsf{C}}(\ell, \delta) \\
& \quad\quad \text{where } ce' = ce[x \mapsto \delta] \\[4pt]
[op] & (\widehat{\mathsf{C}}, \widehat{\rho}) \models_{\delta}^{ce} (t_1^{\ell_1}\ op\ t_2^{\ell_2})^{\ell} \text{ iff } (\widehat{\mathsf{C}}, \widehat{\rho}) \models_{\delta}^{ce} t_1^{\ell_1} \ \wedge\ (\widehat{\mathsf{C}}, \widehat{\rho}) \models_{\delta}^{ce} t_2^{\ell_2}
\end{array}
$$

192

在子句[var]中，我们使用当前上下文环境 ce 来确定变量 x 的当前实例的上下文 $ce(x)$，然后变量的抽象值由$\widehat{\rho}(x,ce(x))$给出。当前上下文是 δ，因此我们必须确保$\widehat{\rho}(x, ce(x)) \subseteq \widehat{\mathsf{C}}(\ell,\delta)$。

在子句[fn]中，我们记录当前上下文环境为抽象值的一部分，并且(和表 3.2 的结构操作语义一样)将上下文环境限制为抽象所关注的变量集。子句[fun]类似。

在子句[app]中，我们使用与复合表达式相同的上下文和上下文环境来分析两个子表达式。当我们找到一个操作符的可能取值，比如$(\texttt{fn } x \texttt{ => } t_0^{\ell_0}, ce_0)$，它将包含在其定值点创建的局部上下文环境 ce_0。当分析 $t_0^{\ell_0}$ 时，我们已经通过了应用点 ℓ，因此当前上下文已经

被更新为包含 ℓ，并且这也将是用于分析 $t_0^{\ell_0}$ 的新的上下文环境 ce_0 中与变量 x 相关联的上下文。新的上下文是 $\lceil\delta,\ell\rceil_k$(如2.5节所示)，表示序列[$\delta,\ell$]，但可能被截断(通过省略左边的元素)使得长度最多为 k。在操作符具有形式 (fun f x => $t_0^{\ell_0}$, ce_0) 的情况下，我们以类似的方式进行，并注意 f 和 x 都将在函数体的分析中与新的上下文相关联。

[if]、[let]和[op]的子句对表3.1的子句进行了相对简单的修改。但请注意，let 构造的约束变量的上下文是当前上下文(因为没有通过应用点)。我们将跳过分析的正确性证明以及具体实现方法。 193

例3.34 我们现在将为例3.33的表达式指定均匀1-CFA分析：

$$(\texttt{let f = (fn x => x}^1)^2 \texttt{ in ((f}^3\ \texttt{f}^4)^5\ \texttt{(fn y => y}^6)^7)^8)^9$$

初始上下文将是 Λ，代表空标号序列。在分析过程中，当前上下文在标号为5和8的两个应用点修改，因为我们只记录长度最多为一的调用字符串，所以唯一可能的上下文将是 Λ、5和8。有4个可能的上下文环境：

$\mathsf{ce}_0 = [\,]$	初始(空的)上下文环境
$\mathsf{ce}_1 = \mathsf{ce}_0[\mathtt{f} \mapsto \Lambda]$	用于分析let构造的主体的上下文环境
$\mathsf{ce}_2 = \mathsf{ce}_0[\mathtt{x} \mapsto 5]$	用于在应用点5开始分析f主体的上下文环境
$\mathsf{ce}_3 = \mathsf{ce}_0[\mathtt{x} \mapsto 8]$	用于在应用点8开始分析f主体的上下文环境

让我们令 $\widehat{\mathsf{C}}'_{\mathsf{id}}$ 和 $\widehat{\rho}'_{\mathsf{id}}$ 为：

$$\widehat{\mathsf{C}}'_{\mathsf{id}}(1,5) = \{(\texttt{fn x => x}^1,\mathsf{ce}_0)\} \qquad \widehat{\mathsf{C}}'_{\mathsf{id}}(1,8) = \{(\texttt{fn y => y}^6,\mathsf{ce}_0)\}$$
$$\widehat{\mathsf{C}}'_{\mathsf{id}}(2,\Lambda) = \{(\texttt{fn x => x}^1,\mathsf{ce}_0)\} \qquad \widehat{\mathsf{C}}'_{\mathsf{id}}(3,\Lambda) = \{(\texttt{fn x => x}^1,\mathsf{ce}_0)\}$$
$$\widehat{\mathsf{C}}'_{\mathsf{id}}(4,\Lambda) = \{(\texttt{fn x => x}^1,\mathsf{ce}_0)\} \qquad \widehat{\mathsf{C}}'_{\mathsf{id}}(5,\Lambda) = \{(\texttt{fn x => x}^1,\mathsf{ce}_0)\}$$
$$\widehat{\mathsf{C}}'_{\mathsf{id}}(7,\Lambda) = \{(\texttt{fn y => y}^6,\mathsf{ce}_0)\} \qquad \widehat{\mathsf{C}}'_{\mathsf{id}}(8,\Lambda) = \{(\texttt{fn y => y}^6,\mathsf{ce}_0)\}$$
$$\widehat{\mathsf{C}}'_{\mathsf{id}}(9,\Lambda) = \{(\texttt{fn y => y}^6,\mathsf{ce}_0)\}$$

$$\widehat{\rho}'_{\mathsf{id}}(\mathtt{f},\Lambda) = \{(\texttt{fn x => x}^1,\mathsf{ce}_0)\}$$
$$\widehat{\rho}'_{\mathsf{id}}(\mathtt{x},5) = \{(\texttt{fn x => x}^1,\mathsf{ce}_0)\} \qquad \widehat{\rho}'_{\mathsf{id}}(\mathtt{x},8) = \{(\texttt{fn y => y}^6,\mathsf{ce}_0)\}$$

我们现在将展示这是例子中的表达式的可接受的分析结果：

$$(\widehat{\mathsf{C}}'_{\mathsf{id}},\widehat{\rho}'_{\mathsf{id}}) \models_{\Lambda}^{\mathsf{ce}_0} (\texttt{let f = (fn x => x}^1)^2 \texttt{ in ((f}^3\ \texttt{f}^4)^5\ \texttt{(fn y => y}^6)^7)^8)^9$$

根据子句[let]，只需验证

$$(\widehat{\mathsf{C}}'_{\mathsf{id}},\widehat{\rho}'_{\mathsf{id}}) \models_{\Lambda}^{\mathsf{ce}_0} (\texttt{fn x => x}^1)^2$$
$$(\widehat{\mathsf{C}}'_{\mathsf{id}},\widehat{\rho}'_{\mathsf{id}}) \models_{\Lambda}^{\mathsf{ce}_1} ((\texttt{f}^3\ \texttt{f}^4)^5\ (\texttt{fn y => y}^6)^7)^8$$

因为 $\widehat{\mathsf{C}}'_{\mathsf{id}}(2,\Lambda) \subseteq \widehat{\rho}'_{\mathsf{id}}(\mathtt{f},\Lambda)$ 和 $\widehat{\mathsf{C}}'_{\mathsf{id}}(8,\Lambda) \subseteq \widehat{\mathsf{C}}'_{\mathsf{id}}(9,\Lambda)$。除了最后一个子句，其他子句都很简单。由于 $\widehat{\mathsf{C}}'_{\mathsf{id}}(5,\Lambda) = \{(\texttt{fn x => x}^1,\mathsf{ce}_0)\}$，根据[$app$]，只需验证 194

$$(\widehat{\mathsf{C}}'_{\mathsf{id}},\widehat{\rho}'_{\mathsf{id}}) \models_{\Lambda}^{\mathsf{ce}_1} (\texttt{f}^3\ \texttt{f}^4)^5$$
$$(\widehat{\mathsf{C}}'_{\mathsf{id}},\widehat{\rho}'_{\mathsf{id}}) \models_{\Lambda}^{\mathsf{ce}_1} (\texttt{fn y => y}^6)^7$$
$$(\widehat{\mathsf{C}}'_{\mathsf{id}},\widehat{\rho}'_{\mathsf{id}}) \models_{8}^{\mathsf{ce}_3} \texttt{x}^1$$

因为 $\widehat{\mathsf{C}}'_{\mathsf{id}}(7,\Lambda) \subseteq \widehat{\rho}'_{\mathsf{id}}(\mathtt{x},8)$ 和 $\widehat{\mathsf{C}}'_{\mathsf{id}}(1,8) \subseteq \widehat{\mathsf{C}}'_{\mathsf{id}}(8,\Lambda)$。除了第一个子句，其他子句都很简单。和上面一样，我们看到 $\widehat{\mathsf{C}}'_{\mathsf{id}}(3,\Lambda) = \{(\texttt{fn x => x}^1,\mathsf{ce}_0)\}$，因此只需验证

$$(\widehat{\mathsf{C}}'_{\mathsf{id}},\widehat{\rho}'_{\mathsf{id}}) \models^{ce_1}_{\Lambda} \texttt{f}^3$$
$$(\widehat{\mathsf{C}}'_{\mathsf{id}},\widehat{\rho}'_{\mathsf{id}}) \models^{ce_1}_{\Lambda} \texttt{f}^4$$
$$(\widehat{\mathsf{C}}'_{\mathsf{id}},\widehat{\rho}'_{\mathsf{id}}) \models^{ce_2}_{5} \texttt{x}^1$$

因为 $\widehat{\mathsf{C}}'_{\mathsf{id}}(4,\Lambda)\subseteq\widehat{\rho}'_{\mathsf{id}}(\mathtt{x},5)$ 和 $\widehat{\mathsf{C}}'_{\mathsf{id}}(1,5)\subseteq\widehat{\mathsf{C}}'_{\mathsf{id}}(5,\Lambda)$。这些子句都很简单。

这个例子的重要性在于表明均匀 1-CFA 分析足够强大，可以确定 `fn y => y`^{6} 是整个表达式的唯一可能结果，这与例 3.32 中的 0-CFA 分析不同。我们还可以看到，由于 $\widehat{\rho}'_{\mathsf{id}}(\mathtt{y},\delta)=\emptyset$对于所有 $\delta\in\{\Lambda,5,8\}$，可知 `fn y => y`^{6} 从来没有被调用。 ■

即使 $k=1$，得到的分析也有指数最坏时间复杂度。为了看到这一点，假设表达式的大小为 n，并且具有 p 个不同的变量。那么 Δ 有 $O(n)$个元素，因此有 $O(p\cdot n)$个不同的二元组(x,δ)和 $O(n^2)$个不同的二元组(ℓ,δ)。这意味着$(\widehat{\mathsf{C}},\widehat{\rho})$可以看作由 $\widehat{\mathbf{Val}}$的值组成的 $O(n^2)$元组。由于 $\widehat{\mathbf{Val}}$本身是形为(t,ce)的二元组的幂集，并且存在 $O(n\cdot n^p)$个这样的二元组，因此 $\widehat{\mathbf{Val}}$具有高度 $O(n\cdot n^p)$。由于 $p=O(n)$，我们得到上面提到的指数最坏时间复杂度。

这应该与前面章节中介绍的0-CFA 分析形成对比。它对应于让 Δ 成为单例集。重复上面的计算，我们可以看到$(\widehat{\mathsf{C}},\widehat{\rho})$是由 $\widehat{\mathbf{Val}}$的值组成的 $O(p+n)$元组，$\widehat{\mathbf{Val}}$将是高度为 $O(n)$的格。总的来说，这给了我们一个多项式复杂度的分析，正如我们在 3.4 节中看到的那样。

均匀 k-CFA 分析(以及 k-CFA 分析)的最坏时间复杂度可以用不同方式得到改善。一种可能是使用第 4 章的技术降低格 $\widehat{\mathbf{Val}}$的高度。另一种可能是把所有上下文环境替换为上下文，即设 $\widehat{\mathbf{Val}}=\mathcal{P}(\mathbf{Term}\times\Delta)$。很明显，这将给出多项式高度的格。该想法与所谓的多项式 k-CFA 分析密切相关，其中上下文环境的对应必须是常值函数，即将所有变量映射到相同的上下文。在多项式 1-CFA 的情况下，分析具有复杂度 $O(n^6)$。

195

重新回顾过程间分析 让我们将上面的内容与2.5 节的内容进行比较。在那里我们考虑了一个简单命令式程序语言的过程间分析。

回想一下，2.5 节中的抽象域具有形式

$$\Delta\rightarrow L$$

其中 Δ 是上下文信息，L 是抽象值的完全格。对于每个标号 ℓ，分析将确定 $\Delta\rightarrow L$ 中的两个元素 $A_\circ(\ell)$ 和 $A_\bullet(\ell)$，用于描述执行标号为 ℓ 的基本块之前和之后的情况。所以我们有

$$A_\circ, A_\bullet : \mathbf{Lab}\rightarrow(\Delta\rightarrow L)$$

在本章的术语中，我们可以将这些函数视为抽象缓存。2.5 节中没有对应的抽象环境——原因是过程语言非常简单而不需要：抽象环境记录了自由变量的上下文，但因为过程中所有的自由变量都是全局变量，因此不需要抽象环境。

我们现在可以重新表述以上的分析。我们设抽象域为：

$$\Delta\rightarrow\mathcal{P}(\mathbf{Term}\times\mathbf{CEnv})$$

并将抽象缓存和抽象环境重新表述为以下类型的函数：

$$\widehat{\mathsf{C}}:\mathbf{Lab}\rightarrow\Delta\rightarrow\mathcal{P}(\mathbf{Term}\times\mathbf{CEnv})$$
$$\widehat{\rho}:\mathbf{Var}\rightarrow\Delta\rightarrow\mathcal{P}(\mathbf{Term}\times\mathbf{CEnv})$$

因此，过程间分析的抽象缓存和均匀 k-CFA 分析(使用调用字符串)具有相同类型的函数。我们可以得出这两种分析是同一个主题的变体。

3.6.2 笛卡儿积算法

笛卡儿积算法(Cartesian Product Algorithm，CPA)是为面向对象语言开发的，但主要思想可以使用我们的函数式语言的变体来表达，其中函数接受 m 个参数($m>0$)：

$$t ::= \cdots \mid \texttt{fn}\ x_1,\cdots,x_m\ \texttt{=>}\ e_b \mid e_0(e_1,\cdots,e_m)$$

为了简化符号，我们将在本小节忽略递归函数。为了忠实于 CPA 的官方描述，我们还要添加所有函数抽象都是闭合的条件，即 $FV(\texttt{fn}\ x_1,\cdots,x_m\ \texttt{=>}\ e_b)=\emptyset$，就像 2.5 节考虑的过程语言那样。我们将更一般的处理方法留给练习 3.17。

196

重述 0-CFA 分析 第一步是调整 0-CFA 分析的规范来处理接受 m 个参数的函数。尽管 CPA 是一个非常面向实用的算法，我们还是适当地考虑表 3.1 中的抽象规范(而不是表 3.5 中的语法引导的规范)。我们修改如下：

$$(\widehat{\mathsf{C}},\widehat{\rho}) \models (\texttt{fn}\ x_1,\cdots,x_m\ \texttt{=>}\ e_b)^{\ell} \text{ iff } \{\texttt{fn}\ x_1,\cdots,x_m\ \texttt{=>}\ e_b\} \subseteq \widehat{\mathsf{C}}(\ell)$$

$$\begin{array}{l}(\widehat{\mathsf{C}},\widehat{\rho}) \models (t_0^{\ell_0}(t_1^{\ell_1},\cdots,t_m^{\ell_m}))^{\ell}\\ \quad \text{iff}\ \ (\widehat{\mathsf{C}},\widehat{\rho}) \models t_0^{\ell_0}\ \wedge\ (\widehat{\mathsf{C}},\widehat{\rho}) \models t_1^{\ell_1}\ \wedge\ \cdots\ \wedge\ (\widehat{\mathsf{C}},\widehat{\rho}) \models t_m^{\ell_m}\ \wedge\\ \quad\quad \forall(\texttt{fn}\ x_1,\cdots,x_m\ \texttt{=>}\ t_b^{\ell_b}) \in \widehat{\mathsf{C}}(\ell_0):\\ \quad\quad\quad \widehat{\mathsf{C}}(\ell_1)\times\cdots\times\widehat{\mathsf{C}}(\ell_m) \subseteq \widehat{\rho}(x_1)\times\cdots\times\widehat{\rho}(x_m)\ \wedge\\ \quad\quad\quad (\widehat{\mathsf{C}},\widehat{\rho}) \models t_b^{\ell_b}\ \wedge\\ \quad\quad\quad \widehat{\mathsf{C}}(\ell_b) \subseteq \widehat{\mathsf{C}}(\ell)\end{array}$$

函数应用子句的合取中第三部分可以写为

$$\widehat{\mathsf{C}}(\ell_1) \subseteq \widehat{\rho}(x_1) \wedge \cdots \wedge \widehat{\mathsf{C}}(\ell_m) \subseteq \widehat{\rho}(x_m)$$

在没有 $\widehat{\mathsf{C}}(\ell_i)$ 为空的情况下。

笛卡儿积算法 我们接下来扩展分析以考虑上下文。这将以提供给函数的实在参数的形式表达：

$$\delta \in \Delta = \mathbf{Term}^m = \mathbf{Term}\times\cdots\times\mathbf{Term} \qquad (m\text{次})$$

回顾 $\widehat{\mathbf{Val}} = \mathcal{P}(\mathbf{Term})$，然后我们重新定义抽象域如下：

$$\begin{array}{lcl}\widehat{\rho} \in \widehat{\mathbf{Env}} &=& (\mathbf{Var}\times\Delta)\to\widehat{\mathbf{Val}}\\ \widehat{\mathsf{C}} \in \widehat{\mathbf{Cache}} &=& (\mathbf{Lab}\times\Delta)\to\widehat{\mathbf{Val}}\end{array}$$

CPA 分析中的关键子句是：

$$(\widehat{\mathsf{C}},\widehat{\rho}) \models^{\delta}_{\mathsf{CPA}} x^{\ell} \text{ iff } \widehat{\rho}(x,\delta) \subseteq \widehat{\mathsf{C}}(\ell,\delta)$$

$$(\widehat{\mathsf{C}},\widehat{\rho}) \models^{\delta}_{\mathsf{CPA}} (\texttt{fn}\ x_1,\cdots,x_m\ \texttt{=>}\ e_b)^{\ell} \text{ iff } \{\texttt{fn}\ x_1,\cdots,x_m\ \texttt{=>}\ e_b\} \subseteq \widehat{\mathsf{C}}(\ell,\delta)$$

$$\begin{array}{l}(\widehat{\mathsf{C}},\widehat{\rho}) \models^{\delta}_{\mathsf{CPA}} (t_0^{\ell_0}(t_1^{\ell_1},\cdots,t_m^{\ell_m}))^{\ell}\\ \quad \text{iff}\ \ (\widehat{\mathsf{C}},\widehat{\rho}) \models^{\delta}_{\mathsf{CPA}} t_0^{\ell_0}\ \wedge\ (\widehat{\mathsf{C}},\widehat{\rho}) \models^{\delta}_{\mathsf{CPA}} t_1^{\ell_1}\ \wedge\ \cdots\wedge\ (\widehat{\mathsf{C}},\widehat{\rho}) \models^{\delta}_{\mathsf{CPA}} t_m^{\ell_m}\ \wedge\\ \quad\quad \forall(\texttt{fn}\ x_1,\cdots,x_m\ \texttt{=>}\ t_b^{\ell_b}) \in \widehat{\mathsf{C}}(\ell_0,\delta)\\ \quad\quad\quad \forall\delta_b \in \widehat{\mathsf{C}}(\ell_1,\delta)\times\cdots\times\widehat{\mathsf{C}}(\ell_m,\delta):\\ \quad\quad\quad\quad \{\delta_b\} \subseteq \widehat{\rho}(x_1)\times\cdots\times\widehat{\rho}(x_m)\ \wedge\\ \quad\quad\quad\quad (\widehat{\mathsf{C}},\widehat{\rho}) \models^{\delta_b}_{\mathsf{CPA}} t_b^{\ell_b}\ \wedge\\ \quad\quad\quad\quad \widehat{\mathsf{C}}(\ell_b,\delta_b) \subseteq \widehat{\mathsf{C}}(\ell,\delta)\end{array}$$

197

从本规范可以清楚地看出，函数的主体是针对每个可能的参数元组单独分析的，并且不会发生数据合并。在实际的实现中，我们需要使用备忘方法来保证每个函数主体只进行一次分析。这可以通过将每个 $(\widehat{\mathsf{C}},\widehat{\rho}) \models^{\delta_b}_{\mathsf{CPA}} t_b^{\ell_b}$ 组织成所谓的模板，并将它们保存在一个全局池。创建模板时，只有当模板尚未存在才将其添加到池中。

笛卡儿积算法的名称来源于 δ_b 的取值范围是笛卡儿乘积 $\widehat{\mathsf{C}}(\ell_1,\delta)\times\cdots\times\widehat{\mathsf{C}}(\ell_m,\delta)$。由于乘积单调增长，分析可以通过一种比较直接的惰性方式实现：每当 $\widehat{\mathsf{C}}(\ell_i,\delta)$ 中的一个增加时(假设所有都非空)，$\widehat{\mathsf{C}}(\ell_1,\delta)\times\cdots\times\widehat{\mathsf{C}}(\ell_m,\delta)$ 才增加。练习 3.17 研究了一个较小的扩展。

重新回顾过程间分析　让我们再次与 2.5 节进行比较，但这次关注基于假设集的分析。2.5 节的分析基于

$$A_\circ, A_\bullet : \mathbf{Lab} \to (\Delta \to L)$$

其中 Δ 是上下文信息，$L=\mathcal{P}(D)$ 是所关注的幂集，而当前的分析可以重新表述为

$$\widehat{\mathsf{C}} : \mathbf{Lab} \to \Delta \to \widehat{\mathbf{Val}}$$

$$\widehat{\rho} : \mathbf{Var} \to \Delta \to \widehat{\mathbf{Val}}$$

上的操作，其中 $\widehat{\mathbf{Val}}=\mathcal{P}(\mathbf{Term})$ 是所关注的幂集。显然，D 和 $\mathbf{Term}$ 可以被认为是相等的，并且 $\Delta=\mathbf{Term}$ 表明 $\Delta=D$。因此我们可以得出“小假设集”和笛卡儿积算法是同一个主题的变体。

结束语

函数式语言的控制流分析　控制流分析的许多关键思想都是在函数式语言的背景下发展起来的。k-CFA 分析的概念似乎来自 Shivers[156-158]，其他类似于 0-CFA 分析的工作包括[163,136,57,56]。文献[79]进一步阐明了 k-CFA 和多项式 k-CFA 分析背后的思想，也建立了 $k>0$ 时 k-CFA 分析的指数复杂度。它还将一种基于集合的分析[70]与 0-CFA 相关联。文献[122]引入了均匀 k-CFA 分析，作为 k-CFA 分析的简化。一个显然的变体是记录最后 k 个不同调用点的集合(见练习 3.15)。这个主题上的另一个变化是闭包分析(Closure Analysis)。在文献[152]中可以找到一个早期且经常被忽视的发展。

198

这里的分析(包括表 3.1)似乎更适合动态作用域而不是静态作用域：0-CFA 分析合并变量的多次定值的信息，即使它们的作用域不同。显然，可以很容易地修改分析，以便更直接地描述静态作用域(参见练习 3.7)，而不是依赖没有变量具有多个定值。

如果这些分析超出 0-CFA 的范围，主要在于建立额外的上下文(称为 memento、token 或 contour)来表示关于动态调用链的信息。最常见的方法类似于 2.5 节中调用字符串的使用。笛卡儿积算法[2]最初是为面向对象程序开发的，相当于 2.5 节中“小假设集”的使用。

建立上下文的另一种方法是表示静态调用链。这似乎首先在文献[80]中进行了描述，是所谓的“多态分裂”分析的一部分。文献[122]中提出了一个更一般的设置，该设置还认为需要基于余归纳方法建立抽象规范——注意，余归纳和归纳方法可能是一致的，比如对于语法引导的规范。

显然，控制流分析应与数据流分析相结合，以提高控制流信息的质量，并提供需要的数据流信息。我们在 3.5 节的处理只是朝着这个方向迈出了第一步：迷你项目 3.4 中概述了一种更宏伟的方法(基于文献[126])。实际上，一些作者会声称 3.1 节中提出的分析不应被视为 0-CFA 分析，因为它不包括数据流分析(如 3.5 节)并且不考虑求值顺序(如练习 3.3 和练习 3.14)。在我们看来，这些发展都是基于一个主题的变化。

上面引用的大多数文章直接表述了一个语法引导规范，或许证明了它的语义正确性，并或许展示了如何生成约束以便获得高效的实现。抽象规范的使用首先出现在文献[80, 122]中，其优点包括能够更直接地应用于*开放系统*(允许与环境提供的库接口)以及第4章的抽象解释的思想。特别是，可达性的概念很自然地表明出来[21,60]，如何将抽象解释中的思想融入控制流分析变得更加清晰，并且不会无意中将自己限制于封闭系统。(迷你项目3.1考虑了可达性的概念(基于文献[60])。)

199

只有少数论文[125]讨论了程序分析的规范风格的选择与语义选择之间的相互作用。我们使用了小步结构操作语义而不是大步语义来表达无限循环程序的语义正确性。我们使用了基于环境的语义，以确保在调用函数之前不会“修改”函数体，使得函数抽象可以在我们的分析的值域中有意义地使用[125]。因此，我们必须引入中间表达式(闭包和绑定)，并且还必须为中间表达式指定抽象分析；对于语法引导的规范和基于约束的分析，这不是必需的，假设已经处理了语义正确性。其他的选择显然是可能的，但或许至少牺牲了本方法提供的一般性。

其他语言范式的控制流分析 控制流分析的另一个主要应用是*面向对象语言*：这里需要跟踪对象而不是函数[3,124,137]。作为数据流分析和控制流分析之间密切联系的体现，我们还应当提到一些方法[178,139]更接近于第2章的模式。更深入的研究的一个共同主题是结合上下文(与 k-CFA 相关)和抽象存储[133](用于处理对象的方法更新等命令式语言的特征)。为了提高精度，抽象存储的局部版本需要存在于所有程序点，并且需要抽象引用计数，以包含“杀死”成分(以第2章的方式)。请参考上述文献，以了解更多关于如何制定此类分析和如何在精确度和成本之间做出平衡的细节。

*并发语言*的控制流分析受到的关注相对较少[22]。然而，本章介绍的技术的变体已被用于分析包含并发原语扩展的函数式语言，允许动态创建过程并通过共享位置或通道进行通信[78,57,60,22-23]。

在本书中，我们不考虑*逻辑编程语言*。但是，我们应该指出，控制流分析在逻辑编程语言中也有应用，并且基于集合的分析最初是为这类语言开发的[72-73]。

基于集合约束的分析 控制流分析只是一种有效利用约束的程序分析方法。在本章中，我们采用了以下步骤：(i)首先我们给出了一个抽象的规范，说明哪些解是可接受的；(ii)然后我们提出了一个算法，用于生成一组约束代表可接受的解；(iii)最后我们求得约束的最小解。对于步骤(iii)中的集合约束的求解，实际上如何获得约束已经不再重要。出于这个原因，人们常说集合约束允许将分析的规范和实现分开。集合约束能够处理前向分析、后向分析，以及它们的结合。

200

集合约束[72,7]有着悠久的历史[143,84]。它们允许我们表达一般的包含关系

$$S_1 \subseteq S_2$$

其中集合表达式 S、集合变量 V 和集合构造函数 C 可以如下构建：

$$\begin{array}{rcl} S & ::= & V \mid \emptyset \mid S_1 \cup S_2 \mid S_1 \cap S_2 \mid C(S_1, \cdots, S_n) \\ & \mid & (S_1 \subseteq S_2) \Rightarrow S_3 \mid (S_1 \neq \emptyset) \Rightarrow S_2 \mid C^{-i}(S) \mid \neg S \mid \cdots \\ V & ::= & X \mid Y \mid \cdots \\ C & ::= & \texttt{true} \mid \texttt{false} \mid 0 \mid \cdots \mid \texttt{cons} \mid \texttt{nil} \mid \cdots \end{array}$$

集合约束不仅仅允许考虑不带参数的构造函数，因此允许我们记录数据结构的形状。例如，$\texttt{cons}(S_1, S_2) \cup \texttt{nil}$ 表示可能为空的列表，其头部来自 S_1 并且尾部来自 S_2。相关的

投影函数选择具有所需形状的项(如果有的话)，例如 cons^{-1}(S)产生所有可能存在于 S 的头部。我们之前已经看到了条件约束，实际上投影的概念足够强大使其可用于表达条件约束。最后，有时可以明确地使用集合的补集，但这增加了理论的复杂性。(这意味着使用 Tarski 定理不再能保证解的存在，有时可能会使用某个版本的 Banach 定理。)

集合约束系统的求解的复杂性很大程度上取决于允许的形成集合的操作，因此在文献中已经考虑了很多版本。文献[6，135]概述了该领域的已知情况，这里我们只提到文献[28]的一般结论和文献[70，10]的一些立方时间复杂度的片段。

但是，值得指出的是，其中的很多结论都是最坏情况下的结论。Jaganathan 和 Wright[80] 的基准测试结果表明：实际上 1-CFA 分析可能比 0-CFA 分析更快，尽管前者具有指数最坏复杂度，而后者具有多项式最坏复杂度。原因似乎是 0-CFA 分析探索了它的大多数多项式大小的状态空间，而 1-CFA 分析是如此精确，以至于它只探索了指数大小的状态空间的一小部分。

201　集合约束的很多求解过程背后的基本思想大致如下[9]：

1. 动态展开条件约束，基于被满足的条件，直到不能再展开为止。
2. 删除所有条件约束，并合并剩余的约束以获得最小解。

这不是 3.4 节使用的算法，在那里我们只对 0-CFA 分析产生的相当有限的约束类型感兴趣。当使用表 3.6 生成约束时，我们能够“猜测”一个足够大的“宇宙”$\mathbf{Term}_\star$，这使我们能够生成条件约束的显式版本，实际上是上述算法的步骤 1 中考虑的所有约束的超集。因此，表 3.7 中的后续约束求解算法仅需要检查已存在的约束并确定它们是否可以对求解做出贡献。在实践中，上述“惰性”算法很可能比表 3.6 和表 3.7 的“急切”算法表现得更好。

迷你项目

迷你项目 3.1　可达性分析

表 3.5 的语法引导分析对 $e_\star$的每个子表达式分析“恰好一次”而不是真正需要的“最多一次”。在这个迷你项目中，我们将研究一种改善方法。

我们的想法是引入一个抽象可达性组件

$$\widehat{\mathsf{R}} \in \mathbf{Reach} = \mathbf{Lab} \rightarrow \mathcal{P}(\{\mathbf{on}\})$$

并修改语法引导分析以获得以下形式的关系：

$$(\widehat{\mathsf{C}}, \widehat{\rho}, \widehat{\mathsf{R}}) \models'_s e$$

基本想法是 `fn` x `=>` $t_0^{\ell_0}$ 有 $\{\mathbf{on}\} \subseteq \widehat{\mathsf{R}}(\ell_0)$当且仅当函数确实在某处应用。同样，“递归调用”$(\widehat{\mathsf{C}}, \widehat{\rho}, \widehat{\mathsf{R}}) \models_s t_0^{\ell_0}$ 实际被执行当且仅当 $\{\mathbf{on}\} \subseteq \widehat{\mathsf{R}}(\ell_0)$。

1. 修改表 3.5 以添加这个想法。

2. 证明命题 3.18 的新版本：如果 $(\widehat{\mathsf{C}}, \widehat{\rho}, \widehat{\mathsf{R}}) \models'_s t_\star^{\ell_\star}$、$\{\mathbf{on}\} \subseteq \widehat{\mathsf{R}}(\ell_\star)$ 和 $(\widehat{\mathsf{C}}, \widehat{\rho}) \sqsubseteq (\widehat{\mathsf{C}}_\star^\top, \widehat{\rho}_\star^\top)$，则 $(\widehat{\mathsf{C}}, \widehat{\rho}) \models t_\star^{\ell_\star}$。

3. 确定以下命题是否在一般情况下成立：

- 如果 $(\widehat{\mathsf{C}}, \widehat{\rho}) \models e_\star$，则 $(\widehat{\mathsf{C}}, \widehat{\rho}, \widehat{\mathsf{R}}) \models'_s e_\star$ 对于某个 $\widehat{\mathsf{R}}$ 成立。
- 202　如果 $(\widehat{\mathsf{C}}, \widehat{\rho}) \models e_\star$ 和 $(\widehat{\mathsf{C}}, \widehat{\rho}) \sqsubseteq (\widehat{\mathsf{C}}_\star^\top, \widehat{\rho}_\star^\top)$，则 $(\widehat{\mathsf{C}}, \widehat{\rho}, \widehat{\mathsf{R}}) \models'_s e_\star$ 对于某个 $\widehat{\mathsf{R}}$ 成立。

迷你项目 3.2 数据结构

到目前为止我们考虑的语言仅包含整数和布尔值等简单数据。在这个迷你项目中，我们将在语言中添加更一般的数据结构：

$$e ::= \cdots \mid C(e_1,\cdots,e_n)^\ell \mid (\texttt{case}\ e_0\ \texttt{of}\ C(x_1,\cdots,x_n)\ \texttt{=>}\ e_1\ \texttt{or}\ x\ \texttt{=>}\ e_2)^\ell$$

这里 $C \in \mathbf{Constr}$ 表示一个 n 元数据构造函数。数据元素由 $C(e_1,\cdots,e_n)$ 构造：它具有标签 C，分量为 $e_1,\cdots,e_n$ 的值。case 构造将首先确定 e_0 的值 v_0，如果 v_0 具有标签 C 则 $x_1,\cdots,x_n$ 被约束到 v_0 的分量，然后对 e_1 求值。如果 v_0 没有标签 C 则 x 被约束到 v_0，然后对 e_2 求值。

例如，假设我们有 $\mathbf{Constr} = \{\texttt{cons}, \texttt{nil}\}$，则以下表达式(省略标号)可用来反转列表：

```
let append = fun app xs => fn ys =>
             case xs of cons(z,zs) => cons(z,app zs ys)
                        or xs => ys
in fun rev xs => case xs of cons(y,ys) =>
                               append (rev ys) (cons(y,nil()))
                            or xs => nil()
```

为了描述这个语言的 0-CFA 分析，我们将设

$$\widehat{\mathbf{Val}} = \mathcal{P}(\mathbf{Term} \cup \{C(\ell_1,\cdots,\ell_n) \mid C \in \mathbf{Constr}, \ell_1,\cdots,\ell_n \in \mathbf{Lab}\})$$

和之前一样，我们关注的项是 $\texttt{fn}\ x\ \texttt{=>}\ e_0$ 和 $\texttt{fun}\ f\ x\ \texttt{=>}\ e_0$，用于记录抽象。新添加的元素是 $C(\ell_1,\cdots,\ell_n)$，表示数据元素 $C(v_1,\cdots,v_n)$，其中第 i 个分量可能由程序点 ℓ_i 上的表达式创建。

1. 设计一个和表 3.5 类似的语法引导分析。

2. 修改表 3.6 的约束生成算法以处理新的构造，并对表 3.7 的约束求解算法进行必要的更改。

一个更难的挑战：设计一个与表 3.1 类似的抽象分析存在哪些困难？

203

迷你项目 3.3 一个原型实现

在这个迷你项目中，我们将实现 3.3 节中考虑的纯 0-CFA 分析。作为实现语言，我们将选择一种函数式语言，如 Standard ML 或 Haskell。我们可以为 FUN 表达式定义一个合适的数据类型如下：

```
type var        = string
type label      = int
datatype const  = Num of int | True | False
datatype exp    = Label of term * label
and term        = Const of const | Var of var
                | Fn of var * exp | Fun of var * var * exp
                | App of exp * exp | If of exp * exp * exp
                | Let of var * exp * exp | Op of string * exp * exp
```

1. 实现 3.4 节的基于约束的控制流分析，这包括为(条件)约束定义适当的数据结构。

2. 实现 3.4 节的基于图的算法对约束求解，这涉及为工作列表和算法使用的两个数组选择适当的数据结构。

一个更难的挑战：扩展程序以实现一些更高级的分析，例如添加数据流或上下文信息。

迷你项目3.4　命令式构造

在3.5节中，我们展示了如何将数据流分析纳入控制流分析。当语言中添加了命令式构造时，这变得更具挑战性：

$$e ::= \cdots \mid (\mathtt{new}_\pi\ x\ \mathtt{:=}\ e_1\ \mathtt{in}\ e_2)^\ell \mid (\mathtt{!}\ x)^\ell \mid (x\ \mathtt{:=}\ e_0)^\ell \mid (e_1\ \mathtt{;}\ e_2)^\ell$$

这里 $\mathtt{new}_\pi\ x\ \mathtt{:=}\ e_1\ \mathtt{in}\ e_2$ 创建一个新的引用变量 x，在 e_2 中使用。它被初始化为 e_1，引用的内容通过 $!x$ 获得，并通过 $x\ \mathtt{:=}\ e_0$ 更新，引用变量的创建点由程序点 $\pi \in \mathbf{Pnt}$ 表明。构造 e_1; e_2 仅仅表示执行 e_1 然后执行 e_2（当 x 没有出现在 e_2 中时，等价于 $\mathtt{let}\ x\ \mathtt{=}\ e_1\ \mathtt{in}\ e_2$）。

204

一种扩展3.5节的分析的方法是使用以下形式的可接受关系：

$$(\widehat{\mathsf{C}}, \widehat{\rho}, \widehat{\mathsf{S}}_\circ, \widehat{\mathsf{S}}_\bullet) \models_{me} e$$

其中

- $\widehat{\mathsf{C}} : \mathbf{Lab} \to \widehat{\mathbf{Val}}$ 和 $\widehat{\mathsf{C}}(\ell)$描述了标号为 ℓ 的子表达式可能的取值。
- $\widehat{\rho} : \mathbf{Var} \to \widehat{\mathbf{Val}}$ 和 $\widehat{\rho}(x)$描述了 x 可能被约束的值。
- $\widehat{\mathsf{S}}_\circ : \mathbf{Lab} \to (\mathbf{Pnt} \to \widehat{\mathbf{Val}})$ 和 $\widehat{\mathsf{S}}_\circ(\ell)$描述了对标号为 ℓ 的子表达式取值之前可能的状态。
- $\widehat{\mathsf{S}}_\bullet : \mathbf{Lab} \to (\mathbf{Pnt} \to \widehat{\mathbf{Val}})$ 和 $\widehat{\mathsf{S}}_\bullet(\ell)$描述了对标号为 ℓ 的子表达式取值之后可能的状态。
- $me : \mathbf{Var} \to \mathbf{Pnt}$ 和 $me(x)$表示引用变量 x 的创建点。

$\widehat{\mathbf{Val}}$的一个选择是 $\mathcal{P}(\mathbf{Term}) \times L$，其中第一个分量追踪函数，第二个分量追踪抽象值。以下提示或许有助于解决问题：设计一个结构操作语义并在定义可接受关系时将其作为指导。

更高级的处理需要像3.6节那样涉及上下文信息。

练习

练习3.1　考虑以下表达式（省略标号）：

```
let f = fn x => x 1
in  let g = fn y => y+2
    in  let h = fn z => z+3
        in  (f g) + (f h)
```

205

添加程序的标号，并猜测分析结果。用表3.1验证它确实是一个可接受的猜测。

练习3.2　表3.1的控制流分析的规范使用了潜在无限的值空间。这不是必需的。要看到这一点，选择需要分析的表达式 $e_\star \in \mathbf{Exp}$。令 $\mathbf{Var}_\star \subseteq \mathbf{Var}$ 为 $e_\star$中出现的变量的有限集合，令 $\mathbf{Lab}_\star \subseteq \mathbf{Lab}$ 为 $e_\star$中出现的标号的有限集合，并且令 $\mathbf{Term}_\star$ 为 $e_\star$的子项的有限集合。

下面定义

$$\begin{array}{rcll} \widehat{v} & \in & \widehat{\mathbf{Val}}_\star & = \mathcal{P}(\mathbf{Term}_\star) \\ \widehat{\rho} & \in & \widehat{\mathbf{Env}}_\star & = \mathbf{Var}_\star \to \widehat{\mathbf{Val}}_\star \\ \widehat{\mathsf{C}} & \in & \widehat{\mathbf{Cache}}_\star & = \mathbf{Lab}_\star \to \widehat{\mathbf{Val}}_\star \end{array}$$

并注意这些值空间是有限的。证明当$(\widehat{\mathsf{C}}, \widehat{\rho})$被限制在 $\widehat{\mathbf{Cache}}_\star \times \widehat{\mathbf{Env}}_\star$ 中时，表3.1的分析

规范仍然是有意义的。

练习 3.3 修改表 3.1 的控制流分析，以考虑按值调用语义迫使的从左到右的求值顺序：在子句[*app*]中，如果操作符不能生成任何闭包，则无须分析操作数。尝试找到一个程序，其修改后的分析接受被表 3.1 拒绝的分析结果$(\widehat{\mathsf{C}},\widehat{\rho})$。

练习 3.4 到目前为止，我们定义"$(\widehat{\mathsf{C}},\widehat{\rho})$是 e 的可接受的解"为

$$(\widehat{\mathsf{C}},\widehat{\rho}) \models e \tag{3.8}$$

但另一种选择是

$$\exists(\widehat{\mathsf{C}}',\widehat{\rho}') : (\widehat{\mathsf{C}}',\widehat{\rho}') \models e \ \wedge\ (\widehat{\mathsf{C}}',\widehat{\rho}') \sqsubseteq (\widehat{\mathsf{C}},\widehat{\rho}) \tag{3.9}$$

证明式(3.8)蕴含式(3.9)但反之不成立。讨论式(3.8)和式(3.9)中的哪一个是更好的定义。

练习 3.5 考虑表 3.1 中的分析规范的另一个选择，其中[*app*]子句中的条件

$$(\texttt{fun}\ f\ x\ \texttt{=>}\ t_0^{\ell_0}) \in \widehat{\rho}(f)$$

被替换为

$$\widehat{\mathsf{C}}(\ell_1) \subseteq \widehat{\rho}(f)$$

展示定理 3.10 的证明可以被相应地修改。讨论这两种分析的相对精度。

练习 3.6 重新考虑我们使用 $\widehat{\mathbf{Val}} = \mathcal{P}(\mathbf{Term})$的决定，并考虑改为 $\widehat{\mathbf{Val}} = \mathcal{P}(\mathbf{Exp})$。展示控制流分析的规范可以被相应地修改，但结论 3.11(以及正确性结论)将不再成立。 206

练习 3.7 操作语义允许我们重命名约束变量而不改变语义，这与语言具有静态作用域(或词法作用域)而不是动态作用域是一致的。举个例子：

$$((\texttt{fn x => x}^1)^2\ (\texttt{fn y => y}^3)^4)^5 =_\alpha ((\texttt{fn x => x}^1)^2\ (\texttt{fn x => x}^3)^4)^5$$

显然这两个程序具有相同的语义。

但是，重命名约束变量会改变解的可接受性，并影响表 3.1 中指定的分析的精度。设计一个 0-CFA 分析的抽象规范，相比于表 3.1 更忠实于静态作用域。对于没有多个定义出现的表达式，它应该与表 3.1 的规范一致。

练习 3.8 在 3.2 节中，我们为 FUN 配备了一个按值调用的语义。另一种方法是使用按名称调用(call-by-name)或惰性语义。它可以通过对表 3.2 和表 3.3 的语义做简单的修改得到，允许环境$\rho \in \mathbf{Env}$将变量映射到中间项(而不仅仅是值)，通过删除规则[app_2]和[let_1]，然后对公理[*var*]、[app_{fn}]、[app_{fun}]和[let_2]做一些明显的修改。对于[*var*]的情况，我们将取：

$$\rho \vdash x^\ell \rightarrow it^\ell\ \text{如果}\ x \in dom(\rho)\ \text{和}\ it = \rho(x)$$

完成语义规范并证明正确性结论(定理 3.10)对于表 3.1 的分析仍然成立。这对于分析的精度意味着什么?

练习 3.9 令$\models_s'$和$\models_s''$为两个满足表 3.5 的规范的关系。通过 e 上的结构归纳证明

$$(\widehat{\mathsf{C}},\widehat{\rho}) \models_s' e \text{ iff } (\widehat{\mathsf{C}},\widehat{\rho}) \models_s'' e$$

练习 3.10 考虑命题 3.18，并确定以下命题是否在一般情况下成立：

$$\text{如果}\ (\widehat{\mathsf{C}},\widehat{\rho}) \models_s e_\star \quad \text{则}\ (\widehat{\mathsf{C}},\widehat{\rho}) \models e_\star$$

练习 3.11 给出一个例子证明以下两个命题在一般情况下不成立：

$$\text{如果}\ (\widehat{\mathsf{C}},\widehat{\rho}) \models e_\star\ \text{则}\ (\widehat{\mathsf{C}},\widehat{\rho}) \models_s e_\star$$

$$\text{如果}\ (\widehat{\mathsf{C}},\widehat{\rho}) \models e_\star\ \text{和}\ (\widehat{\mathsf{C}},\widehat{\rho}) \sqsubseteq (\widehat{\mathsf{C}}_\star^\top,\widehat{\rho}_\star^\top)\ \text{则}\ (\widehat{\mathsf{C}},\widehat{\rho}) \models_s e_\star$$

207

练习 3.12　直接证明表 3.5 的语法引导分析的正确性，即与定理 3.10 类似的结论。这涉及首先将语法引导分析扩展到 `bind` 和 `close` 构造，然后证明如果 $\rho\ \mathcal{R}\ \widehat{\rho}$, $\rho \vdash ie \rightarrow ie'$并且 $(\widehat{\mathsf{C}},\widehat{\rho}) \models_s ie$，则 $(\widehat{\mathsf{C}},\widehat{\rho}) \models_s ie'$也成立。

练习 3.13　考虑系统 $\mathcal{C}_\star^{=}[\![e_\star]\!]$包含一个约束

$$ls_1 \cup \cdots \cup ls_n = rhs$$

每当$\mathcal{C}_\star^{=}[\![e_\star]\!]$包含 $n \geqslant 1$ 个约束

$$ls_i \subseteq rhs$$

证明

$$(\widehat{\mathsf{C}},\widehat{\rho}) \models_c \mathcal{C}_\star^{=}[\![e_\star]\!] \quad 蕴含 \quad (\widehat{\mathsf{C}},\widehat{\rho}) \models_c \mathcal{C}_\star[\![e_\star]\!]$$

其中 $(\widehat{\mathsf{C}},\widehat{\rho}) \models_c (ls = rhs)$ 以显然的方式定义。同时证明

$$(\widehat{\mathsf{C}},\widehat{\rho}) \models_c \mathcal{C}_\star[\![e_\star]\!] \quad 蕴含 \quad (\widehat{\mathsf{C}},\widehat{\rho}) \models_c \mathcal{C}_\star^{=}[\![e_\star]\!]$$

在$(\widehat{\mathsf{C}},\widehat{\rho})$是使得 $(\widehat{\mathsf{C}},\widehat{\rho}) \models_c \mathcal{C}_\star[\![e_\star]\!]$ 的最小值的特殊情况下成立。

练习 3.14　使用练习 3.3 的想法改进表 3.8，使得表达式仅在绝对需要时才被分析。接下来使用相同的想法设计语法引导分析。讨论两个规范之间的关系：它们是否比表 3.1 和表 3.5 中的 $\models$ 和 $\models_s$ 更紧密相关（参见练习 3.10 和练习 3.11）？

练习 3.15　修改均匀 k-CFA 分析的抽象规范，使其不是记录最后 k 次函数调用，而是最后 k 次调用的函数与前一次调用不同：如果调用序列是[1,2,2,1,1]，那么 2-CFA 记录[1,1]，但修改后的分析记录[2,1]。讨论这两个分析中的哪一个（例如当 $k=2$）在实践中最有可能有用。

练习 3.16　让我们考虑一个一阶递归方程模式（first-order recursion equation scheme）的语言：程序具有形式

$$\texttt{define}\ D_\star\ \texttt{in}\ e_\star$$

其中 $D_\star$是一个以下形式的函数定义的序列：

208

$$f(x)= e$$

这里 f 是函数名，x 是形式参数，e 是函数体。D 中定义的函数可以是相互递归的，参数机制是按值调用。表达式由以下给出：

$$e \ ::= \ t^\ell$$

$$t \ ::= \ c \mid x \mid f\ e \mid \texttt{if}\ e_0\ \texttt{then}\ e_1\ \texttt{else}\ e_2 \mid e_1\ op\ e_2$$

其中 $c \in \mathbf{Const}$ 和 $op \in \mathbf{Op}$ 与之前一样，我们假设 f 和 x 属于不同的语法类别。作为示例，我们可以用以下表达式定义斐波那契函数（省略标号）：

```
define fib(z) = if z<3 then 0
                     else fib (z-1) + fib (z-2)
in     fib x
```

为该语言定义均匀 k-CFA 分析。在 $k=0$ 和 $k=1$ 的情况下，与 2.5 节中过程语言的分析进行比较。

练习 3.17　在 3.6.2 节中，我们描述了笛卡儿积算法，基于所有函数抽象都是闭合的假设。在本练习中，我们不做这个简化假设，并希望处理递归函数。制定分析

$$(\widehat{\mathsf{C}},\widehat{\rho}) \models_\delta^{ce} e$$

的抽象规范，其中 $\delta \in \Delta$ 和 3.6.2 节一样，并且

$$ce \in \mathbf{CEnv} = \mathbf{Var} \rightarrow \Delta$$

提示：修改表 3.10 以处理接受 m 个参数的函数，并在函数应用的子句确定适当的新的上下文。

209

第4章
Principles of Program Analysis

抽象解释

本章的目的是传递一些抽象解释的基本思想。我们将主要采用独立于编程语言的形式，因此专注于属性空间的设计、属性空间上的函数和计算，以及它们之间的关系。

首先，我们在一些限制的情况下证明某些分析方法的正确性，从而为之后的定义提供更好的动机。然后，我们介绍加宽和变窄算子，用于获得最小不动点的近似值并限制所需计算步骤的数量。接下来，我们考虑 Galois 连接和 Galois 插入，允许把计算成本高的属性空间替换为计算成本更低的空间。Galois 连接可以用一种系统的方式构建，并且可以用于从一种分析衍生出另一种分析。

4.1 一种普通的正确性定义

为了设置场景，考虑某个编程语言。它的语义定义了一个集合 V 的值(如状态、闭包、双精度实数)并指定程序 p 如何把一个值 v_1 转换到另一个值 v_2。我们可以将其表达为

$$p \vdash v_1 \rightsquigarrow v_2 \tag{4.1}$$

对此我们不必确定语义的细节，也不必强制执行的确定性(即 $p \vdash v_1 \rightsquigarrow v_2$ 和 $p \vdash v_1 \rightsquigarrow v_3$ 意味着 $v_2 = v_3$)。

类似地，一个程序分析定义了一个属性的集合 L(如状态的形状、抽象闭包、实数的下界和上界)，并指定程序 p 如何把一个属性 l_1 转换到另一个属性 l_2，我们可以写为

$$p \vdash l_1 \rhd l_2 \tag{4.2}$$

对此，我们不必确定这个分析是如何描述的。然而，与语义的情况不同，我们一般要求$\rhd$是确定性的，因此定义一个函数；这将允许我们写 $f_p(l_1) = l_2$ 等价于 $p \vdash l_1 \rhd l_2$。

在本节的剩余部分，我们将展示如何将语义与分析联系起来。我们将分别介绍基于正确性关系和表示函数的两种方法。在这两种情况下，我们将分别定义分析的语义正确性概念，并证明这两种概念是等价的。

这是一种很普通的方法，因为它只适用于属性直接描述值的集合的分析。这包含了 2.3 节的常量传播分析、2.6 节的形状分析和第 3 章的控制流分析，但不包含 2.1 节的活跃变量分析，因为在这个分析里属性关注不同值之间的关系。在文献中，通常使用一阶分析和二阶分析来描述这两类分析的区别。必须强调的是，4.2~4.5 节的内容同样适用于这两类分析。

我们将首先用式(4.1)和式(4.2)的风格重新表述第 2 章和第 3 章的内容。

例 4.1 考虑第 2 章的 WHILE 语言。回想一下，我们为这个语言定义了结构操作语义，包括形为$\langle S,\sigma\rangle \to \langle S',\sigma'\rangle$和$\langle S,\sigma\rangle \to \sigma'$的转换，其中 S 和 S'是 **Stmt** 里的语句，σ 和 σ'是 $\mathbf{State} = \mathbf{var} \to \mathbf{Z}$ 里的状态。让我们考虑程序 $S_\star$，我们用

$$S_\star \vdash \sigma_1 \rightsquigarrow \sigma_2$$

代表迁移关系的自反传递闭包，即

$$\langle S_\star, \sigma_1\rangle \to^* \sigma_2$$

注意，值的集合 V 是集合 **State**。

下面考虑2.3节中的常量传播分析。回想一下，对于程序 $S_\star$ 的分析产生一组等式 $\mathsf{CP}^=$，通过单调框架的一个实例描述：我们关注的性质 L 是 $\widehat{\mathbf{State}}_{\mathsf{CP}} = (\mathbf{Var}_\star \to \mathbf{Z}^\top)_\perp$，$E$ 是 $\{init(S_\star)\}$，F 是 $flow(S_\star)$，ι 是 $\lambda x.\top$. 。进一步回想一下，等式系统的解是一个二元组 $(\mathsf{CP}_\circ, \mathsf{CP}_\bullet)$，包含满足等式的映射 $\mathsf{CP}_\circ : \mathbf{Lab}_\star \to \widehat{\mathbf{State}}_{\mathsf{CP}}$ 和 $\mathsf{CP}_\circ : \mathbf{Lab}_\star \to \widehat{\mathbf{State}}_{\mathsf{CP}}$。给定一个 $\mathsf{CP}^=$ 的解 $(\mathsf{CP}_\circ, \mathsf{CP}_\bullet)$，我们让

212

$$S_\star \vdash \widehat{\sigma}_1 \rhd \widehat{\sigma}_2$$

代表

$$\iota = \widehat{\sigma}_1 \;\wedge\; \widehat{\sigma}_2 = \bigsqcup\{\mathsf{CP}_\bullet(\ell) \mid \ell \in final(S_\star)\}$$

因此对于一个具有独立入口的程序 $S_\star$，$\widehat{\sigma}_1$ 是与 $S_\star$ 的入口相关联的抽象状态，$\widehat{\sigma}_2$ 是与出口相关联的抽象状态；我们用完全格 $\widehat{\mathbf{State}}_{\mathsf{CP}}$ 上的最小上界运算符($\sqcup$)来合并 $S_\star$ 的(可能多个)出口上的抽象状态。■

例4.2　考虑第3章的FUN语言。回想一下我们定义的结构操作语义，包含形为 $\rho \vdash ie \to ie'$ 的迁移，其中 ρ 是一个环境($\mathbf{Env} = \mathbf{Var} \to_{\mathrm{fin}} \mathbf{Val}$ 的一个元素)。ie 和 ie' 是来自 $\mathbf{IExp}$ 的中间表达式。现在考虑一个封闭表达式 $e_\star$。我们用

$$e_\star \vdash v_1 \rightsquigarrow v_2$$

代表 $e_\star$ 在参数 v_1 下取值为 v_2，即

$$[\,] \vdash (e_\star\; v_1^{\ell_1})^{\ell_2} \to^* v_2^{\ell_2}$$

其中 ℓ_1 和 ℓ_2 是新的标号。请注意，现在值的集合 V 是集合 $\mathbf{Val}$。

下面我们考虑3.1节中的纯控制流分析。回想一下分析表达式 $e_\star$ 的结果是一个二元组 $(\widehat{\mathsf{C}}, \widehat{\rho})$，满足表3.1所示的 $(\widehat{\mathsf{C}}, \widehat{\rho}) \models e_\star$。在这里 $\widehat{\mathsf{C}}$ 是 $\widehat{\mathbf{Cache}} = \mathbf{Lab}_\star \to \widehat{\mathbf{Val}}$ 的一个元素，ρ 是 $\widehat{\mathbf{Env}} = \mathbf{Var}_\star \to \widehat{\mathbf{Val}}$ 的一个元素，其中 $\widehat{\mathbf{Val}} = \mathcal{P}(\mathbf{Term}_\star)$。在这个分析中，我们把属性的集合 L 取为 $\widehat{\mathbf{Env}} \times \widehat{\mathbf{Val}}$ 里的二元组 $(\widehat{\rho}, \widehat{v})$，并假定 $(\widehat{\mathsf{C}}, \widehat{\rho}) \models (e_\star\; \mathsf{c}^{\ell_1})^{\ell_2}$(对于某个常数 $\mathbf{c}$)。然后我们定义

$$e_\star \vdash (\widehat{\rho}_1, \widehat{v}_1) \rhd (\widehat{\rho}_2, \widehat{v}_2)$$

为 $e_\star$ 在具有 $(\widehat{\rho}_1, \widehat{v}_1)$ 属性的参数下，取值具有属性 $(\widehat{\rho}_2, \widehat{v}_2)$：

$$\widehat{\mathsf{C}}(\ell_1) = \widehat{v}_1 \;\wedge\; \widehat{\mathsf{C}}(\ell_2) = \widehat{v}_2 \;\wedge\; \widehat{\rho}_1 = \widehat{\rho}_2 = \widehat{\rho}$$

注意，这里作为 $e_\star$ 的参数的“虚拟”常量 $\mathbf{c}$ 用于代表所有满足 $\widehat{v}_1$ 的可能参数。为了让这种方法可行，对于 $\mathbf{c}$ 的分析不能对 $(\widehat{\mathsf{C}}, \widehat{\rho})$ 添加限制。这对表3.1中的定义是成立的。■

213

4.1.1　正确性关系

每个程序分析都应该是语义正确的。对于一类(所谓的一阶)程序分析，这可以通过以下的正确性关系建立，直接将属性与值关联：

$$R : V \times L \to \{true, false\}$$

这里的意图是：$v\,R\,l$ 代表值 v 可以由属性 l 描述。

正确性的描述　为了让一个正确性关系 R 有用，我们需要证明它在计算中是保持的：如果该关系对于初始值和初始属性是成立的，那么它对于终止值和终止属性也是成立的。这可以表达为：

$$v_1\; R\; l_1 \;\wedge\; p \vdash v_1 \rightsquigarrow v_2 \;\wedge\; p \vdash l_1 \rhd l_2 \quad\Rightarrow\quad v_2\; R\; l_2 \tag{4.3}$$

并且可以用下图表示：

$$\begin{array}{ccccc} p & \vdash & v_1 & \rightsquigarrow & v_2 \\ & & \vdots & & \vdots \\ & & R & \Rightarrow & R \\ & & \vdots & & \vdots \\ p & \vdash & l_1 & \rhd & l_2 \end{array}$$

满足这个条件的关系 R 通常被称为逻辑关系，蕴含条件也写作 $(p\vdash\cdot\rightsquigarrow\cdot)(R\twoheadrightarrow R)(p\vdash\cdot\rhd\cdot)$。

当我们在属性集合 L 上添加一个预序(preorder)结构，并将其与正确性关系 R 联系起来时，抽象解释理论就应运而生了。最常见的情形是 $L=(L,\sqsubseteq,\sqcup,\sqcap,\perp,\top)$ 是带有偏序$\sqsubseteq$的完全格(见附录 A)。在这种情况下，我们假设 R 和 L 之间的关系满足以下两个条件：

$$v\ R\ l_1\ \wedge\ l_1\sqsubseteq l_2\ \ \Rightarrow\ \ v\ R\ l_2 \tag{4.4}$$

$$(\forall l\in L'\subseteq L: v\ R\ l)\ \ \Rightarrow\ \ v\ R\ (\bigsqcap L') \tag{4.5}$$

条件(4.4)表示一个属性在偏序下越小，它就越好(即更精确)。这是一个“任意的”约定，因为我们也可以约定属性越大越好。很多数据流分析的文献采用第二种约定。幸运的是，格理论中的对偶原理(见结束语)告诉我们这种区别只是表面上的。 214

条件(4.5)表示始终存在描述一个值的最佳属性。它的重要性在于这意味着我们只需要执行一次分析(使用最佳属性，即候选属性的最大下界)而不是几次分析(对于每个候选属性)。参考附录 A 中的定义：L 的一个子集 Y 是 Moore 族当且仅当 $(\sqcap Y')\in Y$，对于所有 Y 的子集集合 Y' 成立。因此我们看到，条件(4.5)相当于要求$\{l\mid vRl\}$是一个 Moore 族。

条件(4.5)有两个直接后果：

$$v\ R\ \top$$

$$v\ R\ l_1\ \wedge\ v\ R\ l_2\ \ \Rightarrow\ \ v\ R\ (l_1\sqcap l_2)$$

第一个公式表示$\top$描述任何值。第二个公式表示，如果我们对一个值有两个描述，那么它们的最大下界也是对该值的描述。

例 4.3 回顾例 4.1 中的常量传播分析，现在我们可以指定关系

$$R_{\mathsf{CP}}:\mathbf{State}\times\widehat{\mathbf{State}}_{\mathsf{CP}}\rightarrow\{\mathit{true},\mathit{false}\}$$

在值(即状态)和属性(即抽象状态)之间：

$$\sigma\ R_{\mathsf{CP}}\ \widehat{\sigma}\quad \text{iff}\quad \forall x\in FV(S_\star):(\widehat{\sigma}(x)=\top\ \vee\ \sigma(x)=\widehat{\sigma}(x))$$

因此 $\widehat{\sigma}$ 可以将一些变量映射到 $\top$，但如果 $\widehat{\sigma}$ 将变量 x 映射到 $\mathbf{Z}$ 中的元素，那么这必须也是 $\sigma(x)$的值。

注意这样定义的常量传播分析满足条件(4.4)和条件(4.5)。从 2.3 节可以得到$(\widehat{\mathbf{State}}_{\mathsf{CP}},\sqsubseteq_{\mathsf{CP}})$对于顺序 $\sqsubseteq_{\mathsf{CP}}$ 是一个完全格。然后可以直接验证式(4.4)和式(4.5)是成立的。(比较练习 2.7。) ■

例 4.4 对于例 4.2 中提到的控制流分析，我们将定义

$$R_{\mathsf{CFA}}:\mathbf{Val}\times(\widehat{\mathbf{Env}}\times\widehat{\mathbf{Val}})\rightarrow\{\mathit{true},\mathit{false}\}$$

为 3.2 节中的关系 $\mathcal{V}$：

$$v\ R_{\mathsf{CFA}}\ (\widehat{\rho},\widehat{v})\quad \text{iff}\quad v\ \mathcal{V}\ (\widehat{\rho},\widehat{v})$$

215

回想一下，我们有两种值 $v\in\mathbf{Val}$：常量 c 和闭包 `close` t `in` ρ，并且 $\mathcal{V}$的定义是：

$$v\ \mathcal{V}\ (\widehat{\rho},\widehat{v})\quad \text{iff}\quad \begin{cases} \mathit{true} & v=c \\ t\in\widehat{v}\wedge\forall x\in dom(\rho):\rho(x)\ \mathcal{V}\ (\widehat{\rho},\widehat{\rho}(x)) & v=\texttt{close}\ t\ \texttt{in}\ \rho \end{cases}$$

正确性条件(4.3)可以重新表述为

$$(v_1\ \mathcal{V}\ (\widehat{\rho},\widehat{v}_1)\ \wedge\ [\,]\vdash(e_\star\ v_1^{\ell_1})^{\ell_2}\rightarrow^* v_2^{\ell_2}\ \wedge\ (\widehat{\mathsf{C}},\widehat{\rho})\models(e_\star\ \mathsf{c}^{\ell_1})^{\ell_2}\ \wedge$$
$$\widehat{\mathsf{C}}(\ell_1)=\widehat{v}_1\ \wedge\ \widehat{\mathsf{C}}(\ell_2)=\widehat{v}_2)\ \Rightarrow\ v_2\ \mathcal{V}\ (\widehat{\rho},\widehat{v}_2)$$

这从3.2节中的定理3.10确立的正确性结论可以得到(见练习4.3)。

最后，我们证明控制流分析也满足条件(4.4)和条件(4.5)。为此，在$\widehat{\mathbf{Env}}\times\widehat{\mathbf{Val}}$上定义偏序$\sqsubseteq_{\mathsf{CFA}}$如下：

$$(\widehat{\rho}_1,\widehat{v}_1)\sqsubseteq_{\mathsf{CFA}}(\widehat{\rho}_2,\widehat{v}_2)\ \text{ iff }\ \widehat{v}_1\subseteq\widehat{v}_2\ \wedge\ \forall x:\widehat{\rho}_1(x)\subseteq\widehat{\rho}_2(x)$$

这将$\widehat{\mathbf{Env}}\times\widehat{\mathbf{Val}}$变成一个完全格。通过$v\in\mathbf{Val}$上的归纳，可以很容易证明式(4.4)和式(4.5)是满足的。■

4.1.2　表示函数

除了使用值和属性之间的正确性关系$R:V\times L\rightarrow\{true,false\}$，另一种方法是使用表示函数(representation function)：

$$\beta:V\rightarrow L$$

这里的意图是：β将值映射到描述它的最佳属性。分析的正确性标准如下：

$$\beta(v_1)\sqsubseteq l_1\ \wedge\ p\vdash v_1\rightsquigarrow v_2\ \wedge\ p\vdash l_1\rhd l_2\ \ \Rightarrow\ \ \beta(v_2)\sqsubseteq l_2 \qquad (4.6)$$

这也可以用下图表示：

$$\begin{array}{ccccc} p\ \vdash & v_1 & \rightsquigarrow & v_2 & \\ \beta & \downarrow & \Rightarrow & \downarrow & \beta \\ & \sqcap\!\mid & & \sqcap\!\mid & \\ p\ \vdash & l_1 & \rhd & l_2 & \end{array}$$

其意图是：如果初始值v_1被l_1安全地描述，那么终止值v_2将被分析的结果l_2安全地描述。

216

正确性描述的等价性　引理4.5表明，分析正确性的描述(4.3)和(4.6)其实是等价的(当R和β之间存在适当的关系时)。为了确立这一点，我们首先展示如何从给定的表示函数β定义正确性关系R_β：

$$v\ R_\beta\ l\ \text{ iff }\ \beta(v)\sqsubseteq l$$

接下来我们展示如何从正确性关系R定义表示函数β_R：

$$\beta_R(v)\ =\ \bigsqcap\{l\mid v\ R\ l\}$$

引理4.5　(i)给定$\beta:V\rightarrow L$，那么关系$R_\beta:V\times L\rightarrow\{true,false\}$满足条件(4.4)和条件(4.5)，并且$\beta_{R_\beta}=\beta$。

(ii)给定$R:V\times L\rightarrow\{true,false\}$满足条件(4.4)和条件(4.5)，那么$\beta_R$定义明确且$R_{\beta_R}=R$。

因此，正确性的两种表达方式(4.3)和(4.6)是等价的。■

证明　为了证明(i)，首先观察条件(4.4)是显然的，因为$\sqsubseteq$是传递的。条件(4.5)也是显然的，因为如果$\beta(v)$是L'的下界，则$\beta(v)\sqsubseteq\sqcap L'$。通过计算$\beta_{R_\beta}(v)=\sqcap\{l\mid v\ R_\beta\ l\}=\sqcap\{l\mid\beta(v)\sqsubseteq l\}=\beta(v)$完成(i)的证明。

为了证明(ii)，我们从$v\,R\,l$得到$\beta_R(v)\sqsubseteq l$，因此$v\ R_{\beta_R}\ l$。相反，从$v\ R_{\beta_R}\ l$得到$\beta_R(v)\sqsubseteq l$。设$L'=\{l\mid vRl\}$，很明显从式(4.5)可得$v\ R\ (\sqcap L')$，这相当于$v\ R\ (\beta_R(v))$，因此从式(4.4)我们得到了想要的结论$v\,R\,l$。■

受到这些结论的启发，我们可以说，每当$v\,R\,l$等价于$\beta(v)\sqsubseteq l$时R是由表示函数β生成的。这种关系如图 4.1 所示：关系 R 表示 v 由所有 $\beta(v)$ 之上的属性描述，并且 β 表示在所有描述 v 的属性中，$\beta(v)$ 是最好的。

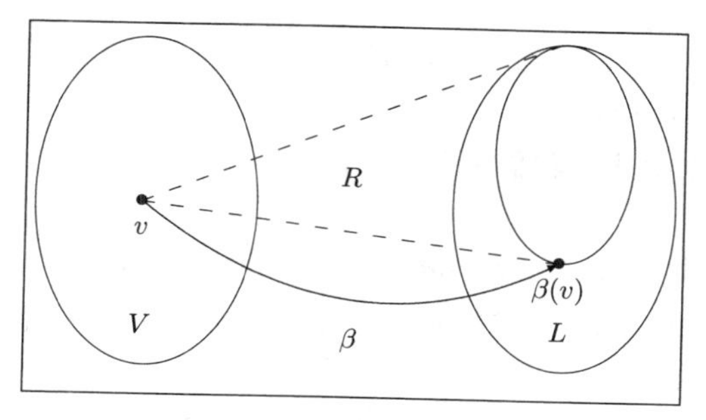

图 4.1　表示函数 β 生成的正确性关系

例 4.6　对于例 4.1 和例 4.3 中研究的常量传播分析，我们将定义

$$\beta_{\mathsf{CP}}:\mathbf{State}\to\widehat{\mathbf{State}}_{\mathsf{CP}}$$

为 **State** 到 $\widehat{\mathbf{State}}_{\mathsf{CP}}$ 的单射：$\beta_{\mathsf{CP}}(\sigma)=\lambda x.\sigma(x)$。很容易验证 R_{CP} 是由 β_{CP} 生成的，即

$$\sigma\ R_{\mathsf{CP}}\ \widehat{\sigma}\ \Leftrightarrow\ \beta_{\mathsf{CP}}(\sigma)\sqsubseteq_{\mathsf{CP}}\widehat{\sigma}$$

使用在 $\widehat{\mathbf{State}}_{\mathsf{CP}}$ 上的序 $\sqsubseteq_{\mathsf{CP}}$ 的定义。■ 217

例 4.7　对于例 4.2 和例 4.4 中研究的控制流分析，我们将定义

$$\beta_{\mathsf{CFA}}:\mathbf{Val}\to\widehat{\mathbf{Env}}\times\widehat{\mathbf{Val}}$$

通过在值 $v\in\mathbf{Var}$ 的结构上进行归纳：

$$\beta_{\mathsf{CFA}}(v)=\begin{cases}(\lambda x.\emptyset,\emptyset) & v=c\\ (\beta^E_{\mathsf{CFA}}(\rho),\{t\}) & v=\texttt{close}\ t\ \texttt{in}\ \rho\end{cases}$$

第一条子句反映我们在纯 0-CFA 分析中没有收集常量。在第二条子句中，我们只有一个闭包，因此抽象值将是一个单例集合。我们通过扩展 β_{CFA} 使其在环境上操作来构造相关的“最小”抽象环境。为此，我们将“合并”所有在 $\bigcup\{\beta_{\mathsf{CFA}}(\rho(x))\mid x\in\mathbf{Var}_\star\}$ 中出现的抽象环境。这反映了 0-CFA 分析使用一个全局抽象环境来描述语义中的所有可能的局部环境。所以我们定义 $\beta^E_{\mathsf{CFA}}:\mathbf{Env}\to\widehat{\mathbf{Env}}$ 为：

$$\begin{aligned}\beta^E_{\mathsf{CFA}}(\rho)(x) &= \bigcup\{\widehat{\rho}_y(x)\mid\beta_{\mathsf{CFA}}(\rho(y))=(\widehat{\rho}_y,\widehat{v}_y)\ \text{且}\ y\in dom(\rho)\}\\ &\quad\cup\begin{cases}\widehat{v}_x & x\in dom(\rho)\ \text{且}\ \beta_{\mathsf{CFA}}(\rho(x))=(\widehat{\rho}_x,\widehat{v}_x)\\ \emptyset & \text{其他}\end{cases}\end{aligned}$$

为了证明 $\mathsf{R}_{\mathsf{CFA}}$ 是由 β_{CFA} 生成的，我们必须证明：

$$v\ R_{\mathsf{CFA}}\ (\widehat{\rho},\widehat{v})\ \Leftrightarrow\ \beta_{\mathsf{CFA}}(v)\sqsubseteq_{\mathsf{CFA}}(\widehat{\rho},\widehat{v})$$

这可以通过 $v\in\mathbf{Val}$ 上的归纳证明，我们将细节留给练习 4.4。■ 218

4.1.3　一个较小的扩展

在本节的最后，我们将对迄今为止的内容做一个较小的扩展。程序 p 指定如何将一个值转换为另一个值：

$$p\vdash v_1\rightsquigarrow v_2$$

在这里，$v_1\in V_1$ 并且 $v_2\in V_2$。从现在开始，我们将不强加条件 $V_1=V_2$，因此我们允许程序具有不同的“参数”和“结果”类型。这对大多数函数式程序都是有用的。对程序 p 的分析指定了如何将属性 l_1 转换为属性 l_2：

$$p \vdash l_1 \rhd l_2$$

在这里，$l_1 \in L_1$ 并且 $l_2 \in L_2$。我们将同样不强加条件 $L_1 = L_2$。如前所述，很自然地可以要求 $p \vdash l_1 \rhd l_2$ 指定一个函数：

$$f_p : L_1 \to L_2$$

当且仅当 $p \vdash l_1 \rhd l_2$，$f_p(l_1) = l_2$。

我们现在转向正确性条件。我们假设有两个正确性关系，一个用于 V_1 和 L_1，一个用于 V_2 和 L_2：

$$R_1 : V_1 \times L_1 \to \{true, false\} \quad \text{由 } \beta_1 : V_1 \to L_1 \text{ 生成}$$
$$R_2 : V_2 \times L_2 \to \{true, false\} \quad \text{由 } \beta_2 : V_2 \to L_2 \text{ 生成}$$

f_p 的正确性可以表达为：

$$v_1 \ R_1 \ l_1 \ \wedge \ p \vdash v_1 \leadsto v_2 \quad \Rightarrow \quad v_2 \ R_2 \ f_p(l_1)$$

对于所有 $v_1 \in V_1$、$v_2 \in V_2$ 和 $l_1 \in L_1$ 成立。使用逻辑关系的概念(上文简要提及)，可以将其写为：

$$(p \vdash \cdot \leadsto \cdot)\,(R_1 \twoheadrightarrow R_2)\, f_p$$

准确地说，$\leadsto (R_1 \twoheadrightarrow R_2)\, f$ 意味着：

$$\forall v_1, v_2, l_1 : v_1 \leadsto v_2 \ \wedge \ v_1 \ R_1 \ l_1 \ \Rightarrow \ v_2 \ R_2 \ f(l_1)$$

高阶表述　现在我们可以想一下上面定义的 $R_1 \twoheadrightarrow R_2$ 是不是一个正确性关系。下面的219引理 4.8 表明确实如此，而且我们可以找到一个表示函数 β，使得 $R_1 \twoheadrightarrow R_2$ 可以由 β 生成。表示函数 β 可以通过表示函数 β_1 和 β_2 定义，我们把它写为 $\beta_1 \twoheadrightarrow \beta_2$：

$$(\beta_1 \twoheadrightarrow \beta_2)(\leadsto) = \lambda l_1 . \bigsqcup \{\beta_2(v_2) \mid \beta_1(v_1) \sqsubseteq l_1 \ \wedge \ v_1 \leadsto v_2\}$$

引理 4.8　如果 R_i 是 V_i 和 L_i 之间的正确性关系，由表示函数 $\beta_i : V_i \to L_i$ 生成(对于 $i=1,2$)，那么 $R_1 \twoheadrightarrow R_2$ 也是一个正确性关系，由表示函数 $\beta_1 \twoheadrightarrow \beta_2$ 生成。

证明　我们将证明 $\leadsto (R_1 \twoheadrightarrow R_2)\, f \Leftrightarrow (\beta_1 \twoheadrightarrow \beta_2)(\leadsto) \sqsubseteq f$。我们计算：

$$\begin{aligned}
(\beta_1 \twoheadrightarrow \beta_2)(\leadsto) \sqsubseteq f \quad & \Leftrightarrow \quad \forall l_1 : \bigsqcup \{\beta_2(v_2) \mid \beta_1(v_1) \sqsubseteq l_1 \wedge v_1 \leadsto v_2\} \sqsubseteq f(l_1) \\
& \Leftrightarrow \quad \forall l_1, v_1, v_2 : (\beta_1(v_1) \sqsubseteq l_1 \wedge v_1 \leadsto v_2 \Rightarrow \beta_2(v_2) \sqsubseteq f(l_1)) \\
& \Leftrightarrow \quad \forall l_1, v_1, v_2 : (v_1 \ R_1 \ l_1 \wedge v_1 \leadsto v_2 \Rightarrow v_2 \ R_2 \ f(l_1)) \\
& \Leftrightarrow \quad \leadsto (R_1 \twoheadrightarrow R_2)\, f
\end{aligned}$$

注意，从引理 4.5 可得出：如果每个 R_i 满足条件(4.4)和条件(4.5)，那么 $R_1 \twoheadrightarrow R_2$ 也满足条件(4.4)和条件(4.5)。■

例 4.9　考虑程序 **plus**，其语义定义为：

$$\mathbf{plus} \vdash (z_1, z_2) \leadsto z_1 + z_2$$

其中 $z_1, z_2 \in \mathbf{Z}$。一个非常精确的分析可能使用完全格 $(\mathcal{P}(\mathbf{Z}), \subseteq)$ 和 $(\mathcal{P}(\mathbf{Z} \times \mathbf{Z}), \subseteq)$，如下所示：

$$f_{\text{plus}}(ZZ) = \{z_1 + z_2 \mid (z_1, z_2) \in ZZ\}$$

其中 $ZZ \subseteq \mathbf{Z} \times \mathbf{Z}$。现在考虑由以下表示函数生成的正确性关系 R_{Z} 和 $R_{\mathrm{Z \times Z}}$：

$$\begin{aligned}
\beta_{\mathrm{Z}}(z) &= \{z\} \\
\beta_{\mathrm{Z \times Z}}(z_1, z_2) &= \{(z_1, z_2)\}
\end{aligned}$$

对于 **plus** 程序分析的正确性现在可以表达为：

$$\forall z_1, z_2, z, ZZ : \mathbf{plus} \vdash (z_1, z_2) \leadsto z \ \wedge \ (z_1, z_2) \ R_{\mathrm{Z \times Z}} \ ZZ \ \Rightarrow \ z \ R_{\mathrm{Z}} \ f_{\text{plus}}(ZZ)$$

或者更简洁地说

$$(\mathbf{plus} \vdash \cdot \leadsto \cdot)\,(R_{\mathrm{Z \times Z}} \twoheadrightarrow R_{\mathrm{Z}})\, f_{\text{plus}}$$

表示函数 $\beta_{\mathrm{Z \times Z}} \twoheadrightarrow \beta_{\mathrm{Z}}$ 满足

$$(\beta_{\mathbf{Z}\times\mathbf{Z}} \twoheadrightarrow \beta_{\mathbf{Z}})(p \vdash \cdot \rightsquigarrow \cdot) = \lambda ZZ.\{z \mid (z_1, z_2) \in ZZ \ \wedge \ p \vdash (z_1, z_2) \rightsquigarrow z\}$$

因此，正确性也可以表达为$(\beta_{\mathbf{Z}\times\mathbf{Z}} \twoheadrightarrow \beta_{\mathbf{Z}})(\texttt{plus} \vdash \cdot \rightsquigarrow \cdot) \sqsubseteq f_{\text{plus}}$。 ■ 220

上面的例子展示了抽象的概念能够更简洁地表述分析的正确性。在下面的例子中，我们将自由地在属性的所谓的“具体”表述和相同属性的“抽象”表述之间切换。我们将看到使用后者允许我们重用一般的结论，这样我们就不必为每个应用重新发展部分理论。

4.2 不动点的近似

现在应该清楚的是，完全格在程序分析中起着至关重要的作用。在本章的其余部分，我们将默认像 L 和 M 这样的属性空间确实是完全格。完全格和单调函数的基本概念见附录 A。下面的例子介绍一个有趣的完全格，它是许多关于整数的分析的基础。

例 4.10 现在我们描述一个完全格，可以用于数组边界分析(Array Bound Analysis)，即确定数组索引是否始终在数组边界内。如果是这种情况，则可以消除一些运行时检查。

Z 上的区间的格 $(\mathbf{Interval}, \sqsubseteq)$ 可以描述如下。元素是 221

$$\mathbf{Interval} = \{\bot\} \ \cup \ \{[z_1, z_2] \mid z_1 \leqslant z_2, z_1 \in \mathbf{Z} \cup \{-\infty\}, z_2 \in \mathbf{Z} \cup \{\infty\}\}$$

其中，通过设置 $-\infty \leqslant z$、$z \leqslant \infty$ 以及 $-\infty \leqslant \infty$(对于所有 $z \in \mathbf{Z}$)，**Z** 上的顺序 $\leqslant$ 可以扩展至 $\mathbf{Z}' = \mathbf{Z} \cup \{-\infty, \infty\}$ 上的顺序。直观地说，$\bot$ 表示空区间，$[z_1, z_2]$ 表示 z_1 到 z_2 的区间，包括两个端点(其中 z_1 和 z_2 在 **Z** 中)。我们将使用 int 来表示 **Interval** 里的元素。

图 4.2 展示了 **Interval** 上的偏序 $\sqsubseteq$，基本思想是：$int_1 \sqsubseteq int_2$ 对应于 $\{z \mid z \text{ 在 } int_1 \text{ 中}\} \subseteq \{z \mid z \text{ 在 } int_2 \text{ 中}\}$。为了给出偏序的简洁定义，我们定义每个区间的最大下界和最小上界，如下所示：

$$\mathsf{inf}(int) = \begin{cases} \infty & int = \bot \\ z_1 & int = [z_1, z_2] \end{cases}$$

$$\mathsf{sup}(int) = \begin{cases} -\infty & int = \bot \\ z_2 & int = [z_1, z_2] \end{cases}$$

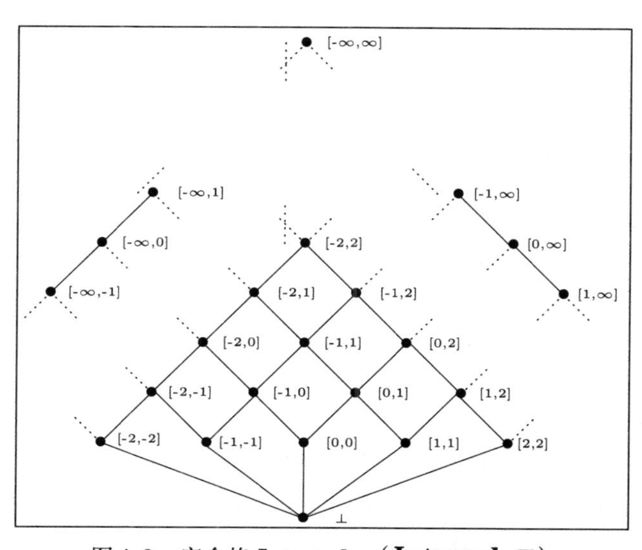

图 4.2　完全格 $\mathbf{Interval} = (\mathbf{Interval}, \sqsubseteq)$

这允许我们定义：

$$int_1 \sqsubseteq int_2 \ \text{ iff } \ \mathsf{inf}(int_2) \leqslant \mathsf{inf}(int_1) \wedge \mathsf{sup}(int_1) \leqslant \mathsf{sup}(int_2)$$

我们现在证明(**Interval**,$\sqsubseteq$)确实是一个完全格。首先，证明 **Interval** 的每个子集都有一个最小上界，然后参考附录 A 的引理 A.2，可得(**Interval**,$\sqsubseteq$)是一个完全格。因此，设 Y 为 **Interval** 的一个子集。基本想法是：Y 里的每个区间 int 都应该“包含在”以下定义的区间 $\sqcup Y$ 中：

$$\bigsqcup Y = \begin{cases} \bot & Y \subseteq \{\bot\} \\ [\ \mathsf{inf}'\{\mathsf{inf}(int) \mid int \in Y\}\ ,\ \mathsf{sup}'\{\mathsf{sup}(int) \mid int \in Y\}\ ] & \text{其他} \end{cases}$$

其中，inf'和 sup'是 $\mathbf{Z}'$上的最大下界和最小上界，对应于 $\mathbf{Z}'$上的顺序 $\leqslant$。它们的定义是 $\mathbf{inf}'(\emptyset)=\infty$，如果 $z'\in Z$ 是 Z 的最小元素，则 $\mathsf{inf}'(Z)=z'$，否则 $\mathbf{inf}'(Z)=-\infty$。同样，$\mathbf{sup}'(\emptyset)=-\infty$，如果 $z'\in Z$ 是 Z 的最大元素，则 $\mathbf{sup}'(Z)=z'$，否则 $\mathbf{sup}'(Z)=\infty$。现在很容易证明 $\sqcup Y$ 确实是 Y 的最小上界。■

给定一个完全格 $L=(L,\sqsubseteq,\sqcup,\sqcap,\bot,\top)$，程序 p 的作用是把一个属性 l_1 转换为另一个属性 l_2，即 $p \vdash l_1 \rhd l_2$，通常由一个等式给出：

222

$$f(l_1)=l_2$$

这对于一个依赖于程序 p 的单调函数 $f:L\to L$ 成立。对于程序分析来说，f 的单调性是很自然的要求，它说明如果 l_1' 至少描述了 l_1 的值，那么 $f(l_1')$ 也至少描述了 $f(l_1)$ 的值。

对于递归或迭代程序构造，我们希望通过一个有限迭代过程获得最小不动点 $lfp(f)$。然而，迭代序列 $(f^n(\bot))_n$ 不总是最终稳定，其最小上界也并不总是等于 $lfp(f)$。这让我们想到考虑迭代序列 $(f^n(\top))_n$。即使它最终不稳定，我们也可以在任意时间停止迭代。虽然这是安全的(由于 4.1 节中的条件(4.4))，但实际上这样得到的答案非常不精确。

不动点　我们首先回顾一下完全格上单调函数的不动点的一些性质，细节请参考附录 A。考虑完全格 $L=(L,\sqsubseteq,\sqcup,\sqcap,\bot,\top)$ 上的单调函数 $f:L\to L$。f 的不动点是一个元素 $l\in L$，使得 $f(l)=l$。我们令

$$Fix(f)=\{l \mid f(l)=l\}$$

代表不动点的集合。函数 f 在 l 上是缩小的(reductive)，当且仅当 $f(l)\sqsubseteq l$。我们令

$$Red(f)=\{l \mid f(l)\sqsubseteq l\}$$

代表所有 f 的作用是缩小的元素的集合。我们说 f 本身是缩小的，如果 $Red(f)=L$。类似地，函数 f 在 l 上是放大的(extensive)，当且仅当 $f(l)\sqsupseteq l$。我们令

$$Ext(f)=\{l \mid f(l)\sqsupseteq l\}$$

代表所有 f 的作用是放大的元素的集合。我们说 f 本身是放大的，如果 $Ext(f)=L$。

因为 L 是一个完全格，所以集合 $Fix(f)$ 总是有一个在 L 中的最大下界，我们用 $lfp(f)$ 表示它。这实际上是 f 的最小不动点，因为根据 Tarski 定理(命题 A.10)可得：

$$lfp(f)=\bigsqcap Fix(f)=\bigsqcap Red(f)\ \in\ Fix(f)\subseteq Red(f)$$

同样，集合 $Fix(f)$ 在 L 中有一个最小上界，我们用 $gfp(f)$ 表示。这实际上是 f 的最大不动点，因为 Tarski 定理确保：

223

$$gfp(f)=\bigsqcup Fix(f)=\bigsqcup Ext(f)\ \in\ Fix(f)\subseteq Ext(f)$$

在指称语义中，习惯上通过取序列 $(f^n(\bot))_n$ 的最小上界来迭代到最小不动点。但是，我们没有对 f 施加任何连续性要求(也就是对于所有升链 $(l_n)_n$，$f(\bigsqcup_n l_n)=\bigsqcup_n(f(l_n))$ 成立)，因此我们不能确保能实际到达不动点。类似地，我们可以考虑序列 $(f^n(\top))_n$ 的最大下界。我们可以证明：

$$f^n(\bot) \sqsubseteq \bigsqcup_n f^n(\bot) \sqsubseteq lfp(f) \sqsubseteq gfp(f) \sqsubseteq \bigsqcap_n f^n(\top) \sqsubseteq f^n(\top)$$

如图4.3所示。实际上，所有的不等式(即$\sqsubseteq$)都可能是严格不等的(即$\neq$)。

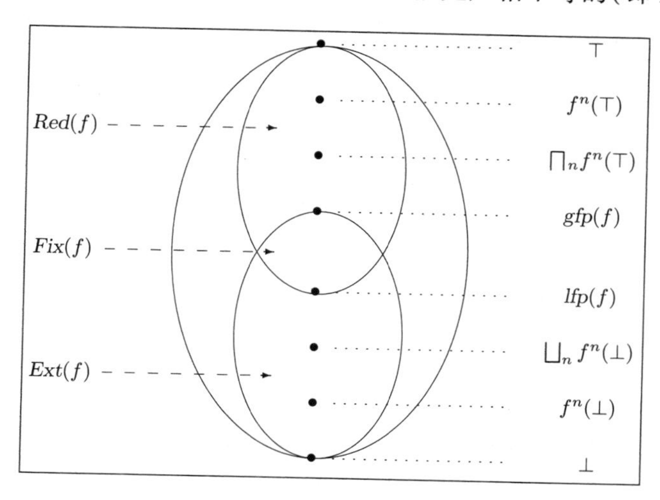

图4.3　f的不动点

4.2.1 加宽算子

由于我们不能保证迭代序列$(f^n(\bot))_n$最终稳定，也不能保证其最小上界必然等于$lfp(f)$，因此我们必须考虑另一种近似$lfp(f)$的方法。现在的想法是用一个新的序列$(f_\nabla^n)_n$来代替它。这个序列最终会稳定下来，并且稳定到一个最小不动点的安全的(上)近似。新序列的构造基于一个称为加宽算子的算子∇。近似不动点的精度以及计算它的成本取决于加宽算子的实际选择。

224

上界算子　作为准备，我们首先定义完全格$L=(L,\sqsubseteq)$上的一个算子$\breve{\sqcup}: L\times L\to L$是上界算子，如果

$$l_1 \sqsubseteq (l_1 \breve{\sqcup} l_2) \sqsupseteq l_2$$

对于所有的$l_1,l_2\in L$成立，也就是说它总是返回一个大于两个参数的元素。注意，我们不需要$\breve{\sqcup}$具有单调、交换、结合或吸收(即$l\breve{\sqcup} l=l$)性质。

设$(l_n)_n$为L的元素序列，并且设$\phi: L\times L\to L$为L上的全函数。我们现在用ϕ构造一个新的序列$(l_n^\phi)_n$，定义为：

$$l_n^\phi = \begin{cases} l_n & n=0 \\ l_{n-1}^\phi \ \phi \ l_n & n>0 \end{cases}$$

下面的结论说明任何序列都可以通过上界算子转换为一个升链。

结论4.11　如果$(l_n)_n$是一个序列，$\breve{\sqcup}$是一个上界算子，则$(l_n^{\breve{\sqcup}})_n$是一条升链，而且$l_n^{\breve{\sqcup}} \sqsupseteq \bigsqcup\{l_0,l_1,\cdots,l_n\}$对于所有$n$成立。

证明　为了证明$(l_n^{\breve{\sqcup}})_n$是一条升链，只需证明$l_n^{\breve{\sqcup}}\sqsubseteq l_{n+1}^{\breve{\sqcup}}$对于所有$n$成立。如果$n=0$，我们计算$l_0^{\breve{\sqcup}}=l_0\sqsubseteq l_0\breve{\sqcup} l_1=l_1^{\breve{\sqcup}}$。对于归纳步骤，我们可以得到$l_n^{\breve{\sqcup}}\sqsubseteq l_n^{\breve{\sqcup}}\breve{\sqcup} l_{n+1}=l_{n+1}^{\breve{\sqcup}}$。

为了证明$l_n^{\breve{\sqcup}}\sqsupseteq\bigsqcup\{l_0,l_1,\cdots,l_n\}$，我们首先观察它对于$n=0$是显然成立的。对于归纳步骤，我们有$l_{n+1}^{\breve{\sqcup}}=l_n^{\breve{\sqcup}}\breve{\sqcup} l_{n+1}\sqsupseteq\bigsqcup\{l_0,l_1,\cdots,l_n\}\sqcup l_{n+1}=\bigsqcup\{l_0,l_1,\cdots,l_n,l_{n+1}\}$，因此可以得到结论。

■

例 4.12 考虑图 4.2 中的完全格(**Interval**,$\sqsubseteq$)并令 int 为 **Interval** 里的一个任意但固定的元素。考虑 **Interval** 上的运算符$\breve{\sqcup}^{int}$，定义为：

$$int_1 \ \breve{\sqcup}^{int} \ int_2 = \begin{cases} int_1 \sqcup int_2 & int_1 \sqsubseteq int \vee int_2 \sqsubseteq int_1 \\ [-\infty,\infty] & \text{其他} \end{cases}$$

请注意，该运算不是对称的：例如，对于 $int=[0,2]$，我们有$[1,2]\breve{\sqcup}^{int}[2,3]=[1,3]$，但是$[2,3]\breve{\sqcup}^{int}[1,2]=[-\infty,\infty]$。

显然$\breve{\sqcup}^{int}$是一个上界算子。现在考虑序列：

$$[0,0],[1,1],[2,2],[3,3],[4,4],[5,5],\cdots$$

如果 $int=[0,\infty]$，则上界算子会把上述序列转换为升链：

225

$$[0,0],[0,1],[0,2],[0,3],[0,4],[0,5],\cdots$$

但是，如果 $int=[0,2]$，我们将得到以下升链：

$$[0,0],[0,1],[0,2],[0,3],[-\infty,\infty],[-\infty,\infty],\cdots$$

它最终趋于稳定。 ■

加宽算子 现在，我们可以引入一类特殊的上界算子，它将帮助我们得到近似的最小不动点。算子∇: $L\times L\to L$是加宽算子当且仅当：

- 它是上界算子；
- 对于所有升链$(l_n)_n$，升链$(l_n^\nabla)_n$最终趋于稳定。

请注意，从结论 4.11 可得$(l_n^\nabla)_n$确实是一条升链。基本想法如下。给定一个完全格 L 上的单调函数 $f: L\to L$，并给定一个 L 上的加宽算子∇，我们计算序列$(f_\nabla^n)_n$如下：

226

$$f_\nabla^n = \begin{cases} \bot & n=0 \\ f_\nabla^{n-1} & n>0 \wedge f(f_\nabla^{n-1}) \sqsubseteq f_\nabla^{n-1} \\ f_\nabla^{n-1} \nabla f(f_\nabla^{n-1}) & \text{其他} \end{cases}$$

从结论 4.11 可得这是一条升链，下面的命题 4.13 将确保这一序列最终稳定下来。从下面的结论 4.14 我们将看到，这意味着我们最终会得到 $f(f_\nabla^m)\sqsubseteq f_\nabla^m$，对于某个值 m(对应于 f_∇^n定义中的第二个子句)。这意味着 f 在 f_∇^m上是缩小的，并且根据 Tarski 定理(命题 A.10)可得 $f_\nabla^m \sqsupseteq lfp(f)$。因此我们令

$$lfp_\nabla(f) = f_\nabla^m$$

作为需要的 $lfp(f)$的安全近似值，如图 4.4 所示。现在我们证明需要的结论。

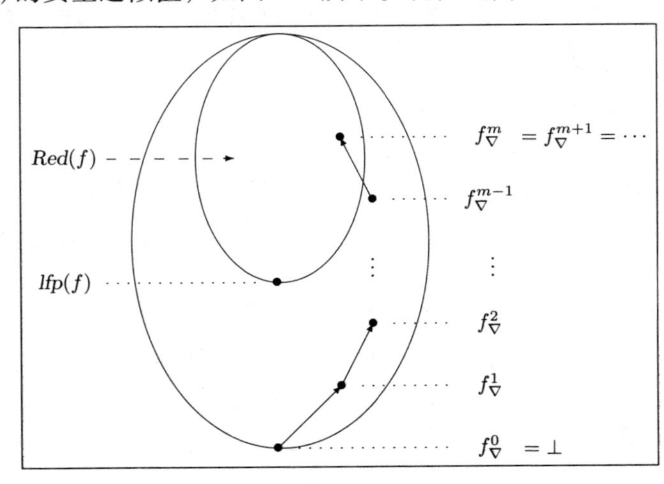

图 4.4 加宽算子∇应用于 f

命题 4.13 如果∇是一个加宽算子，则升链$(f_{\nabla}^{n})_n$最终会稳定下来。

在准备命题 4.13 的证明时，我们将首先证明以下技术性结论。

结论 4.14 如果∇是加宽算子，则：

(i)序列$(f_{\nabla}^{n})_n$是一条升链。

(ii)如果对于某些m，$f(f_{\nabla}^{m}) \sqsubseteq f_{\nabla}^{m}$成立，则序列$(f_{\nabla}^{n})_n$最终稳定，并且$\forall n > m : f_{\nabla}^{n} = f_{\nabla}^{m}$和$\bigsqcup_n f_{\nabla}^{n} = f_{\nabla}^{m}$。

(iii)如果$(f_{\nabla}^{n})_n$最终稳定，则存在一个m使得$f(f_{\nabla}^{m}) \sqsubseteq f_{\nabla}^{m}$。

(iv)如果$(f_{\nabla}^{n})_n$最终稳定，则$\bigsqcup_n f_{\nabla}^{n} \sqsupseteq \mathit{lfp}(f)$。

如果∇仅仅是一个上界算子，以上命题依然成立。

证明 (i)的证明类似于结论 4.11，因此我们省略细节。

为了证明(ii)，假设对于某些m，$f(f_{\nabla}^{m}) \sqsubseteq f_{\nabla}^{m}$成立。通过$n > m$上的归纳，我们证明$f_{\nabla}^{n} = f_{\nabla}^{m}$：对于$n = m+1$，从假设可得，对于归纳步骤，我们注意$f(f_{\nabla}^{n}) \sqsubseteq f_{\nabla}^{n}$，因此$f_{\nabla}^{n+1} = f_{\nabla}^{n}$。因此$(f_{\nabla}^{n})_n$最终趋于稳定，从中可得$\bigsqcup_n f_{\nabla}^{n} = f_{\nabla}^{m}$。

为了证明(iii)，我们假设$(f_{\nabla}^{n})_n$最终趋于稳定。这意味着存在m使得$\forall n > m : f_{\nabla}^{n} = f_{\nabla}^{m}$。使用反证法，假设$f(f_{\nabla}^{m}) \sqsubseteq f_{\nabla}^{m}$不成立，则$f_{\nabla}^{m} = f_{\nabla}^{m+1} = f_{\nabla}^{m} \nabla f(f_{\nabla}^{m}) \sqsupseteq f(f_{\nabla}^{m})$。因此我们得到期望的矛盾。

为了证明(iv)，我们观察到根据(ii)和(iii)可得$\bigsqcup_n f_{\nabla}^{n} = f_{\nabla}^{m}$对于某些$m$成立，其中$f(f_{\nabla}^{m}) \sqsubseteq f_{\nabla}^{m}$。因此，$f_{\nabla}^{m} \in \mathit{Red}(f)$，并且根据 Tarski 定理（命题 A.10），这表明$f_{\nabla}^{m} \sqsupseteq \mathit{lfp}(f)$。 ■ [227]

现在我们转向命题 4.13 的证明：

证明 使用反证法，我们假定升链$(f_{\nabla}^{n})_n$永远不会稳定，即：

$$\forall n_0 : \exists n \geqslant n_0 : f_{\nabla}^{n} \neq f_{\nabla}^{n_0}$$

因此，$f(f_{\nabla}^{n-1}) \sqsubseteq f_{\nabla}^{n-1}$对于任何$n>0$都不成立，因为如果它成立，则从结论 4.14 可得$(f_{\nabla}^{n})_n$最终稳定，与我们的假设矛盾。这意味着，$(f_{\nabla}^{n})_n$的定义可以简化为：

$$f_{\nabla}^{n} = \begin{cases} \bot & n = 0 \\ f_{\nabla}^{n-1} \nabla f(f_{\nabla}^{n-1}) & \text{其他} \end{cases}$$

下面定义序列$(l_n)_n$：

$$l_n = \begin{cases} \bot & n = 0 \\ f(f_{\nabla}^{n-1}) & n > 0 \end{cases}$$

并注意$(l_n)_n$是一条升链，因为$(f_{\nabla}^{n})_n$是一条升链（结论 4.14）并且f是单调的。我们现在要证明

$$\forall n : l_n^{\nabla} = f_{\nabla}^{n}$$

通过n上的归纳：对于$n=0$，这是显然的；对于$n>0$，则$l_{\nabla}^{n} = l_{\nabla}^{n-1} \nabla l_n = f_{\nabla}^{n-1} \nabla f(f_{\nabla}^{n-1}) = f_{\nabla}^{n}$。由于$(l_n)_n$是一条升链，并且$\nabla$是一个加宽算子，因此序列$(l_{\nabla}^{n})_n$最终稳定，即$(f_{\nabla}^{n})_n$最终稳定。这提供了期望的矛盾，并证明了结论。 ■

例 4.15 考虑图 4.2 中的完全格(**Interval**, $\sqsubseteq$)。设K为一个有限的整数集，例如给定程序中明确提及的整数的集合。我们现在将基于K定义一个加宽算子∇_K。基本想法是把$[z_1, z_2] \nabla_K [z_3, z_4]$定义为

$$[\ \mathsf{LB}(z_1, z_3)\ ,\ \mathsf{UB}(z_2, z_4)\ ]$$

其中 $\mathsf{LB}(z_1, z_3) \in \{z_1\} \cup K \cup \{-\infty\}$ 是可能的最优下界，$\mathsf{UB}(z_2, z_4) \in \{z_2\} \cup K \cup \{\infty\}$ 是可能的最优上界。这样，区间$[z_1, z_2]$上的任何边界的变化只能在有限个步骤中发生（对应于 K 中的元素）。

为了准确地定义，我们设 $z_i \in \mathbf{Z}' = \mathbf{Z} \cup \{-\infty, \infty\}$，并设：

$$\mathsf{LB}_K(z_1, z_3) = \begin{cases} z_1 & z_1 \leqslant z_3 \\ k & z_3 < z_1 \ \wedge \ k = \max\{k \in K \mid k \leqslant z_3\} \\ -\infty & z_3 < z_1 \ \wedge \ \forall k \in K : z_3 < k \end{cases}$$

228

$$\mathsf{UB}_K(z_2, z_4) = \begin{cases} z_2 & z_4 \leqslant z_2 \\ k & z_2 < z_4 \ \wedge \ k = \min\{k \in K \mid z_4 \leqslant k\} \\ \infty & z_2 < z_4 \ \wedge \ \forall k \in K : k < z_4 \end{cases}$$

然后定义$\nabla = \nabla_K$为：

$$int_1 \ \nabla \ int_2 = \begin{cases} \bot & int_1 = int_2 = \bot \\ [\ \mathsf{LB}_K(\mathsf{inf}(int_1), \mathsf{inf}(int_2)), \mathsf{UB}_K(\mathsf{sup}(int_1), \mathsf{sup}(int_2))\ ] & \text{其他} \end{cases}$$

举个例子，考虑以下升链$(int_n)_n$：

$$[0,1], [0,2], [0,3], [0,4], [0,5], [0,6], [0,7], \cdots$$

并假设 $K = \{3, 5\}$。则$(int_n^\nabla)_n$将是一条链

$$[0,1], [0,3], [0,3], [0,5], [0,5], [0,\infty], [0,\infty], \cdots$$

很容易证明∇确实是一个上界算子。为了证明它是一个加宽算子，我们考虑一条升链$(int_n)_n$，需要证明升链$(int_n^\nabla)_n$最终稳定下来。通过反证法，假设$(int_n^\nabla)_n$最终不会稳定下来。因此以下两条至少有一条成立：

$$(\forall n : \mathsf{inf}(int_n^\nabla) > -\infty) \quad \wedge \quad \mathsf{inf}(\bigsqcup_n int_n^\nabla) = -\infty$$

$$(\forall n : \mathsf{sup}(int_n^\nabla) < \infty) \quad \wedge \quad \mathsf{sup}(\bigsqcup_n int_n^\nabla) = \infty$$

不失普遍性，我们可以假设第二条成立。因此必然存在一个无限序列 $n_1 < n_2 < \cdots$ 使得

$$\forall i : \infty > \mathsf{sup}(int_{n_{i+1}}^\nabla) > \mathsf{sup}(int_{n_i}^\nabla)$$

由于 K 的有限性，一定存在某个 j，使得

$$\forall i \geqslant j : \infty > \mathsf{sup}(int_{n_{i+1}}^\nabla) > \mathsf{sup}(int_{n_i}^\nabla) > \mathsf{max}(K)$$

其中，对于这个定义我们设 $\mathsf{max}(\emptyset) = -\infty$。因为我们也有

$$int_{n_j+1}^\nabla = int_{n_j}^\nabla \ \nabla \ int_{n_j+1}$$

必然满足 $\mathsf{sup}(int_{n_j+1}^\nabla) > \mathsf{sup}(int_{n_j}^\nabla)$，否则 $\mathsf{sup}(int_{n_j+1}^\nabla) = \mathsf{sup}(int_{n_j}^\nabla)$。但从构造得到

$$\mathsf{sup}(int_{n_j+1}^\nabla) = \infty$$

229

是一个矛盾。这说明∇是区间的完全格上的一个加宽算子。■

4.2.2 变窄算子

利用加宽的方法，我们得到了 f 的最小不动点的上近似 f_∇^m。然而，因为 $f(f_\nabla^m) \sqsubseteq f_\nabla^m$，我们知道 f 在 f_∇^m 上是缩小的，因此可以立即知道通过迭代序列$(f^n(f_\nabla^m)_n)$能够改善近似值。因为 $f_\nabla^m \in Red(f)$，这将是一条降链，其中$f^n(f_\nabla^m) \in Red(f)$，因此 $f^n(f_\nabla^m) \sqsupseteq lfp(f)$对于所有 n 成立。和之前一样，我们没有理由认为这条降链最终会稳定下来。当然在任意点停止都是安全的。这个情况和之前的情况不完全一样，但从加宽的概念启发，我们可以定义一个变窄的概念，包含一种终止性条件。第一次阅读时可以忽略本节的内容。

一个算子 Δ：$L \times L \to L$ 是一个变窄算子，如果

- $l_2 \sqsubseteq l_1 \Rightarrow l_2 \sqsubseteq (l_1 \Delta l_2) \sqsubseteq l_1$ 对于所有 $l_1, l_2 \in L$ 成立；
- 对于所有降链$(l_n)_n$，序列$(l_n^\Delta)_n$ 最终稳定。

注意，我们不需要 Δ 满足单调、交换、结合或吸收性质。可以证明当$(l_n^\Delta)_n$ 是降链时，$(l_n)_n$ 也是一条降链(见练习 4.10)。

基本想法是：对于 f_∇^m满足 $f(f_\nabla^m) \sqsubseteq f_\nabla^m$，即 $lfp_\nabla(f) = f_\nabla^m$，构造新的序列$([f]_\Delta^n)_n$ 如下：

$$[f]_\Delta^n = \begin{cases} f_\nabla^m & n = 0 \\ [f]_\Delta^{n-1} \; \Delta \; f([f]_\Delta^{n-1}) & n > 0 \end{cases}$$

引理4.16 保证这是一条降链，其中所有元素都满足$lfp(f) \sqsubseteq [f]_\Delta^n$。命题4.17 告诉我们，这条链最终会稳定下来，因此$[f]_\Delta^{m'} = [f]_\Delta^{m'+1}$对于某个 m'成立。因此我们将令

$$lfp_\nabla^\Delta(f) = [f]_\Delta^{m'}$$

作为$lfp(f)$的近似值。图 4.4 和图 4.5 展示了整个计算过程。我们现在证明所需的结论。

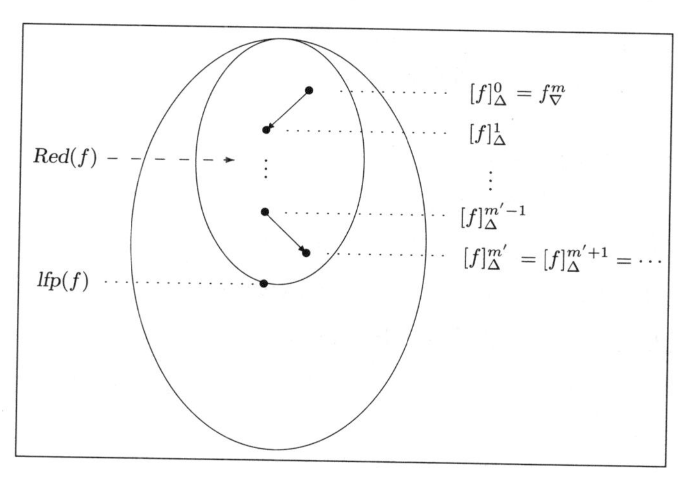

图 4.5 变窄算子 Δ 应用于 f

引理 4.16 如果 Δ 是一个变窄算子，并且 $f(f_\nabla^m) \sqsubseteq f_\nabla^m$，则$([f]_\Delta^n)_n$ 是一个在 $Red(f)$中的降链，并且

$$[f]_\Delta^n \sqsupseteq f^n(f_\nabla^m) \sqsupseteq lfp(f)$$

对于所有 n 成立。

证明 通过 n 上的归纳，我们证明：

$$f^{n+1}(f_\nabla^m) \sqsubseteq f([f]_\Delta^n) \sqsubseteq [f]_\Delta^{n+1} \sqsubseteq [f]_\Delta^n \tag{4.7}$$

230

对于基础情况($n=0$)，显然利用 $f(f_\nabla^m) \sqsubseteq f_\nabla^m$可推出

$$f^{n+1}(f_\nabla^m) \sqsubseteq f([f]_\Delta^n) \sqsubseteq [f]_\Delta^n$$

从$[f]_\Delta^{n+1}$的构造我们可以得到

$$f([f]_\Delta^n) \sqsubseteq [f]_\Delta^{n+1} \sqsubseteq [f]_\Delta^n$$

这两个结论证明了归纳的基础情况。

对于归纳步骤，我们可以把 f 作用于归纳假设(4.7)，得到

$$f^{n+2}(f_\nabla^m) \sqsubseteq f^2([f]_\Delta^n) \sqsubseteq f([f]_\Delta^{n+1}) \sqsubseteq f([f]_\Delta^n)$$

因为已经假设 f 是单调的。利用归纳假设，我们也可以得出 $f([f]^n_\Delta) \sqsubseteq [f]^{n+1}_\Delta$，因此：

$$f^{n+2}(f^m_\nabla) \sqsubseteq f([f]^{n+1}_\Delta) \sqsubseteq [f]^{n+1}_\Delta$$

从 $[f]^{n+2}_\Delta$ 的构造，我们得到

$$f([f]^{n+1}_\Delta) \sqsubseteq [f]^{n+2}_\Delta \sqsubseteq [f]^{n+1}_\Delta$$

这两个结论共同完成了式(4.7)的证明。

根据式(4.7)可得 $([f]^n_\Delta)_n$ 是 $Red(f)$ 上的一条降链。同样可得 $f^n(f^m_\nabla) \sqsubseteq [f]^n_\Delta$ 对于所有 $n>0$ 成立，这在 $n=0$ 的情况下也显然成立。

231

从假设 $f(f^m_\nabla) \sqsubseteq f^m_\nabla$，立即可得 $f(f^n(f^m_\nabla)) \sqsubseteq f^n(f^m_\nabla)$，对于 $n \geqslant 0$ 成立，因此 $f^n(f^m_\nabla) \in Red(f)$。但是 $f^n(f^m_\nabla) \sqsupseteq lfp(f)$。这样就完成了证明。■

命题 4.17 如果 Δ 是变窄算子并且 $f(f^m_\nabla) \sqsubseteq f^m_\nabla$，则降链 $([f]^n_\Delta)_n$ 最终稳定。

证明 定义序列 $(l_n)_n$ 如下：

$$l_n = \begin{cases} f^m_\nabla & n = 0 \\ f([f]^{n-1}_\Delta) & n > 0 \end{cases}$$

注意这是一条降链，因为 $([f]^n_\Delta)_n$ 是一条降链，并且 $f([f]^0_\Delta) \sqsubseteq f^m_\nabla$。因此序列 $(l^\Delta_n)_n$ 最终稳定下来。我们现在通过对 n 的归纳证明：

$$l^\Delta_n = [f]^n_\Delta$$

基础情况 $n=0$ 是显然的。对于归纳步骤，我们计算 $l^\Delta_{n+1} = l^\Delta_n \;\Delta\; l_{n+1} = [f]^n_\Delta \;\Delta\; f([f]^n_\Delta) = [f]^{n+1}_\Delta$。因此，$([f]^n_\Delta)_n$ 最终趋于稳定。■

必须强调的是，变窄算子不是加宽算子的对偶概念。特别是，序列 $(f^n_\nabla)_n$ 可能在到达 $Red(f)$ 的途中跨出 $Ext(f)$，而序列 $([f]^n_\Delta)_n$ 始终保持在 $Red(f)$ 里。

例 4.18 考虑图4.2中的完全格(**Interval**, $\sqsubseteq$)。在 **Interval** 中有两种无限降链：一种是形式为 $[-\infty, z]$ 的元素，另一种是形式为 $[z, \infty]$ 的元素，其中 $z \in \mathbf{Z}$。考虑后一种无限序列，它将具有元素

$$[z_1, \infty], [z_2, \infty], [z_3, \infty], \cdots$$

其中 $z_1 < z_2 < z_3 < \cdots$。现在的想法是定义一个变窄算子 Δ_N，能够迫使这个序列在 $z_i \geqslant N$ 时趋于稳定，其中 N 是一个固定的非负整数。同样，对于具有形式为 $[-\infty, z_i]$ 的降链，变窄算子将迫使它在 $z_i \leqslant -N$ 时稳定。正式地，我们将定义 $\Delta = \Delta_N$ 为

232

$$int_1 \;\Delta\; int_2 = \begin{cases} \bot & int_1 = \bot \vee int_2 = \bot \\ [z_1, z_2] & \text{其他} \end{cases}$$

其中

$$z_1 = \begin{cases} \mathsf{inf}(int_1) & N < \mathsf{inf}(int_2) \wedge \mathsf{sup}(int_2) = \infty \\ \mathsf{inf}(int_2) & \text{其他} \end{cases}$$

$$z_2 = \begin{cases} \mathsf{sup}(int_1) & \mathsf{inf}(int_2) = -\infty \wedge \mathsf{sup}(int_2) < -N \\ \mathsf{sup}(int_2) & \text{其他} \end{cases}$$

因此，考虑无限降链 $([n, \infty])_n$：

$$[0, \infty], [1, \infty], [2, \infty], [3, \infty], [4, \infty], [5, \infty], \cdots$$

并假设 $N=3$。那么算子将给出新的序列 $([n, \infty]^\Delta)_n$：

$$[0, \infty], [1, \infty], [2, \infty], [3, \infty], [3, \infty], [3, \infty], \cdots$$

现在让我们证明 Δ 确实是一个变窄算子。可以立即通过分成 $int_2 = \bot$ 和 $int_2 \neq \bot$ 两种

情况验证

$$int_2 \sqsubseteq int_1 \text{蕴含} int_2 \sqsubseteq int_1 \;\Delta\; int_2 \sqsubseteq int_1$$

然后我们将证明，如果$(int_n)_n$是一条降链，那么序列$(int_n^\Delta)_n$最终会稳定下来。因此假设$(int_n)_n$是一条降链。我们可以证明$(int_n^\Delta)_n$是一条降链（见练习 4.10）。下面为了得到矛盾，假设$(int_n^\Delta)_n$永远不趋于稳定。则存在$n_1 \geqslant 0$，使得：

$$int_n^\Delta \neq [-\infty, \infty] \qquad \forall n \geqslant n_1$$

此外，对于所有$n \geqslant n_1$，int_n^Δ必须满足：

$$\mathsf{sup}(int_n^\Delta) = \infty \quad \text{或} \quad \mathsf{inf}(int_n^\Delta) = -\infty$$

不失一般性，让我们假设对于$n \geqslant n_1$，有$\mathsf{sup}(int_n^\Delta) = \infty$并且$\mathsf{inf}(int_n^\Delta) \in \mathbf{Z}$。因此存在$n_2 \geqslant n_1$满足：

$$\mathsf{inf}(int_n^\Delta) > N \qquad \forall n \geqslant n_2$$

但这样就有$int_n^\Delta = int_{n_2}^\Delta$对于所有$n \geqslant n_2$成立，得到预期的矛盾。这表明$\Delta$是一个变窄算子。 ■

4.3 Galois 连接

有时在完全格L上的计算太复杂，甚至不可计算，因此可以考虑使用更简单的格M代替L。例如，L是整数的幂集而M是整数上的区间的格。与其在L上执行分析$p \vdash l_1 \rhd l_2$，还不如在M中找到L的元素的描述，然后在M上执行分析$p \vdash m_1 \rhd m_2$。为了表达L和M之间的关系，通常使用一个*抽象化函数*：

233

$$\alpha : L \to M$$

来为L里的元素找到M里的表示，以及一个*具体化函数*：

$$\gamma : M \to L$$

以用L里的元素表达M里的元素的含义。我们将这个系统写为：

$$(L, \alpha, \gamma, M)$$

或者

$$L \underset{\alpha}{\overset{\gamma}{\leftrightarrows}} M$$

显然，我们期望α和γ应该以某种方式相关，我们将在本节中研究这种关系，然后在 4.5 节返回到$p \vdash l_1 \rhd l_2$和$p \vdash m_1 \rhd m_2$之间的联系。在 4.4 节，我们将研究如何系统地构造这种关系。

给定完全格$(L, \sqsubseteq)$和$(M, \sqsubseteq)$，我们说(L, α, γ, M)是它们之间的 Galois 连接当且仅当

$$\alpha : L \to M \text{ 和 } \gamma : M \to L \text{ 是单调函数}$$

且满足

$$\gamma \circ \alpha \;\sqsupseteq\; \lambda l.l \tag{4.8}$$

$$\alpha \circ \gamma \;\sqsubseteq\; \lambda m.m \tag{4.9}$$

条件(4.8)和条件(4.9)表示我们不会因为在两个格之间来回走动而丧失安全性，但可能会丧失精度。其中，条件(4.8)说明如果我们从元素$l \in L$开始，可以首先在M中找到它的描述$\alpha(l)$，然后确定L里的哪个元素$\gamma(\alpha(l))$描述$\alpha(l)$；这不一定是l，但它将是l的一个安全近似值，即$l \sqsubseteq \gamma(\alpha(l))$。如图 4.6 所示。

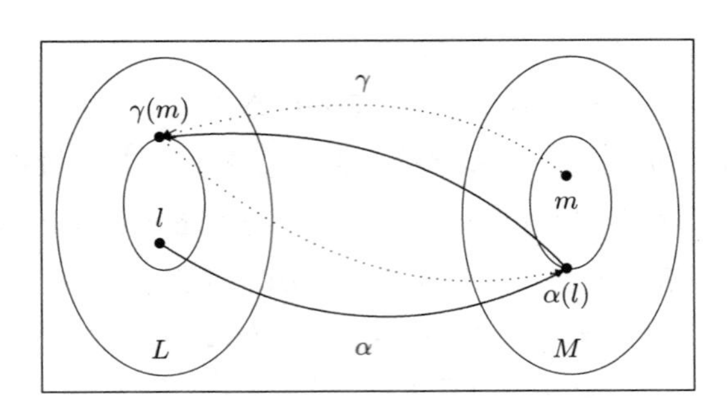

图4.6　Galois 连接(L,α,γ,M)

例4.19　设 $\mathcal{P}(\mathbf{Z}) = (\mathcal{P}(\mathbf{Z}), \subseteq)$ 为整数集合的完全格，并且设 $\mathbf{Interval} = (\mathbf{Interval}, \sqsubseteq)$ 为图4.2的完全格。我们现在在 $\mathcal{P}(\mathbf{Z})$ 和 **Interval** 之间定义一个 Galois 连接：

234

$$(\mathcal{P}(\mathbf{Z}), \alpha_{\mathrm{ZI}}, \gamma_{\mathrm{ZI}}, \mathbf{Interval})$$

具体化函数 $\gamma_{\mathrm{ZI}} : \mathbf{Interval} \to \mathcal{P}(\mathbf{Z})$ 的定义如下：

$$\gamma_{\mathrm{ZI}}(int) = \{z \in \mathbf{Z} \mid \mathsf{inf}(int) \leqslant z \leqslant \mathsf{sup}(int)\}$$

其中 inf 和 sup 在例4.10中给出。因此，γ_{ZI}将提取区间所描述的元素集，例如：$\gamma_{\mathrm{ZI}}([0,3]) = \{0,1,2,3\}$，并且 $\gamma_{\mathrm{ZI}}([0,\infty]) = \{z \in \mathbf{Z} \mid z \geqslant 0\}$。

抽象化函数 $\alpha_{\mathrm{ZI}} : \mathcal{P}(\mathbf{Z}) \to \mathbf{Interval}$ 的定义如下：

$$\alpha_{\mathrm{ZI}}(Z) = \begin{cases} \perp & Z = \emptyset \\ [\mathsf{inf}'(Z), \mathsf{sup}'(Z)] & \text{其他} \end{cases}$$

其中 inf′和 sup′在例4.10中给出。因此，α_{ZI}是包含集合里的所有元素的最小区间，例如 $\alpha_{\mathrm{ZI}}(\{0,1,3\}) = [0,3]$和 $\alpha_{\mathrm{ZI}}(\{2 * z \mid z > 0\}) = [2,\infty]$。

让我们验证 $(\mathcal{P}(\mathbf{Z}), \alpha_{\mathrm{ZI}}, \gamma_{\mathrm{ZI}}, \mathbf{Interval})$ 确实是一个 Galois 连接。很容易看出，α_{ZI}和 γ_{ZI}是单调函数。接下来我们证明式(4.8)成立，即 $\gamma_{\mathrm{ZI}} \circ \alpha_{\mathrm{ZI}} \sqsupseteq \lambda Z.Z$。如果 $Z \neq \emptyset$，我们有：

$$\begin{aligned} \gamma_{\mathrm{ZI}}(\alpha_{\mathrm{ZI}}(Z)) &= \gamma_{\mathrm{ZI}}([\mathsf{inf}'(Z), \mathsf{sup}'(Z)]) \\ &= \{z \in \mathbf{Z} \mid \mathsf{inf}'(Z) \leqslant z \leqslant \mathsf{sup}'(Z)\} \\ &\supseteq Z \end{aligned}$$

对于 $Z = \emptyset$，我们显然有 $\gamma_{\mathrm{ZI}}(\alpha_{\mathrm{ZI}}(\emptyset)) = \gamma_{\mathrm{ZI}}(\perp) = \emptyset$，因此我们证明了式(4.8)。直观地说，这个条件表示，如果我们从 **Z** 的一个子集开始，找到包含它的最小区间，然后确定与这个区间对应的 **Z** 的子集，我们将得到一个(可能)比开始时更大的 **Z** 的子集。

235

最后，我们将证明式(4.9)，即 $\alpha_{\mathrm{ZI}} \circ \gamma_{\mathrm{ZI}} \sqsubseteq \lambda int.int$。首先考虑 $int = [z_1, z_2]$，我们有：

$$\begin{aligned} \alpha_{\mathrm{ZI}}(\gamma_{\mathrm{ZI}}([z_1, z_2])) &= \alpha_{\mathrm{ZI}}(\{z \in \mathbf{Z} \mid z_1 \leqslant z \leqslant z_2\}) \\ &= [z_1, z_2] \end{aligned}$$

对于 $int = \perp$，我们显然有 $\alpha_{\mathrm{ZI}}(\gamma_{\mathrm{ZI}}(\perp)) = \alpha_{\mathrm{ZI}}(\emptyset) = \perp$，因此我们证明了式(4.9)。直观地说，这个条件表示，如果我们从一个区间开始，首先确定与这个区间对应的 **Z** 的子集，然后找到包含这个集合的最小区间，那么得到的区间将包含在开始的那个区间内。实际上，我们证明了这两个区间是相等的。■

伴随　Galois 连接(L,α,γ,M)有另一种表述形式，通常更容易使用。我们定义(L,α,γ,M)为两个完全格 $L = (L,\sqsubseteq)$ 和 $M = (M,\sqsubseteq)$之间的伴随(adjunction)当且仅当

$$\alpha : L \to M \text{ 和 } \gamma : M \to L \text{ 是全函数}$$

且满足

$$\alpha(l) \sqsubseteq m \quad \Leftrightarrow \quad l \sqsubseteq \gamma(m) \tag{4.10}$$

对于所有 $l \in L$ 和 $m \in M$ 成立。

条件(4.10)表示 α 和 γ"尊重"这两个格的顺序：如果一个元素 $m \in M$ 安全地描述了元素 $l \in L$，即 $\alpha(l) \sqsubseteq m$，那么 m 描述的元素对于 l 也是安全的，即 $l \sqsubseteq \gamma(m)$。

命题 4.20 (L,α,γ,M)是一个伴随，当且仅当(L,α,γ,M)是一个 Galois 连接。

证明 首先假设(L,α,γ,M)是一个 Galois 连接，让我们证明它是一个伴随。因此，首先假设 $\alpha(l) \sqsubseteq m$。由于 γ 是单调的，我们得到 $\gamma(\alpha(l)) \sqsubseteq \gamma(m)$。使用 $\gamma \circ \alpha \sqsupseteq \lambda l.\, l$，得到需要的 $l \sqsubseteq \gamma(\alpha(l)) \sqsubseteq \gamma(m)$。证明 $l \sqsubseteq \gamma(m)$ 蕴含 $\alpha(l) \sqsubseteq m$ 是相似的。

接下来假设(L,α,γ,M)是一个伴随，让我们证明它是一个 Galois 连接。首先，证明 $\gamma \circ \alpha \sqsupseteq \lambda l.\, l$：对于 $l \in L$，我们显然有 $\alpha(l) \sqsubseteq \alpha(l)$ 并且根据 $\alpha(l) \sqsubseteq m \Rightarrow l \sqsubseteq \gamma(m)$，我们得到需要的 $l \sqsubseteq \gamma(\alpha(l))$。关于 $\alpha \circ \gamma \sqsubseteq \lambda m.\, m$ 的证明是类似的。要完成证明，我们还必须证明 α 和 γ 是单调的。对于 α 的单调性，假设 $l_1 \sqsubseteq l_2$。我们已经证明了 $\gamma \circ \alpha \sqsupseteq \lambda l.\, l$，所以有 $l_1 \sqsubseteq l_2 \sqsubseteq \gamma(\alpha(l_2))$。使用 $l \sqsubseteq \gamma(m) \Rightarrow \alpha(l) \sqsubseteq m$，我们得到 $\alpha(l_1) \sqsubseteq \alpha(l_2)$。证明 γ 的单调性是类似的。 ■

从提取函数定义 Galois 连接 现在我们将看到表示函数(在 4.1 节中介绍过)可用于定义 Galois 连接。因此，考虑表示函数 $\beta: V \rightarrow L$，将 V 的值映射到属性的完全格 L。从它可以生成 $\mathcal{P}(V)$ 和 L 之间的一个 Galois 连接： [236]

$$(\mathcal{P}(V), \alpha, \gamma, L)$$

其抽象化和具体化函数定义为：

$$\begin{aligned} \alpha(V') &= \bigsqcup\{\beta(v) \mid v \in V'\} \\ \gamma(l) &= \{v \in V \mid \beta(v) \sqsubseteq l\} \end{aligned}$$

对于 $V' \subseteq V$ 和 $l \in L$。我们来检查这是否定义了一个伴随：

$$\begin{aligned} \alpha(V') \sqsubseteq l \quad &\Leftrightarrow \quad \bigsqcup\{\beta(v) \mid v \in V'\} \sqsubseteq l \\ &\Leftrightarrow \quad \forall v \in V' : \beta(v) \sqsubseteq l \\ &\Leftrightarrow \quad V' \subseteq \gamma(l) \end{aligned}$$

根据命题 4.20，这也是一个 Galois 连接。另外，显然 $\alpha(\{v\}) = \beta(v)$，如图所示：

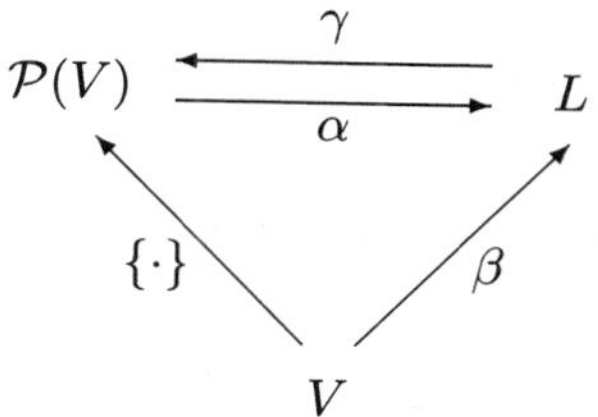

以上构造的一个特殊情况经常会用到：当 $L = (\mathcal{P}(D), \subseteq)$，其中 D 是某个集合，我们可以得到一个提取函数(extraction function)：

$$\eta : V \rightarrow D$$

将 V 的值映射到 D 中的描述。然后我们定义表示函数 $\beta_\eta: V \rightarrow P(D)$ 为 $\beta_\eta(v) = \{\eta(v)\}$。$\mathcal{P}(V)$ 和 $\mathcal{P}(D)$ 之间的 Galois 连接可以写为：

$$(\mathcal{P}(V), \alpha_\eta, \gamma_\eta, \mathcal{P}(D))$$

其中

$$\alpha_\eta(V') = \bigcup\{\beta_\eta(v) \mid v \in V'\} = \{\eta(v) \mid v \in V'\}$$
$$\gamma_\eta(D') = \{v \in V \mid \beta_\eta(v) \subseteq D'\} = \{v \mid \eta(v) \in D'\}$$

237 对于 $V' \subseteq V$ 和 $D' \subseteq D$ 成立。函数 η、β_η、α_η 和 γ_η 之间的关系如下图所示：

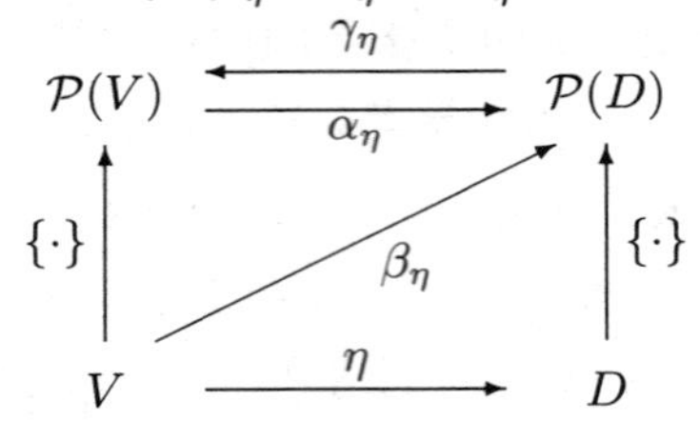

例 4.21 让我们考虑两个完全格 $(\mathcal{P}(\mathbf{Z}), \subseteq)$ 和 $(\mathcal{P}(\mathbf{Sign}), \subseteq)$，其中 $\mathbf{Sign} = \{-, 0, +\}$，参见图4.7。提取函数

$$\mathsf{sign} : \mathbf{Z} \to \mathbf{Sign}$$

只记录整数的符号，定义为：

$$\mathsf{sign}(z) = \begin{cases} - & z < 0 \\ 0 & z = 0 \\ + & z > 0 \end{cases}$$

以上构造给了我们一个 Galois 连接

$$(\mathcal{P}(\mathbf{Z}), \alpha_{\mathsf{sign}}, \gamma_{\mathsf{sign}}, \mathcal{P}(\mathbf{Sign}))$$

其中

$$\alpha_{\mathsf{sign}}(Z) = \{\mathsf{sign}(z) \mid z \in Z\}$$
$$\gamma_{\mathsf{sign}}(S) = \{z \in \mathbf{Z} \mid \mathsf{sign}(z) \in S\}$$

238 其中 $Z \subseteq \mathbf{Z}$ 和 $S \subseteq \mathbf{Sign}$。■

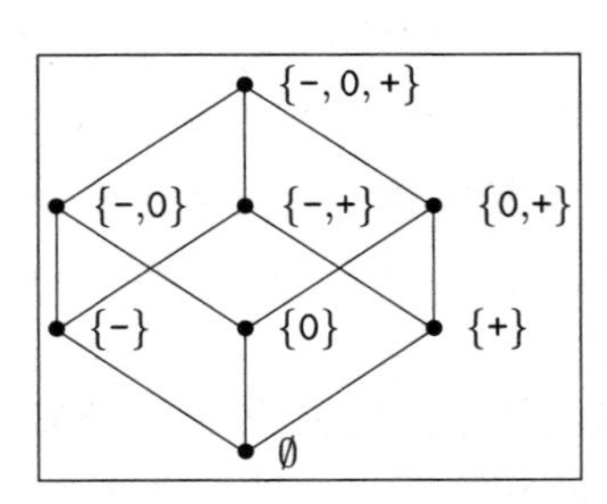

图4.7 完全格 $\mathcal{P}(\mathbf{Sign}) = (\mathcal{P}(\mathbf{Sign}), \subseteq)$

4.3.1 Galois 连接的性质

下面我们证明三个有意思的结论。第一个结论表明 Galois 连接完全由抽象化函数或具体化函数决定。

引理 4.22 如果 (L, α, γ, M) 是一个 Galois 连接，那么：

(i) α 通过 $\gamma(m) = \bigsqcup\{l \mid \alpha(l) \sqsubseteq m\}$ 唯一确定 γ，并且 γ 通过 $\alpha(l) = \bigsqcap\{m \mid l \sqsubseteq \gamma(m)\}$ 唯一确定 α。

(ii) α 是完全加性(completely additive)的，γ 是完全乘性(completely multiplicative)的。特别是 $\alpha(\bot) = \bot$ 并且 $\gamma(\top) = \top$。

证明 为了证明(i)，我们将首先证明 γ 被 α 决定。由于 (L, α, γ, M) 是一个伴随，因此从命题4.20可得 $\gamma(m) = \bigsqcup\{l \mid l \sqsubseteq \gamma(m)\} = \bigsqcup\{l \mid \alpha(l) \sqsubseteq m\}$。这表明 α 唯一确定了 γ：如果 (L, α, γ_1, M) 和 (L, α, γ_2, M) 都是 Galois 连接，那么 $\gamma_1(m) = \bigsqcup\{l \mid \alpha(l) \sqsubseteq m\} = \gamma_2(m)$ 对于所有的 m 成立，因此 $\gamma_1 = \gamma_2$。

类似地，我们有 $\alpha(l) = \bigsqcap\{m \mid \alpha(l) \sqsubseteq m\} = \bigsqcap\{m \mid l \sqsubseteq \gamma(m)\}$，这表明 γ 唯一确定了 α。

为了证明(ii)，考虑 $L' \sqsubseteq L$。从命题4.20我们可以得到

$$\begin{aligned} \alpha(\bigsqcup L') \sqsubseteq m &\Leftrightarrow \bigsqcup L' \sqsubseteq \gamma(m) \\ &\Leftrightarrow \forall l \in L' : l \sqsubseteq \gamma(m) \\ &\Leftrightarrow \forall l \in L' : \alpha(l) \sqsubseteq m \\ &\Leftrightarrow \bigsqcup\{\alpha(l) \mid l \in L'\} \sqsubseteq m \end{aligned}$$

因此 $\alpha(\bigsqcup L') = \bigsqcup\{\alpha(l) \mid l \in L'\}$。

关于 $\gamma(\sqcap M') = \sqcap\{\gamma(m) \mid m \in M'\}$ 的证明是类似的。■

在引理4.22的基础上，我们说如果(L,α,γ,M)是一个Galois连接，那么α是γ的下伴随(lower adjoint)(或左伴随(left adjoint))，并且γ是α的上伴随(upper adjoint)(或右伴随(right adjoint))。

下一个结论表明，为了得到一个Galois连接，只需指定一个完全加性的抽象化函数或一个完全乘性的具体化函数：

引理4.23　如果$\alpha:L\to M$是完全加性的，则存在$\gamma:M\to L$使得(L,α,γ,M)是一个Galois连接。同样，如果$\gamma:M\to L$是完全乘性的，则存在$\alpha:V\to L$使得(L,α,γ,M)是一个Galois连接。

239

证明　关于α的部分，通过以下方式定义γ：

$$\gamma(m) \quad = \quad \bigsqcup\{l' \mid \alpha(l') \sqsubseteq m\}$$

然后我们有 $\alpha(l) \sqsubseteq m \Rightarrow l \in \{l' \mid \alpha(l') \sqsubseteq m\} \Rightarrow l \sqsubseteq \gamma(m)$，其中最后一个蕴含来自$\gamma$的定义。对于另一个方向，我们首先观察 $l \sqsubseteq \gamma(m) \Rightarrow \alpha(l) \sqsubseteq \alpha(\gamma(m))$，因为$\alpha$是完全加性的，因此是单调的。现在有

$$\begin{aligned}\alpha(\gamma(m)) &= \alpha(\bigsqcup\{l' \mid \alpha(l') \sqsubseteq m\}) \\ &= \bigsqcup\{\alpha(l') \mid \alpha(l') \sqsubseteq m\} \\ &\sqsubseteq m\end{aligned}$$

所以 $l \sqsubseteq \gamma(m) \Rightarrow \alpha(l) \sqsubseteq m$。从命题4.20可得$(L,\alpha,\gamma,M)$是一个伴随和一个Galois连接。

关于γ的证明是类似的。■

最后一个结论表明：通过迭代抽象化或具体化，我们既不会增加精度也不会失去精度。

结论4.24　如果(L,α,γ,M)是一个Galois连接，那么 $\alpha\circ\gamma\circ\alpha = \alpha$，并且 $\gamma\circ\alpha\circ\gamma = \gamma$。

证明　我们有 $\lambda l.l \sqsubseteq \gamma\circ\alpha$，并且因为$\alpha$是单调的，可得 $\alpha \sqsubseteq \alpha\circ(\gamma\circ\alpha)$。同样由 $\alpha\circ\gamma \sqsubseteq \lambda m.m$ 可得 $(\alpha\circ\gamma)\circ\alpha \sqsubseteq \alpha$。因此 $\alpha\circ\gamma\circ\alpha = \alpha$。

公式 $\gamma\circ\alpha\circ\gamma = \gamma$ 的证明是类似的。■

例4.25　这是个稍微复杂一些的例子。分别考虑图4.2和图4.7中的完全格 **Interval** = (**Interval**, $\sqsubseteq$) 和 $\mathcal{P}$(**Sign**) = ($\mathcal{P}$(**Sign**), $\subseteq$)。

让我们定义一个具体化函数 γ_{IS}: $\mathcal{P}$(**Sign**) → **Interval** 为：

$$\begin{aligned}\gamma_{IS}(\{\text{-},0,\text{+}\}) &= [-\infty,\infty] & \gamma_{IS}(\{\text{-},0\}) &= [-\infty,0] \\ \gamma_{IS}(\{\text{-},\text{+}\}) &= [-\infty,\infty] & \gamma_{IS}(\{0,\text{+}\}) &= [0,\infty] \\ \gamma_{IS}(\{\text{-}\}) &= [-\infty,-1] & \gamma_{IS}(\{0\}) &= [0,0] \\ \gamma_{IS}(\{\text{+}\}) &= [1,\infty] & \gamma_{IS}(\emptyset) &= \bot\end{aligned}$$

为了确定是否存在抽象化函数

$$\alpha_{IS} : \mathbf{Interval} \to \mathcal{P}(\mathbf{Sign})$$

使得(**Interval**, α_{IS}, γ_{IS}, $\mathcal{P}$(**Sign**))是一个Galois连接，我们只需确定γ_{IS}是否是完全乘性的。如果是，那么引理4.23表明确实存在一个Galois连接并且引理4.22告诉我们如何构造抽象化函数。如果γ_{IS}不是完全乘性的，那么引理4.22表明不存在Galois连接。为了确定γ_{IS}是否是完全乘性的，我们使用附录A的引理A.4：显然$\mathcal{P}$(**Sign**)是有限的，并且γ_{IS}满足引理A.4的条件(i)和(ii)。为了验证条件(iii)我们需要比较$\gamma_{IS}(S_1 \cap S_2)$和

240

$\gamma_{IS}(S_1) \sqcap \gamma_{IS}(S_2)$对于所有二元组$(S_1, S_2) \in \mathcal{P}(\mathbf{Sign}) \times \mathcal{P}(\mathbf{Sign})$成立，其中$S_1$和$S_2$是不可比较的符号集合，即下列表中的所有二元组：

$$\begin{array}{lll} (\{-,0\},\{-,+\}), & (\{-,0\},\{0,+\}), & (\{-,0\},\{+\}), \\ (\{-,+\},\{0,+\}), & (\{-,+\},\{0\}), & (\{0,+\},\{-\}), \\ (\{-\},\{0\}), & (\{-\},\{+\}), & (\{0\},\{+\}) \end{array}$$

在检查二元组$(\{-,0\},\{-,+\})$时，我们需要计算

$$\begin{array}{rclcl} \gamma_{IS}(\{-,0\} \cap \{-,+\}) & = & \gamma_{IS}(\{-\}) & = & [-\infty,-1] \\ \gamma_{IS}(\{-,0\}) \sqcap \gamma_{IS}(\{-,+\}) & = & [-\infty,0] \sqcap [-\infty,\infty] & = & [-\infty,0] \end{array}$$

因此可以推断γ_{IS}不是完全乘性的。根据引理4.22，不存在任何$\alpha_{IS}:\mathbf{Interval} \to \mathcal{P}(\mathbf{Sign})$，使得$(\mathbf{Interval}, \alpha_{IS}, \gamma_{IS}, \mathcal{P}(\mathbf{Sign}))$是Galois连接。 ■

普通的对待正确性的方法 我们现在将进一步为L和M之间的Galois连接定义提供佐证。回顾4.1节，分析的语义正确性可以表达为一个V的值和L的属性之间的正确性关系R，也可以表达为将V的值映射到它们在L中的描述的表示函数β。当我们用另一个完全格M代替L时，显然希望能够维持分析的正确性。下面我们将看到，如果在L和M之间存在一个Galois连接(L,α,γ,M)，那么我们可以构造V和M之间的正确性关系以及从V到M的表示函数。

让我们首先考虑正确性关系。设$R:V \times L \to \{true, false\}$为一个正确性关系，满足4.1节的条件(4.4)和条件(4.5)。进一步设(L,α,γ,M)为完全格L和M之间的一个Galois连接。然后，可以很自然地定义$S:V \times M \to \{true, false\}$为

$$v\ S\ m \ \text{ iff } \ v\ R\ (\gamma(m))$$

我们将证明这是V和M之间的正确性关系，满足式(4.4)和式(4.5)的条件。我们可以得到

$$\begin{array}{rcl} (v\ S\ m_1) \ \wedge \ m_1 \sqsubseteq m_2 & \Rightarrow & v\ R\ (\gamma(m_1)) \ \wedge \ \gamma(m_1) \sqsubseteq \gamma(m_2) \\ & \Rightarrow & v\ R\ (\gamma(m_2)) \\ & \Rightarrow & v\ S\ m_2 \end{array}$$

241

由于γ是单调的并且R满足条件(4.4)。这表明S也满足条件(4.4)。另外，对于所有的$M' \subseteq M$，我们有

$$\begin{array}{rcl} (\forall m \in M' : v\ S\ m) & \Rightarrow & (\forall m \in M' : v\ R\ (\gamma(m))) \\ & \Rightarrow & v\ R\ (\bigsqcap\{\gamma(m) \mid m \in M'\}) \\ & \Rightarrow & v\ R\ (\gamma(\bigsqcap M')) \\ & \Rightarrow & v\ S\ (\bigsqcap M') \end{array}$$

由于γ是完全乘性的(引理4.22)并且R满足条件(4.5)。这表明S也满足条件(4.5)。因此，S定义了V和M之间的正确性关系。

继续上述推理，现在假设R由表示函数$\beta:V \to L$生成，即$v R l \Leftrightarrow \beta(v) \sqsubseteq l$。由于$(L,\alpha,\gamma,M)$是一个Galois连接，因此也是一个伴随(命题4.20)，我们可以计算

$$\begin{array}{rcl} v\ S\ m & \Leftrightarrow & v\ R\ (\gamma(m)) \\ & \Leftrightarrow & \beta(v) \sqsubseteq \gamma(m) \\ & \Leftrightarrow & (\alpha \circ \beta)(v) \sqsubseteq m \end{array}$$

表明S是由$\alpha \circ \beta: V \to M$生成的。这些结论说明Galois连接能够帮助定义正确性关系和表示函数，解释了为什么L和M之间的Galois连接的定义是自然的。

4.3.2 Galois 插入

对于一个 Galois 连接(L,α,γ,M)，可能有多个 M 的元素描述同一个 L 的元素，即 γ 不一定是单射的，这意味着 M 可能包含与 L 的近似无关的元素。

Galois 插入的概念旨在纠正这一点：(L,α,γ,M)是完全格 $L=(L,\sqsubseteq)$和 $M=(M,\sqsubseteq)$之间的 Galois 插入，当且仅当

$$\alpha: L \to M \text{和} \gamma: M \to L \text{是单调函数}$$

且满足：

$$\begin{aligned}\gamma\circ\alpha &\sqsupseteq \lambda l.l\\ \alpha\circ\gamma &= \lambda m.m\end{aligned}$$

因此，我们现在要求不能通过先具体化再抽象化丢失精度。这样，M 不可能包含不描述 L 的元素，即 M 不包含多余的元素。 [242]

例 4.26 例 4.19 的计算表明

$$(\mathcal{P}(\mathbf{Z}),\alpha_{\mathrm{ZI}},\gamma_{\mathrm{ZI}},\mathbf{Interval})$$

是一个 Galois 插入：我们从一个区间开始，使用 γ_{ZI}确定它描述的整数集，然后用 α_{ZI}确定包含这个集合的最小区间，这样我们得到和一开始完全相同的区间。 ■

Galois 插入的概念如图 4.8 所示。下面的引理进一步阐明了这个定义。

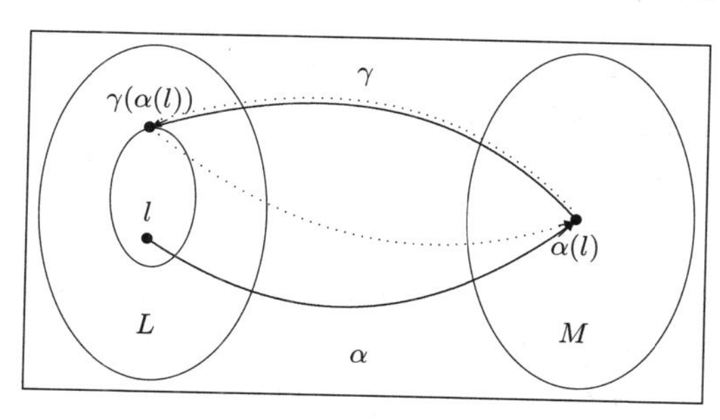

图 4.8 Galois 插入(L,α,γ,M)

引理 4.27 对于 Galois 连接(L,α,γ,M)，以下条件是等价的：

(i)(L,α,γ,M)是 Galois 插入。

(ii)α 是一个满射：$\forall m\in M: \exists l\in L: \alpha(l)=m$。

(iii)γ 是一个单射：$\forall m_1, m_2\in M: \gamma(m_1)=\gamma(m_2)\Rightarrow m_1=m_2$。

(iv)γ 是一个序相似(order similarity)：$\forall m_1,m_2\in M: \gamma(m_1)\sqsubseteq\gamma(m_2)\Leftrightarrow m_1\sqsubseteq m_2$。

证明 我们首先证明(i)⇒(iii)。为此，我们计算

$$\gamma(m_1)=\gamma(m_2) \;\Rightarrow\; \alpha(\gamma(m_1))=\alpha(\gamma(m_2)) \;\Rightarrow\; m_1=m_2$$

其中，最后一步根据(i)得到。 [243]

接下来证明(iii)⇒(ii)。对于 $m\in M$，从结论 4.24 可以得到 $\gamma(\alpha(\gamma(m)))=\gamma(m)$，因此通过(iii)可以得到 $\alpha(\gamma(m))=m$。

现在我们证明(ii)⇒(iv)。因为 γ 是单调的，显然 $m_1\sqsubseteq m_2\Rightarrow\gamma(m_1)\sqsubseteq\gamma(m_2)$。接下来假设 $\gamma(m_1)\sqsubseteq\gamma(m_2)$，通过 α 的单调性可以得出 $\alpha(\gamma(m_1))\sqsubseteq\alpha(\gamma(m_2))$；使用(ii)我们可以设 $m_1=\alpha(l_1)$和 $m_2=\alpha(l_2)$，对于某个 $l_1,l_2\in L$ 成立。从结论 4.24 可得需要的

$m_1 \sqsubseteq m_2$。

最后证明(iv)⇒(i)。为此，我们计算

$$\alpha(\gamma(m_1)) \sqsubseteq m_2 \;\Leftrightarrow\; \gamma(m_1) \sqsubseteq \gamma(m_2) \;\Leftrightarrow\; m_1 \sqsubseteq m_2$$

第一步使用命题4.20，最后一步使用(iv)。这表明 $\alpha(\gamma(m_1))$ 和 m_1 具有相同的上限，因此是相等的。■

引理4.27对于从提取函数 $\eta: V \to D$ 得到的Galois连接有一个有趣的结论：它是一个Galois插入当且仅当 η 是一个满射。

例4.28 考虑完全格($\mathcal{P}(\mathbf{Z}),\subseteq$)和($\mathcal{P}(\mathbf{Sign}\times\mathbf{Parity}),\subseteq$)，其中 $\mathbf{Sign}=\{-,0,+\}$，并且 $\mathbf{Parity}=\{\mathsf{odd},\mathsf{even}\}$。

定义提取函数 $\mathsf{signparity}:\mathbf{Z}\to\mathbf{Sign}\times\mathbf{Parity}$ 为：

$$\mathsf{signparity}(z)=\begin{cases}(\mathsf{sign}(z),\mathsf{odd}) & z\text{ 是 odd}\\ (\mathsf{sign}(z),\mathsf{even}) & z\text{ 是 even}\end{cases}$$

这样生成了Galois连接($\mathcal{P}(\mathbf{Z})$，$\alpha_{\mathsf{signparity}}$，$\gamma_{\mathsf{signparity}}$，$\mathcal{P}(\mathbf{Sign}\times\mathbf{Parity})$)。属性(0，odd)不描述任何整数，因此signparity不是一个满射，我们得到的Galois连接也不是一个Galois插入。■

Galois插入的构造 给定一个Galois连接(L,α,γ,M)，总是可以通过强制具体化函数 γ 为一个单射来得到一个Galois插入。基本上，这相当于使用Galois连接定义的约化算子(reduction operator)

$$\varsigma: M \to M$$

从完全格 M 中移除元素。我们得到以下结论。

命题4.29 设(L,α,γ,M)为一个Galois连接，定义约化算子 $\zeta: M\to M$ 为

$$\varsigma(m)=\bigsqcap\{m' \mid \gamma(m)=\gamma(m')\}$$

244 然后 $\varsigma[M]=(\{\varsigma(m)\mid m\in M\},\sqsubseteq_M)$ 是一个完全格并且($L,\alpha,\gamma,\varsigma[M]$)是一个Galois插入。

如图4.9所示。基本想法是：如果 M 中的两个元素通过 γ 映射到相同的值，那么它们经过($L,\alpha,\gamma,\varsigma[M]$)后是相等的，尤其是 m 和 $\alpha(\gamma(m))$ 经过($L,\alpha,\gamma,\varsigma[M]$)后是相等的。

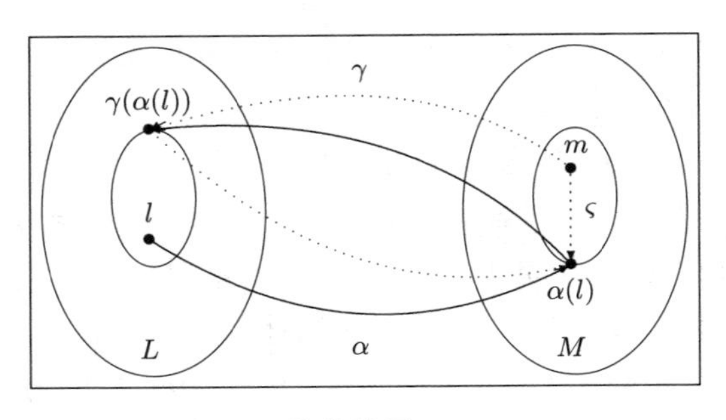

图4.9　约化算子 ζ：$M\to M$

在准备证明时，我们首先证明以下两个结论。

结论4.30 设(L,α,γ,M)为一个Galois连接。则

$$\alpha[L]=(\{\alpha(l)\mid l\in L\},\sqsubseteq_M)$$

是一个完全格。

证明 显然 $\alpha[L] \subseteq M$ 根据 $M = (M, \sqsubseteq_M)$ 上的序 $\sqsubseteq_M$ 是一个偏序集。我们现在要证明对于 $M' \subseteq \alpha[L] \subseteq M$，有

$$\bigsqcup_{\alpha[L]} M' = \bigsqcup_M M'$$

首先证明 $\bigsqcup_M M' \in \alpha[L]$，这意味着存在 $l \in L$ 使得 $\alpha(l) = \bigsqcup_M M'$。对于这一点，取 $l = \bigsqcup_L \gamma[M']$ 明显存在于 L 中。由于 $\alpha \circ \gamma \circ \alpha = \alpha$（结论 4.24）并且 α 是完全加性的（引理 4.22），我们可以得到

$$\begin{aligned}\alpha(l) &= \alpha(\bigsqcup_L \gamma[M']) \\ &= \bigsqcup_M \alpha[\gamma[M']] \\ &= \bigsqcup_M M'\end{aligned}$$

因此 $\bigsqcup_M M' \in \alpha[L]$。由于 $\bigsqcup_M M'$ 是 M 中 M' 的最小上界，因此它也包含在 $\alpha[L]$ 中。根据引理 A.2，我们得到了想要的结论。 ■

结论 4.31 如果 (L, α, γ, M) 是一个 Galois 连接，并且

$$\varsigma(m) = \bigsqcap\{m' \mid \gamma(m') = \gamma(m)\}$$

245

那么

$$\varsigma(m) = \alpha(\gamma(m))$$

因此 $\alpha[L] = \varsigma[M]$。

证明 我们有 $\varsigma(m) \sqsubseteq \alpha(\gamma(m))$，因为从结论 4.24 可得 $\gamma(m) = \gamma(\alpha(\gamma(m)))$。根据命题 4.20 得到 $\alpha(\gamma(m)) \sqsubseteq \varsigma(m)$ 等价于 $\gamma(m) \sqsubseteq \gamma(\varsigma(m))$，并且根据引理 4.22 可以得到 $\gamma(\varsigma(m)) = \bigsqcap\{\gamma(m') \mid \gamma(m') = \gamma(m)\} = \gamma(m)$。

接下来考虑 $\alpha(l)$，$l \in L$。从结论 4.24 可得 $\alpha(l) = \alpha(\gamma(\alpha(l)))$，因此 $\alpha(l) = \varsigma(\alpha(l))$。这表明 $\alpha[L] \subseteq \varsigma[M]$。最后考虑 $\varsigma(m)$，$m \in M$。则 $\varsigma(m) = \alpha(\gamma(m))$，这表明 $\varsigma[M] \subseteq \alpha[L]$。 ■

现在我们转向命题 4.29 的证明。

证明 结论 4.30 和结论 4.31 说明 $\varsigma[M] = \alpha[L]$ 是一个完全格。由于 (L, α, γ, M) 是一个伴随（命题 4.20），因此 $(L, \alpha, \gamma, \alpha[L])$ 也是一个伴随。由于 α 在 $\alpha[L]$ 上是满射，因此从引理 4.27 可得这是一个 Galois 插入。 ■

从提取函数定义约化算子 我们现在把命题 4.29 的构造局限于从提取函数 $\eta: V \to D$ 得到的 Galois 连接 $(\mathcal{P}(V), \alpha_\eta, \gamma_\eta, \mathcal{P}(D))$。约化算子 ς_η 由下式给出：

$$\varsigma_\eta(D') = D' \cap \eta[V]$$

其中 $\eta[V] = \{\eta(v) \mid v \in V\}$ 表示 η 的图像，此外 $\varsigma_\eta[\mathcal{P}(D)]$ 和 $\mathcal{P}(\eta[V])$ 是同构的（参见练习 4.14，同构的定义见附录 A）。因此得到的 Galois 插入将与 $(\mathcal{P}(V), \alpha_\eta, \gamma_\eta, \mathcal{P}(\eta[V]))$ 同构：严格来讲，Galois 连接 $(L_1, \alpha_1, \gamma_1, M_1)$ 与 Galois 连接 $(L_2, \alpha_2, \gamma_2, M_2)$ 是同构的，其中同构 $\theta_L: L_1 \to L_2$ 和 $\theta_M: M_1 \to M_2$（见附录 A）满足 $\alpha_2 = \theta_M \circ \alpha_1 \circ \theta_L^{-1}$ 和 $\gamma_2 = \theta_L \circ \gamma_1 \circ \theta_M^{-1}$。

例 4.32 回到例 4.28，我们可以使用上述技术构造 Galois 插入。现在

$$\mathsf{signparity}[\mathbf{Z}] = \{(-, \mathsf{odd}), (-, \mathsf{even}), (0, \mathsf{even}), (+, \mathsf{odd}), (+, \mathsf{even})\}$$

表明 $(\mathcal{P}(\mathbf{Z}), \alpha_{\mathsf{signparity}}, \gamma_{\mathsf{signparity}}, \mathcal{P}(\mathsf{signparity}[\mathbf{Z}]))$ 是得到的 Galois 插入。 ■

4.4 Galois 连接的系统的设计方法

顺序组合 在设计程序分析的时候，通常可以把设计分为多个阶段：开始时完全格 $(L_0, \sqsubseteq)$ 与语义关系密切；一个例子就是 $(\mathcal{P}(V), \subseteq)$。然后，我们可以使用一个更近似的属性

246

集合，并通过 Galois 连接$(L_0,\alpha_1,\gamma_1,L_1)$引入与 L_0 相关的完全格$(L_1,\sqsubseteq)$。这个步骤可以重复任意多次：我们用 Galois 连接$(L_i,\alpha_{i+1},\gamma_{i+1},L_{i+1})$将一个属性的完全格 L_i替换成一个和 L_i 相关的更近似的完全格$(L_{i+1},\sqsubseteq)$。这一过程将持续到我们得到一个计算上可以接受的分析。因此，可以将情况描述如下：

$$L_0 \underset{\alpha_1}{\overset{\gamma_1}{\rightleftarrows}} L_1 \underset{\alpha_2}{\overset{\gamma_2}{\rightleftarrows}} L_2 \underset{\alpha_3}{\overset{\gamma_3}{\rightleftarrows}} \cdots \underset{\alpha_k}{\overset{\gamma_k}{\rightleftarrows}} L_k$$

上述分析的近似序列也可以一步完成，即两个 Galois 连接的“函数组合”也是一个 Galois 连接。严格来讲，如果$(L_0,\alpha_1,\gamma_1,L_1)$和$(L_1,\alpha_2,\gamma_2,L_2)$都是 Galois 连接，那么

$$(L_0,\alpha_2\circ\alpha_1,\gamma_1\circ\gamma_2,L_2)$$

也是一个 Galois 连接。为了验证这一点，我们只需观察 $\alpha_2(\alpha_1(l_0))\sqsubseteq l_2\Leftrightarrow\alpha_1(l_0)\sqsubseteq\gamma_2(l_2)\Leftrightarrow l_0\sqsubseteq\gamma_1(\gamma_2(l_2))$，并使用命题 4.20 得到这个结论。类似的结论对 Galois 插入同样适用，因为满射函数的组合也是一个满射函数。

每个 Galois 连接$(L_i,\alpha_{i+1},\gamma_{i+1},L_{i+1})$可能是通过组合其他 Galois 连接获得的，我们将在下面介绍一些组合的方法。同时我们将在一系列示例中具体展示这些技术，这些示例最终将为我们提供一个有限的完全格，对于实现数组边界分析(Array Bound Analysis)非常有用。

例 4.33　数组边界分析的一个组成部分涉及近似两个数字(通常是边界和索引)大小之间的差。我们将分两个阶段进行：首先，我们将通过它们的大小差异 $|z_1|-|z_2|$ 得到整数二元组(z_1,z_2)的近似，然后我们使用一个有限格进一步近似该差异。这两个 Galois 连接将由提取函数定义，然后用函数组合被组合起来。

第一阶段由以下 Galois 连接描述：

$$(\mathcal{P}(\mathbf{Z}\times\mathbf{Z}),\alpha_{\mathsf{diff}},\gamma_{\mathsf{diff}},\mathcal{P}(\mathbf{Z}))$$

其中，diff: $\mathbf{Z}\times\mathbf{Z}\to\mathbf{Z}$ 是提取函数，计算大小的差异：

247

$$\mathsf{diff}(z_1,z_2)=|z_1|-|z_2|$$

抽象化和具体化函数 α_{diff}和 γ_{diff}则是

$$\begin{aligned}\alpha_{\mathsf{diff}}(ZZ) &= \{|z_1|-|z_2| \mid (z_1,z_2)\in ZZ\}\\ \gamma_{\mathsf{diff}}(Z) &= \{(z_1,z_2) \mid |z_1|-|z_2|\in Z\}\end{aligned}$$

其中 $ZZ\subseteq\mathbf{Z}\times\mathbf{Z}$ 和 $Z\subseteq\mathbf{Z}$。

第二阶段由以下 Galois 连接描述：

$$(\mathcal{P}(\mathbf{Z}),\alpha_{\mathsf{range}},\gamma_{\mathsf{range}},\mathcal{P}(\mathbf{Range}))$$

其中，**Range** = { < -1, -1,0, +1, > +1}。提取函数 range：$\mathbf{Z}\to\mathbf{Range}$ 阐明 **Range** 里的元素的含义：

$$\mathsf{range}(z)=\begin{cases}\texttt{<-1} & z<-1\\ \texttt{-1} & z=-1\\ \texttt{0} & z=0\\ \texttt{+1} & z=1\\ \texttt{>+1} & z>1\end{cases}$$

抽象化和具体化函数 α_{range}和 γ_{range}是

$$\begin{aligned}\alpha_{\mathsf{range}}(Z) &= \{\mathsf{range}(z) \mid z\in Z\}\\ \gamma_{\mathsf{range}}(R) &= \{z \mid \mathsf{range}(z)\in R\}\end{aligned}$$

其中 $Z\subseteq\mathbf{Z}$ 和 $R\subseteq\mathbf{Range}$。

然后，我们得到函数组合

$$(\mathcal{P}(\mathbf{Z}\times\mathbf{Z}),\alpha_{\mathrm{R}},\gamma_{\mathrm{R}},\mathcal{P}(\mathbf{Range}))$$

其中，$\alpha_{\mathrm{R}}=\alpha_{\mathsf{range}}\circ\alpha_{\mathsf{diff}}$ 和 $\gamma_{\mathrm{R}}=\gamma_{\mathsf{diff}}\circ\gamma_{\mathsf{range}}$ 都是 Galois 连接。我们获得以下抽象化和具体化函数的公式：

$$\begin{aligned}\alpha_{\mathrm{R}}(ZZ) &= \{\mathsf{range}(|z_1|-|z_2|)\mid(z_1,z_2)\in ZZ\}\\ \gamma_{\mathrm{R}}(R) &= \{(z_1,z_2)\mid\mathsf{range}(|z_1|-|z_2|)\in R\}\end{aligned}$$

使用练习 4.15 我们可以看到这是由提取函数 $\mathsf{range}\circ\mathsf{diff}:\mathbf{Z}\times\mathbf{Z}\to\mathbf{Range}$ 指定的 Galois 连接。 ■

组合技术的概述 我们已经看到 Galois 连接的“函数(或顺序)组合”能产生新的 Galois 连接。除此之外，“并行组合”也很有用。这将是本节其余部分的主题。对于一个复合结构，我们或许对单个组件定义了分析，因此希望把它们合并成整个结构的分析。我们将看到两种达到这个目标的方法：独立特征方法和相关性方法。我们还将展示如何使用 Galois 连接来近似总函数空间和单调函数空间。此外，我们还可能会对同一结构有多种分析，并希望把它们综合为一个分析。这里，直积(direct product)和张量积(tensor product)允许我们达到这个目标。使用 Galois 插入的概念将引向约化积(reduced product)和约化张量积(reduced tensor product)的研究。 248

拥有这样一套组合方法的好处是：我们可以用相对较小且正确性已经建立的一组“基本”分析来构造相当复杂的分析。并且从实现的角度看，可以重用已经实现的分析。最后，值得强调的是，用于程序分析的完全格即使不使用这些方法也可以构建，但将它们视为更简单的 Galois 连接的组合或许可以提供更深刻的理解。

4.4.1 组件上的组合

第一类组合方法适用于当我们对结构的各个组件定义了分析，并希望将这些分析组合成一个总体分析。

独立特征方法 设$(L_1,\alpha_1,\gamma_1,M_1)$和$(L_2,\alpha_2,\gamma_2,M_2)$为 Galois 连接。独立特征方法(independent attribute method)将产生一个 Galois 连接

$$(L_1\times L_2,\alpha,\gamma,M_1\times M_2)$$

其中：

$$\begin{aligned}\alpha(l_1,l_2) &= (\alpha_1(l_1),\alpha_2(l_2))\\ \gamma(m_1,m_2) &= (\gamma_1(m_1),\gamma_2(m_2))\end{aligned}$$

为了证明这确实是一个 Galois 连接，我们只需计算

$$\begin{aligned}\alpha(l_1,l_2)\sqsubseteq(m_1,m_2) &\Leftrightarrow (\alpha_1(l_1),\alpha_2(l_2))\sqsubseteq(m_1,m_2)\\ &\Leftrightarrow \alpha_1(l_1)\sqsubseteq m_1\ \wedge\ \alpha_2(l_2)\sqsubseteq m_2\\ &\Leftrightarrow l_1\sqsubseteq\gamma_1(m_1)\ \wedge\ l_2\sqsubseteq\gamma_2(m_2)\\ &\Leftrightarrow (l_1,l_2)\sqsubseteq(\gamma_1(m_1),\gamma_2(m_2))\\ &\Leftrightarrow (l_1,l_2)\sqsubseteq\gamma(m_1,m_2)\end{aligned}$$

并使用命题 4.20。关于 Galois 插入也有一个类似的结论(见练习 4.17)。 249

例 4.34 数组边界分析将包含一个能对整数的二元组执行符号检测分析的组件。首先，我们用例 4.21 中提到的提取函数 sign 来指定一个 Galois 连接

$$(\mathcal{P}(\mathbf{Z}), \alpha_{\mathsf{sign}}, \gamma_{\mathsf{sign}}, \mathcal{P}(\mathbf{Sign}))$$

它可用于分析一对整数的两个分量，因此使用独立特征方法我们将得到一个 Galois 连接

$$(\mathcal{P}(\mathbf{Z}) \times \mathcal{P}(\mathbf{Z}), \alpha_{\mathrm{SS}}, \gamma_{\mathrm{SS}}, \mathcal{P}(\mathbf{Sign}) \times \mathcal{P}(\mathbf{Sign}))$$

其中，α_{SS}和 γ_{SS}的定义如下：

$$\begin{aligned} \alpha_{\mathrm{SS}}(Z_1, Z_2) &= (\{\mathsf{sign}(z) \mid z \in Z_1\}, \{\mathsf{sign}(z) \mid z \in Z_2\}) \\ \gamma_{\mathrm{SS}}(S_1, S_2) &= (\{z \mid \mathsf{sign}(z) \in S_1\}, \{z \mid \mathsf{sign}(z) \in S_2\}) \end{aligned}$$

这里 $Z_i \subseteq \mathbf{Z}$，$S_i \subseteq \mathbf{Sign}$。

由于 $\mathcal{P}(\mathbf{Z}) \times \mathcal{P}(\mathbf{Z})$ 和 $\mathcal{P}(\mathbf{Sign}) \times \mathcal{P}(\mathbf{Sign})$ 都不是幂集，因此不能使用提取函数来描述该 Galois 连接。但是，它们都和幂集是同构的：

$$\begin{aligned} \mathcal{P}(\mathbf{Z}) \times \mathcal{P}(\mathbf{Z}) &\cong \mathcal{P}(\{1,2\} \times \mathbf{Z}) \\ \mathcal{P}(\mathbf{Sign}) \times \mathcal{P}(\mathbf{Sign}) &\cong \mathcal{P}(\{1,2\} \times \mathbf{Sign}) \end{aligned}$$

使用公式 $\mathsf{twosigns}(i, z) = (i, \mathsf{sign}(z))$ 可以定义提取函数 $\mathsf{twosigns} : \{1,2\} \times \mathbf{Z} \to \{1,2\} \times \mathbf{Sign}$。使用这个函数，我们可以得到一个 Galois 连接

$$(\mathcal{P}(\{1,2\} \times \mathbf{Z}), \alpha_{\mathsf{twosigns}}, \gamma_{\mathsf{twosigns}}, \mathcal{P}(\{1,2\} \times \mathbf{Sign}))$$

它和$(\mathcal{P}(\mathbf{Z}) \times \mathcal{P}(\mathbf{Z}), \alpha_{\mathrm{SS}}, \gamma_{\mathrm{SS}}, \mathcal{P}(\mathbf{Sign}) \times \mathcal{P}(\mathbf{Sign}))$是同构的。

一般情况下，独立特征方法会导致不精确的结果。例如，源代码中的表达式(`x, - x`)可能在集合$\{(z, -z) \mid z \in \mathbf{Z}\}$中取值，但在当前设置中，我们用 $\mathcal{P}(\mathbf{Z}) \times \mathcal{P}(\mathbf{Z})$表示整数二元组的集合，因此我们不能比使用$(\mathbf{Z}, \mathbf{Z})$表示$\{(z, -z) \mid z \in \mathbf{Z}\}$做得更好。因此在例 4.34 的分析中描述它的最佳属性是 $\alpha_{\mathrm{SS}}(\mathbf{Z}, \mathbf{Z}) = (\{-, 0, +\}, \{-, 0, +\})$。这样我们将失去关于两个组件的相对符号的所有信息。 ■

相关性方法　在独立特征方法中，两对抽象化函数和具体化函数之间没有任何相互作用。通过让分析的两个组件彼此交互，可以获得更精确的描述，也因此得到更好的效果。

设$(\mathcal{P}(V_1), \alpha_1, \gamma_1, \mathcal{P}(D_1))$和$(\mathcal{P}(V_2), \alpha_2, \gamma_2, \mathcal{P}(D_2))$为 Galois 连接。相关性方法(relational method)将产生以下 Galois 连接：

250

$$(\mathcal{P}(V_1 \times V_2), \alpha, \gamma, \mathcal{P}(D_1 \times D_2))$$

其中

$$\begin{aligned} \alpha(VV) &= \bigcup\{\alpha_1(\{v_1\}) \times \alpha_2(\{v_2\}) \mid (v_1, v_2) \in VV\} \\ \gamma(DD) &= \{(v_1, v_2) \mid \alpha_1(\{v_1\}) \times \alpha_2(\{v_2\}) \subseteq DD\} \end{aligned}$$

这里 $VV \subseteq V_1 \times V_2$ 并且 $DD \subseteq D_1 \times D_2$。让我们检查一下这是否真的定义了一个 Galois 连接。根据定义，毫无疑问 α 是完全加性的，因此存在 Galois 连接(见引理 4.23)。仍需证明 γ(如上所定义)是 α 的上伴随。为此我们可以使用引理 4.22 并计算如下：

$$\begin{aligned} \gamma(DD) &= \{(v_1, v_2) \mid \alpha_1(\{v_1\}) \times \alpha_2(\{v_2\}) \subseteq DD\} \\ &= \{(v_1, v_2) \mid \alpha(\{(v_1, v_2)\}) \subseteq DD\} \\ &= \bigcup\{VV \mid \alpha(VV) \subseteq DD\} \end{aligned}$$

其中，证明等式的一个方法是使用 α 的完全加性。这得到了所需的结论。

为了助于理解，让我们看看当 Galois 连接$(\mathcal{P}(V_i), \alpha_i, \gamma_i, \mathcal{P}(D_i))$是由提取函数 $\eta_i : V_i \to D_i$给出的情况，即如果 $\alpha_i(V_i') = \{\eta_i(v_i) \mid v_i \in V_i'\}$，$\gamma_i(D_i') = \{v_i \mid \eta_i(v_i) \in D_i'\}$。那么我们有

$$\begin{aligned} \alpha(VV) &= \{(\eta_1(v_1), \eta_2(v_2)) \mid (v_1, v_2) \in VV\} \\ \gamma(DD) &= \{(v_1, v_2) \mid (\eta_1(v_1), \eta_2(v_2)) \in DD\} \end{aligned}$$

这也可以从由 $\eta_1(v_1,v_2)=(\eta_1(v_1),\eta_2(v_2))$ 定义的提取函数 $\eta: V_1\times V_2\to D_1\times D_2$ 直接得出。

例 4.35 让我们回顾例 4.34，并说明如何使用相关性方法来构造一个更精确的分析。现在我们得到一个 Galois 连接

$$(\mathcal{P}(\mathbf{Z}\times\mathbf{Z}),\alpha_{\mathrm{SS}'},\gamma_{\mathrm{SS}'},\mathcal{P}(\mathbf{Sign}\times\mathbf{Sign}))$$

其中 $\alpha_{\mathrm{SS}'}$ 和 $\gamma_{\mathrm{SS}'}$ 由以下方式给出：

$$\begin{array}{rcl}\alpha_{\mathrm{SS}'}(ZZ) & = & \{(\mathsf{sign}(z_1),\mathsf{sign}(z_2))\mid(z_1,z_2)\in ZZ\}\\ \gamma_{\mathrm{SS}'}(SS) & = & \{(z_1,z_2)\mid(\mathsf{sign}(z_1),\mathsf{sign}(z_2))\in SS\}\end{array}$$

其中 $ZZ\subseteq\mathbf{Z}\times\mathbf{Z}$ 并且 $SS\subseteq\mathbf{Sign}\times\mathbf{Sign}$。这对应于使用一个由 $\mathsf{twosigns}'(z_1,z_2)=(\mathsf{sign}(z_1),\mathsf{sign}(z_2))$ 给出的提取函数 $\mathsf{twosigns}':\mathbf{Z}\times\mathbf{Z}\to\mathbf{Sign}\times\mathbf{Sign}$。

再次考虑源代码中的表达式(x, - x)，在 $\{(z,-z)\mid z\in\mathbf{Z}\}$ 集合中取值。在当前设置中，$\{(z,-z)\mid z\in\mathbf{Z}\}$ 是 $\mathcal{P}(\mathbf{Z}\times\mathbf{Z})$ 的一个元素，并且它由 $\mathcal{P}(\mathbf{Sign}\times\mathbf{Sign})$ 里的 $\alpha_{\mathrm{SS}'}(\{(z,-z)\mid z\in\mathbf{Z}\})=\{(-,+),(0,0),(+,-)\}$ 描述。因此，两个组件之间的相对符号的信息被保留了下来。这将是我们在接下来的数组边界分析里使用的 Galois 连接。 ■

251

以上的相关性方法有一个非常广泛的扩展。让我们用 $\mathcal{P}(V_1)\otimes\mathcal{P}(V_1)$ 代表 $\mathcal{P}(V_1\times V_2)$，类似地，用 $\mathcal{P}(D_1)\otimes\mathcal{P}(D_2)$ 代表 $\mathcal{P}(D_1\times D_2)$。使用张量积的概念，我们可以得到一个更一般的描述，其中即使完全格 L_1 和 L_2 不是幂集，也存在 $L_1\otimes L_2$。有关此信息，请参阅结束语。

总函数空间 在附录 A 中证明了如果 L 是一个完全格，则对于一个集合 S，总函数空间 $S\to L$ 也是一个完全格。对于 Galois 连接我们也有类似的结论，如下所示。

设 (L,α,γ,M) 为一个 Galois 连接，并且设 S 为一个集合。我们得到 Galois 连接

$$(S\to L,\alpha',\gamma',S\to M)$$

其中定义

$$\begin{array}{rcl}\alpha'(f) & = & \alpha\circ f\\ \gamma'(g) & = & \gamma\circ g\end{array}$$

下面证明这是一个 Galois 链接。首先观察 α' 和 γ' 是单调函数，因为 α 和 γ 是单调函数。此外有

$$\begin{array}{rcl}\gamma'(\alpha'(f)) & = & \gamma\circ\alpha\circ f\ \sqsupseteq\ f\\ \alpha'(\gamma'(g)) & = & \alpha\circ\gamma\circ g\ \sqsubseteq\ g\end{array}$$

因为 (L,α,γ,M) 是一个 Galois 连接。对于 Galois 插入也有类似的结论。以上构造可以通过下面的交换图(commuting diagram)说明：

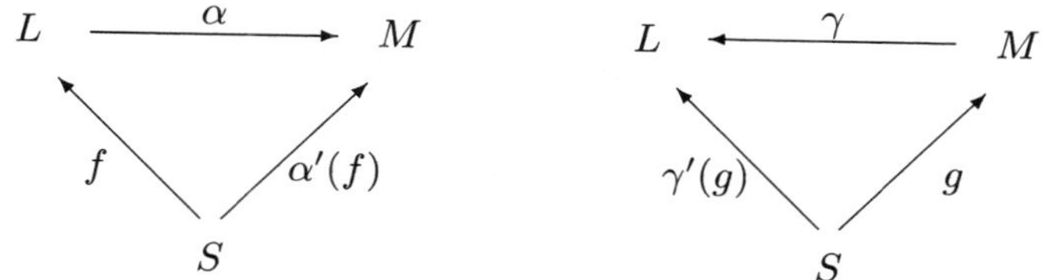

252

例 4.36 假设我们有一些分析，将程序变量映射到完全格 L 里的属性，即作用于抽象状态 $\mathbf{Var}\to L$。给定 Galois 连接 (L,α,γ,M)，上面的构造向我们展示 $\mathbf{Var}\to L$ 的抽象状态可以通过 $\mathbf{Var}\to M$ 的抽象状态近似。 ■

单调函数空间 附录 A 中证明了两个完全格之间的单调函数空间也是一个完全格。我

们对 Galois 连接有类似的结论，如下所示。

设$(L_1,\alpha_1,\gamma_1,M_1)$和$(L_2,\alpha_2,\gamma_2,M_2)$为 Galois 连接。我们可以得到 Galois 连接

$$(L_1 \to L_2, \alpha, \gamma, M_1 \to M_2)$$

其中定义

$$\begin{aligned}\alpha(f) &= \alpha_2 \circ f \circ \gamma_1 \\ \gamma(g) &= \gamma_2 \circ g \circ \alpha_1\end{aligned}$$

为了检查这是一个 Galois 连接，首先观察函数 α 和 γ 都是单调的，因为 α_2 和 γ_2 都是单调的。接下来我们使用 $f:L_1 \to L_2$ 和 $g:M_1 \to M_2$ 的单调性以及式(4.8)和式(4.9)计算

$$\begin{aligned}\gamma(\alpha(f)) &= (\gamma_2 \circ \alpha_2) \circ f \circ (\gamma_1 \circ \alpha_1) \sqsupseteq f \\ \alpha(\gamma(g)) &= (\alpha_2 \circ \gamma_2) \circ g \circ (\alpha_1 \circ \gamma_1) \sqsubseteq g\end{aligned}$$

对于 Galois 插入也有类似的结论(见练习 4.17)。

这种构造可以由以下交换图说明：

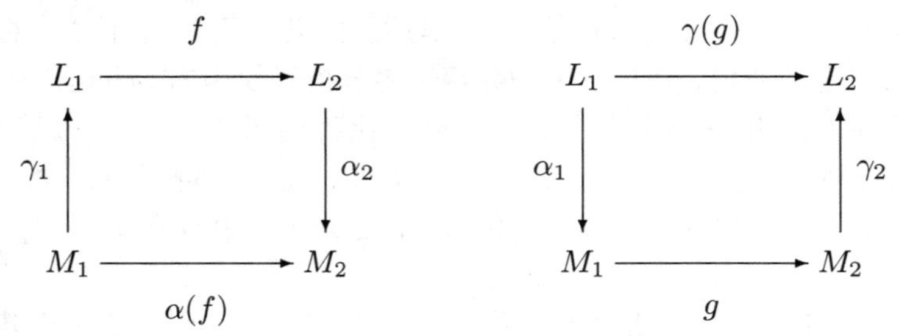

4.4.2　其他组合方式

到目前为止，我们展示了如何将各个组件的 Galois 连接组合成复合数据的 Galois 连接。我们现在将展示如何将两个处理相同数据的分析组合成一个分析，这相当于同时进行两次分析。我们将考虑该分析的两个变种，一个对应“独立特征方法”，另一个对应相关性方法。

直积　设$(L,\alpha_1,\gamma_1,M_1)$和$(L,\alpha_2,\gamma_2,M_2)$为 Galois 连接。两个 Galois 连接的直积(direct product)也是一个 Galois 连接

$$(L, \alpha, \gamma, M_1 \times M_2)$$

其中 α 和 γ 由以下公式给出：

$$\begin{aligned}\alpha(l) &= (\alpha_1(l), \alpha_2(l)) \\ \gamma(m_1, m_2) &= \gamma_1(m_1) \sqcap \gamma_2(m_2)\end{aligned}$$

为了确定这确实定义了一个 Galois 连接，我们计算

$$\begin{aligned}\alpha(l) \sqsubseteq (m_1, m_2) &\Leftrightarrow \alpha_1(l) \sqsubseteq m_1 \wedge \alpha_2(l) \sqsubseteq m_2 \\ &\Leftrightarrow l \sqsubseteq \gamma_1(m_1) \wedge l \sqsubseteq \gamma_2(m_2) \\ &\Leftrightarrow l \sqsubseteq \gamma(m_1, m_2)\end{aligned}$$

然后用命题 4.20 得到结论。

例 4.37　让我们考虑如何使用这种构造结合例 4.35 中给出的整数二元组的符号分析检测方法和例 4.33 中给出的大小差异分析。我们得到 Galois 连接

$$(\mathcal{P}(\mathbf{Z} \times \mathbf{Z}), \alpha_{\mathrm{SSR}}, \gamma_{\mathrm{SSR}}, \mathcal{P}(\mathbf{Sign} \times \mathbf{Sign}) \times \mathcal{P}(\mathbf{Range}))$$

其中 α_{SSR} 和 γ_{SSR} 由以下式子给出：

$$\begin{aligned}\alpha_{\mathrm{SSR}}(ZZ) &= (\{(\mathsf{sign}(z_1),\mathsf{sign}(z_2)) \mid (z_1,z_2)\in ZZ\},\\ &\quad \{\mathsf{range}(|z_1|-|z_2|) \mid (z_1,z_2)\in ZZ\})\\ \gamma_{\mathrm{SSR}}(SS,R) &= \{(z_1,z_2) \mid (\mathsf{sign}(z_1),\mathsf{sign}(z_2))\in SS\}\\ &\quad \cap\{(z_1,z_2)\mid \mathsf{range}(|z_1|-|z_2|)\in R\}\end{aligned}$$

例如，源代码中的表达式(`x,3 * x`)在$\{(z,3*z)\mid z\in\mathbf{Z}\}$集合中取值，这个集合由$\alpha_{SSR}(\{(z,3*z)\mid z\in\mathbf{Z}\})=(\{(-,-),(0,0),(+,+)\},\{0,<-1\})$描述。因此，我们没有利用以下事实：如果这对整数由(0,0)描述，那么大小差异也将由0描述；如果该二元组由(-,-)或(+,+)描述，那么大小差异则会用<-1来描述。■ 254

直张量积 在直积中，两个抽象化函数之间没有相互作用。正如我们在上面所看到的，这导致了与独立特征方法相同的精度损失。让两个组件相互交互可能会得到更好的效果。我们再次只考虑幂集的简单情况，因此让$(\mathcal{P}(V),\alpha_i,\gamma_i,\mathcal{P}(D_i))$为 Galois 连接。则直张量积(direct tensor product)是以下 Galois 连接：

$$(\mathcal{P}(V),\alpha,\gamma,\mathcal{P}(D_1\times D_2))$$

其中α和γ定义如下：

$$\begin{aligned}\alpha(V') &= \bigcup\{\alpha_1(\{v\})\times\alpha_2(\{v\})\mid v\in V'\}\\ \gamma(DD) &= \{v\mid \alpha_1(\{v\})\times\alpha_2(\{v\})\subseteq DD\}\end{aligned}$$

其中$V'\subseteq V$并且$DD\subseteq D_1\times D_2$。为了证明这定义了一个 Galois 连接，我们计算

$$\begin{aligned}\alpha(V')\subseteq DD &\Leftrightarrow \forall v\in V':\alpha_1(\{v\})\times\alpha_2(\{v\})\subseteq DD\\ &\Leftrightarrow \forall v\in V': v\in\gamma(DD)\\ &\Leftrightarrow V'\subseteq\gamma(DD)\end{aligned}$$

然后使用命题 4.20。

如果两个 Galois 连接$(\mathcal{P}(V),\alpha_i,\gamma_i,\mathcal{P}(D_i))$由提取函数$\eta_i: V\to D_i$给出，即如果$\alpha_i(V')=\{\eta_i(v)\mid v\in V'\}$并且$\gamma_i(D_i')=\{v\mid\eta_i(v)\in D_i'\}$，则这个构造可以简化。在这种情况下，我们有

$$\begin{aligned}\alpha(V') &= \{(\eta_1(v),\eta_2(v))\mid v\in V'\}\\ \gamma(DD) &= \{v\mid(\eta_1(v),\eta_2(v))\in DD\}\end{aligned}$$

这也可以直接从由$\eta(v)=(\eta_1(v),\eta_2(v))$定义的提取函数$\eta: V\to D_1\times D_2$获得。

例 4.38 让我们回顾例 4.37，并展示直张量积如何给出一个更精确的分析。我们现在得到一个 Galois 连接

$$(\mathcal{P}(\mathbf{Z}\times\mathbf{Z}),\alpha_{\mathrm{SSR}'},\gamma_{\mathrm{SSR}'},\mathcal{P}(\mathbf{Sign}\times\mathbf{Sign}\times\mathbf{Range}))$$

其中

$$\begin{aligned}\alpha_{\mathrm{SSR}'}(ZZ) &= \{(\mathsf{sign}(z_1),\mathsf{sign}(z_2),\mathsf{range}(|z_1|-|z_2|))\mid(z_1,z_2)\in ZZ\}\\ \gamma_{\mathrm{SSR}'}(SSR) &= \{(z_1,z_2)\mid(\mathsf{sign}(z_1),\mathsf{sign}(z_2),\mathsf{range}(|z_1|-|z_2|))\in SSR\}\end{aligned}$$

对于$ZZ\subseteq\mathbf{Z}\times\mathbf{Z}$和$SSR\subseteq\mathbf{Sign}\times\mathbf{Sign}\times\mathbf{Range}$成立。 255

值得指出的是，这种 Galois 连接也可以从以下提取函数中获得：

$$\mathsf{twosignsrange}:\mathbf{Z}\times\mathbf{Z}\to\mathbf{Sign}\times\mathbf{Sign}\times\mathbf{Range}$$

定义为$\mathsf{twosignsrange}(z_1,z_2)=(\mathsf{sign}(z_1),\mathsf{sign}(z_2),\mathsf{range}(|z_1|-|z_2|))$。

回到分析的精度问题，我们现在有$\alpha_{\mathrm{SSR}'}(\{(z,3*z)\mid z\in\mathbf{Z}\})=\{(-,-,\leqslant 1),(0,0,0),(+,+,<-1)\}$，并因此获得比例 4.37 更精确的描述。

但是，值得注意的是，上述 Galois 连接不是一个 Galois 插入。例如，考虑$\mathcal{P}(\mathbf{Sign}\times$

Sign × Range)的两个元素 ∅ 和{(0,0,<-1)}，可以观察到

$$\gamma_{\mathrm{SSR}'}(\emptyset)=\emptyset=\gamma_{\mathrm{SSR}'}(\{(0,0,\texttt{<-1})\})$$

因此，$\gamma_{\mathrm{SSR}'}$不是单射的，所以引理4.27表明我们没有得到一个 Galois 插入。■

约化积和约化张量积　命题4.29里的构造为我们提供了一个将 Galois 连接转换为 Galois 插入的一般方法。现在我们可以将该方法与其他组合 Galois 连接的方法合并。这对直积和直张量积是特别有意义的。

设$(L,\alpha_1,\gamma_1,M_1)$和$(L,\alpha_2,\gamma_2,M_2)$为 Galois 连接。两个 Galois 连接的约化积(reduced product)是一个 Galois 插入

$$(L,\alpha,\gamma,\varsigma[M_1\times M_2])$$

其中

$$\begin{aligned}\alpha(l)&=(\alpha_1(l),\alpha_2(l))\\ \gamma(m_1,m_2)&=\gamma_1(m_1)\sqcap\gamma_2(m_2)\\ \varsigma(m_1,m_2)&=\bigsqcap\{(m_1',m_2')\mid\gamma_1(m_1)\sqcap\gamma_2(m_2)=\gamma_1(m_1')\sqcap\gamma_2(m_2')\}\end{aligned}$$

为了确认这确实是一个 Galois 插入，回忆我们已经得到的结论：我们已经知道直积$(L,\alpha,\gamma,M_1\times M_2)$是 Galois 连接，而命题4.29则表明$(L,\alpha,\gamma,\varsigma[M_1\times M_2])$是一个 Galois 插入。

下面让$(\mathcal{P}(V),\alpha_i,\gamma_i,\mathcal{P}(D_i))$ $(i=1,2)$为 Galois 连接。约化张量积(reduced tensor product)是 Galois 插入

$$(\mathcal{P}(V),\alpha,\gamma,\varsigma[\mathcal{P}(D_1\times D_2)])$$

其中

$$\begin{aligned}\alpha(V')&=\bigcup\{\alpha_1(\{v\})\times\alpha_2(\{v\})\mid v\in V'\}\\ \gamma(DD)&=\{v\mid\alpha_1(\{v\})\times\alpha_2(\{v\})\subseteq DD\}\\ \varsigma(DD)&=\bigcap\{DD'\mid\gamma(DD)=\gamma(DD')\}\end{aligned}$$

256

和之前一样，从命题4.29可知这确实是一个 Galois 插入。

例4.39　让我们回顾例4.38，其中我们注意到完全格 $\mathcal{P}$(**Sign** × **Sign** × **Range**)包含超过一个描述 $\mathcal{P}(\mathbf{Z}\times\mathbf{Z})$里的空集的元素。命题4.29里的构造可将多余的元素删除。函数$\varsigma_{\mathrm{SSR}'}$是

$$\varsigma_{\mathrm{SSR}'}(SSR)=\bigcap\{SSR'\mid\gamma_{\mathrm{SSR}'}(SSR)=\gamma_{\mathrm{SSR}'}(SSR')\}$$

其中 SSR，$SSR'\subseteq$ **Sign** × **Sign** × **Range**。特别是，$\varsigma_{\mathrm{SSR}'}$将把以下16个元素

(-,0,<-1),　(-,0,-1),　(-,0,0),
(0,-,0),　(0,-,+1),　(0,-,>+1),
(0,0,<-1),　(0,0,-1),　(0,0,+1),　(0,0,>+1),
(0,+,0),　(0,+,+1),　(0,+,>+1),
(+,0,<-1),　(+,0,-1),　(+,0,0)

组成的单例集映射到空集。**Sign** × **Sign** × **Range** 里剩下的29个元素为

(-,-,<-1),　(-,-,-1),　(-,-,0),　(-,-,+1),　(-,-,>+1),
(-,0,+1),　(-,0,>+1),
(-,+,<-1),　(-,+,-1),　(-,+,0),　(-,+,+1),　(-,+,>+1),
(0,-,<-1),　(0,-,-1),　(0,0,0),　(0,+,<-1),　(0,+,-1),
(+,-,<-1),　(+,-,-1),　(+,-,0),　(+,-,+1),　(+,-,>+1),
(+,0,+1),　(+,0,>+1),
(+,+,<-1),　(+,+,-1),　(+,+,0),　(+,+,+1),　(+,+,>+1)

它们描述了 $\mathbf{Z} \times \mathbf{Z}$ 里不相交的子集。让我们将上面 29 个元素的集合称为 **AB**（数组边界(Array Bound)的简写），从而 $\varsigma_{\mathrm{SSR}'}[\mathcal{P}(\mathbf{Sign} \times \mathbf{Sign} \times \mathbf{Range})]$ 与 $\mathcal{P}(\mathbf{AB})$ 同构。

为了完成完全格和与之相关的 Galois 连接对于数组边界分析的应用，我们只需构造例 4.35 和例 4.33 的 Galois 连接的约化张量积。这将产生与下式同构的 Galois 插入：

$$(\mathcal{P}(\mathbf{Z} \times \mathbf{Z}), \alpha_{\mathrm{SSR}'}, \gamma_{\mathrm{SSR}'}, \mathcal{P}(\mathbf{AB}))$$

注意，从实现的角度看，构造的最后一步已经得到了回报：如果我们在例 4.38 中使用直张量积后就停止，那么属性将需要 45 位表示，而现在 29 位就足够了。

总结 数组边界分析的设计起始于以下三个通过提取函数指定的简单的 Galois 连接： 257

(i) 使用符号近似整数的分析（例 4.21）。

(ii) 使用大小差异近似整数二元组的分析（例 4.33）。

(iii) 使用到 0、1 和 −1 的距离近似整数的分析（例 4.33）。

我们展示了组合这些分析的不同方法：

(iv) 分析(i)与其本身的关系积。

(v) 分析(ii)和(iii)的函数组合。

(vi) 分析(iv)和(v)的约化张量积。

值得注意的是，因为得到的完全格 $\mathcal{P}(\mathbf{AB})$ 是一个幂集，所以可以通过提取函数 `twosignsrange'` : $\mathbf{Z} \times \mathbf{Z} \to \mathbf{AB}$ 得到相同的 Galois 插入。 ■

4.5 衍生的操作

我们现在展示 Galois 连接确实可用于将计算转换为具有更好时间、空间或终止行为的更近似的计算。我们可以用两种不同的方式做到这一点。在这两种情况下，我们假设在一个完全格 L 上进行分析，并且我们有一个 Galois 连接 (L, α, γ, M)。

一种可能性是把在 L 上的分析替换为在 M 上的分析。在 4.5.1 节，我们将证明如果 M 上的分析是从 L 衍生的分析的上近似，则可以保留正确性。我们将在 4.5.2 节中展示这种方法针对第 2 章考虑的单调框架的应用。

另一种方法仅使用完全格 M 来近似 L 中的不动点计算。因此，并非在更近似的格 M 上执行所有计算，而是仅使用 M 来确保不动点计算的收敛性，因此没有不必要地减少所有其他操作的精度。我们将在 4.5.3 节展示这种方法。

4.5.1 沿着抽象化函数衍生

假设我们有 Galois 连接 $(L_i, \alpha_i, \gamma_i, M_i)$，其中每个 M_i 都是 L_i 的更近似的版本（对于 $i=1,2$）。一种利用这个连接的方法是把已有的分析 $f_p: L_1 \to L_2$ 替换为一个新的更近似的分析 $g_p: M_1 \to M_2$。我们已经在 4.4 节中看到 258

$$\alpha_2 \circ f_p \circ \gamma_1 \text{ 是 } g_p \text{ 的候选}$$

（正如 $\gamma_2 \circ g_p \circ \alpha_1$ 是 f_p 的候选）。我们说分析 $\alpha_2 \circ f_p \circ \gamma_1$ 是由 f_p 和两个 Galois 连接衍生的(induced)，如下所示：

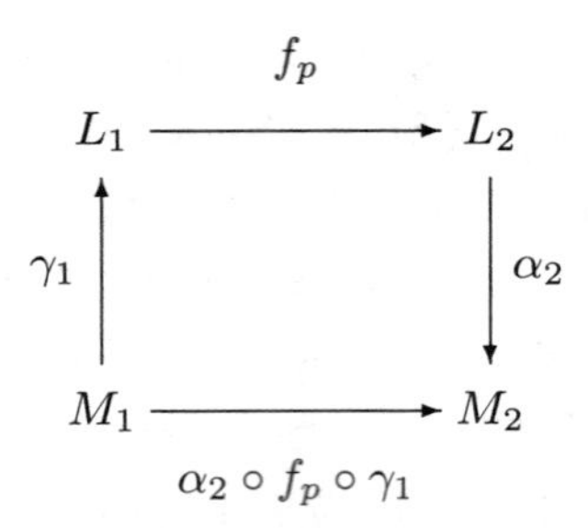

例 4.40　让我们回到例 4.9。我们研究了一个简单的程序 plus 并指定了非常精确的分析

$$f_{\text{plus}}(ZZ) = \{z_1 + z_2 \mid (z_1, z_2) \in ZZ\}$$

使用完全格($\mathcal{P}(\mathbf{Z})$,$\subseteq$)和($\mathcal{P}(\mathbf{Z}\times\mathbf{Z})$,$\subseteq$)。在例 4.21 中，我们引入了 Galois 连接

$$(\mathcal{P}(\mathbf{Z}), \alpha_{\mathsf{sign}}, \gamma_{\mathsf{sign}}, \mathcal{P}(\mathbf{Sign}))$$

通过符号的集合来近似整数集合。在例 4.35 中，我们使用相关性方法来获得 Galois 连接

$$(\mathcal{P}(\mathbf{Z}\times\mathbf{Z}), \alpha_{\mathrm{SS}'}, \gamma_{\mathrm{SS}'}, \mathcal{P}(\mathbf{Sign}\times\mathbf{Sign}))$$

应用于整数的二元组。现在我们要根据现有的分析 f_{plus} 衍生出对 plus 程序的更近似的分析

$$g_{\text{plus}} : \mathcal{P}(\mathbf{Sign}\times\mathbf{Sign}) \to \mathcal{P}(\mathbf{Sign})$$

为此，我们定义

$$g_{\text{plus}} = \alpha_{\mathsf{sign}} \circ f_{\text{plus}} \circ \gamma_{\mathrm{SS}'}$$

并简单地计算(对于 $SS \subseteq \mathbf{Sign}\times\mathbf{Sign}$)：

$$\begin{aligned}
g_{\text{plus}}(SS) &= \alpha_{\mathsf{sign}}(f_{\text{plus}}(\gamma_{\mathrm{SS}'}(SS))) \\
&= \alpha_{\mathsf{sign}}(f_{\text{plus}}(\{(z_1,z_2) \in \mathbf{Z}\times\mathbf{Z} \mid (\mathsf{sign}(z_1), \mathsf{sign}(z_2)) \in SS\})) \\
&= \alpha_{\mathsf{sign}}(\{z_1 + z_2 \mid z_1, z_2 \in \mathbf{Z}, (\mathsf{sign}(z_1), \mathsf{sign}(z_2)) \in SS\}) \\
&= \{\mathsf{sign}(z_1 + z_2) \mid z_1, z_2 \in \mathbf{Z}, (\mathsf{sign}(z_1), \mathsf{sign}(z_2)) \in SS\} \\
&= \bigcup\{s_1 \oplus s_2 \mid (s_1, s_2) \in SS\}
\end{aligned}$$

其中 $\oplus$: $\mathbf{Sign}\times\mathbf{Sign} \to \mathcal{P}(\mathbf{Sign})$ 是符号上的“加法”算子(例如，$+ \oplus + = \{+\}$ 和 $+ \oplus - = \{-, 0, +\}$)。■

259

普通的对待正确性的方法　现在我们将遵循 4.1 节的方法，证明 f_p 的正确性延续到 g_p。为此假设：

$$R_i : V_i \times L_i \to \{\mathit{true}, \mathit{false}\} \text{ 是由 } \beta_i : V_i \to L_i \text{ 生成的}$$

然后，分析 f_p: $L_1 \to L_2$ 的正确性可以表示为

$$(p \vdash \cdot \rightsquigarrow \cdot)\,(R_1 \twoheadrightarrow R_2)\, f_p$$

其中 $R_1 \twoheadrightarrow R_2$ 由 $\beta_1 \twoheadrightarrow \beta_2$ 生成(见引理 4.8)。如 4.3 节所述，我们得到 V_i 和 M_i 之间的一个正确性关系 S_i 为

$$S_i : V_i \times M_i \to \{\mathit{true}, \mathit{false}\} \text{ 由 } \alpha_i \circ \beta_i : V_i \to M_i \text{ 生成}$$

这等价于 $v_i S_i m_i \Leftrightarrow v_i R_i(\gamma_i(m_i))$。使用 M_1 和 M_2 的分析的正确性关系将是 $S_1 \to S_2$，它由 $(\alpha_1 \circ \beta_1) \to (\alpha_2 \circ \beta_2)$ 生成(见引理 4.8)。现在我们有以下有用的结论。

引理 4.41　*如果(L_i,α_i,γ_i,M_i)是 Galois 连接，而 β_i: $V_i \to L_i$ 是表示函数，则*

$$((\alpha_1 \circ \beta_1) \twoheadrightarrow (\alpha_2 \circ \beta_2))(\rightsquigarrow) = \alpha_2 \circ ((\beta_1 \twoheadrightarrow \beta_2)(\rightsquigarrow)) \circ \gamma_1$$

对于所有的 $\rightsquigarrow$ 成立。

证明 只需计算

$$\begin{aligned}((\alpha_1\circ\beta_1)\twoheadrightarrow(\alpha_2\circ\beta_2))(\rightsquigarrow)(m_1) &= \bigsqcup\{\alpha_2(\beta_2(v_2)) \mid \alpha_1(\beta_1(v_1))\sqsubseteq m_1 \wedge v_1\rightsquigarrow v_2\}\\ &= \alpha_2(\bigsqcup\{\beta_2(v_2)\mid \beta_1(v_1)\sqsubseteq\gamma_1(m_1)\wedge v_1\rightsquigarrow v_2\})\\ &= \alpha_2((\beta_1\twoheadrightarrow\beta_2)(\rightsquigarrow)(\gamma_1(m_1)))\end{aligned}$$

即可以得到结论。 ■

我们现在将展示从引理 4.41 可得：

$$(p\vdash\cdot\rightsquigarrow\cdot)(R_1\twoheadrightarrow R_2)f_p \ \wedge\ \alpha_2\circ f_p\circ\gamma_1\sqsubseteq g_p \ \Rightarrow\ (p\vdash\cdot\rightsquigarrow\cdot)(S_1\twoheadrightarrow S_2)g_p$$

这仅仅意味着如果 f_p 是正确的，并且如果 g_p 是衍生分析的上近似，则 g_p 也是正确的。因此假设

$$(p\vdash\cdot\rightsquigarrow\cdot)(R_1\twoheadrightarrow R_2)f_p$$

并且 $\alpha_2\circ f_p\circ\gamma_1\sqsubseteq g_p$。由于$(L_i,\alpha_i,\gamma_i,M_i)$是 Galois 连接，并且 f_p 和 g_p 是单调的，我们得到$f_p\sqsubseteq\gamma_2\circ g_p\circ\alpha_1$，如下所示： 260

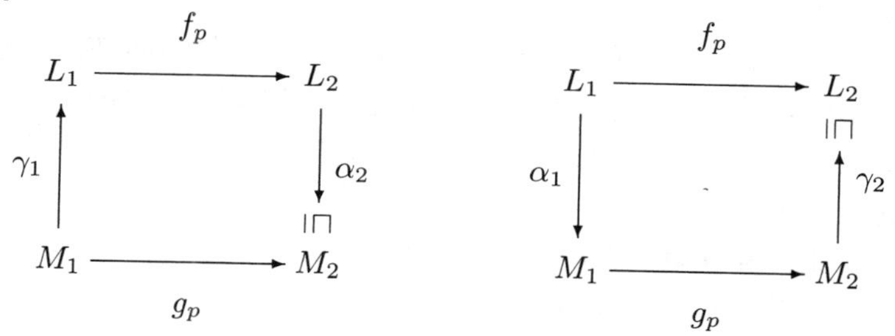

由此得出$(\beta_1\twoheadrightarrow\beta_2)(p\vdash\cdot\rightsquigarrow\cdot)\sqsubseteq\gamma_2\circ g_p\circ\alpha_1$，并因此

$$\alpha_2\circ(\beta_1\twoheadrightarrow\beta_2)(p\vdash\cdot\rightsquigarrow\cdot)\circ\gamma_1\sqsubseteq g_p$$

从引理 4.41 可以看出这是期望的结论。

我们说函数 $f_p\colon L_1\rightarrow L_2$ 对于程序 p 是最优的，当且仅当函数 $f'\colon L_1\rightarrow L_2$ 的正确性等价于 $f_p\sqsubseteq f'$。另一种表述方法是：f_p 是最优的当且仅当

$$(\beta_1\twoheadrightarrow\beta_2)(p\vdash\cdot\rightsquigarrow\cdot)=f_p$$

现在引理 4.41 可以解释为：如果 $f_p\colon L_1\rightarrow L_2$ 是最优的，那么 $\alpha_2\circ f_p\circ\gamma_1\colon M_1\rightarrow M_2$ 也是最优的。

衍生分析中的不动点 接下来让我们考虑分析 $f_p\colon L_1\rightarrow L_2$ 需要计算单调函数 $F\colon(L_1\rightarrow L_2)\rightarrow(L_1\rightarrow L_2)$的最小不动点的情况，也就是 $f_p=\mathit{lfp}(F)$。4.4 节告诉我们 Galois 连接$(L_i,\alpha_i,\gamma_i,M_i)$生成单调函数空间上的 Galois 连接$(L_1\rightarrow L_2,\alpha,\gamma,M_1\rightarrow M_2)$。我们现在使用衍生方法，让$G\colon(M_1\rightarrow M_2)\rightarrow(M_1\rightarrow M_2)$为 $\alpha\circ F\circ\gamma$ 的一个上近似。自然可以设 $g_p\colon M_1\rightarrow M_2$ 为 $g_p=\mathit{lfp}(G)$。下面的结论说明 f_p 的正确性延续到 g_p。

引理 4.42 假设(L,α,γ,M)是一个 Galois 连接，并且令 $f\colon L\rightarrow L$ 和 $g\colon M\rightarrow M$ 为单调函数，满足 g 是由 f 衍生的函数的上近似，也就是说：

$$\alpha\circ f\circ\gamma\sqsubseteq g$$

则对于所有的 $m\in M$：

$$g(m)\sqsubseteq m\Rightarrow f(\gamma(m))\sqsubseteq\gamma(m)$$

成立并且 $\mathit{lfp}(f)\sqsubseteq\gamma(\mathit{lfp}(g))$和 $\alpha(\mathit{lfp}(f))\sqsubseteq\mathit{lfp}(g)$成立。

证明 首先假设 $g(m)\sqsubseteq m$。从假设 $\alpha\circ f\circ\gamma\sqsubseteq g$ 可得 $\alpha(f(\gamma(m)))\sqsubseteq g(m)$，因此

$\alpha(f(\gamma(m)))\sqsubseteq m$。利用 Galois 连接是一个伴随(见命题4.20)，可得需要的 $f(\gamma(m))\sqsubseteq$ 261 $\gamma(m)$。为了证明第二个结论，我们观察从前面的结论可得 $\{\gamma(m)\mid g(m)\sqsubseteq m\}\subseteq\{l\mid f(l)\sqsubseteq l\}$。因此(根据引理4.22)可得：

$$\gamma(\bigsqcap\{m\mid g(m)\sqsubseteq m\})=\bigsqcap\{\gamma(m)\mid g(m)\sqsubseteq m\}\sqsupseteq\bigsqcap\{l\mid f(l)\sqsubseteq l\}$$

使用 Tarski 定理(见命题A.10)两次，我们得到 $lfp(g)=\bigsqcap Red(g)=\bigsqcap\{m\mid g(m)\sqsubseteq m\}$ 和 $lfp(f)=\bigsqcap Red(f)=\bigsqcap\{l\mid f(l)\sqsubseteq l\}$，因此得到需要的 $\gamma(lfp(g))\sqsupseteq lfp(f)$。然后得到 $\alpha(lfp(f))\sqsubseteq lfp(g)$，因为 Galois 连接是一个伴随。 ■

4.5.2　数据流分析中的应用

广义单调框架　为了展示这些方法的应用，我们现在考虑2.3节的单调框架的一个扩展。因此，定义广义单调框架为：

- 一个完全格 $L=(L,\sqsubseteq)$。

这里我们不要求 L 满足升链条件，并且不指定传递函数的空间 $\mathcal{F}$，因为我们将让 $\mathcal{F}$ 为从 L 到 L 的整个单调函数空间(显然包含恒等函数，并在函数组合下闭合)。

广义单调框架的一个实例 A 由以下部分组成：

- 框架的完全格 L。
- 一个有限的流 $F\subseteq\mathbf{Lab}\times\mathbf{Lab}$。
- 一组有限的边界标号 $E\subseteq\mathbf{Lab}$。
- 一个边界值 $\iota\in L$。
- 一个映射 $f_\cdot$，从 F 和 E 里的标号 $\mathbf{Lab}$ 到从 L 到 L 的单调传递函数。

和第2章一样，这产生一个包含以下约束的集合 $\mathsf{A}^{\sqsupseteq}$：

$$\begin{aligned}A_\circ(\ell)&\sqsupseteq\bigsqcup\{A_\bullet(\ell')\mid(\ell',\ell)\in F\}\sqcup\iota_E^\ell\quad\text{其中}\ \iota_E^\ell=\begin{cases}\iota&\ell\in E\\\bot&\ell\notin E\end{cases}\\A_\bullet(\ell)&\sqsupseteq f_\ell(A_\circ(\ell))\end{aligned}$$

其中 ℓ 的范围是 F 和 E 里的标号 $\mathbf{Lab}$。我们用 $(A_\circ,A_\bullet)\models\mathsf{A}^{\sqsupseteq}$ 表示 $A_\circ,A_\bullet:\mathbf{Lab}\to L$ 是约束 $\mathsf{A}^{\sqsupseteq}$ 的解。考虑以下相关的单调函数

262

$$\vec{f}:(\mathbf{Lab}\to L)\times(\mathbf{Lab}\to L)\to(\mathbf{Lab}\to L)\times(\mathbf{Lab}\to L)$$

定义为：

$$\vec{f}(A_\circ,A_\bullet)=(\ \lambda\ell.\bigsqcup\{A_\bullet(\ell')\mid(\ell',\ell)\in F\}\sqcup\iota_E^\ell\ ,\ \lambda\ell.f_\ell(A_\circ(\ell))\ )$$

我们可以得到以下重要结果(以4.4节的形式)：

$$(A_\circ,A_\bullet)\sqsupseteq\vec{f}(A_\circ,A_\bullet)\quad\text{等价于}\quad(A_\circ,A_\bullet)\models\mathsf{A}^{\sqsupseteq}$$

Galois 连接和单调框架　现在令 (L,α,γ,M) 为一个 Galois 连接，并考虑广义单调框架 M 的实例 B，满足：

- 映射 $g_\cdot$ 从 F 和 E 的标号 $\mathbf{Lab}$ 到 $M\to M$ 的单调传递函数满足 $g_\ell\sqsupseteq\alpha\circ f_\ell\circ\gamma$ 对于所有 ℓ 成立。
- 边界值 $\jmath$ 满足 $\jmath\sqsupseteq\alpha(\iota)$。

其他情况下 B 和 A 一样，即具有相同的 F 和 E。

如上所述，我们得到一组约束 $\mathsf{B}^{\sqsupseteq}$，写成 $(B_\circ, B_\bullet) \models \mathsf{B}^{\sqsupseteq}$ 每当 $B_\circ, B_\bullet : \mathbf{Lab} \to M$ 是约束的解。另一种表述方式是 $(B_\circ, B_\bullet) \sqsupseteq \vec{g}(B_\circ, B_\bullet)$，其中 $\vec{g} : (\mathbf{Lab} \to M) \times (\mathbf{Lab} \to M) \to (\mathbf{Lab} \to M) \times (\mathbf{Lab} \to M)$ 是与约束相关的单调函数。

我们现在将看到，只要有从 B 得到的约束的解，那么也有从 A 得到的约束的解。这可以表示为：

$$(B_\circ, B_\bullet) \models \mathsf{B}^{\sqsupseteq} \text{ 蕴含 } (\gamma \circ B_\circ, \gamma \circ B_\bullet) \models \mathsf{A}^{\sqsupseteq}$$

我们可以为这个结论给出直接（“具体”）的证明，但考虑如何从早先建立的一般（“抽象”）结论得出是有教育意义的。这里的想法是使用 4.4 节的总函数空间和独立特征方法把 Galois 连接（$L, \boldsymbol{\alpha}, \boldsymbol{\gamma}, M$）“提升”到 Galois 连接

$$((\mathbf{Lab} \to L) \times (\mathbf{Lab} \to L), \alpha', \gamma', (\mathbf{Lab} \to M) \times (\mathbf{Lab} \to M))$$

假设 $g_\ell \sqsupseteq \boldsymbol{\alpha} \circ f_\ell \circ \boldsymbol{\gamma}$（对于所有 ℓ）和 $\jmath \sqsupseteq \boldsymbol{\alpha}(\boldsymbol{\iota})$ 可以用于证明

$$\vec{g} \sqsupseteq \alpha' \circ \vec{f} \circ \gamma'$$

如以下计算所示：

$$\begin{aligned}(\alpha' \circ \vec{f} \circ \gamma')(B_\circ, B_\bullet) &= (\lambda\ell.\bigsqcup\{\alpha(\gamma(B_\bullet(\ell'))) \mid (\ell', \ell) \in F\} \sqcup \alpha(\iota_E^\ell), \\ &\qquad \lambda\ell.\alpha(f_\ell(\gamma(B_\circ(\ell))))) \\ &\sqsubseteq \vec{g}(B_\circ, B_\bullet)\end{aligned}$$

263

其中我们使用了 $\boldsymbol{\alpha}(\perp) = \perp$。我们现在可以使用引理 4.42 来获得

$$\vec{g}(B_\circ, B_\bullet) \sqsubseteq (B_\circ, B_\bullet) \text{ 蕴含 } \vec{f}(\gamma'(B_\circ, B_\bullet)) \sqsubseteq \gamma'(B_\circ, B_\bullet)$$

因此如果 $(B_\circ, B_\bullet) \models \mathsf{B}^{\sqsupseteq}$ 则 $(\gamma \circ B_\circ, \gamma \circ B_\bullet) \models \mathsf{A}^{\sqsupseteq}$，如上所述。

普通的对待正确性的方法 以上结论表明，任何从 B 得到的约束的解也是从 A 得到的约束的解。现在我们证明 A 的语义正确性蕴含 B 的语义正确性。

让我们重新考虑 4.1 节中对待语义正确性的方法，这里 $F = \mathit{flow}(S_\star)$ 和 $E = \{\mathit{init}(S_\star)\}$。对于分析 A，这需要使用表示函数

$$\beta : \mathbf{State} \to L$$

并且 $\mathsf{A}^{\sqsupseteq}$ 的所有解的正确性等价于以下命题：

$$\begin{aligned}&\text{假设 } (A_\circ, A_\bullet) \models \mathsf{A}^{\sqsupseteq} \text{ 和 } \langle S_\star, \sigma_1 \rangle \to^* \sigma_2 \\ &\text{则 } \beta(\sigma_1) \sqsubseteq \iota \text{ 蕴含 } \beta(\sigma_2) \sqsubseteq \bigsqcup\{A_\bullet(\ell) \mid \ell \in \mathit{final}(S_\star)\}\end{aligned} \quad (4.11)$$

对于分析 B，从 4.3 节很自然地得到以下表示函数：

$$\alpha \circ \beta : \mathbf{State} \to M$$

并且 $\mathsf{B}^{\sqsupseteq}$ 的所有解的正确性等价于以下命题：

$$\begin{aligned}&\text{假设 } (B_\circ, B_\bullet) \models \mathsf{B}^{\sqsupseteq} \text{ 和 } \langle S_\star, \sigma_1 \rangle \to^* \sigma_2 \\ &\text{则 } (\alpha \circ \beta)(\sigma_1) \sqsubseteq \jmath \text{ 蕴含 } (\alpha \circ \beta)(\sigma_2) \sqsubseteq \bigsqcup\{B_\bullet(\ell) \mid \ell \in \mathit{final}(S_\star)\}\end{aligned} \quad (4.12)$$

我们知道 B 是由 A 衍生的分析的上近似，现在证明式（4.11）蕴含式（4.12）。为此，我们需要加强 A 和 B 的边界值之间的关系，通过假设 $\jmath$ 满足

$$\gamma(\jmath) = \iota$$

很容易得到 $\jmath \sqsupseteq \boldsymbol{\alpha}(\boldsymbol{\iota})$。对于式（4.11）蕴含式（4.12）的证明，假设：

$$(B_\circ, B_\bullet) \models \mathsf{B}^{\sqsupseteq}, \langle S_\star, \sigma_1 \rangle \to^* \sigma_2 \text{ and } (\alpha \circ \beta)(\sigma_1) \sqsubseteq \jmath$$

因此：

$$(\gamma \circ B_\circ, \gamma \circ B_\bullet) \models \mathsf{A}^{\sqsupseteq}, \langle S_\star, \sigma_1 \rangle \to^* \sigma_2 \text{ and } \beta(\sigma_1) \sqsubseteq \gamma(\jmath) \sqsubseteq \iota$$

从式（4.11）我们得到 $\beta(\sigma_2) \sqsubseteq \bigsqcup\{\gamma \circ B_\bullet(\ell) \mid \ell \in \mathit{final}(S_\star)\}$，因此 $\beta(\sigma_2) \sqsubseteq \gamma(\bigsqcup\{B_\bullet(\ell) \mid$

264 $\ell \in final(S_\star)\})$，证明了需要的 $(\alpha \circ \beta)(\sigma_2) \sqsubseteq \bigsqcup\{B_\bullet(\ell) \mid \ell \in final(S_\star)\}$。

一个详细的例子

作为一个具体的例子，我们考虑用于 WHILE 语言的分析 SS，它是对状态集合如何转换到状态集合的近似。首先，我们证明它的正确性。然后，我们证明 2.3 节的常量传播分析是由 SS 衍生的分析的上近似。这样就可以确定常量传播分析的正确性。

状态集合上的分析 用于近似状态集合的 SS 分析将是一个广义单调框架，其中包括：

- 完全格 $(\mathcal{P}(\mathbf{State}), \subseteq)$。

给定 **Stmt** 中的一个标号一致的语句 $S_\star$，我们可以指定以下实例：

- 流 F 是 $flow(S_\star)$。
- 边界标号的集合 E 是 $\{init(S_\star)\}$。
- 边界值 ι 是 **State**。
- 传递函数 $f_\cdot^{SS}$ 如下：

$$
\begin{array}{rcll}
f_\ell^{SS}(\Sigma) & = & \{\sigma[x \mapsto \mathcal{A}[\![a]\!]\sigma] \mid \sigma \in \Sigma\} & [x := a]^\ell \text{ 在 } S_\star \text{ 中} \\
f_\ell^{SS}(\Sigma) & = & \Sigma & [\texttt{skip}]^\ell \text{ 在 } S_\star \text{ 中} \\
f_\ell^{SS}(\Sigma) & = & \Sigma & [b]^\ell \text{ 在 } S_\star \text{ 中}
\end{array}
$$

where $\Sigma \subseteq \mathbf{State}$

正确性 以下结论表明分析在之前解释的意义下是正确的。

引理 4.43 假设 $(SS_\circ, SS_\bullet) \models SS^\supseteq$ 并且 $\langle S_\star, \sigma_1\rangle \to^* \sigma_2$，则 $\sigma_1 \in \mathbf{State}$ 蕴含 $\sigma_2 \in \bigcup\{SS_\bullet(\ell) \mid \ell \in final(S_\star)\}$。

证明 从 2.2 节可知：

$$\langle S, \sigma\rangle \to \langle S', \sigma'\rangle \text{ 蕴含 } final(S) \supseteq final(S') \ \wedge\ flow(S) \supseteq flow(S')$$

如第 2 章所述，立即得到：

$$flow(S) \supseteq flow(S') \wedge (SS_\circ, SS_\bullet) \models SS^\supseteq(S) \text{ 蕴含 } (SS_\circ, SS_\bullet) \models SS^\supseteq(S')$$

这样就只需证明：

$$
\begin{array}{l}
(SS_\circ, SS_\bullet) \models SS^\supseteq(S) \wedge \langle S, \sigma\rangle \to \sigma' \ \wedge\ \sigma \in SS_\circ(init(S)) \\
\text{蕴含 } \sigma' \in \cup\{SS_\bullet(\ell) \mid \ell \in final(S)\} \\
(SS_\circ, SS_\bullet) \models SS^\supseteq(S) \wedge \langle S, \sigma\rangle \to \langle S', \sigma'\rangle \ \wedge\ \sigma \in SS_\circ(init(S)) \\
\text{蕴含 } \sigma' \in SS_\circ(init(S'))
\end{array}
$$

265

因为通过推导序列 $\langle S_\star, \sigma_1\rangle \to^* \sigma_2$ 的长度进行归纳就可以得到结论。以下的证明在语义的推导过程上进行归纳。我们只考虑一些有意思的情况。

情况 $\langle [x := a]^\ell, \sigma\rangle \to \sigma[x \mapsto \mathcal{A}[\![a]\!]\sigma]$。则 $SS^\supseteq(S)$ 将包含等式：

$$SS_\bullet(\ell) \supseteq \{\sigma[x \mapsto \mathcal{A}[\![a]\!]\sigma] \mid \sigma \in SS_\circ(\ell)\}$$

并且因为 $init([x := a]^\ell) = \ell$ 以及 $final([x := a]^\ell) = \{\ell\}$，我们得到了所需的关系：如果如果 $\sigma \in SS_\circ(\ell)$ 则 $\sigma[x \mapsto \mathcal{A}[\![a]\!]\sigma] \in SS_\bullet(\ell)$。

情况 $\langle S_1; S_2, \sigma\rangle \to \langle S_1'; S_2, \sigma'\rangle$，因为 $\langle S_1, \sigma\rangle \to \langle S_1', \sigma'\rangle$。从假设 $\sigma \in SS_\circ(init(S_1; S_2))$ 我们得到 $\sigma \in SS_\circ(init(S_1))$，并且从归纳假设可得 $\sigma' \in SS_\circ(init(S_1'))$。因此得到需要的 $\sigma' \in SS_\circ(init(S_1'; S_2))$。

情况 $\langle S_1; S_2, \sigma\rangle \to \langle S_2, \sigma'\rangle$，因为 $\langle S_1, \sigma\rangle \to \sigma'$，从假设 $\sigma \in SS_\circ(init(S_1; S_2))$ 我们得到 $\sigma \in SS_\circ(init(S_1))$，并且从归纳假设可得 $\sigma' \in \bigcup\{SS_\bullet(\ell) \mid \ell \in final(S_1)\}$。我们有

$$\{(\ell, init(S_2)) \mid \ell \in final(S_1)\} \subseteq flow(S_1; S_2)$$

并且，因为约束

$$SS_\circ(\ell) \supseteq \bigcup\{SS_\bullet(\ell') \mid (\ell',\ell) \in flow(S_1;S_2)\}$$

对于所有 ℓ 成立，我们得到

$$SS_\circ(init(S_2)) \supseteq \bigcup\{SS_\bullet(\ell) \mid \ell \in final(S_1)\}$$

因此得到需要的 $\sigma' \in SS_\circ(init(S_2))$。

其余情况的证明是类似的，此处略去。■

备注 SS 分析一般不是最优的，因此一般不等于聚集语义(见 1.5 节或练习 4.5)。这可以通过一个实例说明，其中 $\bigcup\{SS_\bullet(\ell) \mid \ell \in final(S_\star)\}$ 严格大于 $\{\sigma' \mid \langle S_\star,\sigma\rangle \to^\star \sigma' \wedge \sigma \in \mathbf{State}\}$，并且得到这样的例子相当容易。为了定义聚集语义，我们应该让传递函数与边而不是结点相关联，因为这样可以记录测试的结果(参见练习 2.11)。■

常量传播分析 2.3 节的分析由一个广义单调框架描述，该框架包括：

- 完全格 $\widehat{\mathbf{State}}_{\mathsf{CP}} = ((\mathbf{Var} \to \mathbf{Z}^\top)_\perp, \sqsubseteq)$。

语句 $S_\star$ 对应的实例如下：

- 流 F 是 $flow(S_\star)$。
- 边界标号的集合 E 是 $\{init(S_\star)\}$。
- 边界值 ι 是 $\lambda x.\top$。
- 传递函数由表 2.7 中定义的映射 $f_\cdot^{\mathsf{CP}}$ 给出。

266

Galois 连接 两个分析之间的关系通过定义以下表示函数建立：

$$\beta_{\mathsf{CP}}: \mathbf{State} \to \widehat{\mathbf{State}}_{\mathsf{CP}}$$

定义为 $\beta_{\mathsf{CP}}(\sigma) = \sigma$(见例 4.6)。如 4.3 节所述，这会产生 Galois 连接 $(\mathcal{P}(\mathbf{State}), \alpha_{\mathsf{CP}}, \gamma_{\mathsf{CP}}, \widehat{\mathbf{State}}_{\mathsf{CP}})$，其中 $\alpha_{\mathsf{CP}}(\Sigma) = \bigsqcup\{\beta_{\mathsf{CP}}(\sigma) \mid \sigma \in \Sigma\}$ 并且 $\gamma_{\mathsf{CP}}(\widehat{\sigma}) = \{\sigma \mid \beta_{\mathsf{CP}}(\sigma) \sqsubseteq \widehat{\sigma}\}$。现在可以证明对于所有标号 ℓ：

$$f_\ell^{\mathsf{CP}} \sqsupseteq \alpha_{\mathsf{CP}} \circ f_\ell^{\mathsf{SS}} \circ \gamma_{\mathsf{CP}}$$

同时 $\gamma_{\mathsf{CP}}(\lambda x.\top) = \mathbf{State}$。我们只考虑 $[x:=a]^\ell$ 在 $S_\star$ 中出现的情况，然后计算

$$\begin{aligned}
\alpha_{\mathsf{CP}}(f_\ell^{\mathsf{SS}}(\gamma_{\mathsf{CP}}(\widehat{\sigma}))) &= \alpha_{\mathsf{CP}}(f_\ell^{\mathsf{SS}}(\{\sigma \mid \sigma \sqsubseteq \widehat{\sigma}\})) \\
&= \alpha_{\mathsf{CP}}(\{\sigma[x \mapsto \mathcal{A}[\![a]\!]\sigma] \mid \sigma \sqsubseteq \widehat{\sigma}\}) \\
&= \bigsqcup\{\sigma[x \mapsto \mathcal{A}[\![a]\!]\sigma] \mid \sigma \sqsubseteq \widehat{\sigma}\} \\
&\sqsubseteq \widehat{\sigma}[x \mapsto \bigsqcup\{\mathcal{A}[\![a]\!]\sigma \mid \sigma \sqsubseteq \widehat{\sigma}\}] \\
&\sqsubseteq f_\ell^{\mathsf{CP}}(\widehat{\sigma})
\end{aligned}$$

其中，最后一步从 $\bigsqcup\{\mathcal{A}[\![a]\!]\sigma \mid \sigma \sqsubseteq \widehat{\sigma}\} \sqsubseteq \mathcal{A}_{\mathsf{CP}}[\![a]\!]\widehat{\sigma}$ 得出，它可以通过 a 上的结构归纳来证明。

因此，我们得出的结论是：CP 是 SS 通过 Galois 连接衍生的分析的上近似，因此它是正确的。

4.5.3 沿着具体化函数衍生

由 Galois 连接衍生加宽算子 假设我们在完全格 L 和 M 之间有 Galois 连接 (L,α,γ,M) 以及单调函数 $f:L \to L$。通常，一个近似 f 的动机来自需要计算 f 的不动点，而升链

$(f^n(\bot))_n$ 不趋于稳定(或者需要太多次迭代)。除了使用 $\alpha \circ f \circ \gamma: M \to M$ 来解决这种情况，还可以考虑使用加宽算子 $\nabla_M: M \times M \to M$，并通过公式：

$$l_1 \nabla_L l_2 = \gamma(\alpha(l_1) \nabla_M \alpha(l_2))$$

定义 $\nabla_L: L \times L \to L$。如果 ∇_L 是一个加宽算子，那么我们知道如何在 L 上的计算中近似 $f: L \to L$ 的最小不动点。这有一个优点，即 M 的较为粗糙的结构仅用于确保收敛性，而不会不必要地降低所有其他运算的精度。以下结论为这种方法的使用提供了充分条件。

267

命题 4.44　设 (L,α,γ,M) 为一个 Galois 连接，并且设 $\nabla_M: M \times M \to M$ 为上界算子。则公式

$$l_1 \nabla_L l_2 = \gamma(\alpha(l_1) \nabla_M \alpha(l_2))$$

定义了一个上界算子 $\nabla_L: L \times L \to L$。如果满足以下两个条件之一，则这是一个加宽算子：

(i) M 满足升链条件。

(ii) (L,α,γ,M) 是一个 Galois 插入并且 $\nabla_M: M \times M \to M$ 是一个加宽算子。

证明　首先我们证明 ∇_M 是一个上界算子。因为 ∇_L 是一个上界算子，我们得出 $\alpha(l_i) \sqsubseteq \alpha(l_1) \nabla_M \alpha(l_2)$。由于 Galois 连接是一个伴随，我们得到 $l_i \sqsubseteq \gamma(\alpha(l_1) \nabla_M \alpha(l_2))$，也就是 $l_i \sqsubseteq l_1 \nabla_L l_2$。

现在假设满足条件(i)，考虑 L 中的一条升链 $(l_n)_n$。我们也知道 $(l_n^{\nabla_L})_n$ 是一条升链，并且 $l_n^{\nabla_L} \in \gamma[M]$ 对于 $n>0$ 成立。因此 $(\alpha(l_n^{\nabla_L}))_n$ 是一条升链，并由于 M 满足升链条件，存在 $n_0 \geqslant 1$，使得 $\alpha(l_n^{\nabla_L}) = \alpha(l_{n_0}^{\nabla_L})$ 对于所有 $n \geqslant n_0$ 成立。因此 $\gamma(\alpha(l_n^{\nabla_L})) = \gamma(\alpha(l_{n_0}^{\nabla_L}))$ 对于所有 $n \geqslant n_0$ 成立，并且使用 $\gamma \circ \alpha \circ \gamma = \gamma$(见结论 4.24)，我们可以得到 $l_n^{\nabla_L} = l_{n_0}^{\nabla_L}$ 对于所有 $n \geqslant n_0$ 成立。这就完成了证明。

假设满足条件(ii)，仍然考虑 L 中的一条升链 $(l_n)_n$。因为 α 是单调的，所以 $(\alpha(l_n)_n)$ 是 M 中的升链。现在，∇_M 是 M 上的加宽算子，因此存在 n_0 使得 $(\alpha(l_n))^{\nabla_M} = (\alpha(l_{nn}))^{\nabla_M}$ 对于所有 $n \geqslant n_0$ 成立。我们现在将证明：

$$(\alpha(l_n))^{\nabla_M} = \alpha(l_n^{\nabla_L}) \tag{4.13}$$

对于所有 $n \geqslant 0$ 成立。$n=0$ 的情况是显然的，因为 $(\alpha(l_0))^{\nabla_M} = \alpha(l_0) = \alpha(l_0^{\nabla_L})$。对于归纳证明步骤，我们假设 $(\alpha(l_n))^{\nabla_M} = \alpha(l_n^{\nabla_L})$，则

$$\begin{aligned}(\alpha(l_{n+1}))^{\nabla_M} &= (\alpha(l_n))^{\nabla_M} \nabla_M \alpha(l_{n+1}) \\ &= \alpha(l_n^{\nabla_L}) \nabla_M \alpha(l_{n+1})\end{aligned}$$

并且

$$\begin{aligned}\alpha(l_{n+1}^{\nabla_L}) &= \alpha(l_n^{\nabla_L} \nabla_L l_{n+1}) \\ &= \alpha(\gamma(\alpha(l_n^{\nabla_L}) \nabla_M \alpha(l_{n+1}))) \\ &= \alpha(l_n^{\nabla_L}) \nabla_M \alpha(l_{n+1})\end{aligned}$$

因为 (L,α,γ,M) 是一个 Galois 插入。

使用式(4.13)可知存在 n_0 使得 $\alpha(l_n^{\nabla_L}) = \alpha(l_{n_0}^{\nabla_L})$ 对于所有 $n \geqslant n_0$ 成立。但是 $\gamma(\alpha(l_n^{\nabla_L})) = \gamma(\alpha(l_{n_0}^{\nabla_L}))$，因此 $l_n^{\nabla_L} = l_{n_0}^{\nabla_L}$ 对于所有 $n \geqslant n_0$ 成立。这就完成了证明。 ■

268

衍生加宽算子的精度　以下结论比较了使用加宽算子 ∇_L 的精度和使用加宽算子 ∇_M 的精度。

引理 4.45 如果(L,α,γ,M)是一个 Galois 插入，满足$\gamma(\bot_M)=\bot_L$，并且如果$\nabla_M: M\times M\to M$是一个加宽算子，那么由$l_1 \nabla_L l_2=\gamma(\alpha(l_1)\nabla_M\alpha(l_2))$定义的加宽算子$\nabla_L$: $L\times L\to L$ 满足:

$$lfp_{\nabla_L}(f)=\gamma(lfp_{\nabla_M}(\alpha\circ f\circ\gamma))$$

对于所有单调函数 $f: L\to L$ 成立。

证明 通过命题 4.44 可知∇_L是一个加宽算子。因此存在 $n_f\geqslant 0$，使得 $lfp_{\nabla_L}(f)=f_{\nabla_L}^{n_f}=f_{\nabla_L}^{n}$对于所有 $n\geqslant n_f$ 成立。接下来设 $g=\alpha\circ f\circ\gamma$，并且回想$\nabla_M$是一个加宽算子。因此存在 $n_g\geqslant 0$ 使得 $lfp_{\nabla_M}(g)=g_{\nabla_M}^{n_g}=g_{\nabla_M}^{n}$对于所有 $n\geqslant n_g$ 成立。为了得到需要的结论，只需通过 n 上的归纳证明

$$f_{\nabla_L}^{n} = \gamma(g_{\nabla_M}^{n}) \tag{4.14}$$

基本情况($n=0$)是显然的，因为 $f_{\nabla_L}^{0}=\bot_L$ 和 $g_{\nabla_M}^{0}=\bot_M$，并且我们假设$\bot_L=\gamma(\bot_M)$。

为了准备归纳步骤，我们证明式(4.14)蕴含:

$$f(f_{\nabla_L}^{n})\sqsubseteq f_{\nabla_L}^{n} \quad\Leftrightarrow\quad g(g_{\nabla_M}^{n})\sqsubseteq g_{\nabla_M}^{n} \tag{4.15}$$

对于“⇒”，我们(使用式(4.14)以及(L,α,γ,M)是一个 Galois 连接)计算:

$$\begin{aligned}
f(f_{\nabla_L}^{n})\sqsubseteq f_{\nabla_L}^{n} &\Rightarrow \alpha(f(f_{\nabla_L}^{n}))\sqsubseteq\alpha(f_{\nabla_L}^{n})\\
&\Rightarrow \alpha(f(\gamma(g_{\nabla_M}^{n})))\sqsubseteq\alpha(\gamma(g_{\nabla_M}^{n}))\\
&\Rightarrow g(g_{\nabla_M}^{n})\sqsubseteq\alpha(\gamma(g_{\nabla_M}^{n}))\\
&\Rightarrow g(g_{\nabla_L}^{n})\sqsubseteq g_{\nabla_M}^{n}
\end{aligned}$$

对于“⇐”，我们(使用式(4.14)且(L,α,γ,M)是一个 Galois 连接)计算:

$$\begin{aligned}
g(g_{\nabla_M}^{n})\sqsubseteq g_{\nabla_M}^{n} &\Rightarrow \gamma(g(g_{\nabla_M}^{n}))\sqsubseteq\gamma(g_{\nabla_M}^{n})\\
&\Rightarrow \gamma(\alpha(f(\gamma(g_{\nabla_M}^{n}))))\sqsubseteq\gamma(g_{\nabla_M}^{n})\\
&\Rightarrow \gamma(\alpha(f(f_{\nabla_L}^{n})))\sqsubseteq f_{\nabla_L}^{n}\\
&\Rightarrow f(f_{\nabla_L}^{n})\sqsubseteq f_{\nabla_L}^{n}
\end{aligned}$$

回到式(4.14)的归纳步骤($n>0$)，我们计算:

$$\begin{aligned}
f_{\nabla_L}^{n} &= \begin{cases} f_{\nabla_L}^{n-1} & f(f_{\nabla_L}^{n-1})\sqsubseteq f_{\nabla_L}^{n-1}\\ f_{\nabla_L}^{n-1}\ \nabla_L\ f(f_{\nabla_L}^{n-1}) & \text{其他}\end{cases}\\
&= \begin{cases} f_{\nabla_L}^{n-1} & g(g_{\nabla_M}^{n-1})\sqsubseteq g_{\nabla_M}^{n-1}\\ f_{\nabla_L}^{n-1}\ \nabla_L\ f(f_{\nabla_L}^{n-1}) & \text{其他}\end{cases}\\
&= \begin{cases} \gamma(g_{\nabla_M}^{n-1}) & g(g_{\nabla_M}^{n-1})\sqsubseteq g_{\nabla_M}^{n-1}\\ \gamma(\alpha(\gamma(g_{\nabla_M}^{n-1}))\ \nabla_M\ \alpha(f(\gamma(g_{\nabla_M}^{n-1})))) & \text{其他}\end{cases}\\
&= \gamma\left(\begin{cases} g_{\nabla_M}^{n-1} & g(g_{\nabla_M}^{n-1})\sqsubseteq g_{\nabla_M}^{n-1}\\ \alpha(\gamma(g_{\nabla_M}^{n-1}))\ \nabla_M\ g(g_{\nabla_M}^{n-1}) & \text{其他}\end{cases}\right)\\
&= \gamma\left(\begin{cases} g_{\nabla_M}^{n-1} & g(g_{\nabla_M}^{n-1})\sqsubseteq g_{\nabla_M}^{n-1}\\ g_{\nabla_M}^{n-1}\ \nabla_M\ g(g_{\nabla_M}^{n-1}) & \text{其他}\end{cases}\right)\\
&= \gamma(g_{\nabla_M}^{n})
\end{aligned}$$

在这个计算中，我们使用了式(4.14)和式(4.15)对于 $n-1$ 成立、∇_L的定义，以及(L,α,γ,M)是一个 Galois 插入的结论。 ■

该结论为本小节开头的论述提供了严谨的支持。具体地说，让 M 具有有限高度，设(L,α,γ,M)为满足$\gamma(\bot_M)=\bot_L$的 Galois 插入，并让∇_M为最小上界算子$\bigsqcup_M$。上面的引理证明

269

$$lfp_{\nabla_L}(f) = \gamma(lfp(\alpha \circ f \circ \gamma))$$

这意味着 $lfp_{\nabla_L}(f)$ 等于使用 $\alpha \circ f \circ \gamma : M \to M$ 而不是给定的 $f: L \to L$ 得到的结果。此外，所需的迭代次数也是相同的。由于 L 相对于 M 在其他操作上有更高的精度，这说明使用加宽算子通常优于 4.5.1 节的方法。

结束语

在本章中，我们只触及了抽象解释的一些核心概念，主要基于文献[37,39,35,40]。迷你项目 4.1 和引向例 4.39 的一系列例子基于文献[179]。迷你项目 4.3 的灵感来自文献[126, 68]。关于理论的发展及其应用还有很多。在本节中，我们将简要讨论到目前为止被忽略的一些比较重要的概念。

上闭合算子　一个上闭合算子 $\rho: L \to L$ 是一个单调函数，满足放大性(即 $\rho \sqsupseteq \lambda l. l$)和幂等性(即 $\rho \circ \rho = \rho$)。这种算子在抽象解释中自然产生[39]，因为每当 (L, α, γ, M) 是一个 Galois 连接，函数 $\gamma \circ \alpha : L \to L$ 显然是一个上闭合算子。如果 $\rho: L \to L$ 是一个上闭合算子，则 L 在 ρ 下的图像 $\rho[L] = \{\rho(l) \mid l \in L\}$ 等于 ρ 的不动点的集合 $Fix(\rho) = \{l \in L \mid l = \rho(l)\}$，并且在 L 的偏序下是一个完全格。实际上 $(L, \rho, \lambda l. l, \rho[L])$ 是一个 Galois 插入。

因此，可以使用上闭合算子来表示 Galois 连接，只需要求更近似的空间 M 实际上是 L 的子集，这样做不会丢失主要的功能。这使得通过闭合算子比较相同完全格 L 上的各种 Galois 连接的精度成为可能。条件 $\rho_1 \sqsubseteq \rho_2$ 可以自然地定义为 $\forall l \in L: \rho_1(l) \sqsubseteq \rho_2(l)$，但实际上等价于条件 $\rho_2(l) \subseteq \rho_1(l)$，并代表 ρ_2 比 ρ_1 更近似。

在 L 的上闭合算子的集合上定义了顺序后，我们可以证明该集合是一个完全格：最小元素是上闭合算子 $\lambda l. l$，而最大元素是 $\lambda l. \top$。两个元素的最大下界算子 $\sqcap$ 有特殊意义：它构造了约化积[39](见 4.3 节)。

许多其他构造可以通过上闭合算子来解释：我们只提及约化基数幂(reduced cardinal power)[39]和析取完备化(disjunctive completion)[39]。通过"反转"某些构造，可以找到关于给定组合的"最佳基"(optimal bases)：对于约化积，可以使用伪互补(pseudo-complementation)的概念来找到最小因子(minimal factors)[33-34]；对于析取完备化，可以找到分析所必需的基本不可约化性[63-64]。

完全格上更强的性质　相比于幂集合，完全格是一个相当弱的概念。通过考虑完全格上的更多结构(例如可分配性)并识别对应单例集的元素(例如，原子或并不可约(join irreducible)的元素)，很可能将一些关于幂集合的更强的结论提升到更大类的完全格。

由于幂集合与位向量同构，这也提供了一种方法来找到关于一个分析何时与位向量框架同样高效的一般条件。这在不动点的情况下特别有意义，例如可以使用可分配格的性质和可分配分析来给出升链 $(f^n(\perp))_n$ 趋于稳定所需的迭代次数的更好的上界[129,118]。

另一系列工作涉及不是幂集的完全格的张量积[111,113,115]。在格理论中已经研究了几种张量积的概念，但适用于程序分析的张量积的概念首先由文献[111]提出。

具体的分析　在本章中，我们重点介绍了抽象解释理论中的一些关键概念，只是偶尔暗示了这个理论的具体应用。

抽象解释的主要应用之一在逻辑编程(logic programming)领域。为了高效地实现一个程序，需要关于可能到达每个程序点的置换的准确信息。置换的一个关键性质是它是否是

270

271

地基的(ground)。关于这个问题已经设计了很多分析，其中大部分都是建立在抽象解释的框架上。这包括基于加宽的迭代策略，以及基于前面在上闭合算子部分提到的方法的基域分解。

抽象解释的另一个主要应用是近似整数或有理数的 n 维向量空间的子集。在这里的讨论中，我们将限制在最多两个维度(线和平面)。在一个维度的情况下，有两种主要方法。我们已经描述了一种：区间的格，并且可以扩展到(可能是有限个)区间的并集。另一种方法记录模某个基值的数值的集合，例如$\{x \mid x \bmod k_1 = k_2\}$。很明显，这两种分析可以结合起来。在两个(或更多)维度的情况下，可以直接使用独立特征分析，其中上述方法根据组件应用于每个维度。

大量精力已用于研究针对两个(或更多)维度的更有趣的关系型分析，其中轴的选择对于近似矢量空间的子集不再重要。一个早期的方法是 Karr 的仿射子空间[94]，可以描述形为$\{(x,y) \mid k_1x + k_2y = k_3\}$的集合。Cousot 和 Halbwachs[41]考虑了从等式到不等式，以及允许子集的交集的扩展，引向关于凸多边体的研究。Granger[66-67]和 Masdupuy[105]提出了这些想法的组合和扩展。

由 Deutsch 开创的一系列有趣的工作[44-45]将有限字母表上单词的正则集合的描述问题转换为整数向量集合的描述问题。这绝非简单，但一旦实现，开启了使用所有上述技术来表示单词的正则集合的可能性。这对于高阶和并发程序的分析非常重要，如 Deutsch 和 Colby[31-32]所述，因为它可以比其他类似技术更精确地描述激活记录和通信模式的形状。

我们还应该提及“动态地”构造抽象属性空间的方法[24]，以及使用加宽和变窄算子来提高任意迭代(chaotic iteration)的性能[25]。

对偶性 偏序 $\sqsubseteq$ 的对偶 $\sqsubseteq^d$定义为 $l_1 \sqsubseteq^d l_2$ 当且仅当 $l_2 \sqsubseteq l_1$，因此我们可以把 $\sqsubseteq^d$写为$\sqsupseteq$。偏序上定义的任何概念都可以通过把偏序换成它们的对偶来进行对偶化。通过这种方式，对偶最小元素是最大元素，对偶最小上界是最大下界，等等。格理论中的格对偶原理说的是如果一个关于偏序集合的陈述是正确的，那么它的对偶陈述也是正确的。(有趣的是，单调性的概念是它自身的对偶。)但是，我们应当指出，完全格的对偶当然可能与它本身不同。在图中，取对偶相当于把完全格上下翻转过来。

272

格对偶原理对于程序分析很重要，因为它提供了一种简单的方法将抽象解释的文献与数据流分析的“经典”文献联系起来：只需取完全格的对偶即可。因此，在抽象解释中，最大元素是平凡安全的且不传达信息，而在“经典”数据流分析中，具有此角色的是最小元素。类似地，在抽象解释中，我们对最小不动点感兴趣，而在“经典”数据流分析中，我们对最大不动点感兴趣。

保留抽象解释的基本方法，即在整个格中往上意味着丢失信息，仍然可以将大部分理论对偶化：特别是我们可以定义对偶 Galois 连接的概念。下面我们说明为什么这会有用。在程序分析中，我们的目标是确定一个元素 $l_\ell \in L$，用于描述可能达到给定程序点 ℓ 的值的集合。在程序转换中，通常情况是，只有当达到某一程序点的值的集合具有某些属性时，某个转换Ξ才是可靠的，我们可以将其表述为条件 $l_\ell \sqsubseteq l_\Xi$。现在如果我们想要更近似，就把 l_ℓ 近似为 l'_ℓ，把 l_Ξ近似为 l'_Ξ，并考虑近似的条件 $l'_\ell \sqsubseteq l'_\Xi$。为了确保 $l'_\ell \sqsubseteq l'_\Xi$蕴含 $l_\ell \sqsubseteq l_\Xi$，我们要求 $l_\ell \sqsubseteq l'_\ell$和 $l'_\Xi \sqsubseteq l_\Xi$。因此，程序点的属性通过在完全格中向上来近似，对此 Galois 连接是有用的，而程序变换的使能条件通过在完全格中向下来近似，对此对偶 Galois 连接的概念是有用的。

最后一个建议关于抽象解释和指称语义学之间的相互联系。在指称语义学中，最小的元素绝对不传达任何信息，并且当元素根据偏序变大时我们知道的更多。如果有一个最大的元素，它会表示相互矛盾的信息。这与抽象解释中的情况完全相反，其中最大元素绝对没有传达信息，当元素根据偏序变小时我们知道的更多。最小元素通常表示不可达性。因此，在做抽象解释时，简单地应用太多来自指称语义学的直觉是危险的，因为这两种方法都要求最小不动点，因此不是彼此的对偶。

273

迷你项目

迷你项目 4.1　列表的 Galois 连接

我们在引向例 4.39 的一系列例子中构造了一个 Galois 插入，用于记录整数二元组之间的关系，它用以下式子表示：

$$(\mathcal{P}(\mathbf{Z}\times\mathbf{Z}),\alpha_{\mathrm{SSR'}},\gamma_{\mathrm{SSR'}},\mathcal{P}(\mathbf{AB}))$$

这里 $\mathbf{AB}\subseteq\mathbf{Sign}\times\mathbf{Sign}\times\mathbf{Range}$ 仅包含 29 个元素(在 45 种可能性中)。

在这个迷你项目里，我们将构造一个用于记录列表的二元组之间的关系的 Galois 插入。设 V 为某个简单数据类型上的有限长度列表的域。我们用 $x=[x_1,\cdots,x_n]$ 表示首元素为 x_1 的 n 个元素的列表。当 $n=0$ 时，$x=[\ ]$。$x=[x_1,\cdots,x_n]$ 和 $y=[y_1,\cdots,y_m]$ 是两个列表。它们有同样的头当且仅当 $n>0$，$m>0$ 并且 $x_1=y_1$。列表 x 是列表 y 的后缀当且仅当存在 $k\geqslant 0$，$n+k=m$ 并且 $x_i=y_{i+k}(i\in 1,\cdots,n)$。最后有 $length(x)=n$ 和 $length(y)=m$。

Galois 插入应为以下形式：

$$(\mathcal{P}(V\times V),\alpha,\gamma,\mathcal{P}(\mathbf{LR}))$$

其中 $\mathbf{LR}\subseteq\mathcal{P}(\{\mathsf{H},\mathsf{S}\})\times\mathbf{Range}$。这里 H 表示列表具有相同的头，S 表示一个列表是另一个列表的后缀，最后 **Range** 部分描述 $length(x)-length(y)$，其中 x 是第一个列表，y 是第二个列表。

请完成这些定义的细节。

迷你项目 4.2　形状分析的正确性

我们现在回顾 2.6 节的形状分析并展示它如何形成一个 Galois 连接。回想一下，语义使用了格局的概念，包含状态 $\sigma\in\mathbf{State}$ 和堆组件 $\mathcal{H}\in\mathbf{Heap}$，并且分析在抽象状态 S、抽象堆 H 和共享组件组成的形状图上进行。

我们首先定义一个函数 $vars$，在给定位置和状态后确定相关的抽象位置：

$$vars(\xi)(\sigma)=n_X\quad\text{其中}\quad X=\{x\mid\sigma(x)=\xi\}$$

1. 定义一个表示函数

274

$$\beta_{\mathsf{SA}}:\mathbf{State}\times\mathbf{Heap}\to\mathcal{P}(\mathbf{SG})$$

对每个状态和堆关联一个单例集，由一个兼容的形状图组成(如 2.6 节中所定义)，并构造相关的 Galois 连接：

$$(\mathcal{P}(\mathbf{State}\times\mathbf{Heap}),\alpha_{\mathsf{SA}},\gamma_{\mathsf{SA}},\mathcal{P}(\mathbf{SG}))$$

这是一个 Galois 插入吗？

为了证明分析的正确性，我们将遵循4.5.2节中的方法：

2. 描述一个分析 SH，近似状态和堆的二元组的集合，使用一个在完全格$(\mathcal{P}(\mathbf{State} \times \mathbf{Heap}), \subseteq)$上的广义单调框架；将相关的传递函数记为 f_ℓ^{SH}。证明分析 SH 的正确性(即证明类似引理4.43的结论)。

3. 证明 $f_\ell^{\mathsf{SA}} \sqsupseteq \alpha_{\mathsf{SA}} \circ f_\ell^{\mathsf{SH}} \circ \gamma_{\mathsf{SA}}$ 对于所有传递函数成立，并由此得出形状分析是正确的。确定 $f_\ell^{\mathsf{SA}} = \alpha_{\mathsf{SA}} \circ f_\ell^{\mathsf{SH}} \circ \gamma_{\mathsf{SA}}$ 是否对所有传递函数都成立(见练习2.23)。

迷你项目4.3 控制流分析上的应用

在这个迷你项目中，我们将模仿4.5.2节中的发展，用于3.5节的控制流和数据流分析。

1. 按照3.5.1节的方式(通过设 **Data = Val**，其中 **Val** 如3.2节那样)描述一个“值集”分析

$$(\widehat{\mathsf{C}}_{\mathsf{SV}}, \widehat{\rho}_{\mathsf{SV}}) \models_{\mathsf{SV}} e$$

通过与例4.40和定理3.10类似的方式表述并证明语义正确性的结论。

2. 令单调结构$(L, \mathcal{F})$如3.5.2节所给出的形式，并考虑 Galois 连接 $(\mathcal{P}(\mathbf{Val}), \alpha, \gamma, L)$。通过可接受关系 $(\widehat{\mathsf{C}}, \widehat{\mathsf{D}}, \widehat{\rho}, \widehat{d}) \models_D e$ 断言的启发，构造一个 Galois 连接：

$$(\{(\widehat{\mathsf{C}}_{\mathsf{SV}}, \widehat{\rho}_{\mathsf{SV}}) \mid \cdots\}, \alpha', \gamma', \{(\widehat{\mathsf{C}}, \widehat{\mathsf{D}}, \widehat{\rho}, \widehat{d}) \mid \cdots\})$$

表述并证明一个用于建立以下蕴含的结论：

$$(\widehat{\mathsf{C}}, \widehat{\mathsf{D}}, \widehat{\rho}, \widehat{d}) \models_D e \quad \Rightarrow \quad \gamma'((\widehat{\mathsf{C}}, \widehat{\mathsf{D}}, \widehat{\rho}, \widehat{d})) \models_{\mathsf{SV}} e$$

并解释为什么这证明了控制流和数据流分析的语义正确性。

275

练习

练习4.1 对于图4.10中的完全格$(\mathbf{Sign}', \sqsubseteq)$，定义一个正确性关系 $R_{\mathrm{ZS}'}$: $\mathbf{Z} \times \mathbf{Sign}' \to \{true, false\}$。验证它确实满足式(4.4)和式(4.5)。接下来定义一个表示函数 $\beta_{\mathrm{ZS}'} : \mathbf{Z} \to \mathbf{Sign}'$，并证明以上构造的 $R_{\mathrm{ZS}'}$ 确实是由 $\beta_{\mathrm{ZS}'}$ 生成的。

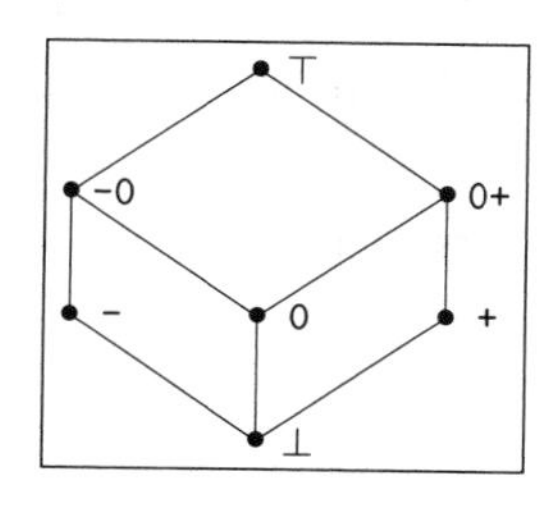

图4.10 完全格$(\mathbf{Sign}', \sqsubseteq)$

练习4.2 证明如果式(4.4)和式(4.5)对于 R 和 L 成立，那么我们有：

$$v \; R \; l_1 \; \wedge \; v \; R \; l_2 \quad \Rightarrow \quad v \; R \; (l_1 \sqcup l_2)$$

并且更一般地：

$$(\forall l \in L' \neq \emptyset : v \; R \; l) \quad \Rightarrow \quad v \; R \; (\bigsqcup L')$$

举例说明即使式(4.4)和式(4.5)成立，$v \; R \; \bot$ 也可能不成立。

练习4.3 证明第3章的控制流分析在条件(4.3)的意义下是正确的，如例4.4中所述。为此，首先证明

$$(\widehat{\mathsf{C}}, \widehat{\rho}) \models v^\ell \text{ iff } v \; \mathcal{V} \; (\widehat{\rho}, \widehat{\mathsf{C}}(\ell))$$

成立，每当 v 是一个值(即一个闭包或常量)。接下来证明

$$[\,] \vdash (e_\star \; v_1^{\ell_1})^\ell \to^* v^\ell \wedge (\widehat{\mathsf{C}}, \widehat{\rho}) \models (e_\star \; v_1^{\ell_1})^\ell \;\Rightarrow\; (\widehat{\mathsf{C}}, \widehat{\rho}) \models v^\ell$$

是定理3.10的一个推论。最后假设(4.3)的前提成立，并使用上述结论来获得所需的结论。

276

练习 4.4　证明例 4.4 中定义的关系 R_{CFA} 由例 4.7 中定义的表示函数 β_{CFA} 生成。为此我们通过在 v 的大小上归纳证明

$$v\ R_{\mathsf{CFA}}\ (\widehat{\rho},\widehat{v})\ \text{iff}\ \beta_{\mathsf{CFA}}(v)\sqsubseteq_{\mathsf{CFA}}(\widehat{\rho},\widehat{v})$$

只有当 v 为 close t in ρ 的情况不是很明显时才成立。

练习 4.5　定义 $L_i=(\mathcal{P}(V_i),\subseteq)(i=1,2)$，并定义 $f_p: L_1\to L_2$ 为

$$f_p(l_1)=\{v_2\in V_2\mid \exists v_1\in l_1: p\vdash v_1\rightsquigarrow v_2\}$$

证明 f_p 是单调的。接下来证明 $(p\vdash\cdot\rightsquigarrow\cdot)(R_1\twoheadrightarrow R_2)f_p$，其中 $v_i\ R_i\ l_i$ 由 $v_i\in l_i$ 定义。另外，证明对于 $f': L_1\to L_2$ 我们有 $(p\vdash\cdot\rightsquigarrow\cdot)(R_1\twoheadrightarrow R_2)f'$ 当且仅当 $f_p\sqsubseteq f'$。把程序 p 与此处定义的 f_p 相关联的语义有时被称为聚集语义(collecting semantics)。最后，注意 R_i 是由 $\beta_i(v_i)=\{v_i\}$ 定义的 β_i 生成的。证明 $f_p=(\beta_1\twoheadrightarrow\beta_2)(p\vdash\cdot\rightsquigarrow\cdot)$。

练习 4.6　证明以下元素

- $\sqcup$
- $\lambda(l_1,l_2).\top$
- $\lambda(l_1,l_2).\begin{cases} l_1 & l_2\sqsubseteq l_1\\ \top & \text{其他}\end{cases}$
- $\lambda(l_1,l_2).\begin{cases} l_2 & l_1=\bot\\ l_1 & l_2\sqsubseteq l_1\ \wedge\ l_1\neq\bot\\ \top & \text{其他}\end{cases}$
- $\lambda(l_1,l_2).\begin{cases} l_1\sqcup l_2 & l_1\sqsubseteq l'\vee l_2\sqsubseteq l_1\\ \top & \text{其他}\end{cases}$

都是上界算子(其中 l' 是 L 中的元素)。确定它们中哪些也是加宽算子。试图找到 l' 上的充分条件，使得涉及 l' 的算子是加宽算子。

练习 4.7　证明如果 L 满足升链条件，则 L 上的一个算子是加宽算子当且仅当它是上界算子。由此证明：如果 L 满足升链条件，那么最小上界算子 $\sqcup: L\times L\to L$ 是一个加宽算子。

练习 4.8　考虑将 f_∇^0 的定义从 $f_\nabla^0=\bot$ 修改为 $f_\nabla^0=l_0(l_0\in L)$。可能的 l_0 上的假设包括：

277

- $l_0=f(\bot)$
- $l_0=f^{27}(\bot)$
- $l_0\in Ext(f)$
- l_0 任意

哪些足够证明结论 4.14 和命题 4.13？

练习 4.9　设 ∇_K 如例 4.15 中的那样，定义

$$int_1\ \nabla\ int_2\ =\ \begin{cases} int_1\sqcup int_2 & int_1\sqsubseteq int'\vee int_2\sqsubseteq int_1\\ int_1\ \nabla_K\ int_2 & \text{其他}\end{cases}$$

其中 int' 是一个满足 $\inf(int')>-\infty$ 和 $\sup(int')<\infty$ 的区间。证明

$$\forall int_1,int_2: int_1\nabla int_2\sqsubseteq int_1\nabla_K int_2$$

并且不等式可能是严格的。证明 ∇ 是一个上界算子。确定 ∇ 是否是一个加宽算子。

练习 4.10　设 $(l_n)_n$ 为一条降链，并设 $\Delta: L\times L\to L$ 为一个全函数，满足

$l'_2 \sqsubseteq l'_1 \Rightarrow l'_2 \sqsubseteq (l'_1 \,\Delta\, l'_2) \sqsubseteq l'_1$ 对于所有 l'_1，$l'_2 \in L$ 成立。证明序列$(l_n^{\nabla})_n$是一条降链，并且 $l_n^{\nabla} \sqsubseteq l_n$ 对于所有 n 成立。

练习 4.11 考虑以下变窄的替代策略，用于改进函数 $f\colon L \to L$ 的不动点 $lfp\,(f)$ 的近似 $f_{\nabla}^{m} \in Red(f)$。一个降链截断器(descending chain truncator)是一个函数 Υ，将降链$(l_n)_n$映射到非负数，使得

如果$(l_n)_n$和$(l'_n)_n$是降链并且 $\forall n \leqslant \Upsilon((l_n)_n) : l_n = l'_n$，则$\Upsilon((l_n)_n) = \Upsilon((l'_n)_n)$.

这确保了 Υ 是有限可计算的。截断的降链是

$$(f_{\nabla}^{m}, \cdots, f^{n}(f_{\nabla}^{m}), \cdots, f^{m'}(f_{\nabla}^{m}))$$

其中 $m' = \Upsilon((f^{n}(f_{\nabla}^{m}))_n)$，并且想要得到的 $lfp\,(f)$ 的近似是

$$lfp_{\nabla}^{\Upsilon}(f) = f^{m'}(f_{\nabla}^{m})$$

证明这种方法可以作为变窄的替代方法，并尝试确定这两个概念之间的关系。

278

练习 4.12 证明如果 L 满足降链条件，那么二元最大下界算子$\sqcap\colon L \times L \to L$ 是一个变窄算子。

练习 4.13 考虑图 4.2 的完全格 **Interval** 和图 4.10 的完全格 **Sign′**，并定义 $\gamma_{\mathrm{IS'}}$ 如下：

$$\begin{array}{rcl} \gamma_{\mathrm{IS'}}(\top) & = & [-\infty, \infty] \\ \gamma_{\mathrm{IS'}}(0+) & = & [0, \infty] \\ \gamma_{\mathrm{IS'}}(0) & = & [0, 0] \\ \gamma_{\mathrm{IS'}}(\bot) & = & \bot \end{array} \qquad \begin{array}{rcl} \gamma_{\mathrm{IS'}}(-0) & = & [-\infty, 0] \\ \gamma_{\mathrm{IS'}}(-) & = & [-\infty, -1] \\ \gamma_{\mathrm{IS'}}(+) & = & [1, \infty] \end{array}$$

证明在 **Interval** 和 **Sign′**之间存在一个 Galois 连接，其中 $\gamma_{\mathrm{IS'}}$ 是上伴随。

练习 4.14 设 $(\mathcal{P}(V), \alpha_\eta, \gamma_\eta, \mathcal{P}(D))$ 为 Galois 连接，由提取函数 $\boldsymbol{\eta}\colon V \to D$ 给出。证明 $\boldsymbol{\alpha}_\eta$ 是满射当且仅当 $\boldsymbol{\eta}$ 是满射。因此得出$(\mathcal{P}(V), \alpha_\eta, \gamma_\eta, \mathcal{P}(D))$ 是一个 Galois 插入当且仅当 $\boldsymbol{\eta}$ 是满射。接下来证明 $\varsigma_\eta[\mathcal{P}(D)] = \alpha_\eta[\mathcal{P}(V)]$ 和 $\mathcal{P}(\eta[V])$ 是同构的(见附录 A)，其中 $\eta[V]$ 是 $\boldsymbol{\eta}$ 的图像，最后验证 $\varsigma_\eta(V') = V' \cap \eta[V]$ 成立。

练习 4.15 假设 Galois 连接 $(\mathcal{P}(D_i), \alpha_{\eta_{i+1}}, \gamma_{\eta_{i+1}}, \mathcal{P}(D_{i+1}))$ 由提取函数 $\boldsymbol{\eta}_{i+1}\colon D_i \to D_{i+1}$ 给出。证明 Galois 连接的组合$(\mathcal{P}(D_0), \alpha, \gamma, \mathcal{P}(D_2))$ 满足 $\boldsymbol{\alpha} = \boldsymbol{\alpha}_{\eta_2} \circ \boldsymbol{\alpha}_{\eta_1} = \boldsymbol{\alpha}_{\eta_2 \circ \eta_1}$ 和 $\boldsymbol{\gamma} = \boldsymbol{\gamma}_{\eta_1} \circ \boldsymbol{\gamma}_{\eta_2} = \boldsymbol{\gamma}_{\eta_2 \circ \eta_1}$，即这个 Galois 连接由提取函数 $\boldsymbol{\eta}_2 \circ \boldsymbol{\eta}_1$ 给出。

练习 4.16 设 $(\mathcal{P}(V_1), \alpha_1, \gamma_1, \mathcal{P}(D_1))$ 和 $(\mathcal{P}(V_2), \alpha_2, \gamma_2, \mathcal{P}(D_2))$ 为由提取函数 $\boldsymbol{\eta}_1\colon V_1 \to D_1$ 和 $\boldsymbol{\eta}_2\colon V_2 \to D_2$ 给出的 Galois 连接。此外，假设 V_1 和 V_2 是不相交的，D_1 和 D_2 是不相交的。定义一个提取函数

$$\eta : V_1 \cup V_2 \to D_1 \cup D_2$$

为

$$\eta(v) = \begin{cases} \eta_1(v) & v \in V_1 \\ \eta_2(v) & v \in V_2 \end{cases}$$

证明这定义了一个 Galois 连接

$$(\mathcal{P}(V_1 \cup V_2), \alpha_\eta, \gamma_\eta, \mathcal{P}(D_1 \cup D_2))$$

并按照独立特征方法将其重新表述为同构的 Galois 连接

$$(\mathcal{P}(V_1) \times \mathcal{P}(V_2), \alpha_\eta, \gamma_\eta, \mathcal{P}(D_1) \times \mathcal{P}(D_2))$$

V_1 和 V_2 不相交并且 D_1 和 D_2 不相交有多重要？

279

练习 4.17 假设 $(L_1, \alpha_1, \gamma_1, M_1)$ 和 $(L_2, \alpha_2, \gamma_2, M_2)$ 是 Galois 插入，首先定义

$$\begin{aligned}\alpha(l_1,l_2) &= (\alpha_1(l_1),\alpha_2(l_2))\\ \gamma(m_1,m_2) &= (\gamma_1(m_1),\gamma_2(m_2))\end{aligned}$$

证明 $(L_1 \times L_2, \alpha, \gamma, M_1 \times M_2)$ 是一个 Galois 插入。然后定义

$$\begin{aligned}\alpha(f) &= \alpha_2 \circ f \circ \gamma_1\\ \gamma(g) &= \gamma_2 \circ g \circ \alpha_1\end{aligned}$$

证明 $(L_1 \to L_2, \alpha, \gamma, M_1 \to M_2)$ 是一个 Galois 插入。

练习 4.18 设 $(\mathcal{P}(V_1), \alpha_1, \gamma_1, \mathcal{P}(D_1))$ 和 $(\mathcal{P}(V_2), \alpha_2, \gamma_2, \mathcal{P}(D_2))$ 为 Galois 插入，定义

$$\begin{aligned}\alpha(VV) &= \bigcup\{\alpha_1(\{v_1\}) \times \alpha_2(\{v_2\}) \mid (v_1,v_2) \in VV\}\\ \gamma(DD) &= \{(v_1,v_2) \mid \alpha_1(\{v_1\}) \times \alpha_2(\{v_2\}) \subseteq DD\}\end{aligned}$$

确定 $(\mathcal{P}(V_1 \times V_2), \alpha, \gamma, \mathcal{P}(D_1 \times D_2))$ 是否为一个 Galois 插入。

练习 4.19 设$(L, \alpha_1, \gamma_1, M_1)$ 和 $(L, \alpha_2, \gamma_2, M_2)$ 为 Galois 插入，定义

$$\begin{aligned}\alpha(l) &= (\alpha_1(l), \alpha_2(l))\\ \gamma(m_1,m_2) &= \gamma_1(m_1) \sqcap \gamma_2(m_2)\end{aligned}$$

确定 $(L, \alpha, \gamma, M_1 \times M_2)$ 是否为一个 Galois 插入。

练习 4.20 设 $(L_1, \alpha_1, \gamma_1, M_1)$ 为一个 Galois 连接，并(按照 4.4 节的方式)定义

$$\begin{aligned}\alpha(f) &= \alpha_1 \circ f \circ \gamma_1\\ \gamma(g) &= \gamma_1 \circ g \circ \alpha_1\end{aligned}$$

以下任何一个等式

$$\begin{aligned}\alpha(\lambda l.l) &= \lambda m.m & \gamma(\lambda m.m) &= \lambda l.l\\ \alpha(f_1 \circ f_2) &= \alpha(f_1) \circ \alpha(f_2) & \gamma(g_1 \circ g_2) &= \gamma(g_1) \circ \gamma(g_2)\end{aligned}$$

280 是否一定成立？当 $(L_1, \alpha_1, \gamma_1, M_1)$ 已知是一个 Galois 插入时，哪些等式成立？

练习 4.21 考虑例 4.39 中的 Galois 插入

$$(\mathcal{P}(\mathbf{Z} \times \mathbf{Z}), \alpha_{\mathrm{SSR'}}, \gamma_{\mathrm{SSR'}}, \mathcal{P}(\mathbf{AB}))$$

对于下面的每个集合

$$\begin{aligned}&\{(x,y) \mid x = y\}\\ &\{(x,y) \mid x = -y\}\\ &\{(x,y) \mid x = y+1\}\\ &\{(x,y) \mid x = y+3\}\\ &\{(x,y) \mid x \geqslant y\}\\ &\{(x,y) \mid x \geqslant y+1\}\\ &\{(x,y) \mid x^2 + y^2 \leqslant 100\}\end{aligned}$$

确定 $\mathcal{P}(\mathbf{AB})$ 中的最佳描述。

练习 4.22 设 $(L_i, \alpha_i, \gamma_i, M_i)$ 为 Galois 连接，其中 $i = 1,2,3$。使用 4.4 节中的方法定义

$$\begin{aligned}\alpha(f) &= \cdots\\ \gamma(g) &= \cdots\end{aligned}$$

使得 $((L_1 \times L_2) \to L_3, \alpha, \gamma, (M_1 \times M_2) \to M_3)$ 为一个 Galois 连接。

接下来假设所有的 $(L_i, \alpha_i, \gamma_i, M_i)$ 是例 4.19 中的 Galois 连接

$$(\mathcal{P}(\mathbf{Z}), \alpha_{\mathrm{ZI}}, \gamma_{\mathrm{ZI}}, \mathbf{Interval})$$

将整数集与区间相关联。设 `plus` $: \mathcal{P}(\mathbf{Z}) \times \mathcal{P}(\mathbf{Z}) \to \mathcal{P}(\mathbf{Z})$ 为“逐点”应用加法，定义为：

$$\lambda(Z_1, Z_2).\{z_1 + z_2 \mid z_1 \in Z_1 \wedge z_2 \in Z_2\}$$

接下来定义

$$\alpha(\texttt{plus}) = \lambda(int_1, int_2).\cdots$$

并提供定义的细节。

练习 4.23 设 L 是整数集的完全格，设 M 为例 4.10 的区间的完全格，设 (L, α, γ, M) 为例 4.19 的 Galois 插入，并设 $\nabla_M : M \times M \to M$ 为例 4.15 的加宽算子。公式

$$l_1 \nabla_L l_2 = \gamma(\alpha(l_1) \nabla_M \alpha(l_2))$$

定义了一个加宽算子 $\nabla_L : L \times L \to L$，写出它的具体公式（如同例 4.15 中 ∇_M 的公式。） 281

练习 4.24 假设 (L, α, γ, M) 是一个 Galois 连接或一个 Galois 插入，并且 M 可能满足降链条件。设 $\Delta_M : M \times M \to M$ 为一个变窄算子，并尝试确定公式

$$l_1 \Delta_L l_2 = \gamma(\alpha(l_1) \Delta_M \alpha(l_2))$$

是否定义了一个变窄算子 $\Delta_L : L \times L \to L$。 282

第5章

Principles of Program Analysis

类型和作用系统

到目前为止，我们研究的方法同样适用于带类型和不带类型的程序设计语言。本章的内容将不再具备这种灵活性，而是要求程序设计语言是带类型的，从而允许我们利用类型的语法来表达程序分析所需要的性质(这在第1.6节已经有展示)。

首先，在5.1节，我们提出一个*控制流分析*的注释类型系统，并在5.2节证明该系统的语义正确性和其他理论性质。在5.3节，我们给出一个计算注释类型的算法(并证明这个算法的可靠性和完备性)。在5.4和5.5节，我们列举其他一些基于类型和作用系统的分析方法。在5.4节，我们研究包含子类型、多态性和多态递归规则的类型和作用系统，并展示如何在这些系统里完成*副作用*跟踪、*异常分析*和*区域推理*分析。最后，在5.5节我们展示如何为注释类型赋予更多结构，并提供一个关于*通信分析*的用例。

5.1 控制流分析

FUN 语言的语法。我们将使用第3章中的函数式语言FUN来展示本章的方法。但是(在1.6节已经简略提到)，这种方法同样适用于第2章的命令式语言。在本章中，我们使用的标号系统和第3章略微不同，相关的语法类别是：

$$e \in \mathbf{Exp} \quad \text{表达式}$$

它的语法定义是：

$$\begin{array}{rcl} e & ::= & c \mid x \mid \mathtt{fn}_\pi\ x\ \mathtt{=>}\ e_0 \mid \mathtt{fun}_\pi\ f\ x\ \mathtt{=>}\ e_0 \mid e_1\ e_2 \\ & \mid & \mathtt{if}\ e_0\ \mathtt{then}\ e_1\ \mathtt{else}\ e_2 \mid \mathtt{let}\ x\ \mathtt{=}\ e_1\ \mathtt{in}\ e_2 \mid e_1\ op\ e_2 \end{array}$$

我们用*程序点* $\pi \in \mathbf{Pnt}$ 来命名程序里的函数抽象。我们也可以使用第3章中的带标号的项，但我们现在不需要如此通用的方法，因为类型已经足够记录之前用标号记录的信息。因此，我们的语法只需要涉及表达式，而不需要涉及项。

和前面的章节一样，我们假设给定一个可数的变量集合。常量(包括真值)、二元运算符(包括算术、布尔和关系运算符)和程序点不具体确定：

$$\begin{array}{rcll} c & \in & \mathbf{Const} & \text{常量} \\ op & \in & \mathbf{Op} & \text{二元运算符} \\ f, x & \in & \mathbf{Var} & \text{变量} \\ \pi & \in & \mathbf{Pnt} & \text{程序点} \end{array}$$

例 5.1 在第1章和第3章中考虑过的函数式程序(fn x => x) (fn y => y)在这里写为(和例1.5一样)：

$$(\mathtt{fn}_\mathsf{X}\ \mathtt{x}\ \mathtt{=>}\ \mathtt{x})\ (\mathtt{fn}_\mathsf{Y}\ \mathtt{y}\ \mathtt{=>}\ \mathtt{y})$$

■

例 5.2 例3.2里的表达式 loop 在这里写为

```
let g = (funF f x => f (fnY y => y))
in g (fnZ z => z)
```

回顾一下这是一个无限循环程序：g首先应用于恒等函数$\mathtt{fn}_\mathsf{Z}$ z => z，但它忽略这个参数，并以$\mathtt{fn}_\mathsf{Y}$ y => y为参数递归调用本身。 ■

5.1.1 底层类型系统

本章介绍的分析方法将对普通类型系统进行扩展，以便记录我们关心的程序属性。因此，在这里我们也把普通类型系统称为*底层类型系统*。我们将首先描述这个类型系统。 284

类型 我们首先介绍类型和类型环境的概念：

$$\tau \in \textbf{Type} \quad \text{类型}$$
$$\Gamma \in \textbf{TEnv} \quad \text{类型环境}$$

我们假设关于类型的语法如下：

$$\tau ::= \texttt{int} \mid \texttt{bool} \mid \tau_1 \to \tau_2$$

在这里 int 和 bool 是仅有的两个基本类型。和往常一样，右箭头表示函数类型。每个常量 $c \in \textbf{Const}$ 都有一个类型，标记为 τ_c。比如，true 的类型是 $\tau_{\texttt{true}} = \texttt{bool}$，7 的类型是 $\tau_7 = \texttt{int}$。每个二元运算符 op 接受类型分别为 τ_{op}^1 和 τ_{op}^2 的两个输入，并返回类型为 τ_{op} 的输出。比如，关系运算符 $\leqslant$ 接受两个类型为 int 的输入，并返回类型为 bool 的输出。为了简明起见，我们假设所有常量的类型都是基本类型、所有二元运算符的输入和输出类型也都是基本类型。

关于类型环境的语法如下：

$$\Gamma ::= [\,] \mid \Gamma[x \mapsto \tau]$$

285

形式上，Γ 是一个列表，但实际上我们把它看作一个有限映射。我们让 $dom(\Gamma)$ 表示集合 $\{x \mid \Gamma \text{ 包含} [x \mapsto \cdots]\}$，并让 $\Gamma(x) = \tau$ 代表以下条件：$x \in dom(\Gamma)$ 并且在 Γ 里最右边出现的 $[x \mapsto \cdots]$ 是 $[x \mapsto \tau]$。我们让 $\Gamma \mid X$ 代表将所有 $[x \mapsto \cdots]$，$x \notin X$ 从 Γ 移除后剩下的类型环境。为了简洁我们将 $[\,][x \mapsto \tau]$ 写为 $[x \mapsto \tau]$。

类型断言 类型断言的一般形式是：

$$\Gamma \vdash_{\mathsf{UL}} e : \tau$$

这个断言表达如果自由变量的类型由类型环境 Γ 给定，那么表达式 e 的类型是 τ。关于类型断言的公理和推理规则在表 5.1 中列出。

表 5.1 底层类型系统

规则	
[*con*]	$\Gamma \vdash_{\mathsf{UL}} c : \tau_c$
[*var*]	$\Gamma \vdash_{\mathsf{UL}} x : \tau$ 如果 $\Gamma(x) = \tau$
[*fn*]	$\dfrac{\Gamma[x \mapsto \tau_x] \vdash_{\mathsf{UL}} e_0 : \tau_0}{\Gamma \vdash_{\mathsf{UL}} \texttt{fn}_\pi\ x \texttt{ => } e_0 : \tau_x \to \tau_0}$
[*fun*]	$\dfrac{\Gamma[f \mapsto \tau_x \to \tau_0][x \mapsto \tau_x] \vdash_{\mathsf{UL}} e_0 : \tau_0}{\Gamma \vdash_{\mathsf{UL}} \texttt{fun}_\pi\ f\ x \texttt{ => } e_0 : \tau_x \to \tau_0}$
[*app*]	$\dfrac{\Gamma \vdash_{\mathsf{UL}} e_1 : \tau_2 \to \tau_0 \quad \Gamma \vdash_{\mathsf{UL}} e_2 : \tau_2}{\Gamma \vdash_{\mathsf{UL}} e_1\ e_2 : \tau_0}$
[*if*]	$\dfrac{\Gamma \vdash_{\mathsf{UL}} e_0 : \texttt{bool} \quad \Gamma \vdash_{\mathsf{UL}} e_1 : \tau \quad \Gamma \vdash_{\mathsf{UL}} e_2 : \tau}{\Gamma \vdash_{\mathsf{UL}} \texttt{if } e_0 \texttt{ then } e_1 \texttt{ else } e_2 : \tau}$
[*let*]	$\dfrac{\Gamma \vdash_{\mathsf{UL}} e_1 : \tau_1 \quad \Gamma[x \mapsto \tau_1] \vdash_{\mathsf{UL}} e_2 : \tau_2}{\Gamma \vdash_{\mathsf{UL}} \texttt{let } x \texttt{ = } e_1 \texttt{ in } e_2 : \tau_2}$
[*op*]	$\dfrac{\Gamma \vdash_{\mathsf{UL}} e_1 : \tau_{op}^1 \quad \Gamma \vdash_{\mathsf{UL}} e_2 : \tau_{op}^2}{\Gamma \vdash_{\mathsf{UL}} e_1\ op\ e_2 : \tau_{op}}$

公理[*con*]和[*var*]是显然的：前者使用常量预先定义的类型，后者通过查询类型环境得到变量的类型。规则[*fn*]和[*fun*]首先猜测约束变量的类型，然后在这个附加的假设下确定主体的类型。规则[*fun*]有一个隐含条件：猜测的 f 的类型应该与最后得到的函数类型吻合。这两个规则使得类型系统是*非确定性的*，也就是说，$\Gamma \vdash_{\mathsf{UL}} e : \tau_1$ 和 $\Gamma \vdash_{\mathsf{UL}} e : \tau_2$ 并不一定意味着 $\tau_1 = \tau_2$。

规则[*app*]要求应用的操作符和操作数都能得到类型，并且操作符的类型是一个函数类型，其箭头前的类型与操作数的类型相等。我们用这种方式表达形式参数和实在参数的类型必须相等。

规则[*if*]、[*let*]和[*op*]是显然的。特别是，let 构造 let x = e_1 in e_2 和应用($\mathtt{fn}_\pi$ x => e_2)e_1 允许完全相同的类型，不管选择的 π 是什么。在 5.4 节和 5.5 节中，我们将考虑一种多态 let 构造，使得 let x = e_1 in e_2 可能比($\mathtt{fn}_\pi$ x => e_2)e_1 允许更多类型。

例 5.3　现在我们证明例 5.2 里的表达式 loop

```
let g = (fun_F f x => f (fn_Y y => y))
in g (fn_Z z => z)
```

可以被赋予类型 $\tau \to \tau$(对于任意类型 τ)。首先，我们考虑表达式 $\mathit{fun}_\mathsf{F}\ f\ x$ => $f(\mathit{fn}_\mathsf{Y}\ y$ => $y)$。让 Γ_{fx}表示类型环境[$f \mapsto (\tau \to \tau) \to (\tau \to \tau)$][$x \mapsto \tau \to \tau$]。然后我们有：

$$\Gamma_{\mathsf{fx}} \vdash_{\mathsf{UL}} \mathtt{f} : (\tau \to \tau) \to (\tau \to \tau)$$

286

$$\Gamma_{\mathsf{fx}} \vdash_{\mathsf{UL}} \mathtt{fn_Y\ y\ \texttt{=>}\ y} : \tau \to \tau$$

(使用公理[*var*]和规则[*fn*])。然后由规则[*app*]得到

$$\Gamma_{\mathsf{fx}} \vdash_{\mathsf{UL}} \mathtt{f\ (fn_Y\ y\ \texttt{=>}\ y)} : \tau \to \tau$$

我们得到的断言符合[*fun*]规则的前提。因此

$$[\,] \vdash_{\mathsf{UL}} \mathtt{fun_F\ f\ x\ \texttt{=>}\ f\ (fn_Y\ y\ \texttt{=>}\ y)} : (\tau \to \tau) \to (\tau \to \tau)$$

让 $\Gamma_\mathtt{g}$ 代表类型环境[$\mathtt{g} \mapsto (\tau \to \tau) \to (\tau \to \tau)$]，我们有

$$\Gamma_\mathtt{g} \vdash_{\mathsf{UL}} \mathtt{g\ (fn_Z\ z\ \texttt{=>}\ z)} : \tau \to \tau$$

(使用公理[*var*]和规则[*fn*]和[*app*])。最后，使用规则[*let*]得到表达式 loop 可以被赋予类型 $\tau \to \tau$。 ■

5.1.2　基于类型的分析

注释类型　一个函数具有类型 $\tau_1 \to \tau_2$ 意味着输入一个类型为 τ_1 的参数，函数(如果终止)将返回一个类型为 τ_2 的值。为了得到基于类型的控制流分析，我们将在类型上添加信息 $\varphi \in \mathbf{Ann}$，注释这个类型可能代表哪些函数：

$$\varphi \quad \in \quad \mathbf{Ann} \quad \text{注释}$$

注释的语法如下：

$$\varphi ::= \{\pi\} \mid \varphi_1 \cup \varphi_2 \mid \emptyset$$

因此，φ 是一个函数名称的集合，它描述了所有能够得到该类型的函数的函数定义。在下面提到，我们可以用$\{\pi_1,\cdots,\pi_n\}$来表示$\{\pi_1\} \cup \cdots \cup \{\pi_n\}$。现在我们令

$$\widehat{\tau} \quad \in \quad \widehat{\mathbf{Type}} \quad \text{注释类型}$$

$$\widehat{\Gamma} \quad \in \quad \widehat{\mathbf{TEnv}} \quad \text{注释类型环境}$$

并定义

$$\widehat{\tau} \quad ::= \quad \mathtt{int} \mid \mathtt{bool} \mid \widehat{\tau}_1 \xrightarrow{\varphi} \widehat{\tau}_2$$

$$\widehat{\Gamma} \quad ::= \quad [\,] \mid \widehat{\Gamma}[x \mapsto \widehat{\tau}]$$

我们用$\lfloor\widehat{\tau}\rfloor$表示注释类型 $\widehat{\tau}$ 对应的底层类型。它的定义是：

$$\lfloor\mathtt{int}\rfloor = \mathtt{int}$$

$$\lfloor\mathtt{bool}\rfloor = \mathtt{bool}$$

$$\lfloor\widehat{\tau}_1 \xrightarrow{\varphi} \widehat{\tau}_2\rfloor = \lfloor\widehat{\tau}_1\rfloor \to \lfloor\widehat{\tau}_2\rfloor$$

比如，我们有$\lfloor \mathtt{int} \xrightarrow{\{\mathtt{x}\}} \mathtt{int} \rfloor = (\mathtt{int} \to \mathtt{int})$。另外，我们可以把这个符号扩展到类型环境上，因此对于任何 x 我们有$\lfloor\widehat{\Gamma}\rfloor(x) = \lfloor\widehat{\Gamma}(x)\rfloor$。

287

断言　控制流分析里的类型断言(judgements)有以下形式：

$$\widehat{\Gamma} \vdash_{\mathsf{CFA}} e : \widehat{\tau}$$

相关的公理和规则在表 5.2 里列出。关于[fn]和[fun]的子句规定：注释在函数类型箭头上的函数集合应该包含名为 π 的函数抽象；这里我们用 $\{\pi\} \cup \varphi$ 来表示函数集合可能包含其他名称。我们把这种类型和作用系统称为允许子作用的系统(参考结束语)。在例 5.5 中，我们将提供一个需要使用子作用完成分析的例子。表 5.2 里的其他子句是表 5.1 里类似子句的直接修改。

表 5.2 控制流分析

[con] $\widehat{\Gamma} \vdash_{\mathsf{CFA}} c : \tau_c$

[var] $\widehat{\Gamma} \vdash_{\mathsf{CFA}} x : \widehat{\tau}$ 如果 $\widehat{\Gamma}(x) = \widehat{\tau}$

[fn] $\dfrac{\widehat{\Gamma}[x \mapsto \widehat{\tau}_x] \vdash_{\mathsf{CFA}} e_0 : \widehat{\tau}_0}{\widehat{\Gamma} \vdash_{\mathsf{CFA}} \mathtt{fn}_\pi\ x\ \mathtt{=>}\ e_0 : \widehat{\tau}_x \xrightarrow{\{\pi\}\cup\varphi} \widehat{\tau}_0}$

[fun] $\dfrac{\widehat{\Gamma}[f \mapsto \widehat{\tau}_x \xrightarrow{\{\pi\}\cup\varphi} \widehat{\tau}_0][x \mapsto \widehat{\tau}_x] \vdash_{\mathsf{CFA}} e_0 : \widehat{\tau}_0}{\widehat{\Gamma} \vdash_{\mathsf{CFA}} \mathtt{fun}_\pi\ f\ x\ \mathtt{=>}\ e_0 : \widehat{\tau}_x \xrightarrow{\{\pi\}\cup\varphi} \widehat{\tau}_0}$

[app] $\dfrac{\widehat{\Gamma} \vdash_{\mathsf{CFA}} e_1 : \widehat{\tau}_2 \xrightarrow{\varphi} \widehat{\tau}_0 \quad \widehat{\Gamma} \vdash_{\mathsf{CFA}} e_2 : \widehat{\tau}_2}{\widehat{\Gamma} \vdash_{\mathsf{CFA}} e_1\ e_2 : \widehat{\tau}_0}$

[if] $\dfrac{\widehat{\Gamma} \vdash_{\mathsf{CFA}} e_0 : \mathtt{bool} \quad \widehat{\Gamma} \vdash_{\mathsf{CFA}} e_1 : \widehat{\tau} \quad \widehat{\Gamma} \vdash_{\mathsf{CFA}} e_2 : \widehat{\tau}}{\widehat{\Gamma} \vdash_{\mathsf{CFA}} \mathtt{if}\ e_0\ \mathtt{then}\ e_1\ \mathtt{else}\ e_2 : \widehat{\tau}}$

[let] $\dfrac{\widehat{\Gamma} \vdash_{\mathsf{CFA}} e_1 : \widehat{\tau}_1 \quad \widehat{\Gamma}[x \mapsto \widehat{\tau}_1] \vdash_{\mathsf{CFA}} e_2 : \widehat{\tau}_2}{\widehat{\Gamma} \vdash_{\mathsf{CFA}} \mathtt{let}\ x\ \mathtt{=}\ e_1\ \mathtt{in}\ e_2 : \widehat{\tau}_2}$

[op] $\dfrac{\widehat{\Gamma} \vdash_{\mathsf{CFA}} e_1 : \tau^1_{op} \quad \widehat{\Gamma} \vdash_{\mathsf{CFA}} e_2 : \tau^2_{op}}{\widehat{\Gamma} \vdash_{\mathsf{CFA}} e_1\ op\ e_2 : \tau_{op}}$

例 5.4 我们返回到例 5.1 的表达式

$$(\mathtt{fn}_\mathsf{X}\ \mathtt{x}\ \mathtt{=>}\ \mathtt{x})\ (\mathtt{fn}_\mathsf{Y}\ \mathtt{y}\ \mathtt{=>}\ \mathtt{y})$$

288

用 $\widehat{\tau}_\mathsf{Y}$ 代表 $\mathtt{int} \xrightarrow{\{\mathsf{Y}\}} \mathtt{int}$，我们有以下推导树：

$$\dfrac{\dfrac{[\mathtt{x} \mapsto \widehat{\tau}_\mathsf{Y}] \vdash_{\mathsf{CFA}} \mathtt{x} : \widehat{\tau}_\mathsf{Y}}{[\,] \vdash_{\mathsf{CFA}} \mathtt{fn}_\mathsf{X}\ \mathtt{x}\ \mathtt{=>}\ \mathtt{x} : \widehat{\tau}_\mathsf{Y} \xrightarrow{\{\mathsf{X}\}} \widehat{\tau}_\mathsf{Y}} \quad \dfrac{[\mathtt{y} \mapsto \mathtt{int}] \vdash_{\mathsf{CFA}} \mathtt{y} : \mathtt{int}}{[\,] \vdash_{\mathsf{CFA}} \mathtt{fn}_\mathsf{Y}\ \mathtt{y}\ \mathtt{=>}\ \mathtt{y} : \widehat{\tau}_\mathsf{Y}}}{[\,] \vdash_{\mathsf{CFA}} (\mathtt{fn}_\mathsf{X}\ \mathtt{x}\ \mathtt{=>}\ \mathtt{x})\ (\mathtt{fn}_\mathsf{Y}\ \mathtt{y}\ \mathtt{=>}\ \mathtt{y}) : \widehat{\tau}_\mathsf{Y}}$$

注意，我们需要整个推导树才能得到所有关于表达式的控制流性质的信息。如果我们和第 3 章一样注释所有子表达式：

$$((\mathtt{fn}_\mathsf{X}\ \mathtt{x}\ \mathtt{=>}\ \mathtt{x}^1)^2\ (\mathtt{fn}_\mathsf{Y}\ \mathtt{y}\ \mathtt{=>}\ \mathtt{y}^3)^4)^5$$

我们可以列出所有子表达式的类型：

ℓ	1	2	3	4	5
$\widehat{\mathsf{C}}(\ell)$	$\widehat{\tau}_\mathsf{Y}$	$\widehat{\tau}_\mathsf{Y} \xrightarrow{\{\mathsf{X}\}} \widehat{\tau}_\mathsf{Y}$	$\mathtt{int}$	$\widehat{\tau}_\mathsf{Y}$	$\widehat{\tau}_\mathsf{Y}$

这已经比较接近第 3 章里 $\widehat{\mathsf{C}}$ 包含的信息了。与 $\widehat{\rho}$ 相关的信息可以通过“合并”推导树里的各个类型环境的信息来得到(参考练习 5.4)。■

例 5.5 我们重新考虑表达式 loop

```
let g = (funF f x => f (fnY y => y))
in g (fnZ z => z)
```

并用 $\widehat{\Gamma}_{\mathsf{fx}}$ 表示 $[\mathtt{f} \mapsto (\widehat{\tau} \xrightarrow{\{\mathsf{Y},\mathsf{Z}\}} \widehat{\tau}) \xrightarrow{\{\mathsf{F}\}} (\widehat{\tau} \xrightarrow{\emptyset} \widehat{\tau})][\mathtt{x} \mapsto \widehat{\tau} \xrightarrow{\{\mathsf{Y},\mathsf{Z}\}} \widehat{\tau}]$。根据子句[$fn$]，我们有

$$\widehat{\Gamma}_{\mathsf{fx}} \vdash_{\mathsf{CFA}} \mathtt{fn}_\mathsf{Y}\ \mathtt{y}\ \mathtt{=>}\ \mathtt{y} : \widehat{\tau} \xrightarrow{\{\mathsf{Y},\mathsf{Z}\}} \widehat{\tau}$$

在这里，我们利用子作用把注释从极小的{Y}扩展到{Y,Z}。由此我们可以得到以下断言的推导树：

$$[\,] \vdash_{\mathrm{CFA}} \mathtt{fun_F\ f\ x\ \texttt{=>}\ f\ (fn_Y\ y\ \texttt{=>}\ y)} : (\widehat{\tau} \xrightarrow{\{Y,Z\}} \widehat{\tau}) \xrightarrow{\{F\}} (\widehat{\tau} \xrightarrow{\emptyset} \widehat{\tau})$$

然后，我们让 $\widehat{\Gamma}_g$ 代表 $[g \mapsto (\widehat{\tau} \xrightarrow{\{Y,Z\}} \widehat{\tau}) \xrightarrow{\{F\}} (\widehat{\tau} \xrightarrow{\emptyset} \widehat{\tau})]$。我们再次利用子句[*fn*]，把注释从{Z}扩充到{Z,Y}。因此

$$\widehat{\Gamma}_g \vdash_{\mathrm{CFA}} \mathtt{fn_Z\ z\ \texttt{=>}\ z} : \widehat{\tau} \xrightarrow{\{Z,Y\}} \widehat{\tau}$$

因为{Z,Y} = {Y,Z}，我们通过[*app*]子句得到

289

$$\widehat{\Gamma}_g \vdash_{\mathrm{CFA}} \mathtt{g\ (fn_Z\ z\ \texttt{=>}\ z)} : \widehat{\tau} \xrightarrow{\emptyset} \widehat{\tau}$$

最后，我们得到 $[\,] \vdash_{\mathrm{CFA}}$ loop : $\widehat{\tau} \xrightarrow{\emptyset} \widehat{\tau}$。这可以解释为表达式 loop 不终止：它的类型是 $\widehat{\tau} \xrightarrow{\emptyset} \widehat{\tau}$，但注释 $\emptyset$ 表明没有函数抽象具备这个类型。

实际上，对于任何注释 φ，我们都可以得到：

$$[\,] \vdash_{\mathrm{CFA}} \mathtt{fun_F\ f\ x\ \texttt{=>}\ f\ (fn_Y\ y\ \texttt{=>}\ y)} : (\widehat{\tau} \xrightarrow{\{Y,Z\}} \widehat{\tau}) \xrightarrow{\{F\}} (\widehat{\tau} \xrightarrow{\varphi} \widehat{\tau})$$

因此我们有 $[\,] \vdash_{\mathrm{CFA}}$ loop : $\widehat{\tau} \xrightarrow{\varphi} \widehat{\tau}$（对于任何 φ）。显然，选择 $\varphi = \emptyset$ 可以得到最多的信息。■

注释的等价性　以上看似简单的控制流分析系统实际上包含了几个微妙的地方。其一是把像 $\widehat{\tau} \xrightarrow{\{Y,Z\}} \widehat{\tau}$ 的类型视为等价于 $\widehat{\tau} \xrightarrow{\{Z,Y\}} \widehat{\tau}$。

关于这个微妙之处，我们已经解释了 $\{\pi_1\} \cup \cdots \cup \{\pi_n\}$ 可以写成 $\{\pi_1,\cdots,\pi_n\}$。如果要完全严格，我们应该说 $((\emptyset \cup \{\pi_1\}) \cup \cdots) \cup \{\pi_n\}$ 可以写成 $\{\pi_1,\cdots,\pi_n\}$。

然后，如果 φ_1 和 φ_2 在集合意义下是相等的，那么我们应该允许把 $\tau_1 \xrightarrow{\varphi_1} \tau_2$ 替换成 $\tau_1 \xrightarrow{\varphi_2} \tau_2$。为了完全严格，可以用表 5.3 里的公理和规则把这些公理化。公理[*unit*]、[*idem*]、[*com*]和[*ass*]表达并集运算具有单元，并符合幂等律、交换律和结合律。公理和规则[*trans*]、[*ref*]和[*cong*]保证等式是一个等价关系和一个一致关系（congruence）。

表 5.3　注释的等价性

[*unit*]	$\varphi = \varphi \cup \emptyset$	[*idem*]	$\varphi = \varphi \cup \varphi$
[*com*]	$\varphi_1 \cup \varphi_2 = \varphi_2 \cup \varphi_1$	[*ass*]	$\varphi_1 \cup (\varphi_2 \cup \varphi_3) = (\varphi_1 \cup \varphi_2) \cup \varphi_3$
[*ref*]	$\varphi = \varphi$		
[*trans*]	$\dfrac{\varphi_1 = \varphi_2 \quad \varphi_2 = \varphi_3}{\varphi_1 = \varphi_3}$	[*cong*]	$\dfrac{\varphi_1 = \varphi_1' \quad \varphi_2 = \varphi_2'}{\varphi_1 \cup \varphi_2 = \varphi_1' \cup \varphi_2'}$

最后，我们允许把 $\widehat{\tau}_1$ 替换成 $\widehat{\tau}_2$，如果它们有同样的底层类型，并且所有函数箭头上的注释在集合意义下是相等的。为了绝对严格，我们可以用以下公理表达：

$$\widehat{\tau} = \widehat{\tau} \qquad\qquad \frac{\widehat{\tau}_1 = \widehat{\tau}_1' \quad \widehat{\tau}_2 = \widehat{\tau}_2' \quad \varphi = \varphi'}{(\widehat{\tau}_1 \xrightarrow{\varphi} \widehat{\tau}_2) = (\widehat{\tau}_1' \xrightarrow{\varphi'} \widehat{\tau}_2')}$$

通常，我们对于这些技术细节不太严格。但为了避免混淆，我们应当至少指出注释存在单元，并在交换律、结合律和幂等律下是相等的。我们经常使用缩写 *UCAI* 来概括这些规则。

290

保守扩展　另一个微妙的地方是能为函数抽象 $\mathtt{fn_Y\ y\ \texttt{=>}\ y}$ 赋予类型 $\widehat{\tau} \xrightarrow{\{Y,Z\}} \widehat{\tau}$。让我们暂时假设关于函数抽象的两个规则没有注释 $\{\pi\} \cup \varphi$，而只是 $\{\pi\}$。那么 $\mathtt{fn_Y\ y\ \texttt{=>}\ y}$ 将有类型 $\widehat{\tau} \xrightarrow{\{Y\}} \widehat{\tau}$ 但没有 $\widehat{\tau} \xrightarrow{\{Y,Z\}} \widehat{\tau}$。因此，例 5.5 里的程序在控制流分析的注释类型系统中将推

不出任何类型。这是一个我们不想要的性质：我们希望能够使用这个系统分析任何程序。

为了保证现有的系统没有以上的缺陷，我们将严格证明表 5.2 里的控制流分析是表 5.1 里的底层类型系统的一个保守扩展。这可以表达为以下结论。

结论 5.6

(i) 如果 $\widehat{\Gamma} \vdash_{\mathsf{CFA}} e : \widehat{\tau}$，则 $\lfloor \widehat{\Gamma} \rfloor \vdash_{\mathsf{UL}} e : \lfloor \widehat{\tau} \rfloor$。

(ii) 如果 $\widehat{\Gamma} \vdash_{\mathsf{UL}} e : \tau$，则存在 $\widehat{\Gamma}$ 和 $\widehat{\tau}$，使得 $\widehat{\Gamma} \vdash_{\mathsf{CFA}} e : \widehat{\tau}$，$\lfloor \widehat{\Gamma} \rfloor = \widehat{\Gamma}$ 和 $\lfloor \widehat{\tau} \rfloor = \tau$。

证明 (i) 的证明是显然的。对于 (ii) 的证明，我们可以注释所有的箭头为 e 里所有的程序点。 ■

这个结论使得 $\lfloor \cdot \rfloor$ 可以扩展到整个类型断言：作用于类型断言 $\widehat{\Gamma} \vdash_{\mathsf{CFA}} e : \widehat{\tau}$，可以得到类型断言 $\lfloor \widehat{\Gamma} \rfloor \vdash_{\mathsf{UL}} e : \lfloor \widehat{\tau} \rfloor$。比如，例 5.5 里的类型断言可以转换为例 5.3 里的类型断言（假设 $\lfloor \widehat{\tau} \rfloor = \tau$）。

在 5.4 节，我们将研究子作用的显式推导规则：这是一个相关的方法，也可以保证得到的分析是底层类型系统的一个保守扩展。

5.2 理论性质

在描述了分析方法后，我们现在将保证它在语义上是正确的。另外，从分析是一个保守扩展我们可以得到以下结论：如果一个表达式在底层类型系统里有一个类型断言，那么在控制流分析里，所有类型断言的集合组成一个 Moore 族。因此和 3.2 节（以及练习 2.7）一样，所有允许的表达式都可以被分析，并存在一个最佳的分析。

与 2.2 节和 3.2 节一样，本节的内容可以在第一次阅读时简单略过。但我们再次强调，一个分析最后和最微妙的错误通常是在正确性证明时才被发现并改正的。 291

5.2.1 自然语义

为了证明分析的语义正确性，我们首先需要定义语义。很多不同的语义在这里都适用，但在所有操作语义中，我们更倾向于使用不带环境的自然语义（也就是大步操作语义），因为这使得语义正确性更容易被证明。语义的选择与第 3 章结束语里关于不带环境的大步操作语义和带环境的小步操作语义之间的区别的讨论相关。这也使得我们的正确性命题对于无限循环程序相对较弱。

迁移 在自然语义里，迁移的形式如下：

$$\vdash e \longrightarrow v$$

它的意思是表达式 e 计算为值 v。我们假设 $e \in \mathbf{Exp}$ 是一个封闭表达式，也就是说 $FV(e) = \emptyset$，意味着 e 不包含自由变量。值 292

$$v \in \mathbf{Val} \quad 值$$

是以下表达式的一个子集：

$$v ::= c \mid \texttt{fn}_\pi\ x \texttt{ => } e_0 \quad 只要 \quad FV(\texttt{fn}_\pi\ x \texttt{ => } e_0) = \emptyset$$

这里我们要求值是封闭表达式。和 3.2 节里的结构操作语义相比，我们不需要引入环境，因为约束变量在变成自由变量时会自动在语法层面上替换为它们的值。因此，我们也不需要 `close` 构造或 `bind` 构造。

和往常一样，我们用 $e_1[x \mapsto e_2]$ 表示在 e_1 里把所有 x 的自由出现替换成 e_2。每次使用这种符号时，我们保证 e_2 是一个封闭表达式，因此没有变量捕获的风险，不需要为约束变量重命名。我们将始终假设在 $\texttt{fun}_\pi\ f\ x\ \texttt{=>}\ e_0$ 里，f 和 x 是不同的变量。表 5.4 给出了语义。

表 5.4　FUN 的自然语义

$$[con]\quad \vdash c \longrightarrow c$$

$$[fn]\quad \vdash (\texttt{fn}_\pi\ x\ \texttt{=>}\ e_0) \longrightarrow (\texttt{fn}_\pi\ x\ \texttt{=>}\ e_0)$$

$$[fun]\quad \vdash (\texttt{fun}_\pi\ f\ x\ \texttt{=>}\ e_0) \longrightarrow \texttt{fn}_\pi\ x\ \texttt{=>}\ (e_0[f \mapsto \texttt{fun}_\pi\ f\ x\ \texttt{=>}\ e_0])$$

$$[app]\quad \frac{\vdash e_1 \longrightarrow (\texttt{fn}_\pi\ x\ \texttt{=>}\ e_0)\quad \vdash e_2 \longrightarrow v_2\quad \vdash e_0[x \mapsto v_2] \longrightarrow v_0}{\vdash e_1\ e_2 \longrightarrow v_0}$$

$$[if_1]\quad \frac{\vdash e_0 \longrightarrow \texttt{true}\quad \vdash e_1 \longrightarrow v_1}{\vdash \texttt{if}\ e_0\ \texttt{then}\ e_1\ \texttt{else}\ e_2 \longrightarrow v_1}$$

$$[if_2]\quad \frac{\vdash e_0 \longrightarrow \texttt{false}\quad \vdash e_2 \longrightarrow v_2}{\vdash \texttt{if}\ e_0\ \texttt{then}\ e_1\ \texttt{else}\ e_2 \longrightarrow v_2}$$

$$[let]\quad \frac{\vdash e_1 \longrightarrow v_1\quad \vdash e_2[x \mapsto v_1] \longrightarrow v_2}{\vdash \texttt{let}\ x\ \texttt{=}\ e_1\ \texttt{in}\ e_2 \longrightarrow v_2}$$

$$[op]\quad \frac{\vdash e_1 \longrightarrow v_1\quad \vdash e_2 \longrightarrow v_2}{\vdash e_1\ op\ e_2 \longrightarrow v}\quad \text{如果 } v_1\ \mathbf{op}\ v_2 = v$$

公理[con]和[fn]表示常量和函数抽象的取值是表达式本身。公理[fun]表示对于递归函数抽象，每次取值展开递归一层。注意产生的函数抽象继承了原递归函数抽象的程序点。应用的规则[app]表示首先计算操作符和操作数，然后用实在参数替代本体里的形式参数，最后计算本体。我们只需要一个关于应用的规则，因为公理[fun]保证了所有函数抽象都可以写成 $\texttt{fn}_\pi\ x\ \texttt{=>}\ e_0$ 的形式。关于条件语句，let 构造和二元运算符的规则是显然的。

例 5.7　考虑例 5.1 里的表达式($\texttt{fn}_\texttt{X}$ x => x) ($\texttt{fn}_\texttt{Y}$ y => y)。使用公理[fn]，我们有

$$\vdash \texttt{fn}_\texttt{X}\ \texttt{x => x} \longrightarrow \texttt{fn}_\texttt{X}\ \texttt{x => x}$$

$$\vdash \texttt{fn}_\texttt{Y}\ \texttt{y => y} \longrightarrow \texttt{fn}_\texttt{Y}\ \texttt{y => y}$$

$$\vdash \texttt{x}[\texttt{x} \mapsto \texttt{fn}_\texttt{Y}\ \texttt{y => y}] \longrightarrow \texttt{fn}_\texttt{Y}\ \texttt{y => y}$$

使用规则[app]，我们得到

$$\vdash (\texttt{fn}_\texttt{X}\ \texttt{x => x})\ (\texttt{fn}_\texttt{Y}\ \texttt{y => y}) \longrightarrow \texttt{fn}_\texttt{Y}\ \texttt{y => y}$$

293

在例 3.7 里，我们展示了如何在结构操作语义下处理这个表达式。■

例 5.8　下面考虑表达式 loop：

```
let g = (fun_F f x => f (fn_Y y => y))
in g (fn_Z z => z)
```

我们看看自然语义如何处理这种无限循环程序。首先，从公理[fun]，我们得到

$$\vdash \texttt{fun}_\texttt{F}\ \texttt{f x => f}\ (\texttt{fn}_\texttt{Y}\ \texttt{y => y}) \longrightarrow$$
$$\texttt{fn}_\texttt{F}\ \texttt{x =>}\ ((\texttt{fun}_\texttt{F}\ \texttt{f x => f}\ (\texttt{fn}_\texttt{Y}\ \texttt{y => y}))\ (\texttt{fn}_\texttt{Y}\ \texttt{y => y}))$$

这里我们把 f 的递归调用替换成了递归函数定义本身。下面考虑 let 构造的主体，我们需要把 g 的出现替换成以下抽象：

$$\texttt{fn}_\texttt{F}\ \texttt{x =>}\ ((\texttt{fun}_\texttt{F}\ \texttt{f x => f}\ (\texttt{fn}_\texttt{Y}\ \texttt{y => y}))\ (\texttt{fn}_\texttt{Y}\ \texttt{y => y}))$$

主体里的操作符计算为这个值，操作数 $\texttt{fn}_{\mathsf{Z}}\ \texttt{z => z}$ 计算为本身。因此下一步是确定一个 v 的值，使得我们有以下断言的推导树：

$$\vdash (\texttt{fun}_{\mathsf{F}}\ \texttt{f x => f}\ (\texttt{fn}_{\mathsf{Y}}\ \texttt{y => y}))\ (\texttt{fn}_{\mathsf{Y}}\ \texttt{y => y}) \longrightarrow v \qquad (5.1)$$

然后我们可以使用应用的规则。式(5.1)里的操作符、操作数的计算和之前一样，所以我们再次回到原来的情况，需要为断言(5.1)建立推导树。因此，我们碰到了一个循环性，并看到这个无限循环程序在自然语义下的模型是没有推导树。在例3.8里，我们展示了如何在结构操作语义下处理表达式 loop。■

我们可以立即验证如果 e 是一个封闭表达式，并且 $\vdash e \longrightarrow v$，那么对于任何出现在推导树里的 $\vdash e' \longrightarrow v'$(特别是 $\vdash e \longrightarrow v$ 本身)，e' 和 v' 都是封闭的。

5.2.2 语义正确性

为了表达以上分析的语义正确性，我们需要假设二元运算符 op 的类型和它们的语义有适当的关系。回顾一下在底层类型系统里，我们假设 op 取两个类型分别为 τ_{op}^1 和 τ_{op}^2 的参数，并返回一个类型为 τ_{op} 的结果。由于底层类型没有任何注释，我们现在假设：

$$\text{如果}[\,]\vdash_{\mathsf{CFA}} v_1 : \tau_{op}^1 \text{ 且 } [\,]\vdash_{\mathsf{CFA}} v_2 : \tau_{op}^2 \text{ 则 } [\,]\vdash_{\mathsf{CFA}} v : \tau_{op}$$
$$\text{在这里 } v = v_1\ \mathbf{op}\ v_2.$$

294

这保证在提供适当类型的参数后，二元运算符会返回一个预期类型的值。

分析的语义正确性现在可以表达为分析预见的注释类型等于计算表达式后得到的值的注释类型。这可以表达为以下主语约化(subject reduction)结论。

定理 5.9 如果 $[\,]\vdash_{\mathsf{CFA}} e : \widehat{\tau}$，并且 $\vdash e \longrightarrow v$，则 $[\,]\vdash_{\mathsf{CFA}} v : \widehat{\tau}$。

从这个定理可知如果 $[\,]\vdash e : \widehat{\tau}_1 \xrightarrow{\varphi_0} \widehat{\tau}_2$ 并且 $\vdash e \longrightarrow \texttt{fn}_\pi\ x\ \texttt{=>}\ e_0$，则 $\pi \in \varphi_0$。因此这个分析正确地跟踪了从一个给定的表达式能够得到的闭包。同时注意如果 $[\,]\vdash e : \widehat{\tau}_1 \xrightarrow{\emptyset} \widehat{\tau}_2$，则 e 不终止。

作为证明该定理的准备，我们首先证明一些类型系统里常见的技术性结论。第一个结论表达在类型环境里添加信息不会影响分析的结果。

结论 5.10 如果 $\widehat{\Gamma}_1 \vdash_{\mathsf{CFA}} e : \widehat{\tau}$，并且 $\widehat{\Gamma}_1(x) = \widehat{\Gamma}_2(x)$ 对所有的 $x \in FV(e)$ 都成立，那么 $\widehat{\Gamma}_2 \vdash_{\mathsf{CFA}} e : \widehat{\tau}$。

证明 根据一个变量在类型环境中最右边的出现决定了它在环境中的类型，在 $\widehat{\Gamma}_1 \vdash_{\mathsf{CFA}} e : \widehat{\tau}$ 的推导树上做归纳。■

下一个结论表达我们可以安全地把一个变量替换成一个具有正确的注释类型的表达式：

引理 5.11 假设 $[\,]\vdash_{\mathsf{CFA}} e_0 : \widehat{\tau}_0$ 且 $\widehat{\Gamma}[x \mapsto \widehat{\tau}_0] \vdash_{\mathsf{CFA}} e : \widehat{\tau}$.。则 $\widehat{\Gamma} \vdash_{\mathsf{CFA}} e[x \mapsto e_0] : \widehat{\tau}$。

证明 在 e 的结构上做归纳。大部分情况都是显然的，因此我们只展示变量和函数抽象这两种情况。

情况 y：我们假设

$$\widehat{\Gamma}[x \mapsto \widehat{\tau}_0] \vdash_{\mathsf{CFA}} y : \widehat{\tau}$$

从表5.2的公理[var]可知 $(\widehat{\Gamma}[x \mapsto \widehat{\tau}_0])(y) = \widehat{\tau}$。如果 $x = y$，则 $y[x \mapsto e_0] = e_0$ 并且 $\widehat{\tau} = \widehat{\tau}_0$。从 $[\,]\vdash_{\mathsf{CFA}} e_0 : \widehat{\tau}_0$ 和结论5.10我们得到需要的 $\widehat{\Gamma} \vdash_{\mathsf{CFA}} e_0 : \widehat{\tau}$。如果 $x \neq y$，则 $y[x \mapsto e_0] = y$，这样 $\widehat{\Gamma} \vdash_{\mathsf{CFA}} y : \widehat{\tau}$ 是显然的。

情况 $\mathbf{fn}_\pi\ y$ => e：我们假设

295

$$\widehat{\Gamma}[x \mapsto \widehat{\tau}_0] \vdash_{\mathsf{CFA}} \mathbf{fn}_\pi\ y \texttt{ => } e : \widehat{\tau}$$

从表5.2的规则[fn]可知 $\widehat{\tau}=\widehat{\tau}_y \xrightarrow{\{\pi\}\cup\varphi} \widehat{\tau}'$，并且

$$\widehat{\Gamma}[x \mapsto \widehat{\tau}_0][y \mapsto \widehat{\tau}_y] \vdash_{\mathsf{CFA}} e : \widehat{\tau}'$$

如果 $x=y$，从结论5.10可以得到 $\widehat{\Gamma}[y\mapsto\widehat{\tau}_y] \vdash_{\mathsf{CFA}} e : \widehat{\tau}'$，然后从($\mathbf{fn}_\pi\ y$ => e)[$x\mapsto e_0$] = $\mathbf{fn}_\pi\ y$ => e 可以得到结论。因此假设 $x\neq y$，则($\mathbf{fn}_\pi\ y$ => e)[$x\mapsto e_0$] = $\mathbf{fn}_\pi\ y$ => (e[$x\mapsto e_0$])。从结论5.10可以得到 $\widehat{\Gamma}[y\mapsto\widehat{\tau}_y][x\mapsto\widehat{\tau}_0] \vdash_{\mathsf{CFA}} e : \widehat{\tau}'$，然后从归纳假设得到 $\widehat{\Gamma}[y\mapsto\widehat{\tau}_y] \vdash_{\mathsf{CFA}} e[x\mapsto e_0] : \widehat{\tau}'$。现在从[$fn$]规则可以得到需要的结论。 ■

现在我们转向定理5.9的证明。

证明 证明采用在 $\vdash e\longrightarrow v$ 的推导树上的归纳。

[con]和[fn]这两个情况是显然的。

[fun]情况：我们假设

$$\vdash \mathbf{fun}_\pi\ f\ x \texttt{ => } e_0 \longrightarrow \mathbf{fn}_\pi\ x \texttt{ => } e_0[f \mapsto \mathbf{fun}_\pi\ f\ x \texttt{ => } e_0]$$

这里 f 和 x 是不同的变量。我们也有

$$[\,] \vdash_{\mathsf{CFA}} \mathbf{fun}_\pi\ f\ x \texttt{ => } e_0 : \widehat{\tau}_x \xrightarrow{\{\pi\}\cup\varphi_0} \widehat{\tau}_0$$

根据表5.2，这是因为[$f\mapsto\widehat{\tau}_x \xrightarrow{\{\pi\}\cup\varphi_0} \widehat{\tau}_0$][$x\mapsto\widehat{\tau}_x$] $\vdash_{\mathsf{CFA}} e_0 : \widehat{\tau}_0$。因为[$f\mapsto\widehat{\tau}_x \xrightarrow{\{\pi\}\cup\varphi_0} \widehat{\tau}_0$][$x\mapsto\widehat{\tau}_x$]等于[$x\mapsto\widehat{\tau}_x$][$f\mapsto\widehat{\tau}_x \xrightarrow{\{\pi\}\cup\varphi} \widehat{\tau}_0$]（我们已经假设了 f 和 x 是不同的变量），从引理5.11可以得到

$$[x \mapsto \widehat{\tau}_x] \vdash_{\mathsf{CFA}} e_0[f \mapsto \mathbf{fun}_\pi\ f\ x \texttt{ => } e_0] : \widehat{\tau}_0$$

因此[] $\vdash_{\mathsf{CFA}} \mathbf{fn}_\pi\ x$ => e_0[$f\mapsto \mathbf{fun}_\pi\ f\ x$ => e_0] : $\widehat{\tau}_x \xrightarrow{\{\pi\}\cup\varphi_0} \widehat{\tau}_0$，也就是需要的结论。

[app]情况：我们假设

$$\vdash e_1\ e_2 \longrightarrow v_0$$

因为 $\vdash e_1 \longrightarrow \mathbf{fn}_\pi\ x$ => e_0，$\vdash e_2 \longrightarrow v_2$ 和 $\vdash e_0[x\mapsto v_2]\longrightarrow v_0$。我们也有

$$[\,] \vdash_{\mathsf{CFA}} e_1\ e_2 : \widehat{\tau}_0$$

根据表5.2，这是因为[] $\vdash_{\mathsf{CFA}} e_1 : \widehat{\tau}_2 \xrightarrow{\varphi} \widehat{\tau}_0$ 和[] $\vdash_{\mathsf{CFA}} e_2 : \widehat{\tau}_2$。归纳假设应用于 e_1 的推导树得到：

$$[\,] \vdash_{\mathsf{CFA}} \mathbf{fn}_\pi\ x \texttt{ => } e_0 : \widehat{\tau}_2 \xrightarrow{\varphi} \widehat{\tau}_0$$

根据表5.2，这只能是因为 $\pi\in\varphi$ 和[$x\mapsto\widehat{\tau}_2$] $\vdash_{\mathsf{CFA}} e_0 : \widehat{\tau}_0$。归纳假设应用于 e_2 的推导树得到：

$$[\,] \vdash_{\mathsf{CFA}} v_2 : \widehat{\tau}_2$$

从引理5.11，我们得到[] $\vdash_{\mathsf{CFA}} e_0[x\mapsto v_2] : \widehat{\tau}_0$。归纳假设应用于 $e_0[x\mapsto v_2]$ 的推导树得到：

296

$$[\,] \vdash_{\mathsf{CFA}} v_0 : \widehat{\tau}_0$$

这正是期望的结论。

[if_1]情况：我们假设

$$\vdash \mathbf{if}\ e_0\ \mathbf{then}\ e_1\ \mathbf{else}\ e_2 \longrightarrow v_1$$

因为 $\vdash e_0 \longrightarrow$ **true** 和 $e_1 \longrightarrow v_1$。我们也有

$$[\,] \vdash_{\mathsf{CFA}} \mathbf{if}\ e_0\ \mathbf{then}\ e_1\ \mathbf{else}\ e_2 : \widehat{\tau}$$

从表5.2可以看出这是因为[] $\vdash_{\mathsf{CFA}} e_0$: **bool**、[] $\vdash_{\mathsf{CFA}} e_1 : \widehat{\tau}$ 和[] $\vdash_{\mathsf{CFA}} e_2 : \widehat{\tau}$。归纳假设给出

$$[\,] \vdash_{\mathsf{CFA}} v_1 : \widehat{\tau}$$

这是期望的结论。

[if_2]情况是类似的。

[let]情况：我们假设

$$\vdash \texttt{let}\ x\ =\ e_1\ \texttt{in}\ e_2 \longrightarrow v_2$$

因为 $\vdash e_1 \longrightarrow v_1$ 和 $\vdash e_2[x \mapsto v_1] \longrightarrow v_2$。我们也有

$$[\,] \vdash_{\mathsf{CFA}} \texttt{let}\ x = e_1\ \texttt{in}\ e_2 : \widehat{\tau}_2$$

这是因为 $[\,] \vdash_{\mathsf{CFA}} e_1 : \widehat{\tau}_1$ 和 $[x \mapsto \widehat{\tau}_1] \vdash_{\mathsf{CFA}} e_2 : \widehat{\tau}_2$。从归纳假设可以得到

$$[\,] \vdash_{\mathsf{CFA}} v_1 : \widehat{\tau}_1$$

从引理 5.11 我们得到 $[\,] \vdash_{\mathsf{CFA}} e_2[x \mapsto v_1] : \widehat{\tau}_2$，并且从归纳假设得到：

$$[\,] \vdash_{\mathsf{CFA}} v_2 : \widehat{\tau}_2$$

这是需要的结论。

[op]情况：我们假设

$$\vdash e_1\ op\ e_2 \longrightarrow v$$

因为 $\vdash e_1 \longrightarrow v_1$，$\vdash e_2 \longrightarrow v_2$ 和 $v_1\ \mathbf{op}\ v_2 = v$。同时我们假设

$$[\,] \vdash_{\mathsf{CFA}} e_1\ op\ e_2 : \tau_{op}$$

这只能是因为 $[\,] \vdash_{\mathsf{CFA}} e_1 : \tau^1_{op}$ 和 $[\,] \vdash_{\mathsf{CFA}} e_2 : \tau^2_{op}$。归纳假设给出 $[\,] \vdash_{\mathsf{CFA}} v_1 : \tau^1_{op}$ 和 $[\,] \vdash_{\mathsf{CFA}} v_2 : \tau^2_{op}$，然后需要的结论 $[\,] \vdash_{\mathsf{CFA}} v : \tau_{op}$ 可以从之前陈述的语义和二元运算符类型之间的关系得到。■

5.2.3 解的存在性

在第 3 章中，我们证明了控制流分析的解的集合构成一个 Moore 族：任何一个解的集合的最大下界也是一个解(参考练习 2.7)。从这个结论可以推出任何程序都可以被分析，并存在一个最佳的分析。

297

注释的完全格　在这里，我们可以得到类似的结论，但对于注释我们需要特别小心。我们希望把注释的集合 **Ann** 视为一个完全格，这需要定义一个偏序

$$\varphi_1 \sqsubseteq \varphi_2 \quad 或 \quad \varphi_1 \subseteq \varphi_2$$

它的直观含义是程序点集合 φ_1 包含在程序点集合 φ_2 里。一种可能的严格表达方式是：

$$\exists \varphi' : \varphi_1 \cup \varphi' = \varphi_2$$

这里我们依赖表 3.3 的关于"集合意义上相等"的公理化。另一种表达方式是列出一个显式的用于推导 $\varphi_1 \subseteq \varphi_2$ 断言的规则和公理系统。我们将不考虑这些细节(可以参考练习 5.3)。

一种确保($\mathbf{Ann}, \sqsubseteq$)是一个完全格的方法是要求所有的注释都是某个有限集合的子集。为此我们可以把 **Pnt** 替换为一个有限集合 $\mathbf{Pnt}_\star$，包含所有在我们关心的表达式里出现的程序点。另一种方法是修改注释的语法，以允许表达 **Pnt** 的任意子集。这两种方法都是可行的，因为在下面的发展里，我们只需要假设：

$$(\mathbf{Ann}, \sqsubseteq) 是一个完全格，与 (\mathcal{P}(\mathbf{Pnt}), \subseteq) 同构$$

Ann 上的偏序有时写为 $\sqsubseteq$，有时写为 $\subseteq$。

注释类型的完全格　现在我们把注释上的偏序扩展到具有相同底层类型的注释类型上。给定一个类型 $\tau \in \mathbf{Type}$，我们让

$$\widehat{\mathbf{Type}}[\tau]$$

表示所有具有底层类型 τ 的注释类型 $\widehat{\tau}$ 的集合，也就是所有符合条件 $\lfloor\widehat{\tau}\rfloor = \tau$ 的注释类型。然后，对于任意的 $\widehat{\tau}_1, \widehat{\tau}_2 \in \widehat{\mathbf{Type}}[\tau]$，定义 $\widehat{\tau}_1 \sqsubseteq \widehat{\tau}_2$ 为如果 $\widehat{\tau}_i$ 在给定的位置上有注释 φ_i，则

$\varphi_1 \subseteq \varphi_2$。以下是这个规则的严格表达：

$$\widehat{\tau} \sqsubseteq \widehat{\tau} \qquad \frac{\widehat{\tau}_1 \sqsubseteq \widehat{\tau}_1' \quad \varphi \subseteq \varphi' \quad \widehat{\tau}_2 \sqsubseteq \widehat{\tau}_2'}{\widehat{\tau}_1 \xrightarrow{\varphi} \widehat{\tau}_2 \sqsubseteq \widehat{\tau}_1' \xrightarrow{\varphi'} \widehat{\tau}_2'}$$

比如，当且仅当 $\varphi_1 \subseteq \varphi_3$ 且 $\varphi_2 \subseteq \varphi_4$（注意与 5.4 节介绍的子类型不同，这个次序不是逆变的）时，$(\mathbf{int} \xrightarrow{\varphi_1} \mathbf{int}) \xrightarrow{\varphi_2} \mathbf{int} \sqsubseteq (\mathbf{int} \xrightarrow{\varphi_3} \mathbf{int}) \xrightarrow{\varphi_4} \mathbf{int}$。显然，$\widehat{\mathbf{Type}}[\tau]$ 里最小的元素在所有函数箭头的注释是 $\emptyset$，最大的元素在所有函数箭头的注释是 **Pnt**。

298

不难证明每个 $(\widehat{\mathbf{Type}}[\tau], \sqsubseteq)$ 都是一个完全格。类似地，这个偏序也可以延伸到具有相同底层结构的类型环境。最后，假设 $\Gamma \vdash_{\mathsf{UL}} e : \tau$，并让

$$\mathsf{JUDG}_{\mathsf{CFA}}[\Gamma \vdash_{\mathsf{UL}} e : \tau]$$

代表所有类型断言 $\widehat{\Gamma} \vdash_{\mathsf{CFA}} e : \widehat{\tau}$，满足 $\lfloor \cdot \rfloor$ 把 $\widehat{\Gamma} \vdash_{\mathsf{CFA}} e : \widehat{\tau}$ 映射到 $\Gamma \vdash_{\mathsf{UL}} e : \tau$（因此 $\lfloor \widehat{\Gamma} \rfloor = \Gamma$ 和 $\lfloor \widehat{\tau} \rfloor = \tau$）。这样便于把偏序 $\sqsubseteq$ 扩展到类型断言的集合 $\mathsf{JUDG}_{\mathsf{CFA}}[\Gamma \vdash_{\mathsf{UL}} e : \tau]$。

Moore 族结论 我们现在可以表达关于 Moore 族的结论。

命题 5.12 $\mathsf{JUDG}_{\mathsf{CFA}}[\Gamma \vdash_{\mathsf{UL}} e : \tau]$ 是一个 Moore 族，每当 $\Gamma \vdash_{\mathsf{UL}} e : \tau$。

证明 我们假设 $\Gamma \vdash_{\mathsf{UL}} e : \tau$ 并证明 $\mathsf{JUDG}_{\mathsf{CFA}}[\Gamma \vdash_{\mathsf{UL}} e : \tau]$ 是一个 Moore 族。证明采用在 $\Gamma \vdash_{\mathsf{UL}} e : \tau$ 的推导树上进行归纳的方式。我们只给出 [*var*]、[*fn*] 和 [*app*] 三种情况的证明，其余情况遵循类似的模式。在所有的情况下，设

$$Y = \{(\widehat{\Gamma}^i \vdash_{\mathsf{CFA}} e : \widehat{\tau}^i) \mid i \in I\}$$

为 $\mathsf{JUDG}_{\mathsf{CFA}}[\Gamma \vdash_{\mathsf{UL}} e : \tau]$ 的一个子集。利用 $(\widehat{\mathbf{Type}}[\tau'], \sqsubseteq)$ 对任何 $\tau' \in \mathbf{Type}$ 都是一个完全格，我们得到 $\sqcap Y$ 存在并可以逐点定义（注意，如果 $I = \emptyset$，则 $\sqcap Y$ 可以从 $\Gamma \vdash_{\mathsf{UL}} e : \tau$ 得到，其中让 $\sqcap \emptyset = \mathbf{Pnt}$ 作为所有函数箭头的注释）。现在只需证明 $\sqcap Y \in \mathsf{JUDG}_{\mathsf{CFA}}[\Gamma \vdash_{\mathsf{UL}} e : \tau]$。

[*var*] 情况：结论可以从 $(\sqcap_i \widehat{\Gamma}^i)(x) = \sqcap_i (\widehat{\Gamma}^i(x))$ 推出。

[*fn*] 情况：我们有 $\Gamma \vdash_{\mathsf{UL}} \mathbf{fn}_\pi\ x \Rightarrow e_0 : \tau_x \rightarrow \tau_0$，因为 $\Gamma[x \mapsto \tau_x] \vdash_{\mathsf{UL}} e_0 : \tau_0$。对于任何 $i \in I$，我们有 $\widehat{\Gamma}^i \vdash_{\mathsf{CFA}} \mathbf{fn}_\pi\ x \Rightarrow e_0 : \widehat{\tau}_x^i \xrightarrow{\{\pi\} \cup \varphi^i} \widehat{\tau}_0^i$，因为 $\widehat{\Gamma}^i[x \mapsto \widehat{\tau}_x^i] \vdash_{\mathsf{CFA}} e_0 : \widehat{\tau}_0^i$ 并且显然 $\widehat{\Gamma}^i[x \mapsto \widehat{\tau}_x^i] \vdash_{\mathsf{CFA}} e_0 : \widehat{\tau}_0^i$ 是 $\mathsf{JUDG}_{\mathsf{CFA}}[\Gamma[x \mapsto \tau_x] \vdash_{\mathsf{UL}} e_0 : \tau_0]$ 的一个元素。

从归纳假设，我们得到 $(\sqcap_i \widehat{\Gamma}^i)[x \mapsto \sqcap_i \widehat{\tau}_x^i] \vdash_{\mathsf{CFA}} e_0 : \sqcap_i \widehat{\tau}_0^i$，因此

$$\sqcap_i \widehat{\Gamma}^i \vdash_{\mathsf{CFA}} \mathbf{fn}_\pi\ x \Rightarrow e_0 : \sqcap_i \widehat{\tau}_x^i \xrightarrow{\{\pi\} \cup \varphi} \sqcap_i \widehat{\tau}_0^i$$

在这里 $\varphi = \bigcap_i \varphi^i$。

[*app*] 情况：我们现在有 $\Gamma \vdash_{\mathsf{UL}} e_1 e_2 : \tau_0$ 因为 $\Gamma \vdash_{\mathsf{UL}} e_1 : \tau_2 \rightarrow \tau_0$ 和 $\Gamma \vdash_{\mathsf{UL}} e_2 : \tau_2$。对于任何 $i \in I$，我们有 $\widehat{\Gamma}^i \vdash_{\mathsf{CFA}} e_1 e_2 : \widehat{\tau}_0^i$，因为

299

$$\widehat{\Gamma}^i \vdash_{\mathsf{CFA}} e_1 : \widehat{\tau}_2^i \xrightarrow{\varphi^i} \widehat{\tau}_0^i \quad , \quad \widehat{\Gamma}^i \vdash_{\mathsf{CFA}} e_2 : \widehat{\tau}_2^i$$

并且显然 $\widehat{\Gamma}^i \vdash_{\mathsf{CFA}} e_1 : \widehat{\tau}_2^i \xrightarrow{\varphi^i} \widehat{\tau}_0^i$ 是 $\mathsf{JUDG}_{\mathsf{CFA}}[\Gamma \vdash_{\mathsf{UL}} e_1 : \tau_2 \rightarrow \tau_0]$ 的一个元素，$\widehat{\Gamma}^i \vdash_{\mathsf{CFA}} e_2 : \widehat{\tau}_2^i$ 是 $\mathsf{JUDG}_{\mathsf{CFA}}[\Gamma \vdash_{\mathsf{UL}} e_2 : \tau_2]$ 的一个元素。从归纳假设，我们得到 $\sqcap_i \widehat{\Gamma}^i \vdash e_1 : \sqcap_i \widehat{\tau}_2^i \xrightarrow{\varphi} \sqcap_i \widehat{\tau}_0^i$ 和 $\sqcap_i \widehat{\Gamma}^i \vdash e_2 : \sqcap_i \widehat{\tau}_2^i$（这里 $\varphi = \bigcap_i \varphi^i$）。因此

$$\sqcap_i \widehat{\Gamma}^i \vdash e_1\ e_2 : \sqcap_i \widehat{\tau}_0^i$$

这是期望的结论。 ■

例 5.13 考虑表达式 e：

```
f (fnX x => x+1) + f (fnY y => y+2) + (fnZ z => z+3)(4)
```

在底层类型系统中，我们有

$$[f \mapsto (\texttt{int} \to \texttt{int}) \to \texttt{int}] \vdash \texttt{e} : \texttt{int}$$

在控制流分析中，我们可以得到

$$[\texttt{f} \mapsto (\texttt{int} \xrightarrow{\varphi_1} \texttt{int}) \xrightarrow{\varphi_2} \texttt{int}] \vdash \texttt{e} : \texttt{int}$$

只需$\{\mathbf{X},\mathbf{Y}\} \subseteq \varphi_1$。因此最小解是$\varphi_1 = \{\mathsf{X},\mathsf{Y}\}$和$\varphi_2 = \emptyset$。这显然告诉我们 f 应用于(`fnX x => x+1`)和(`fnY y => y+2`)，但没有应用于(`fnZ z => z+3`)。一个更大的解，例如$\varphi_1 = \{\mathsf{X},\mathsf{Y},\mathsf{Z}\}$和$\varphi_2 = \{\mathbf{V}\}$，不能传达这个信息。因此，我们似乎应该追求在$\sqsubseteq$下的最小解。命题 5.12 保证了这个最小解的存在性。 ■

5.3 类型推导算法

使用如表 5.2 的推理系统表达的程序分析和使用算法表达的程序分析的主要区别是推理系统需要用户具备足够的远见，能够猜测正确的类型和注释。然而算法的实现需要通过一个机制得到暂时的猜测，然后精化这些猜测。让我们首先考虑一个简单的情况，对应表 5.1 的底层类型系统。

5.3.1 一个底层类型系统的算法

增强类型　对应表 5.1 的类型系统的算法将使用一种*增强类型*，允许用类型变量表示类型里有一些细节还没有完全确定：

$$\tau \in \mathbf{AType} \quad \text{增强类型}$$
$$\alpha \in \mathbf{TVar} \quad \text{类型变量}$$

300

增强类型和类型变量的语法如下：

$$\tau ::= \texttt{int} \mid \texttt{bool} \mid \tau_1 \to \tau_2 \mid \alpha$$
$$\alpha ::= \texttt{'a} \mid \texttt{'b} \mid \texttt{'c} \mid \cdots$$

置换　一个*置换*(substitution)是从类型变量到增强类型的一个有限的部分映射，我们写作：

$$\theta : \mathbf{TVar} \to_{\text{fin}} \mathbf{AType}$$

注意这里的定义域$dom(\theta) = \{\alpha \mid \theta \text{在} \alpha \text{上定义}\}$是有限的。我们也允许把一个置换视为一个从类型变量到增强类型的完全函数，设每当$\alpha \notin dom(\theta)$时$\theta\alpha = \alpha$。我们说一个置换$\theta$*在$\alpha$上定义*当且仅当$\alpha \in dom(\theta)$。

我们称置换θ是*地基置换*（ground substitution）当且仅当它把所有定义域内的类型变量映射到普通类型，也就是说$\forall \alpha \in dom(\theta) : \theta\alpha \in \mathbf{Type}$。我们称置换$\theta$*覆盖*类型环境$\Gamma$(分别为类型$\tau$)当且仅当它在所有$\Gamma$里(分别在$\tau$里)的类型变量上有定义。置换以逐点的方式作用于增强类型：

$$\begin{aligned}
\theta\ \texttt{int} &= \texttt{int} \\
\theta\ \texttt{bool} &= \texttt{bool} \\
\theta(\tau_1 \to \tau_2) &= (\theta\ \tau_1) \to (\theta\ \tau_2) \\
\theta\ \alpha &= \tau \ \text{如果}\ \theta\ \alpha = \tau
\end{aligned}$$

我们将用$\theta_1 \circ \theta_2$表达θ_1和θ_2的组合，也就是说，对于任何增强类型τ，我们定义$(\theta_1 \circ \theta_2)\tau = \theta_1(\theta_2\ \tau)$。

基本框架　类型重建算法，记为$\mathcal{W}_{\mathsf{UL}}$，接受两个参数：一个增强类型环境$\Gamma$(从程序变量到增强类型的映射)和一个表达式$e$。如果成功找到了表达式的类型，它将返回一个增强类型τ和一个置换θ，说明如何精化类型环境以得到类型断言。例如，我们将有：

$$\mathcal{W}_{\mathsf{UL}}([x \mapsto \text{'a}],\ \texttt{1 + (x 2)}) = (\texttt{int}, [\text{'a} \mapsto \texttt{int} \to \texttt{int}])$$

因为通过观察表达式`1 + (x 2)`，可以看出如果表达式的类型是正确的，`x`必须是一个整数到整数的函数。因此基本想法是

$$\text{如果 } \mathcal{W}_{\mathsf{UL}}(\Gamma, e) = (\tau, \theta) \text{ 则 } \theta_G(\theta\ \Gamma) \vdash_{\mathsf{UL}} e : \theta_G\ \tau$$

301　对于任何覆盖$\theta\Gamma$和τ的地基置换θ_G成立，也就是说，每当我们以一致的方式把所有的类型变量替换成普通变量时成立。当这个性质成立时，我们说算法是*语法可靠*的。为了使算法*语法完备*，我们还要求所有从推理系统得到的类型断言都可以从算法的结果里重建出来。我们将在 5.3.3 节详细讨论这些性质。

算法　表 5.5 描述了$\mathcal{W}_{\mathsf{UL}}$算法。在多处，算法需要产生一个*新的类型变量*。这指的是一个没有出现在$\mathcal{W}_{\mathsf{UL}}$的输入里，也没有在别的需要新类型变量时用过的类型变量。为了严谨，我们可以为$\mathcal{W}_{\mathsf{UL}}$提供一个新的参数，用于跟踪哪些类型变量依然是新的，但我们一般不这么做。由于每次产生新类型变量时有很多选择，算法$\mathcal{W}_{\mathsf{UL}}$带有少量的不确定性。如果要去除这些不确定性，我们可以假设所有的新类型变量都由数字编号，在需要新类型变量时总是返回编号最小的变量，但我们一般也不这么做。

表 5.5　对于底层类型系统的$\mathcal{W}_{\mathsf{UL}}$算法

$$\mathcal{W}_{\mathsf{UL}}(\Gamma, c) = (\tau_c,\ \ id)$$

$$\mathcal{W}_{\mathsf{UL}}(\Gamma, x) = (\Gamma(x),\ \ id)$$

$$\begin{aligned}\mathcal{W}_{\mathsf{UL}}(\Gamma, \texttt{fn}_\pi\ x\ \texttt{=>}\ e_0) = \ & \text{令 } \alpha_x \text{ 是新的} \\ & (\tau_0, \theta_0) = \mathcal{W}_{\mathsf{UL}}(\Gamma[x \mapsto \alpha_x], e_0) \\ & \text{在 } ((\theta_0\ \alpha_x) \to \tau_0,\ \ \theta_0) \text{ 中}\end{aligned}$$

$$\begin{aligned}\mathcal{W}_{\mathsf{UL}}(\Gamma, \texttt{fun}_\pi\ f\ x\ \texttt{=>}\ e_0) = \ & \\ & \text{令 } \alpha_x, \alpha_0 \text{ 是新的} \\ & (\tau_0, \theta_0) = \mathcal{W}_{\mathsf{UL}}(\Gamma[f \mapsto \alpha_x \to \alpha_0][x \mapsto \alpha_x], e_0) \\ & \theta_1 = \mathcal{U}_{\mathsf{UL}}(\tau_0, \theta_0\ \alpha_0) \\ & \text{在 } (\theta_1(\theta_0\ \alpha_x) \to \theta_1\ \tau_0,\ \ \theta_1 \circ \theta_0) \text{ 中}\end{aligned}$$

$$\begin{aligned}\mathcal{W}_{\mathsf{UL}}(\Gamma, e_1\ e_2) = \ & \text{令 } (\tau_1, \theta_1) = \mathcal{W}_{\mathsf{UL}}(\Gamma, e_1) \\ & (\tau_2, \theta_2) = \mathcal{W}_{\mathsf{UL}}(\theta_1\ \Gamma, e_2) \\ & \alpha \text{ 是新的} \\ & \theta_3 = \mathcal{U}_{\mathsf{UL}}(\theta_2\ \tau_1, \tau_2 \to \alpha) \\ & \text{在 } (\theta_3\ \alpha,\ \ \theta_3 \circ \theta_2 \circ \theta_1) \text{ 中}\end{aligned}$$

$$\begin{aligned}\mathcal{W}_{\mathsf{UL}}(\Gamma, \texttt{if}\ e_0\ \texttt{then}\ e_1\ \texttt{else}\ e_2) = \ & \text{令 } (\tau_0, \theta_0) = \mathcal{W}_{\mathsf{UL}}(\Gamma, e_0) \\ & (\tau_1, \theta_1) = \mathcal{W}_{\mathsf{UL}}(\theta_0\ \Gamma, e_1) \\ & (\tau_2, \theta_2) = \mathcal{W}_{\mathsf{UL}}(\theta_1(\theta_0\ \Gamma), e_2) \\ & \theta_3 = \mathcal{U}_{\mathsf{UL}}(\theta_2(\theta_1\ \tau_0), \texttt{bool}) \\ & \theta_4 = \mathcal{U}_{\mathsf{UL}}(\theta_3\ \tau_2, \theta_3(\theta_2\ \tau_1)) \\ & \text{在 } (\theta_4(\theta_3\ \tau_2),\ \ \theta_4 \circ \theta_3 \circ \theta_2 \circ \theta_1) \text{ 中}\end{aligned}$$

$$\begin{aligned}\mathcal{W}_{\mathsf{UL}}(\Gamma, \texttt{let}\ x\ \texttt{=}\ e_1\ \texttt{in}\ e_2) = \ & \text{令 } (\tau_1, \theta_1) = \mathcal{W}_{\mathsf{UL}}(\Gamma, e_1) \\ & (\tau_2, \theta_2) = \mathcal{W}_{\mathsf{UL}}((\theta_1\ \Gamma)[x \mapsto \tau_1], e_2) \\ & \text{在 } (\tau_2,\ \ \theta_2 \circ \theta_1) \text{ 中}\end{aligned}$$

$$\begin{aligned}\mathcal{W}_{\mathsf{UL}}(\Gamma, e_1\ op\ e_2) = \ & \text{令 } (\tau_1, \theta_1) = \mathcal{W}_{\mathsf{UL}}(\Gamma, e_1) \\ & (\tau_2, \theta_2) = \mathcal{W}_{\mathsf{UL}}(\theta_1\ \Gamma, e_2) \\ & \theta_3 = \mathcal{U}_{\mathsf{UL}}(\theta_2\ \tau_1, \tau_{op}^1) \\ & \theta_4 = \mathcal{U}_{\mathsf{UL}}(\theta_3\ \tau_2, \tau_{op}^2) \\ & \text{在 } (\tau_{op},\ \ \theta_4 \circ \theta_3 \circ \theta_2 \circ \theta_1) \text{ 中}\end{aligned}$$

在关于常量的子句里，我们只需注意 c 的类型是 τ_c，并且不需要调整我们的假设 Γ，因此我们返回恒等置换 id。由于恒等置换的定义是 $id\alpha=\alpha$，我们可以设 id 为空映射。关于变量的子句是类似的，只是这次我们查询类型环境 Γ 以得到 x 的增强类型。

对于函数抽象，我们假设函数的形式参数的类型是 α_x，在这里 α_x 是一个新类型变量——到目前为止我们对形式参数的类型没有任何约束。然后，我们在函数的主体上递归调用 $\mathcal{W}_{\mathrm{UL}}$，从而确定在 x 类型为 α_x 的假设下的函数主体类型。得到的类型 τ_0 和置换 θ_0 用于构造整体的类型。特别是，θ_0 可能把类型变量 α_x 替换成一个更精确的类型，因为对函数主体的分析可能为形式参数的类型提供更多的信息。

关于递归函数的子句稍微更复杂一些。一开始它和前面的子句一样，产生新类型变量 α_x 和 α_0，并在函数主体的分析中给 f 和 x 变量分别赋予增强类型 $\alpha_x\to\alpha_0$ 和 α_x。但是，这将产生两个不同的函数主体的类型：一个是类型变量 α_0（可能被分析函数主体时产生的置换 θ_0 修改），一个是分析函数主体后得到的类型 τ_0。根据表 5.1 的规则[fn]，这两个类型必须相等。这将通过一个合一过程 $\mathcal{U}_{\mathrm{UL}}$ 保证。合一的定义将在以下介绍，但它的基本想法是给定两个增强类型 τ_1 和 τ_2，$\mathcal{U}_{\mathrm{UL}}(\tau_1,\tau_2)$ 将返回一个置换 θ 使得它们相等，也就是说 $\theta\,\tau_1=\theta\,\tau_2$。在关于递归函数定义的子句里，我们有 $\theta_1(\tau_0)=\theta_1(\theta_0\alpha_0)$，所以整体类型是 $\theta_1(\theta_0\,\alpha_x)\to\theta_1\,\tau_0$。同时我们记录 Γ 里的假设除了被 θ_0 修改以外也会被 θ_1 修改。

关于应用的子句也依赖于合一过程。在这个子句里，我们在操作符和操作数上递归调用 $\mathcal{W}_{\mathrm{UL}}$，然后用合一保证操作符 τ_1 的类型（可能被 θ_2 修改）是一个函数类型，并且其参数类型等于操作数的类型 τ_2：$\theta_2\,\tau_1$ 必须是 $\tau_2\to\alpha$ 的形式。同时我们需要记录 Γ 里的假设被所有产生的三个置换修改。

302 ~ 303

到现在，条件语句的子句应该是显而易见的了，类似地我们有关于 `let` 构造和二元运算符的子句（注意 `let` 构造不是多态的，因此不需要特殊的步骤来确定约束变量的类型。我们之后会回来考虑多态的问题）。

例 5.14 考虑例 5.1 里的表达式（`fn`$_{\mathrm{X}}$ `x => x`）（`fn`$_{\mathrm{Y}}$ `y => y`）。调用

$$\mathcal{W}_{\mathrm{UL}}([\,],(\mathtt{fn}_{\mathrm{X}}\ \mathtt{x}\ \mathtt{=>}\ \mathtt{x})\ (\mathtt{fn}_{\mathrm{Y}}\ \mathtt{y}\ \mathtt{=>}\ \mathtt{y}))$$

产生调用

$$\mathcal{W}_{\mathrm{UL}}([\,],\mathtt{fn}_{\mathrm{X}}\ \mathtt{x}\ \mathtt{=>}\ \mathtt{x})$$

这将产生新类型变量 `'a` 并返回二元组（`'a`→`'a`, id）。然后调用

$$\mathcal{W}_{\mathrm{UL}}([\,],\mathtt{fn}_{\mathrm{Y}}\ \mathtt{y}\ \mathtt{=>}\ \mathtt{y})$$

这将产生新类型变量 `'b` 并返回二元组（`'b`→`'b`, id）。因此，我们得到以下 $\mathcal{U}_{\mathrm{UL}}$ 的调用

$$\mathcal{U}_{\mathrm{UL}}(\mathtt{'a}\to\mathtt{'a},(\mathtt{'b}\to\mathtt{'b})\to\mathtt{'c})$$

在这里 `'c` 是一个新类型变量。在以下的例 5.15 中我们将看到，这将产生置换[`'a`↦`'b`→`'b`][`'c`↦`'b`→`'b`]，而最初的 $\mathcal{W}_{\mathrm{UL}}$ 调用将返回 `'b`→`'b` 和[`'a`↦`'b`→`'b`][`'c`↦`'b`→`'b`]。■

比喻 表 5.5 里置换的位置初看起来可能显得随意。因此，我们提供以下比喻来帮助直观上的理解。想象一个国家，在那里有一些已经通过的法律。其中一条法律或许说的是当一个个人计算机的物主想要把计算机卖掉，他必须遵守法律，特别是向买方提供所有计算机上软件的原磁盘。让我们具体关注一个物主：他想把一个计算机卖掉，并正在确定合适的卖价。这时国会通过一个法律，规定任何时候软件的磁盘转手时，原先的物主必须向一个打击软件盗版的政府部门支付软件买价百分之十的费用。这个法律通过后，物主必须重新考虑所有确定合适卖价的因素。简而言之，每当一个新的法律通过时，之前所有的因

304

素都必须重新考虑才能保持合理。回到表 5.5，在这里$\mathcal{W}_{\mathrm{UL}}$确定的类型断言可以想象成物主考虑的因素，而$\mathcal{U}_{\mathrm{UL}}$产生的置换是新通过的法律：每当一个新的置换(法律)产生，之前所有已有的类型断言(考虑因素)都必须做出适当的调整才能保持合理。这正是表 5.5 仔细选择的置换想要得到的效果。

304

合一 将两个增强类型合一的算法$\mathcal{U}_{\mathrm{UL}}$在表 5.6 中给出。这个算法在输入两个增强类型$\tau_1$和$\tau_2$后，(如果成功)返回一个置换$\theta$使得$\theta\,\tau_1=\theta\,\tau_2$。

表 5.6 底层类型的合一

$$
\begin{array}{rcl}
\mathcal{U}_{\mathrm{UL}}(\mathtt{int},\mathtt{int}) & = & id \\
\mathcal{U}_{\mathrm{UL}}(\mathtt{bool},\mathtt{bool}) & = & id \\
\mathcal{U}_{\mathrm{UL}}(\tau_1\to\tau_2,\tau_1'\to\tau_2') & = & \text{let } \theta_1=\mathcal{U}_{\mathrm{UL}}(\tau_1,\tau_1') \\
 & & \phantom{\text{let }} \theta_2=\mathcal{U}_{\mathrm{UL}}(\theta_1\,\tau_2,\theta_1\,\tau_2') \\
 & & \text{in } \theta_2\circ\theta_1 \\
\mathcal{U}_{\mathrm{UL}}(\tau,\alpha) & = & \begin{cases}[\alpha\mapsto\tau] & \alpha\text{ 未在 }\tau\text{ 中出现或 }\alpha\text{ 等于 }\tau \\ \text{失败} & \text{其他}\end{cases} \\
\mathcal{U}_{\mathrm{UL}}(\alpha,\tau) & = & \begin{cases}[\alpha\mapsto\tau] & \alpha\text{ 未在 }\tau\text{ 中出现或 }\alpha\text{ 等于 }\tau \\ \text{失败} & \text{其他}\end{cases} \\
\mathcal{U}_{\mathrm{UL}}(\tau_1,\tau_2) & = & \text{失败} \quad \text{其他所有情况}
\end{array}
$$

在两个函数类型$\tau_1\to\tau_2$和$\tau_1'\to\tau_2'$合一的子句里，需要的结果经过两步得到：θ_1保证$\theta_1\,\tau_1=\theta_1\,\tau_1'$，因此$(\theta_2\circ\theta_1)\tau_1=(\theta_2\circ\theta_1)\tau_1'$而$\theta_2$保证$\theta_2(\theta_1\,\tau_2)=\theta_2(\theta_1\,\tau_2')$。所以$\theta_2\circ\theta_1$成功地合一了两个函数类型。注意算法在顶层失败只有两种可能性：

- 两个不同顶层构造的类型(也就是 int、bool 或→)需要被合一。
- 一个类型变量需要与一个包含该变量的函数类型合一。

例 5.15 在例 5.14 里，我们有以下合一过程的调用：

$$\mathcal{U}_{\mathrm{UL}}('\mathtt{a}\to'\mathtt{a},('\mathtt{b}\to'\mathtt{b})\to'\mathtt{c})$$

它首先产生调用$\mathcal{U}_{\mathrm{UL}}('\mathtt{a},'\mathtt{b}\to'\mathtt{b})$，返回置换$['\mathtt{a}\mapsto'\mathtt{b}\to'\mathtt{b}]$。然后我们有调用$\mathcal{U}_{\mathrm{UL}}('\mathtt{b}\to'\mathtt{b},'\mathtt{c})$，返回置换$['\mathtt{c}\mapsto'\mathtt{b}\to'\mathtt{b}]$。因此，整体的结果是置换$['\mathtt{a}\mapsto'\mathtt{b}\to'\mathtt{b}]['\mathtt{c}\mapsto'\mathtt{b}\to'\mathtt{b}]$，在例 5.14 中已经用到。 ■

305

5.3.2 一个控制流分析的算法

当我们把以上的想法应用于表 5.2 的控制流分析推理系统时，我们将遇到一个困难。在底层类型系统里，两个类型相等当且仅当它们在语法层面上有相同的表达。我们说类型组成一个自由代数。对于注释类型，两个注释类型可能相等，虽然它们的语法表达不同：$\mathtt{int}\xrightarrow{\{\pi_1\}\cup\{\pi_2\}}\mathtt{int}$ 等于 $\mathtt{int}\xrightarrow{\{\pi_2\}\cup\{\pi_1\}}\mathtt{int}$ 因为注释和类型在 *UCAI* 下是相等的(在 5.1.2 节中讨论过)——我们说注释类型组成一个非自由代数。

把前一节的内容转用到控制流分析所碰到的问题是$\mathcal{W}_{\mathrm{UL}}$依赖于将两个类型同一的过程$\mathcal{U}_{\mathrm{UL}}$，而这个算法只适用于一个自由代数里的类型。一种解决这个问题的方法是使用一种考虑 *UCAI* 的算法。这样的算法是存在的，但它们的性质不如$\mathcal{U}_{\mathrm{UL}}$好。另一个解决问题的方法，也就是我们将采用的方法，是依然使用$\mathcal{U}_{\mathrm{UL}}$的一个变种，但为注释引入两个附加机制：简单类型和注释的概念，以及约束的使用。

简单类型和注释 第一步我们将限制注释类型的形式，使得只有注释变量才能在函数箭头上出现，之后我们将把这个限制与一些关于注释变量上的值的约束合并。

一个简单类型是一个增强注释类型，它的函数箭头上只允许注释变量，并且类型里允许包含类型变量。一个简单注释是一个可能包含注释变量的注释：

$$\begin{array}{llll}\widehat{\tau} & \in & \textbf{SType} & \text{简单类型}\\ \alpha & \in & \textbf{TVar} & \text{类型变量}\\ \beta & \in & \textbf{AVar} & \text{注释变量}\\ \varphi & \in & \textbf{SAnn} & \text{简单注释}\end{array}$$

严格地说，这些语法类别的语法定义如下：

$$\begin{array}{lll}\widehat{\tau} & ::= & \texttt{int} \mid \texttt{bool} \mid \widehat{\tau}_1 \xrightarrow{\beta} \widehat{\tau}_2 \mid \alpha\\ \alpha & ::= & \texttt{'a} \mid \texttt{'b} \mid \texttt{'c} \mid \cdots\\ \beta & ::= & \texttt{'1} \mid \texttt{'2} \mid \texttt{'3} \mid \cdots\\ \varphi & ::= & \{\pi\} \mid \varphi_1 \cup \varphi_2 \mid \emptyset \mid \beta\end{array}$$

306

一个简单类型环境 $\widehat{\Gamma}$ 是一个从变量到简单类型的映射。

简单类型的合一 简单类型组成一个自由代数，因此我们可以用和 5.3.1 节里同样的方法来定义一个函数 $\mathcal{U}_{\mathsf{CFA}}$，具有以下形式：

$$\mathcal{U}_{\mathsf{CFA}}(\widehat{\tau}_1, \widehat{\tau}_2) = \theta$$

这里 $\widehat{\tau}_1$ 和 $\widehat{\tau}_2$ 是简单类型，θ 是一个简单置换——一个从类型变量到简单类型的置换，并只把注释变量映射到注释变量。因此，一个简单置换应用于一个简单变量依然得到一个简单变量。和 $\mathcal{U}_{\mathsf{UL}}$ 的意图一样，θ 是 $\widehat{\tau}_1$ 和 $\widehat{\tau}_2$ 的合一，也就是 $\theta\,\widehat{\tau}_1 = \theta\,\widehat{\tau}_2$。如果不可能得到合一，则 $\mathcal{U}_{\mathsf{CFA}}(\widehat{\tau}_1, \widehat{\tau}_2)$ 将会失败。合一函数 $\mathcal{U}_{\mathsf{CFA}}$ 在表 5.7 定义。

表 5.7 简单类型的合一

$$\begin{array}{rcl}
\mathcal{U}_{\mathsf{CFA}}(\texttt{int},\texttt{int}) & = & id\\
\mathcal{U}_{\mathsf{CFA}}(\texttt{bool},\texttt{bool}) & = & id\\
\mathcal{U}_{\mathsf{CFA}}(\widehat{\tau}_1 \xrightarrow{\beta} \widehat{\tau}_2, \widehat{\tau}_1' \xrightarrow{\beta'} \widehat{\tau}_2') & = & \text{令 } \theta_0 = [\beta' \mapsto \beta]\\
& & \quad \theta_1 = \mathcal{U}_{\mathsf{CFA}}(\theta_0\ \widehat{\tau}_1, \theta_0\ \widehat{\tau}_1')\\
& & \quad \theta_2 = \mathcal{U}_{\mathsf{CFA}}(\theta_1\ (\theta_0\ \widehat{\tau}_2), \theta_1\ (\theta_0\ \widehat{\tau}_2'))\\
& & \text{在 } \theta_2 \circ \theta_1 \circ \theta_0 \text{ 中}\\
\mathcal{U}_{\mathsf{CFA}}(\widehat{\tau},\alpha) & = & \begin{cases}[\alpha \mapsto \widehat{\tau}] & \alpha\text{未在 }\widehat{\tau}\text{ 中出现}\\ & \text{或 }\alpha\text{ 等于 }\widehat{\tau}\\ \text{失败} & \text{其他}\end{cases}\\
\mathcal{U}_{\mathsf{CFA}}(\alpha,\widehat{\tau}) & = & \begin{cases}[\alpha \mapsto \widehat{\tau}] & \alpha\text{未在 }\widehat{\tau}\text{ 中出现}\\ & \text{或 }\alpha\text{ 等于 }\widehat{\tau}\\ \text{失败} & \text{其他}\end{cases}\\
\mathcal{U}_{\mathsf{CFA}}(\widehat{\tau}_1,\widehat{\tau}_2) & = & \text{失败} \quad \text{其他所有情况}
\end{array}$$

和之前一样，id 是恒等置换，$\theta' \circ \theta''$ 是两个置换的组合。在两个函数类型 $\widehat{\tau}_1 \xrightarrow{\beta} \widehat{\tau}_2$ 和 $\widehat{\tau}_1' \xrightarrow{\beta'} \widehat{\tau}_2$ 的合一的子句里，得到结果的步骤是：首先保证两个注释变量是相等的，然后按照之前底层类型的合一算法执行。注意 $\mathcal{U}_{\mathsf{CFA}}(\widehat{\tau}_1, \widehat{\tau}_2)$ 失败当且仅当 $\mathcal{U}_{\mathsf{UL}}(\lfloor\widehat{\tau}_1\rfloor, \lfloor\widehat{\tau}_2\rfloor)$ 失败。

307

例 5.16 考虑以下合一过程的调用：

$$\mathcal{U}_{\mathsf{CFA}}(\texttt{'a} \xrightarrow{\texttt{'1}} \texttt{'a}, (\texttt{'b} \xrightarrow{\texttt{'2}} \texttt{'b}) \xrightarrow{\texttt{'3}} \texttt{'c})$$

我们构造置换 $[\texttt{'3} \mapsto \texttt{'1}]$，然后执行调用

$$\mathcal{U}_{\mathsf{CFA}}(\text{'a}, \text{'b} \xrightarrow{\text{'2}} \text{'b})$$

返回置换$[\text{'a} \mapsto \text{'b} \xrightarrow{\text{'2}} \text{'b}]$。然后调用

$$\mathcal{U}_{\mathsf{CFA}}(\text{'b} \xrightarrow{\text{'2}} \text{'b}, \text{'c})$$

将返回置换$[\text{'c} \mapsto \text{'b} \xrightarrow{\text{'2}} \text{'b}]$。因此，最终的结果是$[\text{'3} \to \text{'1}][\text{'a} \mapsto \text{'b} \xrightarrow{\text{'2}} \text{'b}][\text{'c} \mapsto \text{'b} \xrightarrow{\text{'2}} \text{'b}]$。■

下面这个结论（证明留给练习5.8）表达了这个算法是正确的。结论的第一部分说的是这个算法语法可靠：如果它成功，它将返回期望的结果。第二部分说的是这个算法语法完备：如果两个简单类型是可以合一的，那么这个算法一定会成功。

结论5.17　让$\widehat{\tau}_1$和$\widehat{\tau}_2$为两个简单类型。

- 如果$\mathcal{U}_{\mathsf{CFA}}(\widehat{\tau}_1, \widehat{\tau}_2) = \theta$，则$\theta$是一个简单置换，使得$\theta\widehat{\tau}_1 = \theta\widehat{\tau}_2$。
- 如果存在一个置换θ''使得$\theta''\widehat{\tau}_1 = \theta''\widehat{\tau}_2$，则存在置换$\theta$和$\theta'$使得$\mathcal{U}_{\mathsf{CFA}}(\widehat{\tau}_1, \widehat{\tau}_2) = \theta$和$\theta'' = \theta' \circ \theta$。■

约束　注释类型可以包含任意注释，而简单类型只能包含注释变量。为了弥补这个缺陷，我们引入注释变量上的约束。一个约束是一个以下形式的集合包含关系：

$$\beta \supseteq \varphi$$

这里β是一个注释变量，φ是一个简单注释。一个约束集合C是一个由此类约束组成的有限集合。

我们用θC表示将置换θ应用于C里所有的约束后得到的约束集合：如果$\beta \supseteq \varphi$在C中，则$\theta\beta \supseteq \theta\varphi$在$\theta C$中。如果$C$是一个约束集合，并且$\theta$是一个简单置换，则$\theta C$也是一个约束集合。

[308] 类型置换是一个仅定义在类型变量上的置换，并把它们映射到$\widehat{\mathbf{Type}}$里的类型（也就是说，映射到不包含类型和注释变量的注释类型）。我们称它覆盖$\widehat{\Gamma}$（分别为$\widehat{\tau}$）如果它在$\widehat{\Gamma}$（分别为$\widehat{\tau}$）里的所有类型变量上都有定义。类似地，注释置换是一个仅定义在注释变量上的置换，并把它们映射到**Ann**里的注释（也就是说，映射到不包含注释变量的注释）。它覆盖$\widehat{\Gamma}$（分别为$\widehat{\tau}$或C）如果它在$\widehat{\Gamma}$（分别为$\widehat{\tau}$或C）里的所有注释变量都有定义。注释置换θ_A是约束集合C的解，写为

$$\theta_A \models C$$

当且仅当它覆盖C，并且对每个C里的$\beta \supseteq \varphi$都满足$\theta_A\beta$等于$\theta_A\varphi$或$\theta_A\beta$为超集。

一个地基置换在注释变量上是一个注释置换，在类型变量上是一个类型置换。置换θ是$(\widehat{\Gamma}, \widehat{\tau}, C)$的一个地基校验（ground validation）当且仅当它是一个地基置换，覆盖$\widehat{\Gamma}$、$\widehat{\tau}$和C并且$\theta \models C$（或更准确地说，$\theta_A \models C$，这里θ_A表示θ限制于注释变量）。

算法　现在我们已经可以定义和类型重建算法$\mathcal{W}_{\mathsf{UL}}$类似的算法。它有以下形式：

$$\mathcal{W}_{\mathsf{CFA}}(\widehat{\Gamma}, e) = (\widehat{\tau}, \theta, C)$$

这里我们要求$\widehat{\Gamma}$是一个简单类型环境（也就是说，映射变量到简单类型），我们将会看到$\widehat{\tau}$是一个简单类型、θ是一个简单置换，并且C是一个具有特殊形式的约束集合：它仅包含$\beta \supseteq \{\pi\}$形式的约束。因为$\mathcal{W}_{\mathsf{CFA}}$会调用$\mathcal{U}_{\mathsf{CFA}}$，所以$\mathcal{W}_{\mathsf{CFA}}$可能失败。算法$\mathcal{W}_{\mathsf{CFA}}$由表5.8的子句定义。

表 5.8 控制流分析的算法 $\mathcal{W}_{\mathsf{CFA}}$

$$\mathcal{W}_{\mathsf{CFA}}(\widehat{\Gamma}, c) = (\tau_c,\ id,\ \emptyset)$$

$$\mathcal{W}_{\mathsf{CFA}}(\widehat{\Gamma}, x) = (\widehat{\Gamma}(x),\ id,\ \emptyset)$$

$$\begin{aligned}
\mathcal{W}_{\mathsf{CFA}}(\widehat{\Gamma}, \texttt{fn}_\pi\ x\ \texttt{=>}\ e_0) = \ & \text{令 } \alpha_x \text{ 是新的} \\
& \quad (\widehat{\tau}_0, \theta_0, C_0) = \mathcal{W}_{\mathsf{CFA}}(\widehat{\Gamma}[x \mapsto \alpha_x], e_0) \\
& \quad \beta_0 \text{ 是新的} \\
& \text{在 } ((\theta_0\ \alpha_x) \xrightarrow{\beta_0} \widehat{\tau}_0,\ \ \theta_0,\ \ C_0 \cup \{\beta_0 \supseteq \{\pi\}\}) \text{ 中}
\end{aligned}$$

$$\begin{aligned}
& \mathcal{W}_{\mathsf{CFA}}(\widehat{\Gamma}, \texttt{fun}_\pi\ f\ x\ \texttt{=>}\ e_0) = \\
& \quad \text{令 } \alpha_x, \alpha_0, \beta_0 \text{ 是新的} \\
& \quad\quad (\widehat{\tau}_0, \theta_0, C_0) = \mathcal{W}_{\mathsf{CFA}}(\widehat{\Gamma}[f \mapsto \alpha_x \xrightarrow{\beta_0} \alpha_0][x \mapsto \alpha_x], e_0) \\
& \quad\quad \theta_1 = \mathcal{U}_{\mathsf{CFA}}(\widehat{\tau}_0, \theta_0\ \alpha_0) \\
& \quad \text{在 } (\theta_1(\theta_0\ \alpha_x) \xrightarrow{\theta_1(\theta_0\ \beta_0)} \theta_1\ \widehat{\tau}_0,\ \ \theta_1 \circ \theta_0, \\
& \quad\quad\quad (\theta_1\ C_0) \cup \{\theta_1(\theta_0\ \beta_0) \supseteq \{\pi\}\}) \text{ 中}
\end{aligned}$$

$$\begin{aligned}
\mathcal{W}_{\mathsf{CFA}}(\widehat{\Gamma}, e_1\ e_2) = \ & \text{令 } (\widehat{\tau}_1, \theta_1, C_1) = \mathcal{W}_{\mathsf{CFA}}(\widehat{\Gamma}, e_1) \\
& \quad (\widehat{\tau}_2, \theta_2, C_2) = \mathcal{W}_{\mathsf{CFA}}(\theta_1\ \widehat{\Gamma}, e_2) \\
& \quad \alpha, \beta \text{ 是新的} \\
& \quad \theta_3 = \mathcal{U}_{\mathsf{CFA}}(\theta_2\ \widehat{\tau}_1, \widehat{\tau}_2 \xrightarrow{\beta} \alpha) \\
& \text{在 } (\theta_3\ \alpha,\ \ \theta_3 \circ \theta_2 \circ \theta_1,\ \ \theta_3\ (\theta_2\ C_1) \cup \theta_3\ C_2) \text{ 中}
\end{aligned}$$

$$\begin{aligned}
& \mathcal{W}_{\mathsf{CFA}}(\widehat{\Gamma}, \texttt{if}\ e_0\ \texttt{then}\ e_1\ \texttt{else}\ e_2) = \\
& \quad \text{令 } (\widehat{\tau}_0, \theta_0, C_0) = \mathcal{W}_{\mathsf{CFA}}(\widehat{\Gamma}, e_0) \\
& \quad\quad (\widehat{\tau}_1, \theta_1, C_1) = \mathcal{W}_{\mathsf{CFA}}(\theta_0\ \widehat{\Gamma}, e_1) \\
& \quad\quad (\widehat{\tau}_2, \theta_2, C_2) = \mathcal{W}_{\mathsf{CFA}}(\theta_1\ (\theta_0\ \widehat{\Gamma}), e_2) \\
& \quad\quad \theta_3 = \mathcal{U}_{\mathsf{CFA}}(\theta_2\ (\theta_1\ \widehat{\tau}_0), \texttt{bool}) \\
& \quad\quad \theta_4 = \mathcal{U}_{\mathsf{CFA}}(\theta_3\ \widehat{\tau}_2, \theta_3\ (\theta_2\ \tau_1)) \\
& \quad \text{在 } (\theta_4\ (\theta_3\ \widehat{\tau}_2),\ \ \theta_4 \circ \theta_3 \circ \theta_2 \circ \theta_1 \circ \theta_0, \\
& \quad\quad\quad \theta_4\ (\theta_3\ (\theta_2\ (\theta_1\ C_0))) \cup \theta_4\ (\theta_3\ (\theta_2\ C_1)) \cup \theta_4\ (\theta_3\ C_2)) \text{ 中}
\end{aligned}$$

$$\begin{aligned}
& \mathcal{W}_{\mathsf{CFA}}(\widehat{\Gamma}, \texttt{let}\ x\ \texttt{=}\ e_1\ \texttt{in}\ e_2) = \\
& \quad \text{令 } (\widehat{\tau}_1, \theta_1, C_1) = \mathcal{W}_{\mathsf{CFA}}(\widehat{\Gamma}, e_1) \\
& \quad\quad (\widehat{\tau}_2, \theta_2, C_2) = \mathcal{W}_{\mathsf{CFA}}((\theta_1\ \widehat{\Gamma})[x \mapsto \widehat{\tau}_1], e_2) \\
& \quad \text{在 } (\widehat{\tau}_2,\ \ \theta_2 \circ \theta_1,\ \ (\theta_2\ C_1) \cup C_2) \text{ 中}
\end{aligned}$$

$$\begin{aligned}
\mathcal{W}_{\mathsf{CFA}}(\widehat{\Gamma}, e_1\ op\ e_2) = \ & \text{令 } (\widehat{\tau}_1, \theta_1, C_1) = \mathcal{W}_{\mathsf{CFA}}(\widehat{\Gamma}, e_1) \\
& \quad (\widehat{\tau}_2, \theta_2, C_2) = \mathcal{W}_{\mathsf{CFA}}(\theta_1\ \widehat{\Gamma}, e_2) \\
& \quad \theta_3 = \mathcal{U}_{\mathsf{CFA}}(\theta_2\ \widehat{\tau}_1, \tau_{op}^1) \\
& \quad \theta_4 = \mathcal{U}_{\mathsf{CFA}}(\theta_3\ \widehat{\tau}_2, \tau_{op}^2) \\
& \text{在 } (\tau_{op},\ \ \theta_4 \circ \theta_3 \circ \theta_2 \circ \theta_1, \\
& \quad\quad \theta_4\ (\theta_3\ (\theta_2\ C_1)) \cup \theta_4\ (\theta_3\ C_2)) \text{ 中}
\end{aligned}$$

关于常量和变量的子句和往常一样，并且不添加任何约束。在关于函数抽象的子句里，我们将添加一个新的注释变量 β_0。它将是整体类型的顶层注释，因此我们添加约束 $\beta_0 \supseteq \{\pi\}$ 要求它包含函数定义的标号 π——这对应于表 5.2 的[fn]规则的注释 $\{\pi\} \cup \varphi$。

关于递归函数抽象的子句以类似的方式修改。这里注释变量 β 将用于注释 f 的函数类型，并且 $\mathcal{W}_{\mathsf{CFA}}$ 在函数主体上的调用可能会导致它被修改为 $\theta_0\ \beta_0$。之后的合一过程的调用可能会把它进一步修改为 $\theta_1(\theta_0\ \beta_0)$。由于 θ_0 和 θ_1 都是简单置换，我们知道 $\theta_1(\theta_0\ \beta_0)$ 是一个注释变量，因此最终的类型依然是简单类型。$\mathcal{W}_{\mathsf{CFA}}$ 的递归调用产生一个约束集合 C_0，它将被置换 θ_1 修改，因此和普通函数抽象的子句一样，我们需要添加一个新的约束，表达注释变量 $\theta_1(\theta_0\ \beta_0)$ 必须包含函数定义的标号 π。

309 ~ 310

其他构造的子句是 $\mathcal{W}_{\mathsf{UL}}$ 里类似子句的比较简单的修改。注意，置换除了应用于类型和类型环境外，也应用于约束集合。

例 5.18 回到例5.1的表达式$(\texttt{fn}_X\ \texttt{x => x})(\texttt{fn}_Y\ \texttt{y => y})$，我们考虑调用：

$$\mathcal{W}_{\mathsf{CFA}}([\,],(\texttt{fn}_X\ \texttt{x => x})\ (\texttt{fn}_Y\ \texttt{y => y}))$$

这引发调用$\mathcal{W}_{\mathsf{CFA}}([\,],\texttt{fn}_X\ \texttt{x => x})$，产生新类型变量$'\texttt{a}$和新注释变量$'1$，并返回$('\texttt{a}\xrightarrow{'1}'\texttt{a},\ id,\{'1\supseteq\{X\}\})$，然后我们有调用$\mathcal{W}_{\mathsf{CFA}}([\,],\texttt{fn}_Y\ \texttt{y => y})$，产生新类型变量$'\texttt{b}$和新注释变量$'2$，并返回$('\texttt{b}\xrightarrow{'2}'\texttt{b},id,\{'2\supseteq\{Y\}\})$。因此我们得到以下$\mathcal{U}_{\mathsf{CFA}}$的调用：

$$\mathcal{U}_{\mathsf{CFA}}('\texttt{a}\xrightarrow{'1}'\texttt{a},('\texttt{b}\xrightarrow{'2}'\texttt{b})\xrightarrow{'3}'\texttt{c})$$

这里$'\texttt{c}$是一个新类型变量，$'3$是一个新注释变量。这将返回例5.16里展示的$['3\mapsto'1]['\texttt{a}\mapsto'\texttt{b}\xrightarrow{'2}'\texttt{b}]['\texttt{c}\mapsto'\texttt{b}\xrightarrow{'2}'\texttt{b}]$，而最初的$\mathcal{W}_{\mathsf{CFA}}$的调用将返回类型$'\texttt{b}\xrightarrow{'2}'\texttt{b}$、置换$['3\mapsto'1]['\texttt{a}\mapsto'\texttt{b}\xrightarrow{'2}'\texttt{b}]['\texttt{c}\mapsto'\texttt{b}\xrightarrow{'2}'\texttt{b}]$和约束集合$\{'1\supseteq\{X\},'2\supseteq\{Y\}\}$。这对应于例5.4得到的类型断言。■

例 5.19 考虑例5.2的程序loop

```
let g = (funF f x => f (fnY y => y))
in g (fnZ z => z)
```

和调用$\mathcal{W}_{\mathsf{CFA}}([\,],\ \mathsf{loop})$。这首先会引发调用

$$\mathcal{W}_{\mathsf{CFA}}([\,],\texttt{fun}_F\ \texttt{f x => f (fn}_Y\ \texttt{y => y))}$$

返回类型$('\texttt{a}\xrightarrow{'2}'\texttt{a})\xrightarrow{'1}'\texttt{b}$和约束集合$\{'1\supseteq\{F\},'2\supseteq\{Y\}\}$。然后，我们在let构造的主体上调用$\mathcal{W}_{\mathsf{CFA}}$：

$$\mathcal{W}_{\mathsf{CFA}}([\texttt{g}\mapsto('\texttt{a}\xrightarrow{'2}'\texttt{a})\xrightarrow{'1}'\texttt{b}],\texttt{g (fn}_Z\ \texttt{z => z))}$$

$\mathcal{W}_{\mathsf{CFA}}$在$\texttt{fn}_Z\ \texttt{z => z}$上的调用会产生类型$'\texttt{c}\xrightarrow{'3}'\texttt{c}$和约束集合$\{'3\supseteq\{Z\}\}$。然后，合一过程会被调用在类型$('\texttt{a}\xrightarrow{'2}'\texttt{a})\xrightarrow{'1}'\texttt{b}$和$('\texttt{c}\xrightarrow{'3}'\texttt{c})\xrightarrow{'4}'\texttt{d}$上，返回置换$['1\mapsto'4,'2\mapsto'3,'\texttt{a}\mapsto'\texttt{c},'\texttt{b}\mapsto'\texttt{d}]$。因此，应用的类型是$'\texttt{d}$，约束集合是$\{'3\supseteq\{Z\}\}$。最初$\mathcal{W}_{\mathsf{CFA}}$在loop上的调用将返回$'\texttt{d}$和约束集合$\{'4\supseteq\{F\},'3\supseteq\{Y\},'3\supseteq\{Z\}\}$。这对应于例5.5得到的类型断言。■

311

以上的例子展示了每当一个整体的$\mathcal{W}_{\mathsf{CFA}}(\widehat{\Gamma},e)$调用返回$(\widehat{\tau},\theta,C)$，我们只关心$\theta$在$\widehat{\Gamma}$里出现的类型和约束变量上的作用。

5.3.3 语法可靠性和完备性

现在我们可以开始证明算法是正确的，这将由算法的语法可靠性和语法完备性组成。语法可靠性的证明相对比较简单。这对于比现在考虑的控制流分析更复杂的类型和作用系统都是普遍成立的，当然类型和作用系统的一些具体细节可能会需要特殊的处理。

相反，语法完备性更难证明。对于一个复杂的类型和作用系统，它的证明经常涉及建立一个关于证明正则化(proof normalisation)的结论：推理系统里的那些不是语法引导的规则只会在一些特定的情况下使用(参考练习5.13)。但是，对控制流分析的证明比一般情况更简单，因为算法$\mathcal{W}_{\mathsf{CFA}}$和控制流分析的推理系统都是以语法引导的形式定义的。因此，本节的内容不能反映一般类型和作用系统需要的方法的广度。结束语里将提到关于更一般情况的参考文献。

语法可靠性 可靠性结论表示任何从算法得到的信息相对于推理系统都是正确的。

定理 5.20 如果$\mathcal{W}_{\mathsf{CFA}}(\widehat{\Gamma},e)=(\widehat{\tau},\theta,C)$，并且$\theta_G$是$\theta\widehat{\Gamma}$、$\widehat{\tau}$和$C$的一个地基校验，

则 $\theta_G(\theta\widehat{\Gamma})\vdash_{\mathsf{CFA}} e:\theta_G\,\widehat{\tau}$。

换一种方法说：如果 $\mathcal{W}_{\mathsf{CFA}}(\widehat{\Gamma},e)=(\widehat{\tau},\theta,C)$ 并且 θ_T 是一个类型置换覆盖 $\theta\widehat{\Gamma}$ 和$\widehat{\tau}$，并且如果 θ_A 是一个注释置换覆盖 $\theta\widehat{\Gamma}$、$\widehat{\tau}$和 C 并满足$\theta_A\models C$，则 $\theta_A(\theta_T(\theta\widehat{\Gamma}))\vdash_{\mathsf{CFA}} e:\theta_A(\theta_T\,\widehat{\tau})$。这两种表达方式是等价的：首先注意 $\theta_A\circ\theta_T=\theta_T\circ\theta_A$ 是一个地基置换，然后注意给定一个地基置换 θ_G，通过限制 θ_G 在注释变量可以得到一个注释置换 θ_A，通过限制 θ_G 在类型变量可以得到一个类型置换 θ_T。显然$\theta_G=\theta_A\circ\theta_T=\theta_T\circ\theta_A$。

证明 证明的总体思路是在 e 的结构上进行归纳(因为$\mathcal{W}_{\mathsf{CFA}}$是在 e 的结构上归纳定义的)。

312

c 情况。我们有 $\mathcal{W}_{\mathsf{CFA}}(\widehat{\Gamma},c)=(\tau_c,id,\emptyset)$。设 θ_G 为 $\widehat{\Gamma}$ 的一个地基校验，显然它也覆盖 τ_c(因为 τ_c 是一个基本类型)并满足 $\theta_G\models\emptyset$。从表 5.2 的公理[con]可以得到：

$$\theta_G(\Gamma)\vdash_{\mathsf{CFA}} c:\tau_c$$

因为 $\theta_G\,\tau_c=\tau_c$，这是需要的结论。

x 情况。我们有 $\mathcal{W}_{\mathsf{CFA}}(\widehat{\Gamma},x)=(\widehat{\Gamma}(x),id,\emptyset)$。设 θ_G 为 $\widehat{\Gamma}$ 的一个地基校验，显然它也覆盖 $\widehat{\Gamma}(x)$并满足 $\theta_G\models\emptyset$。从表 5.2 的公理[var]可以得到：

$$\theta_G\,\widehat{\Gamma}\vdash_{\mathsf{CFA}} x:\theta_G(\widehat{\Gamma}(x))$$

这是需要的结论。

$\mathtt{fn}_\pi\ x\ \mathtt{=>}\ e_0$ 情况。我们将使用 $\mathcal{W}_{\mathsf{CFA}}(\widehat{\Gamma},\mathtt{fn}_\pi\ x\ \mathtt{=>}\ e_0)$的子句里确立的符号。设 θ_G 为 $\theta_0\widehat{\Gamma}$、$\theta_0\alpha_x\xrightarrow{\beta_0}\widehat{\tau}_0$和 $C_0\cup\{\beta_0\supseteq\{\pi\}\}$的一个地基校验。则 θ_G 是 $\theta_0(\widehat{\Gamma}[x\mapsto\alpha_x])$，$\widehat{\tau}_0$和 C_0 的一个地基校验。因此从归纳假设可以得到：

$$\theta_G(\theta_0\ \widehat{\Gamma})[x\mapsto\theta_G(\theta_0\ \alpha_x)]\vdash_{\mathsf{CFA}} e_0:\theta_G\ \widehat{\tau}_0$$

因为 $\theta_G\models C_0\cup\{\beta_0\supseteq\{\pi\}\}$所以我们有 $\theta_G\,\beta_0\supseteq\{\pi\}$，因此可以使用表 5.2 的规则[$fn$]得到：

$$\theta_G(\theta_0\ \widehat{\Gamma})\vdash_{\mathsf{CFA}} \mathtt{fn}_\pi\ x\ \mathtt{=>}\ e_0:\theta_G(\theta_0\ \alpha_x)\xrightarrow{\theta_G\ \beta_0}\theta_G\ \widehat{\tau}_0$$

这是需要的结论。

$\mathtt{fun}_\pi\ f\ x\ \mathtt{=>}\ e_0$ 情况。我们将使用 $\mathcal{W}_{\mathsf{CFA}}(\widehat{\Gamma},\mathtt{fun}_\pi f\ x\ \mathtt{=>}\ e_0)$的子句里确立的符号。设 θ_G 为 $\theta_1(\theta_0\ \widehat{\Gamma})$，$\theta_1(\theta_0\ \alpha_x)\xrightarrow{\theta_1(\theta_0\beta_0)}\theta_1\ \widehat{\tau}_0$和$(\theta_1 C_0)\cup\{\theta_1(\theta_0\ \beta_0)\supseteq\{\pi\}\}$的一个地基校验。则 $\theta_G\circ\theta_1$ 是 $\theta_0\ \widehat{\Gamma}$、$\theta_0\alpha_x\xrightarrow{\theta_0\beta_0}\widehat{\tau}_0$和 C_0 的一个地基校验。因为 $\theta_1\ \widehat{\tau}_0=\theta_1(\theta_0\ \alpha_0)$(见结论 5.17)，可以得到 $\theta_G\circ\theta_1$ 也是 $\theta_0\ \widehat{\Gamma}$、$\theta_0\alpha_x\xrightarrow{\theta_0\ \beta_0}\theta_0\alpha_0$ 和 C_0 的一个地基校验。因此使用归纳假设可得：

$$\theta_G(\theta_1(\theta_0\ (\widehat{\Gamma}[f\mapsto\alpha_x\ \xrightarrow{\beta_0}\ \alpha_0][x\mapsto\alpha_x]))))\vdash_{\mathsf{CFA}} e_0:\theta_G(\theta_1\ \widehat{\tau}_0)$$

因为 $\theta_1\ \widehat{\tau}_0=\theta_1(\theta_0\alpha_0)$和 $\theta_G\models(\theta_1 C_0)\cup\{\theta_1(\theta_0\beta_0)\supseteq\{\pi\}\}$，我们可以得到 $\theta_G(\theta_1(\theta_0\beta_0))\supseteq\{\pi\}$，因此使用表 5.2 的规则[$fun$]可得：

$$\theta_G(\theta_1(\theta_0\ \widehat{\Gamma}))\vdash_{\mathsf{CFA}} \mathtt{fun}_\pi\ f\ x\ \mathtt{=>}\ e_0:\theta_G(\theta_1(\theta_0\ \alpha_x))\xrightarrow{\theta_G(\theta_1(\theta_0\ \beta_0))}\theta_G(\theta_1\ \widehat{\tau}_0)$$

这是需要的结论。

e_1e_2 情况。我们将使用 $\mathcal{W}_{\mathsf{CFA}}(\widehat{\Gamma},e_1e_2)$的子句里确立的符号。设 θ_G 为 $\theta_3(\theta_2(\theta_1\widehat{\Gamma}))$、$\theta_3\alpha$ 和 $\theta_3(\theta_2 C_1)\cup\theta_3 C_2$ 的一个地基校验。设 θ'_G为 θ_G 在 $\theta_3(\theta_2\ \widehat{\tau}_1)$和 $\theta_3\ \widehat{\tau}_2$上的一个地基扩展(ground extension)。因此 $\theta_G{}'\circ\theta_3\circ\theta_2$ 是 $\theta_1\widehat{\Gamma}$、$\widehat{\tau}_1$和 C_1 的一个地基校验。因此，在 e_1 上

使用归纳假设，可以得到：

313

$$\theta'_G(\theta_3(\theta_2(\theta_1\ \widehat{\Gamma}))) \vdash_{\mathsf{CFA}} e_1 : \theta'_G(\theta_3(\theta_2\ \widehat{\tau}_1))$$

类似地，$\theta_G{}' \circ \theta_3$ 是 $\theta_2(\theta_1\widehat{\Gamma})$、$\widehat{\tau}_2$ 和 C_2 的一个地基校验。因此我们可以在 e_2 上使用归纳假设，得到

$$\theta'_G(\theta_3(\theta_2(\theta_1\ \widehat{\Gamma}))) \vdash_{\mathsf{CFA}} e_2 : \theta'_G(\theta_3\ \widehat{\tau}_2)$$

因为 $\theta_3(\theta_2\ \widehat{\tau}_1) = (\theta_3\ \widehat{\tau}_2) \xrightarrow{\theta_3\beta} (\theta_3\alpha)$（见结论5.17），我们可以使用表5.2的规则[*app*]得到

$$\theta'_G(\theta_3(\theta_2(\theta_1\ \widehat{\Gamma}))) \vdash_{\mathsf{CFA}} e_1\ e_2 : \theta'_G(\theta_3\ \alpha)$$

这等价于 $\theta_G(\theta_3(\theta_2(\theta_1\widehat{\Gamma}))) \vdash_{\mathsf{CFA}} e_1 e_2 : \theta_G(\theta_3\alpha)$，也就是需要的结论。

if e_0 **then** e_1 **else** e_2、**let** x = e_1 **in** e_2 和 e_1 *op* e_2 三种情况的证明是类似的。■

语法完备性　仅证明 $\mathcal{W}_{\mathsf{CFA}}$ 语法可靠是不够的：一个总是失败的算法显然也是语法可靠的。因此，我们需要一个结论说明任何一个注释类型系统里的断言都可以被算法得到。

定理5.21　假设 $\widehat{\Gamma}$ 是一个简单类型环境，并且 $\theta'\widehat{\Gamma} \vdash_{\mathsf{CFA}} e : \widehat{\tau}'$ 对于某个覆盖 $\widehat{\Gamma}$ 的地基置换 θ' 成立。那么存在 $\widehat{\tau}$、θ、C 和 θ_G 使得：

- $\mathcal{W}_{\mathsf{CFA}}(\widehat{\Gamma}, e) = (\widehat{\tau}, \theta, C)$。
- θ_G 是 $\theta\widehat{\Gamma}$、$\widehat{\tau}$ 和 C 的一个地基校验。
- $\theta_G \circ \theta = \theta'$，除了在 $\mathcal{W}_{\mathsf{CFA}}(\widehat{\Gamma}, e)$ 产生的新类型和注释变量上。
- $\theta_G\ \widehat{\tau} = \widehat{\tau}'$。

证明　证明使用在推导树的形状上进行归纳，因为表5.2里的注释类型系统是语法引导的。因此证明遵循 e 的语法结构。不失一般性，我们假设 θ' 没有定义于 $\mathcal{W}_{\mathsf{CFA}}(\widehat{\Gamma}, e)$ 的调用新产生的类型和注释变量。

c 情况。我们有 $\theta'\widehat{\Gamma} \vdash_{\mathsf{CFA}} c : \widehat{\tau}'$ 和 $\widehat{\tau}' = \tau_c$。显然 $\mathcal{W}_{\mathsf{CFA}}(\widehat{\Gamma}, c) = (\tau_c, id, \emptyset)$，因此只需设 $\theta_G = \theta'$，显然 $\theta_G\ \widehat{\tau}' = \widehat{\tau}'$。

x 情况。我们有 $\theta'\widehat{\Gamma} \vdash_{\mathsf{CFA}} x : \widehat{\tau}'$ 因为 $\widehat{\tau}' = \theta'(\widehat{\Gamma}(x))$。显然 $\mathcal{W}_{\mathsf{CFA}}(\widehat{\Gamma}, x) = (\widehat{\Gamma}(x), id, \emptyset)$，因此只需设 $\theta_G = \theta'$。

fn$_\pi$ x => e_0 情况。我们有

314

$$\theta'\ \widehat{\Gamma} \vdash_{\mathsf{CFA}} \mathbf{fn}_\pi\ x \texttt{ => } e_0 : \widehat{\tau}'_x \xrightarrow{\{\pi\}\cup\varphi'} \widehat{\tau}'_0$$

在这里 φ' 是一个注释（也就是说，它不包含任何注释变量）。从表5.2我们还可以得到：

$$(\theta'\ \widehat{\Gamma})[x \mapsto \widehat{\tau}'_x] \vdash_{\mathsf{CFA}} e_0 : \widehat{\tau}'_0$$

现在设 α_x 为一个新类型变量，并注意 $\alpha_x \notin dom(\theta')$。定义 θ'' 如下：

$$\theta''\ \zeta = \begin{cases} \widehat{\tau}'_x & \zeta = \alpha_x \\ \theta'\ \zeta & \text{其他} \end{cases}$$

这里 ζ 是一个类型变量或注释变量。我们也有

$$\theta''(\widehat{\Gamma}[x \mapsto \alpha_x]) \vdash_{\mathsf{CFA}} e_0 : \widehat{\tau}'_0$$

根据归纳假设，存在 $\widehat{\tau}_0$、θ_0、C_0 和 θ'_G 使得：

$\mathcal{W}_{\mathsf{CFA}}(\widehat{\Gamma}[x \mapsto \alpha_x], e_0) = (\widehat{\tau}_0, \theta_0, C_0)$,

θ'_G 是 $(\theta_0\widehat{\Gamma})[x \to \theta_0(\alpha_x)]$、$\widehat{\tau}_0$ 和 C_0 的一个地基校验，

$\theta'_G \circ \theta_0 = \theta''$ 除了在 $\mathcal{W}_{\mathsf{CFA}}(\widehat{\Gamma}[x \mapsto \alpha_x], e_0)$ 产生的新类型和注释变量上，

$\theta'_G\ \widehat{\tau}_0 = \widehat{\tau}'_0$

下面设 β_0 为一个新注释变量，并定义：

$$\theta_G\ \zeta = \begin{cases} \{\pi\} \cup \varphi' & \zeta = \beta_0 \\ \theta'_G\ \zeta & \text{其他} \end{cases}$$

然后我们得到：

θ_G 是 $\theta_0 \widehat{\Gamma}$、$(\theta_0 \alpha_x) \xrightarrow{\beta_0} \widehat{\tau}_0$ 和 $C_0 \cup \{\beta \supseteq \{\pi\}\}$ 的一个地基校验，

$\theta_G \circ \theta_0 = \theta'$ 除了在 $\mathcal{W}_{\mathsf{CFA}}(\widehat{\Gamma},\ \mathtt{fn}_\pi\ x \texttt{ => } e_0)$ 产生的新类型和注释变量上，

$\theta_G(\theta_0\ \alpha_x \xrightarrow{\beta_0} \widehat{\tau}_0) = \widehat{\tau}'_x \xrightarrow{\{\pi\}\cup\varphi'} \widehat{\tau}'_0$

这是需要的结论。

$\mathtt{fun}_\pi\ f\ x$ `=>` e_0 情况。我们有

$$\theta'\ \widehat{\Gamma} \vdash_{\mathsf{CFA}} \mathtt{fun}_\pi f x \texttt{ => } e_0 : \widehat{\tau}'_x \xrightarrow{\{\pi\}\cup\varphi'} \widehat{\tau}'_0$$

这里 φ' 不包含注释变量。根据表 5.2，这是因为：

$$(\theta'\ \widehat{\Gamma})[f \mapsto \widehat{\tau}'_x \xrightarrow{\{\pi\}\cup\varphi'} \tau'_0][x \mapsto \widehat{\tau}'_x] \vdash_{\mathsf{CFA}} e_0 : \widehat{\tau}'_0$$

设 α_x、α_0 和 β_0 为新类型和注释变量，并注意它们不在 $dom(\theta')$ 里。定义 θ'' 如下：

$$\theta''\ \zeta = \begin{cases} \widehat{\tau}'_x & \zeta = \alpha_x \\ \{\pi\} \cup \varphi' & \zeta = \beta_0 \\ \widehat{\tau}'_0 & \zeta = \alpha_0 \\ \theta'\ \zeta & \text{其他} \end{cases}$$

315

然后我们也有：

$$\theta''(\widehat{\Gamma}[f \mapsto \alpha_x \xrightarrow{\beta_0} \alpha_0][x \mapsto \alpha_x]) \vdash_{\mathsf{CFA}} e_0 : \widehat{\tau}'_0$$

根据归纳假设，存在 $\widehat{\tau}_0$，θ_0，C_0 和 θ'_G 使得：

$\mathcal{W}_{\mathsf{CFA}}(\widehat{\Gamma}[f \mapsto \alpha_x \xrightarrow{\beta_0} \alpha_0][x \mapsto \alpha_x], e_0) = (\widehat{\tau}_0, \theta_0, C_0)$

θ'_G 是 $\theta_0(\widehat{\Gamma}[f \mapsto \alpha_x \xrightarrow{\beta_0} \alpha_0][x \mapsto \alpha_x])$，$\widehat{\tau}_0$ 和 C_0 的一个地基校验，

$\theta'_G \circ \theta_0 = \theta''$ 除了在 $\mathcal{W}_{\mathsf{CFA}}(\cdots, e_0)$ 产生的新类型和注释变量上，

$\theta'_G\ \widehat{\tau}_0 = \widehat{\tau}'_0$

因为 $\theta'_G(\theta_0\alpha_0) = \theta''\alpha_0 = \widehat{\tau}'_0 = \theta'_G\ \widehat{\tau}_0$，根据结论 5.17，存在 θ_1 和 θ_G 使得 $\mathcal{U}_{\mathsf{CFA}}(\theta_0\alpha_0, \widehat{\tau}_0) = \theta_1$ 且 $\theta'_G = \theta_G \circ \theta_1$。因此：

θ_G 是 $\theta_1(\theta_0\widehat{\Gamma})$、$\theta_1(\theta_0\alpha_x) \xrightarrow{\theta_1(\theta_0\beta_0)} \theta_1\ \widehat{\tau}_0$ 和 $(\theta_1 C_0) \cup \{\theta_1(\theta_0\beta_0) \supseteq \{\pi\}\}$ 的一个地基校验，

$\theta_G \circ \theta_1 \circ \theta_0 = \theta'$ 除了在 $\mathcal{W}_{\mathsf{CFA}}(\cdots,\ \mathtt{fun}_\pi f\ x \texttt{ => } e_0)$ 产生的新类型和注释变量上，

$\theta_G(\theta_1(\theta_0\alpha_x) \xrightarrow{\theta_1(\theta_0\beta_0)} \theta_1(\theta_0\alpha_0)) = \widehat{\tau}'_x \xrightarrow{\{\pi\}\cup\varphi'} \widehat{\tau}'_0$

这是需要的结论。

$e_1\ e_2$ 情况。我们有

$$\theta'\ \widehat{\Gamma} \vdash_{\mathsf{CFA}} e_1\ e_2 : \widehat{\tau}'_0$$

根据表 5.2，这是因为：

$$\theta'\ \widehat{\Gamma} \vdash_{\mathsf{CFA}} e_1 : \widehat{\tau}'_2 \xrightarrow{\varphi'} \widehat{\tau}'_0$$
$$\theta'\ \widehat{\Gamma} \vdash_{\mathsf{CFA}} e_2 : \widehat{\tau}'_2$$

将归纳假设应用于 e_1，可知存在 $\widehat{\tau}_1$、θ_1、C_1 和 θ^1_G 使得：

$\mathcal{W}_{\mathsf{CFA}}(\widehat{\Gamma},e_1)=(\widehat{\tau}_1,\theta_1,C_1)$

θ_G^1 是 $\theta_1\widehat{\Gamma}$、$\widehat{\tau}_1$和 C_1 的一个地基校验，

$\theta_G^1\circ\theta_1=\theta'$除了在$\mathcal{W}_{\mathsf{CFA}}(\theta'\widehat{\Gamma},e_1)$产生的新类型和注释变量上，

$\theta_G^1\ \widehat{\tau}_1=\widehat{\tau}_2'\xrightarrow{\varphi'}\widehat{\tau}_0'$

然后我们有

$$\theta_G^1(\theta_1\ \widehat{\Gamma})\vdash_{\mathsf{CFA}} e_2:\widehat{\tau}_2'$$

因此，将归纳假设应用于 e_2，可知存在$\widehat{\tau}_2$、θ_2、C_1 和 θ_G^2 使得：

$\mathcal{W}_{\mathsf{CFA}}(\theta_1\widehat{\Gamma},e_2)=(\widehat{\tau}_2,\theta_2,C_2)$

θ_G^2 是 $\theta_2(\theta_1\widehat{\Gamma})$，$\widehat{\tau}_2$和 C_2 的一个地基校验，

$\theta_G^2\circ\theta_2=\theta_G^1$ 除了在$\mathcal{W}_{\mathsf{CFA}}(\cdots,\ e_2)$产生的新类型和注释变量上，

316

$\theta_G^2\ \widehat{\tau}_2=\widehat{\tau}_2'$

因此：

θ_G^2 是 $\theta_2(\theta_1\widehat{\Gamma})$、$\theta_2\ \widehat{\tau}_1$、$\theta_2C_1$、$\widehat{\tau}_2$和 C_2 的一个地基校验，

$\theta_G^2\circ\theta_2\circ\theta_1=\theta'$除了在 $\mathcal{W}_{\mathsf{CFA}}(\cdots,\ e_1)$或 $\mathcal{W}_{\mathsf{CFA}}(\cdots,\ e_2)$产生的新类型和注释变量上，

$\theta_G^2(\theta_2\ \widehat{\tau}_1)=\widehat{\tau}_2'\xrightarrow{\varphi'}\widehat{\tau}_0'$

$\theta_G^2\ \widehat{\tau}_2=\widehat{\tau}_2'$

下面设 α 和 β 为新变量，并定义：

$$\theta_G^3\ \zeta=\begin{cases}\widehat{\tau}_0' & \zeta=\alpha\\ \varphi' & \zeta=\beta\\ \theta_G^2\ \zeta & \text{其他}\end{cases}$$

因为 $\theta_G^3(\theta_2\ \widehat{\tau}_1)=\theta_G^2(\theta_2\ \widehat{\tau}_1)=\widehat{\tau}_2'\xrightarrow{\varphi'}\widehat{\tau}_0'=\theta_G^2\ \widehat{\tau}_2'\xrightarrow{\varphi'}\widehat{\tau}'_0=\theta_G^3(\widehat{\tau}_2\xrightarrow{\beta}\alpha)$，根据结论5.17，存在 θ_3 和 θ_G 使得 $\mathcal{U}_{\mathsf{CFA}}(\theta_2\ \widehat{\tau}_1,\ \widehat{\tau}_2\xrightarrow{\beta}\alpha)=\theta_3$ 和 $\theta_G^3=\theta_G\circ\theta_3$。因此：

θ_G 是 $\theta_3(\theta_2(\theta_1\widehat{\Gamma}))$、$\theta_3\alpha$ 和 $\theta_3(\theta_2C_1)\cup\theta_3C_2$ 的一个地基校验，

$\theta_G\circ\theta_3\circ\theta_2\circ\theta_1=\theta'$除了在 $\mathcal{W}_{\mathsf{CFA}}(\cdots,\ e_1e_2)$产生的新类型和注释变量上，

$\theta_G(\theta_3\alpha)=\theta_G^3\alpha=\widehat{\tau}_0'$

这是需要的结论。

if e_0 **then** e_1 **else** e_2、**let** x = e_1 **in** e_2 和 e_1 op e_2 三种情况的证明是类似的。 ■

5.3.4 解的存在性

因为 $\mathcal{W}_{\mathsf{CFA}}$ 产生一个约束的集合，语法可靠性(定理5.20)的命题比以往更弱一些：如果约束不能被求解，那我们就不能用可靠性结论来保证 $\mathcal{W}_{\mathsf{CFA}}$ 产生的结果可以从推理系统中推出。

因此，我们还想证明约束总是有解的；和本书之前的内容一致，我们将证明一个更强的结论。为此，设 $AV(C)$ 为 C 里的注释变量的集合。

引理5.22 如果 $\mathcal{W}_{\mathsf{CFA}}(\widehat{\Gamma},e)=(\widehat{\tau},\theta,C)$，并且 X 是一个注释变量的有限集合，使得 $X\supseteq AV(C)$，则

$$\{\theta_A \mid \theta_A \models C \wedge \ dom\ (\theta_A) = X \wedge \theta_A \text{ 是一个注释置换}\}$$

是一个 Moore 族。

证明 令 C 为 $\beta \supseteq \varphi$ 形式的约束的一个有限集合，这里 $\varphi \in \mathbf{SAnn}$，并且 $X \supseteq AV(C)$，X 是一个注释变量的有限集合。C 是否由 $\mathcal{W}_{\mathsf{CFA}}$ 产生并不重要。令 Y 为引理中展示的集合的一个可能为空的子集。每个 Y 的元素是一个定义域为 X 并满足 C 的注释置换。通过设

317

$$\theta\ \beta = \bigcap_{\theta_A \in Y} (\theta_A\ \beta) \qquad \text{对于} \beta \in X$$

我们定义一个注释置换 θ 使得 $dom\ (\theta) = X$。对于任何 C 里的 $\beta \supseteq \varphi$ 和 Y 里的 θ_A，我们有

$$\theta_A\ \beta \supseteq \theta_A\ \varphi \supseteq \theta\ \varphi$$

（因为 φ 在任何新注释变量上是单调的），因此

$$\theta\ \beta = \bigcap_{\theta_A \in Y} \theta_A\ \beta \supseteq \bigcap_{\theta_A \in Y} \theta\ \varphi \supseteq \theta\ \varphi$$

这是需要的结论。 ■

现在考虑一个调用 $\mathcal{W}_{\mathsf{CFA}}(\widehat{\Gamma}, e) = (\widehat{\tau}, \theta, C)$，以及如何找到地基置换 θ_G 覆盖 $\theta\widehat{\Gamma}$、$\widehat{\tau}$和 C。在定理 5.20 的命题后面我们强调了 θ_G 可以写成 $\theta_A \circ \theta_T$，这里注释置换 θ_A 覆盖 $\theta\widehat{\Gamma}$、$\widehat{\tau}$和 C，类型置换 θ_T 覆盖 $\theta\widehat{\Gamma}$ 和$\widehat{\tau}$。类型置换 θ_T 必须由$\mathcal{W}_{\mathsf{CFA}}$的用户来选择，一种可能性是对所有 $\theta\widehat{\Gamma}$ 和$\widehat{\tau}$里出现的类型变量 α 设 $\theta_T\alpha = \mathtt{int}$。注释置换 θ_A 的存在性现在可以从引理 5.22 推出。

推论 5.23 如果 $\mathcal{W}_{\mathsf{CFA}}(\widehat{\Gamma}, e) = (\widehat{\tau}、\theta、C)$，则存在一个 $\theta\widehat{\Gamma}$、$\widehat{\tau}$ 和 C 的地基校验 θ_G。

证明 对于所有 $\theta\widehat{\Gamma}$ 和 $\widehat{\tau}$ 里的类型变量 α，定义 θ_T 为 $\theta_T\alpha = \mathtt{int}$。显然 θ_T 覆盖 $\theta\widehat{\Gamma}$ 和 $\widehat{\tau}$。然后让 X 表示 $\theta\widehat{\Gamma}$、$\widehat{\tau}$ 和 C 里的注释变量的集合。引理 5.22 保证存在一个注释置换 θ_A 覆盖 $\theta\widehat{\Gamma}$、$\widehat{\tau}$和 C 并满足 $\theta_A \models C$。取 $\theta_G = \theta_A \circ \theta_T$，我们得到一个 $\theta\widehat{\Gamma}$、$\widehat{\tau}$ 和 C 的地基校验。 ■

通过类型置换得到的结果是唯一的仅当 $\theta\widehat{\Gamma}$ 和 $\widehat{\tau}$ 里不存在类型变量。如果存在至少一个类型变量，那么使用以上的 θ_T 得到的结果和使用对于任何 $\theta\widehat{\Gamma}$ 和 $\widehat{\tau}$ 里的类型变量 α 满足 $\theta'_T\alpha = \mathtt{bool}$ 的 θ'_T 是不同的。一般来说，对于一个任意的底层类型τ_α，一个类型置换 θ''_T 可能满足 $\theta''_T\alpha \in \widehat{\mathbf{Type}}[\tau_\alpha]$。但是，如果$\widehat{\mathbf{Type}}[\tau_\alpha]$包含多于一个元素，我们一般倾向于使用最小的元素，因为它在所有函数箭头上都注释为空(参考练习 5.9)。

类似地，我们更倾向于使用引理 5.22 保证的最小的注释置换。记住所有 C 里的约束都是$\beta \supseteq \{\pi\}$ 的形式，这里 $\beta \in \mathbf{AVar}$ 和$\pi \in \mathbf{Pnt}$，我们只需设置：

$$\theta_A\ \beta = \begin{cases} \{\pi \mid \beta \supseteq \{\pi\} \text{ is in } C\} & \beta \in AV(C) \\ \text{未定义} & \text{其他} \end{cases}$$

318

显然有 $dom\ (\theta_A) = AV(C)$ 和 $\theta_A \models C$。如果也有 $dom\ (\theta) = AV(C)$ 和 $\theta \models C$，则显然 $\forall \beta$: $\theta\beta \supseteq \theta_A\beta$，也可以写为 $\theta \sqsupseteq \theta_A$。这展示了以上构造的 θ_A 确实是引理 5.22 的 Moore 族的最小元素。

5.4 作用

控制流分析的类型和作用系统比较简单：它是一个语法引导的系统，使用一种子作用(subeffecting)，并且注释仅仅是集合。更强大的类型和作用系统可以通过允许子类型、`let` 多态或多态递归得到，这些系统的分析将更加强大。当然，对实现的技巧也有更高的要求。

子类型和各种多态概念可以综合起来，但为了简洁，我们将单个展示它们。我们首先展示一个包含赋值的 FUN 语言扩展的副作用分析，它用到了子作用和子类型。接着，我

们将展示一个对于包含异常的 FUN 语言扩展的异常分析，它会用到子作用、子类型和多态性。最后，我们展示一个 FUN 语言的区域分析，它基于多态递归。

5.4.1 副作用分析

语法 让我们考虑一个 FUN 语言(见 5.1 节)的扩展，包含创建引用变量和访问/更新它们的值的命令式构造：

$$e ::= \cdots \mid \mathtt{new}_\pi\ x\ \mathtt{:=}\ e_1\ \mathtt{in}\ e_2 \mid \mathtt{!}x \mid x\ \mathtt{:=}\ e_0 \mid e_1\ \mathtt{;}\ e_2$$

基本想法是 $\mathtt{new}_\pi\ x := e_1\ \mathtt{in}\ e_2$ 创建一个新的引用变量 x，并把它初始化为 e_1 的值。这个引用变量的范围是 e_2，但我们要让引用变量的创建在它的范围外也能看到，因此可以决定是否一个函数需要分配更多内存。一个应用变量的值 x 可以用 $\mathtt{!}x$ 得到，它可以通过赋值 $x\ \mathtt{:=}\ e_0$ 设为新的值。顺序构造 e_1; e_2 首先执行 e_1(包括副作用)，然后执行 e_2。

319

例 5.24 以下程序计算一个正整数 x 的斐波那契数，并把结果放在引用变量 r 里：

```
newR r:=0
in   let fib = funF f z => if z<3 then r:=!r+1
                                 else f(z-1); f(z-2)
     in fib x; !r
```

这个程序创建一个新的引用变量 r，并把它初始化为 0，然后定义函数 fib，以 x 为参数调用这个函数，并返回 r 的值。递归函数主体的语句 r:= !r + 1 每次执行时使 r 的值加 1，因此每次 fib x 的调用会把 r 的值添加 x 的斐波那契数。 ■

副作用分析的目的是记录：

对于每个子语句，哪些位置被创建、访问和赋值。

因此，对于例 5.24 的函数 fib，这个分析将记录它访问和赋值了由程序点 R 创建的引用变量。

语义 在展示分析之前，让我们简略地概述这个语言的语义。为了分开不同版本的 new 构造，让我们引入位置(或引用)，并且和第 2 章的命令式语言一样，格局将包含一个存储部件，将位置映射到它们的值：

$$\varsigma \in \mathbf{Store} = \mathbf{Loc} \to_{\text{fin}} \mathbf{Val}$$

Val 的取值包括常量 c，形式为 $\mathtt{fn}_\pi\ x\ \mathtt{=>}\ e$ 的(封闭)函数抽象，以及位置 $\xi \in \mathbf{Loc}$。表 5.4 的语义子句现在可以被修改，以追踪从左到右的取值中存储的变化。例如，以下 let 构造的子句：

$$\frac{\vdash \langle e_1, \varsigma_1\rangle \longrightarrow \langle v_1, \varsigma_2\rangle \quad \vdash \langle e_2[x \mapsto v_1], \varsigma_2\rangle \longrightarrow \langle v_2, \varsigma_3\rangle}{\vdash \langle \mathtt{let}\ x\ \mathtt{=}\ e_1\ \mathtt{in}\ e_2, \varsigma_1\rangle \longrightarrow \langle v_2, \varsigma_3\rangle}$$

对于新的构造，我们将有以下公理和规则：

$$\frac{\vdash \langle e_1, \varsigma_1\rangle \longrightarrow \langle v_1, \varsigma_2\rangle \quad \vdash \langle e_2[x \mapsto \xi], \varsigma_2[\xi \mapsto v_1]\rangle \longrightarrow \langle v_2, \varsigma_3\rangle}{\vdash \langle \mathtt{new}_\pi\ x\ \mathtt{:=}\ e_1\ \mathtt{in}\ e_2, \varsigma_1\rangle \longrightarrow \langle v_2, \varsigma_3\rangle}$$

其中 ξ 不出现在 ς_2 的定义域里

$$\vdash \langle \mathtt{!}\xi, \varsigma\rangle \longrightarrow \langle \varsigma(\xi), \varsigma\rangle$$

$$\frac{\vdash \langle e, \varsigma_1\rangle \longrightarrow \langle v, \varsigma_2\rangle}{\vdash \langle \xi\mathtt{:=}e, \varsigma_1\rangle \longrightarrow \langle v, \varsigma_2[\xi \mapsto v]\rangle}$$

320

$$\frac{\vdash \langle e_1, \varsigma_1\rangle \longrightarrow \langle v_1, \varsigma_2\rangle \quad \vdash \langle e_2, \varsigma_2\rangle \longrightarrow \langle v_2, \varsigma_3\rangle}{\vdash \langle e_1; e_2, \varsigma_1\rangle \longrightarrow \langle v_2, \varsigma_3\rangle}$$

在 new 的规则里，我们对 e_1 取值，创建新的位置 ξ 并将其初始化为 e_1 的值，然后在语法层面上把所有 x 的出现替换成那个位置，因此以后所有 x 的引用都指向 ξ。我们在定义访问和更新构造的语义时利用这一点。注意赋值返回的结果是被赋予的值。

注释类型 在副作用分析里，一个位置将由创建它的程序点表示。因此，我们定义 $\varphi \in \mathbf{Ann}_{\mathsf{SE}}$ 的注释(或作用)为：

$$\varphi ::= \{!\pi\} \mid \{\pi:=\} \mid \{\mathtt{new}\pi\} \mid \varphi_1 \cup \varphi_2 \mid \emptyset$$

注释 $!\pi$ 表示访问了在 π 处创建的位置的值，$\pi:=$ 表示在 π 处创建的位置被赋值；new π 表示一个新的位置在 π 处创建。和控制流分析一样，我们将考虑注释模 UCAI。我们需要一个程序点的集合 ϖ，定义为

$$\varpi ::= \pi \mid \varpi_1 \cup \varpi_2 \mid \emptyset$$

同样被解释为模 UCAI。我们将用 $\varpi = \{\pi_1, \cdots, \pi_n\}$ 代表一个典型的元素。

注释类型 $\widehat{\tau} \in \mathbf{Type}_{\mathsf{SE}}$ 的定义为：

$$\widehat{\tau} ::= \mathtt{int} \mid \mathtt{bool} \mid \widehat{\tau}_1 \xrightarrow{\varphi} \widehat{\tau}_2 \mid \mathtt{ref}_{\varpi}\ \widehat{\tau}$$

这里 $\mathtt{ref}_{\varpi}\ \widehat{\tau}$ 是 ϖ 里某个程序点创建的位置的类型，包含注释类型为 $\widehat{\tau}$ 的值。和往常一样，类型环境 $\widehat{\Gamma}$ 是从变量到注释类型的映射。

例 5.25 考虑例 5.24 的斐波那契程序

```
newR r:=0
in  let fib = funF f z => if z<3 then r:=!r+1
                              else f(z-1); f(z-2)
    in fib x; !r
```

变量 r 有注释类型 $\mathtt{ref}_{\{\mathsf{R}\}}\ \mathtt{int}$，变量 fib 有类型 $\mathtt{int} \xrightarrow{\{!\mathsf{R},\mathsf{R}:=\}} \mathtt{int}$，因为它是整数到整数的函数，并且当它执行时，作为副作用它访问和更新了在程序点 R 创建的引用。■

类型断言 副作用分析的类型断言的形式为：

$$\widehat{\Gamma} \vdash_{\mathsf{SE}} e : \widehat{\tau}\ \&\ \varphi$$

321

它的意思是在 $\widehat{\Gamma}$ 的假设下，表达式 e 的取值具有注释类型 $\widehat{\tau}$，并且在计算过程中由 φ 表达的副作用可能出现。这个分析由表 5.9 的公理和规则描述。

表 5.9 副作用分析

[con]	$\widehat{\Gamma} \vdash_{\mathsf{SE}} c : \tau_c\ \&\ \emptyset$
[var]	$\widehat{\Gamma} \vdash_{\mathsf{SE}} x : \widehat{\tau}\ \&\ \emptyset$ 如果 $\widehat{\Gamma}(x) = \widehat{\tau}$
[fn]	$\dfrac{\widehat{\Gamma}[x \mapsto \widehat{\tau}_x] \vdash_{\mathsf{SE}} e_0 : \widehat{\tau}_0\ \&\ \varphi_0}{\widehat{\Gamma} \vdash_{\mathsf{SE}} \mathtt{fn}_\pi\ x\ \mathtt{=>}\ e_0 : \widehat{\tau}_x \xrightarrow{\varphi_0} \widehat{\tau}_0\ \&\ \emptyset}$
[fun]	$\dfrac{\widehat{\Gamma}[f \mapsto \widehat{\tau}_x \xrightarrow{\varphi_0} \widehat{\tau}_0][x \mapsto \widehat{\tau}_x] \vdash_{\mathsf{SE}} e_0 : \widehat{\tau}_0\ \&\ \varphi_0}{\widehat{\Gamma} \vdash_{\mathsf{SE}} \mathtt{fun}_\pi\ f\ x\ \mathtt{=>}\ e_0 : \widehat{\tau}_x \xrightarrow{\varphi_0} \widehat{\tau}_0\ \&\ \emptyset}$
[app]	$\dfrac{\widehat{\Gamma} \vdash_{\mathsf{SE}} e_1 : \widehat{\tau}_2 \xrightarrow{\varphi_0} \widehat{\tau}_0\ \&\ \varphi_1 \quad \widehat{\Gamma} \vdash_{\mathsf{SE}} e_2 : \widehat{\tau}_2\ \&\ \varphi_2}{\widehat{\Gamma} \vdash_{\mathsf{SE}} e_1\ e_2 : \widehat{\tau}_0\ \&\ \varphi_1 \cup \varphi_2 \cup \varphi_0}$
[if]	$\dfrac{\widehat{\Gamma} \vdash_{\mathsf{SE}} e_0 : \mathtt{bool}\ \&\ \varphi_0 \quad \widehat{\Gamma} \vdash_{\mathsf{SE}} e_1 : \widehat{\tau}\ \&\ \varphi_1 \quad \widehat{\Gamma} \vdash_{\mathsf{SE}} e_2 : \widehat{\tau}\ \&\ \varphi_2}{\widehat{\Gamma} \vdash_{\mathsf{SE}} \mathtt{if}\ e_0\ \mathtt{then}\ e_1\ \mathtt{else}\ e_2 : \widehat{\tau}\ \&\ \varphi_0 \cup \varphi_1 \cup \varphi_2}$
[let]	$\dfrac{\widehat{\Gamma} \vdash_{\mathsf{SE}} e_1 : \widehat{\tau}_1\ \&\ \varphi_1 \quad \widehat{\Gamma}[x \mapsto \widehat{\tau}_1] \vdash_{\mathsf{SE}} e_2 : \widehat{\tau}_2\ \&\ \varphi_2}{\widehat{\Gamma} \vdash_{\mathsf{SE}} \mathtt{let}\ x\ \mathtt{=}\ e_1\ \mathtt{in}\ e_2 : \widehat{\tau}_2\ \&\ \varphi_1 \cup \varphi_2}$

（续）

[op]	$\dfrac{\widehat{\Gamma} \vdash_{\mathsf{SE}} e_1 : \tau_{op}^1 \ \&\ \varphi_1 \quad \widehat{\Gamma} \vdash_{\mathsf{SE}} e_2 : \tau_{op}^2 \ \&\ \varphi_2}{\widehat{\Gamma} \vdash_{\mathsf{SE}} e_1\ op\ e_2 : \tau_{op} \ \&\ \varphi_1 \cup \varphi_2}$	
[deref]	$\widehat{\Gamma} \vdash_{\mathsf{SE}} !x : \widehat{\tau} \ \&\ \{!\pi_1, \cdots, !\pi_n\}$	如果 $\widehat{\Gamma}(x) = \mathtt{ref}_{\{\pi_1,\cdots,\pi_n\}}\widehat{\tau}$
[ass]	$\dfrac{\widehat{\Gamma} \vdash_{\mathsf{SE}} e : \widehat{\tau} \ \&\ \varphi}{\widehat{\Gamma} \vdash_{\mathsf{SE}} x := e : \widehat{\tau} \ \&\ \varphi \cup \{\pi_1{:=}, \cdots, \pi_n{:=}\}}$	如果 $\widehat{\Gamma}(x) = \mathtt{ref}_{\{\pi_1,\cdots,\pi_n\}}\widehat{\tau}$
[new]	$\dfrac{\widehat{\Gamma} \vdash_{\mathsf{SE}} e_1 : \widehat{\tau}_1 \ \&\ \varphi_1 \quad \widehat{\Gamma}[x \mapsto \mathtt{ref}_{\{\pi\}}\widehat{\tau}_1] \vdash_{\mathsf{SE}} e_2 : \widehat{\tau}_2 \ \&\ \varphi_2}{\widehat{\Gamma} \vdash_{\mathsf{SE}} \mathtt{new}_\pi\ x := e_1\ \mathtt{in}\ e_2 : \widehat{\tau}_2 \ \&\ (\varphi_1 \cup \varphi_2 \cup \{\mathtt{new}\pi\})}$	
[seq]	$\dfrac{\widehat{\Gamma} \vdash_{\mathsf{SE}} e_1 : \widehat{\tau}_1 \ \&\ \varphi_1 \quad \widehat{\Gamma} \vdash_{\mathsf{SE}} e_2 : \widehat{\tau}_2 \ \&\ \varphi_2}{\widehat{\Gamma} \vdash_{\mathsf{SE}} e_1\ ;\ e_2 : \widehat{\tau}_2 \ \&\ \varphi_1 \cup \varphi_2}$	
[sub]	$\dfrac{\widehat{\Gamma} \vdash_{\mathsf{SE}} e : \widehat{\tau} \ \&\ \varphi}{\widehat{\Gamma} \vdash_{\mathsf{SE}} e : \widehat{\tau}' \ \&\ \varphi'}$	如果 $\widehat{\tau} \leqslant \widehat{\tau}'$ and $\varphi \subseteq \varphi'$

322

在子句[*con*]和[*var*]里，我们记录没有副作用，因此我们用 $\emptyset$ 代表整体作用。子句[*fn*]的假设给定函数主体的作用，我们用它注释函数类型的箭头，而用 $\emptyset$ 注释函数定义本身的整体作用：仅仅定义一个函数并没有可观察的副作用。这也可以解释递归函数定义，唯一的区别是关于 f 的假设使用的作用必须等于从函数主体得到的作用。在关于[*app*]的规则里，我们看到这些信息是如何结合在一起的：整体作用是对参数 e_1 取值时观察到的作用，对参数 e_2 取值时观察到的作用，以及对函数主体取值时观察到的作用。关于[*if*]、[*let*]和[*op*]的规则是显然的。

现在转向关于引用变量的公理和规则，我们保证对变量赋的值只能是恰当的类型。另外，在每种情况下，我们注意记录一个位置在相关的程序点创建、引用或赋值。规则[*seq*]是显然的，而最后一个规则[*sub*]将在下面解释。

例 5.26 以下程序

```
newA x:=1
in   (newB y:=!x in (x:=!y+1; !y+3))
   + (newC x:=!x in (x:=!x+1; !x+1))
```

取值为 8，因为两个被加数都取值为 4。第一个被加数有类型和作用

$$\mathtt{int}\ \&\ \{\mathsf{newB}, !\mathsf{A}, \mathsf{A}{:=}, !\mathsf{B}\}$$

第二个被加数有类型和作用

$$\mathtt{int}\ \&\ \{\mathsf{newC}, !\mathsf{A}, \mathsf{C}{:=}, !\mathsf{C}\}$$

因为被更新的引用变量是局部的。因此

$$\mathtt{int}\ \&\ \{\mathsf{newA}, \mathsf{A}{:=}, !\mathsf{A}, \mathsf{newB}, !\mathsf{B}, \mathsf{newC}, \mathsf{C}{:=}, !\mathsf{C}\}$$

是整体程序的类型和作用。从作用可以看出在 B 处创建的变量（程序中是 y）在创建后从未被重新赋值。这让我们想到或许可以把 $\mathtt{new}_\mathsf{B}$ 构造转换成一个 let 构造（也就是 let y=!x in (x:=y+1; y+3)）。 ■

323

子作用和子类型 表 5.9 的规则[*sub*]的目的是保证我们得到一个底层类型系统的保守扩展。这条规则实际上是两条规则的结合：子作用规则

$$\frac{\widehat{\Gamma} \vdash_{\mathsf{SE}} e : \widehat{\tau} \ \&\ \varphi}{\widehat{\Gamma} \vdash_{\mathsf{SE}} e : \widehat{\tau} \ \&\ \varphi'} \quad \varphi \subseteq \varphi'$$

和与其分开的子类型规则

$$\frac{\widehat{\Gamma} \vdash_{\mathsf{SE}} e : \widehat{\tau} \ \& \ \varphi}{\widehat{\Gamma} \vdash_{\mathsf{SE}} e : \widehat{\tau}' \ \& \ \varphi} \quad \widehat{\tau} \leqslant \widehat{\tau}'$$

这里 $\varphi \subseteq \varphi'$的意思是 φ 是 φ'的“子集”(模 UCAI)，在5.2.3节(和练习5.3)中已经讨论过。注释类型上的顺序 $\widehat{\tau} \leqslant \widehat{\tau}'$来源于注释上的顺序：

$$\widehat{\tau} \leqslant \widehat{\tau} \qquad \frac{\widehat{\tau}_1' \leqslant \widehat{\tau}_1 \quad \widehat{\tau}_2 \leqslant \widehat{\tau}_2' \quad \varphi \subseteq \varphi'}{\widehat{\tau}_1 \xrightarrow{\varphi} \widehat{\tau}_2 \leqslant \widehat{\tau}_1' \xrightarrow{\varphi'} \widehat{\tau}_2'} \qquad \frac{\widehat{\tau} \leqslant \widehat{\tau}' \quad \widehat{\tau}' \leqslant \widehat{\tau} \quad \varpi \subseteq \varpi'}{\mathtt{ref}_{\varpi}\ \widehat{\tau} \leqslant \mathtt{ref}_{\varpi'}\ \widehat{\tau}'}$$

注意对于函数的参数，比较的顺序是相反的。我们说 $\widehat{\tau}_1 \xrightarrow{\varphi} \widehat{\tau}_2$ 在 $\widehat{\tau}_1$ 上是**逆变**(contravariant)，但在 $\widehat{\tau}_2$ 上是**协变**(covariant)。(为了熟悉这个想法，可以假设类型实际上是逻辑命题，而$\xrightarrow{\varphi}$和$\leqslant$都是逻辑蕴含，则可以看到这个规则显然是正确的。)另外注意$\mathtt{ref}_{\varpi}\ \widehat{\tau}$ 在 ϖ 上是协变，在 $\widehat{\tau}$ 上既是协变(当引用变量用于访问它的值，也就是$!x$)也是逆变(当引用变量用于赋值，也就是 x := ⋯)。之后可以看到，这对语义正确性至关重要。

这种形式的子类型称为形状一致(shape conformant)子类型，因为 $\widehat{\tau}_1 \leqslant \widehat{\tau}_2$ 意味着这两个注释类型具有相同的底层类型，也就是$\lfloor \widehat{\tau}_1 \rfloor = \lfloor \widehat{\tau}_2 \rfloor$。因此 $\widehat{\tau}_1$ 和 $\widehat{\tau}_2$ 有同样的“形状”(存在比这更宽容的子类型概念，我们将在结束语里回到这个问题)。

例 5.27 考虑以下程序

```
newA x:=1
in (fn f => f (fn y => !x) + f (fn z => (x:=z; z)))
   (fn g => g 1)
```

在这里我们省略了函数定义上的注释。这个程序取值为 2，因为每个被加数取值为 1。

f 的两个参数的类型和作用是

$$\mathtt{int} \xrightarrow{\{!\mathsf{A}\}} \mathtt{int} \quad \& \quad \emptyset$$

$$\mathtt{int} \xrightarrow{\{\mathsf{A}:=\}} \mathtt{int} \quad \& \quad \emptyset$$

324

并且 f 的类型是

$$(\mathtt{int} \xrightarrow{\{!\mathsf{A},\mathsf{A}:=\}} \mathtt{int}) \xrightarrow{\{!\mathsf{A},\mathsf{A}:=\}} \mathtt{int}$$

f 在参数上的应用是类型良好的：我们有

$$(\mathtt{int} \xrightarrow{\{!\mathsf{A}\}} \mathtt{int}) \leqslant (\mathtt{int} \xrightarrow{\{!\mathsf{A},\mathsf{A}:=\}} \mathtt{int})$$

$$(\mathtt{int} \xrightarrow{\{\mathsf{A}:=\}} \mathtt{int}) \leqslant (\mathtt{int} \xrightarrow{\{!\mathsf{A},\mathsf{A}:=\}} \mathtt{int})$$

并且可以使用子类型的规则来修改参数上的类型，使得它们等于 f 期待的类型。

如果我们只用了关于子作用的规则，我们将不得不让 f 的两个参数具有类型和作用：

$$\mathtt{int} \xrightarrow{\{\mathsf{A}:=,!\mathsf{A}\}} \mathtt{int} \quad \& \quad \emptyset$$

$$\mathtt{int} \xrightarrow{\{\mathsf{A}:=,!\mathsf{A}\}} \mathtt{int} \quad \& \quad \emptyset$$

这确实是可能的，通过刚好在使用函数抽象的规则前使用子作用的规则。 ■

子作用和子类型的合并规则[*sub*]保证了我们得到一个底层类型系统的保守扩展。我们也可以只添加子作用规则，或只添加子类型规则。但是，如果我们不添加任何附加规则，保守扩展的性质将不再成立。

备注　我们可以把“注释类型系统”和“作用系统”分开，但这非常微妙，并且把它们正式分开没有很大的帮助；但直观上说它们确实有区别。在本小节展示的分析实际上是一个作用系统，因为注释并不反映函数的输入和输出；而是反映计算的内部步骤。相比之下，5.1 节的分析是一个注释类型系统因为注释反映了语义值的内涵(intentional aspect)：对表达式求值可能会得到哪些函数抽象。■

5.4.2　异常分析

语法　下面我们考虑异常分析，这个分析的目的是确定：

325

对于每个表达式，对这个表达式取值可能会抛出哪些异常。

这些异常可能被原始操作抛出(例如除以 0)，或者由程序显式抛出。另外，程序可能会通过执行一个处理异常的表达式来捕获一个异常。为了说明这个场景，我们扩展 FUN (见 5.1 节)的语法如下：

$$e ::= \cdots \mid \texttt{raise}\ s \mid \texttt{handle}\ s\ \texttt{as}\ e_1\ \texttt{in}\ e_2$$

异常由 raise 构造抛出。如果 e_2 抛出某个异常 s_1，则 handle s_2 as e_1 in e_2 将在 $s_1 = s_2$ 的情况下捕获异常，并执行 e_1；如果 $s_1 \neq s_2$ 我们将继续传播异常 s_1。我们对异常的处理较为简单，仅使用字符串来表示它们的身份。

例 5.28　考虑以下程序计算来自变量 x 和 y 的值 x 和 y 的组合$\binom{x}{y}$：

```
let comb = fun f x => fn y =>
             if x<0 then raise x-out-of-range
             else if y<0 or y>x then raise y-out-of-range
                  else if y=0 or y=x then 1
                       else f (x-1) y + f (x-1) (y-1)
in handle x-out-of-range as 0 in comb x y
```

如果 x 是负数，这个程序将抛出异常 x-out-of-range。在这个情况下 let 构造的主体捕获异常，并返回值 0。如果 y 的值是负数或大于 x 的值，这个程序将抛出异常 y-out-of-range。这个异常没有被程序捕获。■

语义　在展示分析之前，让我们简略地概述这个语言的语义。一个表达式可以抛出一个异常，因此我们扩充值的集合 **Val** 以包含形式为 raise s 的值。表 5.4 的语义子句需要被扩充来处理这些新的值。譬如，对于函数应用，我们应该添加三条规则

$$\frac{\vdash e_1 \longrightarrow \texttt{raise}\ s}{\vdash e_1\ e_2 \longrightarrow \texttt{raise}\ s}$$

$$\frac{\vdash e_1 \longrightarrow (\texttt{fn}_\pi\ x\ \texttt{=>}\ e_0) \quad \vdash e_2 \rightarrow \texttt{raise}\ s}{\vdash e_1\ e_2 \longrightarrow \texttt{raise}\ s}$$

326

$$\frac{\vdash e_1 \longrightarrow (\texttt{fn}_\pi\ x\ \texttt{=>}\ e_0) \quad \vdash e_2 \rightarrow v_2 \quad \vdash e_0[x \mapsto v_2] \longrightarrow \texttt{raise}\ s}{\vdash e_1\ e_2 \longrightarrow \texttt{raise}\ s}$$

反映规则[*app*]的前提里的任何一个子计算都可能抛出异常。我们需要在其他构造里添加类似的规则。

我们可以用以下公理和规则来描述新的构造的意义：

$$\vdash \texttt{raise}\ s \longrightarrow \texttt{raise}\ s$$

$$\frac{\vdash e_2 \longrightarrow v_2}{\vdash \texttt{handle}\ s\ \texttt{as}\ e_1\ \texttt{in}\ e_2 \longrightarrow v_2} \quad v_2 \neq \texttt{raise}\ s$$

$$\frac{\vdash e_2 \longrightarrow \texttt{raise}\ s \quad \vdash e_1 \longrightarrow v_1}{\vdash \texttt{handle}\ s\ \texttt{as}\ e_1\ \texttt{in}\ e_2 \longrightarrow v_1}$$

注意 handle s as e_1 in e_2 里的表达式 e_2 也可能抛出一个不同于 s 的异常。在这个情况下异常将会传播到 handle 构造之外。类似地，表达式 e_1 可能抛出一个异常，传播到 handle 构造之外。

注释类型 异常分析的目的是确定有哪些异常可能被程序抛出并且不被捕获。因此，我们将设注释为异常的集合。为了得到更灵活的类型系统和更强大的分析，我们将使用一个多态类型系统。这意味着我们将允许注释类型包含类型变量，以及允许注释包含注释变量。因此，注释(或作用)$\varphi \in \mathbf{Ann}_{\mathsf{ES}}$的语法如下：

$$\varphi ::= \{s\} \mid \varphi_1 \cup \varphi_2 \mid \emptyset \mid \beta$$

注释类型 $\widehat{\tau} \in \mathbf{Type}_{\mathsf{ES}}$的语法如下：

$$\widehat{\tau} ::= \texttt{int} \mid \texttt{bool} \mid \widehat{\tau}_1 \xrightarrow{\varphi} \widehat{\tau}_2 \mid \alpha$$

和往常一样，作用对于 UCAI 考虑为相等。为了简明地表达多态，我们引入类型模式(type schemes)。它们的形式为

$$\widehat{\sigma} ::= \forall(\zeta_1, \cdots, \zeta_n).\widehat{\tau}$$

这里 $\zeta_1,\cdots,\zeta_n$ 是一个(可能为空)的类型变量和注释变量列表。如果列表为空，我们把 $\forall().\widehat{\tau}$ 简写为 $\widehat{\tau}$。

例 5.29 考虑函数 $\texttt{fn}_{\mathsf{F}}\texttt{f => fn}_{\mathsf{X}}\texttt{x => fx}$。我们赋予它类型模式：

$$\forall\ '\text{a},\ '\text{b},\ '1.\ ('\text{a} \xrightarrow{'1} '\text{b}) \xrightarrow{\emptyset} ('\text{a} \xrightarrow{'1} '\text{b})$$

具有类似于

$$(\texttt{int} \xrightarrow{\{\texttt{x-out-of-range}\}} \texttt{int}) \xrightarrow{\emptyset} (\texttt{int} \xrightarrow{\{\texttt{x-out-of-range}\}} \texttt{int})$$

和$(\texttt{int} \xrightarrow{\emptyset} \texttt{bool}) \xrightarrow{\emptyset} (\texttt{int} \xrightarrow{\emptyset} \texttt{bool})$的实例。 ■ 327

类型断言 异常分析的类型断言有以下形式：

$$\widehat{\Gamma} \vdash_{\mathsf{ES}} e : \widehat{\sigma}\ \&\ \varphi$$

这里类型环境 $\widehat{\Gamma}$ 把变量映射到类型模式。如预期的，$\widehat{\sigma}$ 表示 e 的类型模式，而 φ 是 e 的取值中可能抛出的异常集合。这个分析由表 5.10 的公理和规则描述。大多数公理和规则都是我们之前看到的规则的简单修改；在[*let*]规则里，let 的约束变量上使用类型模式将为我们提供需要的多态。

表 5.10 异常分析

[*con*]	$\widehat{\Gamma} \vdash_{\mathsf{ES}} c : \tau_c\ \&\ \emptyset$
[*var*]	$\widehat{\Gamma} \vdash_{\mathsf{ES}} x : \widehat{\sigma}\ \&\ \emptyset$ 如果 $\widehat{\Gamma}(x) = \widehat{\sigma}$
[*fn*]	$\dfrac{\widehat{\Gamma}[x \mapsto \widehat{\tau}_x] \vdash_{\mathsf{ES}} e_0 : \widehat{\tau}_0\ \&\ \varphi_0}{\widehat{\Gamma} \vdash_{\mathsf{ES}} \texttt{fn}_\pi\ x\ \texttt{=>}\ e_0 : \widehat{\tau}_x \xrightarrow{\varphi_0} \widehat{\tau}_0\ \&\ \emptyset}$
[*fun*]	$\dfrac{\widehat{\Gamma}[f \mapsto \widehat{\tau}_x \xrightarrow{\varphi_0} \widehat{\tau}_0][x \mapsto \widehat{\tau}_x] \vdash_{\mathsf{ES}} e_0 : \widehat{\tau}_0\ \&\ \varphi_0}{\widehat{\Gamma} \vdash_{\mathsf{ES}} \texttt{fun}_\pi\ f\ x\ \texttt{=>}\ e_0 : \widehat{\tau}_x \xrightarrow{\varphi_0} \widehat{\tau}_0\ \&\ \emptyset}$

（续）

$$[app]\quad \frac{\widehat{\Gamma} \vdash_{\mathsf{ES}} e_1 : \widehat{\tau}_2 \xrightarrow{\varphi_0} \widehat{\tau}_0 \;\&\; \varphi_1 \quad \widehat{\Gamma} \vdash_{\mathsf{ES}} e_2 : \widehat{\tau}_2 \;\&\; \varphi_2}{\widehat{\Gamma} \vdash_{\mathsf{ES}} e_1\, e_2 : \widehat{\tau}_0 \;\&\; \varphi_1 \cup \varphi_2 \cup \varphi_0}$$

$$[if]\quad \frac{\widehat{\Gamma} \vdash_{\mathsf{ES}} e_0 : \mathtt{bool} \;\&\; \varphi_0 \quad \widehat{\Gamma} \vdash_{\mathsf{ES}} e_1 : \widehat{\tau} \;\&\; \varphi_1 \quad \widehat{\Gamma} \vdash_{\mathsf{ES}} e_2 : \widehat{\tau} \;\&\; \varphi_2}{\widehat{\Gamma} \vdash_{\mathsf{ES}} \mathtt{if}\ e_0\ \mathtt{then}\ e_1\ \mathtt{else}\ e_2 : \widehat{\tau} \;\&\; \varphi_0 \cup \varphi_1 \cup \varphi_2}$$

$$[let]\quad \frac{\widehat{\Gamma} \vdash_{\mathsf{ES}} e_1 : \widehat{\sigma}_1 \;\&\; \varphi_1 \quad \widehat{\Gamma}[x \mapsto \widehat{\sigma}_1] \vdash_{\mathsf{ES}} e_2 : \widehat{\tau}_2 \;\&\; \varphi_2}{\widehat{\Gamma} \vdash_{\mathsf{ES}} \mathtt{let}\ x\ \mathtt{=}\ e_1\ \mathtt{in}\ e_2 : \widehat{\tau}_2 \;\&\; \varphi_1 \cup \varphi_2}$$

$$[op]\quad \frac{\widehat{\Gamma} \vdash_{\mathsf{ES}} e_1 : \tau_{op}^1 \;\&\; \varphi_1 \quad \widehat{\Gamma} \vdash_{\mathsf{ES}} e_2 : \tau_{op}^2 \;\&\; \varphi_2}{\widehat{\Gamma} \vdash_{\mathsf{ES}} e_1\ op\ e_2 : \tau_{op} \;\&\; \varphi_1 \cup \varphi_2}$$

$$[raise]\quad \widehat{\Gamma} \vdash_{\mathsf{ES}} \mathtt{raise}\ s : \widehat{\tau} \;\&\; \{s\}$$

$$[handle]\quad \frac{\widehat{\Gamma} \vdash_{\mathsf{ES}} e_1 : \widehat{\tau} \;\&\; \varphi_1 \quad \widehat{\Gamma} \vdash_{\mathsf{ES}} e_2 : \widehat{\tau} \;\&\; \varphi_2}{\widehat{\Gamma} \vdash_{\mathsf{ES}} \mathtt{handle}\ s\ \mathtt{as}\ e_1\ \mathtt{in}\ e_2 : \widehat{\tau} \;\&\; \varphi_1 \cup (\varphi_2 \backslash \{s\})}$$

$$[sub]\quad \frac{\widehat{\Gamma} \vdash_{\mathsf{ES}} e : \widehat{\tau} \;\&\; \varphi}{\widehat{\Gamma} \vdash_{\mathsf{ES}} e : \widehat{\tau}' \;\&\; \varphi'} \quad \text{如果 } \widehat{\tau} \leqslant \widehat{\tau}' \text{ 且 } \varphi \subseteq \varphi'$$

$$[gen]\quad \frac{\widehat{\Gamma} \vdash_{\mathsf{ES}} e : \widehat{\tau} \;\&\; \varphi}{\widehat{\Gamma} \vdash_{\mathsf{ES}} e : \forall(\zeta_1, \cdots, \zeta_n).\widehat{\tau} \;\&\; \varphi}$$
如果$\zeta_1, \cdots, \zeta_n$未在$\widehat{\Gamma}$和φ中自由出现

$$[ins]\quad \frac{\widehat{\Gamma} \vdash_{\mathsf{ES}} e : \forall(\zeta_1, \cdots, \zeta_n).\widehat{\tau} \;\&\; \varphi}{\widehat{\Gamma} \vdash_{\mathsf{ES}} e : (\theta\ \widehat{\tau}) \;\&\; \varphi}$$
如果θ有$dom(\theta) \subseteq \{\zeta_1, \cdots, \zeta_n\}$

公理[*raise*]保证一个抛出的异常可以有任何类型，并且作用记录异常 s 可能被抛出。规则[*handle*]则确定两个子表达式的作用，并记录任何由 e_1 抛出的异常，以及任何除了 s 以外由 e_2 抛出的异常是整个构造的可能异常。严格地说，$\varphi \backslash \{s\}$的定义如下：$\{s\} \backslash \{s\} = \emptyset$，$\{s'\} \backslash \{s\} = \{s'\}$（$s' \neq s$），$(\varphi \cup \varphi') \backslash \{s\} = (\varphi \backslash \{s\}) \cup (\varphi' \backslash \{s\})$，$\emptyset \backslash \{s\} = \emptyset$ 和 $\beta \backslash \{s\} = \beta$（我们将马上考虑另一种定义方式）。

规则[*sub*]是子作用和子异常规则，类型上的顺序$\widehat{\tau} \leqslant \widehat{\tau}'$定义为

$$\widehat{\tau} \leqslant \widehat{\tau} \qquad\qquad \frac{\widehat{\tau}_1' \leqslant \widehat{\tau}_1 \quad \widehat{\tau}_2 \leqslant \widehat{\tau}_2' \quad \varphi \subseteq \varphi'}{\widehat{\tau}_1 \xrightarrow{\varphi} \widehat{\tau}_2 \leqslant \widehat{\tau}_1' \xrightarrow{\varphi'} \widehat{\tau}_2'}$$

这和5.4.1节是一样的。

规则[*gen*]和[*ins*]为多态负责。泛化规则[*gen*]用于创建类型模式：我们可以对任何没有自由出现在构造的假设或作用里的类型和注释变量进行泛化。这条规则通常在使用[*let*]规则之前使用。实例化规则[*ins*]则用于把类型模式变成注释类型：我们只需用一个置换把约束类型和注释变量替换成其他类型和注释（可能包含类型和注释变量）。这条规则通常在使用公理[*var*]之后使用。

例5.30　程序

```
let f = fn g => fn x => g x
in f (fn y => if y < 0 then raise neg else y) (3-2)
   + f (fn z => if z > 0 then raise pos else 0-z) (2-3)
```

328～329

取值为2，因为每个被加数取值为1。

我们可以通过分析 f 得到以下类型模式

$$\forall\, 'a,\ 'b,\ '0.('a \xrightarrow{'0} 'b) \xrightarrow{\emptyset} ('a \xrightarrow{'0} 'b)$$

并通过分析 f 的两个函数参数得到

$$\texttt{int} \xrightarrow{\{\texttt{neg}\}} \texttt{int} \ \& \ \emptyset$$

$$\texttt{int} \xrightarrow{\{\texttt{pos}\}} \texttt{int} \ \& \ \emptyset$$

现在我们可以取 f 的类型模式的两个实例：为了和第一个参数匹配，我们使用置换['a ↦int;'b ↦int;'0 ↦{neg}]，为了和第二个参数匹配，我们使用['a ↦int; 'b ↦int; '0 ↦{pos}]。因此，每个被加数的类型和作用是

$$\texttt{int} \ \& \ \{\texttt{neg}\}$$

$$\texttt{int} \ \& \ \{\texttt{pos}\}$$

因此

$$\texttt{int} \ \& \ \{\texttt{neg}, \texttt{pos}\}$$

是整个程序的类型和作用。

如果我们没有利用多态性，我们需要依赖子作用和子类型，并让 f 有类型

$$(\texttt{int} \xrightarrow{\{\texttt{neg},\texttt{pos}\}} \texttt{int}) \xrightarrow{\emptyset} (\texttt{int} \xrightarrow{\{\texttt{neg},\texttt{pos}\}} \texttt{int})$$

这比之前展示的类型模式更不精确，但我们依然能够得到 int &{neg，pos}作为整个程序的整体类型和作用。 ■

备注 异常分析的类型断言的形式是 $\widehat{\Gamma} \vdash_{\mathrm{ES}} e : \widehat{\sigma} \ \& \ \varphi$，但尽管如此，表 5.10 的大多数公理和规则的结论的都是 $\widehat{\Gamma} \vdash_{\mathrm{ES}} e : \widehat{\tau} \ \& \ \varphi$ 形式。通过修改规则[*if*]、[*let*]、[*raise*]、[*handle*]以及[*sub*]可以得到一个更自由的异常分析系统。我们把细节留到练习 5.15。

在[*handle*]规则里，我们使用了符号 $\varphi \setminus \{s\}$，并紧接着定义了 $\beta \setminus \{s\} = \beta$，即使 β 能在之后被实例化为$\{s\}$。因为 $\beta \setminus \{s\} \subseteq \beta$ 对于任何 β 的实例化都成立，这在语义上是可靠的(对应着规则[*sub*]中发生的情况)。为了定义一个不那么近似的系统，可以很自然地令

$$\varphi ::= \cdots \mid \varphi \setminus \{s\}$$

然后扩展 UCAI 的公理化来处理集合上的差。 ■

5.4.3 区域推导

让我们再次考虑 5.1 节引入的 FUN 语言。区域推导的目的是方便实现一个基于栈的 FUN 语言实现，而不是像往常那样基于堆，因为相比于依赖显式的垃圾回收，基于栈的实现能够高效地重用不再需要的内存。因此这可能允许更高效的实现。但函数的范围是静态的，并可能产生其他函数作为结果，因此一个基于栈的实现的可能性并不是那么明显。区域推导的目的是分析局部分配的内存可能被传递多远，以确定适当的分配内存的方法。这引向一个基于栈的内存模型，在这里内存是一个动态区域(r1,r2,r3,⋯)的栈，每个动态区域(如图 5.1 所示)是一个索引列表(或数组)的值。

330

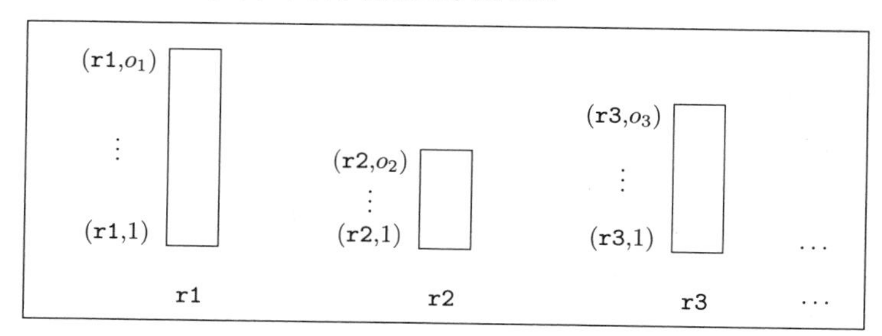

图 5.1 基于栈的 FUN 语言实现的内存模型

语法　为了使这些可行，我们将引入一个扩展表达式(extended expression)的概念，包含关于区域的显式信息。为了这个目的，我们引入区域名称、区域变量和静态区域

$$rn \in \mathbf{RName} \quad 区域名称$$
$$\varrho \in \mathbf{RVar} \quad 区域变量$$
$$r \in \mathbf{Reg}_{\mathsf{RI}} \quad 区域$$

定义如下：

$$rn ::= \mathtt{r1} \mid \mathtt{r2} \mid \mathtt{r3} \mid \cdots$$
$$\varrho ::= \mathtt{''1} \mid \mathtt{''2} \mid \mathtt{''3} \mid \cdots$$
$$r ::= \varrho \mid rn$$

扩展表达式

$$ee \in \mathbf{EExp}$$

331　的语法为：

$$\begin{aligned} ee ::= & \ c\ \mathtt{at}\ r \mid x \mid \mathtt{fn}_\pi\ x \Rightarrow ee_0\ \mathtt{at}\ r \mid \mathtt{fun}_\pi\ f\ [\vec{\varrho}]\ x \Rightarrow ee_0\ \mathtt{at}\ r \mid ee_1\ ee_2 \\ \mid & \ \mathtt{if}\ ee_0\ \mathtt{then}\ ee_1\ \mathtt{else}\ ee_2 \mid \mathtt{let}\ x = ee_1\ \mathtt{in}\ ee_2 \mid ee_1\ op\ ee_2\ \mathtt{at}\ r \\ \mid & \ ee[\vec{r}]\ \mathtt{at}\ r \mid \mathtt{letregion}\ \vec{\varrho}\ \mathtt{in}\ ee \end{aligned}$$

这里我们用 $\vec{\varrho}$ 代表一个可能为空的区域变量列表 ϱ_1，…，ϱ_k，类似地用 $\vec{r}$ 代表一个可能为空的区域列表 $r_1,\cdots,r_k$。扩展表达式的主要用途是如果一个子表达式显式地产生一个新的值，则它有一个显式的放置组件“at r”，表明这个值(将要)被放置的区域。letregion 构造显式地允许不再使用的区域的释放，而放置构造 $ee[\vec{r}]$ at r 允许显式地在区域 r 中放置一个 ee 的“拷贝”(通常是一个递归函数)。递归函数定义的构造显式地接受一个区域变量序列为参数。直观上，这保证递归函数的不同化身可以在不同区域里有自己的局部数据。

例 5.31　表达式和扩展表达式之间的关系将在下面展示类型断言时澄清。现在我们仅宣称以下表达式 e

```
(let x = 7 in fnY y => y+x) 9
```

将产生扩展表达式 ee：

```
letregion ϱ1, ϱ3, ϱ4
in (let x = (7 at ϱ1)
    in (fnY y => (y+x) at ϱ2) at ϱ3) (9 at ϱ4)
```

这里值 7 被放入区域 ϱ_1，x + y 的值放入区域 ϱ_2，名为 Y 的函数放入区域 ϱ_3，参数 9 放入区域 ϱ_4。因此最后的值(也就是 7 +9 =16)在区域 ϱ_2。其他的区域(ϱ_1、ϱ_3 和 ϱ_4)不再有任何用途，因此可以被释放，这由 letregion 构造明确表示。在实际执行的程序版本里，我们应该把元变量 ϱ_1，ϱ_3 和 ϱ_4 替换为区域变量"1、"2 和"3，而自由区域变量 ϱ_2 应该被替换为一个区域名称，譬如 r1。 ■

语义　表达式的自然语义在表 5.4 给出，我们现在设计一个扩展表达式的自然语义，以澄清区域扮演的角色。迁移的形式如下：

$$\rho \vdash \langle ee, \varsigma \rangle \longrightarrow \langle v, \varsigma' \rangle$$

这里 ρ 是一个环境，ee 是一个扩展表达式，ς 和 ς' 是存储(如图 5.1 所示)，v 是一个可表

332　达的值。为了严谨，我们使用以下定义域：

$$\begin{array}{lcllcl} \rho & \in & \mathbf{Env} & = & \mathbf{Var}_\star \to \mathbf{EVal} \\ v & \in & \mathbf{EVal} & = & \mathbf{RName} \times \mathbf{Offset} \\ o & \in & \mathbf{Offset} & = & \mathbf{N} \\ \varsigma & \in & \mathbf{Store} & = & \mathbf{RName} \to_{\text{fin}} (\mathbf{Offset} \to_{\text{fin}} \mathbf{SVal}) \\ w & \in & \mathbf{SVal} & & \end{array}$$

这里 $\mathbf{Var}_\star$是扩展表达式 $ee_\star$中变量的有限集合，一个存储是一个区域的栈(这里栈的模型是一个从区域名称的有限映射)，一个区域是一个可存储的值的列表(这里列表的模型是一个从称作偏移(offset)的索引的有限映射)，一个可存储的值如下：

$$w ::= c \mid \langle x, ee, \rho\rangle \mid \langle \vec{\varrho}, x, ee, \rho\rangle$$

它包括普通常量、闭包和所谓的区域多态闭包(region polymorphic closures)。除了形式参数、函数的主体和定义点的环境以外，一个区域多态闭包还包括一个形式区域参数的列表。这些参数在函数被调用时需要被实例化——这样可以明确地保证局部数据在每次函数调用时正确地放置在存储里。为了简化符号，我们将把存储看作 $\mathbf{RName} \times \mathbf{Offset} \to_{\text{fin}} \mathbf{SVal}$ 的一个元素，因此用$\varsigma(r,o)$代表$\varsigma(r)(o)$，等等。所有的普通值都这样被“包装”起来，也就是说它们总是被放在存储里，因此每个可表达的值都是一个区域名称和一个偏移的二元组。

语义在表 5.11 中给出，解释如下。我们希望当扩展表达式被取值时不包含自由区域变量，因此许多 r 变成了 rn。关于常量的公理[*con*]显式地在相关区域分配一个新的偏移，并把常量放到那个单元里。关于变量的公理[*var*]不涉及新的偏移的分配，而仅仅执行一个环境上的查找。

表 5.11 扩展表达式的自然语义

$[con]$ $\quad \rho \vdash \langle c \texttt{ at } rn, \varsigma\rangle \longrightarrow \langle (rn,o), \varsigma[(rn,o) \mapsto c]\rangle$
if $o \notin dom(\varsigma(rn))$

$[var]$ $\quad \rho \vdash \langle x, \varsigma\rangle \longrightarrow \langle \rho(x), \varsigma\rangle$

$[fn]$ $\quad \rho \vdash \langle (\texttt{fn}_\pi\ x \texttt{ => } ee_0) \texttt{ at } rn, \varsigma\rangle \longrightarrow \langle (rn,o), \varsigma[(rn,o) \mapsto \langle x, ee_0, \rho\rangle]\rangle$
if $o \notin dom(\varsigma(rn))$

$[fun]$ $\quad \rho \vdash \langle (\texttt{fun}_\pi\ f[\vec{\varrho}]\ x \texttt{ => } ee_0) \texttt{ at } rn, \varsigma\rangle \longrightarrow \langle (rn,o), \varsigma[(rn,o) \mapsto \langle \vec{\varrho}, x, ee_0, \rho[f \mapsto (rn,o)]\rangle]\rangle$
if $o \notin dom(\varsigma(rn))$

$$[app]\quad \frac{\rho \vdash \langle ee_1, \varsigma_1\rangle \longrightarrow \langle (rn_1,o_1), \varsigma_2\rangle \quad \rho \vdash \langle ee_2, \varsigma_2\rangle \longrightarrow \langle v_2, \varsigma_3\rangle \quad \rho_0[x \mapsto v_2] \vdash \langle ee_0, \varsigma_3\rangle \longrightarrow \langle v_0, \varsigma_4\rangle}{\rho \vdash \langle ee_1\ ee_2, \varsigma_1\rangle \longrightarrow \langle v_0, \varsigma_4\rangle}$$
if $\varsigma_3(rn_1,o_1) = \langle x, ee_0, \rho_0\rangle$

$$[if_1]\quad \frac{\rho \vdash \langle ee_0, \varsigma_1\rangle \longrightarrow \langle (rn,o), \varsigma_2\rangle \quad \rho \vdash \langle ee_1, \varsigma_2\rangle \longrightarrow \langle v_1, \varsigma_3\rangle}{\rho \vdash \langle \texttt{if } ee_0 \texttt{ then } ee_1 \texttt{ else } ee_2, \varsigma_1\rangle \longrightarrow \langle v_1, \varsigma_3\rangle}$$
if $\varsigma_2(rn,o) = \texttt{true}$

$$[if_2]\quad \frac{\rho \vdash \langle ee_0, \varsigma_1\rangle \longrightarrow \langle (rn,o), \varsigma_2\rangle \quad \rho \vdash \langle ee_2, \varsigma_2\rangle \longrightarrow \langle v_2, \varsigma_3\rangle}{\rho \vdash \langle \texttt{if } ee_0 \texttt{ then } ee_1 \texttt{ else } ee_2, \varsigma_1\rangle \longrightarrow \langle v_2, \varsigma_3\rangle}$$
if $\varsigma_2(rn,o) = \texttt{false}$

$$[let]\quad \frac{\rho \vdash \langle ee_1, \varsigma_1\rangle \longrightarrow \langle v_1, \varsigma_2\rangle \quad \rho[x \mapsto v_1] \vdash \langle ee_2, \varsigma_2\rangle \longrightarrow \langle v_2, \varsigma_3\rangle}{\rho \vdash \langle \texttt{let } x \texttt{ = } ee_1 \texttt{ in } ee_2, \varsigma_1\rangle \longrightarrow \langle v_2, \varsigma_3\rangle}$$

$$[op]\quad \frac{\rho \vdash \langle ee_1, \varsigma_1\rangle \longrightarrow \langle (rn_1,o_1), \varsigma_2\rangle \quad \rho \vdash \langle ee_2, \varsigma_2\rangle \longrightarrow \langle (rn_2,o_2), \varsigma_3\rangle}{\rho \vdash \langle (ee_1\ op\ ee_2) \texttt{ at } rn, \varsigma_1\rangle \longrightarrow \langle (rn,o), \varsigma_3[(rn,o) \mapsto w]\rangle}$$
if $\varsigma_3(rn_1,o_1)\ \mathbf{op}\ \varsigma_3(rn_2,o_2) = w$ and $o \notin dom(\varsigma_3(rn))$

（续）

$$[place]\quad \frac{\rho \vdash \langle ee, \varsigma_1\rangle \longrightarrow \langle (rn', o'), \varsigma_2\rangle}{\begin{array}{l}\rho \vdash \langle ee[\vec{rn}] \texttt{ at } rn, \varsigma_1\rangle \\ \qquad \longrightarrow \langle (rn, o), \varsigma_2[(rn, o) \mapsto \langle x, ee_0[\vec{\varrho} \mapsto \vec{rn}], \rho_0\rangle]\rangle \\ \text{if } o \notin dom(\varsigma_2(rn)) \text{ and } \varsigma_2(rn', o') = \langle \vec{\varrho}, x, ee_0, \rho_0\rangle\end{array}}$$

$$[region]\quad \frac{\rho \vdash \langle ee[\vec{\varrho} \mapsto \vec{rn}], \varsigma_1[\vec{rn} \mapsto \vec{[\,]}]\rangle \longrightarrow \langle v, \varsigma_2\rangle}{\begin{array}{l}\rho \vdash \langle \texttt{letregion } \vec{\varrho} \texttt{ in } ee, \varsigma_1\rangle \longrightarrow \langle v, \varsigma_2 \setminus\!\!\setminus \vec{rn}\rangle \\ \text{if } \{\vec{rn}\} \cap dom(\varsigma) = \emptyset\end{array}}$$

关于函数抽象的公理[fn]分配一个新的偏移，并把一个普通闭包(包括形式参数、函数主体和当前环境)存储在那里。关于递归函数的公理[fun]创建一个区域多态闭包，通过下面解释的放置构造来记录需要实例化的形式区域变量的列表，同时注意处理递归时需要更新当前环境，以添加一个函数自身的引用。

333～334 规则[app]、[if_1]、[if_2]和[let]应当是显然的。关于二元运算符的规则[op]为结果分配一个新的偏移。

规则[$place$]负责一个扩展表达式(比如一个变量或递归函数定义)取值为一个区域多态闭包的情况。放置构造 $ee[\vec{r}]$ at r 则在区域 r 里分配一个新的单元，并把区域多态闭包的一个拷贝存储在单元里，但同时保证形式区域参数的列表被一个实际区域名称的列表取代。这个重要的功能允许每个递归函数的调用在栈上分配自己的辅助数据，而不是和其他递归调用的数据(在堆上)集中在一起。

最后，关于 letregion 构造的规则[$region$]分配一个新的区域名称来取代区域变量，对内部的扩展表达式取值，最后释放这个新分配的区域名称，严格地说是 $dom(\varsigma \setminus\!\!\setminus \vec{rn}) = dom(\varsigma) \setminus \{\vec{rn}\}$ 和 $\forall (rn, o) \in dom(\varsigma \setminus\!\!\setminus \vec{rn}) : \varsigma(rn, o) = (\varsigma \setminus\!\!\setminus \vec{rn})(rn, o)$。

注释类型 当分析扩展表达式时，我们需要追踪哪些区域在求值时受到影响：在哪些区域里我们放置了数据，并从哪些区域我们访问了数据。这和5.4.1节的副作用分析有相似之处，并会由以下定义的作用处理。分析的另一个目的是追踪每个值所在的区域。为此我们说一个扩展类型是一个二元组

$$\widehat{\tau}@r$$

包含一个注释类型和每个值所在的区域。正式地，注释(或作用)、注释类型和类型模式

$$\begin{array}{lll}\varphi & \in & \mathbf{Ann}_{\mathsf{RI}} \quad \text{作用} \\ \widehat{\tau} & \in & \mathbf{Type}_{\mathsf{RI}} \quad \text{注释类型} \\ \widehat{\sigma} & \in & \mathbf{Scheme}_{\mathsf{RI}} \quad \text{类型模式}\end{array}$$

的语法是

$$\begin{array}{lll}\varphi & ::= & \{\mathsf{put}\ r\} \mid \{\mathsf{get}\ r\} \mid \varphi_1 \cup \varphi_2 \mid \emptyset \mid \beta \\ \widehat{\tau} & ::= & \texttt{int} \mid \mathsf{bool} \mid (\widehat{\tau}_1 @ r_1) \xrightarrow{\beta.\varphi} (\widehat{\tau}_2 @ r_2) \mid \alpha \\ \widehat{\sigma} & ::= & \forall(\alpha_1, \cdots, \alpha_n), (\beta_1, \cdots, \beta_m), [\varrho_1, \cdots, \varrho_k].\widehat{\tau} \\ & \mid & \forall(\alpha_1, \cdots, \alpha_n), (\beta_1, \cdots, \beta_m).\widehat{\tau}\end{array}$$

这里我们区分两种不同的类型模式：复合类型模式(包含[$\vec{\varrho}$])用于递归函数，以及普通类型模式(不包含[$\vec{\varrho}$])。我们用 $\widehat{\tau}$ 表达 $\forall(),().\ \widehat{\tau}$，但坚持用 $\forall[].\ \widehat{\tau}$ 表达 $\forall(),(),[].\ \widehat{\tau}$，这样这两种类型模式总是能够区分开来。注释变量 β 在函数箭头 $\beta.\varphi$ 的注释上的使用和5.3节的简单类型的使用有关，主要用于推导算法。为了我们现在的目的，$\beta.\varphi$ 可以读

335

为 $\beta\cup\varphi$，虽然推导算法会把它看作约束 $\beta\supseteq\beta\cup\varphi$。

例 5.32 回顾例 5.31 的扩展表达式

```
letregion ϱ1, ϱ3, ϱ4
in (let x = (7 at ϱ1)
    in (fnY y => (y+x) at ϱ2) at ϱ3) (9 at ϱ4)
```

子表达式 7 at ϱ_1 将有注释类型 int @ ϱ_1，函数抽象(fn$_Y$ y => (y + x)at ϱ_2) at ϱ_3 将有注释类型

$$((\texttt{int}\ @\ \varrho_4)\xrightarrow{\beta.\varphi}(\texttt{int}\ @\ \varrho_2))@\ \varrho_3$$

这里 $\varphi=\{\texttt{get}\ \varrho_4,\ \texttt{get}\ \varrho_1,\ \texttt{put}\ \varrho_2\}$，整个表达式将有扩展类型 int @ ϱ_2。 ■

类型断言 定义类型断言来验证扩展表达式的类型正确性是可行的。但是，区域推导的主要用途是帮助 FUN 语言的实现。因此我们将继续 1.8 节开头的讨论，并让类型断言同时描述如何把表达式翻译成扩展表达式。这让我们想到使用以下形式的类型断言：

$$\widehat{\Gamma}\vdash_{\mathsf{RI}} e\rightsquigarrow ee:\widehat{\tau}@r\ \&\ \varphi$$

这里 $\widehat{\Gamma}$ 是一个类型环境，把变量映射到扩展类型模式，也就是一个包含类型模式和一个区域的二元组。

下面我们解释表 5.12 和表 5.13 定义的分析。关于常量的公理[*con*]插入一个显式的放置组件，并把放置记录在作用里。关于变量的公理[*var*]比较简单，因为它没有涉及显式的放置。

表 5.12 区域推导分析和翻译(第一部分)

$$[con]\quad \widehat{\Gamma}\vdash_{\mathsf{RI}} c\rightsquigarrow c\ \texttt{at}\ r:(\tau_c@r)\ \&\ \{\mathsf{put}\ r\}$$

$$[var]\quad \widehat{\Gamma}\vdash_{\mathsf{RI}} x\rightsquigarrow x:\widehat{\sigma}\ \&\ \emptyset\qquad \text{如果 } \widehat{\Gamma}(x)=\widehat{\sigma}$$

$$[fn]\quad \frac{\widehat{\Gamma}[x\mapsto\widehat{\tau}_x@r_x]\vdash_{\mathsf{RI}} e_0\rightsquigarrow ee_0:(\widehat{\tau}_0@r_0)\ \&\ \varphi_0}{\widehat{\Gamma}\vdash_{\mathsf{RI}}\texttt{fn}_\pi\ x\ \texttt{=>}\ e_0\rightsquigarrow(\texttt{fn}_\pi\ x\ \texttt{=>}\ ee_0)\ \texttt{at}\ r:((\widehat{\tau}_x@r_x\xrightarrow{\beta.\varphi_0}\widehat{\tau}_0@r_0)@r)\ \&\ \{\mathsf{put}\ r\}}$$

$$[fun]\quad \frac{\widehat{\Gamma}[f\mapsto(\forall\vec{\beta},[\vec{\varrho}].\widehat{\tau})@r]\vdash_{\mathsf{RI}}\texttt{fn}_\pi\ x\ \texttt{=>}\ e_0\rightsquigarrow(\texttt{fn}_\pi\ x\ \texttt{=>}\ ee_0)\ \texttt{at}\ r:(\widehat{\tau}@r)\ \&\ \varphi}{\widehat{\Gamma}\vdash_{\mathsf{RI}}\texttt{fun}_\pi\ f\ x\ \texttt{=>}\ e_0\rightsquigarrow(\texttt{fun}_\pi\ f\ [\vec{\varrho}]\ x\ \texttt{=>}\ ee_0)\ \texttt{at}\ r:((\forall\vec{\beta},[\vec{\varrho}].\widehat{\tau})@r)\ \&\ \varphi}$$

如果 $\vec{\beta}$ 和 $\vec{\varrho}$ 未在 $\widehat{\Gamma}$ 和 φ 中自由出现

$$[app]\quad \frac{\widehat{\Gamma}\vdash_{\mathsf{RI}} e_1\rightsquigarrow ee_1:((\widehat{\tau}_2@r_2\xrightarrow{\beta_0.\varphi_0}\widehat{\tau}_0@r_0)@r_1)\ \&\ \varphi_1\qquad \widehat{\Gamma}\vdash_{\mathsf{RI}} e_2\rightsquigarrow ee_2:(\widehat{\tau}_2@r_2)\ \&\ \varphi_2}{\widehat{\Gamma}\vdash_{\mathsf{RI}} e_1\ e_2\rightsquigarrow ee_1\ ee_2:(\widehat{\tau}_0@r_0)\ \&\ \varphi_1\cup\varphi_2\cup\varphi_0\cup\beta_0\cup\{\mathsf{get}\ r_1\}}$$

$$[if]\quad \frac{\widehat{\Gamma}\vdash_{\mathsf{RI}} e_0\rightsquigarrow ee_0:(\texttt{bool}@r_0)\ \&\ \varphi_0\qquad \widehat{\Gamma}\vdash_{\mathsf{RI}} e_1\rightsquigarrow ee_1:(\widehat{\tau}@r)\ \&\ \varphi_1\quad \widehat{\Gamma}\vdash_{\mathsf{RI}} e_2\rightsquigarrow ee_2:(\widehat{\tau}@r)\ \&\ \varphi_2}{\widehat{\Gamma}\vdash_{\mathsf{RI}}\texttt{if}\ e_0\ \texttt{then}\ e_1\ \texttt{else}\ e_2\rightsquigarrow\texttt{if}\ ee_0\ \texttt{then}\ ee_1\ \texttt{else}\ ee_2:(\widehat{\tau}@r)\ \&\ \varphi_0\cup\varphi_1\cup\varphi_2\cup\{\mathsf{get}\ r_0\}}$$

$$[let]\quad \frac{\widehat{\Gamma}\vdash_{\mathsf{RI}} e_1\rightsquigarrow ee_1:(\widehat{\sigma}_1@r_1)\ \&\ \varphi_1\qquad \widehat{\Gamma}[x\mapsto\widehat{\sigma}_1@r_1]\vdash_{\mathsf{RI}} e_2\rightsquigarrow ee_2:(\widehat{\tau}_2@r_2)\ \&\ \varphi_2}{\widehat{\Gamma}\vdash_{\mathsf{RI}}\texttt{let}\ x\ \texttt{=}\ e_1\ \texttt{in}\ e_2\rightsquigarrow\texttt{let}\ x\ \texttt{=}\ ee_1\ \texttt{in}\ ee_2:(\widehat{\tau}_2@r_2)\ \&\ \varphi_1\cup\varphi_2}$$

$$[op]\quad \frac{\widehat{\Gamma}\vdash_{\mathsf{RI}} e_1\rightsquigarrow ee_1:(\tau_{op}^1@r_1)\ \&\ \varphi_1\qquad \widehat{\Gamma}\vdash_{\mathsf{RI}} e_2\rightsquigarrow ee_2:(\tau_{op}^2@r_2)\ \&\ \varphi_2}{\widehat{\Gamma}\vdash_{\mathsf{RI}} e_1\ op\ e_2\rightsquigarrow(ee_1\ op\ ee_2)\ \texttt{at}\ r:(\tau_{op}@r)\ \&\ \varphi_1\cup\varphi_2\cup\{\mathsf{get}\ r_1,\mathsf{get}\ r_2,\mathsf{put}\ r\}}$$

表 5.13　区域推导分析和翻译(第二部分)

$$[sub]\quad \frac{\widehat{\Gamma} \vdash_{\mathsf{RI}} e \rightsquigarrow ee : (\widehat{\tau}@r)\ \&\ \varphi}{\widehat{\Gamma} \vdash_{\mathsf{RI}} e \rightsquigarrow ee : (\widehat{\tau}'@r)\ \&\ \varphi'}$$

如果 $\widehat{\tau} \leqslant \widehat{\tau}'$ 且 $\varphi \subseteq \varphi'$

$$[gen_1]\quad \frac{\widehat{\Gamma} \vdash_{\mathsf{RI}} e \rightsquigarrow ee : (\widehat{\tau}@r)\ \&\ \varphi}{\widehat{\Gamma} \vdash_{\mathsf{RI}} e \rightsquigarrow ee : ((\forall\vec{\alpha}.\widehat{\tau})@r)\ \&\ \varphi}$$

如果 $\vec{\alpha}$ 未在 $\widehat{\Gamma}$ 和 φ 中自由出现

$$[gen_2]\quad \frac{\widehat{\Gamma} \vdash_{\mathsf{RI}} e \rightsquigarrow ee : ((\forall\vec{\beta},[\vec{\varrho}].\widehat{\tau})@r)\ \&\ \varphi}{\widehat{\Gamma} \vdash_{\mathsf{RI}} e \rightsquigarrow ee : ((\forall\vec{\alpha},\vec{\beta},[\vec{\varrho}].\widehat{\tau})@r)\ \&\ \varphi}$$

如果 $\vec{\alpha}$ 未在 $\widehat{\Gamma}$ 和 φ 中自由出现

$$[ins_1]\quad \frac{\widehat{\Gamma} \vdash_{\mathsf{RI}} e \rightsquigarrow ee : ((\forall\vec{\alpha},\vec{\beta}.\widehat{\tau})@r)\ \&\ \varphi}{\widehat{\Gamma} \vdash_{\mathsf{RI}} e \rightsquigarrow ee : ((\theta\ \widehat{\tau})@r)\ \&\ \varphi}$$

如果 θ 有 $\mathrm{dom}(\theta) \subseteq \{\vec{\alpha},\vec{\beta}\}$

$$[ins_2]\quad \frac{\widehat{\Gamma} \vdash_{\mathsf{RI}} e \rightsquigarrow ee : ((\forall\vec{\alpha},\vec{\beta},[\vec{\varrho}].\widehat{\tau})@r)\ \&\ \varphi}{\widehat{\Gamma} \vdash_{\mathsf{RI}} e \rightsquigarrow ee[\theta\vec{\varrho}]\ \mathtt{at}\ r' : ((\theta\ \widehat{\tau})@r')\ \&\ \varphi \cup \{\mathsf{get}\ r, \mathsf{put}\ r'\}}$$

如果 θ 有 $\mathrm{dom}(\theta) \subseteq \{\vec{\alpha},\vec{\beta},\vec{\varrho}\}$

$$[region]\quad \frac{\widehat{\Gamma} \vdash_{\mathsf{RI}} e \rightsquigarrow ee : (\widehat{\tau}@r)\ \&\ \varphi}{\widehat{\Gamma} \vdash_{\mathsf{RI}} e \rightsquigarrow \mathtt{letregion}\ \vec{\varrho}\ \mathtt{in}\ ee : (\widehat{\tau}@r)\ \&\ \varphi'}$$

如果 $\varphi' = \mathit{Observe}(\widehat{\Gamma},\widehat{\tau},r)(\varphi)$ 且 $\vec{\varrho}$ 在 φ 中出现但不在 φ' 中出现

关于普通函数抽象的规则[*fn*]转换函数的主体，然后为函数本身插入一个显式的放置组件。关于递归函数的规则[*fun*]涉及一个有限形式的多态递归(不包含类型变量，因为这将导致问题不可判定)：多态递归的意思是当分析函数主体的时候，我们可以多态地使用递归函数。这种一般性提供更加准确的类型信息，并对区域分析的成功至关重要。为了简洁，规则的呈现里需要用到普通函数的规则来分析前提，显然可以扩展这个规则使它是语法引导的。关于应用、条件语句、局部定义和操作符的规则是显然的。

然后我们有子作用和子类型的规则[*sub*]。显然我们可以决定不使用子类型，在这个情况下子作用可以集成到函数抽象，如 5.1 节所示。

两条规则[gen_1]和[gen_2]处理类型变量的泛化。一条应用于普通类型，另一条用于复合类型模式。在这两种情况下，我们本可以调整规则，使其同样泛化(附加的)区域和作用变量。但即使这样，类型推导和区域和作用推导还是分开的。

两条规则[ins_1]和[ins_2]处理类型模式的实例化。一条用于普通类型模式，对于扩展表达式的语法可以说是不可见的。另一条用于复合类型模式，对于扩展表达式是可见的，因为引入了一个显式的放置构造。另外，作用记录值被访问和重新放置。这两条规则的使用通常紧接着变量的公理的使用。

关于 `letregion` 构造的规则[*region*]使用辅助函数 *Observe* 来把作用减少到哪些是外部可见的，外部不可见的区域变量因此可以封装在程序里。这个辅助函数的定义如下：

336
~
338

$$\mathit{Observe}(\widehat{\Gamma},\widehat{\tau},r')(\{\mathsf{put}\ r\}) = \begin{cases} \{\mathsf{put}\ r\} & r\text{在}\ \widehat{\Gamma}、\widehat{\tau}\ \text{或}\ r'\ \text{中出现} \\ \emptyset & \text{其他} \end{cases}$$

$$\mathit{Observe}(\widehat{\Gamma},\widehat{\tau},r')(\{\mathsf{get}\ r\}) = \begin{cases} \{\mathsf{get}\ r\} & r\text{在}\ \widehat{\Gamma}、\widehat{\tau}\ \text{或}\ r'\ \text{中出现} \\ \emptyset & \text{其他} \end{cases}$$

$$\mathit{Observe}(\widehat{\Gamma},\widehat{\tau},r')(\varphi_1 \cup \varphi_2) = \mathit{Observe}(\widehat{\Gamma},\widehat{\tau},r')(\varphi_1) \cup \mathit{Observe}(\widehat{\Gamma},\widehat{\tau},r')(\varphi_2)$$

$$\mathit{Observe}(\widehat{\Gamma},\widehat{\tau},r')(\emptyset) = \emptyset$$

$$Observe(\widehat{\Gamma}, \widehat{\tau}, r')(\beta) = \begin{cases} \beta & \beta \text{在} \widehat{\Gamma}\text{、}\widehat{\tau}\text{或} r' \text{中出现} \\ \emptyset & \text{其他} \end{cases}$$

例 5.33 在例 5.31 里我们考虑了表达式 e

```
(let x = 7 in fnY y => y+x) 9
```

和扩展表达式 ee

```
letregion ϱ1, ϱ3, ϱ4
in (let x = (7 at ϱ1)
    in (fnY y => (y+x) at ϱ2) at ϱ3) (9 at ϱ4)
```

我们现在可以证明 $[\,] \vdash_{RI}$ e $\leadsto$ ee : (int@ϱ_2) & {put ϱ_2}。 ■

5.5 行为

到目前为止，作用的结构比较简单，因为它们仅表示一个原子动作的集合，如访问值或引发异常。作用系统并未试图捕捉这些原子动作的时间顺序。通常这样的信息是有用的，例如检查变量在被赋值之后才被访问。在本节中，我们将展示如何设计一种类型和作用系统，其中作用(称为行为)可以记录这种时间顺序。我们把并发 ML 的一小部分上的通信分析作为应用背景。

5.5.1 通信分析

语法 让我们考虑一个 FUN 语言的扩展，添加产生新进程、进程之间通过带类型的通道通信和创建新通道的语言描述。语法类别表达式 $e \in \textbf{Exp}$ 由下式给出：

$$e ::= \cdots \mid \texttt{channel}_\pi \mid \texttt{spawn}\ e_0 \mid \texttt{send}\ e_1\ \texttt{on}\ e_2 \mid \texttt{receive}\ e_0 \mid e_1; e_2 \mid ch$$

这里的 $\texttt{channel}_\pi$ 创建一个新的通道标识符(上面用 ch 表示)，spawn e_0 生成一个新的执行 e_0 的并发进程，send v on ch 向另一个进程发送值 v，其中另一个进程通过 receive ch 准备接受值。顺序组合和以前一样。通道标识符

$$ch \in \textbf{Chan} \quad \text{通道标识符}$$

是动态创建的，由下式给出：

339

$$ch ::= \texttt{chan1} \mid \texttt{chan2} \mid \cdots$$

另外我们假设常量 $c \in \textbf{Const}$ 不仅包含整数和布尔值，还包含一个称为单元的特殊值，用 ()表示。这是 spawn 和 send 构造返回的值。

例 5.34 在这个例子中，我们假设表达式添加了以下列表上的操作：isnil e 测试列表 e 是否为空，hd e 选择第一个元素，tl e 选择列表里其余的元素。我们现在定义一个函数 pipe，它接受一系列函数，一个输入通道和一个输出通道作为参数。它构造一个进程的管道，将函数应用于到达输入通道的数据，并在输出通道上返回结果(参见图 5.2)。它使用函数 node，该函数接受一个函数、一个输入通道和一个输出通道作为参数，其定义如下：

```
let node = fnF f => fnI inp => fnO out =>
              spawn ((funH h d => let v = receive inp
                                    in send (f v) on out;
                                    h d) ())
in funP pipe fs => fnI inp => fnO out =>
         if isnil fs then node (fnX x =>x) inp out
         else let ch = channelC
              in (node (hd fs) inp ch; pipe (tl fs) ch out)
```

对于空列表，该函数产生一个应用恒等函数的进程(在图5.2中表示为 id)。 ■

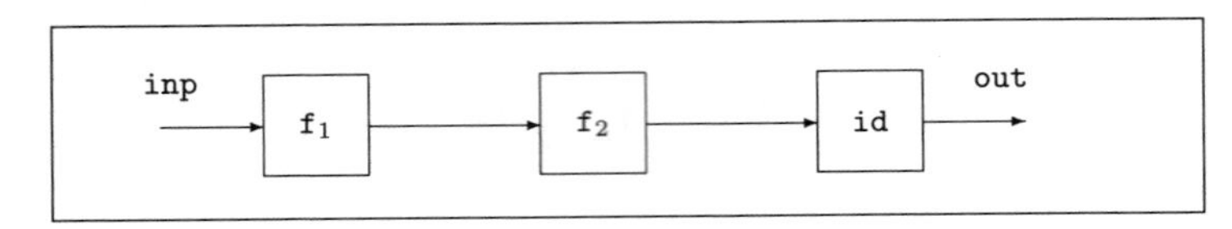

图5.2　由 pipe $[\mathtt{f}_1,\mathtt{f}_2]$ inp out 产生的管道

语义　我们将首先定义语言的顺序片段的操作语义，然后展示如何将它合并到并发片段中。这将利用一个求值上下文的概念，以获得语义的简洁描述。顺序片段以急切(eager)的方式从左向右求值，并且不需要任何存储，状态或环境的概念。一个求值完毕的表达式产生一个常量，通道标识符或函数抽象。这可以表示为：

340

$$v \in \mathbf{Val}\quad 值$$

定义为：

$$v ::= c \mid ch \mid \mathtt{fn}_\pi\ x \Rightarrow e_0$$

在这里，没有必要将函数抽象和环境打包在一起，因为语义将把函数的应用$(\mathtt{fn}_\pi\ x \Rightarrow e_0)v$看作在 e_0 中用 v 代替 x，产生 $e_0[x\mapsto v]$。

顺序语义的一部分在表5.14中描述。以结构操作语义的方式，它公理化了关系

$$e_1 \to e_2$$

代表表达式 e_1 在一步之后取值为 e_2。然而，它没有描述如何把 e_1 取值为 e_2，当 e_1 的一部分 e_{11}取值为 e_{12}。这与迄今为止使用的结构操作语义不同。例如，表5.14不能用来证明(1+2)+4→3+4虽然它可以用来证明1+2→3。

表5.14　顺序语义

$(\mathtt{fn}_\pi\ x \Rightarrow e)\ v \to e[x\mapsto v]$
$\mathtt{let}\ x = v\ \mathtt{in}\ e \to e[x\mapsto v]$
$v_1\ op\ v_2 \to v\quad \text{if } v_1\ \mathbf{op}\ v_2 = v$
$\mathtt{fun}_\pi\ f\ x \Rightarrow e \to (\mathtt{fn}_\pi\ x \Rightarrow e)[f\mapsto(\mathtt{fun}_\pi\ f\ x \Rightarrow e)]$
$\mathtt{if\ true\ then}\ e_1\ \mathtt{else}\ e_2 \to e_1$
$\mathtt{if\ false\ then}\ e_1\ \mathtt{else}\ e_2 \to e_2$
$v; e \to e$

为了填补这个缺点，我们将使用求值上下文(evaluation contexts)。这是包含一个写为[ ]的孔的表达式。正式地，求值上下文 E 由下式给出：

$$\begin{aligned} E\ ::=\ & [\,] \mid E\ e \mid v\ E \mid \mathtt{let}\ x = E\ \mathtt{in}\ e \\ \mid\ & \mathtt{if}\ E\ \mathtt{then}\ e_1\ \mathtt{else}\ e_2 \mid E\ op\ e \mid v\ op\ E \\ \mid\ & \mathtt{send}\ E\ \mathtt{on}\ e \mid \mathtt{send}\ v\ \mathtt{on}\ E \mid \mathtt{receive}\ E \mid E; e \end{aligned}$$

341

这里的语法确保 E是一个只包含一个孔的表达式，而 e 是一个没有任何孔的普通表达式。E的定义可以解释如下：你可以对表达式本身求值，可以对应用的函数部分求值，也可以在对函数部分求值完毕后对参数部分求值，等等。我们将用 $E[e]$代表用 e 替换 E 中的孔而获得的表达式；例如如果 E是[ ]+4，则 $E[e]$是 $e+4$。我们将省略 $E[e]$的详细定义：它比较简单因为 E 中的孔不会出现在约束变量的范围内，因此没有变量捕获的风险。

基本的想法是规定 e_1 在一步后取值为 e_2($e_1\Rightarrow e_2$)，如果存在 E、e_{10}和 e_{20}使得 $e_1=E[e_{10}]$、$e_{10}\to e_{20}$且 $e_2=E[e_{20}]$。例如，(1+2)+4⇒3+4通过设 E 为[ ]+4，e_{10}为1+2，e_{20}为3。注意，将 $E\ op\ e$ 作为求值上下文对应于以下推导规则：

$$\frac{e_{10} \to e_{20}}{e_{10}\ op\ e_2 \to e_{20}\ op\ e_2}$$

和表3.3一样。如前所述，使用求值上下文的一个优点是语义的描述变得更加简洁，

我们将在下面展示。

并发语义在一个有限的进程的池(pool) PP 和一个有限的通道集合 CP 上执行。通道集合追踪目前为止已生成的通道，这允许我们在执行 $\texttt{channel}_\pi$ 时生成以前从未用过的新的通道。进程的池既追踪目前为止产生的进程，也追踪驻留在每个进程上的表达式，这允许我们在生成表达式时分配新进程，并让不同的进程相互通信。正式地：

$$p \in \mathbf{Proc} \quad \text{进程}$$

定义为

$$p ::= \texttt{proc1} \mid \texttt{proc2} \mid \cdots$$

另外设

$$\begin{array}{rcl} CP & \in & \mathcal{P}_{\text{fin}}(\mathbf{Chan}) \\ PP & \in & \mathbf{Proc} \to_{\text{fin}} \mathbf{Exp} \end{array}$$

其中每个 $PP(p)$ 是一个封闭的表达式。我们用 $PP[p:e]$ 代表 PP'，定义为 $dom(PP') = dom(PP) \cup \{p\}$，$PP'(p) = e$ 和 $PP'(q) = PP(q)\,(q \neq p)$。

表 5.15 定义了并发语义。它是一个结构操作语义，公理化了关系 $CP_1, PP_1 \Rightarrow CP_2, PP_2$ 代表一个格局(configuration) CP_1，PP_1 在一步后转换为另一个格局 CP_2，PP_2。求值上下文的使用使得所有子句都比较简洁。子句[*seq*]将顺序语义合并到并发语义中(对应于上面关于 $e_1 \Rightarrow e_2$ 的讨论)。子句[*chan*]负责通道的分配：$\texttt{channel}_\pi$ 替换为新的通道标识符 ch。子句[*spawn*]产生一个新进程，将其初始化为要执行的表达式，并用单位值替换 spawn 构造。最后，子句[*comm*]允许不同进程之间的同步通信：receive 构造被替换为发送的值，send 构造被替换为单元值。

342

表 5.15 并发语义

[*seq*]	$CP, PP[p : E[e_1]] \Rightarrow CP, PP[p : E[e_2]]$ 如果 $e_1 \to e_2$
[*chan*]	$CP, PP[p : E[\texttt{channel}_\pi]] \Rightarrow CP \cup \{ch\}, PP[p : E[ch]]$ 如果 $ch \notin CP$
[*spawn*]	$CP, PP[p : E[\texttt{spawn}\ e_0]] \Rightarrow CP, PP[p : E[()]][p_0 : e_0]$ 如果 $p_0 \notin dom(PP) \cup \{p\}$
[*comm*]	$CP, PP[p_1 : E_1[\texttt{send}\ v\ \texttt{on}\ ch]][p_2 : E_2[\texttt{receive}\ ch]]$ $\Rightarrow CP, PP[p_1 : E_1[()]][p_2 : E_2[v]]$ 如果 $p_1 \neq p_2$

注释类型 通信分析的目的是确定每个表达式的通信行为：将分配哪些通道，哪些类型的实体将被发送和接收，以及产生的进程的行为。此外，我们也关注这些行为的时间顺序(或“因果关系”)：什么在什么之前发生。这种分析的形式化表述有几种方法，我们将选择一个推理系统不是那么复杂的方法(但推导算法将会带来一些挑战)。

为了正式表达我们的想法，引入以下语法类别：

$$\begin{array}{rcll} \widehat{\tau} & \in & \mathbf{Type}_{\mathsf{CA}} & \text{类型} \\ \varphi & \in & \mathbf{Ann}_{\mathsf{CA}} & \text{注释(或行为)} \\ r & \in & \mathbf{Reg}_{\mathsf{CA}} & \text{区域} \\ \widehat{\sigma} & \in & \mathbf{Scheme}_{\mathsf{CA}} & \text{类型模式} \end{array}$$

类型和以前类似，但添加了单位类型(包含单位值)和通道类型：

$$\widehat{\tau} ::= \alpha \mid \texttt{bool} \mid \texttt{int} \mid \texttt{unit} \mid \widehat{\tau}_1 \xrightarrow{\varphi} \widehat{\tau}_2 \mid \widehat{\tau}\ \texttt{chan}\ r$$

343

类型变量 $\alpha \in \mathbf{TVar}$ 和以前一样。

行为与目前使用的注释和作用不同，我们不仅仅使用并集来组合它们：

$$\begin{array}{rcl} \varphi & ::= & \beta \mid \Lambda \mid \varphi_1;\varphi_2 \mid \varphi_1 + \varphi_2 \mid \mathsf{rec}\beta.\varphi \\ & \mid & \widehat{\tau}\ \mathsf{chan}\ r \mid \mathsf{spawn}\ \varphi \mid r!\widehat{\tau} \mid r?\widehat{\tau} \end{array}$$

行为变量 $\beta \in \mathbf{AVar}$ 和之前一样。行为 Λ 用于不涉及通信的原子动作；在某种意义上，它对应着先前注释中的空集，但更直观的看法是将其视为正则表达式中的空字符串或进程演算中的静默动作。行为 φ_1；φ_2 表示 φ_1 发生在 φ_2 之前，而 $\varphi_1+\varphi_2$ 表示在 φ_1 和 φ_2 之间的选择(例如条件语句的情况)。这让人联想到正则表达式和进程代数中的构造。构造 $\mathtt{rec}\ \beta.\varphi$ 表示递归行为，其作用由 φ 给出，但任何 β 的出现代表 $\mathtt{rec}\ \beta.\varphi$ 本身，它通常在程序中存在显式或隐式递归时使用。

行为 $\widehat{\tau}$ chan r 表示分配了一个可以传送类型 $\widehat{\tau}$ 的实体的新通道，区域 r 表示可以创建该通道的程序点的集合(见下文)。行为 spawn φ 表示生成一个新进程，并且操作由 φ 描述。$r!\widehat{\tau}$ 表示通过类型为 $\widehat{\tau}$ chan r 的通道发送值，$r?\widehat{\tau}$ 表示通过该类型的通道接收值。这让人回想起大多数进程代数(特别是 CSP)中的构造。

区域相比于 5.4.3 节中有更多的结构，因为现在我们可以取区域的并集：

$$r ::= \{\pi\} \mid \varrho \mid r_1 \cup r_2 \mid \emptyset$$

区域变量 $\varrho \in \mathbf{RVar}$ 和以前一样。在 5.4.3 节中，静态区域用于确保运行时数据在相同的动态区域中被分配，此处区域用于标识可能创建通道的程序点集合 $\{\pi_1,\cdots,\pi_n\}$。(所以程序点现在扮演了区域名称的角色。)但是，这些区域不会在表达式、类型或行为的语法中显式出现。

类型模式的形式如下：

$$\widehat{\sigma} ::= \forall(\zeta_1,\cdots,\zeta_n).\widehat{\tau}$$

其中 $\zeta_1,\cdots,\zeta_n$ 是一个(可能为空的)的列表，包含类型变量、行为变量和区域变量。如果列表为空，我们可以把 $\forall().\widehat{\tau}$ 简写为 $\widehat{\tau}$。

344

例 5.35　返回到例 5.34 的程序，node 函数应当有以下类型模式：

$$\forall 'a,'b,'1,''1,''2.\ ('a \xrightarrow{'1} 'b) \xrightarrow{\Lambda} ('a\ \mathtt{chan}\ ''1) \xrightarrow{\Lambda} ('b\ \mathtt{chan}\ ''2) \xrightarrow{\varphi} \mathtt{unit}$$

$$\text{其中}\quad \varphi = \mathsf{spawn}(\mathsf{rec}\ '2.\ (''1?'a;\ '1;\ ''2!'b;\ '2))$$

对应于函数参数具有类型 $'a \xrightarrow{'1} 'b$，输入通道具有类型 $'a$ chan $''1$，并且输出通道具有类型 $'b$ chan $''2$。提供这些参数后，node 函数将生成一个进程，递归地在输入通道上读取，执行作为参数提供的函数，并在输出通道上写入结果——这正是 φ 表达的内容。

pipe 函数应当有以下类型模式：

$$\forall 'a,'1,''1,''2.(('a \xrightarrow{'1} 'a)\ \mathtt{list} \xrightarrow{\Lambda} ('a\ \mathtt{chan}\ (''1 \cup \{C\})) \xrightarrow{\Lambda} ('a\ \mathtt{chan}\ ''2) \xrightarrow{\varphi'} \mathtt{unit}$$

$$\text{其中}\ \varphi' = \mathsf{rec}\ '2.\ (\mathsf{spawn}(\mathsf{rec}\ '3.\ ((''1 \cup \{C\})?'a;\ \Lambda;\ ''2!'a;\ '3)) + 'a\ \mathsf{chan}\ C;\ \mathsf{spawn}(\mathsf{rec}\ '4.\ ((''1 \cup \{C\})?'a;\ '1;\ C!'a;\ '4));\ '2)$$

其中 φ' 主体中的第一个加数对应 then 分支，在这里 node 用恒等函数调用(具有行为 Λ)，第二个加数对应条件语句的 else 分支。在这里创建了一个通道，生成了一个进程，然后对整体行为递归。在介绍了类型推理规则后，我们将返回到这些类型模式。■

类型断言　通信分析的类型断言有以下形式：

$$\widehat{\Gamma} \vdash_{\mathsf{CA}} e : \widehat{\sigma}\ \&\ \varphi$$

其中类型环境 $\widehat{\Gamma}$ 将变量映射到类型模式(或类型)，$\widehat{\sigma}$ 是表达式 e 的类型模式(或类型)，并且 φ 是在对 e 取值时可能出现的行为。分析由表 5.16 和表 5.17 的公理和规则指定，并在很多方面和我们以前见过的相同，不同的地方解释如下。

表 5.16 通信分析(第一部分)

[con] $\widehat{\Gamma} \vdash_{\mathsf{CA}} c : \tau_c \ \& \ \Lambda$

[var] $\widehat{\Gamma} \vdash_{\mathsf{CA}} x : \widehat{\sigma} \ \& \ \Lambda$ 如果 $\widehat{\Gamma}(x) = \widehat{\sigma}$

[fn] $$\frac{\widehat{\Gamma}[x \mapsto \widehat{\tau}_x] \vdash_{\mathsf{CA}} e_0 : \widehat{\tau}_0 \ \& \ \varphi_0}{\widehat{\Gamma} \vdash_{\mathsf{CA}} \mathtt{fn}_\pi \ x \ \mathtt{=>} \ e_0 : \widehat{\tau}_x \xrightarrow{\varphi_0} \widehat{\tau}_0 \ \& \ \Lambda}$$

[fun] $$\frac{\widehat{\Gamma}[f \mapsto \widehat{\tau}_x \xrightarrow{\varphi_0} \widehat{\tau}_0][x \mapsto \widehat{\tau}_x] \vdash_{\mathsf{CA}} e_0 : \widehat{\tau}_0 \ \& \ \varphi_0}{\widehat{\Gamma} \vdash_{\mathsf{CA}} \mathtt{fun}_\pi \ f \ x \ \mathtt{=>} \ e_0 : \widehat{\tau}_x \xrightarrow{\varphi_0} \widehat{\tau}_0 \ \& \ \Lambda}$$

[app] $$\frac{\widehat{\Gamma} \vdash_{\mathsf{CA}} e_1 : \widehat{\tau}_2 \xrightarrow{\varphi_0} \widehat{\tau}_0 \ \& \ \varphi_1 \quad \widehat{\Gamma} \vdash_{\mathsf{CA}} e_2 : \widehat{\tau}_2 \ \& \ \varphi_2}{\widehat{\Gamma} \vdash_{\mathsf{CA}} e_1 \ e_2 : \widehat{\tau}_0 \ \& \ \varphi_1; \varphi_2; \varphi_0}$$

[if] $$\frac{\widehat{\Gamma} \vdash_{\mathsf{CA}} e_0 : \mathtt{bool} \ \& \ \varphi_0 \quad \widehat{\Gamma} \vdash_{\mathsf{CA}} e_1 : \widehat{\tau} \ \& \ \varphi_1 \quad \widehat{\Gamma} \vdash_{\mathsf{CA}} e_2 : \widehat{\tau} \ \& \ \varphi_2}{\widehat{\Gamma} \vdash_{\mathsf{CA}} \mathtt{if} \ e_0 \ \mathtt{then} \ e_1 \ \mathtt{else} \ e_2 : \widehat{\tau} \ \& \ \varphi_0; (\varphi_1 + \varphi_2)}$$

[let] $$\frac{\widehat{\Gamma} \vdash_{\mathsf{CA}} e_1 : \widehat{\sigma}_1 \ \& \ \varphi_1 \quad \widehat{\Gamma}[x \mapsto \widehat{\sigma}_1] \vdash_{\mathsf{CA}} e_2 : \widehat{\tau}_2 \ \& \ \varphi_2}{\widehat{\Gamma} \vdash_{\mathsf{CA}} \mathtt{let} \ x \ \mathtt{=} \ e_1 \ \mathtt{in} \ e_2 : \widehat{\tau}_2 \ \& \ \varphi_1; \varphi_2}$$

[op] $$\frac{\widehat{\Gamma} \vdash_{\mathsf{CA}} e_1 : \tau_{op}^1 \ \& \ \varphi_1 \quad \widehat{\Gamma} \vdash_{\mathsf{CA}} e_2 : \tau_{op}^2 \ \& \ \varphi_2}{\widehat{\Gamma} \vdash_{\mathsf{CA}} e_1 \ op \ e_2 : \tau_{op} \ \& \ \varphi_1; \varphi_2; \Lambda}$$

表 5.17 通信分析(第二部分)

[chan] $\widehat{\Gamma} \vdash_{\mathsf{CA}} \mathtt{channel}_\pi : \widehat{\tau} \ \mathtt{chan} \ \{\pi\} \ \& \ \widehat{\tau} \ \mathtt{chan} \ \{\pi\}$

[spawn] $$\frac{\widehat{\Gamma} \vdash_{\mathsf{CA}} e_0 : \widehat{\tau}_0 \ \& \ \varphi_0}{\widehat{\Gamma} \vdash_{\mathsf{CA}} \mathtt{spawn} \ e_0 : \mathtt{unit} \ \& \ \mathtt{spawn} \ \varphi_0}$$

[send] $$\frac{\widehat{\Gamma} \vdash_{\mathsf{CA}} e_1 : \widehat{\tau} \ \& \ \varphi_1 \quad \widehat{\Gamma} \vdash_{\mathsf{CA}} e_2 : \widehat{\tau} \ \mathtt{chan} \ r_2 \ \& \ \varphi_2}{\widehat{\Gamma} \vdash_{\mathsf{CA}} \mathtt{send} \ e_1 \ \mathtt{on} \ e_2 : \mathtt{unit} \ \& \ \varphi_1; \varphi_2; r_2!\widehat{\tau}}$$

[receive] $$\frac{\widehat{\Gamma} \vdash_{\mathsf{CA}} e_0 : \widehat{\tau} \ \mathtt{chan} \ r_0 \ \& \ \varphi_0}{\widehat{\Gamma} \vdash_{\mathsf{CA}} \mathtt{receive} \ e_0 : \widehat{\tau} \ \& \ \varphi_0; r_0?\widehat{\tau}}$$

[seq] $$\frac{\widehat{\Gamma} \vdash_{\mathsf{CA}} e_1 : \widehat{\tau}_1 \ \& \ \varphi_1 \quad \widehat{\Gamma} \vdash_{\mathsf{CA}} e_2 : \widehat{\tau}_2 \ \& \ \varphi_2}{\widehat{\Gamma} \vdash_{\mathsf{CA}} e_1; e_2 : \widehat{\tau}_2 \ \& \ \varphi_1; \varphi_2}$$

[ch] $\widehat{\Gamma} \vdash_{\mathsf{CA}} ch : \widehat{\tau} \ \mathtt{chan} \ r \ \& \ \Lambda$ 如果 $\widehat{\tau} \ \mathtt{chan} \ r = \widehat{\Gamma}(ch)$

[sub] $$\frac{\widehat{\Gamma} \vdash_{\mathsf{CA}} e : \widehat{\tau} \ \& \ \varphi}{\widehat{\Gamma} \vdash_{\mathsf{CA}} e : \widehat{\tau}' \ \& \ \varphi'}$$ 如果 $\widehat{\tau} \leqslant \widehat{\tau}'$ 且 $\varphi \sqsubseteq \varphi'$

[gen] $$\frac{\widehat{\Gamma} \vdash_{\mathsf{CA}} e : \widehat{\tau} \ \& \ \varphi}{\widehat{\Gamma} \vdash_{\mathsf{CA}} e : \forall(\zeta_1, \cdots, \zeta_n).\widehat{\tau} \ \& \ \varphi}$$
如果 $\zeta_1, \cdots, \zeta_n$ 未在 $\widehat{\Gamma}$ 和 φ 中自由存在

[ins] $$\frac{\widehat{\Gamma} \vdash_{\mathsf{CA}} e : \forall(\zeta_1, \cdots, \zeta_n).\widehat{\tau} \ \& \ \varphi}{\widehat{\Gamma} \vdash_{\mathsf{CA}} e : (\theta \ \widehat{\tau}) \ \& \ \varphi}$$
如果 θ 有 $dom(\theta) \subseteq \{\zeta_1, \cdots, \zeta_n\}$

常量和变量的公理[*con*]和[*var*]与表 5.10 中类似的公理不同之处在于使用 Λ 而不是 $\emptyset$。函数的两条规则[*fn*]和[*fun*]也是类似的。请注意，[*fun*]并未明确要求 φ_0 为 $\mathtt{rec}\,\beta'.\,\varphi'$ 的形式，尽管为了满足需求通常需要这样(使用下面介绍的行为上的顺序)。在函数应用的规则[*app*]中，我们使用顺序来表示首先对函数部分取值，然后是参数，最后是函数体。在条件语句的规则[*if*]中，我们使用选择来表示 then 和 else 分支中只有一个被执行。规则[*let*]和[*op*]应该是简单的。

创建通道的公理[*chan*]确保在类型和行为中记录程序点，规则[*spawn*]将生成的进程的行为封装在构造本身的行为中，传输和接受数据的规则[*send*]和[*receive*]指明了参数的求值顺序，然后产生相应公理的行为。规则[*seq*]和[*ch*]是简单的，规则[*gen*]和[*ins*]与表5.10中的相同。

例5.36　考虑以下示例程序：

```
let ch = channel_A
in (send 1 on ch; send true on ch)
```

直观地说，该程序应该被拒绝，因为通道 ch 用于传递两种不同类型的值，从而违反了类型安全性。为了看到该程序确实被拒绝，首先观察规则[*chan*]给出：

$$[\,]\vdash_{CA}\ \mathtt{channel_A} : \text{'a chan }\{A\}\ \&\ \text{'a chan }\{A\}$$

泛化规则[*gen*]不允许我们对类型变量 'a 进行泛化，因为它出现在行为 'a chan {A} 中。因此，ch“仅”可以有类型 'a chan{A}，所以程序无法通过类型检查(因为 'a 不能同时是 int 和 bool)。

但是，如果泛化规则[*gen*]只要求 $\zeta_1,\cdots,\zeta_n$ 不在 $\widehat{\Gamma}$ 中自由出现，那么就可以给通道 ch 类型模式 ∀'a 'a chan{A}。因此，我们可以在 let 结构的主体中为 send 的两次出现分别给出类型，类型系统将不再是语义正确的。■

子作用和子类型的规则[*sub*]看起来和表5.10中的类似，但涉及一些细微之处。类型上的顺序 $\widehat{\tau}\leqslant\widehat{\tau}'$ 由下式给出：

345~347

$$\widehat{\tau}\leqslant\widehat{\tau}\qquad\frac{\widehat{\tau}_1'\leqslant\widehat{\tau}_1\quad \widehat{\tau}_2\leqslant\widehat{\tau}_2'\quad \varphi\sqsubseteq\varphi'}{\widehat{\tau}_1\xrightarrow{\varphi}\widehat{\tau}_2\leqslant\widehat{\tau}_1'\xrightarrow{\varphi'}\widehat{\tau}_2'}\qquad\frac{\widehat{\tau}\leqslant\widehat{\tau}'\quad \widehat{\tau}'\leqslant\widehat{\tau}\quad r\subseteq r'}{\widehat{\tau}\ \text{chan}\ r\leqslant\widehat{\tau}'\ \text{chan}\ r'}$$

它类似于5.4.1节中的定义：$\widehat{\tau}_1\xrightarrow{\varphi}\widehat{\tau}_2$在 $\widehat{\tau}_1$ 上是逆变，但在 φ 和 $\widehat{\tau}_2$ 上是协变，另外 $\widehat{\tau}$ chan r在 $\widehat{\tau}$ 上同时是协变(当发送一个值时)和逆变(当接收值时)并且它在 r 上是协变。顺序$r\subseteq r'$意味着 r 是 r'的“子集”(模 UCAI)，正如5.4节中的作用的情况一样。最后，行为上的顺序 $\varphi\sqsubseteq\varphi'$更加复杂，因为行为具有丰富的结构。定义见表5.18，将在下面说明。由于类型和行为的语法类别是相互递归的，因此需要递归地解释$\widehat{\tau}\leqslant\widehat{\tau}'$和$\varphi\sqsubseteq\varphi'$的定义。

表5.18中 $\varphi\sqsubseteq\varphi'$的公理化确保了我们获得一个对于行为组合的操作一致的预序。此外，顺序操作满足结合律，Λ 是单位元素，并且对于选择操作具有分配律。因此，选择操作满足分配律和交换律。接下来，递归的公理允许我们展开 rec 构造。最后的三条规则阐明了行为如何依赖于类型和区域：$\widehat{\tau}$ chan r 在 $\widehat{\tau}$ 上同时是逆变和协变的，并且在 r 上是协变的(和类型 $\widehat{\tau}$ chan r 的情况一样)；$r!\widehat{\tau}$ 在 r 和 $\widehat{\tau}$ 上都是协变的(因为发送了一个值)，而 $r?\widehat{\tau}$ 在 r 上是协变的，在 $\widehat{\tau}$ 上是逆变的(因为接收到一个值)。重新命名约束行为变量没有明确的规则，因为我们认为 rec $\beta.\varphi$ 等于 rec $\beta'.\varphi'$，只要它们是 α-等价的。

348

表5.16和表5.17中的通信分析不同于表5.12和表5.13的区域推导分析：没有与[*region*]类似的规则，使用一个 *Observe* 函数将注释简化为从外部可见的内容。原因是通信分析旨在记录所有在计算过程中发生的副作用(以通信的形式)。

表 5.18 行为上的顺序

$\varphi \sqsubseteq \varphi$	$\dfrac{\varphi_1 \sqsubseteq \varphi_2 \quad \varphi_2 \sqsubseteq \varphi_3}{\varphi_1 \sqsubseteq \varphi_3}$
$\dfrac{\varphi_1 \sqsubseteq \varphi_2 \quad \varphi_3 \sqsubseteq \varphi_4}{\varphi_1;\varphi_3 \sqsubseteq \varphi_2;\varphi_4}$	$\dfrac{\varphi_1 \sqsubseteq \varphi_2 \quad \varphi_3 \sqsubseteq \varphi_4}{\varphi_1+\varphi_3 \sqsubseteq \varphi_2+\varphi_4}$
$\dfrac{\varphi_1 \sqsubseteq \varphi_2}{\mathsf{spawn}\ \varphi_1 \sqsubseteq \mathsf{spawn}\ \varphi_2}$	$\dfrac{\varphi_1 \sqsubseteq \varphi_2}{\mathsf{rec}\beta.\varphi_1 \sqsubseteq \mathsf{rec}\beta.\varphi_2}$
$\varphi_1;(\varphi_2;\varphi_3) \sqsubseteq (\varphi_1;\varphi_2);\varphi_3$	$(\varphi_1;\varphi_2);\varphi_3 \sqsubseteq \varphi_1;(\varphi_2;\varphi_3)$
$(\varphi_1+\varphi_2);\varphi_3 \sqsubseteq (\varphi_1;\varphi_3)+(\varphi_2;\varphi_3)$	$(\varphi_1;\varphi_3)+(\varphi_2;\varphi_3) \sqsubseteq (\varphi_1+\varphi_2);\varphi_3$
$\varphi \sqsubseteq \Lambda;\varphi \qquad \Lambda;\varphi \sqsubseteq \varphi$	$\varphi \sqsubseteq \varphi;\Lambda \qquad \varphi;\Lambda \sqsubseteq \varphi$
$\varphi_1 \sqsubseteq \varphi_1+\varphi_2 \qquad \varphi_2 \sqsubseteq \varphi_1+\varphi_2$	$\varphi+\varphi \sqsubseteq \varphi$
$\mathsf{rec}\beta.\varphi \sqsubseteq \varphi[\beta \mapsto \mathsf{rec}\beta.\varphi]$	$\varphi[\beta \mapsto \mathsf{rec}\beta.\varphi] \sqsubseteq \mathsf{rec}\beta.\varphi$
$\dfrac{\widehat{\tau} \leqslant \widehat{\tau}' \quad \widehat{\tau}' \leqslant \widehat{\tau} \quad r \subseteq r'}{\widehat{\tau}\ \mathsf{chan}\ r \sqsubseteq \widehat{\tau}'\ \mathsf{chan}\ r'}$	
$\dfrac{r_1 \subseteq r_2 \quad \widehat{\tau}_1 \leqslant \widehat{\tau}_2}{r_1!\widehat{\tau}_1 \sqsubseteq r_2!\widehat{\tau}_2}$	$\dfrac{r_1 \subseteq r_2 \quad \widehat{\tau}_2 \leqslant \widehat{\tau}_1}{r_1?\widehat{\tau}_1 \sqsubseteq r_2?\widehat{\tau}_2}$

例 5.37 回顾例 5.35 的程序，我们现在可以验证 node 函数可以具有类型：

$$(\text{'a} \xrightarrow{\text{'1}} \text{'b}) \xrightarrow{\Lambda} (\text{'a chan ''1}) \xrightarrow{\Lambda} (\text{'b chan ''2}) \xrightarrow{\varphi} \text{unit}$$

其中 $\varphi = \mathsf{spawn}(\mathsf{rec}\ \text{'2}.\ (\text{''1?'a};\ \text{'1};\ \text{''2!'b};\ \text{'2}))$

一起使用表 5.16 和表 5.17 的规则[*fun*]和[*sub*]以及表 5.18 的公理 $\varphi[\beta \mapsto \mathsf{rec}\ \beta.\varphi] \sqsubseteq \mathsf{rec}\ \beta.\varphi$。然后规则[*gen*]允许我们获得例 5.35 中给出的类型模式。

转到 pipe 函数，我们首先注意它可以具有以下形式的类型：

$$((\text{'a} \xrightarrow{\text{'1}} \text{'a})\ \text{list}) \xrightarrow{\Lambda} (\text{'a chan } (\text{''1} \cup \{\text{C}\})) \xrightarrow{\Lambda} (\text{'a chan ''2}) \xrightarrow{\varphi'} \text{unit}$$

其中输入和局部通道的区域被“合并”，因为它们都可以在 pipe 的调用中作为输入通道，而输出通道的区域始终保持独立。行为 φ' 有以下形式：

$$\begin{aligned}&\mathsf{rec}\ \text{'2}.\ (\mathsf{spawn}(\mathsf{rec}\ \text{'3}.\ ((\text{''1} \cup \{\text{C}\})?\text{'a};\ \Lambda;\ \text{''2!'a};\ \text{'3}))\\ &\qquad + \text{'a chan C};\ \mathsf{spawn}(\mathsf{rec}\ \text{'4}.\ ((\text{''1} \cup \{\text{C}\})?\text{'a};\ \text{'1};\ \text{C!'a};\text{'4}));\ \text{'2})\end{aligned}$$

因为在 then 分支中，node 的输入通道具有类型 'a chan("1 ∪ {C})，输出通道具有类型 'a chan "2，而在 else 分支中，node 的输入通道具有类型 'a chan("1 ∪ {C})，输出通道具有类型 'a chan{C}(以及 'a chan("1 ∪ {C}))。规则[*gen*]允许我们获取例 5.35 中显示的类型模式。 ■

结束语

控制流分析 文献[49-50,71,18]中有许多用于执行控制流分析的非标准类型系统的描述。5.1 节中给出的描述使用了一些比较简单的技术，其中类型是带注释的，但没有其他作用组件，也没有包含任何多态性或子类型。尽管没有像 5.4 节那样包含明确的关于子作用的子句，但我们依然认为该表述是一种子作用分析，因为函数抽象规则允许我们在函数箭头上添加注释，与子作用的情况类似(并且比子类型有更严格的限制，参见练习 5.13)。具有子类型的类型系统的文献包括[59,58,107]，另外文献[83,160,161]讲述

349

了处理多态性的更高级的系统。为了对子类型进行一般处理，这些文章通常要求约束是推理系统的明确的一部分，与5.1节不同。实际上，5.1节的表述只允许顺应形状的子类型(shape conformant subtyping)，其中底层类型系统不使用任何形式的子类型，因此比原子子类型(对基本类型施加顺序)和一般子类型(在任意类型之间施加顺序)都更简单。

5.2节建立的控制流分析的语义正确性表示为一个主语约化结论(subject reduction result)，但对于一个自然语义[91](而不是结构操作语义)制定，这种对待语义正确性的方法有很长的历史[114,116,184]。关于类型集合的Moore族结论受到文献[114]的思想的启发，以此强调偏序在本书中考虑的所有程序分析方法中起到的基础性作用，它还与类型系统中主要类型(principal types)的研究相关。

5.3节中控制流分析的语法可靠和完备的算法基于文献[90,183,167-169]中的思想，迷你项目5.1的调用追踪分析基于文献[169]。基本想法是确保算法在自由代数(free algebra)上运行，通过将注释限制为仅包含注释变量(简单类型的概念)并记录注释变量含义的约束集合。在我们的例子中，这是非常简单的，因为控制流分析不处理多态性。我们的论述与文献[58,107]有所不同，它们涉及更高级的原子子类型和一般子类型的概念。另一种这里没有研究的方法是省去简单类型和约束，把其替代为非自由代数中类型合一的技术[159]。

有限作用 5.4节介绍的类型和作用系统都共享一个重要特征(也适用于5.1节的类型系统)：作用没有记录类型信息，并且类型信息的形状不会受到作用的影响。所有系统都包含一个恰当的作用组件，从而展示了作用的多样性。类型和作用系统的一些开创性文章是[88,102,89-90]。同时，我们展示了设计类型和作用系统时要考虑的一些因素：是否包含子作用、子类型、多态、多态递归，是否允许类型受到作用的影响(5.4节和5.1节没有这种情况)，以及约束是否是推理系统的显式部分(5.4.3节的例子隐式是这样)。但是，认为分析组件的选择本质上与需要分析的示例相关联是不正确的。相反，证明语义上的正确性和语法上的可靠性和完备性所需的技术在很大程度上取决于组件的特定选择，有些是直截了当的，而有些则超出了现有的认知。

350

5.4.1节提出的副作用分析展示了子作用和子类型的使用，但没有结合多态性，推理系统中没有约束，并且作用不影响类型。该系统足够简单，可以使用5.2节的技术建立语义正确性。如果省略了子类型的规则，那么5.3节中发展的技术也足以得到可靠完备的推导算法。子类型的规则的存在自然引向两阶段的实现过程：首先推导底层类型，然后确定对作用(或注释)的约束[169,174]。这个方法是有效的，因为我们限制在顺应形状的子类型，其中作用不会影响类型信息。但是，在这种分析中添加多态会大大增加复杂度(见下文)。

5.4.2节提出的异常分析展示了子作用、子类型和多态的使用，但推理系统中没有约束，并且作用不会影响类型。由于多态性，语义正确性比5.2节复杂得多，但文献[173,167,168,15]的技术就足够了。为了开发语法可靠且完备的推导算法，可以采用上述的两阶段方法[169,174]。和前面一样，它是有效的，因为我们限制在顺应形状的子类型，其中作用不会影响类型信息。或者，可以使用更强大的技术[183,167,168,127]，甚至允许在作用内包含类型信息，这相当于5.3节的方法的延伸，将在下面解释。

5.4.3节提出的区域推导分析展示了多态递归在作用上的使用，推理系统中存在隐式约束(通过函数箭头上的点符号)，但作用仍不能影响类型。这里的内容主要基于文献

[175]，但稍加改动以适合 FUN 语言和本章其他地方的风格。为了获得尽可能小的作用，推理系统使用“作用掩蔽”（在文献[102,167,168]中发展）来去除作用的内部部分：仅处理外部不可见的区域的那些部分。可以使用文献[176]的方法展示推理系统的语义正确性。为了开发语法可靠的推导算法，可以再次采用上述的两阶段方法。第一阶段（普通类型推导）是标准的，第二阶段在文献[174]中考虑，其中算法 $\mathcal{S}$ 生成作用和区域变量，算法 $\mathcal{R}$ 处理由于多态递归引起的复杂性（仅针对作用和区域）。推导算法被证明是语法可靠的，但已知不是语法完备的。实际上，获得一个语法可靠并完备的算法似乎超出了现有的技术水平。 351

一般作用 一种增强作用的表达能力的方法是允许作用内包含类型信息，使得类型信息的形状可以受到作用的影响。这个想法在文献[183,167,168]中已经出现，用于扩展副作用分析去利用多态性和子作用（但不包括子类型）。这项工作试图基于扩张表达式（expansive expressions）和命令式对比应用式类型变量的概念来“扩展”已有的工作[173,166]。如前所述，语义正确性相当于文献[173,167,168,15]中描述的 5.2 节技术的扩展。

两阶段方法不再适用于得到推导算法，因为作用被用于控制底层类型的形状，表现为多态类型中包含类型变量。这表明可以扩展 5.3 节的技术，但在构造多态类型时决定泛化哪些变量需要特别小心。主要思想是算法需要参考约束，以确定一个比类型环境或作用中直接出现的变量集合更大的禁忌变量集合。这可以表述为相对于约束集合的向下闭包（downward closure）[183,127]，或者通过考虑约束的*主要解*（principal solution）[167-168]。

在这些发展中添加子类型会显著增加复杂性。顺应形状的子类型、多态性和子作用的集成在文献[127,134,15]中完成，建立了语义正确性并开发了一种被证明为语法可靠的推导算法，这些发展的延伸加入了一个语法完备性结论（参见下面关于文献[13]的讨论）。这项工作是结合作用系统的多态性和子作用[183,167-168]（但没有子类型）技术与类型系统的多态性和子类型（但没有作用）技术上的一个重要进展。

另一种增强作用的表达能力的方法是让它们包含有关行为的时间顺序和因果关系的信息，而不仅仅是可能性的一个无序的集合。在 5.5 节中，我们考虑了使用类型和作用系统从并发 ML 程序中提取行为（让人联想起进程代数中的术语）。这里作用（行为）具有结构，它们可能影响类型信息，推理系统中没有明确的约束（但更高级的发展[13]里有），并且存在子作用的推导规则和顺应形状的子类型。这些想法首先出现在文献[119-120]（不涉及多态性）和文献[131-132,14]（涉及多态性）中。我们在 5.5 节中的介绍主要基于文献[131-132]，包括一些来自文献[119-120]的内容。我们参考文献[13]中关于一个更宏大的发展的全面介绍，其中推理系统被糅合，以便开发一种语法可靠和完备的推导算法。这包括在推理系统中添加明确的约束，在使用子类型的类型系统中通常是这种情况。文献[128]介绍了嵌入式系统校验方面的应用。 352

其他发展 本章介绍的分析有多个共同的特征：当多态性被纳入时，都是基于 Standard ML 中具有的 Hindley/Milner 多态性，底层类型系统中没有子类型，也没有像文献[19-20,81-82]那样对合取和析取类型进行处理。另外，所有这些分析的描述都表达*安全性*：如果到达某一点，则某些信息是成立的。文献[121]中考虑了表达*活跃性质*的注释，这些注释指明函数是否可以被认为是完全的。

最后，与第 4 章中关于抽象解释的发展联系起来，可以允许注释为完全格里的元素（和单调框架一样具有有限高度），如迷你项目 5.4 所述。这个迷你项目还讨论了如何处理绑定时间分析(受文献[75,114,123]的启发)和安全性分析(受文献[74,1]的启发)。在另一个方向，可以使用抽象解释的框架[108,36]来描述类型和作用系统。

迷你项目5.5(关于计量单位和千年虫问题(Y2K))受到文献[95,46,141]的启发。

迷你项目

迷你项目5.1　一个调用追踪分析

考虑调用追踪分析的类型和作用系统：它具有以下形式的断言

353

$$\widehat{\Gamma} \vdash_{\mathsf{CT}} e : \widehat{\tau} \;\&\; \varphi$$

其中 φ 表示在 e 的求值过程中可能调用的函数的集合(函数箭头上的注释也是类似)。

1. 制定具有子作用的推理系统。接下来添加子类型，最后添加多态。

下面考虑仅具有子作用的推理系统：

2. 修改表5.4的自然语义，使得可以对该分析表达语义正确性，并证明结论成立。
3. 设计一种调用追踪分析的算法，并证明它是语法可靠(和完备)的。

一个更难的挑战：你可以处理子类型和多态吗?

迷你项目5.2　数据结构

和迷你项目3.2一样，我们将扩展语言以添加更一般的数据结构，并考虑如何修改控制流分析(表5.2)以跟踪创建点。

二元组　为了添加二元组，我们扩展语法如下：

$$\widehat{\tau} \;::=\; \cdots \mid \widehat{\tau}_1 \times^{\varphi} \widehat{\tau}_2$$

$$e \;::=\; \cdots \mid \mathtt{Pair}_{\pi}(e_1, e_2) \mid (\mathtt{case}\ e_0\ \mathtt{of}\ \mathtt{Pair}(x_1, x_2)\ \mathtt{=>}\ e_1)$$

这里 Pair 是一个二元构造函数，相应的 case 表达式不需要像迷你项目3.2那样需要一个 or 部分。例如，考虑以下用于“排序”一个整数二元组的程序：

```
let srt = fn_X x => case x of Pair(y,z) =>
                      if y<z then x else Pair_B(z,y)
in srt(Pair_A(n,m))
```

这里如果 n 的值小于 m 的值，则返回的二元组在 A 构造，否则返回的二元组在 B 构造。整体类型是 $\mathtt{int} \times^{\{A,B\}} \mathtt{int}$。

1. 修改表5.2的控制流分析以追踪二元组的创建点。
2. 扩展表5.4的自然语义，以及语义正确性的证明(定理5.9)。
3. 扩展算法 $\mathcal{W}_{\mathsf{CFA}}$ 和 $\mathcal{U}_{\mathsf{CFA}}$，以及语法可靠性和完备性的证明(定理5.20和定理5.21)。

354

列表　为了添加列表，我们扩展语法如下：

$$\widehat{\tau} \;::=\; \cdots \mid \widehat{\tau}\ \mathtt{list}^{\varphi}$$

$$e \;::=\; \cdots \mid \mathtt{Cons}_{\pi}(e_1, e_2) \mid \mathtt{Nil}_{\pi} \mid (\mathtt{case}\ e_0\ \mathtt{of}\ \mathtt{Cons}(x_1, x_2)\ \mathtt{=>}\ e_1\ \mathtt{or}\ e_2)$$

现在执行和前面的二元组的情况类似的发展。

一个更难的挑战：能否像迷你项目3.2那样处理一般的代数类型?

迷你项目5.3　一个原型实现

在这个迷你项目中，我们将实现5.1节和5.3节中考虑的控制流分析。作为实现语言，我们将选择一种函数式语言，例如 Standard ML 或 Haskell。我们可以定义 FUN 表达式的数据类型如下：

$$
\begin{array}{lcl}
\text{type } var & = & \text{string} \\
\text{type } point & = & \text{int} \\
\text{datatype } const & = & \text{Num of int} \mid \text{True} \mid \text{False} \\
\text{datatype } exp & = & \text{Const of } const \mid \text{Var of } var \mid \text{Fn of } point * var * exp \\
& \mid & \text{Fun of } point * var * var * exp \mid \text{App of } exp * exp \\
& \mid & \text{If of } exp * exp * exp \mid \text{Let of } var * exp * exp \\
& \mid & \text{Op of string} * exp * exp
\end{array}
$$

1. 定义数据类型代表简单类型和简单替换，并实现表 5.7 的函数 $\mathcal{U}_{\mathsf{CFA}}$。
2. 定义数据类型代表简单类型环境和约束集合，并实现表 5.8 的函数 $\mathcal{W}_{\mathsf{CFA}}$。
3. 定义数据类型代表类型和类型环境，并实现一个函数用于漂亮地打印结果（像 5.3.4 节那样）：类型变量必须实例化为 `int`，注释变量为约束的最小解。

选择一些实例来测试实现。

迷你项目 5.4 单调类型系统

考虑一个单调结构的实例，定义在 3.5.2 节（并受到 2.3 节的单调框架启发），例子包括例 3.29 的常量传播分析。

355

定义带有子作用（以及可能子类型）的注释类型系统，用于执行单调结构的分析（以表 1.2 的带注释的基本类型的方式）。设计系统，以便描述以下分析：

- 绑定时间分析（binding time analysis），其中数据可以是静态的（即在编译时可用）或动态的（即在运行时可用），分别表示为 S 和 D。通过设置 $\mathsf{S} \sqsubseteq \mathsf{D}$ 定义偏序来表示静态数据也可用于对动态数据进行操作。
- 安全性分析（security analysis），其中数据可以分类为多个安全等级 $\mathsf{C}_1, \cdots, \mathsf{C}_k$。通过设置 $\mathsf{C}_1 \sqsubseteq \cdots \sqsubseteq \mathsf{C}_k$ 来确定偏序，表示低安全等级的数据也可以在高安全等级使用。

5.2 节和 5.3 节中的哪些内容可以适用于这种情况？（如果需要，可以添加更多条件，例如属性空间满足升链条件。）

一个更难的挑战：你能同时处理子类型和多态吗？

迷你项目 5.5 计量单位（和 Y2K）

即使最先进的程序语言，允许用户定义数据类型并强制强类型，也几乎不可能记录计量单位（比如米、摄氏度、美元）。每个计量单位可能包含两个成分：比例系数和起源基础：

- 一个不同比例系数的例子涉及长度的测量，可以用英尺（ft）或米（m）来测量。在这种情况下，两个单位之间有一个简单的转换：x ft $= (x \times 0.3048)$ m。一个相关的例子涉及货币的衡量标准，可以用美元（USD）或欧元（EURO）来衡量。这里的转换稍微复杂一些：x USD $= (x \times rate)$ EURO，其中 $rate$ 是可能随时间变化的汇率。
- 一个不同起源基础的例子涉及相对于公元元年（AD）或相对于 20 世纪初（YY）的时间测量。有一个简单的转换：x YY $= (1900 + x)$ AD。所谓的千年虫问题（Y2K）是只有两个数字可用于表示 x，但需要表示超出 20 世纪的年份。

- 一个同时涉及两个成分的例子是温度的测量，可以用华氏度(F)和摄氏度(C)来测量。在这种情况下，温度之间的转换更复杂：x F = ((x − 32) ×5)/9 C。

356

人们有很多原因希望将程序语言扩展到精确的计量单位。也许人们需要将软件移植到一个新的环境，而这个环境使用不同的计量单位，也许需要处理不同计量单位混合在一起的数据，或许希望降低错误计算的可能性(比如将美元和欧元加到一起)，或者人们想要为数据格式的变化做准备。

假设我们有一个在底层类型系统中类型正确的程序。一种将计量单位加入程序的方法如下：

1. 扩展类型系统，在数字上添加单位注释。
2. 基于扩展类型系统分析程序，一般会识别出很多类型错误。
3. 基于上面的讨论，通过插入显式转换来纠正类型错误。
4. 检查得到的程序在扩展类型系统中是类型正确的。
5. 基于扩展类型信息，数据格式可能被更改。

在这个迷你项目中，我们专注于第一个任务。为了这个目的，只需底层类型的语法由下式给出：

$$\tau ::= \mathtt{num} \mid \tau \to \tau$$

一个适当的扩展类型系统可以基于以下类型和注释：

$$\begin{array}{rcl} \hat{\tau} & ::= & \mathtt{num}^{\varphi} \mid \hat{\tau} \to \hat{\tau} \\ \varphi & ::= & \mathit{scale}\ \mathsf{BASE}\ \mathit{base} \\ \mathit{scale} & ::= & \sigma \mid \mathtt{unit} \mid \mathit{scale}.\mathit{scale} \mid \mathit{scale}^{-1} \mid \\ & & \mathtt{feet} \mid \mathtt{meter} \mid \mathtt{usd} \mid \mathtt{euro} \mid \mathtt{year} \mid \mathtt{kelvin} \mid \cdots \\ \mathit{base} & ::= & \beta \mid \mathtt{none} \mid \mathtt{ad} \mid \mathtt{20th} \mid \mathtt{freezing} \mid \cdots \end{array}$$

我们将米(m)建模为 meterBASEnone，英尺(ft)建模为 feetBASEnone；将美元(USD)建模为 usdBASEnone，欧元(EURO)建模为 euroBASEnone；相对于公元元年的年份(AD)建模为 yearBASEad，相对于 20 世纪的年份(YY)建模为 yearBASE20th；将摄氏度(C)建模为 kelvinBASEfreezing，等等。没有单位的“普通”数字使用注释 unitBASEnone。

357

一种将单位与数字相关联的方法是使用函数

$$\mathtt{asC} : \mathtt{num}^{\mathtt{unit\ BASE\ none}} \to \mathtt{num}^{\mathtt{kelvin\ BASE\ freezing}}$$

例如 asC 7 表示 7 摄氏度。为了在带有单位的数字上进行计算，我们将为乘法和除法运算设以下多态类型：

$$\begin{array}{rcl} * & : & \forall \sigma_1, \sigma_2, \sigma [\text{with } \sigma = \sigma_1.\sigma_2] : \\ & & \mathtt{num}^{\sigma_1\ \mathsf{BASE\ none}} \to \mathtt{num}^{\sigma_2\ \mathsf{BASE\ none}} \to \mathtt{num}^{\sigma\ \mathsf{BASE\ none}} \\ \\ / & : & \forall \sigma_1, \sigma_2, \sigma [\text{with } \sigma = \sigma_1.(\sigma_2^{-1})] : \\ & & \mathtt{num}^{\sigma_1\ \mathsf{BASE\ none}} \to \mathtt{num}^{\sigma_2\ \mathsf{BASE\ none}} \to \mathtt{num}^{\sigma\ \mathsf{BASE\ none}} \end{array}$$

这反映了乘法和除法可用于相对计量单位(即没有起源基础)。需要谨慎处理关于注释的规则，例如以确保 meter. feet 和 feet. meter 按照物理学的惯例以同样方式对待。这需要一个比 UCAI 更细致的公理化。

转向加法和减法的操作：

$$\begin{array}{rcl} + & : & \forall \sigma, \beta_1, \beta_2, \beta \left[\text{with } \beta = \left\{ \begin{array}{ll} \beta_1 & \text{if } \beta_2 = \mathtt{none} \\ \beta_2 & \text{if } \beta_1 = \mathtt{none} \end{array} \right. \right] : \\ & & \mathtt{num}^{\sigma\ \mathsf{BASE}\ \beta_1} \to \mathtt{num}^{\sigma\ \mathsf{BASE}\ \beta_2} \to \mathtt{num}^{\sigma\ \mathsf{BASE}\ \beta} \end{array}$$

$$- \quad : \quad \forall\sigma,\beta_1,\beta_2,\beta\left[\text{with } \beta = \begin{cases} \beta_1 & \text{if } \beta_2 = \texttt{none} \\ \texttt{none} & \text{if } \beta_1 = \beta_2 \\ \text{undefined} & \text{otherwise} \end{cases}\right]:$$

$$\texttt{num}^{\sigma\,\texttt{BASE}\,\beta_1} \rightarrow \texttt{num}^{\sigma\,\texttt{BASE}\,\beta_2} \rightarrow \texttt{num}^{\sigma\,\texttt{BASE}\,\beta}$$

这反映了加法可用于两个计量单位，其中最多一个具有起源基础。减法可以用于找到两个基础计量之间的相对计量，以及从基础计量减少相对单位。

基于上面的想法，为一个 FUN 语言版本定义注释类型系统。或许只对比例注释(使用比例变量 σ)和基础注释(使用基础变量 β)允许多态会有帮助。尝试为注释类型系统建立语义正确性的概念。开发一个推导算法并证明它是语法可靠的。最后调查推导算法是否是语法完备的。

[358]

在某些情况下，可以扩展该方案以使用单位之间的明确转换规则，例如 x ft = $x \times$ 30.48cm 包含了英尺(ft)和米(m)之间以及米(m)和厘米(cm)之间的转换。这并不总是可行的(例如在货币的情况下)。我们将这些扩展留给感兴趣的读者。

练习

练习 5.1 考虑以下表达式：

$$\begin{array}{l}\texttt{let f = fn}_{\texttt{X}}\texttt{ x => x 1;} \\ \quad\;\texttt{g = fn}_{\texttt{Y}}\texttt{ y => y+2;} \\ \quad\;\texttt{h = fn}_{\texttt{Z}}\texttt{ z => z+3} \\ \texttt{in (f g) + (f h)}\end{array}$$

使用表 5.1(底层类型系统)获取该表达式的类型。对于 f、g 和 h 应该使用什么类型？接下来使用表 5.2(控制流分析)来获取该表达式的注释类型。对于 f、g 和 h 应该使用什么注释类型？

练习 5.2 考虑以下 FUN 的变种，其中函数定义明确包含类型信息，如 $\texttt{fn}_\pi\ x:\tau_x \texttt{ => } e_0$ 和 $\texttt{fun}_\pi\ f:(\tau_x\rightarrow\tau_0)x \texttt{ => } e_0$。相应地修改表 5.1 并证明得到的类型系统是确定性的：$\Gamma\vdash_{\mathsf{UL}} e:\tau_1$ 和 $\Gamma\vdash_{\mathsf{UL}} e:\tau_2$ 蕴含 $\tau_1=\tau_2$。

练习 5.3 考虑 5.4.1 节和 5.2.3 节中讨论的作用之间的包含关系 $\varphi_1\subseteq\varphi_2$。给出 $\varphi_1\subseteq\varphi_2$ 的公理化，使得 $\varphi_1\subseteq\varphi_2$ 当且仅当 φ_1 中提到的元素集合是 φ_2 的元素集合的子集。

练习 5.4* 在例 5.4 中，我们展示了如何以接近第 3 章的形式记录注释类型信息。为了使其精确，假设 FUN 的表达式同时以第 3 章和第 5 章的方式标号：

$$\begin{array}{rcl} e & ::= & t^\ell \\ t & ::= & c \mid x \mid \texttt{fn}_\pi\ x \texttt{ => } e_0 \mid \texttt{fun}_\pi\ f\ x \texttt{ => } e_0 \mid e_1\ e_2 \\ & \mid & \texttt{if } e_0 \texttt{ then } e_1 \texttt{ else } e_2 \mid \texttt{let } x = e_1 \texttt{ in } e_2 \mid e_1\ op\ e_2 \end{array}$$

接下来修改表 5.2 以定义断言

$$\tilde{\rho},\tilde{C};\widehat{\Gamma}\vdash_{\mathsf{CFA}} e:\widehat{\tau} \tag{5.2}$$

其中的想法是：

[359]

- $\tilde{C}(\ell)=\widehat{\tau}_\ell$ 确保式(5.2)中的所有断言 $\tilde{\rho},\tilde{C};\widehat{\Gamma}'\vdash_{\mathsf{CFA}} t^\ell:\widehat{\tau}'$ 满足 $\widehat{\tau}'=\widehat{\tau}_\ell$。
- $\tilde{\rho}(x)=\widehat{\tau}_x$ 确保式(5.2)中的所有断言 $\tilde{\rho},\tilde{C};\widehat{\Gamma}'\vdash_{\mathsf{CFA}} x^\ell:\widehat{\tau}'$ 满足 $\widehat{\tau}'=\widehat{\tau}_x$。

检查式(5.2)是否对于例 5.4 的表达式满足，其中取 $\tilde{C}(1)=\widehat{\tau}_{\mathsf{Y}}$、$\tilde{C}(2)=\widehat{\tau}_{\mathsf{Y}}\xrightarrow{\{\mathsf{X}\}}\widehat{\tau}_{\mathsf{Y}}$、$\tilde{C}(3)=\texttt{int}$、$\tilde{C}(4)=\widehat{\tau}_{\mathsf{Y}}$、$\tilde{C}(5)=\widehat{\tau}_{\mathsf{Y}}$、$\tilde{\rho}(\mathsf{x})=\widehat{\tau}_{\mathsf{Y}}$ 和 $\tilde{\rho}(\mathsf{y})=\texttt{int}$。

练习 5.5 考虑将以下推理规则添加到表 5.2 中(控制流分析):

$$\frac{\widehat{\Gamma} \vdash_{\mathsf{CFA}} e_1 : \widehat{\tau}_2 \xrightarrow{\varphi} \widehat{\tau}_0 \quad \widehat{\Gamma} \vdash_{\mathsf{CFA}} e_2 : \widehat{\tau}_2}{\widehat{\Gamma} \vdash_{\mathsf{CFA}} e_1\ e_2 : \bot_{\widehat{\tau}_0}} \quad \varphi = \emptyset$$

其中$\bot_{\widehat{\tau}_0}$是 $\widehat{\mathbf{Type}}[\tau_0]$的最小元素，并且 $\tau_0 = \lfloor\widehat{\tau}_0\rfloor$。解释这个规则做了什么，并判断定理 5.9(语义正确性)是否依然成立。

练习 5.6 我们现在扩展 5.1 节的控制流分析，以包含函数在哪里调用的信息。为此，修改表达式的语法，在所有函数应用点添加标号(像第 3 章那样):

$$e ::= \cdots \mid (e_1\ e_2)^{\ell}$$

同时定义一个语法类别代表标号注释 $\psi \in \mathbf{LAnn}$ 如下:

$$\psi ::= \ell \mid \psi_1 \cup \psi_2 \mid \emptyset$$

解释为模 UCAI。最后修改注释类型的语法如下:

$$\widehat{\tau} ::= \cdots \mid \widehat{\tau}_1 \xrightarrow[\psi]{\phi} \widehat{\tau}_2$$

在这个系统中，应该可以为以下表达式赋予类型:

$$((\mathtt{fn}_{\mathsf{X}}\ \mathtt{x}\ \mathtt{=>}\ \mathtt{x})\ (\mathtt{fn}_{\mathsf{Y}}\ \mathtt{y}\ \mathtt{=>}\ \mathtt{y}))^{1}$$

(参见例 5.4)，使得 $\mathtt{fn}_{\mathsf{X}}\ \mathtt{x}\ \mathtt{=>}\ \mathtt{x}$ 得到类型

$$(\mathtt{int} \xrightarrow[\emptyset]{\{\mathsf{Y}\}} \mathtt{int}) \xrightarrow[\{1\}]{\{\mathsf{X}\}} (\mathtt{int} \xrightarrow[\emptyset]{\{\mathsf{Y}\}} \mathtt{int})$$

表示它在标号为 1 的函数应用中被调用。更一般地，它应该有类型

$$(\widehat{\tau} \xrightarrow[\psi_{\mathsf{Y}}]{\{\mathsf{Y}\}\cup\phi_{\mathsf{Y}}} \widehat{\tau}) \xrightarrow[\{1\}\cup\psi_{\mathsf{X}}]{\{\mathsf{X}\}\cup\phi_{\mathsf{X}}} (\widehat{\tau} \xrightarrow[\psi_{\mathsf{Y}}]{\{\mathsf{Y}\}\cup\phi_{\mathsf{Y}}} \widehat{\tau})$$

360 对于所有 ϕ_{X}，$\phi_{\mathsf{Y}} \in \mathbf{Ann}$、$\psi_{\mathsf{X}}$，$\psi_{\mathsf{Y}} \in \mathbf{LAnn}$ 和 $\widehat{\tau} \in \widehat{\mathbf{Type}}$。修改表 5.2 中的分析以描述此分析。

练习 5.7 在 5.2 节中，我们为 FUN 配备了一个按值调用的语义。另一种选择是按名称调用(call-by-name)语义。得到它只需对表 5.4 的语义做简单修改，更改规则[*app*]使得在替换发生之前不对参数取值。规则[*let*]的修改类似。对表 5.4 做这些修改并展示正确性结论(定理 5.9)对表 5.2 的分析仍然成立。

这关于分析的精度说明了什么?

练习 5.8 证明结论 5.17(Robinson 同一算法的语法可靠性和完备性)。

练习 5.9 考虑 5.1 节定义的注释类型的偏序 $\widehat{\tau} \leqslant \widehat{\tau}'$:

$$\widehat{\tau} \leqslant \widehat{\tau} \qquad\qquad \frac{\widehat{\tau}_1' \leqslant \widehat{\tau}_1 \quad \widehat{\tau}_2 \leqslant \widehat{\tau}_2' \quad \varphi \subseteq \varphi'}{\widehat{\tau}_1 \xrightarrow{\varphi} \widehat{\tau}_2 \leqslant \widehat{\tau}_1' \xrightarrow{\varphi'} \widehat{\tau}_2'}$$

我们说 $\widehat{\tau}_1 \xrightarrow{\varphi} \widehat{\tau}_2$ 在 φ 和 $\widehat{\tau}_2$ 上是*协变*，但在 $\widehat{\tau}_1$ 上是*逆变*。这与 5.4 节考虑的子类型顺序一致，但与 5.2 节中的偏序 $\widehat{\tau} \sqsubseteq \widehat{\tau}'$不同。

证明对于任何底层类型 $\tau \in \mathbf{Type}$ 的选择，$(\widehat{\mathbf{Type}}[\tau], \leqslant)$是一个完全格。然后讨论命题 5.12 对于该顺序是否成立。

最后重新考虑 5.3.4 节中设 $\theta_T''(\alpha)$为$(\widehat{\mathbf{Type}}[\tau], \sqsubseteq)$的最小元素的决定。设 $\theta_T''(\alpha)$为$(\widehat{\mathbf{Type}}[\tau], \leqslant)$或$(\widehat{\mathbf{Type}}[\tau], \geqslant)$的最小元素是否更好?

练习 5.10* 假设

$$\mathcal{W}_{\mathsf{UL}}([\,], \mathtt{fun}_{\mathsf{F}}\ f\ x\ \mathtt{=>}\ e_0) = (\alpha_x \to \alpha_0, \theta)$$

其中 α_x 和 α_0 是不同的类型变量。设 e 为任意一个类型正确的封闭表达式，即对于某个 τ

有 $[\,] \vdash_{UL} e : \tau$，并证明调用

$$(\texttt{fun}_F\ f\ x\ \texttt{=>}\ e_0)\ e$$

不终止(提示：使用结论 5.6、定理 5.9、定理 5.20、定理 5.21，以及 $\mathcal{W}_{UL}$ 是语法可靠的)。

练习 5.11 严格定义表 5.9 中的副作用分析的语义正确性。这涉及修改表 5.4 的自然语义来处理存储并记录副作用。(证明这个结论需要相当多的工作。)

361

练习 5.12 假设 5.4.1 节的语言具有按名称调用语义而不是按值调用语义。相应地修改表 5.9 的副作用分析。

练习 5.13 现在我们对 5.4.1 节的副作用分析展示证明正则化(proof normalization)的概念。为此，假设表 5.9 不包含子作用和子类型组合的规则，只包含子作用的规则。

对于这个系统，可以省略显式的关于子作用的规则，而是将它的功能整合到其他规则中。这可以通过向所有公理和规则的结论里出现的作用添加“$\cup \varphi'$”来完成。执行这个操作，并证明前后两个系统可以证明完全相同的断言。

另一个变体只是将“$\cup \varphi'$”添加到真正需要的地方：在所有公理和函数抽象的规则中。执行这个操作，并再一次证明前后两个系统可以证明完全相同的断言。

刚才完成的操作叫作证明正则化：每当一个推理系统具有多个语法引导的规则和公理，以及至少一个非语法引导的规则时，通常可以限制非语法引导规则的使用。通过这种方式，推导树的结构更接近语法树的结构，这通常有助于证明语义正确性，并为开发推导算法提供了一个起点。

练习 5.14 考虑表 5.10 的异常分析中的规则[*handle*]。如果我们用以下两条规则替换它，判断分析是否依然是语义正确的：

$$\frac{\widehat{\Gamma} \vdash_{ES} e_1 : \widehat{\tau}\ \&\ \varphi_1 \quad \widehat{\Gamma} \vdash_{ES} e_2 : \widehat{\tau}\ \&\ \varphi_2}{\widehat{\Gamma} \vdash_{ES} \texttt{handle}\ s\ \texttt{as}\ e_1\ \texttt{in}\ e_2 : \widehat{\tau}\ \&\ \varphi_2}$$
如果 $s \notin \varphi_2$ 且 $AV(\varphi_2) = \emptyset$

$$\frac{\widehat{\Gamma} \vdash_{ES} e_1 : \widehat{\tau}\ \&\ \varphi_1 \quad \widehat{\Gamma} \vdash_{ES} e_2 : \widehat{\tau}\ \&\ \varphi_2}{\widehat{\Gamma} \vdash_{ES} \texttt{handle}\ s\ \texttt{as}\ e_1\ \texttt{in}\ e_2 : \widehat{\tau}\ \&\ \varphi_1 \cup (\varphi_2 \backslash \{s\})}$$
如果 $s \in \varphi_2$ 或 $AV(\varphi_2) \neq \emptyset$

这里 $s \in \varphi_2$ 表示 $\{s\} \subseteq \varphi_2$ 并且 $AV(\varphi_2)$ 是 φ_2 的注释变量集。

练习 5.15 考虑表 5.10 的异常分析，并更改规则[*let*]为：

$$\frac{\widehat{\Gamma} \vdash_{ES} e_1 : \widehat{\sigma}_1\ \&\ \varphi_1 \quad \widehat{\Gamma}[x \mapsto \widehat{\sigma}_1] \vdash_{ES} e_2 : \widehat{\sigma}_2\ \&\ \varphi_2}{\widehat{\Gamma} \vdash_{ES} \texttt{let}\ x\ \texttt{=}\ e_1\ \texttt{in}\ e_2 : \widehat{\sigma}_2\ \&\ \varphi_1 \cup \varphi_2}$$

362

在[*if*]、[*raise*]、[*handle*]和[*sub*]中执行类似的修改，不要忘记定义 $\widehat{\tau} \leqslant \widehat{\tau}'$ 的含义。显然，新系统至少像表 5.10 的系统同样强大，但它更强大吗？(提示：考虑表 5.10 的[*gen*]和[*ins*]在哪些地方可用。)

363

第6章
Principles of Program Analysis

算　　法

在前面的章节里，我们研究了几种程序分析中求解的算法。在本章中，我们将研究等式和不等式系统求解的一般算法，以更深入地探索不同程序分析方法的相似之处。

6.1 工作列表算法

我们将抽象掉单个分析的细节，仅考虑某个*流变量*集合之间的等式或不等式。比如，在数据流分析里，每个程序点的入口和出口值是不同的流变量，而在基于约束的分析里，每个程序点的缓存和每个程序变量的环境是不同的流变量。

例 6.1 考虑以下 WHILE 程序：

```
if [b1]^1 then (while [b2]^2 do [x := a1]^3)
           else (while [b3]^4 do [x := a2]^5);
[x := a3]^6
```

在这里，我们让表达式 a_i 和 b_i 保持不确定。2.1.2 节的到达定值分析产生的等式有以下形式：

$$
\begin{array}{ll}
\mathsf{RD}_{entry}(1) = X_? & \mathsf{RD}_{exit}(1) = \mathsf{RD}_{entry}(1) \\
\mathsf{RD}_{entry}(2) = \mathsf{RD}_{exit}(1) \cup \mathsf{RD}_{exit}(3) & \mathsf{RD}_{exit}(2) = \mathsf{RD}_{entry}(2) \\
\mathsf{RD}_{entry}(3) = \mathsf{RD}_{exit}(2) & \mathsf{RD}_{exit}(3) = (\mathsf{RD}_{entry}(3) \backslash X_{356?}) \cup X_3 \\
\mathsf{RD}_{entry}(4) = \mathsf{RD}_{exit}(1) \cup \mathsf{RD}_{exit}(5) & \mathsf{RD}_{exit}(4) = \mathsf{RD}_{entry}(4) \\
\mathsf{RD}_{entry}(5) = \mathsf{RD}_{exit}(4) & \mathsf{RD}_{exit}(5) = (\mathsf{RD}_{entry}(5) \backslash X_{356?}) \cup X_5 \\
\mathsf{RD}_{entry}(6) = \mathsf{RD}_{exit}(2) \cup \mathsf{RD}_{exit}(4) & \mathsf{RD}_{exit}(6) = (\mathsf{RD}_{entry}(6) \backslash X_{356?}) \cup X_6
\end{array}
$$

这里 $X_\ell = \{(\mathtt{x}, \ell)\}$ 并且我们允许 X 的下标是一个字符串，例如 $X_{356?} = \{(\mathtt{x}, 3), (\mathtt{x}, 5), (\mathtt{x}, 6), (\mathtt{x}, ?)\}$。

当表达为流变量 $\{\mathsf{x}_1, \cdots, \mathsf{x}_{12}\}$ 上的一个约束系统时，它具备以下形式：

$$
\begin{array}{lcl@{\qquad}lcl}
\mathsf{x}_1 & = & X_? & \mathsf{x}_7 & = & \mathsf{x}_1 \\
\mathsf{x}_2 & = & \mathsf{x}_7 \cup \mathsf{x}_9 & \mathsf{x}_8 & = & \mathsf{x}_2 \\
\mathsf{x}_3 & = & \mathsf{x}_8 & \mathsf{x}_9 & = & (\mathsf{x}_3 \backslash X_{356?}) \cup X_3 \\
\mathsf{x}_4 & = & \mathsf{x}_7 \cup \mathsf{x}_{11} & \mathsf{x}_{10} & = & \mathsf{x}_4 \\
\mathsf{x}_5 & = & \mathsf{x}_{10} & \mathsf{x}_{11} & = & (\mathsf{x}_5 \backslash X_{356?}) \cup X_5 \\
\mathsf{x}_6 & = & \mathsf{x}_8 \cup \mathsf{x}_{10} & \mathsf{x}_{12} & = & (\mathsf{x}_6 \backslash X_{356?}) \cup X_6
\end{array}
$$

这里 $\mathsf{x}_1, \cdots, \mathsf{x}_6$ 对应于 $\mathsf{RD}_{entry}(1), \cdots, \mathsf{RD}_{entry}(6)$，$\mathsf{x}_7, \cdots, \mathsf{x}_{12}$ 对应于 $\mathsf{RD}_{exit}(1), \cdots, \mathsf{RD}_{exit}(6)$。

因为我们一般对 RD_{entry} 的解感兴趣，我们将在这里和后面的例子中考虑以下简化的等式系统：

$$
\begin{array}{lcl}
\mathsf{x}_1 & = & X_? \\
\mathsf{x}_2 & = & \mathsf{x}_1 \cup (\mathsf{x}_3 \backslash X_{356?}) \cup X_3 \\
\mathsf{x}_3 & = & \mathsf{x}_2 \\
\mathsf{x}_4 & = & \mathsf{x}_1 \cup (\mathsf{x}_5 \backslash X_{356?}) \cup X_5 \\
\mathsf{x}_5 & = & \mathsf{x}_4 \\
\mathsf{x}_6 & = & \mathsf{x}_2 \cup \mathsf{x}_4
\end{array}
$$

显然，这些表达方式的改变并没有失去什么。■

等式和不等式的对比　第2章和第3章之间一个表面上的区别是在前者我们求解一个等式系统$(x_i=t_i)_{i=1}^N$，而在后者我们求解一个不等式系统$(x_i \sqsupseteq t_i)_{i=1}^N$。但是，在2.2节，我们已经观察到一个等式系统的解也是一个不等式系统的解，只需把每个=替换为$\sqsupseteq$。实际上，以下不等式系统(所有左侧是相同的)

$$x \sqsupseteq t_1 \quad \cdots \quad x \sqsupseteq t_n$$

和等式

$$x = x \sqcup t_1 \sqcup \cdots \sqcup t_n$$

有同样的解：任何前者的解是后者的解，反之亦同。另外，上面系统的最小解也是以下系统的最小解：

$$x = t_1 \sqcup \cdots \sqcup t_n$$

(在这里把x从右侧删除)。通过这些观察，显然可知我们的算法解的是等式系统还是不等式系统并不重要(但在练习6.5里，我们将看到不等式系统对于得到高效算法更灵活)。在整章中，我们将重点考虑每个左侧具有多个不等式的约束系统。

366

假设　我们做以下假设：

- 存在一个以下形式的有限约束系统$\mathcal{S}$：

$$(x_i \sqsupseteq t_i)_{i=1}^N$$

其中$N\geq 1$，并且左侧不一定互不相同。
- 每个右侧t_i包含的流变量集合$FV(t_i)$是有限集$X=\{x_i \mid 1\leq i\leq N\}$的一个子集。
- 解是一个全函数$\psi: X\to L$，对每个流变量赋予满足增链条件的完全格$(L,\sqsubseteq)$里的值。
- 项的解释使用解$\psi: X\to L$，我们用$[\![t]\!]\psi\in L$表达t相对于ψ的解释。
- 项t的解释$[\![t]\!]\psi$相对于ψ是单调的，并且它的值只依赖于解在出现在项中的流变量上的值$\{\psi(x)\mid x\in FV(t)\}$。

为了普遍性，我们不规定右侧t_i的形式。

例6.2　本章的约束看起来比第3章的约束更简单，因为我们似乎不允许带条件的约束。但是，带条件的约束可以通过允许项包含条件来处理。考虑以下表达式(来自例3.20)：

$$\texttt{((fn x => x}^1\texttt{)}^2\ \texttt{(fn y => y}^3\texttt{)}^4\texttt{)}^5$$

使用以上的符号，基于约束的0-CFA分析产生的约束是：

$$\begin{array}{ll}
\mathsf{x}_1 \supseteq \mathsf{x}_6 & \mathsf{x}_2 \supseteq \{\texttt{fn x => x}^1\} \\
\mathsf{x}_3 \supseteq \mathsf{x}_7 & \mathsf{x}_4 \supseteq \{\texttt{fn y => y}^3\} \\
\mathsf{x}_5 \supseteq \mathsf{if}\ \{\texttt{fn x => x}^1\} \subseteq \mathsf{x}_2\ \mathsf{then}\ \mathsf{x}_1 & \mathsf{x}_5 \supseteq \mathsf{if}\ \{\texttt{fn y => y}^3\} \subseteq \mathsf{x}_2\ \mathsf{then}\ \mathsf{x}_3 \\
\mathsf{x}_6 \supseteq \mathsf{if}\ \{\texttt{fn x => x}^1\} \subseteq \mathsf{x}_2\ \mathsf{then}\ \mathsf{x}_4 & \mathsf{x}_7 \supseteq \mathsf{if}\ \{\texttt{fn y => y}^3\} \subseteq \mathsf{x}_2\ \mathsf{then}\ \mathsf{x}_4
\end{array}$$

这里x_1至x_5对应于$\mathsf{C}(1)$至$\mathsf{C}(5)$，x_6对应于$\mathsf{r}(\mathsf{x})$，x_7对应于$\mathsf{r}(\mathsf{y})$。■

367

6.1.1　工作列表算法的结构

在第2章和第3章，我们已经提供了算法来求解过程内数据流分析和控制流分析产生的约束系统。这些算法的共同点在于它们都用工作列表来控制迭代。需要完成的工作通过某种表达方式保存在一个工作列表里；每次迭代从列表中选择一个任务，然后把它删除——处理这个任务可能会造成新的任务放入列表。这个过程一直迭代，直到没有更多的任务需要完成——工作列表是空的。

工作列表上的操作 本节的出发点是之前算法的一个抽象版本。它是抽象的，因为它参数化了工作列表的细节和相关的操作与数值：

- empty 是一个空的工作列表。
- insert($(x \sqsupseteq t)$，W)返回一个新的工作列表，在 W 的基础上添加了新的约束 $x \sqsupseteq t$。一般使用它的方式是：

  $$W := \text{insert}((x \sqsupseteq t), W)$$

  用于更新工作列表 W 使其包含新的约束 $x \sqsupseteq t$。
- extract(W)返回一个二元组，第一部分是工作列表里的一个约束 $x \sqsupseteq t$，第二部分是一个更小的工作列表，在 W 里删除 $x \sqsupseteq t$ 的一次出现。一般使用它的方式是：

  $$((x \sqsupseteq t), W) := \text{extract}(W)$$

  从而选择和删除 W 里的一个约束。

在最抽象的形式下，工作列表可以看作一个约束的集合，具备以下操作：

```
empty = ∅

function insert((x ⊒ t),W)
return W ∪ {x ⊒ t}

function extract(W)
return ((x ⊒ t),W\{x ⊒ t}) for some x ⊒ t in W
```

但是，或许把工作列表看作一个多集合(multiset，允许约束在工作列表中出现多次)，看作一个具备附加结构的列表，或其他结构的组合会更恰当一些。函数 extract 将使用这个结构提取适当的约束。在本章的后面，我们将展示如何通过明智的“结构”的选择得到一个实际性能良好的算法。[368]

抽象工作列表算法 表 6.1 描述了抽象工作列表算法。因为解是一个定义域为有限集合的函数，我们把它表示为一个数组 Analysis，和 2.4 节一样。算法使用一个工作列表 W 和一个包含约束集合的辅助数组 infl，用于记录每个流变量影响了哪些约束的值。在步骤 1 之后我们有对于每个 X 里的 x：[369]

$$\text{infl}[x] = \{(x' \sqsupseteq t') \text{ in } \mathcal{S} \mid x \in FV(t')\}$$

一开始工作列表包含 $\mathcal{S}$ 里的所有约束，影响集合通过计算得到，Analysis数组把每个流变量设为 ⊥。每次迭代时，extract 函数从工作列表中选择一个约束 $x \sqsupseteq t$。如果 Analysis 数组在这次迭代被赋值，所有更新的变量影响的约束将被 insert 函数加入工作列表。算法当约束列表为 empty 时终止。

表 6.1 抽象工作列表算法

输入：一个约束系统 $\mathcal{S}$：$x_1 \sqsupseteq t_1, \cdots, x_N \sqsupseteq t_N$

输出：最小解：Analysis

方法：

```
步骤1：W、Analysis和infl的初始化
    W := empty;
    for all x ⊒ t in S do
        W := insert((x ⊒ t),W)
        Analysis[x] := ⊥;
        infl[x] := ∅;
    for all x ⊒ t in S do
        for all x' in FV(t) do
            infl[x'] := infl[x'] ∪ {x ⊒ t};
步骤2：迭代（更新W和Analysis）
    while W ≠ empty do
        ((x ⊒ t),W) := extract(W);
        new := eval(t,Analysis);
        if Analysis[x] ⋣ new then
            Analysis[x] := Analysis[x] ⊔ new;
            for all x' ⊒ t' in infl[x] do
                W := insert((x' ⊒ t'),W);
```

使用：

```
function eval(t,Analysis)
return [[t]](Analysis)

value empty

function insert((x ⊒ t),W)
return ···

function extract(W)
return ···
```

例 6.3 考虑例 6.1 里的简化

的等式系统。在执行表6.1的抽象工作列表算法的步骤1后，工作列表W包含所有的等式，并且影响集合如下(这里我们用左侧的流变量代表一个等式)：

	x_1	x_2	x_3	x_4	x_5	x_6
infl	$\{x_2, x_4\}$	$\{x_3, x_6\}$	$\{x_2\}$	$\{x_5, x_6\}$	$\{x_4\}$	$\emptyset$

另外，Analysis 把所有的流变量设为$\emptyset$。我们将在后面继续这个例子。■

算法的性质 虽然算法的表达比较抽象，我们仍然可以证明它的正确性，以及它的复杂度的上限。这些结论当使用更特殊的工作列表的表示时依然成立。

给定一个约束系统$\mathcal{S}=(x_i \sqsupseteq t_i)_{i=1}^{N}$，我们定义函数

$$F_{\mathcal{S}}:(X\to L)\to(X\to L)$$

为

$$F_{\mathcal{S}}(\psi)(x)=\bigsqcup\{[\![t]\!]\psi \mid x \sqsupseteq t \text{ in } \mathcal{S}\}$$

这定义了一个完全格$X\to L$上的单调函数，因此从Tarski不动点定理(参考命题A.10)可知$F_{\mathcal{S}}$有一个最小不动点$\mu_{\mathcal{S}}$，也就是约束集合$\mathcal{S}$的最小解。由于L假设满足升链条件，并且X是有限的，因此$X\to L$也满足升链条件，所以$\mu_{\mathcal{S}}$由以下等式给出：

$$\mu_{\mathcal{S}}=lfp(F_{\mathcal{S}})=\bigsqcup_{j\geqslant 0}F_{\mathcal{S}}^{j}(\bot)$$

并且链$(F_{\mathcal{S}}^{n}(\bot))_n$最终趋于稳定。

引理6.4 *在以上假设下，表6.1的算法计算给定约束系统$\mathcal{S}$的最小解。*

370

证明 我们用Analysis$_i[x]$代表Analysis$[x]$在循环的i次迭代后的取值。

首先，我们证明终止性。步骤1里的循环都是for循环，因此终止性是显然的。步骤2的while循环的主体从工作列表中删除一个元素，然后或者往工作列表里添加最多N个元素(如果Analysis$[x]$被赋值)，或者让工作列表保持不变(如果Analysis$[x]$没有被赋值)。如果Analysis$[x]$被赋值，新的值会比之前更大。因为L满足升链条件，Analysis$[x]$(对于有限个$x\in X$)只能更改有限次。因此工作列表最终会被耗尽。

正确性证明由以下三部分组成：(i) 首先证明每次迭代中Analysis里的值小于或等于$\mu_{\mathcal{S}}$里对应的值，(ii) 然后证明$\mu_{\mathcal{S}}$在步骤2终止后小于或等于Analysis，(iii) 最后合并这些结论。

(i) 我们证明

$$\forall x\in X:\mathsf{Analysis}_i[x]\sqsubseteq\mu_{\mathcal{S}}(x)$$

是步骤2的while循环的一个不变式：在步骤1之后，这个不变式显然成立。我们需要证明while循环保留不变式。在while循环的每次迭代，或者没有赋值，或者对于某个$\mathcal{S}$里的约束$x\sqsupseteq t$执行对Analysis$[x]$的赋值，因此：

$$\begin{aligned}\mathsf{Analysis}_{i+1}[x] &= \mathsf{Analysis}_i[x]\sqcup\mathsf{eval}(t,\mathsf{Analysis}_i)\\ &= \mathsf{Analysis}_i[x]\sqcup[\![t]\!](\mathsf{Analysis}_i)\\ &\sqsubseteq \mu_{\mathcal{S}}(x)\sqcup[\![t]\!](\mu_{\mathcal{S}})\\ &\sqsubseteq \mu_{\mathcal{S}}(x)\sqcup F_{\mathcal{S}}(\mu_{\mathcal{S}})(x)\\ &= \mu_{\mathcal{S}}(x)\end{aligned}$$

以上计算的步骤3源自归纳假设和$[\![t]\!]$的单调性，步骤4是因为$x\sqsupseteq t$是$F_{\mathcal{S}}$的定义中考虑的其中一个约束。因此while循环的每次迭代保留不变式。

（ii）在循环终止时，工作列表是空的。我们将用反证法证明

$$F_{\mathcal{S}}(\text{Analysis}) \sqsubseteq \text{Analysis}$$

因此证明 $F_{\mathcal{S}}$ 缩小 Analysis。为了得到矛盾，我们假设 Analysis[x]$\not\sqsupseteq F_{\mathcal{S}}$(Analysis)($x$)对于某个 $x \in X$ 成立，并进一步假设其中一个原因是约束 $x \sqsupseteq t$ 没有被满足。考虑最后一次 Analysis[y]被赋值(对于任何变量 $y \in FV(t)$)。

如果这是在步骤1，因为步骤2开始时所有约束都在W里，因此对于某个 $i \geqslant 1$ 可以保证：

$$\text{Analysis}_i[x] \sqsupseteq \text{Analysis}_{i-1}[x] \sqcup [\![t]\!](\text{Analysis}_{i-1})$$

这里 Analysis$_{i-1}$[y]包含 y 的最终值。因此$[\![t]\!]$(Analysis$_j$)在 $j \geqslant i-1$ 维持稳定，这表明这个情况是不可能的。

371

因此 Analysis[y]的最后一次赋值在步骤2。当处理一个约束 $y \sqsupseteq t'$时这必然成立。但在这个情况下，因为($x \sqsupseteq t$) $\in$ infl[y]，约束 $x \sqsupseteq t$ 将被加入工作列表，并且我们重新确立，对于某个 $i \geqslant 1$，有

$$\text{Analysis}_i[x] \sqsupseteq \text{Analysis}_{i-1}[x] \sqcup [\![t]\!](\text{Analysis}_{i-1})$$

和之前一样，$[\![t]\!]$(Analysis$_j$)在 $j \geqslant i-1$ 维持稳定，表明这个情况也不可能。这完成了基于反证法的证明。

因此 $F_{\mathcal{S}}$ 缩小 Analysis，并根据 Tarski 不动点定理(参考命题 A.10)：

$$\mu_{\mathcal{S}} = lfp(F_{\mathcal{S}}) \sqsubseteq \text{Analysis}$$

（iii）步骤2终止时 $\mu_{\mathcal{S}}$ = Analysis 可以通过合并前两部分的结论得到。■

假设约束右侧的大小最多为 $M \geqslant 1$，并且对右侧求值需要 $O(M)$步。进一步假设每次赋值需要 $O(1)$步。每个约束影响最多 M 个流变量，因此影响集合的初始化需要 $O(N + N \cdot M)$步。令 N_x 表示 infl[x]里约束的个数，我们注意到 $\sum_{x \in X} N_x \leqslant M \cdot N$。假设 L 是有限高度的，高度最多为 $h \geqslant 1$，算法对每个流变量 $x \in X$ 的 Analysis[x]赋值最多 h 次，每次赋值往工作列表添加 N_x 个约束。因此，添加到工作列表的约束的总个数的上限为：

$$N + (h \cdot \sum_{x \in X} N_x) \leqslant N + (h \cdot M \cdot N)$$

因为每个工作列表里的元素触发 eval 的调用，所有调用的成本是 $O(N \cdot M + h \cdot M^2 \cdot N)$。因此最终的复杂度是 $O(h \cdot M^2 \cdot N)$。

6.1.2　LIFO 和 FIFO 迭代

基于 LIFO 的提取　表6.1里的算法是一个抽象算法，因为它没有提供工作列表或相关操作的细节，只有提供了这些信息后才能得到一个具体算法。我们现在展示这个算法是第2章和第3章的表2.8和表3.7里的算法的抽象。在之前的两个算法中，工作列表由一个用于表达堆的列表实现，也就是 LIFO(last-in first-out，后进先出)方式，这在表6.2的操作中列出。但是，这两个算法在约束和影响集合的表达上有所不同。

例6.5　一个 Analysis[ℓ'] $\sqsupseteq f_\ell$(Analysis[ℓ])形式的约束在表2.8的工作列表W里表达为二元组(ℓ,ℓ')。这是可行的，因为每个 ℓ 唯一标识了传递函数 f_ℓ。影响集合通过流 F 间接地表达。更准确地说：infl[ℓ'] = {(ℓ', ℓ'') $\in F$ | $\ell'' \in$ **Lab**}。

372

表6.2　后进先出(LIFO)的迭代

```
empty = nil
function insert((x ⊒ t),W)
return cons((x ⊒ t),W)
function extract(W)
return (head(W), tail(W))
```

过程内数据流分析产生的约束系统的约束个数 N 与基本块的个数 b 成正比。此外，一般情况下我们让 $M=1$。因此抽象算法的复杂度上限在这个情况下是 $O(h \cdot b)$。在到达定值分析里，h 和 b 成正比，因此复杂度是 $O(b^2)$。这与例 2.30 得到的上限吻合。■

例 6.6 在表 3.7 里，$\{t\} \subseteq p$，$p_1 \subseteq p$ 或 $\{t\} \subseteq p_2 \Rightarrow p_1 \subseteq p$ 形式的约束在工作列表 W 里由左侧出现的 p_1 或 p_2 表示。影响集合用边的数组 **E** 表示。更准确地说，infl[p] = E[p]（看作一个集合）。影响集合在表 6.1 的步骤 1 的初始化对应于表 3.7 的算法的步骤 2。另外，把所有 infl[p]里的约束放入工作列表在表 3.7 里由步骤 3 的 for 循环替代。最后，注意 Analysis[p]写为 D[p]。

控制流分析产生的约束数量 N 是 $O(n^2)$。这里 n 是表达式的大小(参考 3.4 节中关于约束数量的讨论)。另外，h 的上限是 n，并且和上面一样，$M=1$。因此，抽象算法的复杂度的上限在这里具体为 $O(n^3)$。这与 3.4 节中得到的上限吻合。■

以上展示的 LIFO 策略的一个缺点是当我们把一个约束添加到工作列表时，我们不检查这个约束是否已经在列表中。因此工作列表可能演化至多次包含一个约束。这可能造成不必要地重复计算一些项，当它们的自由变量还没有机会得到新的值时。这在以下例子中展示。显然，一个解决方案是修改 LIFO 策略，使得它从不插入一个已经存在的约束。 373

例 6.7 继续例 6.1 和例 6.3，表 6.1 和表 6.2 里的 LIFO 工作列表算法的操作如图 6.1 所示。第一列是工作列表，和例 6.3 一样，用左侧的变量代表等式。剩下的列是 Analysis[x_i]的取值，这里“ – ”表示值不变(等于前面一行的值)。表的第一行是步骤 1 初始化的结果，每个剩下的行对应于步骤 2 里循环的一次迭代。一个改进的策略(从不插入已经存在的约束)将在练习 6.3 中考虑。■

W	x_1	x_2	x_3	x_4	x_5	x_6
$[x_1,x_2,x_3,x_4,x_5,x_6]$	$\emptyset$	$\emptyset$	$\emptyset$	$\emptyset$	$\emptyset$	$\emptyset$
$[x_2,x_4,x_2,x_3,x_4,x_5,x_6]$	$X_?$	–	–	–	–	–
$[x_3,x_6,x_4,x_2,x_3,x_4,x_5,x_6]$	–	$X_{3?}$	–	–	–	–
$[x_2,x_6,x_4,x_2,x_3,x_4,x_5,x_6]$	–	–	$X_{3?}$	–	–	–
$[x_6,x_4,x_2,x_3,x_4,x_5,x_6]$	–	–	–	–	–	–
$[x_4,x_2,x_3,x_4,x_5,x_6]$	–	–	–	–	–	$X_{3?}$
$[x_5,x_6,x_2,x_3,x_4,x_5,x_6]$	–	–	–	$X_{5?}$	–	–
$[x_4,x_6,x_2,x_3,x_4,x_5,x_6]$	–	–	–	–	$X_{5?}$	–
$[x_6,x_2,x_3,x_4,x_5,x_6]$	–	–	–	–	–	–
$[x_2,x_3,x_4,x_5,x_6]$	–	–	–	–	–	$X_{35?}$
$[x_3,x_4,x_5,x_6]$	–	–	–	–	–	–
$[x_4,x_5,x_6]$	–	–	–	–	–	–
$[x_5,x_6]$	–	–	–	–	–	–
$[x_6]$	–	–	–	–	–	–
$[\,]$	–	–	–	–	–	–

图 6.1　例子：LIFO 迭代

基于 FIFO 的提取。LIFO 策略的一个明显的替代方案是 FIFO(first-in first-out，先进先出)策略，把列表看作一个队列。同样，也许值得考虑从不插入一个已经存在的约束。但是，我们将不继续深入 LIFO 和 FIFO 策略，而是开始讨论一些更高级的插入和提取策略。

6.2　逆后序迭代

一个工作列表的细致组织可能会让算法在实际情况下比之前讨论的 LIFO 或 FIFO 策略表现得更好。但是，这一般不能体现在最坏复杂度估计的改善上。 374

在本节我们将探索以下想法：在重新对一个约束求值之前，应该首先把修改传播到程序的其他部分。一种能够保证在对造成修改的约束重新求值之前对其他所有约束求值的方法是在约束集合上建立一个全序。为了得到合适的顺序，我们将在约束集合上建立一个图结构，然后把逆后序(参照附录C)作为迭代的顺序。这种方法在过程内数据流分析上非常成功。我们将展示这些想法的完整实现，以得到循环算法(Round Robin Algorithm)。

约束系统的图结构　给定一个约束系统 $S=(x_i \sqsupseteq t_i)_{i=1}^{N}$，我们可以用以下方法为约束之间的依赖关系构造一个图的表示 G_S：

- 每条约束 $x_i \sqsupseteq t_i$ 对应于一个结点。
- 存在一条从结点 $x_i \sqsupseteq t_i$ 到结点 $x_j \sqsupseteq t_j$ 的有向边，如果 x_i 出现在 t_j 中(也就是说，$x_j \sqsupseteq t_j$ 出现在 infl$[x_i]$中)。

这构造了一个有向图。有时这个图有一个根，也就是一个结点，可以通过有向路径从它到达任何其他的结点(参考附录C)。一般来说这在WHILE程序的前向分析的约束系统里是成立的。在例6.1里，根是 x_1。对于WHILE程序的后向分析，或基于约束的分析构造的约束系统，这一般不成立。因此，我们需要对根这个概念进行推广。一个显然的补救方法是添加一个假根，并添加足够的假边从假根到普通的结点，使得这个假根成为一个真正的根。一个更简洁的表达，不需要在图里添加多余的假根和假边，是考虑柄(handle)的概念，也就是一个结点的集合，使得每个图里的结点都能从柄里的某一个结点通过有向路径到达(参考附录C)。的确，图 G 存在一个根 r 当且仅当 G 有 $\{r\}$ 作为柄。在例6.2中，一个极小柄是 $\{x_2, x_4\}$。我们可以选择图里所有结点的集合作为柄，但一般选择一个极小柄更有用：一个极小柄是一个柄，并且不存在真子集也是一个柄。如附录C的讨论，极小柄总是存在的(但不一定是唯一的)。

从图 G_S 和柄 H_S 的信息，我们可以构造一个深度优先生成森林(depth-first spanning forest)，使用表C.1里的算法。这同时产生一个数组 rPostorder，对应于每个结点(也就是每条约束 $x \sqsupseteq t$)在生成森林里的逆后序遍历的次序。为了简化符号，尤其是在后面展示循环算法时，我们有时候会要求约束系统以逆后序的顺序列出。逆后序相比于其他的序，包括前序(preorder)和广度优先序(breadth-first order)的优点将在附录C里讨论。

375

例 6.8　图6.2a展示了例6.1的约束系统的图的表示。我们依然用等式的左侧作为等式的名称。结点 x_1 是图的根。图6.2b展示图的一个深度优先生成森林，对应的逆后序是 $x_1, \cdots, x_6$。■

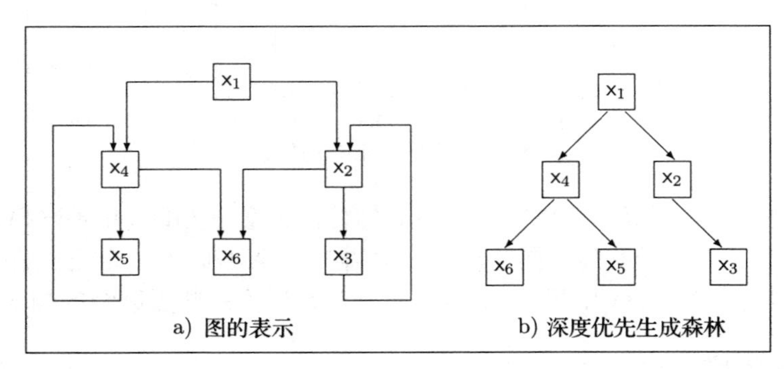

图　6.2

基于逆后序的提取　从概念上看，我们可以修改表6.1的工作列表算法的步骤2，使得迭代等同于一个外部迭代，包含一个内部迭代以逆后序访问结点。

我们也可以不修改表 6.1 而达到这个目的。我们把工作列表组织成两个结构(W.c, W.p)的二元组。第一部分 W.c 是当前结点的列表，在当前的内部迭代访问。第二部分 W.p 是一个待决结点的集合，在之后某次内部迭代访问。结点总是插入 W.p，并从 W.c 提取。当 W.c 耗尽时，当前的内部迭代结束。作为下一次内部迭代的准备，我们对 W.p 用逆后序排序(由 rPostorder 提供)，然后把结果设为 W.c。细节请见表 6.3，这里(tail(W.c), W.p)代表一个二元组，第一部分是 W.c 的尾部，第二部分是 W.p。显然，我们可以省略为 W.p 集合排序，如果它用一个适当的数据结构实现，允许保留顺序的插入和提取操作。这里可以使用一个优先队列，让每个元素对应一个优先级。在我们的情况下优先级是 rPostorder 顺序。一个实现优先队列的较好方法是 2-3 树。在这个表示下，一个元素可以在 $O(\log_2 N)$ 步内插入或提取，其中 N 是优先队列最多包含的元素个数。

376

表 6.3　逆后序迭代

```
empty = (nil,∅)

function insert((x ⊒ t),(W.c,W.p))
return (W.c,(W.p ∪ {x ⊒ t}))

function extract((W.c,W.p))
if W.c = nil then
    W.c := sort_rPostorder(W.p);
    W.p := ∅
return ( head(W.c), (tail(W.c),W.p) )
```

然而，我们的方法的平摊复杂度同样好。为了说明这一点，显然一个包含 N 个元素的列表可以在 $O(N\cdot\log_2(N))$ 步内排序。另外假设我们使用链表来表示列表，那么从列表的前端插入一个元素，或者从前端提取一个元素，需要常数时间。因此处理 N 个插入和 N 个提取的总体复杂度在两种方法下都是 $O(N\cdot\log_2(N))$。

实际上，在该算法的特殊情况下，我们可以做得更好。回想最多 N 个约束从一开始就是已知的。我们将 W.p 表达为一个长度为 N 的位向量(bit vector)，并假设访问或修改一个分量需要固定时间。这样向 W.p 插入可以通过把一个位设为 1，为 W.p 排序可以通过一个 for 循环遍历所有 N 个约束，并把每个约束记录在排好序的列表中，当且仅当对应的位是 1。这样我们可以保证最多 N 次插入和 N 次提取可以在 $O(N)$ 步内完成，因此 6.1.1 节的复杂度依然成立。

377

另外，引理 6.4 中的算法的整体正确性证明依然有效，因为我们依然有一个抽象工作列表，只需令 W = W.c∪W.p。

例 6.9　回顾例 6.1 和例 6.3，我们考虑例 6.8 的逆后序 $x_1,\cdots,x_6$。用表 6.3 的算法，我们得到图 6.3 的迭代。注意相比于使用 LIFO 策略(参考例 6.7)我们的迭代次数更少。表 6.3 的改善在练习 6.6 和练习 6.7 中考虑。

W.c	W.p	x_1	x_2	x_3	x_4	x_5	x_6
[ ]	$\{x_1,\cdots,x_6\}$	$\emptyset$	$\emptyset$	$\emptyset$	$\emptyset$	$\emptyset$	$\emptyset$
$[x_2,x_3,x_4,x_5,x_6]$	$\{x_2,x_4\}$	$X_?$	—	—	—	—	—
$[x_3,x_4,x_5,x_6]$	$\{x_2,x_3,x_4,x_6\}$	—	$X_{3?}$	—	—	—	—
$[x_4,x_5,x_6]$	$\{x_2,x_3,x_4,x_6\}$	—	—	$X_{3?}$	—	—	—
$[x_5,x_6]$	$\{x_2,\cdots,x_6\}$	—	—	—	$X_{5?}$	—	—
$[x_6]$	$\{x_2,\cdots,x_6\}$	—	—	—	—	$X_{5?}$	—
$[x_2,x_3,x_4,x_5,x_6]$	$\emptyset$	—	—	—	—	—	$X_{35?}$
$[x_3,x_4,x_5,x_6]$	$\emptyset$	—	—	—	—	—	—
$[x_4,x_5,x_6]$	$\emptyset$	—	—	—	—	—	—
$[x_5,x_6]$	$\emptyset$	—	—	—	—	—	—
$[x_6]$	$\emptyset$	—	—	—	—	—	—
[ ]	$\emptyset$	—	—	—	—	—	—

图 6.3　例子：逆后序迭代

■

6.2.1　循环算法

现在假设我们修改以上算法，使得每次 W.c 耗尽时我们把它赋为列表$[1,\cdots,N]$而不是通过排序 W.p 得到的可能更短的列表。显然这将导致更多次对约束的右侧求值，但简化了一些记录细节。实际上，我们现在唯一关注的是 W.p 是否为空。我们引入一个布尔值 change，它是 false 每当 W.p 为空。另外让我们把迭代分成一个总体的外部迭代，包含一个显式的内部迭代。每次内部迭代将是一个简单迭代，以逆后序遍历所有的约束。

因此，我们得到表 6.4 的循环算法。这个算法首先初始化 Analysis 和 change（步骤 1）。外部迭代（步骤 2）是一个 while 循环，从修改 change 开始（对应于 extract 里应该发生的事情），然后有一个内部迭代（一个 for 循环）通过重新计算约束的右侧更新 Analysis。算法继续迭代，只要解的任何部分做了更改（由 change 设为 true 表明）。

表 6.4　循环算法

输入：　一个约束系统 $\mathcal{S}$：$x_1 \sqsupseteq t_1,\cdots,x_N \sqsupseteq t_N$
　　　　逆后序从1到 N

输出：　最小解：Analysis

方法：　步骤1：初始化
```
        for all x ∈ X do
            Analysis[x] := ⊥
        change := true;
```
　　　　步骤2：迭代（更新Analysis）
```
        while change do
            change := false;
            for i := 1 to N do
                new := eval(t_i,Analysis);
                if Analysis[x_i] ⋣ new then
                    change := true;
                    Analysis[x_i] := Analysis[x_i] ⊔ new;
```

使用：　function eval(t,Analysis)
　　　　return $[\![t]\!]$(Analysis)

例 6.10　使用例 6.8 的逆后序 $x_1,\cdots,x_6$ 对例 6.1 的等式求解，表 6.4 的循环算法的执行在图 6.4 中显示。标注 * 的行记录在 while 循环主体的开头把 change 赋值为 false。■

change	x_1	x_2	x_3	x_4	x_5	x_6
true	$\emptyset$	$\emptyset$	$\emptyset$	$\emptyset$	$\emptyset$	$\emptyset$
* false						
true	$X_?$	—	—	—	—	—
true	—	$X_{3?}$	—	—	—	—
true	—	—	$X_{3?}$	—	—	—
true	—	—	—	$X_{5?}$	—	—
true	—	—	—	—	$X_{5?}$	—
true	—	—	—	—	—	$X_{35?}$
* false						
false	—	—	—	—	—	—
false	—	—	—	—	—	—
false	—	—	—	—	—	—
false	—	—	—	—	—	—
false	—	—	—	—	—	—
false	—	—	—	—	—	—

图 6.4　例子：循环迭代

理论性质　我们首先研究循环算法的正确性，然后在位向量框架（练习 2.9 中考虑过）这个特殊情况下证明一个复杂度上限。

378～379

引理 6.11　*在给定的假设下，表 6.4 的算法计算给定约束系统 $\mathcal{S}$ 的最小解。*

证明　因为表 6.4 的算法是根据表 6.1 的算法得到的，正确性证明可以根据引理 6.4 得到。我们把细节留到练习 6.9。■

我们说约束系统$(x_i \sqsupseteq t_i)_{i=1}^{N}$是位向量框架的一个实例，当 $L=\mathcal{P}(D)$对于某个有限集合 D 成立，并且对于一些集合 $Y_i^k \subseteq D$ 和变量 $x_{j_i} \in X$，每个右侧 t_i 的形式为$(x_{j_i} \cap Y_i^1) \cup Y_i^2$。显然，2.1 节的经典数据流分析产生这种形式的约束系统（或许在展开组合约束 $x_i \sqsupseteq t_i^1 \sqcup\cdots\sqcup t_i^{k_i}$ 为单个约束 $x_i \sqsupseteq t_i^1,\cdots,x_i \sqsupseteq t_i^{k_i}$之后）。

考虑通过图 G_S 和柄 H_S 产生的深度优先生成森林 T 和逆后序 rPostorder。我们从附录 C 知道循环连接度(loop connectedness)参数 $d(G_S,T)\geqslant 0$ 定义为任何 G_S 的无环路径上的所谓的反向边的数量的最大值。我们也知道反向边正好是没有被 rPostorder 拓扑排序的边，也就是说边的终点的 rPostorder 数字不是严格大于起点的数字。

设表 6.4 的算法迭代了 $n\geqslant 1$ 次，如果步骤 1 的循环执行了一次，并且步骤 2 的 while 循环执行了 $n-1$ 次。则我们有以下结论。

引理 6.12　*在以上假设下，表 6.4 的算法在最多 $d(G_S,T)+3$ 次迭代后终止。因此，它最多执行 $O((d(G_S,T)+1)\cdot N)$ 个赋值。*

证明　如果一个路径包含 d 个反向边，步骤 2 的 while 循环需要最多 $d+1$ 次迭代把一个修改传播到整个路径。更具体地说，需要一次迭代使得值到达第一条反向边的起点，这是因为到目前为止路径里的结点的序数是一个增长序列。之后，while 循环的每次迭代使得值到达下一条反向边的起点，以此类推。因此，算法需要最多 $n+1$ 次迭代才能完成信息的传播。

while 循环的再一次迭代足够检测没有更多的修改。我们还需要为第一步的 for 循环加 1。因此得到的迭代次数的上限是 $d+3\leqslant d(G_S,T)+3$。

显然，每次迭代最多执行 $O(N)$ 次赋值，或为右侧取值。因此，赋值的次数的上限为 $O((d(G_S,T)+1)\cdot N)$。 ■

对于 WHILE 程序，我们从附录 C 知道循环连接度参数不受深度优先生成森林选择的影响，因此也不受 rPostorder 的逆后序的选择的影响，并且它等于 while 循环的最大嵌套深度。因此从引理 6.12 可知整体复杂度为 $O((d+1)\cdot b)$，这里 b 是基本块的个数。我们一般预期这个上限显著小于例 2.8 和例 6.5 里得到的 $O(b^2)$。 380

这里值得指出的是，在 Fortran 程序上的一个实证研究曾经得出结论：循环连接度参数很少超过 3。这就产生了大众定理(Folk Theorem)，表明循环算法通常具备线性时间复杂度。

例 6.13　例 6.1 里的 WHILE 程序有循环连接度参数 1。根据引理 6.12，循环算法最多执行 4 次迭代(表 6.4 的步骤 1 为 1 次，步骤 2 为 3 次)。但是，例 6.10 仅在 3 次迭代之后就成功了(步骤 1 为 1 次，步骤 2 为 2 次)。 ■

6.3　在强分量里迭代

在之前提到，一个工作列表的细致组织是得到在实际情况下高效算法的要点。在整个约束系统中以逆后序进行迭代(见 6.2 节)是这个方向的第一步。在实际情况中经常有效的进一步优化是辨认约束系统里的所谓的*强分量*(strong component)，并逐个处理它们。处理一个强分量意味着在那个强分量中以逆后序进行迭代(和 6.2 节一样)。

强分量　我们再一次利用 6.2 节引入的约束上的图结构。回想一下，一个图是*强连通*的，如果每个结点都可以从其他所有结点达到(参考附录 C)。一个图的强分量是最大的强连通子图。强分量的集合构成图里结点的一个划分(命题 C.3)。强分量上的连接可以用约化图(reduced graph)表示：每个强分量表示为约化图中的一个结点，两个强分量之间存在一条边，当且仅当原图中第一个强分量某个结点连接第二个强分量的某个结点(并且这两个强分量不同)。约化图总是一个有向无环图(Directed Acyclic Graph，DAG)(参见引理 C.5)。一个结论是强分量可以按*拓扑顺序*(topological order)线性排列：$SC_1\leqslant SC_2$(这里 SC_1 和 SC_2 是约化图里的结点)当存在一条从 SC_1 到 SC_2 的边。这样的拓扑顺序可以通过构造约化图上的逆后序得到(参考引理 C.11)。

例 6.14　再次考虑例 6.1 里的等式系统。它的强分量和约化图在图 6.5 中展示。这里存在两个可能的强分量的拓扑顺序。一个是 $\{x_1\},\{x_2,x_3\},\{x_4,x_5\},\{x_6\}$，另一个是 381 $\{x_1\},\{x_4,x_5\},\{x_2,x_3\},\{x_6\}$。

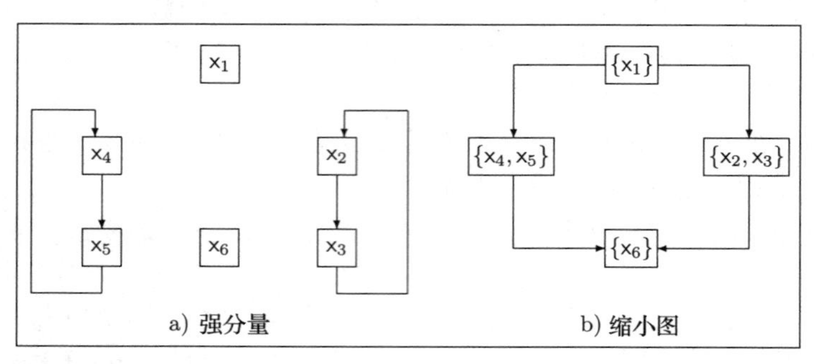

图　6.5

在这个例子里，每个强分量是一个最外部的循环。这对于 WHILE 程序的前向和后向流图都广泛成立。■

对于每个约束，我们需要记录包含它的强分量，以及它在那个强分量里的逆后序顺序。我们将把这些记录在 srPostorder 中，把每个约束 $x \sqsupseteq t$ 赋予一个二元组（scc,rp），由强分量的标号 scc 和在那个强分量里的逆后序顺序 rp 组成。当 srPostorder[$x \sqsupseteq t$] = (scc,rp) 时我们将用 fst(srPostorder[$x \sqsupseteq t$]) 表达 scc，用 snd(srPostorder[$x \sqsupseteq t$]) 表达 rp。表 6.5 的算法给出了一个得到 382 srPostorder 的方法。

表 6.5　约束标号的伪代码

输入:	分割成强分量的图
输出:	srPostorder

方法:
```
scc := 1;
for each scc in topological order do
    rp := 1;
    for each x ⊒ t in the strong component scc
        in local reverse postorder do
            srPostorder[x ⊒ t] := (scc,rp);
            rp := rp + 1
    scc := scc + 1;
```

算法　新算法的基本方法是以拓扑顺序依次访问强分量，在每个强分量里以逆后序访问结点。

概念上，我们可以修改表 6.1 的工作列表算法的步骤 2，使其存在三层迭代：最外层依次处理强分量；中间层对当前强分量的约束进行多次迭代；最内层在一次迭代中执行所对应的约束上的逆后序。

为了达到这个目标而不修改表 6.1，我们再次把工作列表 W 组织成两个结构（W.c, W.p）的二元组。第一部分 W.c 是在当前迭代需要访问的结点的列表。第二部分 W.p 是之后中间或最外层迭代仍需访问的待处理结点的集合。结点总是从 W.p 插入，从 W.c 提取。当 W.c 被耗尽时，当前的最内层迭代结束。为了为下一次迭代做准备，我们必须从 W.p 提取一个强分量，将它排序并把结果赋给 W.c。表 6.6 里的操作提供了细节。

直观上，每当 W.c 被耗尽时最内层的一次迭代结束，每当 scc 比上次计算得到一个更高的值时中间层的一次迭代结束，每当 W.c 和 W.p 都耗尽时最外层的迭代结束。

和之前一样，列表可以组织成优先队列。这次 $x \sqsupseteq t$ 的优先级是关于强分量 scc 和局部逆后序标号 rp 的 srPostorder 信息。与其使用二元组（scc,rp），或许使用线性的数字表达更有效，这使二元组上的字典顺序对应着标号上的数字顺序。

例 6.15 考虑例 6.14 的强分量顺序 $\{x_1\}$, $\{x_2, x_3\}$, $\{x_4, x_5\}$, $\{x_6\}$。算法在强分量上的迭代(见表 6.6)产生图 6.6 所示的求解系统的路径。注意即使在这个小例子上算法已经比其他方法效率稍微好一些(忽略维护工作列表的开销)。表 6.6 的改善版本在练习 6.11 和练习 6.12 中考虑。■

表 6.6 通过强分量的迭代

```
empty = (nil,∅)

function insert((x ⊒ t),(W.c,W.p))
return (W.c,(W.p ∪ {x ⊒ t}))

function extract((W.c,W.p))
local variables: scc, W_scc
if W.c = nil then
    scc := min{fst(srPostorder[x ⊒ t]) | (x ⊒ t) ∈ W.p};
    W_scc := {(x ⊒ t) ∈ W.p | fst(srPostorder[x ⊒ t]) = scc};
    W.c := sort_srPostorder(W_scc);
    W.p := W.p \ W_scc;
return ( head(W.c), (tail(W.c),W.p) )
```

这里也可以把待处理的约束集合 W.p 分成两部分：W.pc 代表和当前强分量有关的约束，W.pf 代表和未来强分量有关的约束。(因为约化图是一个 DAG，不可能存在和更早的强分量有关的约束。)我们把细节留到练习 6.12。

和之前一样，算法的总体正确性从引理 6.4 的方法得到。时间复杂度的估计也同 6.1.1 节一样。 383

W.c	W.p	x_1	x_2	x_3	x_4	x_5	x_6
[ ]	$\{x_1, \cdots, x_6\}$	$\emptyset$	$\emptyset$	$\emptyset$	$\emptyset$	$\emptyset$	$\emptyset$
[ ]	$\{x_2, \cdots, x_6\}$	$X_?$	—	—	—	—	—
$[x_3]$	$\{x_3, \cdots, x_6\}$	—	$X_{3?}$	—	—	—	—
[ ]	$\{x_2, \cdots, x_6\}$	—	—	$X_{3?}$	—	—	—
$[x_3]$	$\{x_4, x_5, x_6\}$	—	—	—	—	—	—
[ ]	$\{x_4, x_5, x_6\}$	—	—	—	—	—	—
$[x_5]$	$\{x_5, x_6\}$	—	—	—	$X_{5?}$	—	—
[ ]	$\{x_4, x_5, x_6\}$	—	—	—	—	$X_{5?}$	—
$[x_5]$	$\{x_6\}$	—	—	—	—	—	—
[ ]	$\{x_6\}$	—	—	—	—	—	—
[ ]	$\emptyset$	—	—	—	—	—	$X_{35?}$

图 6.6 例子：强分量迭代

结束语

基于迭代的求解器 工作列表算法有相当长的历史。一个早期的关于数据流分析的一般性工作列表算法的描述见文献[96]。一些特殊目的的迭代算法在文献[69]中给出，这包括关于前向数据流分析的版本(基于深度优先生成森林上的逆后序遍历)和后向数据流分析的版本(基于深度优先生成森林上的后序遍历)，它也包含所谓的“结合形式”的版本(大概意思是约束放在工作列表上)和“分离形式”的版本(大概意思是流变量放在工作列表上)，文献还考虑了循环算法。一项关于循环算法的理论研究见文献[92]。关于 Fortran 程序的循环连接度参数的实证研究，得到大众定理，即循环算法的实际运行时间是线性的，参见文献[98]。 384

强分量用于加快迭代算法在多个作者的工作中考虑过(比如文献[77,87])。6.3 节和练习 6.12 的内容基于文献[77]，其中工作列表 W.c、W.pc 和 W.pf 分别由优先队列 currentQ、pendingQ 和 futureQ 代表。关于强分量上的迭代的效果优于基本工作列表算法或循环算法的例子，参见文献[77]。有多种方法使用平衡搜索树实现优先队列。2-3 树的使用在文献[4]里介绍。

局部求解方法 假设约束的集合非常大，但我们只对一小部分的流变量的值感兴趣。在这种情况下，经典的工作列表求解方法会计算我们不感兴趣的信息。因此，一个可能更好的方法是做一个局部不动点计算，寻找关于我们感兴趣的流变量的部分解（当然也包括所有直接或间接影响它们的流变量）。为了让效率最佳，局部不动点求解方法会以动态的方式确定包含感兴趣的约束的强分量。

其中一个算法是自上而下求解方法[29]。这是一个一般的不动点算法，最初为逻辑程序语言的程序分析工具开发。算法自上而下执行，每当它碰到一个新的流变量时，就尝试为这个流变量产生一个解。它的实际效率非常好，有能力和更高级的工作列表算法竞争。

另一个算法是基于局部不动点求解的工作列表[51,54]，用时间戳为工作列表里的元素确定顺序。工作列表变成一个最大优先序列——每个条目的优先级是它的时间戳。元素以优先级顺序从工作列表中选出，因此得到一个强分量的运行时近似（和自上而下的求解方法一样）。

一个进一步的完善是基于局部不动点求解方法的*差分工作列表*[52-53]。差分工作列表算法试图尽量减少当一个值变化时需要的重新计算工作。具体的实现方法是仅重新计算变化的值影响到的子项，并且仅计算旧值和新值之前的差造成的增量变化。这个算法在实际使用中与文献里的一些专用算法不相上下（算法的一个关键想法见练习6.5）。

385

对于限制形式的系统的高效算法 消除方法（elimination method）是和迭代方法相对应的另一种对约束系统求解的方法。大多数这个方向的发展集中在数据流分析产生的约束系统上。Ryder 和 Paull 的综述[146]包含了不同的消除方法。

一种非常成功的消除方法是结构分析（structural analysis）[154]。结构分析的第一阶段在表示约束系统的图上进行后序搜索，以辨别控制结构。这里后序指的是相对于图的深度优先生成森林，因此更深的嵌套控制结构更早被辨别。在辨别一个控制结构后，它的结点集合缩减为一个结点，产生一个新的衍生的图。这个过程在只剩下一个结点时终止。第一阶段的结果是一个控制树，记录了缩减步骤的序列。这可以看作把机器代码翻译成高级程序的一种方法（这里的原语是结构分析中考虑的控制结构）。结构分析的第二阶段遍历这个控制树，以对约束系统求解。首先进行自下而上遍历，然后自上而下遍历。自下而上遍历对控制树的每个结点对应一个转换函数，这个转换函数描述分析那部分程序的效果。自上而下遍历对每个转换函数在适当的参数下取值。结构分析的第二阶段可以看作一个高层的数据流分析[144]，请参考1.6节。

一个早期的用于数据流分析的消除算法基于区间分析[11]。一个区间可以简单描述为一个单一入口环和它的一个无环扩展。这个算法的执行和结构分析相似。第一阶段构造一个衍生图的序列，一般比结构分析产生的控制树更粗糙一些。第二阶段在衍生序列上进行后向遍历，然后进行前向遍历。

最后我们提一下另外一个消除方法，基于路径代数[170-171]。对于过程内分析，路径表达式成为正则表达式，并且存在非常快的算法在这种结构上对分析求解。

实用系统 目前已经有一些通用的工具实现程序分析方法。分析由一个规范语言描述。在某些系统里这是一个专用语言（比如一个函数式语言），而在其他一些系统里这是工具的实现语言（比如 C++）。这些工具提供一个或多个算法来对等式或约束系统求解。这些算法的细节取决于工具的范围，通常这些工具都局限于某些类别的语言（例如，它们或

386

许不支持带有动态调度的语言)或某些类别的分析(例如，它们或许不支持过程间分析)。在内部，有些系统作用于抽象语法树，其他的作用于流图，还有其他的直接作用于等式或约束系统。

像 Spare[177]、System Z[185]和 PAG[104]这样的工具的规范语言基于急切的函数式语言，并且支持完全格的高层定义，以及相应的分析函数。Spare 和 System Z 受到程序分析的指称方法的启发(参见文献[117])，而 PAG 更接近于传统的数据流分析。以上工具建立在抽象解释的想法上，允许用户通过描述与加宽算子相关的操作来控制分析的复杂度(见 4.2 节和练习 6.13)。其他程序分析工具基于其他的规范机制，例如图重写[17]或模态逻辑[97]。

为了改善产生的分析工具的效率，有些工具可以利用分析的特殊性质。其中一个例子是 PAG[104]支持多种集合的实现，包括位向量、AVL 树(见文献[4])和 BDD(二元决策图)[26]。另一个例子是 Sharlit[172]，提供了一个等式求解器，基于位向量框架的消除方法。

BANE[8]是一个通用的约束求解器，用于一个非常广泛的集合约束的类型[7](见第 3 章的结束语)。这种约束系统十分一般，这使这个系统能够成功应用于基于约束的分析和类型系统。它用 Standard ML 实现，但也包含一个简单的文本界面，可用于描述约束系统。

迷你项目

迷你项目 6.1　算法之间的比较

回忆一下，位向量框架(参考 6.2 节和练习 2.9)是单调框架的一个特例，包括：

- $L = (\mathcal{P}(D), \sqsubseteq)$，其中 D 是一个有限集合，$\sqsubseteq$ 是 $\subseteq$ 或 $\supseteq$。
- $\mathcal{F} = \{f : \mathcal{P}(D) \to \mathcal{P}(D) \mid \exists Y_f^1, Y_f^2 \subseteq D : \forall Y \subseteq D : f(Y) = (Y \cap Y_f^1) \cup Y_f^2\}$。

实现一个系统，该系统可以接受一个位向量框架的描述，以及一个位向量框架的实例约束系统的描述，返回这个约束系统的最小解。应当可以让这个系统使用(i)循环算法(参照表 6.4)，或表 6.1 的工作列表算法，基于(ii)后进先出(参照表 6.2 和练习 6.3)、(iii)逆后序(参照表 6.3 和练习 6.6)和(iv)强分量加局部逆后序(参照表 6.6 和练习 6.11)。

387

设计适当的实验来比较四个算法在最坏情况和平均情况下的差异。

一个更难的挑战：把系统扩展到接受单调框架的描述，以及更广的约束系统的实例。把系统应用于第 2 章和第 3 章产生的等式和约束系统。

迷你项目 6.2　条件约束的算法

考虑以下集合约束的简化版(在第 3 章的结束语中讨论过)，约束的右侧的项的语法是：

$$
\begin{aligned}
t \quad ::= \quad & x \mid \bot \mid c \mid t_1 \sqcup t_2 \mid t_1 \sqcap t_2 \mid \\
& \textsf{if } t_1 \neq \bot \textsf{ then } t_2 \mid \textsf{if } c \sqsubseteq t_1 \textsf{ then } t_2
\end{aligned}
$$

这里 x 代表一个流变量，c 代表一个原语常数(比如例 6.2 的{`fn x => x¹`})，if…then…代表例 6.2 考虑的条件约束。

1. 检验本章的假设依然成立。尤其是，项的取值依然是单调的。
2. 注意一旦一个条件变成真的，它会一直保持为真。修改 LIFO 工作列表算法(见

表 6.1 和表 6.2)使得它当条件变真时简化约束。

3. 陈述并证明一个新算法的正确性结论。对于时间复杂度能够说些什么?

4. 修改新算法,以实现练习 6.3 推荐的优化。

5. 探索这些想法对第 3 章的内容的应用。

一个更难的挑战:探索在多大程度上类似的优化对于本章其他工作列表算法是可能的。尤其注意维持约束之间的顺序。对于时间复杂度有哪些影响?

388

练习

练习 6.1　在例 6.7 里,步骤 1 产生的工作列表是 W = [x_1,⋯,x_6]。重新执行该例子,假设步骤 1 产生工作列表 W = [x_6,⋯,x_1]。比较迭代次数。

练习 6.2　考虑例 6.2 的程序 `((fn x => x) (fn y => y))`。演示表 6.1 的工作列表算法如何对约束求解,使用表 6.2 的 LIFO 提取策略。

练习 6.3　修改表 6.2 的 LIFO 提取策略,使得一个约束当已在工作列表 W 里时不会被再次插入。然后使用新的策略重做例 6.7,并比较迭代次数。

练习 6.4　在附录 C 中我们解释了结点 n 的支配结点集合 $Dom(n)$,在图 (N,A) 和柄 H 下,可以描述为以下等式系统的最大解:

$$Dom(n) = \begin{cases} \{n\} & n \in H \\ \{n\} \cup \bigcap_{(n',n)\in A} Dom(n') & \text{其他} \end{cases}$$

(这可以看作 2.1 节的基于交集的分析。)开发一个计算支配结点集合的算法。

练习 6.5　考虑一个约束系统

$$(x_i \sqsupseteq t_i^1 \sqcup \cdots \sqcup t_i^M)_{i=1}^N$$

其中每个 t_i^j 的大小为 $O(1)$,并可以在 $O(1)$ 步内取值。证明工作列表算法可以在 $O(h \cdot M^2 \cdot N)$ 步内求解该系统。然后证明该约束系统等价于约束系统

$$((x_i \sqsupseteq t_i^j)_{j=1}^M)_{i=1}^N$$

也就是说它们有同样的解。最后证明工作列表算法可以在 $O(h \cdot M \cdot N)$ 步内求解该系统。

练习 6.6　修改表 6.3 的逆后序提取策略,使得一个已经在 W. p 或 W. c 的约束不会被插入 W. p。然后使用新的算法重做例 6.9,并比较迭代次数。

389

练习 6.7　6.2 节讨论了在基于逆后序的工作列表算法里使用两个优先队列:一个队列包含当前内部迭代考虑的约束集合 W. c,一个队列包含下一次内部迭代考虑的约束集合 W. p。

基于这些想法开发一个具体算法,尽量减少需要的操作数量。探索把约束 $x' \sqsupseteq t'$ 添加到 W. c 或 W. p,取决于 rPostorder[$x' \sqsupseteq t'$] 和 rPostorder[$x \sqsupseteq t$] 之间的顺序,这里 $x \sqsupseteq t$ 是表 6.1 中步骤 2 考虑的约束。这里的目的应该是在不摧毁迭代次序的条件下让 W. c 越大越好。然后重做例 6.9,并和练习 6.6 的迭代次数进行比较。

练习 6.8　考虑例 2.5 中用于引入可用表达式分析的等式。当表达为一个流变量 { x_1,⋯,x_{10} } 的约束系统时,它具备以下形式:

$$\begin{array}{lll} x_1 = \emptyset & & x_6 = x_1 \cup \{a+b\} \\ x_2 = x_6 & & x_7 = x_2 \cup \{a*b\} \\ x_3 = x_7 \cap x_{10} & & x_8 = x_3 \cup \{a+b\} \\ x_4 = x_8 & & x_9 = x_4 \backslash \{a+b, a*b, a+1\} \\ x_5 = x_9 & & x_{10} = x_5 \cup \{a+b\} \end{array}$$

这里 $x_1,\cdots,x_5$ 对应于 $AE_{entry}(1),\cdots,AE_{entry}(5)$，$x_6,\cdots,x_{10}$ 对应于 $AE_{exit}(1)$，$\cdots$，$AE_{exit}(5)$。

画出这个系统对应的图(根据6.2节的描述)。用附录C的深度优先搜索算法为图的每个结点赋予逆后序编号。展示通过循环算法得到该系统的解的步骤。

练习6.9 完成引理6.11关于循环算法的正确性的证明细节。

练习6.10 画出练习6.8的约束系统对应的图。辨认图的强分量(见附录C)并写下图的结点的 srPostorder 编号。使用6.3节的算法求解系统。

练习6.11 修改表6.6的强分量提取策略，使得一个已经在 W.p 或 W.c 中的约束不会被插入 W.p。然后使用新的策略重做例6.15，并比较迭代次数。

390

练习6.12 6.3节讨论了在基于强分量的工作列表算法里使用三个优先队列：W.c 代表当前内部迭代考虑的约束，W.pc 代表下一次内部迭代考虑的约束，W.pf 代表未来外部迭代考虑的约束。

基于这些想法开发一个具体算法，使得需要执行的操作越少越好。探索把约束 $x' \sqsupseteq t'$ 添加到 W.c、W.pc 或 W.pf，根据 srPostorder[$x' \sqsupseteq t'$]和 srPostorder[$x \sqsupseteq t$]之间的比较，这里 $x \sqsupseteq t$ 是表6.1中步骤2考虑的约束。这里的目标应该是在不摧毁迭代次序的条件下让 W.c 和 W.pc 越大越好。然后重做例6.15，并与练习6.11比较迭代次数。

练习6.13 修改表6.1的工作列表算法以使用一个 L 上的加宽算子(见4.2节)。L 上的加宽算子能不能产生一个 $X \to L$ 上的加宽算子？证明得到的工作列表算法计算了约束系统的最小解的一个上近似。同时证明当 L 是完全格时它总是会终止(即使 L 不满足升链条件)。

练习6.14 一个单调函数 f 是快速的每当 $f \circ f \sqsubseteq f \sqcup id$，一个单调框架$(L,\mathcal{F})$是快速的每当所有 $\mathcal{F}$ 里的函数都是快速的。注意如果一个单调函数是幂等的，则它也是快速的。使用这些定理证明所有位向量框架(见练习2.9)都是快速的。

在很多情况下，我们可以取一个函数的快速函数近似。令 f 为一个单调函数，并定义以下序列(对于 $n \geqslant 0$)：

$$f^{\langle n \rangle} = (f \sqcup id)^n$$

假设存在一个数字 i_f 使得 $f^{\langle i_f \rangle} = f^{\langle i_f+1 \rangle}$，我们定义 f 的快速闭包(fastness closure)为：

$$\bar{f} = f^{\langle i_f \rangle}$$

证明$f^{\langle i_f \rangle} = f^{\langle j \rangle}$对于 $j \geqslant i_f$ 成立，并得出快速闭包定义良好的结论。然后证明 $\bar{f}$ 是幂等因此快速的。最后证明$\bar{f} \sqsupseteq f \sqcup id$，并且当 f 是快速的并满足分配律(也就是加性函数)时它们相等。

假设 f 满足分配律(因此也是单调的)，并考虑泛函 $\mathcal{F}$

$$F(g) = id \sqcup g \circ f$$

(比如研究一个简单的主体为 f 的 while 循环时产生)。证明

$$F^{n+1}(\bot) = (f \sqcup id)^n = \bigsqcup_{j=0}^{n} f^j$$

391

对于所有 $n \geqslant 0$ 成立。得出如果 $\bar{f}$ 是 f 的快速闭包，则 $lfp(F) = \bar{f}$。这表明对于快速的可分配框架(包括所有位向量框架)存在一个简单的、非迭代的方法对具有简单循环结构的程序的数据流等式系统进行求解。

392

附录A
Principles of Program Analysis

偏序集合

偏序集合(partially ordered set)和完全格(complete lattice)在程序分析中起到重要的作用。在本附录中我们将总结它们的性质。我们首先回顾一些从其他完全格构造完全格的基本方式，并陈述满足升链条件和降链条件的偏序集合的核心性质。之后，我们回顾一些最小和最大不动点的经典结论。

A.1 基本定义

偏序集合 偏序是一个关系$\sqsubseteq: L \times L \to \{true, false\}$，该关系满足自反性(即$\forall l: l \sqsubseteq l$)、传递性(即$\forall l_1, l_2, l_3: l_1 \sqsubseteq l_2 \wedge l_2 \sqsubseteq l_3 \Rightarrow l_1 \sqsubseteq l_3$)和反对称性(即$\forall l_1$，$l_2: l_1 \sqsubseteq l_2 \wedge l_2 \sqsubseteq l_1 \Rightarrow l_1 = l_2$)。一个偏序集合$(L, \sqsubseteq)$是一个配备一个偏序$\sqsubseteq$(有时写为$\sqsubseteq_L$)的集合$L$。我们将用$l_2 \sqsupseteq l_1$表示$l_1 \sqsubseteq l_2$，用$l_1 \sqsubset l_2$表示$l_1 \sqsubseteq l_2 \wedge l_1 \neq l_2$。

对于Y的子集L，$l \in L$是它的一个上界如果$\forall l' \in Y: l' \sqsubseteq l$，是它的一个下界如果$\forall l' \in Y: l' \sqsupseteq l$。$Y$的一个最小上界$l$是$Y$的一个上界，并满足$l \sqsubseteq l_0$每当$l_0$是$Y$的另一个上界。类似地，$Y$的一个最大下界$l$是$Y$的一个下界，并满足$l_0 \sqsubseteq l$每当$l_0$是$Y$的另一个下界。注意一个偏序集合$L$的子集$Y$不一定总是有最小上界和最大下界，但如果它们存在它们必然是唯一的(因为$\sqsubseteq$的反对称性)。我们把它们分别记为$\bigsqcup Y$和$\bigsqcap Y$。有时$\bigsqcup$称为并运算符(join operator)，$\bigsqcap$称为交运算符(meet operator)。我们用$l_1 \sqcup l_2$表示$\bigsqcup\{l_1, l_2\}$，类似地用$l_1 \sqcap l_2$表示$\bigsqcap\{l_1, l_2\}$。

完全格 一个完全格$L = (L, \sqsubseteq) = (L, \sqsubseteq, \bigsqcup, \bigsqcap, \bot, \top)$是一个偏序集合$(L, \sqsubseteq)$，满足所有子集都有最小上界和最大下界。另外，$\bot = \bigsqcup \emptyset = \bigsqcap L$是最小元素，$\top = \bigsqcap \emptyset = \bigsqcup L$是最大元素。

例A.1 如果$L = (\mathcal{P}(S), \subseteq)$对于某个集合$S$成立，则$\sqsubseteq$是$\subseteq$，并且$\bigsqcup Y = \bigcup Y$，$\bigsqcap Y = \bigcap Y$，$\bot = \emptyset$且$\top = S$。如果$L = (\mathcal{P}(S), \supseteq)$，则$\sqsubseteq$是$\supseteq$，并且$\bigsqcup Y = \bigcap Y$，$\bigsqcap Y = \bigcup Y$，$\bot = S$且$\top = \emptyset$。

393

因此$(\mathcal{P}(S), \subseteq)$和$(\mathcal{P}(S), \supseteq)$是完全格。如果$S = \{1, 2, 3\}$，这两个完全格如图A.1所示。这些图称为哈斯图(Hasse diagram)。这里一条从l_1到l_2往上的线意味着$l_1 \sqsubseteq l_2$。我们不画出偏序中可以从自反性和传递性推导出来的线。■

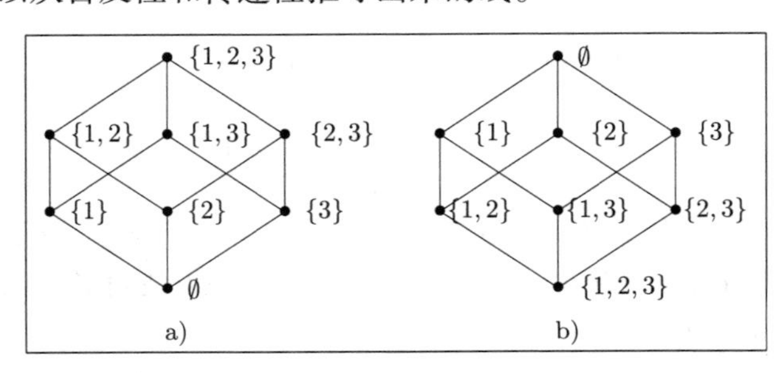

图A.1 两个完全格

引理 A.2 对于一个偏序集合 $L=(L,\sqsubseteq)$，以下命题是等价的：

(i) L 是一个完全格。

(ii) 每个 L 的子集有一个最小上界。

(iii) 每个 L 的子集有一个最大下界。

证明 显然(i)蕴含(ii)和(iii)。为了证明(ii)蕴含(i)，令 $Y\subseteq L$ 并定义

$$\bigsqcap Y \quad = \quad \bigsqcup\{l\in L \mid \forall l'\in Y: l\sqsubseteq l'\} \tag{A.1}$$

我们证明这确实定义了一个最大下界。所有在式(A.1)右侧集合里的元素都是 Y 的下界，因此式(A.1)显然定义了 Y 的一个下界。因为任何 Y 的下界都在集合里，所以式(A.1)定义了 Y 的最大下界。因此(i)成立。

394

为了证明(iii)蕴含(i)，我们定义 $\bigsqcup Y=\bigsqcap\{l\in L \mid \forall l'\in Y: l'\sqsubseteq l\}$。使用类似的方法可证这定义了一个最小上界，因此(i)成立。 ■

Moore 族 一个 Moore 族(Moore family)是完全格 $L=(L,\sqsubseteq)$ 的一个子集 Y，在最大下界操作下是闭合的：$\forall Y'\subseteq Y: \bigsqcap Y'\in Y$。因此，Moore 族总是包含一个最小元素 $\bigsqcap Y$ 和一个最大元素 $\bigsqcap\emptyset$（等同于 L 的最大元素 $\top$）。尤其是，一个 Moore 族总是非空的。

例 A.3 考虑图 A.1 里的完全格 $(\mathcal{P}(S),\subseteq)$。以下两个子集

$$\{\{2\},\{1,2\}\{2,3\},\{1,2,3\}\} \text{和} \{\emptyset,\{1,2,3\}\}$$

都是 Moore 族，而以下两个子集

$$\{\{1\},\{2\}\} \text{和} \{\emptyset,\{1\},\{2\},\{1,2\}\}$$

都不是 Moore 族。 ■

函数的性质 函数 $f: L_1\to L_2$ 从偏序集合 $L_1=(L_1,\sqsubseteq_1)$ 到 $L_2=(L_2,\sqsubseteq_2)$ 是满射(surjective)，如果

$$\forall l_2\in L_2: \exists l_1\in L_1: f(l_1)=l_2$$

它是单射(injective)，如果

$$\forall l,l'\in L_1: f(l)=f(l')\Rightarrow l=l'$$

函数 f 是单调的(monotone)，如果

$$\forall l,l'\in L_1: l\sqsubseteq_1 l' \quad\Rightarrow\quad f(l)\sqsubseteq_2 f(l')$$

它是一个加性函数(additive function)，如果

$$\forall l_1,l_2\in L_1: f(l_1\sqcup l_2)=f(l_1)\sqcup f(l_2)$$

它是一个乘性函数(multiplicative function)，如果

$$\forall l_1,l_2\in L_1: f(l_1\sqcap l_2)=f(l_1)\sqcap f(l_2)$$

函数 f 是完全加性函数(completely additive function)，如果对于任何 $Y\subseteq L_1$：

$$f(\bigsqcup_1 Y) = \bigsqcup_2\{f(l')\mid l'\in Y\} \text{ 每当 } \bigsqcup_1 Y \text{ 存在}$$

395

它是完全乘性函数(completely multiplicative function)，如果对于任何 $Y\subseteq L_1$：

$$f(\bigsqcap_1 Y) = \bigsqcap_2\{f(l')\mid l'\in Y\} \text{ 每当 } \bigsqcap_1 Y \text{ 存在}$$

显然如果 L_1 是一个完全格，则 $\bigsqcup_1 Y$ 和 $\bigsqcap_1 Y$ 总是存在；如果 L_2 不是一个完全格，那么以上描述也需要 L_2 具备适当的最小上界和最大下界。函数 f 是仿射的(affine)，如果对于任何非空的 $Y\subseteq L_1$：

$$f(\bigsqcup_1 Y) = \bigsqcup_2\{f(l')\mid l'\in Y\} \text{ 每当 } \bigsqcup_1 Y \text{ 存在（并且 } Y\neq\emptyset)$$

它是严格的(strict)如果 $f(\bot_1)=\bot_2$；注意，一个函数是完全加性函数，当且仅当它既是仿射的也是严格的。

引理 A.4　如果 $L=(L,\sqsubseteq,\sqcup,\sqcap,\perp,\top)$ 和 $M=(M,\sqsubseteq,\sqcup,\sqcap,\perp,\top)$ 是完全格，并且 M 是有限集合，则以下三个条件

(i) $\gamma: M\to L$ 是单调的，

(ii) $\gamma(\top)=\top$，和

(iii) $\gamma(m_1\sqcap m_2)=\gamma(m_1)\sqcap\gamma(m_2)$ 每当 $m_1\not\sqsubseteq m_2\wedge m_2\not\sqsubseteq m_1$

同时成立等价于 $\gamma: M\to L$ 是完全乘性函数。

证明　首先注意如果 γ 是完全乘性函数，则(i)、(ii)和(iii)都成立。对于逆命题注意从 γ 的单调性可以得到在 $\gamma(m_1\sqcap m_2)=\gamma(m_1)\sqcap\gamma(m_2)$ 的情况下 $m_1\sqsubseteq m_2\vee m_2\sqsubseteq m_1$ 也成立。然后我们在 $M'\subseteq M$ 的(有限)元素数量上归纳证明：

$$\gamma(\bigsqcap M')=\bigsqcap\{\gamma(m)\mid m\in M'\}\tag{A.2}$$

如果 M' 的大小是0，则式(A.2)可以从(ii)得到。如果 M' 的大小大于0，我们令 $M'=M''\cup\{m''\}$(满足 $m''\notin M''$)。这保证 M'' 的大小严格小于 M' 的大小，因此：

$$\begin{aligned}\gamma(\bigsqcap M') &= \gamma((\bigsqcap M'')\sqcap m'')\\ &= \gamma(\bigsqcap M'')\sqcap\gamma(m'')\\ &= (\bigsqcap\{\gamma(m)\mid m\in M''\})\sqcap\gamma(m'')\\ &= \bigsqcap\{\gamma(m)\mid m\in M'\}\end{aligned}$$

这证明了需要的结论。■

引理 A.5　函数 $f:(\mathcal{P}(D),\subseteq)\to(\mathcal{P}(E),\subseteq)$ 是仿射的当且仅当存在函数 $\varphi: D\to\mathcal{P}(E)$ 和元素 $\varphi_\emptyset\in\mathcal{P}(E)$，使得

$$f(Y)=\bigcup\{\varphi(d)\mid d\in Y\}\cup\varphi_\emptyset$$

396　函数 f 是完全加性函数当且仅当额外满足 $\varphi_\emptyset=\emptyset$。

证明　假设 f 具备以上形式，并让 $\mathcal{Y}$ 为一个非空集合，则：

$$\begin{aligned}\bigcup\{f(Y)\mid Y\in\mathcal{Y}\} &= \bigcup\{\bigcup\{\varphi(d)\mid d\in Y\}\cup\varphi_\emptyset\mid Y\in\mathcal{Y}\}\\ &= \bigcup\{\bigcup\{\varphi(d)\mid d\in Y\}\mid Y\in\mathcal{Y}\}\cup\varphi_\emptyset\\ &= \bigcup\{\varphi(d)\mid d\in\bigcup\mathcal{Y}\}\cup\varphi_\emptyset\\ &= f(\bigcup\mathcal{Y})\end{aligned}$$

表明 f 是仿射的。

下面假设 f 是仿射的，并定义 $\varphi(d)=f(\{d\})$ 和 $\varphi_\emptyset=f(\emptyset)$。对于任何 $Y\in\mathcal{P}(D)$，令 $\mathcal{Y}=\{\{d\}\mid d\in Y\}\cup\{\emptyset\}$ 并注意 $Y=\bigcup\mathcal{Y}$ 并且 $\mathcal{Y}\neq\emptyset$。则

$$\begin{aligned}f(Y) &= f(\bigcup\mathcal{Y})\\ &= \bigcup(\{f(\{d\})\mid d\in Y\}\cup\{f(\emptyset)\})\\ &= \bigcup(\{\varphi(d))\mid d\in Y\}\cup\{\varphi_\emptyset\})\\ &= \bigcup\{\varphi(d)\mid d\in Y\}\cup\varphi_\emptyset\end{aligned}$$

因此 f 可以被写成需要的形式。关于完全加性函数的命题是显然的。■

一个从偏序集合 $(L_1,\sqsubseteq_1)$ 到偏序集合 $(L_2,\sqsubseteq_2)$ 的同构(isomorphism)是一个单调函数 $\theta: L_1\to L_2$，满足存在一个(必然唯一的)单调函数 $\theta^{-1}: L_2\to L_1$ 使得 $\theta\circ\theta^{-1}=id_2$ 和 $\theta^{-1}\circ\theta=$

id_1（这里 id_i 是 $L_i(i=1,2)$ 上的恒等函数）。

A.2 完全格的构造

完全格可以被组合，以得到新的完全格。我们首先展示如何构造乘积，然后两种函数空间。

笛卡儿积 令 $L_1=(L_1,\sqsubseteq_1)$ 和 $L_2=(L_2,\sqsubseteq_2)$ 为偏序集合。定义 $L=(L,\sqsubseteq)$ 为

$$L=\{(l_1,l_2)\mid l_1\in L_1\wedge l_2\in L_2\}$$

和

$$(l_{11},l_{21})\sqsubseteq(l_{12},l_{22})\ \text{ iff }\ l_{11}\sqsubseteq_1 l_{12}\ \wedge\ l_{21}\sqsubseteq_2 l_{22}$$

那么很容易验证 L 是一个偏序集合。另外，如果每个 $L_i=(L_i,\sqsubseteq_i,\bigsqcup_i,\bigsqcap_i,\bot_i,\top_i)$ 是一个完全格，则 $L=(L,\sqsubseteq,\bigsqcup,\bigsqcap,\bot,\top)$ 也是一个完全格，并且

$$\bigsqcup Y=(\ \bigsqcup{}_1\{l_1\mid\exists l_2:(l_1,l_2)\in Y\}\ ,\ \bigsqcup{}_2\{l_2\mid\exists l_1:(l_1,l_2)\in Y\}\ )$$

397

且 $\bot=(\bot_1,\bot_2)$，类似地可以定义 $\bigsqcap Y$ 和 $\top$。我们经常把 L 写为 $L_1\times L_2$ 并把它称为 L_1 和 L_2 的笛卡儿积。

如果我们要求格中的每个二元组 (l_1,l_2) 都满足 $l_1=\bot_1\Leftrightarrow l_2=\bot_2$，则可以得到一个笛卡儿积的变种，称为*碰撞积*（smash product）。

总函数空间 令 $L_1=(L_1,\sqsubseteq_1)$ 为一个偏序集合，S 为一个集合。定义 $L=(L,\sqsubseteq)$ 为：

$$L=\{f:S\to L_1\mid f\text{ is a total function}\}$$

和

$$f\sqsubseteq f'\ \text{ iff }\ \forall s\in S:f(s)\sqsubseteq_1 f'(s)$$

很容易验证 L 是一个偏序集合。另外，如果 $L_1=(L_1,\sqsubseteq_1,\bigsqcup_1,\bigsqcap_1,\bot_1,\top_1)$ 是一个完全格，则 $L=(L,\sqsubseteq,\bigsqcup,\bigsqcap,\bot,\top)$ 也是一个完全格，并且

$$\bigsqcup Y=\lambda s.\bigsqcup{}_1\{f(s)\mid f\in Y\}$$

和 $\bot=\lambda s.\bot_1$，类似地可以定义 $\bigsqcap Y$ 和 $\top$。我们用 $S\to L_1$ 代表 L，并把它叫作从 S 到 L_1 的总函数空间。

单调函数空间 再次令 $L_1=(L_1,\sqsubseteq_1)$ 和 $L_2=(L_2,\sqsubseteq_2)$ 为偏序集合。现在定义 $L=(L,\sqsubseteq)$ 为

$$L=\{f:L_1\to L_2\mid f\text{ is a monotone function}\}$$

和

$$f\sqsubseteq f'\ \text{ iff }\ \forall l_1\in L_1:f(l_1)\sqsubseteq_2 f'(l_1)$$

很容易验证 L 是一个偏序集合。如果每个 $L_i=(L_i,\sqsubseteq_i,\bigsqcup_i,\bigsqcap_i,\bot_i,\top_i)$ 是一个完全格，则 $L=(L,\sqsubseteq,\bigsqcup,\bigsqcap,\bot,\top)$ 也是一个完全格，并且

$$\bigsqcup Y=\lambda l_1.\bigsqcup{}_2\{f(l_1)\mid f\in Y\}$$

和 $\bot=\lambda l_1.\bot_2$，类似地可以定义 $\bigsqcap Y$ 和 $\top$。我们通常用 $L_1\to L_2$ 代表 L，并把它称为从 L_1 到 L_2 的单调函数空间。

A.3 链

完全格 $L=(L,\sqsubseteq)$ 上的顺序 $\sqsubseteq$ 表示何时一个属性比另一个属性更好（或更精确）。在做程序分析时，我们一般会构造一个 L 的元素的序列。因此我们现在研究这种序列的一般性

398

质。在下一小节我们将更明确地考虑不动点计算中得到的序列。

链 一个偏序集合 $L=(L,\sqsubseteq)$ 的子集 $Y\subseteq L$ 是一条链如果

$$\forall l_1,l_2\in Y:(l_1\sqsubseteq l_2)\vee(l_2\sqsubseteq l_1)$$

因此一条链是(或许为空的) L 的一个全序子集。我们说它是一条有限链如果它是 L 的一个有限子集。

一个由 L 的元素组成的序列 $(l_n)_n=(l_n)_{n\in\mathbf{N}}$ 是一条升链，如果

$$n\leqslant m\Rightarrow l_n\sqsubseteq l_m$$

把 $(l_n)_n$ 写为集合 $\{l_n\mid n\in\mathbf{N}\}$，显然一条升链也是一条链。类似地，一个序列 $(l_n)_n$ 是一条降链如果

$$n\leqslant m\Rightarrow l_n\sqsupseteq l_m$$

显然一条降链也是一条链。

我们说一个序列 $(l_n)_n$ 最终稳定当且仅当

$$\exists n_0\in\mathbf{N}:\forall n\in\mathbf{N}:n\geqslant n_0\Rightarrow l_n=l_{n_0}$$

对于一个序列 $(l_n)_n$，我们用 $\bigsqcup_n l_n$ 表示 $\bigsqcup\{l_n\mid n\in\mathbf{N}\}$，类似地我们用 $\bigsqcap_n l_n$ 表示 $\bigsqcap\{l_n\mid n\in\mathbf{N}\}$。

升链和降链条件 我们说偏序集合 $L=(L,\sqsubseteq)$ 具有有限高度当且仅当所有链都是有限的。它具有有限高度最多为 h 如果所有链都包含最多 $h+1$ 个元素，它具有有限高度 h 如果另外存在一条链包含 $h+1$ 个元素。偏序集合 L 满足升链条件当且仅当所有升链最终稳定。类似地，它满足降链条件当且仅当所有降链最终稳定。这些概念之间的关系如下。

引理 A.6 偏序集合 $L=(L,\sqsubseteq)$ 具备有限高度当且仅当它同时满足升链和降链条件。

证明 首先假设 L 具备有限高度。如果 $(l_n)_n$ 是一条升链，则它必须是一条有限链，因此最终稳定。所以 L 满足升链条件。类似地，可以证明 L 满足降链条件。

下面假设 L 同时满足升链条件和降链条件。考虑一条链 $Y\subseteq L$。我们将证明 Y 是一条有限链。这是显然的如果 Y 是空集，所以假设 Y 不是一个空集。则 $(Y,\sqsubseteq)$ 也是一个满足升链和降链条件的非空偏序集合。

作为一个辅助结论，我们现在证明：

399

$$\text{每个 } Y \text{ 的非空子集 } Y' \text{ 包含一个最小元素} \tag{A.3}$$

为此我们通过以下方式构造 Y' 的一条降链 $(l'_n)_n$：首先令 l'_0 为 Y' 的任何一个元素。作为归纳步骤，令 $l'_{n+1}=l'_n$ 如果 l'_n 是 Y' 的最小元素，否则可以找到 $l'_{n+1}\in Y'$ 使得 $l'_{n+1}\sqsubseteq l'_n\wedge l'_{n+1}\neq l'_n$。显然 $(l'_n)_n$ 是 Y 的一条降链，因为 Y 满足降链条件。因此这条链最终稳定，也就是说 $\exists n'_0:\forall n\geqslant n'_0:l'_n=l'_{n'_0}$，并且从构造可以得出 l'_0 是 Y' 的最小元素。

回到主要证明目标，我们现在构造 Y 里的一条升链 $(l_n)_n$。用式(A.3)，每个 l_n 选为集合 $Y\backslash\{l_0,\cdots,l_{n-1}\}$ 的最小元素，只要这个集合是非空的，这产生 $l_{n-1}\sqsubseteq l_n\wedge l_{n-1}\neq l_n$；当 $Y\backslash\{l_0,\cdots,l_{n-1}\}$ 是空集，我们设 $l_n=l_{n-1}$，并因为 Y 是非空的，我们知道 $n>0$。因此我们有 Y 里的一条升链。使用升链条件我们得到 $\exists n_0:\forall n\geqslant n_0:l_n=l_{n_0}$。但这意味着 $Y\backslash\{l_0,\cdots,l_{n_0}\}=\emptyset$，因为这是唯一得到 $l_{n_0+1}=l_{n_0}$ 的方法。从此可以推出 Y 是有限的。 ■

例 A.7 图 A.2a 的偏序集合满足升链条件，但不具备有限高度；图 A.2b 的偏序集合满足降链条件，但不具备有限高度。 ■

可以证明有限高度、升链、和降链这三个条件中的每一个都在笛卡儿积构造下保持不变：如果 L_1 和 L_2 满足其中的一个条件，则 $L_1 \times L_2$ 也满足这个条件。全函数空间 $S \to L$ 的构造只在 S 为有限集合时保持 L 的条件，而单调函数空间 $L_1 \to L_2$ 的构造在一般情况下不保持任何条件。

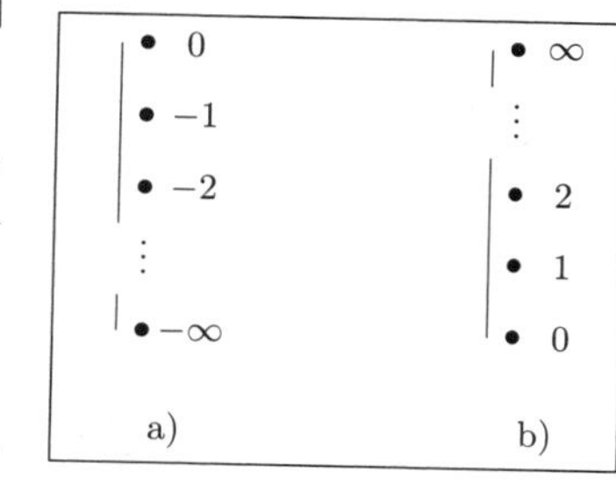

图 A.2　两个偏序集合

400

完全格满足升链条件的另一种描述方式由以下结论给出。

引理 A.8　对于一个偏序集合 $L=(L,\sqsubseteq)$，以下两个条件是等价的：

(i) L 是一个完全格，满足升链条件。

(ii) L 有一个最小元素 $\perp$，存在二元最小上界，并满足升链条件。

证明　显然从(i)可以推导出(ii)，因此让我们证明(ii)蕴含(i)。用引理 A.2 仅需证明所有 L 的子集 Y 都有最小上界 $\bigsqcup Y$。如果 Y 是空集，则显然 $\bigsqcup Y=\perp$。如果 Y 是有限和非空的，则可以让 $Y=\{y_1,\cdots,y_n\}(n\geqslant 1)$，然后可以得到 $\bigsqcup Y=(\cdots(y_1\sqcup y_2)\sqcup\cdots)\sqcup y_n$。

如果 Y 是无限的，我们构造一个 L 里的元素的序列 $(l_n)_n$：设 l_0 为 Y 的任意元素 y_0。给定 l_n，设 $l_{n+1}=l_n$ 当 $\forall y\in Y: y\sqsubseteq l_n$ 时成立，否则设 $l_{n+1}=l_n\bigsqcup y_{n+1}$ 当存在 $y_{n+1}\in Y$ 满足 $y_{n+1}\not\sqsubseteq l_n$ 时成立。显然这个序列是一条升链。因为 L 满足升链条件，可以推出这条链最终稳定，也就是存在 n 使得 $l_n=l_{n+1}=\cdots$。这意味着 $\forall y\in Y: y\sqsubseteq l_n$，因为如果 $y\not\sqsubseteq l_n$ 则 $l_n\neq l_n\sqcup y$，由此可以得到矛盾。因此我们构造了 Y 的一个上界。因为这实际上是 Y 的子集 $\{y_0,\cdots,y_n\}$ 的最小上界，这也是 Y 的最小上界。 ■

一个相关的结论如下。

引理 A.9　对于一个满足升链条件的完全格 $L=(L,\sqsubseteq)$ 和一个全函数 $f: L\to L$，以下两个条件

(i) f 是加性的，也就是 $\forall l_1,l_2: f(l_1\sqcup l_2)=f(l_1)\sqcup f(l_2)$。

(ii) f 是仿射的，也就是 $\forall Y\subseteq L, Y\neq\emptyset: f(\bigsqcup Y)=\bigsqcup\{f(l)\mid l\in Y\}$。

是等价的，并且在这两个情况下 f 是一个单调函数。

证明　显然，(ii)蕴含(i)：取 $Y=\{l_1,l_2\}$。同样，(i)蕴含 f 是单调的，因为 $l_1\sqsubseteq l_2$ 等价于 $l_1\sqcup l_2=l_2$。

下面假设 f 满足(i)，我们试图证明(ii)。如果 Y 是有限的，我们可以写 $Y=\{y_1,\cdots,y_n\}$（对于$n\geqslant 1$）和

$$f(\bigsqcup Y)=f(y_1\sqcup\cdots\sqcup y_n)=f(y_1)\sqcup\cdots\sqcup f(y_n)\sqsubseteq\bigsqcup\{f(l)\mid l\in Y\}$$

如果 Y 是无限的，则根据引理 A.8 的证明中的构造结果有 $\bigsqcup Y=l_n$ 和 $l_n=y_n\sqcup\cdots\sqcup y_0$ 对于某个 $y_i\in Y$ 和 $0\leqslant i\leqslant n$ 成立。因此我们得到

$$f(\bigsqcup Y)=f(l_n)=f(y_n\sqcup\cdots\sqcup y_0)=f(y_n)\sqcup\cdots\sqcup f(y_0)\sqsubseteq\bigsqcup\{f(l)\mid l\in Y\}$$

此外

$$f(\bigsqcup Y)\sqsupseteq\bigsqcup\{f(l)\mid l\in Y\}$$

从 f 的单调性得到证明。这就完成了证明。 ■

401

A.4　不动点

缩小和放大函数　考虑完全格 $L=(L,\sqsubseteq,\bigsqcup,\bigsqcap,\perp,\top)$ 上的一个单调函数 $f: L\to L$。一个

f 的不动点是一个元素 $l\in L$，使得 $f(l)=l$。我们令

$$Fix(f)=\{l \mid f(l)=l\}$$

表示不动点的集合。函数 f 在 l 上是缩小的(reductive)当且仅当 $f(l)\sqsubseteq l$。我们令

$$Red(f)=\{l \mid f(l)\sqsubseteq l\}$$

表示所有 f 在上面缩小的元素的集合，我们说 f 本身是缩小的如果 $Red(f)=L$。类似地，函数在 l 上是放大的(extensive)当且仅当 $f(l)\sqsupseteq l$。我们令

$$Ext(f)=\{l \mid f(l)\sqsupseteq l\}$$

表示所有 f 在上面放大的元素的集合，如果 $Ext(f)=L$，我们说 f 本身是放大的。

因为 L 是一个完全格，可得集合 $Fix(f)$ 总是有一个 L 里的最大下界，我们把它记为 $lfp(f)$：

$$lfp(f)=\bigsqcap Fix(f)$$

类似地，集合 $Fix(f)$ 总是有一个 L 里的最小上界，我们把它记为 $gfp(f)$：

$$gfp(f)=\bigsqcup Fix(f)$$

我们有以下结论，称为 Tarski 不动点定理，证明 $lfp(f)$ 是 f 的最小不动点，$gfp(f)$ 是 f 的最大不动点。

命题 A.10 设 $L=(L,\sqsubseteq,\bigsqcup,\bigsqcap,\bot,\top)$ 为一个完全格。如果 $f:L\to L$ 是一个单调函数，则 $lfp(f)$ 和 $gfp(f)$ 满足：

$$\begin{array}{lcccc} lfp(f) & = & \bigsqcap Red(f) & \in & Fix(f) \\ gfp(f) & = & \bigsqcup Ext(f) & \in & Fix(f) \end{array}$$

证明 为了证明关于 $lfp(f)$ 的结论，我们定义 $l_0=\bigsqcap Red(f)$。我们首先证明 $f(l_0)\sqsubseteq l_0$，因此 $l_0\in Red(f)$。因为 $l_0\sqsubseteq l$ 对于任何 $l\in Red(f)$，并且 f 是单调的，因此

402

$$f(l_0)\sqsubseteq f(l)\sqsubseteq l \quad \forall l\in Red(f)$$

因此 $f(l_0)\sqsubseteq l_0$。为了证明 $l_0\sqsubseteq f(l_0)$，我们看到 $f(f(l_0))\sqsubseteq f(l_0)$ 并推出 $f(l_0)\in Red(f)$，因此从 l_0 的定义可以得到 $l_0\sqsubseteq f(l_0)$。这些一起说明 l_0 是 f 的一个不动点，因此 $l_0\in Fix(f)$。为了证明 l_0 在 $Fix(f)$ 里是最小的，只需注意 $Fix(f)\subseteq Red(f)$。因此 $lfp(f)=l_0$。

关于 $gfp(f)$ 的结论的证明是类似的。 ■

在指称语义里，经常需要通过取序列 $(f^n(\bot))_n$ 的最小上界来迭代到最小不动点。但是，我们还没有对 f 添加任何连续性要求(比如 $f(\bigsqcup_n l_n)=\bigsqcup_n(f(l_n))$ 对于任何升链 $(l_n)_n$)，因此我们无法确定能否到达不动点。类似地，我们可以考虑序列 $(f^n(\top))_n$ 的最大下界。我们可以证明：

$$\begin{array}{lll} \bot \sqsubseteq f^n(\bot) \sqsubseteq \bigsqcup_n f^n(\bot) & \sqsubseteq & lfp(f) \\ & \sqsubseteq & gfp(f) \sqsubseteq \bigsqcap_n f^n(\top) \sqsubseteq f^n(\top) \sqsubseteq \top \end{array}$$

展示于图 A.3。实际上所有的不等式(例如 $\sqsubseteq$)都是严格的(例如 $\sqsubset$)。但是，如果 L 满足升链条件，则存在 n 使得 $f^n(\bot)=f^{n+1}(\bot)$，因此 $lfp(f)=f^n(\bot)$。(实际上任何具备升链条件的偏序集合上的单调函数 f 都是连续的。)类似地，如果 L 满足降链条件，则存在 n 使得 $f^n(\top)=f^{n+1}(\top)$，因此 $gfp(f)=f^n(\top)$。

403

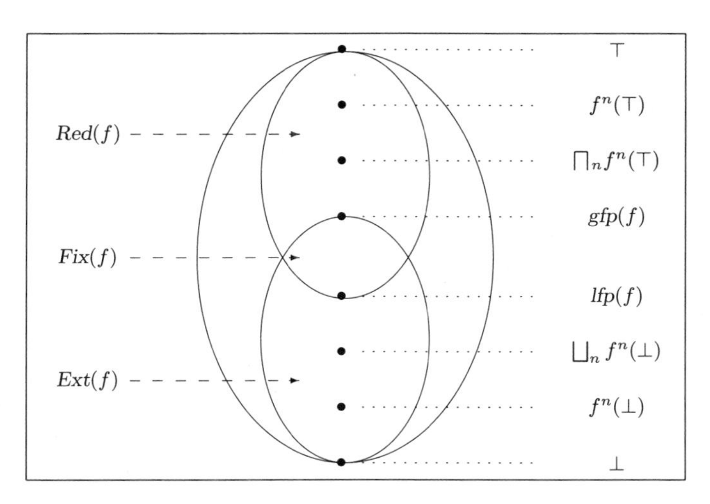

图 A.3 f的不动点

备注 （针对熟悉序数的读者。）在所有情况下，总是可以得到 *lfp*（f）为一个上升（超限）序列的极限，但或许需要在序数上迭代。为了达到这个效果，用以下等式定义 $f^{\uparrow\kappa}\in L$，对于一个序数 κ：

$$f^{\uparrow\kappa}=f(\bigsqcup_{\kappa'<\kappa}f^{\uparrow\kappa'})$$

并注意对于一个自然数 n 我们有 $f^{\uparrow n}=f^{n+1}(\bot)$。则 *lfp*（$f$）$=f^{\uparrow\kappa}$每当 κ 是一个大于 L 的势的基数，比如 κ 可以设为 $\mathcal{P}(L)$的势。一个类似的构造允许得到 *gfp*（f）为一个下降（超限）序列的极限。■

结束语

关于偏序集合的更多信息可以参考文献[43]。 404

附录 B

Principles of Program Analysis

归纳和余归纳

在本附录中，我们首先复习归纳证明的方法。然后我们给出余归纳(coinduction)概念的动机，最后阐述一个余归纳的一般证明原理。这里大量使用了 Tarski 不动点定理(命题 A.10)。

B.1 归纳证明

数学归纳法 或许最著名的归纳原理是*数学归纳法*。为了证明一个性质 $Q(n)$在所有自然数 n 上满足，我们确立

$$Q(0)$$
$$\forall n : Q(n) \Rightarrow Q(n+1)$$

然后推导出

$$\forall n : Q(n)$$

严格地说，数学归纳法的正确性和以下自然数的性质相关：任何自然数要么是 0，要么是另一个自然数 n 的后继 $n+1$。因此这个证明原理反映了自然数是如何构造出来的。

结构归纳法 数学归纳法允许我们在任何结构的大小上进行归纳，只需定义一个大小的概念。这只是一个从结构到自然数的映射。作为一个例子，我们考虑以下代数数据结构：

$$d \in \mathbf{D}$$
$$d ::= \mathsf{Base} \mid \mathsf{Con}_1(d) \mid \mathsf{Con}_2(d, d)$$

405

这里 Base 是基础情况，Con_1 是个一元构造函数，Con_2 是个二元构造函数。为了证明一个性质 $Q(d)$在所有 $\mathbf{D}$ 的元素 d 上都成立，我们可以定义一个大小测度：

$$\begin{array}{rcl} size(\mathsf{Base}) & = & 0 \\ size(\mathsf{Con}_1(d)) & = & 1 + size(d) \\ size(\mathsf{Con}_2(d_1, d_2)) & = & 1 + size(d_1) + size(d_2) \end{array}$$

然后使用在 $size(d)$上的数学归纳法继续证明 $Q(d)$。

或者，我们可以把数学归纳法隐藏于一个*结构归纳*原理：在这里我们需要证明

$$Q(\mathsf{Base})$$
$$\forall d : Q(d) \Rightarrow Q(\mathsf{Con}_1(d))$$
$$\forall d_1, d_2 : Q(d_1) \wedge Q(d_2) \Rightarrow Q(\mathsf{Con}_2(d_1, d_2))$$

从这些可以得到

$$\forall d : Q(d)$$

和之前一样，这个证明原理反映了数据是如何构造出来的。

在形状上归纳 现在假设 Base 代表 0，$\mathsf{Con}_1(d)$代表 $d+1$，并且 $\mathsf{Con}_2(d_1, d_2)$代表 $d_1 + d_2$。我们可以定义自然语义

$$d \to n$$

把每个 d 取值为一个数字 n，它表示：

$$[base] \quad \mathsf{Base} \to 0$$

$$[con_1] \quad \frac{d \to n}{\mathsf{Con}_1(d) \to n+1}$$

$$[con_2] \quad \frac{d_1 \to n_1 \quad d_2 \to n_2}{\mathsf{Con}_2(d_1, d_2) \to n_1 + n_2}$$

这定义了一个求值树(evaluation tree)的概念 $d \overset{\triangledown}{\to} n$：有一个基础情况([*base*])和两个构造函数([con_1])和([con_2])。和之前一样，我们可以在求值树的大小上进行归纳，但把数学归纳法隐藏于一个在推导树的形状上进行归纳的原理更有帮助：我们需要证明

$$Q(\mathsf{Base} \to 0)$$

$$\forall (d \overset{\triangledown}{\to} n) : Q(d \overset{\triangledown}{\to} n) \Rightarrow Q\left(\frac{d \overset{\triangledown}{\to} n}{\mathsf{Con}_1(d) \to n+1}\right)$$

406

$$\forall (d_1 \overset{\triangledown}{\to} n_1), (d_2 \overset{\triangledown}{\to} n_2) : Q(d_1 \overset{\triangledown}{\to} n_1) \wedge Q(d_2 \overset{\triangledown}{\to} n_2) \Rightarrow$$

$$Q\left(\frac{d_1 \overset{\triangledown}{\to} n_1 \quad d_2 \overset{\triangledown}{\to} n_2}{\mathsf{Con}_2(d_1, d_2) \to n_1 + n_2}\right)$$

从这些可以得到

$$\forall (d \overset{\triangledown}{\to} n) : Q(d \overset{\triangledown}{\to} n)$$

和预期一样，这个证明原理再次反映了求值树是如何构造出来的。

强归纳法 以上所有的归纳原理都是构造性的，意味着我们先证明谓词在基础情况下成立，然后证明谓词被每个构造函数保持。数学归纳法的另一个变种如下：需要证明

$$\forall n : (\forall m < n : Q(m)) \Rightarrow Q(n)$$

从中可以推出

$$\forall n : Q(n)$$

在这里基础情况和归纳步骤是一起处理的。这种归纳原理叫作*强归纳法*(strong induction)，也称为 course of values induction。

良基归纳法 强归纳法是一个非常强大的归纳原理的特例。这个原理叫*良基归纳法*(well-founded induction)。给定一个偏序集合($D, \leqslant$)，这个偏序是一个*良基序*(well-founded ordering)如果不存在一个无穷下降序列

$$d_1 \succ d_2 \succ d_3 \succ \cdots$$

这里 $d > d'$ 表示 $d' \leqslant d \wedge d \neq d'$——这等同于附录 A 里定义的降链条件。良基归纳原理说的是：如果我们证明了

$$\forall d : (\forall d' \prec d : Q(d')) \Rightarrow Q(d)$$

则可以得到

$$\forall d : Q(d)$$

(这个原理的正确性证明与引理 A.6 中式(A.3)的证明类似，也可以在以下引用的文献中找到。)

B.2 余归纳简介

为了解释归纳和余归纳之间的区别，以及为什么需要余归纳方法，让我们首先考虑一 407

个小例子。考虑以下程序：

$$\texttt{if } f(27,m) \texttt{ then}\text{“好的行为”}\texttt{ else}\text{“坏的行为”}$$

这里 f 是一个从自然数的二元组（也就是非负整数的二元组）到真值的函数。

我们需要保证程序永远不去做“坏的行为”。因为 m 的值是未知的，所以不能通过对 $f(27,m)$ 取值来证明 $f(27,m) \neq \mathit{false}$。因此我们需要执行某种证明。为此，自然地考虑到定义谓词 Q_f 如下：

$$\mathsf{Q}_f(n) \quad \text{iff} \quad \forall m : f(n,m) \neq \mathit{false}$$

这里潜在的假设是 $m,n \geqslant 0$。

或许最明显的方法是使用数学归纳法来证明 $\forall n : \mathsf{Q}_f(n)$。这意味着证明

$$\mathsf{Q}_f(0)$$
$$\forall n : \mathsf{Q}_f(n) \Rightarrow \mathsf{Q}_f(n+1)$$

然后得出

$$\forall n : \mathsf{Q}_f(n)$$

从此可以得到需要的 $\mathsf{Q}_f(27)$。

同样的道理的另一种表达方式是确立以下公理和规则的有效性：

$$\mathsf{Q}_f(0) \qquad \frac{\mathsf{Q}_f(n)}{\mathsf{Q}_f(n+1)}$$

然后推导出

$$\forall n : \mathsf{Q}_f(n)$$

这里数学归纳法的基本步骤使用谓词 Q_f 的归纳定义来表达。

以上概述的方法对于一个定义如下的函数 f_0 很有效：

$$\begin{aligned} f_0(0,m) &= \mathit{true} \\ f_0(n+1,m) &= f_0(n,m) \end{aligned}$$

但对定义如下的函数 f_1、f_2 和 f_3 如何？

$$\begin{aligned} f_1(0,m) &= f_1(0,m) & \qquad f_2(0,m) &= \mathit{true} \\ f_1(n+1,m) &= f_1(n,m) & \qquad f_2(n+1,m) &= f_2(n+1,m) \end{aligned}$$

$$\begin{aligned} f_3(0,m) &= f_3(0,m) \\ f_3(n+1,m) &= f_3(n+1,m) \end{aligned}$$

408

在这里 $f_i(27,m)$ 永远不会中止。直观上，它们应该是可以接受的，因为“坏的行为”从未发生。但是，我们无法通过归纳法证明它，因为我们无法确立基础情况（对于 f_1 和 f_3）或无法确立归纳步骤（对于 f_2 和 f_3）。

我们可以直观地解释为什么 f_i 是可接受的：假设所有以上定义中在右侧出现的 f_i 都满足 Q_i，则所有左侧出现的 f_i 也满足特征。因此 f_i 满足 Q_i，也就是 $\forall n : \mathsf{Q}_i(n)$。这听起来非常危险：我们假设需要的结论来证明这个结论。但是，在足够的谨慎以及一个 Q_i 的恰当定义下，这是一个有效的证明：一个余归纳证明。

得到一个泛函 让我们把 f_i 的定义重写为关于 Q_i 的句子，从而澄清 Q_i 在 f_i 的定义左侧满足和右侧满足之间的关系：

$$\begin{array}{lll} \mathsf{Q}_0(0) & \text{iff} & \mathit{true} \\ \mathsf{Q}_0(n+1) & \text{iff} & \mathsf{Q}_0(n) \end{array} \qquad \begin{array}{lll} \mathsf{Q}_1(0) & \text{iff} & \mathsf{Q}_1(0) \\ \mathsf{Q}_1(n+1) & \text{iff} & \mathsf{Q}_1(n) \end{array}$$

$$\begin{array}{lll} \mathsf{Q}_2(0) & \text{iff} & \mathit{true} \\ \mathsf{Q}_2(n+1) & \text{iff} & \mathsf{Q}_2(n+1) \end{array} \qquad \begin{array}{lll} \mathsf{Q}_3(0) & \text{iff} & \mathsf{Q}_3(0) \\ \mathsf{Q}_3(n+1) & \text{iff} & \mathsf{Q}_3(n+1) \end{array} \tag{B.1}$$

这里 Q_0 的子句就像我们的数学归纳原理，但其他子句涉及一些循环性。为了使这一点更明显，让我们把以上重写成

$$\mathsf{Q}_i = \mathcal{Q}_i(\mathsf{Q}_i) \tag{B.2}$$

这里

$$\begin{aligned}\mathcal{Q}_0(Q')(0) &= true & \mathcal{Q}_1(Q')(0) &= Q'(0)\\ \mathcal{Q}_0(Q')(n+1) &= Q'(n) & \mathcal{Q}_1(Q')(n+1) &= Q'(n)\\ \mathcal{Q}_2(Q')(0) &= true & \mathcal{Q}_3(Q')(0) &= Q'(0)\\ \mathcal{Q}_2(Q')(n+1) &= Q'(n+1) & \mathcal{Q}_3(Q')(n+1) &= Q'(n+1)\end{aligned} \tag{B.3}$$

显然 Q_i 满足式(B.1)当且仅当它满足式(B.2)，定义 $\mathcal{Q}_i$ 如式(B.3)所示。

可以直接得到每个 $\mathcal{Q}_i$ 是谓词的完全格

$$(\mathbf{N} \to \{true, false\}, \sqsubseteq)$$

上的单调函数，这里 $Q_1 \sqsubseteq Q_2$ 意味着 $\forall n: Q_1(n) \Rightarrow Q_2(n)$，并且最小元素 $\bot$ 是 $\forall n: \bot(n) = false$，最大元素 $\top$ 是 $\forall n: \top(n) = true$。使用 Tarski 不动点定理(命题 A.10)可以得到每个 $\mathcal{Q}_i$ 都有一个最小不动点 $lfp(\mathcal{Q}_i)$ 和一个最大不动点 $gfp(\mathcal{Q}_i)$，这些是$(\mathbf{N} \to \{true, false\}, \sqsubseteq)$里可能不一样的谓词。

我们经常把 $\mathcal{Q}_i$ 称为一个*泛函*，意思是它的输入和输出本身也是函数(或者复杂的包含函数的结构)。

409

最小不动点 让我们首先考虑最小不动点。从附录 A 可以得到

$$\bigsqcup_k \mathcal{Q}_0^k(\bot) \sqsubseteq lfp(\mathcal{Q}_0)$$

因为 $\mathcal{Q}_0(Q)$ 的子句在右侧仅使用有限个 Q(实际上 0 个或 1 个)，$\mathcal{Q}_0$ 满足连续性，它保证了

$$\bigsqcup_k \mathcal{Q}_0^k(\bot) = lfp(\mathcal{Q}_0)$$

这是一个好消息，因为我们之前的关于数学归纳法的证明实质上定义了谓词 $\bigsqcup_k \mathcal{Q}_0^k(\bot)$：$\mathcal{Q}_0^k(\bot)(n)$ 成立当且仅当最多 k 个公理和规则足够证明 $\mathcal{Q}_0(n)$。因此，似乎一个归纳证明“对应于”取 $\mathcal{Q}_0$ 的最小不动点。

下面让我们看一下 $\mathcal{Q}_3$。这里

$$lfp(\mathcal{Q}_3) = \bot$$

因为$\mathcal{Q}_3(\bot) = \bot$，因此 $\bot$ 是一个不动点。这解释了为什么我们有 $lfp(\mathcal{Q}_3)(27) = false$，以及为什么归纳证明法无法得出 $\mathsf{Q}_3(27)$。大致相似的讨论可用于 $\mathcal{Q}_1$ 和 $\mathcal{Q}_2$。

最大不动点 下面让我们考虑最大不动点。这里

$$gfp(\mathcal{Q}_3) = \top$$

因为$\mathcal{Q}_3(\top) = \top$，因此 $\top$ 是一个不动点。这解释了为什么我们有 $gfp(\mathcal{Q}_3)(27) = true$，从而为我们对于 f_3 不会执行坏的行为的信心提供了一个理论基础。大致类似的讨论可用于 $\mathcal{Q}_1$ 和 $\mathcal{Q}_2$。

另外对于 $\mathcal{Q}_0$ 可以得到 $gfp(\mathcal{Q}_0)(27) = true$。这当然并不奇怪，因为 $lfp(\mathcal{Q}_0)(27) = true$，并且 $lfp(\mathcal{Q}_0) \sqsubseteq gfp(\mathcal{Q}_0)$。但是，更有趣的是注意对于 $\mathcal{Q}_0$，归纳和余归纳方法是没有区别的(这与 $\mathcal{Q}_1$、$\mathcal{Q}_2$ 和 $\mathcal{Q}_3$ 的情况不同)：

$$lfp(\mathcal{Q}_0) = gfp(\mathcal{Q}_0)$$

因为在 n 上进行数学归纳足以证明 $lfp(\mathcal{Q}_0)(n) = gfp(\mathcal{Q}_0)(n)$。

备注 $lfp(\mathcal{Q}_0) = gfp(\mathcal{Q}_0)$ 与 Banach 不动点定理相关。Banach 不动点定理讲的是任何完

备度量空间上的收缩运算符都存在一个唯一的不动点。$\mathcal{Q}_0$（而不是 $\mathcal{Q}_1$、$\mathcal{Q}_2$ 和 $\mathcal{Q}_3$）具备收缩性因为每个 $\mathcal{Q}_0(Q)(n)$的子句仅在小于 n 的参数上调用 Q。 ■

410

B.3 余归纳证明

让我们再一次考虑以下数据结构：

$$d \in \mathbf{D}$$
$$d ::= \mathsf{Base} \mid \mathsf{Con}_1(d) \mid \mathsf{Con}_2(d,d)$$

它包含一个基础情况、一个一元构造函数和一个二元构造函数。然后考虑一个谓词：

$$\mathsf{Q} : \mathbf{D} \to \{true, false\}$$

它由以下形式的子句定义：

$$\begin{array}{rll} \mathsf{Q}(\mathsf{Base}) & \text{iff} & \cdots \\ \mathsf{Q}(\mathsf{Con}_1(d)) & \text{iff} & \cdots \mathsf{Q}(d') \cdots \\ \mathsf{Q}(\mathsf{Con}_2(d_1,d_2)) & \text{iff} & \cdots \mathsf{Q}(d_1') \cdots \mathsf{Q}(d_2') \cdots \end{array}$$

我们可以把它作为基础，分情况定义一个泛函 $\mathcal{Q}$ 如下：

$$\begin{array}{rcl} \mathcal{Q}(Q')(\mathsf{Base}) & = & \cdots \\ \mathcal{Q}(Q')(\mathsf{Con}_1(d)) & = & \cdots Q'(d') \cdots \\ \mathcal{Q}(Q')(\mathsf{Con}_2(d_1,d_2)) & = & \cdots Q'(d_1') \cdots Q'(d_2') \cdots \end{array}$$

注意

$$(\mathbf{D} \to \{true, false\}, \sqsubseteq)$$

是一个完全格，这里顺序定义为 $Q_1 \sqsubseteq Q_2$ 当且仅当 $\forall d: Q_1(d) \Rightarrow Q_2(d)$。同时，我们

假设 $\mathcal{Q}$ 是单调的

也就是说，像"$\mathsf{Q}(\mathsf{Con}_1(d))$ iff $\neg \mathsf{Q}(d)$"这样的子句是不可接受的。从命题 A.10 可以得到 $\mathcal{Q}$ 具备最小和最大不动点。

归纳(或最小不动点) 首先考虑归纳定义：

$$\mathsf{Q} = lfp(\mathcal{Q}) \tag{B.4}$$

这通常写为

$$\frac{\cdots}{\mathsf{Q}(\mathsf{Base})} \qquad \frac{\cdots \mathsf{Q}(d') \cdots}{\mathsf{Q}(\mathsf{Con}_1(d))} \qquad \frac{\cdots \mathsf{Q}(d_1') \cdots \mathsf{Q}(d_2') \cdots}{\mathsf{Q}(\mathsf{Con}_2(d_1,d_2))} \tag{B.5}$$

411

在大多数时候，每条规则只包含有限次 Q 的调用，在这些情况下这两个定义是等价的：式(B.5)里的谓词定义了 $\bigsqcup_k \mathcal{Q}^k(\bot)$，根据以上讨论的连续性，这和式(B.4)的谓词是一致的。一个归纳证明仅仅意味着确立式(B.5)里的公理和规则的正确性。这样的证明有强烈的构造性意味：我们不假设任何东西，只相信能够被证明的成立。这样的证明策略经常用于关于语义的推导，因为程序语义不应当允许任何没有被语义强迫的虚假行为。

余归纳(或最大不动点) 下面考虑余归纳定义

$$\mathsf{Q} = gfp(\mathcal{Q})$$

一个余归纳证明则意味着使用证明规则：

$$\frac{Q' \sqsubseteq \mathcal{Q}(Q')}{Q' \sqsubseteq \mathsf{Q}} \qquad \left(\text{i.e. } \frac{Q' \sqsubseteq \mathcal{Q}(Q')}{Q' \sqsubseteq gfp(\mathcal{Q})}\right)$$

这些来自命题 A.10 关于 $gfp(\mathcal{Q})$的公式。因此，为了证明 $\mathsf{Q}(d)$，需要

找到一个 Q'使得

$$Q'(d)$$
$$\forall d': Q'(d') \Rightarrow \mathcal{Q}(Q')(d')$$

这样的证明具有非常乐观的意味：我们可以假设我们想要的任何东西，只要不能证明我们违反了任何事实。这通常被用于验证一个规约是成立的，因为规约不应当禁止没有明确被禁止的行为。

有时使用以下派生证明规则可以节省一些工作：

$$\frac{Q' \sqsubseteq \mathcal{Q}(\mathsf{Q} \sqcup Q')}{Q' \sqsubseteq \mathsf{Q}}$$

为了看到这是一个有效的证明规则，假设 $Q' \sqsubseteq \mathcal{Q}(\mathsf{Q} \sqcup Q')$。从 Q 的定义我们还有 $\mathsf{Q} \sqsubseteq \mathcal{Q}(\mathsf{Q})$，并从 $\mathcal{Q}$ 的单调性可得 $\mathsf{Q} \sqsubseteq \mathcal{Q}(\mathsf{Q} \sqcup Q')$。因此

$$\mathsf{Q} \sqcup Q' \sqsubseteq \mathcal{Q}(\mathsf{Q} \sqcup Q')$$

并且 $\mathsf{Q} \sqcup Q' \sqsubseteq \mathsf{Q}$ 从 Q 的定义得到。然后立即得到需要的 $Q' \sqsubseteq \mathsf{Q}$。

显然这个解释可以推广到包含更多基础情况和构造函数的代数数据结构，以及从谓词推广到关系。

412

例 B.1 考虑关系

$$\mathsf{R}_1 : D_{11} \times D_{12} \to \{true, false\}$$
$$\mathsf{R}_2 : D_{21} \times D_{22} \to \{true, false\}$$

定义为

$$\mathsf{R}_1 = \mathcal{R}_1(\mathsf{R}_1, \mathsf{R}_2)$$
$$\mathsf{R}_2 = \mathcal{R}_2(\mathsf{R}_1, \mathsf{R}_2)$$

这是为了定义

$$(\mathsf{R}_1, \mathsf{R}_2) = gfp(\mathcal{R})$$

这里 $\mathcal{R}(R_1', R_2') = (\mathcal{R}_1(R_1', R_2'), \mathcal{R}_2(R_1', R_2'))$ 假设为单调的。

下面定义 $R' \sqcup R''$ 如下：

$$d_1\ (R' \sqcup R'')\ d_2 \ \text{ iff }\ (d_1\ R'\ d_2) \vee (d_1\ R''\ d_2)$$

并把 $R' \sqsubseteq R''$ 定义为以下真值：

$$R' \sqsubseteq R'' \ \text{ iff }\ \forall d_1, d_2 : d_1\ R'\ d_2 \Rightarrow d_1\ R''\ d_2$$

然后我们有以下版本的余归纳原理：我们确立

$$R_1' \sqsubseteq \mathcal{R}_1(R_1', R_2')$$
$$R_2' \sqsubseteq \mathcal{R}_2(R_1', R_2')$$

然后推导出

$$R_1' \sqsubseteq \mathsf{R}_1 \text{ and } R_2' \sqsubseteq \mathsf{R}_2$$

和前面的讨论一样，有时仅证明

$$R_1' \sqsubseteq \mathcal{R}_1(\mathsf{R}_1 \sqcup R_1', \mathsf{R}_2 \sqcup R_2')$$
$$R_2' \sqsubseteq \mathcal{R}_2(\mathsf{R}_1 \sqcup R_1', \mathsf{R}_2 \sqcup R_2')$$

可以节省一些工作，因为我们也有

$$\mathsf{R}_1 \sqsubseteq \mathcal{R}_1(\mathsf{R}_1, \mathsf{R}_2) \sqsubseteq \mathcal{R}_1(\mathsf{R}_1 \sqcup R_1', \mathsf{R}_2 \sqcup R_2')$$
$$\mathsf{R}_2 \sqsubseteq \mathcal{R}_2(\mathsf{R}_1, \mathsf{R}_2) \sqsubseteq \mathcal{R}_2(\mathsf{R}_1 \sqcup R_1', \mathsf{R}_2 \sqcup R_2')$$

这些允许我们得到

$$R_1' \sqsubseteq \mathsf{R}_1 \text{ 和 } R_2' \sqsubseteq \mathsf{R}_2$$

这里使用了定义 $(\mathsf{R}_1, \mathsf{R}_2) = gfp(\mathcal{R})$。 ■

413

例 B.2 举一个不同类型的例子，考虑以下全集

$$\{0,1,2\}^{\infty} = \{0,1,2\}^{\star} \cup \{0,1,2\}^{\omega}$$

这里$\{0,1,2\}^{\star}$包含所有由符号$a_i \in \{0,1,2\}$组成的有限字符串$(a_i)_{i=1}^{n} = a_1 \cdots a_n$，并且$\{0,1,2\}^{\omega}$包含所有由符号$a_i \in \{0,1,2\}$组成的无限字符串$(a_i)_{i=1}^{\infty} = a_1 \cdots a_n \cdots$。

字符串的串接定义如下：

$$\begin{aligned}
(a_i)_{i=1}^{n}\,(b_j)_{j=1}^{m} &= (c_k)_{k=1}^{n+m} \quad \text{其中} \quad c_k = \begin{cases} a_k & k \leqslant n \\ b_{k-n} & k > n \end{cases} \\
(a_i)_{i=1}^{n}\,(b_j)_{j=1}^{\infty} &= (c_k)_{k=1}^{\infty} \quad \text{其中} \quad c_k = \begin{cases} a_k & k \leqslant n \\ b_{k-n} & k > n \end{cases} \\
(a_i)_{i=1}^{\infty}\,(b_j)_{j=1}^{\cdots} &= (c_k)_{k=1}^{\infty} \quad \text{其中} \quad c_k = a_k
\end{aligned}$$

这里…代表前面公式的“m”或“∞”。

然后考虑一个上下文无关文法，包含开始符号S和生成规则

$$S \to 0 \mid 1 \mid 0\,S \mid 1\,S$$

这可以改写为一个归纳定义

$$0 \in S \qquad 1 \in S \qquad \frac{x \in S}{0x \in S} \qquad \frac{x \in S}{1x \in S}$$

定义一个子集$S \subseteq \{0,1,2\}^{\infty}$。如果遵循一般上下文无关文法的惯例，使用归纳解释，则集合S是$\{0,1\}^{+}$，包含所有满足以下条件的字符串$(a_i)_{i=1}^{n}$：有限性，非空(因此$n>0$)，以及不包括任何2的出现(如$a_i \in \{0,1\}$)。

如果使用余归纳解释，则集合S变成$\{0,1\}^{+} \cup \{0,1\}^{\omega}$，也就是额外包含所有只出现0和1的无穷字符串。为了看清这一点，注意空字符串不能在S里，因为它不是0、1、$0x$或$1x$中的一种形式。另外注意任何包含2的字符串不能出现在S里：一个包含2的字符串可以写成$a_1 \cdots a_n 2x$，$a_i \in \{0,1\}$，然后我们使用归纳法；对于$n=0$结论是显然的(因为0、1、$0x$或$1x$都不从2开始)，并且对于$n>0$我们注意如果$a_1 \cdots a_n 2x \in S$则$a_2 \cdots a_n 2x \in S$，因此从归纳假设这不可能。最后注意无法排除由0和1组成的无穷字符串在S里，因为它们总是可以写成$0x$或$1x$的形式(这里$x \in \{0,1\}^{\omega}$)。

现在假设我们添加生成规则

$$S \to S$$

对应于规则：

$$\frac{x \in S}{x \in S}$$

414

在归纳解释下这不改变集合S，它仍然是$\{0,1\}^{+}$。但是，在余归纳解释下集合S有很大的变化。它现在是$\{0,1,2\}^{\infty}$，因此包含空字符串以及有2出现的字符串。为了看到这一点，注意任何$\{0,1,2\}^{\infty}$里的字符串x都可以写成$x=x$，因此没有字符串可以从S中排除。■

结束语

关于归纳原理的更多信息，可以参考文献[16]。余归纳的介绍性内容可以参考关于CCS里强互模拟的工作(例如文献[106]的第4章)。

415

附录 C
Principles of Program Analysis

图和正则表达式

C.1 图和森林

有向图 一个有向图(directed graph，或 digraph) $G=(N,A)$ 包含一个有限的**结点**(node)集合 N 和一个**边**(edge)的集合 $A\subseteq N\times N$。一条边(n_1,n_2)具备始点 n_1 和终点 n_2，并称为从 n_1 到 n_2。如果 $n_1=n_2$ 则它是一个**自环**(self-loop)。我们有时把有向图简称为图。

一条从结点 n_0 到结点 n_m 的**有向路径**(directed path)(简称为**路径**)是一个边的序列 (n_0,n_1)，(n_1,n_2)，$\cdots$，(n_{m-2},n_{m-1})，(n_{m-1},n_m)，其中每条边(n_{i-1},n_i)的终点等于下一条边(n_i,n_{i+1})的始点。我们说这条路径具备始点 n_0，终点 n_m 和长度 $m\geqslant 0$。如果 $m=0$ 则称这条路径是平凡的，包含一个空序列的边。两条路径(n_0,n_1)，$\cdots$，(n_{m-1},n_m)和(n_m,n_{m+1})，$\cdots$，(n_{k-1},n_k)的串联是路径(n_0,n_1)，$\cdots$，(n_{k-1},n_k)。我们说 n' 从 n 可达每当存在一条(可能平凡的)有向路径从 n 到 n'。

例 C.1 令 S 为第 2 章中 WHILE 语言的一个语句。前向流图($labels(S)$，$flow(S)$)和后向流图($labels(S)$，$flow^R(S)$)都是有向图。下面令 **Lab** 为一个有限的标号集合，并令$F\subseteq \mathbf{Lab}\times\mathbf{Lab}$ 为 2.3 节中的流关系。则 $G=(\mathbf{Lab},F)$是一个有向图。■

例 C.2 令 $e_\star$为第 3 章中 FUN 语言的一个程序，并令 $N_\star$为一个有限的结点集合，其中每个结点 p 具备形式 $\mathsf{C}(l)$或 $\mathsf{r}(x)$，这里 $\ell\in\mathbf{Lab}_\star$是程序里的一个标号，$x\in\mathbf{Var}_\star$是程序里的一个变量。令 C 为一个 3.4 节考虑的约束的集合，$A_\star$包含边(p_1,p_2)(对于每个 C 里的约束 $p_1\subseteq p_2$)和边(p,p_2)，(p_1,p_2)对于每个 C 里的约束$\{t\}\subseteq p\Rightarrow p_1\subseteq p_2$)。则 $G=(N_\star,A_\star)$是一个有向图。■

为了和第 2 章使用的符号一致，我们通常把路径 $p=(n_0,n_1),(n_1,n_2),\cdots,(n_{m-2},n_{m-1})$，$(n_{m-1},n_m)$写为访问到的结点序列 $p=[n_0,n_1,n_2,\cdots,n_{m-2},n_{m-1},n_m]$。在这种符号下，一个结点序列永远是非空的。一个从 n_0 到 n_0 的平凡路径写为$[n_0]$，而一个自环写为$[n_0,n_0]$。路径$[n_0,n_1,\cdots,n_{m-1},n_m]$和路径$[n_m,n_{m+1},\cdots,n_{k-1},n_k]$的串联是路径$[n_0,n_1,\cdots,n_{k-1},n_k]$(这里 n_m 并不出现两次)。

我们定义从 n 到 n'的路径集合如下：

$$paths_\bullet(n,n')=\{[n_0,\cdots,n_m]\mid m\geqslant 0\ \wedge\ n_0=n\ \wedge\ n_m=n'\ \wedge\ \forall i<m:(n_i,n_{i+1})\in A\}$$

环 一个**环**(cycle)是从一个结点到它本身的非平凡路径(可以是一个自环)。从结点 n 到它本身的环的集合定义如下：

$$cycles(n)=\{[n_0,\cdots,n_m]\mid m\geqslant 1\ \wedge\ n_0=n\ \wedge\ n_m=n\ \wedge\ \forall i<m:(n_i,n_{i+1})\in A\}$$

我们可以看到$cycles(n)=\{p\in paths_\bullet(n,n)\mid p\neq[n]\}$。一个环 $p=[n_0,n_1,\cdots,n_m]$是**多入口的**(multiple entry)如果它包含两个不同的结点(不仅仅是两个不同的索引)，即 $n_i\neq n_j$，使得存在(不一定不同的)结点 n_i' 和 n_j' 在环外，并且(n_i',n_i)，$(n_j',n_j)\in A$。

一个不包含环的图(也就是说 $\forall n\in N$: $cycle(n)=\emptyset$)称为**无环图**(acyclic)。一个有向无

环图(directed acyclic graph)通常简写为DAG。

有向图的拓扑排序(topological sort)是结点上的全序，满足：如果(n,n')是一条边，则n在序中严格在n'前面。有向图存在拓扑排序当且仅当它是一个无环图。

强连通分量　两个结点n和n'被称为强连通的(strongly connected)每当存在一个从n到n'的(可能平凡的)有向路径和一个从n'到n的(可能平凡的)有向路径。定义

$$\mathcal{SC} = \{(n,n') \mid n \text{ 和 } n' \text{ 强连通}\}$$

我们得到一个二元关系$\mathcal{SC} \subseteq N \times N$。

结论 C.3　$\mathcal{SC}$是一个等价关系。

证明　自反性是因为存在一个平凡路径从每个结点到它本身。对称性直接从定义得到。传递性是因为如果p_{12}是一条从n_1到n_2的路径，并且p_{23}是一条从n_2到n_3的路径，则$p_{12}p_{23}$是一条从n_1到n_3的路径。 ■

418

从$\mathcal{SC}$形成的等价类叫作图$G=(N,A)$的强分量(或强连通分量)。一个图被称为强连通的如果它包含正好一个强连通分量。

例 C.4　在WHILE语言的具有唯一标号的语句中，对应于嵌套循环中最外层循环的结点集将形成一个强连通分量。这对前向流图和后向流图都是成立的。 ■

强分量之间的连接可以表示为一个约化图(reduced graph)。每个强连通分量用约化图里的一个结点表达，从一个结点到另一个结点有一条边当且仅当在原图中存在一条边从第一个强分量中的某个结点到第二个强分量的某个结点。因此，约化图不包含自环。

引理 C.5　对于任何图G，约化图是一个DAG。

证明　为了得到矛盾，假设约化图包含一个环$[SC_0,\cdots,SC_m]$，这里$\mathcal{SC}_m=\mathcal{SC}_0$。因为我们已经知道约化图不包含自环，所以这个环包含不同的结点$\mathcal{SC}_i$和$\mathcal{SC}_j$，我们可以不失一般性地假设$i<j$。

约化图中有一条边从$\mathcal{SC}_k$到$\mathcal{SC}_{k+1}(0\leq k<m)$意味着原图中存在一条边$(n_k,n'_{k+1})$从结点$n_k\in SC_k$到结点$n'_{k+1}\in SC_{k+1}$。同样，原图中存在一条路径$p_k$从$n'_k$到$n_k$和一条路径$p'_0$从$n'_m$到$n_0$。

现在我们可以构造原图中从n_i到n_j的路径$(n_i,n'_{i+1})p_{i+1}\cdots(n_{j-1},\ n'_j)p_j$和从$n_j$到$n_i$的路径$(n_j,n'_{j+1})p_{j+1}\cdots(n_{m-1},n'_m)p'_0(n_0,n'_1)p_1\cdots(n_{i-1},\ n'_i)p_i$。但是，这样$n_i$和$n_j$应该在同一个等价类，因此与我们的假设$SC_i\neq SC_j$发生矛盾。 ■

柄和根　一个有向图$G=(N,A)$的柄(handle)是一个结点集合$H\subseteq N$，使得每个结点$n\in N$都存在一个结点$h\in H$和一个从h到n的(可能平凡的)有向路径。一个根(root)是一个结点$r\in N$使得每个结点$n\in N$都存在一个从r到n的(可能平凡的)有向路径。如果r是图$G=(N,A)$的一个根，则$\{r\}$是G的一个柄。实际上，$\{n\}$是G的一个柄当且仅当n是一个根。相反，如果H是一个图$G(N,A)$的柄，并且$r\notin N$，则r是图$(N\cup\{r\},\ A\cup\{(r,h)\mid h\in H\})$的一个根。我们有时将$r$称为一个伪根，把每条边$(r,h)$称为一条伪边。

419

一个有向图$G=(N,A)$总是有一个柄，因为可以把$H=N$作为柄。一个柄H是极小的，如果没有真子集是柄，也就是说如果$H'\subset H$则H'不是柄。可以证明极小的柄总是存在的，因为结点的集合是有限的。极小柄是一个单例集当且仅当图有一个根。在这种情况下我们说这个图是有根的。

例 C.6　令S为第2章中WHILE语言的一个语句。则$init(S)$是图$(labels(S),flow(S))$的一个根，并且$\{init(S)\}$是一个极小柄。另外，$final(S)$是后向流图$(labels(S),$

flow $^R(S)$)的一个柄。

■

一个从柄 H 到结点 n 的路径是一个从结点 $h \in H$ 到 n 的路径。类似地，我们有从根 r 到结点 n 的路径。给定一个柄 H，或许是根 r 的形式(对应于 $H=\{r\}$)，从 H 到 n 的路径集合定义为：

$$path_{\bullet}^{H}(n) = \bigcup\{paths_{\bullet}(h,n) \mid h \in H\}$$

当 H 不用直接说明时，我们用 $path_{\bullet}(n)$ 表示 $path_{\bullet}^{H}(n)$。

森林和树 一个图 $G=(N,A)$ 的结点 n *具有输入度*(in-degree) m 如果它的前继集合 $\{n' \mid (n',n) \in A\}$ 的大小为 m。类似地可以定义*输出度*(out-degree)。

一个*森林*(forest)(或无序的有向森林)是一个有向无环图 $G=(N,A)$，满足每个结点的输入度最大为1。可以证明输入度为0的结点的集合组成这个森林的一个极小柄。如果 $(n,n') \in A$ 则我们说 n 是 n' 的*父结点*(parent)，并且 n' 是 n 的*子结点*(child)；*祖先*(ancestor)和子孙(descendent)分别是父关系和子关系的反身传递闭包。一个结点 n 是 n' 的*真祖先*如果它是一个祖先，并且 $n \neq n'$，类似地定义真子孙。

一个*树*(或无序的有向树)是一个具备唯一根的森林。也就是说，一棵树是一个包含正好一个输入度为0的结点的森林，并且这个结点就是根。给定一个森林 (N,A) 以及它的最小柄 H，每个结点 $h \in H$ 是一个树的根，这个树包含所有从 h 可达的结点 $n \in N$ 和所有的边 $(n_1,n_2) \in E$，其中 n_1 和 n_2 都在树中。因此，一个森林可以看作一棵树的集合。

有时我们需要考虑*有序森林*和*有序图*，也就是在森林和图的基础上，对每个结点的子结点添加一个线性顺序(在图、森林和树上一般没有这种顺序)。

支配 给定一个有向图 $G=(N,A)$ 和柄 H，可能是根 r 的形式(对应于 $H=\{r\}$)，我们说一个结点 n' 是结点 n 的*支配结点*(dominator)如果每条(可能平凡的)路径从 H 到 n 包含 n'。我们也说 n' 支配 n。从路径的定义可以得到，一个极小柄(例如根)的元素的唯一支配结点是元素本身。 420

对于任何结点 n，支配结点的集合可以表示为以下等式的最大解：

$$Dom(n) = \begin{cases} \{n\} & n \in H \\ \{n\} \cup \bigcap\{Dom(n') \mid (n',n) \in A\} & \text{其他} \end{cases}$$

如果 n' 支配 n 并且这两个结点不相同，结点 n' *真正支配*(properly dominates)结点 n。如果它是离 n“最近”的真正支配结点，也就是 $n' \in Dom(n) \setminus \{n\}$ 并且对于所有 $n'' \in Dom(n) \setminus \{n\}$ 有 $n'' \in Dom(n')$，则结点 n' *直接支配*(directly dominates) n。

C.2 逆后序

生成森林 一个图的*生成森林*(spanning forest)是一个森林，拥有和原图相同的结点以及原图(见以下)的边的一个子集。表C.1的算法非确定性地构造了一个*深度优先生成森林*(Depth-First Spanning Forest，DFSF)。在构造森林的同时，算法也产生一个结点的编号，等同于在构造树的过程中每个结点最后被访问的顺序的逆序；这个顺序称为*逆后序*(reverse postorder)。在算法里它由一个以图的结点为索引的数组表达。如果DFSF是一个树，则它叫作*深度优先生成树*(Depth-First Spanning Tree，DFST)。注意算法没有确定在每个阶段选择哪个未访问的结点。因此，图的深度优先生成森林不是唯一的。 421

表 C.1　DFSF 算法

输入：　一个有向图（N, A）包含k个节点和柄H

输出：　（1）一个DFSF T = (N, A_T)。

（2）一个节点的编号rPostorder指明每个节点最后一次被访问的顺序的逆序，表示为array [N] of int的一个元素。

方法：
```
i := k;
mark all nodes of N as unvisited;
let A_T be empty;
while unvisited nodes in H exists do
        choose a node h in H;
        DFS(h);
```

使用：
```
procedure DFS(n) is
        mark n as visited;
        while (n, n') ∈ A and n' has not been visited do
                add the edge (n, n') to A_T;
                DFS(n');
        rPostorder[n] := i;
        i := i − 1;
```

给定一个生成森林，我们可以把原图的边分为以下几类：

- 树边：在生成森林里的边。
- 前向边：不是树边，但从一个结点到它在树中的真子孙的边。
- 后向边：从子孙到祖先的边(包括自环)。
- 交叉边：没有祖先和子孙关系的结点之间的边。

表 C.1 的算法保证了交叉边总是从更晚访问的结点(也就是说，逆后序中序号更小)到更早访问的结点(也就是说，逆后序中序号更大)。

例 C.7　为了展示算法的执行，考虑图 C.1 中的图，它具备根 b_1。算法可能产生图 C.2 展示的树。结点的逆后序是 $b_1, b_3, S_3, b_2, S_1, S_2$。图 C.2 里每个结点的标记的第二个数反映了这个顺序。在图 C.1 里从 S_2 到 b_2 和从 S_3 到 b_3 的边都是后向边，从 b_3 到 S_1 的边是一条交叉边。

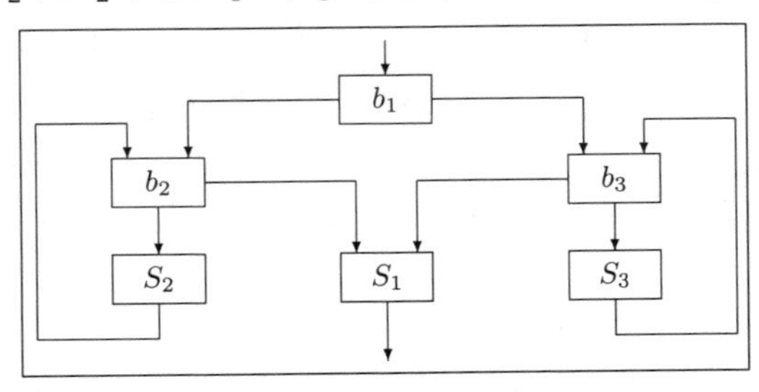

422

图 C.1　一个流图

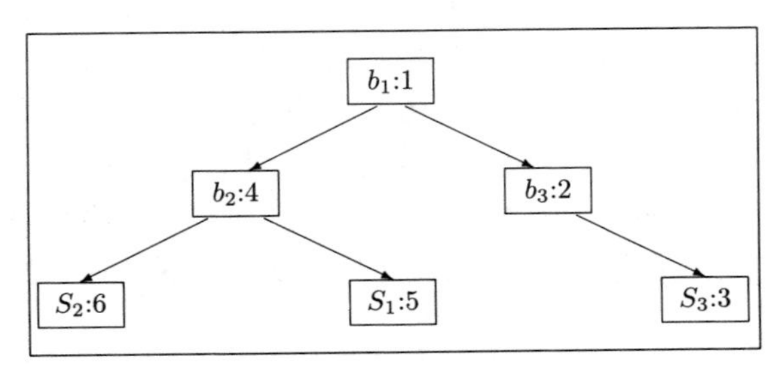

图 C.2　图 C.1 的图的一个 DFSF

例 C.8 令 S 为一个 WHILE 语言的具有唯一标号的语句，并考虑前向流图(*labels* (S), *flow* (S))和它的根 *init* (S)。首先考虑 S 里的一个 while 循环 `while` b' `do` S'。它产生一条树边和一条或多条后向边。更准确地说，后向边的数量等于 *final* (S')里元素的个数。下面考虑 S 里的条件语句 `if` b' `then` S_1' `else` S_2'，不是 S 里最后的语句或 S 里一个 while 循环的主体最后的语句。它产生三条树边和一条或多条交叉边。更准确地说，交叉边的数量比 *final* (S_1') ∪ *final* (S_2')里元素的数量正好少 1。注意 WHILE 程序的语句无法产生前向边。但是，如果对 WHILE 语言添加一个扩展，加上单分支条件语句 `if` b `then` S，则可以产生前向边。 ■

性质 现在我们证明逆后序的一些性质。第一个引理说的是一条后向边的始点在顺序中排在这条边的终点后面(除非这条边是一个自环)。

引理 C.9 令 $G=(N,A)$ 为一个有向图，T 是 G 的一个深度优先生成森林，rPostorder 是表 C.1 里算法计算出来的相关的顺序。边 $(n,n')\in A$ 是一条后向边，当且仅当 rPostorder[n] ≥ rPostorder[n']，并且它是一个自环当且仅当 rPostorder[n] = rPostorder[n']。

证明 关于自环的命题是显然的。现在让 $(n,n')\in A$。

(⇒)：如果 (n,n') 是一条后向边，则 n 是 n' 在 T 里的子孙。因此，在深度优先搜索中 n' 比 n 先访问到，并且 DFS(n')的调用在整个 DFS(n)的调用当中都处于等待状态，因此 rPostorder[n] ≥ rPostorder[n']。

423

如果 rPostorder[n] ≥ rPostorder[n']，则 n 是 n' 的一个子孙，或者 n' 在一个比 n 的子树后产生的子树里。在第二种情况下，因为 $(n,n')\in A$，它将是一条交叉边，从一个逆后序序号更大的结点到逆后序序号更小的结点——因为我们的算法不允许这样的交叉边。因此 n 必然是 n' 的子孙，所以 (n,n') 是一条后向边。 ■

下面，我们证明有向图的每个环都必然包含至少一条后向边。

引理 C.10 令 $G=(N,A)$ 为一个有向图，T 为 G 的一个深度优先生成森林，rPostorder 为相应的顺序，由表 C.1 里的算法得出。G 里的每个环都包含至少一条后向边。

证明 一个环是一条路径 $[n_0,\cdots,n_m]$，满足 $n_0=n_m$ 和 $m\geq 1$。因为 rPostorder[n_0] = rPostorder[n_m]，我们必然有 rPostorder[n_i] ≥ rPostorder[n_{i+1}]对于某个 $0\leq i<m$ 成立。因此可以使用引理 C.9。 ■

得到的 rPostorder 顺序是深度优先生成森林的一个拓扑排序。

引理 C.11 让 $G=(N,A)$ 为一个有向图，T 为 G 的一个深度优先生成森林，rPostorder 为相应的顺序，由表 C.1 里的算法得出。则 rPostorder 是 T 的拓扑排序，并且也为前向和交叉边排序。

证明 从引理 C.9 可知对于任何一条边 (n,n')，rPostorder[n] < rPostorder[n']当且仅当这条边不是一条后向边，也就是说，当且仅当它是 T 里的树边或交叉边。因此 rPostorder 是 T 的拓扑排序，同时也为前向和交叉边排序。 ■

环连接性 令 $G=(N,A)$ 为一个有向图，H 为一个柄。相对于由算法 C.1 构造的深度优先生成森林 T，G 的环连接性(loop connectedness)参数是 G 的任何不含环路径里后向边个数的最大值。我们用 $d(G,T)$(或 $d(G)$，如果 T 可以从上下文推断)，来表示图的环连接性参数。在图 C.1 中的图里，$d(G)$的值是 1。

我们称支配后向边(dominator-back edge)是一条边 (n_1,n_2)，满足终点 n_2 支配始点 n_1。

一条支配后向边(n_1,n_2)总是一条后向边，与生成森林T的选择无关，因为对于任何T，从H到n_1的路径必然包含n_2(给定n_2支配n_1)。图C.3展示的图说明后向边可能比支配后向边多。的确，它有根r，并不包含支配后向边，但任何生成森林T都会把n_1和n_2之间的其中一条边标记为后向边。

424

文献中有很多可约图这个概念的定义。在这里，我们说有向图$G=(N,A)$包含柄H是可约的(reducible)，当且仅当把图中所有支配后向边A_{db}删除后得到的图$(N,A\setminus A_{db})$是无环的，并且依然具备柄H。最简单的不可约图的例子在图C.3中展示。

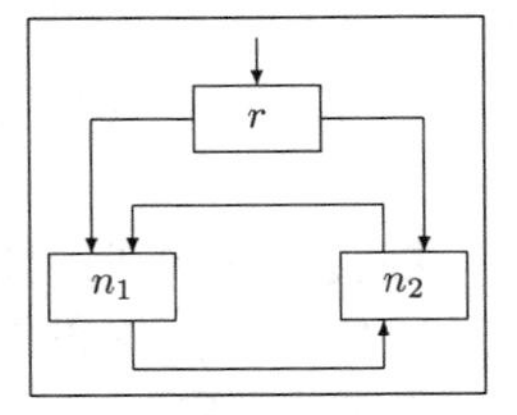

图C.3　一个不可约图

可约图这个概念的意义在于对于一个可约图G带有柄H，和任意一个深度优先生成森林T，我们知道(如下所示)一条边被记为相对于T的后向边当且仅当它是一条支配后向边。因此，环连接性参数与深度优先生成森林的选择无关。

引理C.12　令$G=(N,A)$为一个可约图，带有柄H、深度优先生成森林T和相应的顺序rPostorder，由表C.1的算法得出。某边是后向边当且仅当它是一条支配后向边。

证明　我们已经证明了每条支配后向边相对于T必然是后向边。下面为了得到矛盾假设一条后向边(n_s,n_t)不是支配后向边。显然树边(也就是T里的边)不是后向边，因此不是支配后向边，并且会出现在上面构造的图$(N,A\setminus A_{db})$里面。然后令T'为在T的基础上添加边(n_s,n_t)得到的图。因此所有T'里的边都出现在图$(N,A\setminus A_{db})$里。T'里从n_t到n_s的路径，加上后向边(n_s,n_t)，形成了T'里的一个环，因此也是$(N,A\setminus A_{db})$里的一个环。这与$(N, A\setminus A_{db})$的无环性(因此与G的可约性)产生矛盾。 ■

例C.13　再次令S为WHILE语言的具有唯一标号的语句，并考虑流图(*labels*(S)，*flow*(S))，以*init*(S)为根。它是可约的：每个while循环只能从一个测试结点进入，然后它支配循环主体中所有的结点，因此所有由while循环引入的后向边也都是支配后向边。显然一个只包含树边、前向边、和交叉边的图是无环的。

环连接性参数等于流图里的无环路径的后向边(也就是支配后向边)的个数的最大值。因此，它等于程序里嵌套while循环个数的最大值。 ■

425

另一个rPostorder的对于可约图的有意思的性质如下。

引理C.14　让$G=(N,A)$为一个可约图，H为它的柄。任何一条从柄里的结点开始的无环路径在表C.1的算法计算的rPostorder顺序下都是单调上升的。

证明　任何这样的路径必然不包含支配后向边，因此从引理C.12可知它或者是深度优先生成森林的一条路径，或者是森林中的一个路径的序列，由前向边和交叉边连接。这样可以从引理C.11得到结论。 ■

其他顺序　我们已经看到，逆后序根据构造深度优先生成森林时每个结点最后访问时间的顺序的逆序为结点排序。另外两个常用的结点上的顺序是前序(preorder)和广度优先序(breadth-first order)。举一个例子，图C.2中的树对应的前序是b_1,b_2,S_2,S_1,b_3,S_3，对应的广度优先序是b_1,b_2,b_3,S_2,S_1,S_3。和逆后序一样，这两个顺序都是深度优先生成森林的拓扑排序。它们也拓扑排序了前向边，但不一定为交叉边排序(对于前序，考虑例子中从b_3到S_1的边；对于广度优先序，修改例子使得b_1和b_3之间添加一个结点)。这个观察说明逆后序在很多迭代算法上是更好的选择。

C.3 正则表达式

一个字母表是一个有限并非空的符号集合Σ。我们假设它和特殊符号的集合$\{\Lambda,\emptyset,(,),+,\cdot,*\}$是不相交的。一个$\Sigma$上的正则表达式是任何由以下归纳定义构造的表达式：

1. Λ和$\emptyset$是（所谓的原子）正则表达式。对于任何$a\in\Sigma$，a是一个（所谓的原子）正则表达式。

2. 如果R_1和R_2是正则表达式，则(R_1+R_2)、$(R_1\cdot R_2)$和$(R_1)^*$是（所谓的复合）正则表达式。

以上定义构造的表达式包含所有的括号；通过设置运算符的优先级，使得'$*$'的优先级高于'$\cdot$'，'$\cdot$'的优先级高于'$+$'，我们可以省略大多数括号。

426

一个字符串$w\in\Sigma^*$是Σ里符号的序列。一个Σ上的语言L是一个字符串的集合，也就是$L\subseteq\Sigma^*$。正则表达式R定义的语言是$\mathcal{L}[\![R]\!]$，定义如下：

$$\begin{aligned}
\mathcal{L}[\![\Lambda]\!] &= \{\Lambda\}\\
\mathcal{L}[\![\emptyset]\!] &= \emptyset\\
\mathcal{L}[\![a]\!] &= \{a\} \quad \forall\, a\in\Sigma\\
\mathcal{L}[\![R_1+R_2]\!] &= \mathcal{L}[\![R_1]\!]\cup\mathcal{L}[\![R_2]\!]\\
\mathcal{L}[\![R_1\cdot R_2]\!] &= \mathcal{L}[\![R_1]\!]\cdot\mathcal{L}[\![R_2]\!]\\
\mathcal{L}[\![R_1^*]\!] &= \bigcup_{k=0}^{\infty}(\mathcal{L}[\![R_1]\!])^k
\end{aligned}$$

这里$L_1\cdot L_2=\{w_1w_2\mid w_1\in L_1$ 且 $w_2\in L_2\}$，$L^0=\{\Lambda\}$且$L^{i+1}=L^i\cdot L$。两个正则表达式R_1和R_2是等价的，记为$R_1=R_2$，如果它们的语言是相等的，也就是$\mathcal{L}[\![R_1]\!]=\mathcal{L}[\![R_2]\!]$。

一个从Σ_1^*到Σ_2^*的同态（homomorphism）是一个函数$h:\Sigma_1\to\Sigma_2^*$，延伸到作用于字符串$h(a_1\cdots a_m)=h(a_1)\cdots h(a_m)$和语言$h(L)=\{h(w)\mid w\in L\}$。它也可以延伸到作用于正则表达式：

$$\begin{aligned}
h(\emptyset) &= \emptyset\\
h(\Lambda) &= \Lambda\\
h(a) &= \begin{cases} b_1\cdot\ldots\cdot b_m & h(a)=b_1\cdots b_m\wedge m>0\\ \Lambda & h(a)=\Lambda\end{cases}\\
h(R_1+R_2) &= h(R_1)+h(R_2)\\
h(R_1\cdot R_2) &= h(R_1)\cdot h(R_2)\\
h(R^*) &= h(R)^*
\end{aligned}$$

如果R是Σ_1上的一个正则表达式，则显然$h(R)$是Σ_2上的一个正则表达式，并且$\mathcal{L}(h(R))=h(\mathcal{L}(R))$。

结束语

关于图论的教材有很多；我们的介绍基于文献[48]、文献[4]的第5章、文献[69]的第3章和第4章、文献[5]的第10章和文献[110]的第7章。更多关于正则表达式的信息可以参考文献[76]。

427

参考文献

[1] M. Abadi, A. Banerjee, N. Heintze, and J. G. Riecke. A core calculus of dependency. In *Proc. POPL '99*, pages 147–160. ACM Press, 1999.

[2] O. Agesen. The cartesian product algorithm. In *Proc. ECOOP'95*, volume 952 of *Lecture Notes in Computer Science*, pages 2–26. Springer, 1995.

[3] O. Agesen, J. Palsberg, and M. Schwartzbach. Type inference of SELF: Analysis of objects with dynamic and multiple inheritance. In *Proc. ECOOP'93*, volume 707 of *Lecture Notes in Computer Science*. Springer, 1993.

[4] A. V. Aho, J. E. Hopcroft, and J. D. Ullman. *The Design and Analysis of Computer Algorithms*. Addison Wesley, 1974.

[5] A. V. Aho, R. Sethi, and J. D. Ullman. *Compilers: Principles, Techniques, and Tools*. Addison Wesley, 1986.

[6] A. Aiken. Set constraints: Results, applications and future directions. In *Proc. Second Workshop on the Principles and Practice of Constraint Programming*, volume 874 of *Lecture Notes in Computer Science*, pages 326–335. Springer, 1994.

[7] A. Aiken. Introduction to set constraint-based program analysis. *Science of Computer Programming*, 35(2):79–111, 1999.

[8] A. Aiken, M. Fähndrich, J. S. Foster, and Z. Su. A toolkit for constructing type- and constraint-based program analyses. In *Proc. Types in Compilation*, volume 1473 of *Lecture Notes in Computer Science*, pages 78–96. Springer, 1998.

[9] A. Aiken and E. Wimmers. Type inclusion constraints and type inference. In *Proc. FPCA '93*, pages 31–41. ACM Press, 1993.

[10] A. Aiken, E. Wimmers, and T.K. Lakshman. Soft typing with conditional types. In *Proc. POPL '94*, pages 163–173. ACM Press, 1994.

[11] F. E. Allen and J. A. Cocke. A program data flow analysis procedure. *Communications of the ACM*, 19(3):137–147, 1976.

[12] B. Alpern, M. M. Wegman, and F. K. Zadeck. Detecting equality of variables in programs. In *Proc. POPL '88*, pages 1–11. ACM Press, 1988.

[13] T. Amtoft, F. Nielson, and H. R. Nielson. *Type and Effect Systems: Behaviours for Concurrency*. Imperial College Press, 1999.

[14] T. Amtoft, F. Nielson, and H.R. Nielson. Type and behaviour reconstruction for higher-order concurrent programs. *Journal of Functional Programming*, 7(3):321–347, 1997.

[15] T. Amtoft, F. Nielson, H.R. Nielson, and J. Ammann. Polymorphic subtyping for effect analysis: The dynamic semantics. In *Analysis and*

Verification of Multiple-Agent Languages, volume 1192 of *Lecture Notes in Computer Science*, pages 172–206. Springer, 1997.

[16] A. Arnold and I. Guessarian. *Mathematics for Computer Science*. Prentice Hall International, 1996.

[17] U. Assmann. How to uniformly specify program analysis and transformation. In *Proc. CC '96*, volume 1060 of *Lecture Notes in Computer Science*, pages 121–135. Springer, 1996.

[18] A. Banerjee. A modular, polyvariant, and type-based closure analysis. In *Proc. ICFP '97*, pages 1–10. ACM Press, 1997.

[19] P. N. Benton. Strictness logic and polymorphic invariance. In *Proc. Second International Symposium on Logical Foundations of Computer Science*, volume 620 of *Lecture Notes in Computer Science*, pages 33–44. Springer, 1992.

[20] P. N. Benton. Strictness properties of lazy algebraic datatypes. In *Proc. WSA '93*, volume 724 of *Lecture Notes in Computer Science*, pages 206–217. Springer, 1993.

[21] S. K. Biswas. A demand-driven set-based analysis. In *Proc. POPL '97*, pages 372–385. ACM Press, 1997.

[22] C. Bodei, P. Degano, F. Nielson, and H. R. Nielson. Control flow analysis for the π-calculus. In *Proc. CONCUR'98*, number 1466 in Lecture Notes in Computer Science, pages 84–98. Springer, 1998.

[23] C. Bodei, P. Degano, F. Nielson, and H. R. Nielson. Static analysis of processes for no read-up and no write-down. In *Proc. FOSSACS'99*, number 1578 in Lecture Notes in Computer Science, pages 120–134. Springer, 1999.

[24] F. Bourdoncle. Abstract interpretation by dynamic partitioning. *Journal of Functional Programming*, 10:407–435, 1992.

[25] F. Bourdoncle. Efficient chaotic iteration strategies with widenings. In *Proc. Formal Methods in Programming and Their Applications*, volume 735 of *Lecture Notes in Computer Science*, pages 128–141. Springer, 1993.

[26] R. E. Bryant. Symbolic boolean manipulation with ordered binary decision diagrams. *Computing Surveys*, 24(3), 1992.

[27] G. L. Burn, C. Hankin, and S. Abramsky. Strictness Analysis for Higher-Order Functions. *Science of Computer Programming*, 7:249–278, 1986.

[28] W. Charatonik and L. Pacholski. Set constraints with projections are in NEXPTIME. In *Proc. FOCS '94*, pages 642–653, 1994.

[29] B. Le Charlier and P. Van Hentenryck. Experimental evaluation of a generic abstract interpretation algorithm for prolog. *ACM TOPLAS*, 16(1):35–101, 1994.

[30] D. Chase, M. Wegman, and F. Zadeck. Analysis of pointers and structures. In *Proc. PLDI '90*, pages 296–310. ACM Press, 1990.

[31] C. Colby. Analyzing the communication topology of concurrent programs. In *Proc. PEPM '95*, pages 202–214. ACM Press, 1995.

[32] C. Colby. Determining storage properties of sequential and concurrent programs with assignment and structured data. In *Proc. SAS '95*, volume 983 of *Lecture Notes in Computer Science*, pages 64–81. Springer, 1995.

[33] A. Cortesi, G. Filé, R. Giacobazzi, C. Palamidessi, and F. Ranzato. Complementation in abstract interpretation. In *Proc. SAS '95*, Lecture Notes in Computer Science, pages 100–117. Springer, 1995.

[34] A. Cortesi, G. Filé, R. Giacobazzi, C. Palamidessi, and F. Ranzato. Complementation in abstract interpretation. *ACM TOPLAS*, 19(1):7–47, 1997.

[35] P. Cousot. Semantics Foundation of Program Analysis. In S. S. Muchnick and N. D. Jones, editors, *Program Flow Analysis: Theory and Applications*, chapter 10, pages 303–342. Prentice Hall International, 1981.

[36] P. Cousot. Types as abstract interpretations. In *Proc. POPL '97*, pages 316–331. ACM Press, 1997.

[37] P. Cousot and R. Cousot. Abstract Interpretation: a Unified Lattice Model for Static Analysis of Programs by Construction or Approximation of Fixpoints. In *Proc. POPL '77*, pages 238–252. ACM Press, 1977.

[38] P. Cousot and R. Cousot. Static determination of dynamic properties of generalised type unions. In *Conference on Language Design for Reliable Software*, volume 12(3) of *ACM SIGPLAN Notices*, pages 77–94, 1977.

[39] P. Cousot and R. Cousot. Systematic Design of Program Analysis Frameworks. In *Proc. POPL '79*, pages 269–282, 1979.

[40] P. Cousot and R. Cousot. Comparing the Galois Connection and Widening/Narrowing Approaches to Abstract Interpretation. In *Proc. PLILP '92*, volume 631 of *Lecture Notes in Computer Science*, pages 269–295. Springer, 1992.

[41] P. Cousot and N. Halbwachs. Automatic Discovery of Linear Restraints Among Variables of a Program. In *Proc. POPL '78*, pages 84–97. ACM Press, 1978.

[42] R. Cytron, J. Ferrante, B. K. Rosen, M. N. Wegman, and F. K. Zadek. Efficiently computing static single assignment form and the control dependence graph. *ACM TOPLAS*, 13(4):451–490, 1991.

[43] B. A. Davey and H. A. Priestley. *Introduction to Lattices and Order*. Cambridge Mathematical Textbooks. Cambridge University Press, 1990.

[44] A. Deutsch. On Determining Lifetime and Aliasing of Dynamically Allocated Data in Higher Order Functional Specifications. In *Proc. POPL' 90*, pages 157–169. ACM Press, 1990.

[45] A. Deutsch. Interprocedural may-alias analysis for pointers: Beyond k-limiting. In *Proc. PLDI '94*, pages 230–241. ACM Press, 1994.

[46] P. H. Eidorf, F. Henglein, C. Mossin, H. Niss, M. H. Sørensen, and M. Tofte. AnnoDomini: From type theory to year 2000 conversion tool. In *Proc. POPL '99*, pages 1–14. ACM Press, 1999.

[47] M. Emami, R. Ghiya, and L. J. Hendren. Context-sensitive interprocedural points-to analysis in the presence of function pointers. In *Proc. PLDI '94*, pages 242–256. ACM Press, 1994.

[48] S. Even. *Graph Algorithms*. Pitman, 1979.

[49] K.-F. Faxén. Optimizing lazy functional programs using flow inference. In *Proc. SAS '95*, volume 983 of *Lecture Notes in Computer Science*, pages 136–153. Springer, 1995.

[50] K.-F. Faxén. Polyvariance, polymorphism, and flow analysis. In *Proc. Analysis and Verification of Multiple-Agent Languages*, volume 1192 of *Lecture Notes in Computer Science*, pages 260–278. Springer, 1997.

[51] C. Fecht and H. Seidl. An even faster solver for general systems of equations. In *Proc. SAS '96*, volume 1145 of *Lecture Notes in Computer Science*, pages 189–204. Springer, 1996.

[52] C. Fecht and H. Seidl. Propagating differences: An efficient new fixpoint algorithm for distributive constraint systems. In *Proc. ESOP '98*, volume 1381 of *Lecture Notes in Computer Science*, pages 90–104. Springer, 1998.

[53] C. Fecht and H. Seidl. Propagating differences: An efficient new fixpoint algorithm for distributive constraint systems. *Nordic Journal of Computing*, 5:304–329, 1998.

[54] C. Fecht and H. Seidl. A faster solver for general systems of equations. *Science of Computer Programming*, 35(2):137–161, 1999.

[55] C. N. Fischer and Jr. R. J. LeBlanc. *Crafting a Compiler*. Benjamin/Cummings, 1988.

[56] C. Flanagan and M. Felleisen. Well-founded touch optimizations for futures. Technical Report Rice COMP TR94-239, Rice University, 1994.

[57] C. Flanagan and M. Felleisen. The semantics of future and its use in program optimization. In *Proc. POPL '95*, pages 209–220. ACM Press, 1995.

[58] Y.-C. Fuh and P. Mishra. Polymorphic subtype inference: Closing the theory-practice gap. In *Proc. TAPSOFT '89*, volume 352 of *Lecture Notes in Computer Science*, pages 167–183. Springer, 1989.

[59] Y.-C. Fuh and P. Mishra. Type inference with subtypes. *Theoretical Computer Science*, 73:155–175, 1990.

[60] K. L. S. Gasser, F. Nielson, and H. R. Nielson. Systematic realisation of control flow analyses for CML. In *Proc. ICFP '97*, pages 38–51. ACM Press, 1997.

[61] R. Ghiya and L. Hendren. Connection analysis: a practical interprocedural analysis for C. In *Proc. of the eight workshop on languages and compilers for parallel computing*, 1995.

[62] R. Ghiya and L. J. Hendren. Is it a tree, a dag, or a cyclic graph? a shape analysis for heap-directed pointers in C. In G. Kahn, editor, *Proc. POPL '96*, pages 1–15. ACM Press, 1996.

[63] R. Giacobazzi and F. Ranzato. Compositional optimization of disjunctive abstract interpretations. In *Proc. ESOP '96*, volume 1058 of *Lecture Notes in Computer Science*, pages 141–155. Springer, 1996.

[64] R. Giacobazzi and F. Ranzato. Optimal domains for disjunctive abstract interpretation. *Science of Computer Programming*, 32:177–210, 1998.

[65] R. Giegerich, U. Möncke, and R. Wilhelm. Invariance of approximative semantics with respect to program transformations. In *Proc. GI – 11. Jahrestagung*, volume 50 of *Informatik Fachberichte*, pages 1–10. Springer, 1981.

[66] P. Granger. Static analysis of arithmetical congruences. *International Journal of Computer Mathematics*, 30:165–190, 1989.

[67] P. Granger. Static Analysis of Linear Congruence Equalities among Variables of a Program. In *Proc. TAPSOFT '91*, volume 493 of *Lecture Notes in Computer Science*, pages 169–192. Springer, 1991.

[68] R. R. Hansen, J. G. Jensen, F. Nielson, and H. R. Nielson. Abstract interpretation of mobile ambients. In *Proc. SAS '99*, Lecture Notes in Computer Science. Springer, 1999.

[69] M. S. Hecht. *Flow Analysis of Computer Programs*. North Holland, 1977.

[70] N. Heintze. Set-based analysis of ML programs. In *Proc. LFP '94*, pages 306–317, 1994.

[71] N. Heintze. Control-flow analysis and type systems. In *Proc. SAS '95*, volume 983 of *Lecture Notes in Computer Science*, pages 189–206. Springer, 1995.

[72] N. Heintze and J. Jaffar. A decision procedure for a class of Herbrand set constraints. In *Proc. LICS '90*, pages 42–51, 1990.

[73] N. Heintze and J. Jaffar. An engine for logic program analysis. In *Proc. LICS '92*, pages 318–328, 1992.

[74] Nevin Heintze and Jon G. Riecke. The SLam calculus: Programming with Secrecy and Integrity. In *Proc. POPL '98*, pages 365–377. ACM Press, 1998.

[75] F. Henglein and C. Mossin. Polymorphic binding-time analysis. In *Proc. ESOP '94*, volume 788 of *Lecture Notes in Computer Science*, pages 287–301. Springer, 1994.

[76] J. E. Hopcroft and J. D. Ullman. *Introduction to Automata Theory, Languages and Computation*. Addison Wesley, 1979.

[77] S. Horwitz, A. Demers, and T. Teitelbaum. An efficient general iterative algorithm for dataflow analysis. *Acta Informatica*, 24:679–694, 1987.

[78] S. Jagannathan and S. Weeks. Analyzing Stores and References in a Parallel Symbolic Language. In *Proc. LFP '94*, pages 294–305, 1994.

[79] S. Jagannathan and S. Weeks. A unified treatment of flow analysis in higher-order languages. In *Proc. POPL '95*. ACM Press, 1995.

[80] S. Jagannathan and A. Wright. Effective flow analysis for avoiding run-time checks. In *Proc. SAS '95*, volume 983 of *Lecture Notes in Computer Science*, pages 207–224. Springer, 1995.

[81] T. P. Jensen. Strictness analysis in logical form. In *Proc. FPCA '91*, volume 523 of *Lecture Notes in Computer Science*, pages 352–366. Springer, 1991.

[82] T. P. Jensen. Disjunctive strictness analysis. In *Proc. LICS '92*, pages 174–185, 1992.

[83] M. P. Jones. A theory of qualified types. In *Proc. ESOP '92*, volume 582 of *Lecture Notes in Computer Science*, pages 287–306. Springer, 1992.

[84] N. D. Jones and S. S. Muchnick. Flow analysis and optimization of Lisp-like structures. In S. S. Muchnick and N. D. Jones, editors, *Program Flow Analysis: Theory and Applications*, chapter 4, pages 102–131. Prentice Hall International, 1981.

[85] N. D. Jones and S. S. Muchnick. A flexible approach to interprocedural data flow analysis and programs with recursive data structures. In *Proc. POPL '82*, pages 66–74. ACM Press, 1982.

[86] N. D. Jones and F. Nielson. Abstract Interpretation: a Semantics-Based Tool for Program Analysis. In *Handbook of Logic in Computer Science volume 4*. Oxford University Press, 1995.

[87] M. Jourdan and D. Parigot. Techniques for improving grammar flow analysis. In *Proc. ESOP '90*, volume 432 of *Lecture Notes in Computer Science*, pages 240–255. Springer, 1990.

[88] P. Jouvelot. Semantic Parallelization: a practical exercise in abstract interpretation. In *Proc. POPL '87*, pages 39–48, 1987.

[89] P. Jouvelot and D. K. Gifford. Reasoning about continuations with control effects. In *Proc. PLDI '89*, ACM SIGPLAN Notices, pages 218–226. ACM Press, 1989.

[90] P. Jouvelot and D. K. Gifford. Algebraic reconstruction of types and effects. In *Proc. POPL '91*, pages 303–310. ACM Press, 1990.

[91] G. Kahn. Natural semantics. In *Proc. STACS'87*, volume 247 of *Lecture Notes in Computer Science*, pages 22–39. Springer, 1987.

[92] J. B. Kam and J. D. Ullman. Global data flow analysis and iterative algorithms. *Journal of the ACM*, 23:158–171, 1976.

[93] J. B. Kam and J. D. Ullman. Monotone data flow analysis frameworks. *Acta Informatica*, 7:305–317, 1977.

[94] M. Karr. Affine Relationships among Variables of a Program. *Acta Informatica*, 6(2):133–151, 1976.

[95] A. Kennedy. Dimension types. In *Proc. ESOP '94*, volume 788 of *Lecture Notes in Computer Science*, pages 348–362. Springer, 1994.

[96] G. Kildall. A Unified Approach to Global Program Optimization. In *Proc. POPL '73*, pages 194–206. ACM Press, 1973.

[97] M. Klein, J. Knoop, D. Koschützki, and B. Steffen. DFA & OPT-METAFrame: A toolkit for program analysis and optimisation. In *Proc. TACAS '96*, volume 1055 of *Lecture Notes in Computer Science*, pages 422–426. Springer, 1996.

[98] D. E. Knuth. An empirical study of Fortran programs. *Software — Practice and Experience*, 1:105–133, 1971.

[99] W. Landi and B. G. Ryder. Pointer-Induced Aliasing: A Problem Classification. In *Proc. POPL '91*, pages 93–103. ACM Press, 1991.

[100] W. Landi and B. G. Ryder. A safe approximate algorithm for interprocedural pointer aliasing. In *Proc. PLDI '92*, pages 235–248. ACM Press, 1992.

[101] J. Larus and P. Hilfinger. Detecting conflicts between structure accesses. In *Proc. PLDI '88*, pages 21–34. ACM Press, 1988.

[102] J. M. Lucassen and D. K. Gifford. Polymorphic effect analysis. In *Proc. POPL '88*, pages 47–57. ACM Press, 1988.

[103] T. J. Marlowe and B. G. Ryder. Properties of data flow frameworks - a unified model. *Acta Informatica*, 28(2):121–163, 1990.

[104] F. Martin. Pag – an efficient program analyzer generator. *Journal of Software Tools for Technology Transfer*, 2(1):46–67, 1998.

[105] F. Masdupuy. Using Abstract Interpretation to Detect Array Data Dependencies. In *Proc. International Symposium on Supercomputing*, pages 19–27, 1991.

[106] R. Milner. *Communication and Concurrency.* Prentice Hall International, 1989.

[107] J. Mitchell. Type inference with simple subtypes. *Journal of Functional Programming*, 1(3):245–285, 1991.

[108] B. Monsuez. Polymorphic types and widening operators. In *Proc. Static Analysis (WSA '93)*, volume 724 of *Lecture Notes in Computer Science*, pages 267–281. Springer, 1993.

[109] R. Morgan. *Building an Optimising Compiler.* Digital Press, 1998.

[110] S. Muchnick. *Advanced Compiler Design and Implementation.* Morgan Kaufmann Publishers, 1997 (third printing).

[111] F. Nielson. *Abstract Interpretation using Domain Theory.* PhD thesis, University of Edinburgh, Scotland, 1984.

[112] F. Nielson. Program Transformations in a denotational setting. *ACM TOPLAS*, 7:359–379, 1985.

[113] F. Nielson. Tensor Products Generalize the Relational Data Flow Analysis Method. In *Proc. 4th Hungarian Computer Science Conference*, pages 211–225, 1985.

[114] F. Nielson. A formal type system for comparing partial evaluators. In D. Bjørner, A. P. Ershov, and N. D. Jones, editors, *Proc. Partial Evaluation and Mixed Computation*, pages 349–384. North Holland, 1988.

[115] F. Nielson. Two-Level Semantics and Abstract Interpretation. *Theoretical Computer Science — Fundamental Studies*, 69:117–242, 1989.

[116] F. Nielson. The typed λ-calculus with first-class processes. In *Proc. PARLE'89*, volume 366 of *Lecture Notes in Computer Science*, pages 355–373. Springer, 1989.

[117] F. Nielson. Semantics-directed program analysis: a tool-maker's perspective. In *Proc. Static Analysis Symposium (SAS)*, number 1145 in Lecture Notes in Computer Science, pages 2–21. Springer, 1996.

[118] F. Nielson and H. R. Nielson. Finiteness Conditions for Fixed Point Iteration. In *Proc. LFP '92*, pages 96–108. ACM Press, 1992.

[119] F. Nielson and H. R. Nielson. From CML to process algebras. In *Proc. CONCUR'93*, volume 715 of *Lecture Notes in Computer Science*, pages 493–508. Springer, 1993.

[120] F. Nielson and H. R. Nielson. From CML to its process algebra. *Theoretical Computer Science*, 155:179–219, 1996.

[121] F. Nielson and H. R. Nielson. Operational semantics of termination types. *Nordic Journal of Computing*, pages 144–187, 1996.

[122] F. Nielson and H. R. Nielson. Infinitary Control Flow Analysis: a Collecting Semantics for Closure Analysis. In *Proc. POPL '97*. ACM Press, 1997.

[123] F. Nielson and H. R. Nielson. A prescriptive framework for designing multi-level lambda-calculi. In *Proc. PEPM'97*, pages 193–202. ACM Press, 1997.

[124] F. Nielson and H. R. Nielson. The flow logic of imperative objects. In *Proc. MFCS'98*, number 1450 in Lecture Notes in Computer Science, pages 220–228. Springer, 1998.

[125] F. Nielson and H. R. Nielson. Flow logics and operational semantics. *Electronic Notes of Theoretical Computer Science*, 10, 1998.

[126] F. Nielson and H. R. Nielson. Interprocedural control flow analysis. In *Proc. ESOP '99*, number 1576 in Lecture Notes in Computer Science, pages 20–39. Springer, 1999.

[127] F. Nielson, H.R. Nielson, and T. Amtoft. Polymorphic subtyping for effect analysis: The algorithm. In *Analysis and Verification of Multiple-Agent Languages*, volume 1192 of *Lecture Notes in Computer Science*, pages 207–243. Springer, 1997.

[128] H. R. Nielson, T. Amtoft, and F. Nielson. Behaviour analysis and safety conditions: a case study in CML. In *Proc. FASE '98*, number 1382 in Lecture Notes in Computer Science, pages 255–269. Springer, 1998.

[129] H. R. Nielson and F. Nielson. Bounded fixed-point iteration. *Journal of Logic and Computation*, 2(4):441–464, 1992.

[130] H. R. Nielson and F. Nielson. *Semantics with Applications: A Formal Introduction*. Wiley, 1992. (An on-line version may be available at `http://www.imm.dtu.dk/~riis/Wiley_book/wiley.html`).

[131] H. R. Nielson and F. Nielson. Higher-Order Concurrent Programs with Finite Communication Topology. In *Proc. POPL '94*. Springer, 1994.

[132] H. R. Nielson and F. Nielson. Communication analysis for Concurrent ML. In F. Nielson, editor, *ML with Concurrency*, Monographs in Computer Science, pages 185–235. Springer, 1997.

[133] H. R. Nielson and F. Nielson. Flow logics for constraint based analysis. In *Proc. CC '98*, volume 1383 of *Lecture Notes in Computer Science*, pages 109–127. Springer, 1998.

[134] H.R. Nielson, F. Nielson, and T. Amtoft. Polymorphic subtyping for effect analysis: The static semantics. In *Analysis and Verification of Multiple-Agent Languages*, volume 1192 of *Lecture Notes in Computer Science*, pages 141–171. Springer, 1997.

[135] L. Pacholski and A. Podelski. Set constraints: A pearl in research on constraints. In *Proc. Third International Conference on the Principles and Practice of Constraint Programming*, volume 1330 of *Lecture Notes in Computer Science*, pages 549–561. Springer, 1997.

[136] J. Palsberg. Closure analysis in constraint form. *ACM TOPLAS*, 17 (1):47–62, 1995.

[137] J. Palsberg and M. I. Schwartzbach. *Object-Oriented Type Systems.* Wiley, 1994.

[138] H. D. Pande and B. G. Ryder. Data-flow-based virtual function resolution. In *Proc. SAS '96*, volume 1145 of *Lecture Notes in Computer Science*, pages 238–254. Springer, 1996.

[139] J. Plevyak and A. A. Chien. Precise concrete type inference of object-oriented programs. In *Proc. OOPSLA '94*, 1994.

[140] G. D. Plotkin. A structural approach to operational semantics. Technical Report FN-19, DAIMI, Aarhus University, Denmark, 1981.

[141] G. Ramalingam, J. Field, and F. Tip. Aggregate structure identification and its application to program analysis. In *Proc. POPL '99*, pages 119–132. ACM Press, 1999.

[142] J. H. Reif and S. A. Smolka. Data Flow Analysis of Distributed Communicating Processes. *International Journal of Parallel Programming*, 19(1):1–30, 1990.

[143] J. Reynolds. Automatic computation of data set definitions. In *Information Processing*, volume 68, pages 456–461. North Holland, 1969.

[144] B. K. Rosen. High-level data flow analysis. *Communications of the ACM*, 20(10):141–156, 1977.

[145] E. Ruf. Context-insensitive alias analysis reconsidered. In *Proc. PLDI '95*, pages 13–22. ACM Press, 1995.

[146] B. G. Ryder and M. C. Paull. Elimination algorithms for data flow analysis. *ACM Computing Surveys*, 18(3):275–316, 1986.

[147] M. Sagiv, T. Reps, and S. Horwitz. Precise interprocedural dataflow analysis with applications to constant propagation. In *Proc. TAPSOFT '95*, volume 915 of *Lecture Notes in Computer Science*, pages 651–665, 1995.

[148] M. Sagiv, T. Reps, and R. Wilhelm. Solving shape-analysis problems in languages with destructive updating. In *Proc. POPL '96*, pages 16–31. ACM Press, 1996.

[149] M. Sagiv, T. Reps, and R. Wilhelm. Solving shape-analysis problems in languages with destructive updating. *ACM TOPLAS*, 20(1):1–50, 1998.

[150] M. Sagiv, T. Reps, and R. Wilhelm. Parametric shape analysis via 3-valued logic. In *Proc. POPL '99*, pages 105–118. ACM Press, 1999.

[151] D. Schmidt. Data flow analysis is model checking of abstract interpretations. In *Proc. POPL '98*, pages 38–48. ACM Press, 1998.

[152] P. Sestoft. Replacing function parameters by global variables. Master's thesis, Department of Computer Science, University of Copenhagen, Denmark, 1988.

[153] M. Shapiro and S. Horwitz. Fast and accurate flow-insensitive points-to analysis. In *Proc. POPL '97*, pages 1–14. ACM Press, 1997.

[154] M. Sharir. Structural Analysis: a New Approach to Flow Analysis in Optimising Compilers. *Computer Languages*, 5:141–153, 1980.

[155] M. Sharir and A. Pnueli. Two approaches to interprocedural data flow analysis. In S. S. Muchnick and N. D. Jones, editors, *Program Flow Analysis*. Prentice Hall International, 1981.

[156] O. Shivers. Control flow analysis in Scheme. In *Proc. PLDI '88*, volume 7 (1) of *ACM SIGPLAN Notices*, pages 164–174. ACM Press, 1988.

[157] O. Shivers. Data-flow analysis and type recovery in Scheme. In P.Lee, editor, *In Topics in Advanced Language Implementation*, pages 47–87. MIT Press, 1991.

[158] O. Shivers. The semantics of Scheme control-flow analysis. In *Proc. PEPM '91*, volume 26 (9) of *ACM SIGPLAN Notices*. ACM Press, 1991.

[159] J. H. Siekmann. Unification theory. *Journal of Symbolic Computation*, 7:207–274, 1989.

[160] G. S. Smith. Polymorphic type inference with overloading and subtyping. In *Proc. TAPSOFT '93*, volume 668 of *Lecture Notes in Computer Science*, pages 671–685. Springer, 1993.

[161] G. S. Smith. Principal type schemes for functional programs with overloading and subtyping. *Science of Computer Programming*, 23:197–226, 1994.

[162] B. Steensgaard. Points-to analysis in almost linear time. In *Proc. POPL '96*, pages 32–41. ACM Press, 1996.

[163] D. Stefanescu and Y. Zhou. An equational framework for the flow analysis of higher order functional programs. In *Proc. LFP '94*, pages 318–327, 1994.

[164] B. Steffen. Generating data flow analysis algorithms from modal specifications. *Science of Computer Programming*, 21:115–239, 1993.

[165] J. Stransky. A lattice for abstract interpretation of dynamic (lisp-like) structures. *Information and Computation*, 1990.

[166] J.-P. Talpin and P. Jouvelot. Polymorphic Type, Region and Effect Inference. *Journal of Functional Programming*, 2(3):245–271, 1992.

[167] J.-P. Talpin and P. Jouvelot. The type and effect discipline. In *Proc. LICS '92*, pages 162–173, 1992.

[168] J.-P. Talpin and P. Jouvelot. The type and effect discipline. *Information and Computation*, 111(2):245–296, 1994.

[169] Y.-M. Tang. *Control-Flow Analysis by Effect Systems and Abstract Interpretation*. PhD thesis, Ecole des Mines de Paris, 1994.

[170] R. E. Tarjan. Fast algorithms for solving path problems. *Journal of the ACM*, 28(3):594–614, 1981.

[171] R. E. Tarjan. A unified approach to path programs. *Journal of the ACM*, 28(3):577–593, 1981.

[172] S. Tjiang and J. Hennessy. Sharlit – a tool for building optimizers. In *Proc. PLDI '92*. ACM Press, 1992.

[173] M. Tofte. Type inference for polymorphic references. *Information and Computation*, 89:1–34, 1990.

[174] M. Tofte and L. Birkedal. A region inference algorithm. *ACM TOPLAS*, 20(3):1–44, 1998.

[175] M. Tofte and J.-P. Talpin. Implementing the call-by-value lambda-calculus using a stack of regions. In *Proc. POPL '94*, pages 188–201. ACM Press, 1994.

[176] M. Tofte and J.-P. Talpin. Region-based memory management. *Information and Computation*, 132:109–176, 1997.

[177] G. V. Venkatesh and C. N. Fischer. Spare: A development environment for program analysis algorithms. *IEEE Transactions on Software Engineering*, 1992.

[178] J. Vitek, R. N. Horspool, and J. S. Uhl. Compile-Time Analysis of Object-Oriented Programs. In *Proc. CC '92*, volume 641 of *Lecture Notes in Computer Science*, pages 236–250. Springer, 1992.

[179] A. B. Webber. Program analysis using binary relations. In *Proc. PLDI '97*, volume 32 (5) of *ACM SIGPLAN Notices*, pages 249–260. ACM Press, 1997.

[180] M. N. Wegman and F. K. Zadeck. Constant propagation with conditional branches. *ACM TOPLAS*, pages 181–210, 1991.

[181] R. Wilhelm and D. Maurer. *Compiler Design*. Addison-Wesley, 1995.

[182] R. P. Wilson and M. S. Lam. Efficient context-sensitive pointer analysis for C programs. In *Proc. PLDI '95*, pages 1–12. ACM Press, 1995.

[183] A. K. Wright. Typing references by effect inference. In *Proc. ESOP '92*, volume 582 of *Lecture Notes in Computer Science*, pages 473–491. Springer, 1992.

[184] A. K. Wright and M. Felleisen. A syntactic approach to type soundness. *Information and Computation*, 115:38–94, 1994.

[185] K. Yi and W. L. Harrison III. Automatic generation and management of interprocedural program analyses. In *Proc. POPL '93*, pages 246–259. ACM Press, 1993.

符号索引

术语索引

A

B

C

D

E

F

N

O

P

R

S